THE SECRET
OF OUR SUCCESS

HOW CULTURE IS DRIVING
HUMAN EVOLUTION,
DOMESTICATING OUR SPECIES,
AND MAKING US SMARTER

JOSEPH HENRICH

文化がヒトを進化させた

人類の繁栄と〈文化－遺伝子革命〉

ジョセフ・ヘンリック
今西康子［訳］

白揚社

ジェシカ、ジョシュア、ゾーイへ

文化がヒトを進化させた　目次

●〔　〕で括った個所は翻訳者による補足です。

はじめに

私たち人間は、他の動物とは明らかに違う。もちろん、サルや類人猿によく似たところもいろいろあるが、チェスを楽しんだり、本を読んだり、ミサイルを開発したり、香辛料入りの料理を好んだり、献血したり、火を使って調理したり、タブーを犯さないようにしたり、神に祈ったり、服装や言葉の違う人をからかったりする動物は、人間をおいて他にはいない。そして、人間の社会はどこもみな、技術を培い、ルールを守り、みんなで協力し、複雑な言語で意思の疎通を図っているが、その方法も程度も社会によって千差万別だ。

いったい、どのような進化の過程を経て、こんな生き物が誕生したのだろう？　人間特有の心理や行動を理解するヒントはその過程にあるのだろうか？　文化がこれほど多様である理由や、人間にだけ見られる特有の性質はどうすれば説明できるのだろう？

本書のテーマであるこうした疑問を探究する旅に出発したのは一九九三年のことだ。ワシントンDC近郊にあるマーティン・マリエッタ社のエンジニアだった私は、その職を辞してカリフォルニアに向かい、UCLA（カリフォルニア大学ロサンゼルス校）人類学部の大学院生となった。そのとき私は、人類学に二つの関心を寄せていたが、それはかつてノートルダム大学で人類学と航空宇宙工学両方の学位取得をめざしている頃から抱いていたものだ。

その一つは、発展途上国の人々の経済行動や意思決定について理解することだった。新たな洞察が世界中の人々の生活向上に役立つかもしれないという思いからだ。そもそも私が人類学に惹かれたのは、長期にわたって深く踏み込んだフィールドワークを行なうからである。人々が直面している課題や、人々の意思決定や行動の背景を理解するには、そのような調査が不可欠だと私は考えていた。そうした理解に役立つことが、人類学のメリットの「応用面」だった。

もう一つ、私は人間社会の進化について強い知的好奇心を抱いていた。今から一万年前までは比較的小規模な社会で暮らしていた人類が、いったいどうやって複雑な国民国家を形成するに至ったのか——それが知りたくてならなかった。そこで、私は二人の著名な人類学者に師事することにした。一人は、社会・文化人類学者で民族誌学者でもあるアレン・ジョンソン、もう一人は、考古学者のティム・アールだった。

ひと夏の間、ペルーに滞在して、アマゾン川流域に暮らす先住民、マチゲンガ族の村々を刳舟《くりぶね》で回って現地調査を行なった。その結果をもとに、市場統合が農耕に関する意思決定や森林伐採に及ぼす影響について修士論文を書いた。万事滞りなく進み、（ティムは他大学に異動していたが）指導教員から高い評価を得て、私の修士論文は受理された。

しかし私は、マチゲンガ族がとる行動の理由について、人類学が与える説明に満足できなかった。そもそもなぜ、マチゲンガ族の共同体は、隣のピロ族の共同体とまるで違っているのか？　マチゲンガ族はなぜ、自分でも説明のつかない適応的な習慣を身につけているのか？

ここでもう人類学には見切りをつけて、以前のエンジニアの仕事に戻ろうかとも考えた。エンジニアも決して嫌いな仕事ではなかったからだ。しかし、その決断を押し留めるものがあった。数年前から、私は人類の進化に興味を抱き始めていたのだ。ノートルダム大学時代も人類進化の勉強は好きだったが、経済的意思決定や複雑な社会の進化を説明するのには役立ちそうもなかったので、ほんの趣味程度にしか考えていなかった。

大学院入学に際して、私は主要なテーマに精力を集中するために、人類進化に関する必修科目の免除を申請しようとした。そのためにはまず、大学院の自然人類学課程の指導者、ロバート・ボイドにかけあって、学部時代の履修歴がその課程の修了要件を満たしていることを認めてもらう必要があった。社会文化人類学課程のほうは、もうすでに認めてもらっていた。ロブはたいへん親切で、私が学部時代に受けた授業を丹念に調べた上で、私の免除申請を否認した。もしあの時、ロブが私の申請を否認してくれていなかったら、この時点ですぐにエンジニアの仕事に戻っていたのではないかと思う。

ここにきてようやく気づいたのだが、人類進化や自然人類学の分野は、人間の行動や意思決定の重要な側面の説明に役立つヒントであふれていた。さらに私は、ロブと、彼の長年の共同研究者で生態学者のピーター・リチャーソンが、集団遺伝学の数学的原則を用いて文化的適応をモデル化しようとしていることを知った。彼らのアプローチは、ヒトの学習能力や心理が自然選択によってどのように形成されてきたのかについて、体系的に考えることを可能にするものだった。私に集団遺伝学の知識は皆無だったが、状態変数、微分方程式、安定平衡などは熟知していたので（ともかくも航空宇宙工学のエンジニアなので）、何とか論文を読みこなすことができた。一年次の末には、ロブの指導のもと、サイドプロジェクトとして、同調伝達の進化を研究するためのＭＡＴＬＡＢプログラムを書き上げていた（同調伝達については第４章で取り上げる）。

修士号を取得後、三年次に入るとき、私は一から出直そうと決意した。博士号の取得が一年遅くなるのを覚悟で、「読書三昧」の一年を送ろうと心に決めたのだ。たぶん、そんなことができるのは人類学部くらいのものだろう。私には、受けるべき授業もなければ、仕事を手伝うべき指導教員もおらず、私の行動を気にかけそうな人はだれもいなかった。まず図書館に行って、本を山ほど借りてきた。とにかく、認知心理学、意思決定理論、実験経済学、生物学、そして進化心理学の本を読みあさった。それが終わると、学術雑誌掲載論文に移った。「最後通牒《つうちょう》ゲーム」という経済学実験について書かれた論文を一つ残らず読み尽くした。マチゲンガ族とともに過ごした二年目と三年目の夏に用いたのがこの最後通牒ゲームだ。そのほか、心理学者のダニエル・カーネマンやエイモス・トベルスキー、さらに政治学者のエリノア・オストロムの論文も多数読んだ。カーネマンもオストロムも、のちにノーベル経済学賞を受賞している。もちろん、こうした生活を続けながら、人類学の調査手法としての民族誌《エスノグラフィ》の本も読んでいた(これは私にとって「趣味」の領域だった)。

その年は、さまざまな意味で、本書に結実した研究のスタートの年であり、その年の末には、自分が何をやりたいのかがおぼろげに見えてきた。目標は、社会科学と生物科学のすべての領域の知見を統合し、ヒトの文化的性質に正面から取り組んで、その心理や行動を研究する進化論的アプローチを構築することだった。そのためには、実験、インタビュー、体系的観察、歴史的データ、生理学的測定、民族誌記述など、ありとあらゆる可能な方法を駆使する必要があった。大学の研究室を離れて、研究対象者の共同体に身を置き、(赤ん坊が年寄りになるまで)生涯にわたって人々を観察しなくてはならない。こうした視点に立つと、人類学のような学問は、とりわけ経済人類学のような下位分野は、あまりにも卑小で孤立しているように見え始めた。

もちろん、ボイドとリチャーソンはすでに一九八五年の共著『文化と進化プロセス(*Culture and the Evolutionary Process*)』において、マーク・フェルドマンやルーカ・カヴァッリ=スフォルツァの研究を発展させる形で、重要な理論的基礎をある程度まで固めていた。

とはいっても、一九九〇年代の半ばにはまだ、実証研究プログラムもなければ、各種研究手法もなく、また、進化モデルから導かれる理論を検証する方法も確立されていなかった。しかも、現在のような心理学的プロセスについての考え方はあまり発達しておらず、文化および進化心理学や神経科学の大きな潮流にも、文化人類学の科学的アプローチにもなかなか結びつかなかった。

そのような時期に、新たな大学院生が二人、ロブ・ボイドのもとにやってきた。フランシスコ・ジルホワイトとリチャード・マクエルレース（現在、マックス・プランク進化人類学研究所理事）である。それからしばらくして、ナタリー・スミス（現在、ナタリー・ヘンリック）が考古学分野から移ってきてロブの研究チームに加わった。突然、私は一人ではなくなった。共通の関心をもつ友人や共同研究者が現れたのだ。斬新なアイデアや思いもよらない方法がそこいらじゅうからふつふつと湧いてくるようで、刺激的な時間がものすごい速さで進み始めた。まるで何者かが突然ブレーキを外し、障害物を一掃してしまったかのようだった。

ロブと私は、フィールドワークを行なう民族誌学者と経済学者の合同チームを作って、世界各地で行動実験を行ない、人間社会について研究しようとしていた。これは前代未聞のことだった。なぜなら、民族誌学者はチームで活動することはないし、経済ゲームを用いることなど断じてない（なかった）からだ。

私はペルーで行なった初の実験をもとに、「文化は経済行動に影響するか？」と題する論文をまとめて、図書館で目にした「アメリカン・エコノミック・レビュー」という学術雑誌に送った。人類学の大学院生だった私は、それが経済学のトップ・ジャーナルだとは想像もしなかった。また、当時の経済学者たちが、文化に対してどれほど懐疑的な態度をとっているかも知らなかった。

一方、フランシスコは、モンゴルの牧畜民の民俗社会や民族意識（第11章参照）についての見解を検証するために、発達心理学の手法を採り入れようとしていた。

ナタリーと私は、ペルーの人々の環境保護行動を研究するために、共有資源（ＣＰＲ）ゲームを考案した（残念ながら、もうすでに考案されていることを後で知った）。

リチャードは、まだだれも作ったことのない「文化系統樹」を作成するためのコンピュータープログラムを書いており、また、社会的学習理論を検証するコンピューターベースの実験手法について、カリフォルニア工科大学の経済学者、コリン・キャメラーと議論を重ねていた。

ある朝コーヒーを飲みながら、フランシスコと話しているときにふと思いついたのが、人間の社会的地位についての新しい理論だ（第8章参照）。また、イノベーションの拡散に関する社会学の文献に刺激を受けた私は、新しいアイデアやテクノロジーの拡散を示す時系列データから、文化的学習の「跡」をたどることができるのではないかと考え始めた。このような初期の試みのいくつかがのちに、さまざまな分野の研究活動の柱になった。

一九九五年にこうして始まった私の研究活動も今や二〇年目を迎えた。研究の里程標として、その成果を本書にまとめておこうと思う。以前にもまして確信しているのは、ヒトという動物を理解し、ヒトの行動や心理の科学を樹立するには、まず、ヒトの本性の進化論を打ち立てる必要があるということだ。それがある程度達成されて初めて、次のステップへと進むことができる。

最近、とりわけ勇気づけられたのが、「心、社会、行動」と題する今年の『世界開発報告２０１５』である。この世界銀行の報告書は、開発政策を進める上で認識すべき事柄として、人は無意識のうちに自分の属する社会の文化を身につけること、社会規範を自らの行動の指針にすること、生まれ育った社会の文化が注意の向け方、感じ方、考え方、そして価値観にまで影響を及ぼすこと、などを挙げている。これこそ、私がかなり以前に書いた論文の「文化は経済行動に影響するか？」という素朴な問いに対する答えではないだろうか。現在では、世界銀行のエコノミストたちも、影響する、と確信しているようだ。

本書の執筆にあたっては、大勢の方々にお世話になった。まず一番に感謝しなくてはならないのが妻のナタリーだ。日々交わすナタリーとの知的な会話が、本書執筆の大きな力になった。ナタリーは全章に目を通した上で、改善すべき点を指摘してくれた。彼女の尽力があって初めて、本書は他の方々に読んでもらえるものになった。

ＵＣＬＡの多くの方々にも本当にお世話になった。言うまでもなく、本書の執筆を支えてくれた中心人物は、長年の共同研究者であり、指導者、友人でもあるロバート・ボイドだ。何十年も前から、私の力になり、助言を与えてもらってきたが、今回も初期の草稿を読んで意見や感想を述べてくれた。また、アレン・ジョンソンも、いくつかの章のごく初期の草稿を読んで有益な批評をしてくれた。アレンは、ＵＣＬＡの大学院生となった私に助言を与え、民族誌学の訓練を積ませてくれる一方で、自由な学問的探究を許してくれた。ジョアンナ・シルクにもたいへん感謝している。霊長類に精通し、多くの問題に賢明な助言を与えてくれるジョアンナには、今でも何かとお世話になっている。

エモリー大学の人類学部で四年間、ブリティッシュコロンビア大学の心理学部と経済学部で九年間、教職員として研究生活を送れたことはこの上ない幸せだ。さらに私は、ミシガン大学経営大学院《ビジネススクール》の学術協会で二年間、ベルリンの高等研究所で一年間過ごした。こうした歳月の徹底したフィールドワークは、心理学者、社会学者、人類学者、および経済学者の視点から社会科学をとらえる稀有な機会を与えてくれた。特にブリティッシュコロンビア大学（ＵＢＣ）では、スティーヴ・ハイネ、アラ・ノレンザヤン、ジェシカ・トレーシー、スー・バーチ、そしてカイリー・ハムリンなど大勢の心理学の同僚と重要な共同研究をいくつも行ない、また、グレッグ・ミラーやイーディス・チェンから多くのことを学んだ。スティーヴとジェシカには本書の初期の草稿に親切な意見を寄せてもらった。

わが研究室の学生や元学生の面々、そしてUBCのMECC（心、進化、認知、文化）研究所の皆さんにもたいへん感謝している。特に、マチェイ・チュデク、マイケル・ムトゥクリシュナ、リータ・マクナマラ、ジェームズ&ターニャ・ブローシュ、クリスティーナ・モヤ、ベン・パルシュツキ、タラー・デーヴィス、ダン・フルシュカ、ラウール・ブイ、アイヤナ・ウィラード、ジョーイ・チェンの皆さんにはさまざまな面で協力してもらった。本書の随所にその成果がある。マイケルとリータには初期の草稿に有益な意見を寄せてもらった。

ともに理事を務めるUBCの人類進化・認知・文化研究センターの方々が、本書の構想を練り上げるにあたって重要な役割を果たしてくれた。進化人類学者のマーク・コラードや、中国研究者から認知科学者に転身したテッド・スリンガーランドとの会話は、いつも私に刺激を与えてくれる。テッドは、ほぼ最終版の原稿に対して有益な意見や感想をいろいろと寄せてくれた。

執筆作業が山場を迎える二〇一三年から二〇一四年にかけて、ニューヨーク大学の経営大学院（スターン・ビジネススクール）から多大な研究助成金を受ける機会に恵まれた。この時期に私は、心理学者のジョナサン・ハイト、経済学者のポール・ローマー、そして哲学者のスティーヴン・スティッチから多くのことを学んだ。三人とも、執筆のさまざまな段階で卓越した意見を寄せてくれた。また、幸いにもジョナサンとともにMBA（経営学修士）課程の教壇に立つことができ、そこで、将来のビジネスリーダーたちに本書の何章かを試読してもらった。

本書の執筆中、幸いなことに、カナダ先端研究機構（CIFAR）の特別会員として、制度・組織・成長に関する研究分科会に参加することができた。この分科会は、すばらしく刺激的で惜しげもなく支援してくれる人たちばかりで、多くのメンバーからさまざまなことを学んだ。特にスレシュ・ナイドゥには、本書の初期の草稿に優れた意見や感想を寄せてもらった。

人類学者として幸運だったのは、ペルーのマチゲンガ族、チリのマプチェ族、南太平洋のヤサワ島のフィジー人という、三つのまったく異なる社会に長期滞在して研究を進められたことだ。いずれの場所でも、多くの家族と寝食をともにさせてもらい、私が根掘り葉掘り尋ねてもきちんと答えてもらえたおかげで、人間の多様性について理解を深めることができた。協力してくださった皆さんに心より感謝する。

本書のアイデアを練るに当たって読み込んだ文献の著者や専門家に、しばしば問い合わせをすることもあった。その際、次の方々から親切なお返事をいただいた。ダロン・アセモグル、シワン・アンダーソン、コーレン・アピセラ、クウェンティン・アトキンソン、クラーク・バレット、ピーター・ブレーク、モニーク・ボーガーホフ・マルダー、サム・ボウルズ、ジョーゼプ・コール、コリン・カメラー、ニコラス・クリスタキス、モート・クリスティアンセン、アリッサ・クリッテンデン、ヤラウ・ダナム、ニック・エヴァンズ、ダニエル・フェスラー、ジェームズ・ファーロン、アーンスト・フェール、パトリック・フランソワ、シモン・ゲヒター、ジョッシュ・グリーン、アヴナー・グライフ、ポール・ハリス、エスター・ハーマン、バリー・ヒューレット、キム・ヒル、ダン・フルシュカ、エリック・キンブロー、ミシェル・クライン、ケヴィン・ラランド、ジョン・ランマン、クリスティーン・レガーレ、ハンナ・ルイス、ダン・リーバーマン、ヨハン・リンド、フランク・マーロー、サラ・マシュー、リチャード・マクエルレース、ジョエル・モキア、トム・モーガン、ネイサン・ナン、デーヴィッド・ピエトラシェフスキー、デーヴィッド・ランド、ピーター・リチャーソン、ジェームズ・ロビンソン、カレル・ファン・シャイク、ジョアンナ・シルク、マーク・トマス、マイケル・トマセロ、ピーター・ターチン、フェリクス・ワーネケン、ジャネット・ワーカー、アニー・ヴェルツ、ポリー・ウィースナー、デーヴィッド・スローン・ウィルソン、ハーヴィー・ホワイトハウス、アンディ・ホワイトゥン、リチャード・ランガム。そのほか、すでに記した多数の方々からもお返事をいただいた。ここに記して感謝したい。

長い年月をかけて本書を企画・執筆する間、おびただしい数の友人、同僚、著者と会話を交わしながら、自分の考えを練り上げてきた。これこそが私の拠って立つ集団脳（第12章参照）である。

二〇一五年一月二十二日　カナダ、バンクーバーにて

ジョセフ・ヘンリック

第1章　不可解な霊長類

あなたも私も、かなり特異な性質をもった謎の霊長類の一員だ。

農耕が始まり、都市が生まれ、生産技術が発達するはるか以前に、人類の祖先は地球上のすみずみにまで広がっていった。乾ききったオーストラリアの砂漠から、凍てつくシベリアの大地まで、陸上生態系のほぼ全域に——どんな陸生哺乳類よりも多種多様な環境に——生息するようになったのだ。

しかし、不可解なことがある。人間は肉体的な力が弱く、俊敏さに欠けており、木登りが得意というわけでもない。大人のチンパンジーに簡単に打ち負かされてしまう。たしかに、人間は長距離を走るのが得意で、物を速く正確に投げることができる。しかし、走るスピードとなると、ライオンやトラのほうがはるかに上だ。また、人間の消化管は有毒な植物を無毒化する機能が貧弱なのに、ほとんどの人間は有毒植物と食用植物をなかなか見分けられない。人間は加熱調理した食物に依存しているが、火起こしの方法や調理の仕方を生まれつき知っているわけではない。人間と同じようなものを餌にしている、体の大きさも同じくらいの哺乳類に比べると、人間の腸はあまりにも短く、胃も歯もあまりにも小さい。人間の赤ん坊は、頭蓋骨がまだ癒合しないうちに、ぽっちゃりした危険なほど未熟な状態で生まれてくる。人間の女性は、他の霊長類とは違い、月経周期とは無関係にいつでも性行為が可能で、閉経後も（つまり生殖機能が失われてからも）長い年数を生きる。

そして、何よりも意外なのは、特大サイズの脳をもっているにもかかわらず、人間はそれほど聡明ではないということだ。少なくとも、ヒトという種が地球上で大成功を収めている理由を説明できるほど、生まれつき賢いわけではない。

そんなことはないさ、とあなたは思うかもしれない。

では、あなたを含めた五〇人と、コスタリカのオマキザル五〇匹とがサバイバルゲームで競ったらどうなるか考えてみよう。両チームを落下傘で中央アフリカの奥地の熱帯雨林に落とすのである。二年後にまた行って、各チームの生存者数を数える。そして生存者の多いほうを勝ちとするのだ。もちろん、両チームとも装備品の持ち込みは一切許されない。マッチ、水容器、ナイフ、靴、眼鏡、抗生物質、鍋、銃、ロープはすべて禁止。ただし、ヒトチームにだけ、衣服の着用を許可する。このような条件のもとで、両チームとも二年間、生き残りをかけて、慣れない森林環境に挑むのだ。頼れるのは、自分の知恵とチームメイトのみ。

さあ、勝つのはどちらだろう？　サルチームだろうか、それともヒトチームだろうか？　では尋ねるが、あなたは矢、網、シェルターの作り方を知っているか？　有毒な植物や昆虫（ものすごい数にのぼる）を見分けられるか？　その毒抜きの方法を知っているか？　マッチを使わずに火を起こせるか？　鍋を使わずに煮炊きできるか？　釣針をこしらえられるか？　天然接着剤の作り方を知っているか？　毒蛇を見分けられるか？　夜間に獣に襲われたらどうやって身を守るか？　どうやって水を手に入れるか？　アニマルトラッキング（足跡、食痕、糞などからその動物の種類や行動を探ること）の知識はあるか？

現実を受け入れよう。大きな頭蓋をもち、やたらと自負心の旺盛なヒトチームは、おそらくサルチームに惨敗するだろう。アフリカは人類発祥の地である。そのアフリカでの狩猟採集生活にまるで役立たないとしたら、私たちの大きな脳はいったい何のためにあるのだろう？　どのようにして地球上のありとあらゆる環境に広がっていくことができたのだろう？

人類の成功の秘密は、生まれつき備わっている知能にあるのではない。では、更新世の狩猟採集民だった人類の祖先がいつもさらされていたような問題に直面すると、特殊な知能が発揮されるのかと言えば、そういうわけでもない。そもそも、地球上のありとあらゆる環境で生存し、繁栄することができているのは、個々人の知能によるのではない。このあと第2章で見ていくが、私たち人間は、文化として受け継いできた知的スキルやノウハウを奪われてしまうと、どうにもならなくなる。問題解決能力テストでサルと対戦しても、あまりぱっとしない。ヒトという種がなぜこれほど成功しているのか、何のためにこれほど大きな脳があるのか、さっぱりわからなくなってくる。[1]

実を言うと、私たちはこれまでに何度も、ヒトがさまざまなサバイバル試験を受けるのを見てきている。不幸なヨーロッパ人探検家たちが、カナダ北極圏やテキサスのメキシコ湾岸の苛酷な環境の中で、生き延びようと奮闘しながら、にっちもさっちもいかなくなってしまった事例がそうだ。第3章で見ていくが、どの場合もみな、同じような結末を迎えている。探検隊が全滅するか、あるいは、そのうちの何人かが地元の先住民に救出されるか、のいずれかなのだ。こうした先住民は、何百年、何千年も前から先祖代々、その土地の「苛酷な環境」にうまく適応して生きてきた人々だ。

もうおわかりだろう。ヒトチームがサルチームに勝てないのは、ヒトという種が文化への依存度を高めながら進化してきた種だからなのである。そんな動物はヒト以外にはいない。ここで言う「文化」には、習慣、技術、経験則、道具、動機、価値観、信念など、成長過程で他者から学ぶなどして後天的に獲得されるあらゆるものが含まれる。

ヒトチームが生き残れるとしたらそれは、エフェ・ピグミーのような中央アフリカの熱帯雨林に暮らす狩猟採集民のグループにたまたま出遭って仲良くなれた場合に限られる。ピグミー族は背丈は低くて小柄だが、はるか昔からアフリカの熱帯雨林で繁栄を続けてきた。なぜそれができたのか？　熱帯雨林で生存し繁殖するのに欠かせない知識や技能が、先祖代々連綿と受け継がれてきたからなのだ。

人類進化のプロセスや、他の動物とこれほど異なる理由を理解する上で何よりも重要なのは、人類は文化に依存している種である、と認識することだ。おそらく今から一〇〇万年以上前のことだろう、人類の祖先たちは互いに他者から学び、それを文化として蓄積していくようになった。つまり、狩りの仕方や、道具の作り方、獲物の追い詰め方、食用植物の知識などを他者から学んでは改良を加え、前世代から受け継いだ技術や知識に磨きをかけて、次世代に伝えていくようになったのだ。

このようなプロセスが何世代か続くうちに、技術や習慣のツールキットが生まれた。個人が自分の創意や体験だけに頼っていたのでは一生かかっても生み出しえない、大規模で複雑なツールキットだ。イヌイットのイグルー、フエゴ島民の矢、フィジー諸島民の魚食のタブーから、数字、表記体系、そしてそろばんに至るまで、複雑な文化パッケージの例をこのあと多数見ていく。

こうした有用な技術や習慣が何世代にもわたって蓄積され、改良が重ねられていくようになると、文化習得に秀でた個人が自然選択において有利になった。つまり、常に増えつづける情報を、うまく取り入れて利用できる個体が生き残るようになっていったのだ。そして、この新たに登場した文化進化の産物——火、調理法、切断用具、衣類、身振り語、投槍、水容器といったもの——が主要な選択圧として作用し、ヒトの脳や身体に遺伝的な変化をもたらした。この文化と遺伝子との相互作用——**文化－遺伝子共進化**と呼ぼう——がヒトという種を、自然界には例のない新奇な進化の道筋へと駆り立て、他の種とはまるで異なる新たなタイプの動物にしたのである。

ところで、ヒトが文化に依存している種であることを認めると、進化論的アプローチの重要性がよりいっそう増してくる。このあと第4章で取り上げるが、ヒトがもっている、他者から学ぶ能力それ自体が、磨きぬかれた自然選択の産物なのだ。ヒトは適応力の高い学習者で、生まれて間もない時期から、どういった場合にはだれから何を学べばよいかを慎重に選んでいる。その後、大人になるまでずっと（経営大学院の学生でさえ）、名声、実績、力量、性別、民族性などを手がかりに、無意識かつ反射的に、注目すべき相手を選んで学び続ける。そして、相手の嗜好、動機、信念、戦略、賞罰基準などをたちまち自分のものにしていくのである。

こうした選択的な注意と学習のメカニズムが働くことによって、個々人が記憶して次世代に伝える内容が方向づけられ、文化は目に見えないところで進化を遂げていく。同時に、文化的情報の蓄積と遺伝子の進化との相互作用によって、ヒトの身体の構造や生理、心理が形成されていく。そのプロセスは今もなお進行中である。

ではまず、身体構造や生理について見てみよう。生存に有利な文化的情報を獲得する必要性が高まったことによって、脳容積の急激な拡大が促され、そうした情報をすべて蓄えて整理するスペースがもたらされた。同時に、幼年期と閉経後の生存期間が長くなって、こうしたノウハウのすべてを習得する時間と、それを次世代に伝える機会が与えられた。文化の影響は、ヒトの身体の至る所に見てとれる。ヒトの足、脚、ふくらはぎ、腰、胃、肋骨、手指、靭帯、顎《あご》、咽喉、歯、眼、舌、その他さまざまな部分に遺伝的変化を引き起こしたのは、まさに文化なのである。そして、他の動物よりも身体能力の劣るヒトに、優れた投擲《とうてき》能力や長距離を走る能力を与えたのもやはり文化なのである。

次に、心理面について見てみよう。ヒトは複雑で巧妙な文化進化の産物にすっかり頼って生きるようになり、今日では、自分の経験や天性の直感力よりもむしろ、所属する共同体から学んだことを信じるようになっている。実際、人知を越えたところで進行する文化進化の選択のプロセスは、個々人が知恵を絞るよりも賢い「解決法」を生み出してくれるのだ。こうしたことがわかってくると、一見不可解な事柄にも説明がつく。その例として、第7章では次のような疑問を解明していこう。暑い地域に暮らす人々はなぜ香辛料を多用し、それを美味いと感じるのか？　アメリカ大陸の先住民はなぜトウモロコシ粉にいつも焼いた貝殻や草木灰を混ぜたのか？　古代の占いの儀式はなぜ、狩猟の成功率を上げる効果的な戦略になり得たのか？

生存や繁殖に有利な情報が人々の頭脳に貯えられていくにつれて、ヒト社会には、それまでになかった新たな社会的地位《ステータス》が生まれた。プレスティージ（信望・名声）に基づく地位である。ヒトの社会では現在、祖先のサルの時代から引き継いだドミナンス（腕力・権力）に基づく地位と並んで、プレスティージが力をふるっている。

プレスティージの偉力を理解すると、さまざまな謎が解ける。人はなぜ無意識に成功者の喋《しゃべ》り方をまねるのか？　レブロン・ジェームズのようなバスケットボールのスター選手に、なぜ自動車保険を売り込む力があるのか？　パリス・ヒルトンのような、有名であることで有名なタレントがいるのはなぜか？　名望家はチャリティーイベントでは真っ先に寄付すべきだが、最高裁判所のような意思決定機関では最後に発言すべきなのはなぜか？　プレスティージの出現とともに、ドミナンスにまつわるものとはまったく異なる情動や動機やディスプレイ行動が生まれていった。

社会的地位《ステータス》以上に、ヒトの遺伝子を取り巻く環境を変化させたのが、文化が生み出した社会規範だった。親族関係、結婚、食物分配、育児、助け合いなど大昔から最重要だった領域も含め、広範囲にわたるヒトの行動が社会規範の影響を受ける。人類の進化史を通してずっと、社会規範はヒトの行動を規制してきたのだ。食のタブーを無視する、儀式をないがしろにする、姻戚に狩猟の分け前を与えないといった規範破りを犯すと、評判を落とし、陰口を叩かれ、結婚の機会や仲間を失うはめになった。たびたび規範破りを犯すと、村八分にされ、場合によっては村人の手で処刑されることもあった。

このようにして、文化進化によって生まれた**自己家畜化**のプロセスが、ヒトの遺伝的な変化を促し、その結果、私たちは向社会的で、従順で、規範を遵守する動物になっていった。共同体に監視されながら社会規範に従って生きることを、当然のこととして受け入れるようになったのだ。

重要な疑問の多くが、この自己家畜化のプロセスで説明できる。第9章から第11章では、次のような問題を掘り下げていく。儀式には社会の結束を強め、共同体の調和を促す力があるが、儀式が人々の心にこれほど強い影響力をもつようになったのはなぜか？　結婚規範が良き父親をつくり、親族関係ネットワークを広げるのはなぜか？　損得を考えず、無意識かつ直感的に社会規範に従おうとするのはなぜか？　よく考えた上で利己的に行動するのはどんな場合で、それはなぜか？　信号が青になるまで待つ人は、他者と協力して行動する傾向があるのはなぜか？　第二次世界大戦は米国の「最も偉大な世代の人々」〔Great Generations。従軍した兵士やそれを陰で支えた人々〕にどんな心理的影響を与えたのか？　自分と同じ方言の人と付き合ったり、その人から学んだりするのを好むのはなぜか？　人類は、何百万人もの集団で生活できる、最も社会性に富む霊長類になったが、同時に、最も身内びいきで好戦的な動物にもなった。それはなぜなのか？

人類の成功の秘密は、個々人の頭脳の力にあるのではなく、共同体のもつ**集団脳**（**集団的知性**）にある。この集団脳は、ヒトの文化性と社会性とが合わさって生まれる。つまり、進んで他者から学ぼうとする性質をもっており（**文化性**）、しかも、適切な規範によって社会的つながりが保たれた大規模な集団で生きることができる（**社会性**）からこそ、集団脳が生まれるのである。狩猟採集民のカヤックや複合弓から、現代の抗生物質や航空機に至るまで、人類の特徴とも言える高度なテクノロジーは、一人の天才から生まれたのではない。互いにつながりを保った多数の頭脳が、何世代にもわたって、優れたアイデアや方法、幸運な間違い、偶然のひらめきを伝え合い、新たな組み合わせを試みる中から生まれたものなのだ。

規模が大きく、しかも成員相互の連絡性が高い社会ほど、高度なテクノロジーや、豊富なツールキット、多くのノウハウを生み出せるのはなぜか？　小さな共同体が突如孤立すると、高度なテクノロジーや文化的ノウハウがしだいに失われていくのはなぜか？　いずれも、集団脳の重要性で説明できることを第12章で示す。後ほど詳しく述べるが、人類のイノベーションは、個々人の知性よりもむしろ、社会のあり方に依存している。言うまでもなく、共同体の分断や社会的ネットワークの崩壊をいかにして防ぐかということが、長い歴史を通じてずっと、人類にとっての重要な課題だったのだ。

高度なテクノロジーや複雑な社会規範と同様に、複雑で精緻な言語もまた、文化進化の産物であり、こうした情報伝達手段の出現によって、ヒトの遺伝的進化が大いに促された。文化進化は、複雑な道具や儀式を生み出すのと同じような方法で、生存に有利な情報伝達手段を次々と生み出していったのである。

言語が文化進化の所産であることがわかれば、次のようなさまざまな謎が解けてくる。温暖な地域の言語のほうが朗々とよく響くのはなぜか？　大規模な共同体の言語のほうが、単語数も音素数も文法ツールの種類も多いのはなぜか？　小規模社会の言語と現代社会の主流言語との間にこれほど大きな違いがあるのはなぜなのか？　もっと長いスパンで見た場合、このような情報伝達手段の出現によって、ヒトの遺伝子に選択圧がかかり、その結果として、喉頭の位置が低くなり、目の強膜が白くなり、鳥類のような音声模倣の能力がもたらされたのである。

言うまでもないことだが、言語にせよ道具にせよ、文化進化の産物はどれもみな、私たち個々人を賢くしてくれる。少なくとも、現在の環境を生き抜くための知能を高めてくれることは確かだ。あなたは生まれて以降、おそらく膨大な量の文化の所産をダウンロードして受け取っているはずだ。便利な十進法やアラビア数字、(英語が母国語なら)およそ六万語の語彙、そして、滑車の原理や、ばね、ねじ、弓、車輪、てこ、接着剤などみなそうだ。また、直感的な経験則(ヒューリスティクス)や、文字認識のような高度な認知スキル、さらには、そろばんのような知能を補う人工物も、やはり文化から受け取ったものだ。このような人工物は、もともとヒトの脳や身体の機能に合わせて生まれたものだが、ある程度まで、ヒトの脳や身体機能を変化させる力をもっている。

ところで、後ほど述べるが、私たちがこうした道具、概念、技能、ヒューリスティクスなどをもっているのは、ヒトが賢い動物だからではない。文化によって生み出された膨大な道具、概念、技能、ヒューリスティクスなどのおかげで賢くなっているのだ。ヒトを賢くしているのは文化なのである。

文化は、ヒトの遺伝的進化の多くを駆動し、「自己プログラミング」を(多少とも)可能にしただけではなく、遺伝的変化とは別のやり方でヒトの生理や心理に入り込んでいる。文化は、長い歳月をかけて少しずつ、制度、価値観、世評、技術といったものを取捨選択することによって、ヒトの脳の発達や、ホルモン応答、免疫反応に影響を及ぼしてきた。また、文化的に構築された社会に適応しやすいよう、ヒトの注意の向け方、知覚、動機、推論法に調整を加えてきた。第14章で取り上げるが、文化的に獲得された信念ひとつで、痛みが喜びになることもあれば、ワインが美味しく(あるいは不味く)感じられることもある。中国占星術を信じている者は寿命さえも変わってしまう。ヒトの脳は、言語ルールを含めた社会規範の影響を受けながら鍛錬され、形成されていく。海馬を大きくしたり、脳梁(右脳と左脳をつなぐ情報ハイウェイ)を太くしたりと、そのプロセスは多岐にわたる。

遺伝子は変化していなくても、文化進化によって、集団間に生物学的差異や心理学的差異が生まれる。たとえば、先ほどの技能や経験知を文化からダウンロードしたことによって、あなたはすでに生物学的に変化しているのだ。

第17章では、このような視点に立つと、次のような重要な問題についての考え方がどう変わるかを探っていく。

①ヒトをユニークな存在にしているものは何なのか？
②ヒトはなぜ、他の哺乳類に比べてこれほど協調性に富んでいるのか？
③社会によって、成員の協調性に大きな開きがあるのはなぜか？
④ヒトはなぜ、他の動物に比べてとても賢く見えるのか？
⑤社会にイノベーションをもたらすものは何か？　インターネットはそれにどんな影響を及ぼすか？
⑥文化は今もなお、ヒトの遺伝的進化を駆動しているのか？

このような問いに答えていくうちに、文化、遺伝子、生物学的特性、制度、歴史といったものについての考え方が変わってくるし、ヒトの行動や心理に対する見方も変わってくる。こうしたアプローチはさらに、私たちがどんな制度を築き、どんな政策を立て、社会問題にどう取り組み、人間の多様性をどう理解するかという実際的問題にも非常に大きな意味をもってくる。

第2章　それはヒトの知能にあらず

人類は地球の地表面の三分の一以上を大きく変化させた。工業的な窒素の固定量は、陸生生物による天然の窒素固定量をすでに上回っている。人類の土地利用によって、地球上の河川の三分の二の流れが変化した。人類は現在、かつて地球上に存在した大型動物の一〇〇倍ものバイオマスを利用している。その量たるや、膨大な数の家畜まで含めるならば、陸生脊椎動物のバイオマスの九八％以上にも及ぶ(1)。

このような事実を見ても、人類が地球上の生態系の優占種であることに疑問の余地はない。それにしても、なぜ私たちなのだろう？　なぜ、人類は生態系の優占種でいられるのだろう？　人類の成功の秘密はいったい何なのか？(2)

こうした問いに答えるために、ひとまず、現代社会の水力発電ダム、機械化農業、航空母艦、さらには古代世界の鉄製鍬先《くわさき》、巨大墳墓、灌漑工事、大運河といったものは脇に除けておこう。熱帯に生息していた霊長類が、いかにして地球全域に広がっていったのかを理解するためには、産業技術や都市や農耕が出現するはるか以前にまでさかのぼる必要があるのだ。

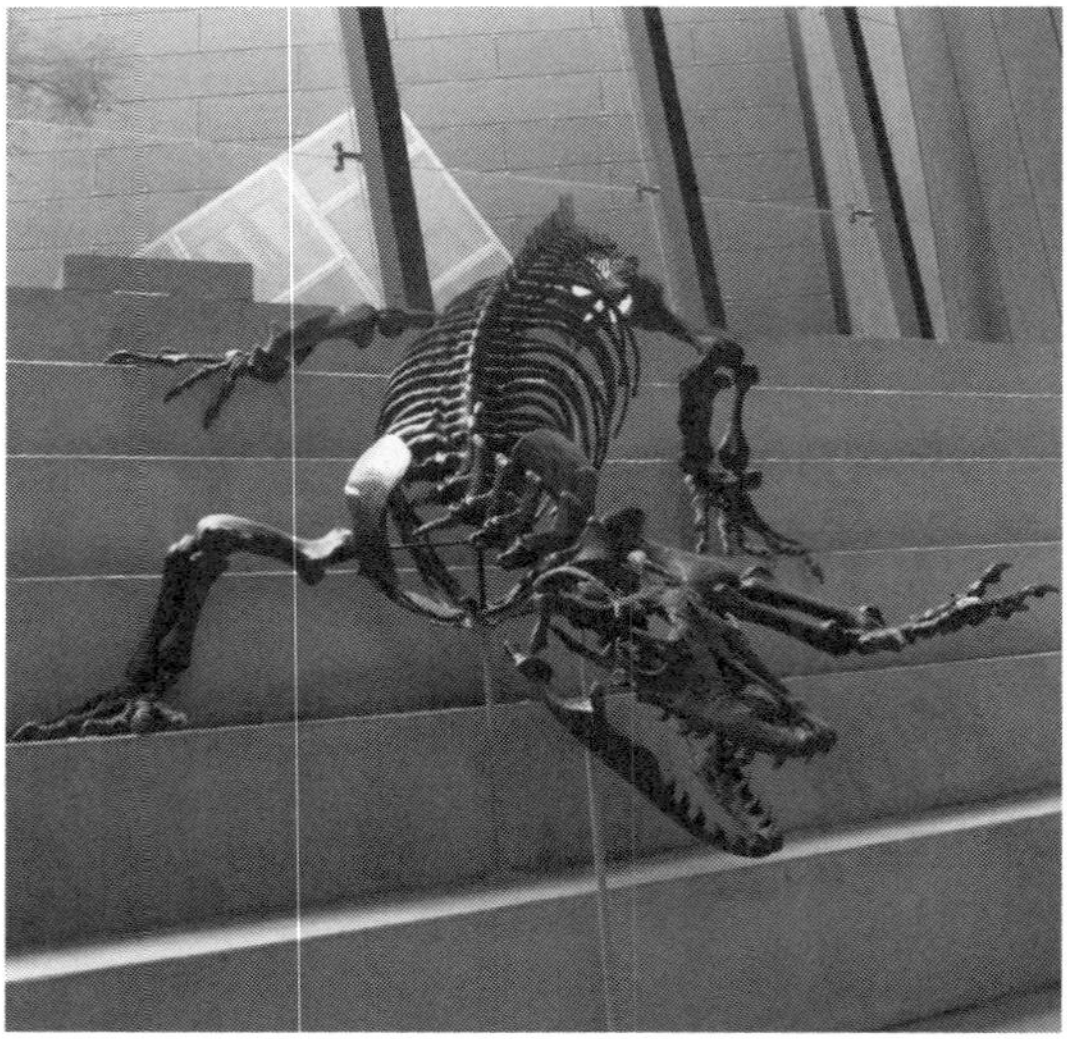

図 2.1　更新世のオーストラリアに棲息していた巨大な肉食性爬虫類の化石

太古の狩猟採集民は、地球上の陸域生態系の大部分に広がっていっただけではない。人類はどうも大型動物相の大量絶滅の要因にもなったようだ。マンモス、マストドン、オオツノジカ、ケブカサイ、オオナマケモノ、オオアルマジロや、ある種のゾウ、カバ、ライオンなど、大型脊椎動物の絶滅を招いたのは、人類ではないかと考えられている。こうした絶滅には気候変動も影響していたと思われるが、多くの大型動物が消滅した時期は、人類がさまざまな大陸や大きな島に出現した時期と奇妙にも一致しているのだ。

たとえば、今から六万年ほど前にオーストラリア大陸に人類が現れる以前、この大陸には、体重が二トンもあるウォンバットや、巨大な肉食トカゲ（図2・1）、ヒョウほどの大きさのフクロライオンなど、さまざまな大型動物が棲息していた。しかし、これらはその他五五種の大型動物とともに、人類が到着してまもなく絶滅し、その結果、オーストラリア大陸の大型脊椎動物の八八％が失われることになった。それから何万年ものち、人類が南北アメリカ大陸に到着すると、ウマ、ラクダ、マンモス、オオナマケモノ、ライオン、ダイアウルフなど八三種の大型動物が絶滅し、その結果、大型動物相の七五％以上が失われた。さらに、時期は異なるが、人類がマダガスカル島や、ニュージーランド、カリブ諸島に到着したときにもやはり同様のことが起きている。

しかし、注目すべきことに、アフリカ大陸の大型動物たちは、そしてユーラシア大陸の大型動物たちもある程度は、もっとうまく立ち回った。おそらくそれは、彼らが何十万年もの長きにわたって、人類の直系の祖先やネアンデルタール人のような進化上のいとこたちとともに、進化の道を歩んできたからだろう。アフリカやユーラシア大陸の大型動物たちはこんなふうに見抜くようになった。ヒトという種は、恐れるほどの相手には見えないし、鉤爪も、犬歯も、毒も、俊敏さも備えていないので簡単に餌食にできそうだが、さにあらず。奴らは、槍などの投擲具や、毒薬、わな、火といった危険な秘術、そして、協力行動を促す社会規範の力で頂点捕食者にのし上がっているのだ、と。[3] 人類が生態系に重大な影響を及ぼしたのは、産業社会以降だけのことではない。もっと長い歴史があるのだ。[4]

分布域を大きく拡大して、生態学的に大成功を収めた動物はヒトだけではない。他にもいろいろいる。しかし、それは概して種分化によるものだった。自然選択の作用を受けて、それぞれの環境に適した種が形成されていったのだ。たとえば、アリ類は、バイオマスの総量から見ると現代の人類と同等で、最優位の陸生無脊椎動物になっている。これを達成するために、アリ類の系統は一万四〇〇〇種以上に分化して、多種多様な環境に対して遺伝的適応を行なってきた。[5]

一方、ヒトは単一種のままであり、しかも、さまざまな環境に居住していながら、遺伝的変異が比較的少ない。チンパンジーと比べても遺伝的変異ははるかに少なく、亜種分化の兆候もみられない。

それにひきかえ、チンパンジーはアフリカの熱帯林の狭い領域にとどまっているにもかかわらず、すでにはっきりと三つの亜種に分かれている[6]。私たち人類が多種多様な生態環境に適応して繁栄しているのは、他の動物たちのように、それぞれの環境に遺伝的に適応してきたからではないのだ。

遺伝的適応の結果ではないとしたら、人類の成功の秘密は何なのか？　その土地に応じた道具、武器、住居をこしらえることができ、また、火を制御しながら、蜂蜜、鳥獣肉、果実、根菜、ナッツといった多様な食物源を利用できたことが、人類の成功の要因の一つであることに異論を唱える人はいない。また、互いに協力し合う能力や、さまざまな形の社会組織の存在を理由に挙げる研究者も多い[7]。

狩猟採集民はみな、家族単位で緊密に協力し合って暮らしているが、もっと大きな単位でもある程度まで協力し合う。その規模は、数家族から成るバンドから、数千家族を擁する部族まで千差万別だ。このような社会組織の形態はどの側面をとっても多彩きわまりなく、成員の資格や、結婚、交換、分配、所有、居住に関するルールも多種多様である。狩猟採集民について見ただけでも、ヒト以外の霊長類をすべて合わせたよりも、多くの社会組織の形態がある。

したがって、先ほどの指摘は大筋では正しい。しかし、そもそもなぜ、ヒトはそのような多様な環境にうまく適応して繁栄するのに不可欠な道具や技術や組織を作り出すことができるのだろう？　その点が解明されないかぎり、最初の問いに答えたことにはならない。なぜヒトは、他の動物にはできないことができるのだろう？

最も一般的なのは、ヒトのほうが頭がいいからという答えだ。大きな脳をもっているヒトには、大容量の情報処理能力や高性能の知能（ワーキングメモリなど）が備わっており、そのおかげで独創的な解決策を生み出すことができるというわけだ。たとえば、世界をリードする進化心理学者たちは、ヒトはものごとの因果モデルを構築する「即興的知能」を進化させたのだと主張している。この因果モデルをもとに「その場で即座に」役に立つ道具、戦術、戦略を編み出すのだという。具体的に言うと、たとえば、ある人が鳥を仕留めなくてはならない状況に置かれたとする。その人は大きな霊長類の脳をフルに回転させて、木に弾性エネルギーを蓄えられること（因果モデル）を見出し、それをもとに鳥を仕留めるための弓矢やくくり罠をこしらえる、というわけだ。[8]

また別の、というよりも、これを補完するような見方もある。ヒトの大きな脳には、遺伝的に授かった認知能力——つまり、狩猟採集民の祖先が何度も遭遇した最重要課題に対処すべく、自然選択によって出現した認知能力——が満ちているという。重要課題となるのはたいてい、食物、水、配偶者、友人などを見つけたり、近親相姦、ヘビ、病気などを避けたりといった特定領域の事柄だ。周囲の環境から刺激を受けると、こうした認知メカニズムが作動し、該当する情報を取り込んで、解決法を提供してくれるというわけだ。たとえば、心理学者のスティーブン・ピンカーは長らく、ヒトが他の動物よりも聡明で柔軟性があるのは「他の動物よりも本能行動が少ないからではなく、むしろ多いからである[9]」と主張している。この見方に従うならば、大昔から獲物を追いかけて狩る生活をしてきたヒトには、それに特化した心理機能が発達しており、然るべき状況下では、（ネコのような）追跡能力や狩猟能力が発揮されるということになる。

ヒトが地球生態系の優占種になりえた理由として、三つ目によく挙げられるのが、ヒトの向社会性だ。ヒトには、多岐にわたる分野で、緊密に、なおかつ大規模に協力し合う能力がある。自然選択の作用によって、ヒトは社会性や協調性に富む種となり、互いに協力し合うことによって地球を征服したというのである。[10]

以上、ヒトが優占種になりえた理由としてよく挙げられるのは、①一般的な知能または情報処理能力、②進化の途上で狩猟採集民として生きるために発達させた特殊な知能、③高度な協力を可能にする協力本能または社会的知性、の三つだ。たしかにこの三つはどれもみな、ヒトの本性をより深く理解する上で重要ではある。しかし、このあと示すように、以上のようなアプローチでは、人類が地球生態系を支配できている理由も、ヒトの独自性が何に由来するのかも説明することはできない。それを説明するにはまず、私たちが、文化として代々受け継がれてきた大量の情報——その土地での生存と繁殖に有利な情報——にどれほど依存しているかをしっかりと認識する必要がある。それは、一個人が一生かけても考え出すことができないほど優れた知恵に満ちたものなのだ。ヒトの本性や、生態系を支配するに至った理由を理解するには、まず最初に、文化進化がいかにして数々の適応的な習慣や信念や動機を生み出していったのかを探る必要がある。

　第3章では、遭難したヨーロッパ人探検家たちが、ヒトのずば抜けた知能や、協力行動への動機、そして特殊な知能について教えてくれるだろう。しかし、探検家たちとともに出航する前に、少しだけウォーミングアップをしておこう。ヒトは他の霊長類よりも賢いと思い込んでいるあなたに揺さぶりをかけておきたいのだ。たしかに私たちは、地球上の動物としては賢い部類に入る。しかし、地球生態系でこれほどの成功を収められるほど賢いのかと言ったらとんでもない。さらに言うと、ある特定の認知機能には秀でているが、それ以外は大したことがない。

　私たちの知能も、その欠陥も、ヒトの脳の進化の過程を理解すれば予測できるものばかりだ。ヒトの脳は、増大し続ける文化的情報を収集、蓄積、整理、伝達する能力が決定的な選択圧となる世界のなかで進化し巨大化していった。ヒトの文化的学習能力は、自然選択の作用と同様に、何世代にもわたって「黙々と」作用し続けて、一個人もしくはグループでは生み出しえないような賢い習慣を生み出す。ヒトの知能のように思えるものの多くは、天性の知力でも、本能でもない。実は、先祖代々文化として受け継がれてきた膨大な知的ツール（たとえば整数）や、スキル（左右の区別）、概念（弾み車）、分類体系（色名）などによってもたらされているのだ。[11]

いよいよサルと対決することになるが、その前に用語について簡単に整理しておきたい。本書全体を通して、**社会的学習**とは、個体が他者の影響を受けながら学習することを意味する。社会的学習にはさまざまな心理プロセスが含まれる。一方、**個体学習**とは、個体がその環境を観察し、環境と直接作用し合うことによって学習する場合だ。ある獲物の出現時期を自ら観察して狩猟の適期を見計らうのもそうだし、いろいろな穴掘り道具を実際に使ってみて試行錯誤を重ねるのもそうだ。したがって、個体学習にも当然さまざまな心理プロセスが含まれる。

ちなみに、他者の周りにいて個体学習しているときに、予期せぬ副産物として、最も単純素朴な形の社会的学習がなされることもある。たとえば、私があなたの周りをうろついているときに、あなたが石でナッツを割っていたとすると、私は、石を使えばナッツが割れることを自分自身で発見しやすくなる。石とナッツを目にする機会が増えて、自力で両者を関連づけやすくなるからだ。

文化的学習は、社会的学習の中でも、より複雑で高度な能力を要する学習で、他者の選好、目的、信念、戦略を推し量ることによって、また、他者の行動や動作を模倣することによって情報を得ようとするものだ。ヒトについて語るとき、私はたいてい「文化的学習」のことを指しているが、ヒト以外の動物や人類の遠い祖先について述べるときは「社会的学習」という言葉を使う。なぜなら、その社会的学習に文化的学習の要素が含まれているかどうか定かでないからだ。

サルとヒトではどちらが勝つか

ではまず最初に、ヒトの知能と、ヒトと近縁でやはり大きな脳をもつ二種類の類人猿（チンパンジー、オランウータン）の知能を比較してみよう。すでに述べたとおり、ヒトが「賢い」のは、一つには文化的学習を通して数々の認知能力を身につけているからである。文化進化によって、ヒトの知能の発達を促す世界が築かれた。さまざまなツールや体験、学習の機会が、知らず知らずのうちに、私たちの知能を引き出して、磨き、伸ばしてくれているのである。

したがって、ヒトとサルの知能を比較しようとしても、たとえば分数を知っているような、文化的能力をフル装備した成人と類人猿を比べたのでは、正しい結果が得られない可能性がある。とはいっても、文化が生んだ知的ツールから隔離して子どもを育てることはおそらく不可能だし、明らかに倫理に反する。そこで研究者たちがよくやるのが、幼児と類人猿の比較だ。たしかに、幼児もすでに文化の影響を受けているが、認知能力（左右の区別、引き算など）を獲得するのにまだそれほど時間をかけていないし、学校教育も受けていない。

ドイツのライプツィヒにある進化人類学研究所のエスター・ヘルマンとマイケル・トマセロらは画期的な研究を行なった。チンパンジー一〇六匹、ドイツ人の子ども一〇五人、オランウータン三二匹に対し、三八項目からなる認知機能テストを実施したのである[12]。このテストは、空間認知、量概念、因果関係把握、社会的学習という四つの領域の能力を評価する四つのサブテストで構成されている。

空間認知能力を評価するサブテストでは、物体の位置を記憶できるか、回転させてもその位置がわかるか、それを追うことができるかどうかを調べる。量概念についてのサブテストでは、相対的な量を比較したり、足したり引いたりする能力を評価する。因果関係を把握する能力をみるサブテストでは、関連する形や音を手がかりに欲しいものを見つけられるかどうか、ある問題を解決するのにふさわしい道具を選べるかどうか（つまり因果モデルを構築できるかどうか）を調べる。社会的学習能力を評価するサブテストでは、欲しい物を獲得するための手段（細い管で食物を抜き取るなど、なかな

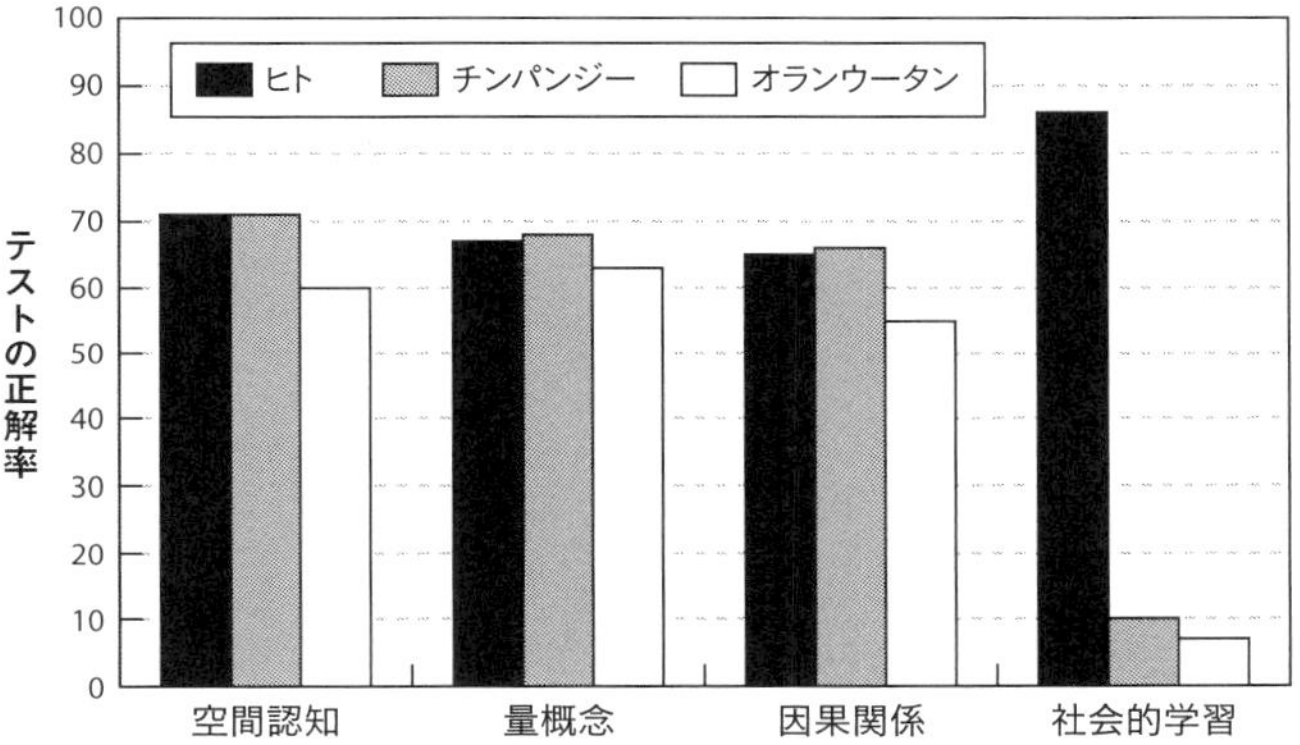

図 2.2 チンパンジー、オランウータン、および幼児に実施した 4 種類の認知機能テストの平均正解率

か思いつきにくい手法）をだれかがやって見せて、そのすぐあとで、獲得に役立った物品をそろえた上で、参加者たちに今見たのと同じ課題を与える。

図2・2に示した結果には驚かされる。社会的学習を除く三つの領域のサブテストでは、チンパンジーと二歳半の幼児との間にほとんど差が見られなかった。幼児のほうがはるかに大きな脳をもっているにもかかわらずである。チンパンジーよりも脳がわずかに小さいオランウータンの場合は、やや成績が劣るが、それほど劣るというわけではない。適切な道具を選べるか（因果モデルを構築できるか）に注目したサブテストでさえ、正解率は、幼児七一％、チンパンジー六一％、オランウータン六三％だった。道具を使うとなると、幼児二三％、チンパンジー七四％で、チンパンジーが幼児に勝っている。

それとは対照的なのが、社会的学習能力を評価するサブテストだ。図2・2には平均値が示されているが、実際には、二歳半の幼児のほとんどは一〇〇％正解し、類人猿のほとんどは〇％だった。以上の結果から総合的に判断すると、幼児と二種類の類人猿を比較した場合に、幼児がずば抜けているのは社会的学習に関する能力だけで、空間認知、量概念、因果関係に関する能力はほぼ同等であることがわかる。

一つ重要なのは、成人を対象にこの一連のテストを行なったら、一〇〇%正解するだろうということだ。だとすると、テストの設定自体がヒトの側に不利ではないかと思うかもしれない。なぜなら、エスターとマイケルらは、二歳半の幼児と、もっと年上（三歳~二一歳）の類人猿を比較しているからだ。しかし興味深いことに、ヒトとは違って類人猿の場合には、年長の類人猿のほうがテストの成績が良いということはない。チンパンジーやオランウータンの認知能力は——少なくともこうした課題をこなす能力は——三歳でほぼ頭打ちになってしまう。(13) それにひきかえ、ヒトの子どもの場合には、少なくとも二〇年間はテストの得点が上昇し続ける。どこまで伸びるかは、どんな環境でだれに育てられるかによって大きく変わってくる。(14)

ところで、チンパンジーやオランウータンにもある程度、社会的学習能力が備わっているということを心得ておく必要がある。とくに類人猿以外の動物と比較する場合にはそれが重要だ。しかし、類人猿とヒトの両方に適用可能なテストを作ると必然的に、類人猿の成績は最低点付近に、ヒトの成績は最高点付近にくる。実は、後述するとおり、ヒトは類人猿に比べて何でも無意識にまねる傾向が強く、不必要なことや、どうでもいいことまでまねようとしてしまう。手本を示すときに、「余計」なことや「無駄」なことも含めておくと、ヒトよりもチンパンジーのほうが優れた社会的学習をする。ヒトは無駄なことや不必要なことまでまねてしまうのに対し、チンパンジーはそれをきちんと無視するからである。

チンパンジーと大学生の記憶力

ヒトの認知能力は年齢とともに向上していく。豊かな文化的環境で育った場合には特にそれが顕著だ。とはいっても、大人になれば、どんな知能もすべて類人猿を凌ぐようになるとは限らない。まず手始めに、ヒトとチンパンジーの①ワーキングメモリ（作業記憶）と情報処理速度、②戦略型ゲームの成績、を比較したデータを検討してみよう。いずれの結果も、人類の成功は優れた知力と情報処理能力の賜物だという考えに疑問を突きつける。また、②の結果は、ヒトの脳はマキャベリ的社会環境（後述）への適応として進化したという社会脳仮説に疑問を投げかけるものだ。

　知能テストを受けると、聞いた数字の列を逆順に唱えるように言われるが、これは**ワーキングメモリ（作業記憶）**を測定しているのである。作業記憶は**情報処理速度**とともに、知能の二本柱とされることが多い。情報処理速度や作業記憶の得点は、問題解決や帰納的推理の能力（流動性知能と呼ばれる）と関連のあることが証拠から明らかになっている。情報処理速度や作業記憶で高得点を取った子どもや青年は、その後、高い問題解決能力や帰納的推理力をもつようになる傾向がある[15]。作業記憶には大脳新皮質が使われるが、ヒトの新皮質はチンパンジーよりもはるかに大きいので、両者が対決したら、成人はチンパンジーをはるかに凌ぐ好成績を挙げそうに思われる。

　京都大学霊長類研究所の井上《いのうえ》紗《さ》奈《な》と松沢《まつざわ》哲郎《てつろう》は、次のような方法でチンパンジーとヒトの記憶力を比較した。まず、チンパンジーの母子三組に、１から９までの数字系列を学習させ、タッチスクリーン上に表示される数字に１から９の順に触れるように訓練した。そして、情報処理速度と作業記憶を測定する装置として、１から９までの数字がディスプレイ上のばらばらな位置に一瞬表示されたあと、白い四角形で覆われるような装置を考案した（図２・３）。参加者は、数字が隠れている白い四角形を、１から９の順番に叩かなくてはならない。画面上で数字を見ることができる時間を三通り（〇・六五～〇・二一秒）に設定して実験を行なった。

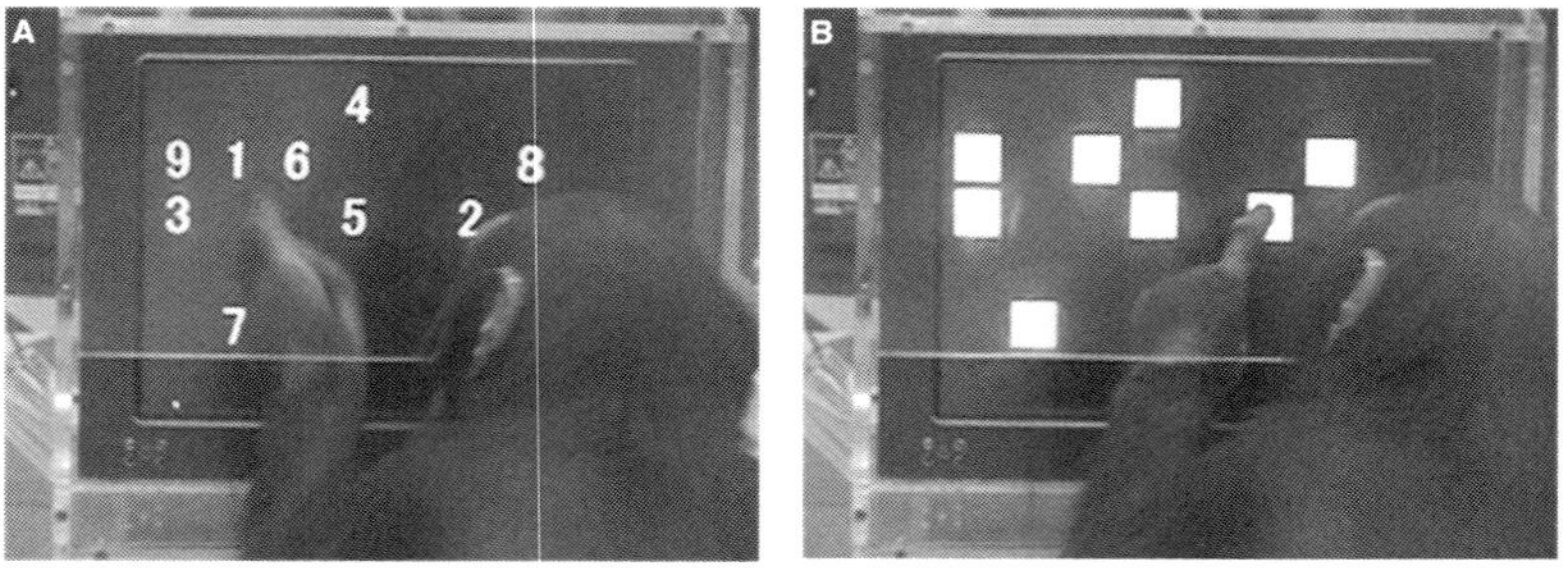

図 2.3　作業記憶容量を測定する課題。1から9までの数字が画面上に一瞬表示されたのち、白い四角形で覆われる。参加者は記憶を頼りに、1から9の順番に叩かなくてはならない。

ヒト代表として、これらのチンパンジーと対決したのは大学生たちだ[16]。作業記憶に関しては、ヒトに軍配が上がった。難易度が最も低い課題（六個の数字が〇・六五秒間提示される）では、一二人中七人がチンパンジー全員に勝ち、スターである五歳のチンパンジー、アユムをも凌いだ。平均点で見ると、大学生たちの成績はアユムと互角で、他のチンパンジーたちを楽々上回った（互角と言うとやや語弊がある。というのは、大学生たちの成績は、ある一人——正解率が三〇％そこそこでチンパンジーの子ども全員に敗れた一人——に足を引っ張られているからだ）。ところが、数字の表示時間が短くなって難度が増すと、大学生はだれ一人としてアユムにかなわなかった。興味深いことに、表示時間が短くなってもアユムは高い正答率を維持したのに対し、大学生や他のチンパンジーの成績は急激に低下したのだ。

情報処理速度（数字が消えてから白い四角形を叩き始めるまでの時間）に関しては、チンパンジーが圧倒的勝利をおさめた。すべてのチンパンジーがどの大学生よりも速く反応し、しかも反応速度が成績に影響することはなかった。それに対し、大学生の場合は、反応が速いと正解率が下がってしまう傾向があった。

だいたいこのあたりで大学生側から、競技の条件が不公平なのでは、という言い訳や不満の声が上がり始める。たとえば、チンパンジーの成績は、四〇〇回練習した後の一〇〇回分を測定したものだった。それに対し、大学生の成績は、まったく練習をせずに五〇回測定したものを用いている。実際、その後の研究で、大学生は訓練をすれば、アユムと同等もしくはそれを超える成績を挙げられることが明らかになっている[17]。

しかし、条件の不公平さはお互い様かもしれない。ヒトチームのメンバーは、教育を受けた若い成人で、情報処理速度も作業記憶もヒトとしてのピークに近い。もしも、チンパンジーチーム側にも不満を表明する手段があったなら、チンパンジーの子どもと年齢的に同等の、ヒトの五歳児との再対決を要求してきたに違いない。母親よりも成績の良かったこの子どもチンパンジーたちは、おそらく五歳児チームに圧勝するだろう。また、チンパンジー側に不満を伝える手段があったなら、自分たちは檻に閉じ込められて、変てこな数字を無理やり学ばされたが、大学生にとってアラビア数字は、生まれてこの方ずっと慣れ親しんでいるものではないか、と文句をつけたことだろう[18]。

このように論争を始めたらキリがなく、既存のデータでは決着がつけられない。しかし重要なポイントに変わりはない。ヒトはチンパンジーよりもはるかに大きな脳をもっているにもかかわらず、作業記憶でも情報処理速度でもそれほど優位に立てなかったということだ。この事実を踏まえると、人類の地球生態系における優位は、すぐれた作業記憶や天性の情報処理能力によってもたらされたと主張するのはなかなか難しいのではないかと思われる。

駆け引き能力に優れているのはどちらか

では次に、ヒトとチンパンジーが駆け引き能力で対決したらどうなるかを見てみよう。私たちはきわめて社会的な動物だ。ヒトのもつ社会的知能こそが、地球上での優占種としての地位をもたらしたのかもしれない。複雑な社会環境に適応していくなかで、ヒトの脳の拡大が促され、高度な知能が進化したのだとする有名な説は、**マキャヴェリ的知性仮説（社会脳仮説）**と呼ばれている。この仮説のポイントは、ヒトの駆け引き能力を強調している点であり、大きな脳や高度な知能は、互いに相手を巧みに操り、騙し、利用しようとしてどんどん巧妙化していく駆け引き能力の「軍拡競争」から生まれたのだと主張する。もしそのとおりだとしたら、特に戦略型ゲームはチンパンジーよりも得意なはずだ。(19)

マッチングペニーゲームは、チンパンジーにも人間にも使われる典型的な戦略型ゲームである。チンパンジー同士、人間同士が、一対一で何回か対戦する。各プレーヤーに「マッチャー」もしくは「ミスマッチャー」いずれかの役割が与えられる。一回ごとに、各プレーヤーは「左」か「右」のどちらかを選ばなくてはならない。マッチャーは、自分の選択（「左」か「右」か）が相手と一致した場合にのみ報酬が得られる。一方、ミスマッチャーは、自分の選択が相手と不一致だった場合にのみ報酬が得られる。ただし、図2・4に示したように、報酬の構造は非対称だ。つまり、マッチャーは、「左」で一致すれば角切りリンゴを四個もらえるが、「右」で一致しても一個しかもらえない（人間の場合は、それに見合う現金がもらえる）。一方、ミスマッチャーは、うまく不一致となっても、（「左」「右」の選び方に関係なく）もらえるのは二個だ。

このような状況下で、双方がどう行動するかをゲーム理論を使って考えてみよう。勝つために必要なのはまず、両プレーヤーともに、自分がどちらを選ぶかをできるかぎり相手に悟られないようにすることだ。前の回で左右どちらを選んだかをもとに、次の手を予測されてはいけない――ということは、ランダムに選ぶ必要がある。

まず、マッチャーの立場で考えてみよう。対戦相手（ミスマッチャー）は、「左」「右」関係なしに、不一致にさえできれば角切りリンゴを二個もらえる。したがって、あなたは、硬貨投げのように適当に「左」「右」を選べばよい。でたらめに半々に「左」「右」を選べば、相手はあなたの選択を予測することができないからだ。もし、半々ではなくどちらかに偏った選択をすると、相手がそれを見抜き、不一致にできる確率が高まってしまう。

では次に、ミスマッチャーの立場で考えてみよう。あなたがでたらめに半々に「左」「右」を選ぶと、対戦相手（マッチャー）はほとんど「左」を選ぶようになる。なぜなら、「右」で一致しても一個しかもらえないが、「左」で一致すれば四個もらえるからだ。したがって、あなたがそれに対抗するためには、五回のうち四回は「右」を選ぶ必要がある。

ここから、合理的な選択をするプレーヤーが利益を最大化するためにとる戦略が、どこに落ち着くかを予測することができる。すなわち、マッチャーの場合は、ランダムに二回に一回の割合で「左」を選択し、ミスマッチャーの場合は、ランダムに五回に一回の割合で「左」を選択すると考えられる。これをナッシュ均衡と呼ぶ。マッチャーとミスマッチャーの利得構造を変化させれば、「左」を選択する割合も変化する。

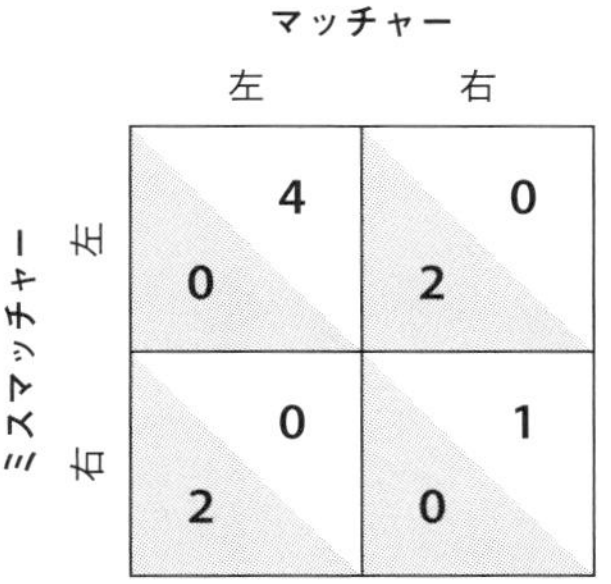

図 2.4　利得構造が非対称となるマッチングペニーゲームでの、マッチャーとミスマッチャーの利得。各プレイヤーは「左」か「右」のいずれかを選択する。マス目の白色部分に示してあるのがマッチャーの利得で、灰色部分に示してあるのがミスマッチャーの利得。マッチャーは、「左」で一致すれば利得 4 だが、「右」で一致したら利得 1。一方、ミスマッチャーの場合は、「左」「右」の選び方に関係なく、一致しなければ利得 2。

カリフォルニア工科大学と京都大学の研究チームが、六匹のチンパンジーと二つのグループの成人（日本人の大学生とギニア共和国ボッソウ村のアフリカ人）を対象に実験を行なった。この利得構造が非対称のマッチングペニーゲーム（図2・4）をチンパンジーにやらせると、結果は予想どおり、ナッシュ均衡に落ち着いた。ところが、人間はたびたび合理的な判断をしそこない、特にミスマッチャーのときの成績が悪かった。こうした「合理的選択」からの逸脱は、人間の合理性を調べるためにこれまでに行なわれた多くのテストの結果とも一致するものだが、その逸脱の回数たるやチンパンジーの七倍近くに上った。さらに、繰り返し対戦したときの反応パターンを詳しく分析すると、チンパンジーのほうが、対戦相手の選択にも、利得構造の変化にもすばやく反応した（すなわち、マッチャーからミスマッチャーへの役割への切り替えが速かった）ことが明らかになった。少なくともこのゲームの結果を見るかぎりでは、個体学習能力も戦略的先見性も、チンパンジーのほうがまさっているように思われる[20]。

この設定でのチンパンジーの好成績はただの偶然ではなかった。カリフォルニア工科大学と京都大学のチームはさらに、利得構造を変えた二通りのバージョンでも試験した。すると、利得構造が変わるたびに、チンパンジーの選択はナッシュ均衡に落ち着いたのである。これはつまり、チンパンジーには、ゲーム理論でいうところの混合戦略を展開する能力があるということだ。混合戦略をとるためには、ある確率に基づいて自分の行動をランダム化する必要がある。ところが、人間にはなかなかこれができない。

最後に、応答時間の分析からも、人間の能力不足が明らかになった。応答時間とは、その回がスタートしてから指し手を選ぶまでの時間である。マッチャーのときよりもミスマッチャーのときのほうが長い時間がかかったのは、チンパンジーも人間も同じだ。しかし、人間はチンパンジーよりもはるかに長い時間がかかった。まるで、反射的に反応するのを押し留めようとしているかのようだった。

こうした行動パターンは、ヒトの認知機能のある大きな欠陥を映し出しているのかもしれない。それは、無意識かつ反射的に相手に合わせようとしてしまう傾向だ。マッチングペニーゲームやじゃんけんゲームなどでは、相手よりもほんのわずかに早く、うっかり自分の選択をさらしてしまうことがある。すると一瞬遅れたほうが有利になる。マッチングペニーゲームでは、一瞬遅れて有利になるのは、マッチャーのときであることが実験からわかっている。相手をまねることが勝利につながるからだ。ところが、ミスマッチャーのときは、相手の選択を一瞬見てしまうと、それをまねるのを食い止められず、負けやすくなる。じゃんけんでは、あいこ（たとえばグーとグー）になりやすくなる。一瞬遅れると、無意識に相手と同じものを出してしまうからだ。[21] 私たち人間には、無意識かつ反射的に相手を模倣してしまう傾向があるが、チンパンジーの場合、こうした認知機能の「欠陥」は、少なくともこれほどひどくはないようだ。

さて、いよいよここからが本番だ。ここまで、主にヒトとサルの比較を通して、ヒトは知能の高い動物ではあるが、地球生態系での成功を説明できるほどの知能はもっていないことを示してきた。また、心理学や経済学分野の文献をもとに、大学生が統計的確率に照らしながら合理的な判断を下せるかどうかも見てきた。私たち人間は、論理的な誤りを犯したり、ありもしない相関関係を錯覚したり、ランダムな現象に因果関係を推測したり、些細なことと重大なことに同等の重みを置いたり、といったことをしょっちゅうやってしまう。実際こうした能力をテストしてみると、鳥、ハチ、齧歯類《げっし》といった他の動物よりもずば抜けて良い成績をとれるわけではない。負けてしまうこともある。[22]

私たち人間が陥りやすいものとして、ギャンブラーの誤謬《ごびゅう》、コンコルド錯誤（埋没費用効果）、ホットハンドの誤謬などが挙げられる。賭け事をする人は、同じ目が続いたあとは違う目の出る確率が高くなるはずだと錯覚する（ギャンブラーの誤謬）。映画館に出かけた人は、こんなくだらない映画を見るくらいなら寝ていたほうがましだと知りつつも、チケット代金を思ってそのまま映画を見続ける（埋没費用効果）。バスケットボールの試合に賭けている人は、ある選手がゲーム序盤で立て続けにシュートを決めると、その後もシュートを連発するように思ってしまう（ホットハンドの誤謬）。それに対し、ラットやハトなどの動物はこのような誤った推論はしないので、たいていもっと有益な選択をする。

そんなぼんくらな私たちが、いったいなぜ、種として成功できたのだろう？　なぜ、頭が良さそうに見えるのだろう？　以下の一五の章でこれらの疑問に答えていくつもりだ。しかし、本題に入る前に、ヒトの知能がどの程度のものなのかを検証しておきたい。まとっている文化を剥ぎ取られてしまっても、その大きな脳をフルに回転させて、狩猟採集民として生きられるだけの知力を発揮できるのだろうか？

第3章　遭難したヨーロッパ人探検家たち

一八四五年六月、イギリス海軍の二隻の艦艇、ＨＭＳエレバス号とＨＭＳテラー号は、サー・ジョン・フランクリンの指揮のもと、「北西航路」開拓のためにブリテン諸島を出発した。北西航路とは、カナダ北極諸島を通って西ヨーロッパと東アジアを結ぶ、新たな貿易航路のことだ。この遠征はいわば、一九世紀半ばのアポロ・ミッションだった。当時イギリスは、カナダ北極圏の支配権をめぐってロシアと競っており、また地磁気の世界地図を作成しようとしていた。イギリス海軍本部は、北極探検の経験が豊富な海軍将校フランクリンに二隻の砕氷船を用意した。最新式の蒸気機関や、格納式のスクリュープロペラ、着脱式の舵を備えたこれらの砕氷船は、すでに実地試験済みで、性能がさらに強化されていた。また、コルクを断熱材に用い、石炭によるスチーム暖房を備え、さらに、海水を蒸溜して淡水にする装置や、五年分の保存食料（一万個の缶詰も含まれていたが、缶詰は当時の新技術だった）、一二〇〇冊の書物を用意するなど、凍てつく北の大地を探検し、北極地方の長い冬に耐えられるよう、入念な準備がなされていたのである。[1]

予想されたとおり、冬が近づくと、北極線の北方一〇〇〇キロメートルのデヴォン島やビーチー島のあたりで海氷に閉じ込められてしまい、遠征隊の初年度の活動はこれで終了となった。そのまま何とか一〇か月間を乗り切ると、ようやく張りつめていた氷が解けて海域が開け、遠征隊はキングウィリアム島付近の海路を探るために南へと向かった。しかし九月に入ると、再びそこで海氷に閉じ込められてしまう。今回は、冬が終わり、夏が近づいても氷は一向に減らない。そのままもう一年間、越冬を余儀なくされることはもう明らかだった。

フランクリンはそれから間もなく死去。残された乗組員たちは、食料も暖房用石炭も徐々に費《つい》えていくなか、海氷に挟まれた船内で翌年まで耐え忍ぶことになる。こうして一九か月が経過した一八四八年四月、北極圏での経験が豊富な副司令官のクロージャーが隊員一〇五名に、船を捨ててキングウィリアム島で野営するよう命じた。

そのあとどうなったか、詳しいことはわかっていない。ただ一つ明らかなのは、一人また一人と死んでいき、遠征隊は全滅したということだ。消息を絶った遠征隊の捜索のために、その後、多くの救援隊が派遣された。その救援隊が地元のイヌイットから聞いた話や、現地に残された証拠から推測すると、乗組員たちは散り散りになって南へ移動していったようだ。人肉食も行なわれたらしい。こんな証言もある。あるイヌイットのバンドが、乗組員の一団と出遭ったときのこと。飢えている男たちにアザラシの肉を分けてやったが、彼らが切断した人間の腕や脚を運んでいるのに気づいて急いで別れたという。遠征隊の遺骨や遺物は、キングウィリアム島の何か所かで見つかっている。これはあくまでうわさだが、クロージャーはずっと南へと下ったところでチペワイアン族に遭遇し、それまで人肉食を続けてきたことを隠しながら、そこで余生を送ったと伝えられている。(2)

フランクリン隊の隊員たちはなぜ、生き延びられなかったのだろう？　この土地で実にうまく暮らしている人々もいるというのに、なぜ全滅してしまったのか？　キングウィリアム島はまさに、ネツ

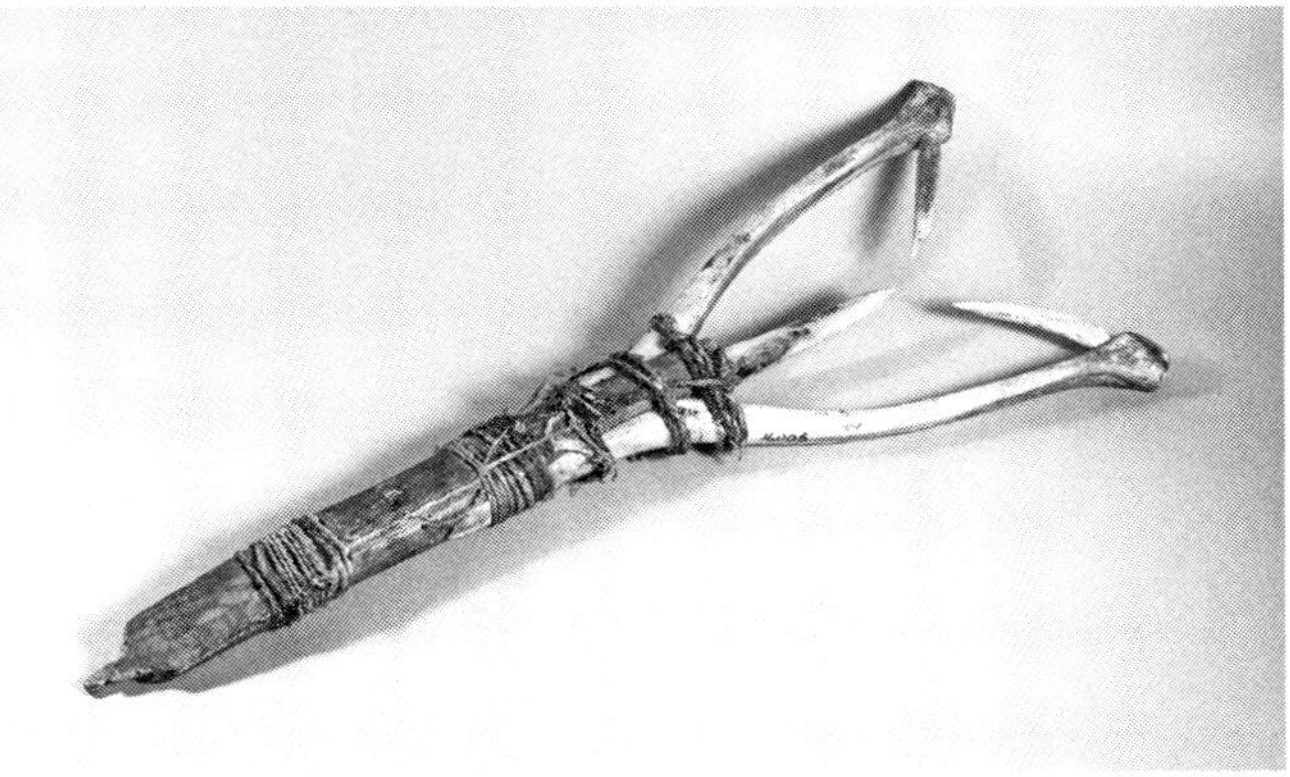

図 3.1　ネツリク・イヌイットが魚を捕るのに用いるやすの穂先。とがった先端部分はトナカイの角で作られている。ロナルド・アムンゼンが 1903 ～ 06 年にキングウィリアム島を訪れたときに持ち帰ったもの。

リク・イヌイットの居住地域の中心に位置している。彼らもフランクリン隊の隊員たちと同様、冬は海の叢氷《そうひょう》の上で、夏は島で過ごす。冬場は、イグルー（雪の家）で暮らしながら、銛《もり》を使ってアザラシを狩る。そして夏場は、革製のテントに住み、複合弓とカヤックを使ってカリブーやジャコウウシや鳥を狩り、やす（魚を突き刺す三叉の槍、図3・1参照）を使ってサケを仕留める。キングウィリアム島で一番大きな港は「ウクスクトゥーク」と呼ばれているが、これはネツリク語で「大量の脂」（アザラシの脂）という意味だ[3]。キングウィリアム島は、ネツリク・イヌイットにとって、食料、衣類、住居、道具を作るための資源の宝庫なのである。

　フランクリン隊の隊員たちは、大きな脳と高いモチベーションをもつ一〇五人の霊長類だった。その彼らが、三万年以上にわたり人類が狩猟採集民として生きてきた環境に置かれることとなったのだ。三年間、北極地方で暮らし、一九か月間、氷に閉じ込められ、蓄えが徐々に減っていくなか、環境に対応しながら大きな脳をフルに働かせたはずだ。隊員たちは船内でずっと一緒に働き、全員が顔見知りだった。ということは、共通の目的をもつ結束力の強い集団だったはずだ。また、一〇五人という人数は、ネツリク・イヌイットのキャンプ集団の人数にほぼ等しく、世話が必要な子どもや高齢者はいなかった。にもかかわらず、隊員たちは厳しい環境に打ち勝てずに全滅してしまい、今やイヌイットの語りぐさとしてしか残っていない。

フランクリン隊の隊員たちはなぜ、生き延びることができなかったのだろう？　それは、人間は、他の動物と違って、個人の知能だけでは新たな環境に適応することができないからなのだ。たとえば、イヌイットは流木を利用して、カリブー狩りに用いる反った複合弓を作る。材料となる流木は、隊員たちが野営していたキングウィリアム島西岸でも手に入ったのだが、一〇五個の大きな脳のうち、流木の利用法を思いついた脳はただの一つもなかった。これはほんの一例で、イグルーの作り方、真水を得る方法、アザラシの狩り方、カヤックの作り方、サケの捕り方、防寒着の作り方等々、膨大な文化的ノウハウのどれ一つとして彼らはもっていなかった。

キングウィリアム島で生きていくには、文化を身につけて環境に適応する必要があるが、イヌイット特有の文化にはどのようなものがあるか、ちょっと考えてみよう。アザラシを狩るときにはまず、アザラシが呼吸用に使っている孔（氷の割れ目）を見つけることだ。見つけたら、その周りを雪で覆うこと。さもないとアザラシが物音を聞きつけて、呼吸をしに戻って来なくなってしまうからだ。さて、隙間から臭いを嗅いで、呼吸孔として使われていることを確かめたら（アザラシはどんな臭いがするのだろう？）、カリブーの枝角で作った専用の道具で呼吸孔の形を調べ、それから孔を雪で覆ってしまう。ただし、てっぺんに小さな隙間を残しておいて、そこに水鳥の羽毛をかぶせる。アザラシが呼吸をしに戻って来ると、この目印の羽毛が動くので、そうしたら、とにかく全体重をかけて孔に銛を突き刺すのだ。銛は、柄の長さがおよそ一・五メートル。動物の腱でできた紐《ひも》で、穂先がしっかかりと取り付けられている。枝角を利用するカリブーは、流木で作った弓で仕留める。銛の石突き（後部先端）は、非常に硬いホッキョクグマの骨で作られている（そう、ホッキョクグマの仕留め方も知らなくてはならない。巣穴で昼寝中のところを狙うのがいい）。アザラシに銛を突き刺したら、アザラシと組み合ってそれを氷上に引っ張り出し、尖ったホッキョクグマの骨でとどめを刺す(4)。

さて、これでアザラシは手に入ったが、それを調理しなければならない。しかし、これほどの高緯度になると薪にする木はないし、流木は稀少だから燃料にするわけにはいかない。安定した火力を得るには、まず、ソープストーン（絶縁性にすぐれた緑灰色の変成岩）を彫ってランプを作り（そもそもソープストーンを見つけられるか？）、クジラなどの皮下脂肪層からランプ用の油を採り、さらに、特殊な苔《こけ》から灯心をこしらえる必要がある。水も必要になってくる。海氷は、塩水が凍ったものなので、これを飲み水にするとたちまち脱水症状を起こしてしまう。しかし、古い海氷は、塩分がほとんど抜けているので、これを溶かせば飲み水になる。もちろんそのためには、色やきめから古い海氷を見分けられなければならない。また、それを溶かすためには、ソープストーン・ランプ用の油を確保する必要がある。

これらは、北極圏で生きるのに欠かせない文化的ノウハウのごく一部にすぎない。籠《かご》、やな、そり、雪めがね、薬、やす（図3・1）の作り方にはまだ触れていないし、そりを走らせて移動するときに必要な、天候や、雪、氷の状態に関する知識もまったく述べていない。

イヌイットの生活の知恵はみごとと言うほかないが、北極圏で二年間も氷に閉じ込められたら、普通の人間は生き延びられなくて当然なのかもしれない。そもそも、私たち人類は熱帯の霊長類なのだから。キングウィリアム島の冬季の平均気温は摂氏マイナス三五〜二五度で、一九世紀半ばにはこれよりもっと低かった。

しかし、フランクリン隊の遠征の前と後にもやはり、遠征隊がキングウィリアム島で立ち往生したことがある。この二つ遠征隊は、フランクリン隊よりもはるかに小規模で装備も貧弱だったが、窮地を脱しただけでなく、その後さらに探検を続けることができた。両隊の成功の秘密は何だったのだろう？[5]

フランクリン隊の遠征の一五年前、ビクトリー号で北極探検に出発したジョン・ロスと二二名の乗組員は、キングウィリアム島の沖合で船を放棄せざるをえなくなった。それから三年間、ロスはこのキングウィリアム島で生き抜いたのみならず、この地域の探検を行なって磁北極を発見するに至った。

ロス隊の成功の秘密は、他でもない、地元イヌイットの協力だった。ロスはけっして「人当たりのいい人物」ではなかったが、それでも、地元の人々と仲良くなって取引関係を築き、足の不自由なイヌイット男性のために木製の義足を作ったりもしている。ロスは、イヌイットのイグルーや、さまざまな道具類、すぐれた防寒着に感銘を受け、イヌイットの狩りの仕方やアザラシ猟、犬ぞりでの移動方法を熱心に学んだ。逆に、イヌイットの人々はロス隊の乗組員から、正式なディナーの席でのナイフとフォークの使い方を学んだりした。

ロスは大量の民俗学的情報を収集したとされているが、それは、生存に不可欠な情報を仕入れ、地元の人々と良好な関係を保つという、実際的な必要に迫られてのことでもあった。滞在中のロスの日誌を読むと、狩りに出かけてなかなか戻って来ないイヌイットたちのことを案じている様子がうかがえる。彼らが持ち帰る獲物——八〇キロもの魚、五〇頭ものアザラシの毛皮のほか、クマ、ジャコウウシ、シカの肉、さらには真水など——を心待ちにしていたのだ。ロスはまた、丈夫で活力に満ちたイヌイットの身体にも驚嘆している。滞在中、ロスがそりで遠出するときには必ず、ガイド役、ハンター役、シェルター設営係のイヌイットたちが同行してくれていた。

ずっと消息不明だったロスは、イギリス海軍本部からは死亡したものと思われていたが、四年の歳月を経て、隊員二二名中一九名とともにイギリスへの帰還を果たした。それから何年も経った一八四八年、遭難したフランクリン隊の陸路捜索のためにロスは再び北極圏に赴き、イヌイットから学んだ軽量構造のそり部隊を展開させることになる。このそりのデザインは、その後のさまざまなイギリスの遠征隊のそりのモデルとなった。

それから半世紀余りのち、北西航路の横断に挑んだロアール・アムンセンは、キングウィリアム島近くで二回越冬し、さらに氷に閉ざされた海で三度目の冬を越すことになる。しかし、ヨーロッパ人として初めて北西航路の横断に成功したのは、小さな漁船を改装して航海に出たこのアムンセンだった。

ロス隊のこともフランクリン隊のことも聞いて知っているアムンセンは、現地に着くとさっそくイヌイット集団を探して、獣皮の服の作り方、アザラシの狩り方、犬ぞりの操り方を学んだ。のちに、アムンセンは、このとき学んだイヌイットの知恵（衣類、そり、住居）を活かすことによって、南極点一番乗りを目指すレースでロバート・スコットに勝利することになる。

摂氏マイナス五三度という極寒の地で着るイヌイットの防寒服の効果を絶賛して、ノルウェー人のアムンセンは次のように書いている。「この地域のエスキモーの冬服は、ヨーロッパ人の服よりもはるかに優れている。身体をすっぽり覆うようにできており……着ると、とたんにぽかぽかしてきて［ウールの服よりも］快適だ」。アムンセンは、イヌイットのイグルーのことも賞賛している（詳細は第7章）。また、いろいろ試した末、そりのランナー（刃の部分）を金属製から木製に変えようと決めたときも、こう記している。「こういったことは、エスキモーのやり方をまねるのが一番だ。ランナーが薄い氷に覆われて、バターを塗ったように滑ってくれる[6]」

フランクリン遠征隊は、「ヨーロッパ人探検家遭難ファイル」[7]の第一号事件である。事件ファイルの筋書きはみなよく似ている。ヨーロッパまたはアメリカの探検隊が、人の住めそうにない奥地で遭難し、身動きがとれなくなってしまう。やがて蓄えが底をつき、食料や、場合によっては水の調達に苦しむようになる。衣類は擦り切れ、まともな住居もない状況で、大勢が病に倒れ、任務の遂行は難しくなる。人肉食が頻発して、絶望的な状況に陥っていく。

最も示唆に富むのは、探検家たちが「苛酷な」環境に投げ込まれ、必死にその環境下で生きようともがきつつも、いよいよ食料や装備品が尽き果ててしまったときだ。ほぼ全員が死に至る。そんななか、何とか生きながらえることができるのは、たまたま出遭ったその地域の土着民に、食料、住居、衣類、薬、および情報を提供してもらえた者に限られる。こうした土着民は、その「苛酷な」環境下で何百年、何千年と生き抜いて代々子孫を残してきた人々なのである。

こうしたケースが教えてくれること。それは、私たち人類が生きてこられたのは、食物や住居を見つける本能的な能力があるからでもなく、環境から突きつけられた課題を「そのつどその場」で解決する力が個々人に備わっているからでもないということだ。それは、幾世代にもわたる文化進化の選択プロセスを通して、生存と繁殖に有利な文化が生み出され、蓄積されてきたからなのである。そうした文化の総体には、道具、習慣、技術など、ありとあらゆるものが含まれる。それは、どれほどモチベーションの高い協力意欲に富んだ集団であっても、数年程度で編み出せるようなものではない。しかも不思議なことに、こうした適応的な文化を身につけている人々自身、それをうまく使いこなすことはできても、そうする理由やその仕組みをよくわかっていないことが多い。第4章では、いったいどんなプロセスを経て、何世代にもわたる文化的適応が成し遂げられていくのかを明らかにする。

しかし、その前にもう一度「ヨーロッパ人探検家遭難ファイル」に戻ろう。人間にとって苛酷すぎる環境は北極地方だけとは限らない。

バークとウィルズの遠征

一八六〇年、ヨーロッパ系移民として初めて、南のメルボルンから北のカーペンタリア湾まで、オーストラリア大陸縦断をめざしたのが、総勢一九名のバーク&ウィルズ探検隊である。オーストラリア奥地のクーパーズ・クリーク補給キャンプから、三か月分の食糧を携行してカーペンタリア湾をめざした四人は、その復路で苦難に遭遇する。携行食糧がほとんど尽きて、その土地のものを食べるほかなくなったのだ。隊長のロバート・バーク（警察の元警視）、副隊長のウィリアム・ウィルズ（測量技師）、チャールズ・グレイ（五二歳の水兵）、およびジョン・キング（二一歳の兵士）はまもなく、荷役用の動物（砂漠の旅のために輸入したラクダ六頭など）を食べるはめになる。ウマやラクダの肉で食いつなぎはしたものの、それは同時に移動・運搬手段を失うことでもあった。グレイは日増しに衰弱していき、食糧を盗むまでになり、やがて赤痢にかかって死亡した。

残りの三人は何とかクーパーズ・クリーク補給キャンプまでたどり着いた。そこでは本隊が備品や食料を新たに補給して待機しているはずだった。ところが、こちらの補給隊もやはり病気やけがや食料不足に苦しみ、その日の朝にキャンプ地を発った後だった。わずか数時間の差だった。バーク、ウィルズ、キングの三人は、補給隊が埋めておいてくれたわずかな食料で命をつないだ。

体力の限界に来ていたバークらは、南進して補給隊を追いかけることをあきらめ、クーパーズ・クリークを西に下って、マウント・ホープレス（そう、まさに「絶望の山」）をめざすことにした。二四〇キロほど離れたその地には、牧場と警察分署があるはずだった。補給所を出発してほどなく、生き残っていたラクダ二頭も死亡し、一行はクーパーズ・クリーク沿いから離れられなくなる。なぜなら、水を運ぶラクダもなく、オーストラリア奥地での水の見つけ方も知らない三人は、ひとたび水路を見失ったらもう、マウント・ホープレスの分署まで広大な砂漠を踏破することなどできないからである。(8)

いよいよ窮地に陥った探検家たちは何とか、原住民のヤンドルワンドラ族と友好関係を結んだ。この地で狩猟採集生活を営むこのアボリジニたちは彼らに、魚、豆、そして、パンのようなものを恵んでくれた。三人は、このパンが、ナルドーという植物の「種」(正確には、胞子嚢果)から作られるということを知る。

三人はヤンドルワンドラ族と行動をともにしながら、釣りや罠猟の方法を学ぼうとしたが、一向に腕前が上がらない。ナルドーのパンに感心した彼らは、その材料の種を手に入れようと、ナルドーの木を探し始める。空きっ腹で探し回った末にようやく、ナルドーに覆われた平原にたどりついた。ナルドーは木ではなく、四つ葉のクローバーのような形をした半水生のシダ類だったのだ。

最初、三人はその胞子嚢果をただ茹でて食べていたが、やがて、石臼を見つけてきて(自分たちで作ったわけではない)、ヤンドルワンドラ族の女性たちのやり方をまねるようになった。嚢果をつき砕いて粉にし、ナルドーのパンを焼いたのだ。

飢えに苦しむ彼らにとって、これは天の恵みだった。ようやく頼りになるカロリー源が手に入ったように思えたからだ。ところが、それから一か月以上にわたり、ナルドーを採っては食べているうちに、三人とも徐々に衰弱し、激しい腸の動きと腹痛に苦しむようになった。十分なカロリーを摂取しているはずなのに、バークも、ウィルズも、キングも、ただただ弱っていくばかりだった(図3・2)。ウィルズは、ナルドーを食べたときの腸の異変を次のように記している。

図 3.2　クーパーズ・クリーク沿いの地でサバイバルに悪戦苦闘するバーク、ウィルズ、そしてキング。『ウィルズの日誌』のスコット・メルボルンによる挿絵（Wills, Wills, and Farmer 1863）。

私にはこのナルドーというものがよくわからない。どうにも体に合わないのだ。今はこれしか食べるものがなく、一日に三人合わせて四ポンドから五ポンド〔一・八〜二・三キロ〕食べている。すると大量の便が出る。食べたパンの量よりもずっと多いように思う。しかも食べたときと、見た目がごくわずかしか変わっていない。……ナルドーを食べて飢えるのは決して不愉快ではないが、体がどんどん衰弱していくような気がする。食欲だけは十分に満たされているが、だるくてまったく動けない(9)。

バークとウィルズは、この日誌が書かれてから一週間も経たないうちに死亡した。ただ一人、キングだけは、ヤンドラワンドラ族の善意だけを頼りに何とか命をつないだ。彼らが食事に招いたり、住まいの作り方を教えてくれたりしたのだ。三か月後、キングは救援隊に発見されて、メルボルンに帰還した。

なぜ、バークとウィルズは命を落としたのだろう？

狩猟採集民が採って食べている植物の多くがそうなのだが、ナルドーもやはり消化しにくく、適切な下処理をせずに食べると、軽度の中毒症状を引き起こす。そのままのナルドーは、ごく一部しか消化されない上、チアミナーゼという酵素を多量に含んでいるために、体内のチアミン（ビタミンB1）が分解されてしまうのだ。ビタミンB1欠乏症（脚気《かっけ》）になると、極度の疲労感、筋力低下、低体温症などが起きてくる。

それを防ぐために、この地に昔から住んでいるアボリジニは、必ず下処理をしてからナルドーを食べる。その処理の手順には、ナルドーの毒を除去し、食べやすくするためのさまざまな要素が盛り込まれている。まず第一に、挽いて粉にしたナルドーを大量の水にさらす。こうすることで、消化しやすくなるし、ビタミンB1を破壊するチアミナーゼの濃度を下げることができる。第二に、パンを焼くときは、加熱中に直接、灰に触れるようにする。こうすることで、pHが下がってチアミナーゼの分解が進む。第三に、ナルドーの粥《かゆ》は、かならずムール貝の殻ですくって食べる。こうすると、チアミナーゼと基質との接触が制限され、ビタミンB1の分解反応が抑えられる。このような地元の人々の知恵を知らなかったがために、気の毒な三人は、胃袋を満たしながらも欠乏症に冒されて衰弱していったのだ。[10] このような巧妙な毒抜きは、小規模社会ではごく一般に行なわれているもので、この後の章でもさまざまな実例を紹介する。

ナルドーで体が弱っている上に、衣服は破れてぼろぼろ、まともな住居を作る能力もない三人にとって、南半球の六月（真冬）の寒さは苛酷だった。たぶんそれが体力の消耗に拍車をかけ、彼らを死に至らしめたのだろう。ロスやアムンセンのように、その土地の人々から学ぶ機会も失われていた。

バークの短気で怒りっぽい性格のせいで、土着のヤンドルワンドラ族と良好な関係を維持することができなかったのだ。あるとき、贈り物を求められたバークは、アボリジニたちの頭上めがけて発砲した。それ以来、アボリジニたちは彼らに寄り付かなくなってしまった。最悪のやり方というほかない。

たしかに、オーストラリアの砂漠はあまりにも苛酷だ。しかし、亜熱帯性気候の地でならば、ヒトの知能や優れた本能が本領を発揮するかもしれない。ヨーロッパ人探検家遭難ファイルをもう一度覗いてみよう。

ナルバエス遠征隊

一五二八年、フロリダ州のタンパ湾北岸に上陸したスペインのコンキスタドール、パンフィロ・デ・ナルバエスは、重大なしくじりを犯した。隊を分けて、自らは三〇〇名の隊員を率いて伝説の黄金都市を探しながら内陸部を進み、その間、船を海岸沿いに進めて、のちに別の場所で落ち合おうと考えたのだ。二か月間、フロリダ北部の沼地や低木林をさまよったが、結局、黄金都市は見つからず、土着民との取引でも散々な目に遭った彼らは、南下して船に戻ろうとした。湿地帯と格闘しながら海岸を目指したものの、結局、船に戻ることはできなかった。残った二四二名の隊員たちは（五〇余名はすでに死亡していた）、五隻のボートを作って、メキシコにあるスペインの港まで、メキシコ湾岸に沿って漕いでいこうとした

残念ながら、メキシコまでの距離の見積もりがあまにも甘すぎた。彼らが作った粗末なボートは、一隻また一隻と、メキシコ湾岸のバリアー島（岸と並行に伸びる砂の島の連なり）に打ち上げられていった。こうして散り散りになったスペインの遠征隊は飢餓に苦しみ、ときに人肉食まで行なわれる

ようになる。そんな彼らの窮状を救ったのが、昔からテキサス州沿岸部に住んでいる、温和な狩猟採集民のカランカワ族だった。親切なカランカワ族のおかげで、何とかメキシコへの旅を再開した隊員たちを、またしても飢餓が襲うことになるが、その中の少なくとも一人は、地元民から海藻や牡蠣《かき》の採り方を学んで食料調達の技を身につけていった。

たいへん興味深いことだが、このときのスペイン人探検家たちも、その後のヨーロッパ人旅行家たちもみな一様に、カランカワ族はとても背が高く、いかにも壮健そうながっちりとした体格をしていると述べている。ということは、狩猟採集民にとって、ここは恵み豊かな土地だったのである。要は、そこで暮らす知恵を身につけているかどうかなのだ。

遠征隊はほぼ全員が餓死してしまったが、わずかなスペイン人とムーア人の奴隷一人は何とかカランカワ族の居住地の中心部に到達する。しかし、命からがらここまでやって来た四人にも過酷な運命が待ち受けていた。たちまち、ここの気性の荒いカランカワ族の奴隷にされてしまったのである。女性の役割を強要された可能性もある。性役割の転換は、北米先住民の間では珍しいことではなかった。水汲みや薪集めその他諸々、コンキスタドールたちにとっては辛い仕事だったに違いない。

こうして数年間、狩猟採集民社会で離れ離れにされて暮らしていたナルバエス隊の生存者四人に、再会を果たす機会が訪れた。毎年、ウチワサボテンの実の収穫期になると、広い地域に散在している多数のグループが一か所に集って祝祭を繰り広げるのである。ある年、四人は、その祝祭の熱狂のさなかにこっそり抜け出すことに成功する。

脱出はしたものの、その後も苦難の旅が延々と続いた。それでも、メキシコやテキサスのさまざまな部族のもとで祈祷師や治療師などをして何とか生きながらえ、ついにニュー・スペイン（スペイン統治下のメキシコ）への帰還を果たしたのだった。フロリダを出発してからすでに八年の歳月が経過していた。[11] この四人は、アメリカ先住民社会で求められる社会的役割を担うことで、何とか生き延びたのである。

たった一人で置き去りにされた女性

ここまで、ヨーロッパ人探検家の遭難事例をいくつか見てきた。それは、屈強なベテラン探検家の部隊が、慣れない環境の中で悪戦苦闘する話だった。今度は、それとは対照的な事例を見てみよう。ある若い女性が、生まれ育った土地に取り残され、一八年間、たった一人で生き抜いた話だ。

ロサンゼルスの沖合一一〇キロに位置し、一番近い島からも五〇キロ離れているサン・ニコラス島。濃霧におおわれ、風が吹きすさぶこの不毛の島にも、かつては先住民の集落があって、チャネル諸島の他の島々や海岸の町との交易で栄えていた。ところが一八三〇年には、この島にはほとんど居住者がいなくなっていた。アリューシャン列島に沿ってアメリカ大陸へ進出し、コディアック島に拠点を築いたロシアが、コディアック島の狩猟採集民をサン・ニコラス島に送り込んで、カワウソを捕獲するための野営地を設営。サン・ニコラス島の多数の島民を虐殺したのである。

一八三五年、サンタバーバラのスペイン人宣教師たちが一隻の船を送り、生き残っている島民を本土の布教区に移送した。あわただしい船出の時、二十代半ばの先住民の女性が、見失ったわが子を探そうとして、慌てて船を降りてしまった。迫りつつあった嵐を避けるために、船は彼女を島に残したまま出航。この運命のいたずらで、彼女の存在はほとんど（すっかりではないが）忘れ去られてしまった。

それから一八年間、このたった一人、島に置き去りにされた女性は、アザラシ、エビ・カニ類、海鳥、魚、さらにさまざまな植物の根を食べて命をつないだ。病気などの非常時に備えて、島内のあちこちに乾燥肉を貯えておいた。動物の骨でナイフや針や錐《きり》を、貝殻で釣針を、そして動物の腱で釣糸をこしらえた。クジラの骨で作った家に住み、洞窟で嵐をしのいだ。水汲み用には、水の漏れない見事な籠を編んだ。それはカリフォルニアのインディアン部族に代々伝わる技だった。また、羽毛がついたままのカモメの皮を縫い合わせ、防水性に富んだチュニックをこしらえて身にまとい、足には草を編んで作ったサンダルを履いた。一八年後についに発見されたとき、彼女の「健康状態はきわめて良好」で、「顔にシワひとつない」魅力的な容貌だったという。島に突然やってきた捜索隊に、最初のうちは怯えていたものの、いったん落ち着きを取り戻すと、たまたまそのとき調理していた夕食を捜索隊の面々にふるまったという[12]。

遭難したヨーロッパ人探検家たちと対比すると、その違いが際立ってくる。先祖伝来の知恵しかない女性が、たった一人で一八年間も生き抜いたのに対し、巨額の資金を投じ、十分な食料を携えて出発したベテラン探検家のチームが、オーストラリア、テキサス、そして北極地方であがき苦しんだ。

こうしてさまざまな例を見てくると、ヒトという種の適応の形がよくわかる。はるか昔から、代々受け継がれてきた知識に頼って生きてきた人類は、もはやこのような文化的情報なしには生きられなくなった。食用植物の見つけ方や加工処理方法、その土地にある材料を用いた道具の作り方、危険からの身の守り方など、文化として受け継がれてきた知識なくしては、狩猟採集生活を続けることができない。これほど大きな脳と知能がありながら、狩猟採集民だった人類の祖先がいつも暮らしていた環境の中でも、生き延びることができないのである。ヒトの注意力や協調性や認知能力は、人類の祖先の生活環境に合うように自然選択によって形成されてきたはずなのだが、そのような遺伝的変化による心理的適応能力だけでは、まったく不十分なのだ。知能や領域特化型の心理機能をフルに発揮しても、食用植物と有毒植物を見分けることはできないし、カヌー、イグルー、木製そり、骨製突き錐、釣針などを作ることもできない。獲物を狩り、服をまとい、火を操ることは、進化の道を歩んできた人類にとって必須の課題だったはずだ。にもかかわらず、先ほどの探検家たちは、もって生まれた知力だけでは、アザラシの呼吸孔を見つけることも、投擲具を作ることも、火を起こすこともできなかった。

人類が、他に類を見ない独特の種となり、地球生態系を支配するに至ったのはなぜか——それは、非常に長い歳月をかけて、生存と繁殖に有利な文化を作り上げることによって環境に適応してきたからなのである。ここまでの章では、人類の文化的適応の例として、さまざまな道具やノウハウ（食物の見つけ方や加工処理法、水の探し方、移動方法など）に注目してきた。しかし、後述するように、私たちが、どのように考え、何を好むか、何を学ぶかもやはり文化的適応の結果なのである。

第4章では、文化の形成プロセスは、進化論を用いて説明できることを示そうと思う。ヒトが他者から学ぶという能力は、遺伝子にかかる選択圧によって形成され、磨き上げられてきたものだ。そのことを理解すれば、どうして複雑な文化的適応——道具、武器、食物の加工処理法、社会規範、制度、言語など——が生まれるのかがわかるし、ヒト自身はその効果や仕組みをわかっていなくても、そうしたものが出現してくる理由がわかる。

文化的適応の出現によって、遺伝的変化が促されるようになり、まったく新しい進化の道が開かれた。この文化‐遺伝子共進化のデュエットが果てしなく繰り広げられていった結果、人類は徹底的に文化的な動物になったのである。

第4章　文化的な動物はいかにしてつくられたのか

その土地の人々は実にうまく暮らしているのに——たった一人置き去りにされても暮らしていけるのに——外部から来た探検家は狩猟や採集で生き延びることができなかったのはなぜなのか？　その謎を解くには、集団内で適応的文化が形成されていくプロセスを理解する必要がある。適応的文化とは、さまざまな厳しい環境のもとで生存、さらには繁栄することを可能にする、技能、信念、習慣、動機、組織などすべてをひっくるめたものだ。その形成プロセスの巧妙さは、個々人の知恵をはるかに超えている。個人の選択、後天的な選好、幸運なミス、偶然のひらめきなどが幾世代にもわたって積み重ねられ、本人たちが気づかないうちにいつの間にか形成されていくのである。

このすべてをひっくるめた総体——複雑な文化パッケージには、現代の技術者や科学者たちが舌を巻くような奥深い知恵が隠されている（第7章参照）。イヌイットの衣類やナルドーの毒抜き法など、こうした知恵のごく一部をすでに紹介したが、その他にもまだ、妊娠中の女性を魚貝毒から守る食のタブーや、向社会性を醸成する宗教儀式などいろいろなものがある。しかし、それらについて見ていく前に、まず押さえておきたいことがある。そもそも、文化はいかにして出現するのか。ヒトの集団は、その土地の環境に適応するための道具や選好や技術をいかにして生み出すのか。

ここは非常に重要な点だ。研究者たちはもはや、「文化的」適応を、「遺伝的」または「生物学的」適応と対立するものとは考えてはいない。むしろ、遺伝子に作用する自然選択が、非遺伝的な進化プロセスを通して複雑な文化的適応ができるように、ヒトの心理を形成してきたことを、豊かな研究成果を通して明らかにしている。

文化や文化進化は、他者から学ぼうとする遺伝的に進化した心理的適応の結果なのである。つまり、他者から学ぶ能力を備えた脳をつくる遺伝子に対し、自然選択が有利に働いたのだ。こうした学習能力が、集団内で長期にわたって発揮されると、便利な道具をまねて作ったり、動植物に関する豊富な知識を共有したりといった、数々の適応行動が生まれてくる。こうした行動はそもそも、学ぼうとする頭脳が集団内で長期にわたって相互作用をくりひろげた結果、意図せずして生まれたものだ。そう考えると、「文化的説明」は、（多数の非文化的説明をも含む）「進化的説明」の一つになる。

こうしたアプローチ法の礎を築いたのが、ロバート・ボイドとピーター・リチャーソンである。彼らは歴史的名著『文化と進化プロセス（*Culture and the Evolutionary Process*）』のなかで、多数の数理モデルを駆使して、ヒトの文化的学習能力を、遺伝的に進化した心理的適応力として説明したのだ。文化的学習を、心理的適応もしくは一連の適応として捉えると、当然、次のような疑問が湧いてくる。自然選択はいかにして、有益な習慣、信念、概念、選好を他者から効果的に学ぶことを可能にする心理や動機を形成していったのか[1]。その際に、だれを手本にすべきか。何に注意を向け、どんなことを推し量るべきか。自分自身の経験や直感よりも、文化から学んだ知恵に従うべきなのはどんな場合か。

人間は文化を習得しようとする心理的適応能力がいかに高いかを示す証拠が、さまざまな科学分野から得られつつある。自然選択の作用を受けてきた結果、ヒトには、他者の頭脳や行動から効果的か

ボックス 4.1　文化的学習の影響を受ける領域

- 食物選好、食事の量
- 配偶者選択（誰が、どんな特徴が選ばれるか）
- 経済戦略（投資）
- 人工物（道具）の役割や利用
- 自殺（企図・方法）
- テクノロジーの受け容れ
- 言葉の意味や方言
- 概念分類（「危険な動物」など）
- 信念（神、世界の始まりなど）
- 社会規範（タブー、儀式、心付け）
- 賞罰の基準
- 社会的動機づけ（利他行動や公正さ）
- 自己制御
- 直感的判断

つ効率的に情報を獲得する幅広い知能がもたらされた。こうした学習本能は、きわめて幼い頃から現れ、たいてい無意識かつ反射的に作動する。すでにマッチングペニーゲームやじゃんけんゲームで見てきたように、この無意識に作動する模倣本能を食い止めるのはなかなか難しい。また、後述するように、「正解」を導き出さねばならない場合でも、模倣のメカニズムが発動して、私たちの習慣、戦略、信念、そして動機に影響を及ぼす。むしろ、正解を得る必要に迫られているときほど、文化的学習に依存しがちになる。

話を進めるにあたってまず、私たちの行動や心理がどれほど広い範囲にわたって、文化的学習の影響を受けているかを見ておこう。ボックス4・1に、文化的学習の影響が研究されている領域のごく一部を挙げてある。[2] 食物選好、配偶者選択、テクノロジーの受け容れ、自殺、利他行動や公正さの社会的動機づけなど、どれもみな、進化の観点からみてきわめて重要な領域ばかりだ。後の章で取り上げるが、文化として習得した事柄は、私たちの脳に直接働きかけて、事物や他者の自分にとっての神経学的な価値を変化させ、同時に、自分自身に対する評価基準も設定する。

有名な実験がある。他者から成績評価の基準を学んだ子どもたちが、好むと好まざるとにかかわらずその基準に基づいて自分に報酬を与えるようになることを証明した実験だ(3)。子どもたちを二つのグループに分けて、一方のグループには、デモンストレーターがボーリングゲームで高得点を出した時にだけ自分にM&Ms（エムアンドエムズ）のチョコレートを与える場面を見せ、もう一方のグループには、かなり低い得点でもチョコレートを与える場面を見せる。すると、子どもたちはデモンストレーターの報酬基準をまねるようになり、「高基準」のモデルを見た子どもたちは、自分の得点がその基準を超えないかぎり、M&Msを食べようとはしなかった。

後述するように、文化から習得した基準や価値観は、教育や訓練を受けたり、試行錯誤を重ねたりする際の努力や粘り強さに影響を及ぼす。

ではまず、ヒトの文化的学習能力は、遺伝的に進化した心理的適応だとする立場に立つと、個人の適応のメカニズムや、何世代にもわたる集団の環境適応のメカニズムについての理解が深まることを見ていこう。まず、一つ目の疑問。個々人は、手本にすべき相手をどうやって見つけ出すのだろうか？　この問題は重要だ。なぜなら、文化的適応がいかにして出現するのかを解明するカギとなるものだからだ。

あなたは狩猟採集民のバンドに暮らす少年だとしよう。バンドの男性たちはいろいろな獲物を狩って生活している。さて、あなたはどうするか？　自分なりに試してみてもいい。ガゼルに石を投げたり、シマウマを追いかけたり。あるいは、狩りの本能が目覚めて狩り方を教えてくれるのを待ってもいい。しかし、それではたぶん時間がかかりすぎて、フランクリンやバークやナルバエスのような羽目になってしまう。フランクリン隊の隊員たちは、飢餓に苦しみつつ一九か月間も流氷上で暮らしながら、アザラシの仕留め方を考えついた者は一人もいなかった。

ところで、あなたは文化的な種のメンバーである。ということは、本能が目覚めたとしても、それは狩猟本能ではなく、まねる相手、つまり手本にすべき人物を探そうとする模倣本能のはずだ。幼いハンターは初めのうち、兄や父やおじなど、一番身近にいる人たちからできるだけ多くを教わろうとする。その後、思春期に入る頃になると、バンド内で最も実績や人望のある年上のハンターに注目し、その人から学んでさらに技を磨こうとする。すなわち、手本にすべき相手を選ぶ手がかり《キュー》は三つ、年齢、成功実績、そして信望・名声である。狩猟をするのがほとんど男性だとすれば、「男性である」こともその一つに加わるかもしれない。こうした要素を手がかりにすれば、適応的な習慣や手順、信念、スキルをもっている可能性の高い人物を見つけられる確率が高まる。そして、その師匠から少しでも多くを吸収しながら、徐々に自分の腕前を上げていくことができる。トップハンターの中には、自分には当てはまらない理由（特異な素質など）で成果を挙げている人物もいるので、複数のトップハンターに注目して、彼らに共通するやり方を採用すればいい[4]。

では、ここからはもっと一般化して考えてみよう。進化論の観点に立つならば、学習者は師匠とすべき人を見つける際に、さまざまな手がかりを利用しているはずだ。そうすれば、生存や繁殖に役立つ情報をもっていそうな人物に照準を合わせやすくなるからである。手本になりそうな人（以後、**モデル**と呼ぶ）を評価するにあたっては、そのモデルの健康、幸福度、スキル、信頼性、能力、成功実績、年齢、信望・名声、さらには自信や誇りなど、さまざまな要素から総合的に判断すると思われる。自分と相手の類似性も考慮に入れるはずだ。性別、気質、民族性（言語、方言、服装）が同じかどうかである。類似性の高い人に目を向ければ、自分の将来の役割にとって有益な文化的特徴（習慣、選好など）をもった人をモデルにしやすくなる。たとえば、思春期の少年は、男性のモデルにだけ目を向けることで、女性特有の事柄——たとえば、どうすれば赤ちゃんが乳首に吸い付いてくれるか、産後に分泌される黄色くて粘っこい初乳をどうするかといった出産育児に関するあれこれ——の習得に時間を取られずにすむ。

このような手がかりを総動員して、モデルとすべき人をまず見つけ、そのモデルのまねをしながら文化を身につけていくのである。この選択的な文化習得のプロセスを詳しく見ていこう。

スキルと成功実績

成功や名声といったモデル選択の指標《キュー》の多くは、狩猟やゴルフなど、特定領域の行動と緩やかに結びついているにすぎない。したがって、そのような指標は、食物や配偶者やワインの選好、物の呼び方や名称、さらには、神、天使、業《ごう》、重力といった目に見えないものに関する信念まで、広範囲な文化の習得に影響を及ぼすことが予想される。たしかに、ある指標が、まったく異なる領域に同じだけの影響力をもつわけではない。狩猟やバスケットボールが上手くなりたいのなら、矢を作る技術やジャンプショットを打つフォームを見てモデルを選ぶのがいい。しかし、ニンジンを食べる習慣や、狩猟や試合の前に短い祈りを唱える習慣が、結果に影響していないともいえない。ニンジンを食べると視力が良くなるのかもしれないし、祈ることで心が鎮まって集中力が高まる（あるいは、超自然的な力が得られる）のかもしれないからだ。

ではまず、スキルや成功に関連する指標《キュー》の影響力を見ていこう。スキルや成功実績は、能力や信頼性の高さを示すものだ。このうちスキルは、その領域の仕事をこなす能力を直接的に示す。たとえば、著書を読めば、その著者の力量がわかる。狩猟採集社会のハンター見習いは、先輩ハンターがそっとキリンの跡をつけていき、木陰に身をかがめて正確に矢を射るのを見れば、たちどころにその技量がわかる。それに比べて、成功実績はもう少し間接的なものだが、情報が集約されている分、有用性が高い。この指標を用いれば、発行部数で著者を評価し、仕留めた獲物の数でハンターを評価することができる。多くの狩猟社会では、猟師の首飾りにつないであるサルの歯の数や、家の外に吊してあるブタの下顎骨の数を見れば、それまでに仕留めた獲物の数が一目でわかるようになっている(5)。

成功実績がモデル選択の指標に用いられることが圧倒的に多いが、それは次のような実験を見てもわかる。MBA(経営大学院)の学生たちに参加してもらい、ある投資ゲームを二通りの方法で実施した。自己資金をA、B、Cという三つの投資先に振り分けて運用するゲームだ。参加者には、それぞれの投資先の平均収益率とその変動幅を知らせてある(収益額が平均より多い場合もあれば、少ない場合もある)。また、投資先の相関関係も知らせてある(たとえば、AとBの値動きには負の相関がある)。参加者は投資用の資金を借りることもできる。

ラウンドごとに、各プレーヤーは資金を振り分けて運用し、その収益を受け取る。ラウンドが終了するたびに、各プレーヤーは配分比率を変更することができる。こうしたルールのもとで、一六ラウンドまでゲームを行なった。ちなみに学生たちには、ゲーム終了時の運用成果の順位がこの履修課程の成績評価に大きく影響すると伝えてあった。MBAの学生にとってこれは重大なことであり、このゲームで最大の収益を得ようとする強い動機づけとなった。

実験を行なうにあたり、参加者を二通りのバージョンにランダムに割り振った。一方のバージョンでは、一六ラウンドを通してずっと、各参加者が自らの選択によって得た、自らの結果だけをもとに意思決定を行なった。もう一方のバージョンでは、各ラウンドの合間に、参加者全員の配分比率と収益額ランキングが匿名で表示された。この両バージョンの結果の違いが、実験を企画した経済学者たちを驚かせた（経済学者たちは人間の行動に驚いてばかりいるが）[6]。三つのパターンがはっきりと見てとれたのだ。

まず一つ目。収益額ランキング等が表示されても、参加者たちが経済理論に基づく高度な手法でその情報を利用することはなかった。分析の結果、多くの参加者が、その前の回に収益額ランキングがトップだった者の配分比率をただそっくりまねていることが明らかになった。

そして二つ目。この実験環境は単純なので、収益を最大化する投資配分を計算して求めることができる。一六ラウンドが終了した時点での両バージョンの参加者の実際の投資配分を、この最適投資配分と比較した。すると、自分の体験に頼るしかなかった参加者たちの投資配分は、最適配分からは程遠く、したがって収益額も総じて低かった。それに対し、他者の配分比率をまねることができたグループは、ゲーム終了時までに最適配分に到達していた。当然ながら、グループ全体の収益額も高かった。非常に興味深いのは、収益額ランキングは相対的な順位であって、グループ全体のパフォーマンスを上げようとするインセンティブは働いていなかったにもかかわらず、ランキングの表示が全体の収益アップにつながったことだ。

三つ目として、互いの配分比率をまねる機会は、グループ全体の収益アップに劇的な効果をもたらしたが、その一方で、一部の参加者を破局へと導いた。トップパフォーマーは時としてリスクの高い賭けに出る。それが当たればラッキーだが、逆のこともある。ところが、その多額の負債につながりかねないリスキーな投資配分をまねる者が現れたのだ。幸運までもまねることはできないので、その副作用として多くの破産者が出た[7]。

以上の実験から、人間は自分よりも成果を挙げている他者をまねる傾向があるということが明らかになったわけだが、このような傾向は、実験室内でも実社会でも、実にさまざまな分野で繰り返し観察されている。[8] 大学生を対象に、現金を賭けて行なった実験（問題に正解すると賞金を受け取れる）でもやはり、成功者をまねようとする傾向（**成功バイアス**）が見られた。そして、進化モデルから予想されるとおり、問題が難しくなって自分の答えに確信がもてなくなればなるほど、その傾向が強まった。この結果は、人間が自分自身の経験や直感よりも文化的学習に頼るのはどんな場合か、という問いにヒントを与えてくれる。[9]

ちなみに、現実の株式市場で投資する場合に、これもれっきとした戦略の一つである。ETF（上場投資信託）の銘柄を選ぶときは、GURUやALFAやアイビリオネアなどを利用して、機関投資家や大富豪のポートフォリオをまねるとよい。[10] ただし、その幸運までまねることはできないので、くれぐれもご注意を。

経済学者たちの実験からさらに、スキルの高い人や成功者から学ぼうとするのは、①もっている情報に差はなくても捉え方や考え方を推測したりまねたりするため、②最適戦略には程遠くても競合状態に対処するため、であることが明らかになっている。実際、世界中の農耕民は、より成果を挙げている近隣農民をまねて新たな作物や栽培技術を採り入れている。[11]

経済学分野での研究と並んで、数十年にわたる心理学分野での研究からも、成功者やスキルの高い人をまねる傾向（成功・スキルバイアス）の重要性が明らかになっている。特に重要なのは、正解を求めようとするインセンティブの有無にかかわらず、無意識のうちにこうした学習のメカニズムが働くという点である。[12]

アレックス・メスーディらが行なった最近の一連の実験からもそのことがうかがえる。[13] 先史時代の矢じりのデザインの変遷をシミュレートする実験である。参加者たちはコンピューター上の仮想世界で、それぞれ異なるデザインの矢じりを用いて狩りを行ない、試行錯誤を繰り返しながら自分の矢じりに改良を加えていく。参加者たちは、チャンスがある場合にはすぐに、成功率の高い矢じりを参考にして自分の矢じりに改良を加えた。このように文化的な情報が利用できる場合には、成功バイアスによる文化的学習によって、最も効果的な矢じりのデザインがたちまちグループ全体に広まっていき、その効果は、環境が複雑で現実的な場合ほど顕著だった。

　この一五年間に発達心理学の分野においても、乳幼児や子どもの「人まね」に再び関心が向けられるようになり、補完し合うような重要な証拠が得られている。新たな進化思考の広まりとともに、乳幼児や子どもがどんな場面で、だれの、何をまねるのかに注目が集まるようになったのだ。乳幼児や子どもは、よく見知っている相手で、なおかつ、有能で信頼できる人のまねをすることが明らかになっている。それどころか、満一歳のときにはもう、自分なりの知識を生かして物事を知っていそうな人物を選び、その技能に関する情報をもとに注意を向け、学習し、記憶していく。

　幼児の行動でよく知られているのが、発達心理学で「社会的参照」と呼ばれている行動である。幼児は未知のものに出遭ったとき、たとえば、はいはいしていてチェーンソーに遭遇したりすると、母親や近くにいる大人の表情や反応をうかがう。その人が平然としていれば、幼児は未知の物体を調べに突き進むが、その人が恐怖や不安の表情を浮かべたりすると、幼児はそのまま引き返す。

　このような行動は、その大人が見ず知らずの人であっても起こる。こんな実験がある。母親に連れられてソウル大学校の実験室にやってきた一歳児を対象に行なわれた実験だ。幼児たちが遊びながら新しい環境になじんでいる間、母親たちは、この実験で母親が果たす役割について訓練を受けた。実験用に次の三種類のおもちゃが用意してあった。①幼児がだれでも喜ぶおもちゃ、②幼児がだれでも嫌がるおもちゃ、③どちらともつかない正体不明のおもちゃ。この三種類のおもちゃを幼児の前に一つずつ置いては、幼児の反応を記録した。幼児の両隣に座っている母親と見ず知らずの女性には、そのつど、にこやかな表情か、恐怖の表情のいずれかを浮かべてもらった。

この実験の結果は、子どもや大学生を対象に行なった文化的学習に関する研究とも相通じるものだ。まず第一に、幼児は目の前に正体不明のおもちゃが置かれると、他のおもちゃのときよりも、四倍多く、しかもすばやく、どちらか一方の大人の顔を見て、社会的参照を行なった。つまり、どちらとも決めかねる状況に置かれると、他者の反応に学ぼうとしたのだ。この結果は、どのような場合に個人は文化的学習に頼るのかについて、進化論的アプローチから予想されることとも一致する（註9を参照）。第二に、正体不明のおもちゃが置かれたとき、大人がどんな情緒反応を示したかによって、幼児は行動の仕方を変えた。恐怖の表情を見て取ったときは後ずさりしたが、楽しげな表情を見たときは、おもちゃに近づいてさらに積極的に関心を示すようになった。第三に、幼児は、母親よりもむしろ、見ず知らずの女性のほうを多く見て参照した。実験室は母親にとっても初めての環境だったので、幼児から母親はあまり頼りにならないと思われたのだろう。[14]

一歳二か月になると、社会的参照を行なうだけでなく、相手のスキルや有能さを手がかりにして、モデルにすべきかどうかを判断するようになる。こんな実験結果がある。ドイツ人の幼児たちに、大人のモデルがあわてた様子で靴を両手にはめるのを見せる。すると、幼児たちは、そのモデルが、自分の頭で目新しい照明器具のスイッチを押しても、その風変わりなやり方をまねようとはしなかった。しかし、そのモデルが自信ありげに靴をきちんと足に履いた場合には、幼児たちはそのモデルをまねて、頭でその照明器具のスイッチを押した。[15]

さらに三歳になると、そのたびごとに有能さを探知して、社会的学習の手がかりにするだけでなく、その情報を覚えていて、その後もいろいろな分野で同じ人を手本にするようになる。このことを証明した研究は相当数にのぼる。たとえば、この人は物の名前（たとえば「アヒル」）を正確に知っている人だとわかると、目新しい道具や初めて聞く言葉について、幼児はもっぱらその人に尋ねるようになる。そして、一週間はそのことを記憶していて、新しいことは何でもその有能だと判断した人から学ぼうとする。(16)

プレスティージ（信望・名声）

多くの人々が注目し、付き従い、親しくしている人物に目を向ければ、手本とすべき人をより確実に見つけることができる。つまり、「プレスティージ（信望・名声）」をモデル選択の手がかりにするのである。これは、他の人々もやはり、その土地での生活に役立つ情報をもっていそうな人物を探して情報を得ている、という事実を利用したモデル選択法である。

だれしも、実績などから、見倣うに値すると思われる人物を見つけたら、その人のそばにいて、よく観察し、耳を傾け、いろいろと情報を引き出そうとする。情報を得るために、たいてい自分は発言を控えて、相手に発言権を与える。そして、話し方や言葉づかいなども、無意識に相手に合わせるようになる（第8章参照）。私たち人間が、姿勢やしぐさなど、人々の行動パターンに敏感なのはそのためなのだ。だれが人々の注目を集めているか、だれに発言権が与えられているか、会話の中でだれに敬意が払われているか、人々はだれの声をまねているか等々。これらを手がかりにして、手本とすべき人物を見つけようとするのである。要するに、名望の手がかりは二次的な文化的学習を表しており、私たちは、まねるに値すると考える他者の行動をもとに、手本にすべき人を見つけ出すのである。

つまり、だれから学ぶべきかを、他者から学ぶのだ。

　このようなことは実社会のいたるところで起きているはずだが、それを直接証明した実験はほとんどない。間接的な証拠ならば巷に溢れている。有名人の発言や権威ある新聞の記事は説得力があるし、人々の記憶に残りやすい。また、コメント内容（たとえば自動車のクオリティ）とは関係のない分野（たとえばゴルフ界）の有名人のコメントでも、そのような効果が見られる。それは何がしかの根拠にはなるだろうが、とはいえ、「専門家」「第一人者」と言われている場合は別として、人々が実際に利用していそうな手がかり《キュー》を特定するまでには至っていない[17]。

　わが研究室のマチェイ・チュデクとスー・バーチと私は、プレスティージ（信望・名声）について、もっと直接的な検証を試みた。スーは発達心理学者、マチェイは大学院生である（実際の仕事はすべてマチェイが行なった）。

　まず、就学前の幼児たちに次のようなビデオを見せる――二人のモデルが、同じ物をそれぞれ違ったやり方で扱う。そこに二人の見物人が現れて、両方のモデルに目をやってから、一方のモデルだけを注目する。見物人たちからじっと視線を注がれたほうは、いかにもプレスティージの高い人物のように見える。そのあと、見馴れない食べ物二種類と、色の異なる飲み物二種類が出され、二人のモデルがそれぞれ、そのうちの一方を選ぶ。また、オモチャが一つ与えられ、二人のモデルがそれぞれ、まったく異なる遊び方をして見せる。

　以上のビデオを見終えた子どもたちに、ビデオに出てきた未知の食べ物のどちらか一方と、色つきの飲み物のどちらか一方を選ばせる。また、オモチャを渡して、好きなように遊んでもらう。その結果はどうだったか？　オモチャの遊び方については、見物人に注目されたモデル（プレスティージの高そうなモデル）をまねることのほうが一三倍多かった。また、食べ物や飲み物についても、注目されたモデルと同じものを選ぶことのほうが四倍ほど多かった。実験の最後に尋ねてみたところ、子どもたち自身には、注目度を手がかりに手本を選んでいるという意識はまったくなかった。

この実験から明らかになったのは、幼児が無意識のうちに他者の視線のゆくえに注目し、それを手がかりに、手本にする人を決めているということだ。私たち人間には、スキルの高い人や成功実績のある人をまねようとするだけでなく、信望や名声を得ている人を手本にしようとする傾向がある。[18]

本書では、この概念をさらに発展させて、相手を選んで手本にしようとする傾向（すなわち選択的な文化習得のメカニズム）が、ヒト集団において「プレスティィージ（信望・名声）」というもう一つの社会的地位を生み出していったプロセスを探っていく。霊長類の祖先から受け継いだ「ドミナンス（腕力・権力）」という地位と並んで、人間社会ではこのプレスティィージが大きな力をふるっている。現代社会では、有名であることで有名なセレブタレントが生まれる理由なども考えてみたい。

自己との類似性――ジェンダー（性別）とエスニシティ（民族性）

人間にはまた、性別や民族性など、自分と類似する特徴をもつ人を手本にしようとする傾向がある。これもやはり無意識で反射的なものだ。同じ性別や民族の人から学べば、自分の適性や将来の役割に合った（もしくは進化の途上で最適だった）技能、習慣、信念、動機を獲得しやすくなる。

多くの人類学的研究によると、現生人類につながる系統では、何十万年も前から男女の役割分担が存在しているという。だとしたら、男の子は男性に、女の子は女性に関心を示して行動をともにし、その人から学ぼうとして当然だろう。そうすれば、育児、狩猟、料理、機織りなど、自分の将来の役割に必要なスキルを身につけられるからだ。また、身長や性格などの個人差も努力の成果に影響してくるので、こうした意味でも自分に似ている人を選ぼうとするかもしれない。さらには、言語、方言、信条、食嗜好など、自分と同じ民族的特徴をもつ人を手本に選ぶことも予想される。

要するに、性別や民族性などを手がかりにすることによって、自分が将来、円滑な社会生活を営む上で欠かせない規範や信条や習慣を身につけている人々に、高い確率で狙いを定めることができるのである。

四〇年に及ぶ心理学的実験から、子どもにも大人にも、異性より同性をモデルに選ぶ傾向があることを示す多数の証拠が得られている。このような傾向は、子どもが自分の性別を認識するようになる前から現れて、親、教師、仲間、見知らぬ人、そして有名人から学ぶ際にさまざまな影響を及ぼす。実は、子どもは同性のモデルのまねをしながら自分の性役割を学んでいくのであって、自分の性別を認識した上で同性モデルのまねをするのではない。また、このような傾向（学習バイアス）は、音楽の好み、攻撃性、気構え、目標選択など、さまざまな領域に影響を及ぼしていることが明らかになっている。のちほど取り上げるが、実社会では、それが学生の学習や成績だけでなく、模倣自殺のパターンにも影響する。[19]

わが研究室の学生だった脳科学者のエリザベス・レノルズ・ロジンが、UCLAの同僚たちと行なった最近の研究で、同性モデルを手本にする傾向（ジェンダー・バイアスのかかった学習）には神経学的基盤があることが明らかになってきた。エリザベスは機能的磁気共鳴画像法（fMRI）を用いて、被験者が同性モデルをまねているときと異性モデルをまねているときの脳活動を計測して、その違いを調べたのだ。

ロサンゼルス在住の男性・女性の両方に、同性モデルと異性モデルが手で何かのしぐさをするのを見て、そのしぐさをまねてもらった。同じ被験者が、同性モデルと異性モデルをまねているときの脳活動を比較したところ、女性の場合は、男性をまねているときよりも、女性をまねているときのほうが満足感を味わえることが神経学的に実証された。男性の場合はその逆だった。女性も男性も、同性モデルをまねるときは、異性モデルをまねるときよりも、側坐核、背側および腹側線条体、眼窩前頭皮質、そして左扁桃体の活動電位の発火頻度が高まった。彼女が脳研究の既存のデータベースを解析した結果からも、このような脳活動パターンは、クイズに正解して賞金を得たりしたときに現れることが明らかだ。つまり、この実験結果は、異性をまねるよりも、同性をまねるほうが大きな満足感が得られるということを示しているのだ。私たち人間は、自然に、同性のモデルのまねをしたくなるようにできているのである。

また、子どもでも大人でも、自分と同じ民族的特徴をもつ相手から学ぼうとする——つまりエスニシティ・バイアスのかかった学習をする——ことが次第に明らかになっている。幼い子どもたちは、食べ物の好みにせよ、初めて手にする物の使い方にせよ、自分と同じ言語や方言を話す人を手本にしようとする。その人が、英語風の発音でまったく意味のない言葉を喋っていても、やはりその人のまねをする。つまり、子どもたちは、相手の喋る内容がちんぷんかんぷんであろうとも、耳慣れた言葉を話す人から学ぼうとするのである（突然、私はアメリカの政治論争を思い出してしまった）。たとえそれが、頭で電灯のスイッチを入れるという、やりにくい変な動作であったとしても、幼児は、聞いたことのない言葉（ロシア語）を話す人でなく、耳慣れた言葉（ドイツ語）を話す人のやり方をまねようとする。また、子どもでも大人でも、すでに信念をある程度共有している相手から学ぼうとする傾向がある。[20]

以上のような実験結果から見るかぎりでは、ジェンダー（性別）とエスニシティ（民族性）が同じだと文化的学習の心理が刺激されて、そのモデルの行動や話す内容に興味をかき立てられ、注意力や記憶力が研ぎ澄まされるようだ。だとしたら、性別や民族を同じくする教師や教授についたほうが、学生の学習効果が上がって、成績や専攻や職業選択にも好影響をもたらす可能性がある。正規教育とは結局のところ、集中的に文化伝達を行なうための制度なのだ。

もちろん、現実世界において、学生側の学習バイアスが本当に成績の差をもたらすのかどうか見極めるのはむずかしい。なぜなら、教える側にもやはりバイアスがかかっていて、自分と同じ性別や民族の学生を支援し、良い成績を付けようとする可能性があるからだ。現実世界における因果関係を見極めるのは経済学者が得意とするところなので、その研究成果を見てみよう。

私のブリティッシュコロンビア大学の同僚、フロリアン・ホフマンらは、学生、教科課程、および指導者に関する大規模データセットを分析することにより、先ほどの実験結果とも一致する現実世界での証拠の掘り起こしに成功した。すなわち、民族や人種を同じくする指導者につくと、中途退学率が下がって成績が上がることを証明したのだ。コミュニティ・カレッジのアフリカ系アメリカ人の学生の場合、アフリカ系アメリカ人の指導者が担当すると、クラスの中途退学率が六％低下し、B以上の成績取得者が一三％増えた。同様に、フロリアンらのチームは、トロント大学の一年生のデータを用いて、同性の指導者につくと学生の成績がわずかに上がることも明らかにした。

指導者側のバイアスが原因でこうしたことが起きてくる懸念を払拭するために、フロリアンらは、それ以前の多くの研究者とは違い、大教室での多人数授業だけに的を絞った。こうした授業では、①だれの指導を受けるかは学生には決められず、②教授にとって学生は匿名の存在でしかなく、③学生を評価するのは教授自身ではなく、そのアシスタントだった[21]。つまり、この研究は、だれに耳を傾け、だれから学ぼうとするかに影響を及ぼす学習者側のバイアスだけを捉えているのだ。

私たち人間にとってこうした学習バイアスは不可避であり、だからこそ役割モデルの存在が非常に重要なのである。

年寄りの博識

手本にする相手を選ぶときに、有能さや経験の間接的な指標として、また自分との類似性の指標として、年齢を手がかりにするのは、進化論の観点からも理にかなっている。それには二つの理由がある。子どもが何かを学ぼうとするとき、年長の子どもに注目すれば、自分よりも経験豊かな子から学べると同時に、簡単なことから始めて徐々にステップアップしていくことができる。共同体の中で最高の能力と実績をもつ人物（たとえば、狩猟採集民バンドの中で最も腕利きのハンター）がだれだか知っていて、その教えを請うことができたとしても、初心者の多くは、そのハンターの微妙なコツをのみこめるほどの技術も経験もない。むしろ、年長の子どもに注目することによって、技能が自分よりも適度にまさっている子を手本にすることができる。よりスムーズにスキルのステップアップが図れるわけだ。だからこそ、幼い子どもはしきりと「おにいちゃん」や「おねえちゃん」に付きまとい、夢中になって追い回すのであり、また、小規模社会では年齢の異なる子どもたちが入り交じって遊ぶのが当たり前になっているのである。

進化論的な観点から予想されることだが、幼い子どもは、おそらく体の大きさから相手の年齢を判断し、たいていの場合、自分よりも年上の子をモデルにしようとする。しかし、その子が信頼性に欠ける場合はちょっと違ってくる。年齢と能力を天秤にかけて、年上で能力の劣る子よりも、年下だが有能な子のほうをモデルに選ぶこともある。こんな実験がある。小学校二年生の子どもたちに好きな果物を選ばせたところ、幼稚園児よりも同年齢の児童の好みをまねる傾向があった。ところが、パズルの問題をみごとに解く様子を見せられると、小学校二年生の多くは、それが年下の幼稚園児であったとしても、パズルをうまく解いた子どもの好みをまねるようになった。概して、子どもや幼児は、同性で年上の子どもが何か美味しそうに食べるのを見ると、自分もそれを食べるようになる。一歳二か月の幼児でさえ、年齢の手がかり《キュー》には敏感だ。(22)

ここまで子どもについて見てきたが、ここからは年寄りに話を移そう。人類の遠い祖先の社会では、高齢まで生きること自体が偉業だった。大昔の狩猟採集民のなかにも六五歳まで生きる者がいたが、長寿者がその年齢に到達したとき、同世代の仲間たちはすでに淘汰されてこの世を去っていた。つまり、ムラの長老たちは、長い年月を生きて豊かな経験を積んでいるだけでなく、数十年にわたって自然選択が作用して同世代の人々が減り続けるなかで、なおも生き残った人々なのである。

これがどんな意味をもつのか、仮定に基づく計算をしてみよう。二〇〜三〇歳の一〇〇人からなる共同体があったとする。一〇〇人のうちの四〇人は、肉料理にいつもトウガラシを使っている。トウガラシを使うと、その抗菌作用により食物中の病原体が減って、病気にかかる確率が下がる。その結果、いつもトウガラシを食べていると、六五歳以上まで生きる確率が一〇％から二〇％に上がり、このコホート（同年齢集団）が六五歳に達したとき、その過半数にあたる五七％がトウガラシ利用者になっている。

ということは、まねるのであれば、若年コホートよりも高齢コホートを手本にしたほうが、長生きするための知恵を学べる確率が高くなるわけだ。トウガラシが健康にどんな効果をもたらすのかをまったく理解していなくても、こうした知恵が伝達されていくのである（第7章参照）。また、こうした年長者を手本にする傾向（年齢バイアスのかかった学習）によって、死亡率に差が生じ、自然選択の作用が増幅されることになる。(23)

他者の動向をうかがう同調伝達

どこか外国の町に来ている自分を想像してほしい。お腹が空いてきたので、賑やかな通り沿いのレストラン一〇軒のうちのどれかに入ろうとしている。言葉がわからないのでメニューは読めないが、どの店も値段や雰囲気は大して変わらない。店内をのぞくと、そのうちの一軒には客が四〇人、六軒には一〇人、残りの三軒には店員しかいない。おそらくあなたは四〇%以上の確率で、（観察した一〇〇人中）四〇人の客がいるレストランを選ぶと思われるが、その場合、あなたは「多数派同調バイアス」のかかった選択をしていることになる。人間には多数派をまねようとする強い傾向があるのだ。

さまざまな問題に対処するとき、多数派のやり方をまねるのが理に適っていることは、進化モデル（自然選択の論理を数学的に表したもの）からも予想されることだ。個人の直感や直接体験その他の文化的学習メカニズムによって、集団内に生存に有利な習慣、信念、動機が生み出されていくかぎり、この多数派をまねる傾向（**同調伝達**）は、集団内に分散しているそうした情報を集めてまとめるのに役立つ。

たとえば、こんなふうに考えてみよう。釣糸の結び方にはいろいろあるが、場数を踏むうちにブラッドノットが一番強いとわかり、達人はだいたいこの結び方を選ぶようになるとする。初心者がそれぞれ自分で工夫した場合は、ブラッドノットを選ぶのは五割で、フィッシャーマンズノットが三割、その他五種類の結び方が合わせて二割だが、多数派同調の戦略をとる人はその状況を見て、最初からブラッドノットを採用することができる。集団の知恵を重んじる心理が働くのはそういった理由からなのだ。

多数派をまねる傾向があることは、ヒトやトゲウオで実験的にも証明されている。もちろん、これまで述べてきた、特定のモデルを選ぶ傾向があることを示す証拠の数にはとうてい及ばない。しかし、厳しい状況に置かれたとき、先が読めないとき、重大な岐路に立たされたとき、人間は多数派に従おうとする傾向がある。(24)

学習者は当然ながら、さまざまな直感的な経験則(ヒューリスティクス)を併用する。たとえば、トウガラシを用いる知恵について言えば、年齢を手がかりにして高齢コホートを手本に選び、さらにその高齢コホート内の多数派をまねれば、この生存に有利な習慣を採用する確率がさらに高まる。多数派同調傾向が強ければ、一〇〇%の確率で適応的な習慣を獲得することができるだろう。

連鎖的自殺

自殺はプレスティージ(信望・名声)に影響されることが知られている。著名人が自殺すると、一般人の自殺者が急に増えるのだ(著名な方々は心に留めておいてほしい)。このような現象はアメリカ合衆国、ドイツ、オーストラリア、韓国、日本などで報告されている。著名人に触発されての自殺は、その著名人と類似点があるかどうかも影響する。つまり、その著名人と性別、年齢、民族を同じくする人々の中から後追い自殺者が出ることが多いのだ。さらに、著名人の自殺は後追いをする人に暗に影響を与えるにとどまらない。電車に飛び込むなど、その方法までもそっくりであることから、後追い自殺者は模倣しているのだということがわかる。さらに言うと、著名人に触発されての模倣自殺のほとんどは、いずれ起こるはずだった悲劇が前倒しで起きたものではない。もしそうだとしたら、自殺率が急上昇したあと、いずれかの時点で長期平均を下回るはずだが、実際にはそうならない。(25) 模倣自殺は、本来起こるはずのなかった余計な自殺なのである。

自殺が伝染病のように「流行」することもある。一九六〇年から約二五年間にわたり、大平洋のミクロネシアの島々に際立った特徴をもつ自殺が波のように広がっていった。相次いで起こる自殺には共通する特徴があった。自殺者は、両親と同居している一五〜二四歳の男性（ほとんどが一八歳）で、親や恋人と諍《いさか》いを起こした後、自殺遂行者の霊に呼ばれているという幻覚を体験する（未遂者の報告）。それに招かれるように、廃屋などに赴いて「首吊り」という行為に及ぶのだ。みな一様に、立った状態か、膝をついた姿勢で紐や縄に首を掛けていた。頸部が圧迫されて脳に酸素が届かなくなり、結果として意識を失い、死に至る。このような自殺が、社会的につながりのある若者たちの間で局所的かつ散発的に発生するという現象が、あちこちで共通して見られるようになったのだ。その流行の源をたどると、たとえば裕福な家の二九歳の子息の自殺であったりした。自殺者の七五％は、それまで自殺念慮や抑鬱《よくうつ》の徴候などまったくなかった若者たちだった。興味深いことに、こうした自殺の流行は、ミクロネシアの二民族、トラック諸島人とマーシャル諸島人だけに見られる現象だった[26]。やはりここでも、名声《プレスティージ》や、性別や民族などの類似性が自殺の連鎖に関与しているのが見てとれる。

もちろん模倣自殺に及ぶのはごく一部の人間に限られるが、この現象は、ヒトの文化的学習能力の強さと、その傾向の及ぶ領域の広さを示している。文化的学習を通じて自殺行為にまで及ぶとは、ヒトという種において文化の影響を受けない領域などはたしてあるのだろうか？　模倣自殺は、自らの命を絶つという、本来、自然選択によって排除されるはずの行為が、条件さえ整えば、文化的学習を通して起こりうることを意味している。もしヒトが、自己利益にも、その遺伝子の利益にも明らかに反することまで模倣する動物であるならば、そこまで犠牲を払わずにすむことは何でもいいとわずにまねるのではないかと思われる。

ヒトには、特定の人物をモデルに選んで学ぼうとするだけでなく、特定領域の事柄に注意を向けて学ぼうとする心理的能力や傾向が備わっている。それは、食物、火、食用植物、動物、道具、社会規範、民族集団、世評など、人類の進化史を通してずっと重要な意味をもっていたと思われる事柄だ。おそらく、こうした内容に注意や関心を向け、推論を働かせる個体に対して正の自然選択が作用した結果、すばやく記憶する能力や優れた学習能力が出現したのだろう。

以降の章では、文化－遺伝子共進化を通して、このような特定領域の内容に特化された認知能力（**内容バイアス**）が出現していったプロセスを探るとともに、それを支持する証拠について見ていく。

メンタライジング能力は何のために？

ヒトが文化的な種、すなわち文化に依存している動物であるとしたら、最も重要な適応能力の一つは、他者をよく観察してそこから学びとる能力である。他者から学ぶときに欠かせないのが、その相手の目的、選好、動機、意図、信念、戦略など、心の状態を推し量る能力、心を読む能力だ。このような認知能力は、**メンタライジング**、または**心の理論**と呼ばれている。

メンタライジング能力に欠ける者や、こうした能力の獲得に遅れをとった者は、きわめて不利な立場に置かれる。なぜなら、早いうちに他者から規範や技能や知識を学んで身につけている者に、とていかなわないからだ。そう考えると、他者から学ぶのに不可欠なこの心の機能は、発達段階のかなり早い時期に芽生える必要がある。何を食べ、いかにしてコミュニケーションをとり、だれを避け、どのように振る舞い、どんなスキルを身につけるべきか等々、あらゆることを学ぶときに用いるのが、この相手の心を推し量る能力なのである。

西欧諸国の乳幼児の研究や、フィジー諸島、アマゾン川流域、および中国での最近の比較文化研究から、このようなメンタライジング能力は、どこのヒト社会でも、幼いうちから着実に発達し始めることが示されている。生後八か月の頃にはもう、少なくとも一部の社会の赤ん坊は、相手の意図や目的を推測したり、何かを知っていそうな人とそうでない人を見分けたりする能力を発達させている。たとえば、モデルがうっかりおもちゃを取り落とすなどした場合には、赤ん坊はその意図を察しておもちゃをつかもうとするが、モデルがもともとつかむ気がなくて落とした場合には、そのおもちゃをつかもうとはしない。よちよち歩きの頃にはすでに、他者の心中をかなり見抜けるようになっている。たとえば、自分がよく知っている物の名前を間違えた人の言うことはあまり信用しなくなる。また、相手が何かを熟知しているか否かを見抜く力をもっており、自分のよく知っていることであっても尋ねてみて、その結果をより良いモデル選びに利用する。[27]

進化論研究者の多くは、メンタライジング能力が重要であることには同意しつつも、このような認知能力は、現生人類につながる系統において、他者を騙し、操り、利用するために遺伝的に進化したものだと――つまり、マキャヴェリ的知性仮説を裏づけるものだと――主張する。ロビンがマイクの目的や動機や信念を推察できれば、マイクを利用したり操ったりすることができる。相手の裏をかいて出し抜くことができるというわけだ。[28]

しかし、別の考え方もできる。人類の祖先にメンタライジング能力が発達したのは、他者を騙し、操り、利用するためではなくて、手本とする人の目的、戦略、選好を推し量ることによって学習の効果を高めるためだった可能性もある。メンタライジング能力は、より効果的に教えるのにも役立つかもしれない。うまく教えるにはまず、相手は何がわかっていて、何がわかっていないのかを見抜く必要がある。このような考え方のもとになっているのが**文化的知性仮説**である。[29]

ブリティッシュコロンビア大学のわが心理学研究室では、この相対立する二つの仮説のどちらが正しいのかを検証する実験を行なってきた。初めての環境に置かれた幼児たちに、メンタライジング能力を発揮する機会を与えるのだ。相手の戦略をまねることもできれば、相手の弱みにつけ込むこともできる。さて、子どもたちはどうするか。結果は明白だ。相手を出し抜くよりも、相手から学ぼうとする傾向が圧倒的に強い。自分の得にはならないとわかっている場合でも相手から学ぶほうを好むのである。

もちろん、メンタライジング能力が社会的駆け引きのために発揮される場合もあるだろう。チンパンジーの場合には明らかにそうだ[30]。しかし、この実験結果から見てとれるのは、ヒトの場合には、自分が置かれている社会の規範やルールを身につけて初めて、戦略的思考が役に立つのではないかということだ。ヒト社会において駆け引き能力に秀でるためにはまず、他者から学ぶ能力を磨く必要がある。規則がどうなっているのか理解して初めて、規則を曲げたり、利用したり、逆手に取ったりできるのだから。

学び方を学び、教え方も学ぶ

以上、乳幼児を対象にした研究を見てきてわかるとおり、ヒトはごく幼いうちから、周囲の他者を注意深く観察して、メンタライジング能力を働かせながら他者から学ぶことに、大きく依存して生きるようになる。また、実績や名声などを手がかりにして、だれを手本にすればよいかをいちはやく見極めるようになる。そして、こうした文化的学習を、自分の経験や持ち前の直感よりもどれくらい優先させるのか、あるいは、手本を選ぶ上で名声や性別にどれくらい重きを置くのかといったこと自体を、自分の経験と他者の観察をもとに按配《あんばい》しているものと思われる。言い換えると、ヒトには、自分の置かれた状況に応じて学び方を調節する能力が必要とされるのである(31)。

一方、上手く教えられるようになる上でもやはり、自分の直接経験と他者の観察とが重要であることは明らかだ。教えることと文化的学習は表裏一体の関係にある。モデルが積極的に情報を伝えようとするときに、教えるという行為が生まれる。こうした伝達能力、すなわちコミュニケーション能力は、とくに言語が誕生して以降、自然選択の作用によって高められてきた。

とはいえ、複雑な技能や概念や手順を教えるのはだれにとってもむずかしい。それゆえ、文化進化の産物として、柔道、代数、料理など、特定分野の内容を効果的に伝えるためのさまざまな技法や戦略が編み出されてきたのである。自らスキルを身につけると同時に、それを他者に伝えるテクニックも身につける——これは文化伝達の精度を高めるひとつの方法だ。

その昔、人類が文化に依存するようになり始めた文化進化の黎明期に、おそらく試行錯誤を重ねるなかで、他者に注目してそれをまねると良い、ということを経験的に知ったのだろう。模倣という方法は他の方法に比べて、最適解にたどり着ける確率が最も高いからだ(32)。ところで、人間に育てられたチンパンジーは、野生のチンパンジーに比べて模倣行動がうまい。しかし、ここが重要なのだが、野生のチンパンジーに比べればうまくても、同じ時期に同じ環境で育てられた人間の子どもにはやはりかなわない。おそらく人類においては、ごく初期の文化進化の蓄積によって生まれた環境に対応して、ごく初期の頃から文化的学習が始まったものと思われる(第16章)(33)。こうした文化的学習が増すにつれて、ますます多くの文化的ノウハウが蓄積されていき、それによって生まれた環境の中で遺伝的な進化が促され、さらにいっそう文化習得能力が高まっていったのだろう。チンパンジーとヒトの赤ん坊を同じ環境で育てても大きな差が生じることからわかるとおり、文化的学習能力は、体験の差によ

って多少は変わるものの、ヒトのほうがチンパンジーよりも早期に現れて、急速に発達していく。(34)

第5章　大きな脳は何のために？——文化が奪った消化管

食物、異性、道具など特定の事柄に選択的に注意を向け、名声、実績、健康などを手がかりに特定のモデルをまねることによって、自分にとって最も役立つ知識や技術を、最も効率よく習得することができる。こうして身につけた知識や技術は、実社会で経験を重ねるうちにさらに磨きがかけられていく。だが、それだけではない。こうした生存と繁殖のための個々人の営みは、個々人が意図していなかった重要な結果をもたらすのである。経営大学院の学生を対象にした実験で、他者の配分比率をまねることができる場合には、グループの全員がしだいに最適配分へ近づいていったのを覚えているだろうか。同様に、個々人がせっせと集団内の他者から学んでいると、その集団内に広まって保持される文化的情報の総体が、世代を重ねるにつれて、質、量ともに増大していく可能性があるのだ。

文化が蓄積されていくプロセスを、森で暮らす霊長類の小集団で考えてみよう。図5・1の最上段の「第0世代」としてあるのがこの集団で、その個々のメンバーを円で示してある。第0世代のうちの一匹が、だれにも教わらずに独力で、棒を使って蟻塚《ありづか》からシロアリを捕る方法を発見したとする（このテクニックを「T」とする）。これは現生チンパンジーもやっていることなので、おそらく人類

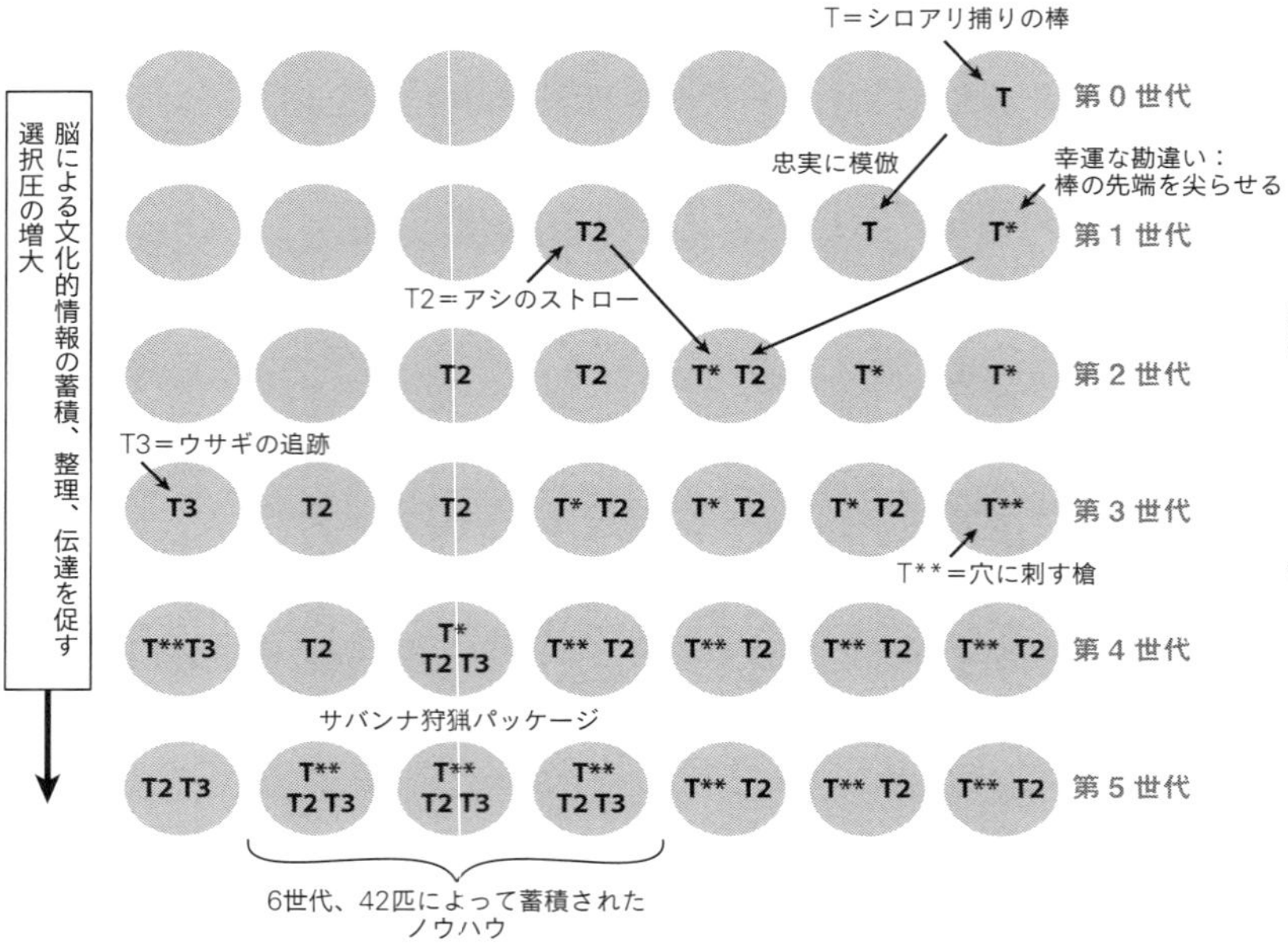

図 5.1　各個体が他者を模倣するうちに徐々に文化が蓄積されていく

の祖先もこのような発見をしたことだろう。

第1世代（二段目）では、そのうちの二匹が、先代のシロアリ捕りの方法を模倣した。「食物に関すること」全般に関心があり、先代の成功実績に目を留めたのだ。ところが、このシロアリ捕獲テクニックをまねるときに、第1世代のうちの一匹は、先代の使っていた棒は先端を鋭く尖らせてあったと勘違いする（実際には、棒をひょいとつかんだ拍子に裂けただけだったのだが）。そのサルは、自分の棒を用意するときに、モデルの棒と同じになるように歯でむしって先端を尖らせた（図ではT*としてある）。

それとはまったく別に、第1世代のもう一匹は、中空のアシの茎を使えば、大樹のくぼみに溜まった水が飲めることを発見する（図では、この「ストロー」をT2としてある)。このサルは、サバンナを越えて隣の森に移動するとき、このテクニックを用いて水にありつくことができた。

第2世代では、T2をまねるサルも、T*をまねるサルも現れて、これらのテクニックが少しだけ広まった。第2世代のうちの一匹は、T2とT*の両方をまねて非常に大きな成果を挙げたため、第3世代の三匹がそれをまねるようになった。

ある日のこと、第3世代のうっかり者の一匹が、古い蟻塚にシロアリ捕りの棒を突っ込んだ。シロアリはもういなかったが、たまたま、シロアリが出ていった後に棲みついていたネズミにその棒が刺さった。「シロアリ捕りの棒」が突如、汎用性の高い「穴に刺す槍」(図のT**)になったのである。この幸運なサルは、穴を見つけるたびに槍を突き刺してみるようになり、新たな食物資源の開拓に成功。第4世代の数匹が、そのサルの成功に着目し、そのやり方をまねるようになった。

一方、第3世代の別の一匹は、雨上がりの森をぶらついているときにたまたま、ウサギが巣穴に入るのを目にする。ぬかるみに残されたウサギの足跡を見ながらその味を想像しているとき、ふと、その足跡をたどればウサギの巣穴を見つけられることに気づく(この「ウサギの追跡」をT3とする)。すばらしいアイデアだが、すぐには役立たなかった。ウサギを巣穴から追い出す手立てがなかったからだ。ところがそれから何年も後、この母ザルが、逃げて行ったウサギの足跡を娘ザルに示した。それが偶然にも好結果をもたらした。というのは、この娘ザルはすでにT**(穴に刺す槍)を学んでいたからだ。ウサギの巣穴を見つけて、そこに槍を突き刺すことができたのだ。

第5世代では、発明や偶然の発見はなかったが、三匹がT**、T2、T3をすべて習得した。このパッケージ——文化的適応——のおかげで、この三匹は、長時間にわたってサバンナで、巣穴に逃げ込むウサギを追えるようになった。T2(「ストロー」)を用いれば水にも困らない。ほどなく、このサルたちは、森のはずれで暮らして、サバンナで狩りをするようになった。このT**、T2、T3のテクニックをまとめて「サバンナ狩猟パッケージ」と呼ぶことにする。

断っておくがこれはあくまでも、各個体が手本を選んで模倣するうちに徐々に文化が蓄積されていき、やがてどんな個体よりも賢い知恵の集合体が生まれてくる、ということを示すための思考実験にすぎない。この架空の霊長類は、学習能力をかなり高く設定してあり、ヒトを除いた現生霊長類のいずれよりも文化的学習に長《た》けている。しかし、学習能力をこれほど高く設定しなくても、集団サイズをもっと大きくするか、あるいは世代数をもっと増やすかすれば、やはり同じことが起こるはずだ。

私たちと同様に（少なくとも私と同様に）、このサルたちは場当たり的で日々の暮らしの中でドジばかり踏んでいた。うっかり者の勘違いがイノベーションをもたらすこともあれば、稀有な出来事がのらくら者にひらめきを与えることもあった。重要なのは、このような偶然の発見や幸運な間違いが選択的に次世代に引き継がれて、消えずに保持され、さらに他のテクニックと結びついたりして、サバンナ狩猟パッケージができあがったという点なのである。

では、考えてみよう。第5世代は第0世代よりも賢いのだろうか？　第5世代は優れたツールをもっているので、第0世代よりも効率よく餌を捕ることができる。のちほど、第5世代が実際に第0世代よりも賢いことを示すさまざまな証拠を示すが、ただしそれは、「賢さ」の定義を、新たな問題を解決する個体の能力、とした場合に限られる。当然ながら、条件付きの賢さなので注意が必要だ。

この架空の霊長類は、進化上のある決定的な一線を越えて**累積的な文化進化**の段階へと入っていった。その一線とは、世代を越えて文化的情報が蓄積され、ますますその土地の環境に適した道具やノウハウが生み出されるようになる時点――すなわち「漸進作用」が始まる時点である[1]。このプロセスこそが、人類の文化的適応とはいかなるもので、種としての成功の秘密は何なのかを解き明かしてくれる。しかし、文化的適応に依存しきって生きている個々人は、自らの適応の仕組みをほとんどあるいはまったく理解しておらず、自分がそうした適応的な行動を「やっている」ことにさえ気づいていないことが多い。

本書の論点を述べておこう。人類の進化史の比較的初期の頃、おそらく二〇〇万年ほど前にヒト属が出現した頃、人類は初めて進化のルビコン川を渡った。それを境にして、文化進化がヒトの遺伝的進化の最大の駆動力となった。そして、この文化的進化と遺伝的進化の相互作用が、自触媒反応とでも呼ぶべきプロセスを生み出した。つまり、反応の産物が触媒となって、ますますその反応を加速させていったのだ。

文化的情報がある程度蓄積されて文化的適応が始まると、適応度を高める諸々のスキルや習慣を獲得、蓄積、整理する能力を向上させるほうへと、遺伝子に高い選択圧がたびたびかかるようになり、その結果、遺伝的進化が進んで、スキルや習慣を利用できる個体がますます増える。この遺伝的進化によって脳や、他者から学びとる能力が向上すると、文化進化によってさらに多くの優れた文化的適応がひとりでに生み出されて、文化的情報の獲得や蓄積に長けた脳に有利な選択圧がかかり続けることになる。この自触媒的プロセスは、外的な制約がないかぎり、とどまることなく持続していくのである。

もはや通常の遺伝的進化ではなく、文化が自己触媒的に遺伝的進化を駆動していく段階に入ったときに人類が踏み越えた一線を、私はルビコン川と呼んでいる。共和政ローマの時代、赤い泥水をたたえたルビコン川が、属州ガリア・キサルピナと、ローマが直接統治するイタリア本土との境界線だった。属州の統治者は、イタリア本土の外ではローマ軍を指揮することはできたが、何があろうとも兵を率いてイタリアに入ることはできなかった。入ろうものなら、指揮官も兵たちも全員、たちまち反逆者として処罰された。この規則はずっと守られていたのだが、紀元前四九年、ユリウス・カエサルは第十四軍団ゲミナを率いてこのルビコン川を渡った。いったん渡ったら、もう決して後戻りはできない。内戦の勃発が必至であり、ローマの歴史は永遠にもとに戻ることはなかった。それと同様に、この進化のルビコン川を渡った人類の祖先も、まったく新しい進化の道を歩み始め、もはや後戻りすることはできなくなったのである。

なぜ、後戻りできないのだろう？　自分が図5・1の第6世代の一匹になったところを想像してみてほしい。あなたは新しいテクニックの発明を目指すべきだろうか？　それとも、T**やT2やT3を習得しているサルを見つけてそれをまねるべきだろうか？　Tと同程度のテクニックなら、自分で発明することもできるかもしれない。しかし、T**＋T2＋T3のサバンナ狩猟パッケージに匹敵するようなものはまず無理だろう。となると、文化の習得をないがしろにすれば、それを習得している者に遅れをとるはめになる。

何世代にもわたって、こうした傾向は強まりこそすれ、弱まることはない。文化的情報の蓄積が進めば進むほど、この加速度的に増え続ける情報をうまく利用できる大きな脳をつくるほうへと、ますます高い選択圧が遺伝子にかかるようになる。それは図5・1を見るとよくわかる。六つの世代がそれぞれ必要とする、脳の記憶収納スペースを考えてみよう。第0世代では、新たに覚えるテクニックは一生のうちにせいぜい一つなので、それを記憶するスペースがあればいい。ところが、第5世代になると、T**やT2やT3を記憶するスペースが必要だし、それをどう組み合わせるかも知らなければいけない。生存や繁殖のチャンスを集団内の他者と張り合おうとするときに、必要とされる記憶収納スペースは、わずか六世代のうちに三倍にも跳ね上がったのである。第6世代の脳を拡大させた遺伝子が広まれば、脳の大型化や高機能化を促す選択圧は、それ以降も決して弱まることはない。なぜなら、文化がますます進化して、脳に十分な性能が備わってさえいれば習得可能なノウハウの総量がどんどん増え続けるからだ。このような文化と遺伝子の漸進的共進化が、ヒトという種を形成したのである。

文化こそが人類の進化の駆動力だったことを示す証拠は、すでにもういくつか見てきている。第2章で、人間の幼児とサルに対して多項目からなる認知機能テストを実施したところ、幼児のほうが好成績をあげたのは社会的学習の領域のみで、それ以外の量概念、因果関係把握、および空間認知の能力はほぼ引き分けだった。文化が、ヒトの脳の拡大を促して、その認知能力を磨き、社会的動機に変化をもたらしたと考えれば、きわめて納得できる結果だ。第3章では、不運な探検家たちに同行しながら、狩猟採集民として生き延びられるかどうかは、その土地に伝わる知識や技術を獲得できるかどうかにかかっていることを見てきた。また、第4章では、生存と繁殖に役立つ情報を社会環境の中から選択的に獲得するヒトの心理が、自然選択によってどのように形成されてきたのかを探った。

表5・1に、本書で取り上げる文化－遺伝子共進化の産物のいくつかをまとめてある。まず初めに本章では、文化進化が遺伝的進化に影響を及ぼし、相互に作用し合いながら、ヒトの身体、脳、および心理を形成していった五通りの道筋について検討する。表5・1を理解するには、まず、「文化からかかる選択圧」の列を見てほしい。文化進化によってもたらされた諸々の事柄が挙げてある。これがのちに、遺伝的進化を生み（「共進化の結果としての遺伝的変化」の列）、遺伝子と文化の共進化を繰り広げていったのである。

ヒト特有の性質の中には、一線を越えた累積的文化進化によって生まれたと考えると説明しやすいものがある。そうしたヒトの特徴について詳しく見ていこう。

表 5.1 文化進化とその産物がヒトの遺伝的進化を方向づけてきた例

該当章	文化からかかる選択圧	共進化の結果としての遺伝的変化	備考
2-5, 7-8,12, 13,16	**蓄積される文化** 祖先代々受け継がれてきた知恵	生存と繁殖に有利な情報を選択的に獲得する特殊な文化的学習能力 文化習得のための長い幼年期と大きな脳。脳の「配線」は数十年間にわたり拡張。	社会性を促す選択圧が高まる。頭部が大きくなりすぎて出産が困難に。育児の必要度が増す。
5-7,12,16	**食物の調理** 加熱する、晒す、砕く、刻む	加熱調理したものなど、調理した食物への依存度が増す。その結果として、歯、口開（くちあき）、口、腸、胃が縮小。幼少期に火に興味を示すことも。	脳の構築にエネルギーが振り向けられ、男女間の分業が進む。
5,15,16	**持久狩猟** 獲物の追跡、水容器、動物の行動に関する知識	遅筋繊維、足裏の土踏まず、衝撃吸収力のある関節、項靱帯、神経支配を受けるエクリン汗腺により、長距離走行が容易になる。	人類の祖先がハイレベルな捕食者になる。
5,7	**民俗生物学** 植物や動物に関する知識の増大	民俗生物学的な認知：本質主義に基づくカテゴリー化、カテゴリーに基づく帰納的推論、属性の継承	自然界をカテゴリー化する普遍的系統樹
5,12,13, 15,16	**人工物** 複雑さが増していく道具や武器	手、肩、肘の解剖学的構造の変化。皮質脊髄路の形成。 人工物の認知：機能面に注目	手指の巧緻性や投擲能力の向上。身体能力の低下。
4,5,8,12, 15,16	**年寄りの知恵** 長い人生経験から得た知恵を活用し伝達する機会	ヒトの生活史の変化：幼年期と思春期、および閉経後の生存期間が長くなる。	子どもへの投資や育児への協力
4,7,12,13	**複雑適応** 忠実度の高い文化習得を求める圧力	他者の心理状態を推し量る高度な能力――心の理論もしくはメンタライジング、および過剰模倣	二元論：身体と心を切り離して理解する。
4,8	**情報源** 技能や知識のレベルがまちまちの個人	もう一つの社会的地位であるプレスティージ（信望・名声）を生み出す動機、情動、行動	プレスティージの高い人物をリーダーに協力行動が進む。
9-11	**社会規範** 世評や制裁による強制力	規範心理：世評への関心、規範の内面化、向社会的傾向、規範破りに対する羞恥心と怒り、規範破りを見つける認知能力	集団間競争が文化進化に及ぼす影響が強まる。

該当章	文化からかかる選択圧	共進化の結果としての遺伝的変化	備考
11	**民族集団** 文化的特徴で区分される社会集団	民族社会学的心理：表面的な特徴で内集団と外集団を区別する心理が文化的学習や相互作用に影響を及ぼす。	部族または民族集団、ナショナリズムや宗教的原理主義に発展
13	**言語** 身振り手振りや音声を駆使	のどの構造の変化、音声処理、特殊な脳領域の分化、滑舌	文化伝達速度の飛躍的増大
13	**教示行為** 文化伝達を促進する機会	コミュニケーションや教示への適応：白い強膜（白目）、アイコンタクト、教えようとする傾向	文化伝達の精度が高まり、文化進化が加速する。

大きな脳、速い進化、遅い発達

他の動物の脳に比べ、ヒトの脳は大きくて、密度が高く、溝がたくさんある。自然界で最大の脳というわけではないが（クジラやゾウの脳のほうが大きい）、神経細胞どうしの連絡が最も密で、シワをつくって脳を折り畳むことで表面積を大きくしている。この表面のシワが、ヒトの脳に特徴的な「くしゃくしゃに丸めた紙のかたまり」のような外観を形作っているのだ。しかし、これはヒトの脳の特異な性質のほんの一部でしかない。今から五〇〇万年ほど前、ヒトの脳容積は、チンパンジーとほぼ同じ三五〇㎤程度だったのに、現生人類の脳容積は一三五〇㎤ほどもある。しかも、そのうちのおよそ五〇〇㎤は、この二〇〇万年ほどの間に拡大した。驚くべき遺伝的進化の速さである。

この脳容積の拡大は、今から二〇万年ほど前についに止まった。おそらく、もうそれ以上、頭の大きな赤ん坊は産めなくなったのだろう。ほとんどの動物は、赤ん坊の頭よりも産道のほうが大きいのに、ヒトの場合はそうではない。何とか無理をして狭い産道を通って出てくるために、新生児の頭蓋骨はまだ癒合していない。他の動物には見られない特徴である。ヒトの脳の拡大は、霊長類のボディプラン〔体制。体の基本的な構造〕の限界に達してようやく止まったらしい。新生児の頭がこれ以上大きくなったら、母親の産道から無理をして押し出すこともできなくなってしまうからだ。

その間、自然選択によって、この大きな頭の赤ん坊問題を克服するためのあの手この手が生み出された。大脳皮質のシワを増やして表面積を大きくする、神経細胞どうしの連絡を密にする（そのおかげでヒトの脳は、大きさはそのままで多くの情報を保持できるようになった）、誕生後に急速に大きくする、などである。新生児の脳は、生後一年間は胎内にいたときよりも速い速度で成長して、容積が三倍になる。それ対し、ヒト以外の霊長類では、誕生後の脳の成長はもっと緩慢で、容積は二倍にしかならない。[2]

ヒトの脳は、この生後一年間の急成長の後も、三〇年間もしくはそれ以上にわたって、情報の保持と処理のために、神経回路の接続を増やし続ける（軸索を伸ばし、髄鞘を形成し、シナプス結合をつくる）。特に大脳新皮質でこの傾向が著しい。ここでポイントとなるのが、大脳の白質形成、つまりは軸索の髄鞘形成である。神経細胞が軸索を伸ばして他の神経細胞と結合することによって、脊椎動物の脳が成熟していくときには、神経細胞同士の結合がしだいに「焼き付け」られ、その軸索はミエリン（髄鞘）という脂質に富んだ白い物質で何層にも取り巻かれていく。このような髄鞘形成により、神経伝道速度が速まり、効率よく情報処理を行なえるようになるが、その反面、神経回路の可塑《かそ》性が低下して新しいことを学習しにくくなる。

ヒトの脳の特異性を知るために、ヒトの髄鞘形成と、ヒトと最も近縁な動物、チンパンジーの髄鞘形成を比較してみよう。図5・2[3]に、大脳皮質の髄鞘化の程度（成人に対する割合）を発育期別に示してある。①乳児期、②学童期（チンパンジーでは幼齢期）、③思春期および青年期である。チンパンジーの赤ん坊は、大脳皮質の実に一五％がすでに髄鞘化されているが、ヒトではまだ一・六％にす

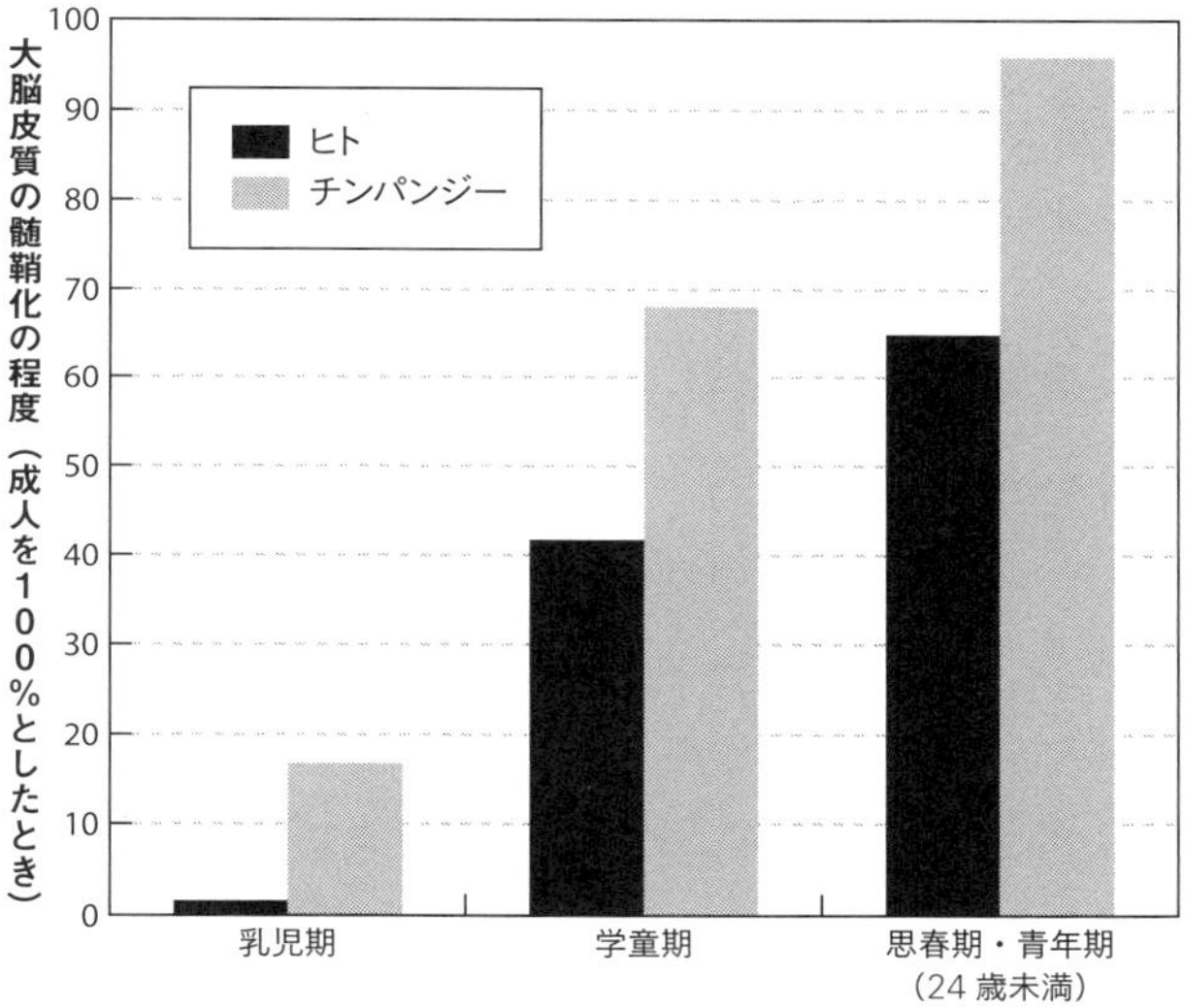

図 5.2 チンパンジーとヒトの発育期別の髄鞘化

ぎない。領域別に見ると（図にはない出典元のデータ）、系統発生的に最も新しく、ヒトの大脳皮質の大部分を占めている新皮質は、チンパンジーでは二〇％、ヒトでは〇％である。思春期・青年期に入っても、ヒトではまだ成人の六五％にすぎないのに対し、チンパンジーではすでに九六％が髄鞘化されている。このデータから示唆されるのは、チンパンジーとは違ってヒトでは、三〇歳代に入ってからも脳の「配線」がかなり増え続けるということだ。

ヒトの脳の発達は、ヒトという種のもう一つの特徴とも関連している。それは、幼年期が長く、そして思春期があることだ。ヒトは他の霊長類に比べて、妊娠期間と乳児期（離乳まで）が短い一方で幼年期が長く、思春期というヒト特有の時期を経て成熟にいたる。幼年期は、遊んだり大人のまねをしたりしながら集中的に文化を習得する時期で、この期間に、身体はまだ小さいままで、脳が成人とほぼ同じサイズになる。やがて、性的成熟とともに思春期を迎えると、身体が急激に成長し始める。この期間に、大人を見習いながら複雑な技術や知識を身につけるとともに、仲間との人間関係を築き、配偶者を見つけるのだ。(4)

この新たに出現した思春期・青年期が、人類の進化の歴史において、決定的に重要な役割を果たしてきたことはほぼ間違いない。狩猟採集民の場合、一八歳頃までは、他人はおろか、自分を養う食料すら得ることができない。そして、三〇歳代後半になってようやく、獲物を仕留められる確率が最大になる。興味深いことに、足の速さや力の強さなど、身体能力のピークは二〇歳代に訪れるが、狩猟の成功率は四〇歳近くになってからピークを迎えるのだ。なぜかというと、狩猟の成否は、身体能力よりもむしろ、知識をどれほど蓄え、技術をどれほど磨くかにかかっているからなのだ。それに対し、同じく狩猟採集で生きているチンパンジーの場合には、五歳頃に乳離れをするとすぐ、自分を養えるだけの食料を獲得できるようになる。(5) チンパンジーとのこうした違いは、脳の配線に時間がかかるという事実とも符合するもので、狩猟採集民として生きていく上でヒトがどれほど学習に依存しているかを物語っている。

並はずれて大きな脳をもち、神経系や行動の発達に時間を要する一方で、進化的に脳容積が急増したというヒトの特徴は、文化の蓄積がヒトの進化を促す選択圧になったと考えれば、当然予想されることだ。ひとたび、累積的な文化進化が始まって、調理法や槍といった文化的適応が生み出されるようになると、文化的情報を最も効果的に獲得、蓄積、整理できる脳や発達プロセスの遺伝子をもつ個体ほど、生き延びて、配偶者を見つけ、子孫を残す確率が高くなる。したがって、世代を経るごとに、前の世代よりもちょっと大きく、ちょっと文化習得に長けた脳を獲得していくが、その一方で、生存や繁殖に有利な知識や技術の総量も、脳の空き領域を埋め尽くすまでどんどん増えていく。こうした状況が、ヒトの脳と身体の発達を方向づけていく。つまり、脳のほうは、できるかぎり可塑的で「受け入れ可能」な状態に保ち、身体のほうは、生存に欠かせない知恵を習得するまで、できるだけ小さなカロリー節約型にしておくというわけだ。

このような文化と遺伝子の相互作用が自触媒反応をもたらし、ヒトの脳がどれほど大きくなっても、社会には常に、個人が一生かかっても学びきれないほどの文化的情報が存在するという状況が生まれる。ヒトの脳が文化習得に長けてくればくるほど、文化的情報の蓄積速度が速まり、すると、脳にかかる選択圧も高まって、そうした情報の獲得・蓄積がさらに促されていく。

以上のような見方をすれば、ヒトの赤ん坊の特異で不可解な性質もしごく納得がいく。まず第一に、ヒトの赤ん坊は、他の動物に比べて未熟な状態で生まれる。脂肪をたっぷり蓄えているが、筋肉は少ないし、不器用なことこの上ない（ソーリー、ベイビー。でもこれは事実だ）。哺乳類の中には、生まれ落ちるとすぐに歩きだす動物もいるし、すぐに母親につかまってぶら下がる霊長類もいるというのに、それとは大違いだ。

その一方で、出生時のヒトの赤ん坊の脳は、他の動物の脳に比べてより進んだ発達段階にあり、哺乳類の神経学的発達の指標をより多くクリアしている。胎児は子宮内ですでに言語の諸側面を身につけており（第13章参照）、すぐにでも文化的学習ができる状態で生まれてくる。また、乳幼児は歩行、食事、排泄ができるようになる前から、有能さや信頼性をもとにモデルを選んで学習しており（第4章）、相手の意図を読んでそれをまねることができる。(6)

第三に、出生時のヒトの赤ん坊の脳は、認知機能が発達した段階にありながら、きわめて可塑性に富んでおり（つまり髄鞘化されておらず）、出生後も胎内にいたときと同じ速度で拡大し続ける。要するに、乳幼児は一人では何もできない無力な存在でありながら、高性能の機能を備えた文化習得マシンなのである。

自然選択の作用を受けてヒトが文化的な種になっていくカギとなったのは、次のような発達プロセスの変化である。①短い乳児期と長い幼年期の身体の成長を遅らせ、思春期に入ってから成長スパートをかける。②出生時の脳に発達した機能をもたせながら、なおかつ、出生後も高度な拡張性と可塑性を維持できるように神経系の発達の仕組みを変える。しかしこのあと見ていくとわかるように、人類の特徴であるところの、急速な遺伝的進化、大型の脳、ゆっくりとした身体の発達、徐々に増設される脳の配線といった特徴は、そもそも、もっと大きな文化パッケージの存在（たとえば、男女間の分業や、親の子どもへの投資、閉経後の生存期間の延長など）があったからこそ生まれたものなのだ。このような人類の特徴と文化進化とは、互いに密接に影響を及ぼし合っているのである。

消化機能の外部化——食物調理

ヒトの消化器系は、他の霊長類とはかなり様相を異にしている。上の方から順に見ていくと、ヒトの口、口開《くちあき》、唇、歯は奇妙なほど小さく、唇の筋肉の力も弱い。ヒトの口の大きさは、体重が一キロあまりのリスザルの口の大きさと同じだ。チンパンジーは、口をヒトの二倍大きく開けることができるし、唇や大きな歯を使ってかなり大量の餌をくわえることができる。ヒトは顎の筋肉も驚くほど貧弱で、耳のすぐ下のところまでしか伸びていない。他の霊長類の顎の筋肉はたいてい、頭頂まで伸びており、頭頂骨の隆起に付着している場合もある。ヒトの胃袋は小さくて、体のサイズが同程度の霊長類の胃の三分の一の表面積しかない。大腸も非常に短く、体に見合った大きさの六割ほどしかない。ヒトの体には、野生の動植物を解毒する力もあまり備わっていない。全体的に見て、ヒトの消化管は体の大きさの割にひどく貧弱であり、他の霊長類に比べて、口での咀嚼《そしゃく》力から大腸での食物繊維処理力に至るまで軒並み、消化能力も劣っている。興味深いのは、小腸だけはそれほど小さくないことだ。その理由については後述する。(7)

このようなヒトの生理機能の奇妙な特徴は、文化と何か関係があるのだろうか？

そう、ヒトの身体は、今述べた消化器系も含め、文化として伝わる食物調理に関する知識や技術と共進化を遂げてきたのだ。どこの社会でも人々はみな、加熱する、干す、叩く、挽く、水にさらす、刻む、酢に漬ける、燻《いぶ》す、削ぐ等々、先祖代々受け継がれてきた技術を用いて食物を調理する。そのなかで最も古くからあるのは、石器を使って切る、削ぐ、叩くというものだろう。肉を切ったり、削いだり、叩いたりすることは大いに役立つ。なぜなら、肉の筋線維を断ち切ったり、叩きつぶしたりして柔らかくすることで、歯や口や顎の仕事をある程度まで肩代わりしてもらえるからだ。食物の化学的消化を手助けする調理法もある。南米の魚介料理セビーチェのような、マリネ液に漬け込む調理法は、口に入れる前に肉のタンパク質を分解し、胃液がやるのと同じようなことをやってくれる。また、ナルドーの例で見たように、水にさらすという方法は、食材の毒抜きをするために狩猟採集民が昔から用いてきた数多くの手法の一つだ。

こうしたさまざまな調理法の中で、ヒトの消化器系の形成に最も大きく関与したのはおそらく、食物の加熱調理だろう。霊長類学者のリチャード・ランガムは、加熱調理（およびそれを可能にした火）は、人類の進化に決定的な役割を果たしてきたと主張する。リチャードらによると、うまく加熱調理すれば、消化機能のかなりの部分を代行してもらうことができるという。適度に加熱することによって、繊維質の多い根茎やその他の植物性食物を柔らかくしたり、無毒化したりすることができる。また、加熱によって、肉のタンパク質も分解されるので、胃の負担を軽減することができる。そんなわけで、ヒトの場合には、ライオンなどの肉食獣に比べて、肉類の胃内停滞時間が短い。叩いたり、削いだり、マリネにしたり、加熱調理したりして、すでにある程度こなれたものが胃に入ってくるからだ。

こうした食物の調理はすべて、食物を消化する口や胃や大腸の仕事量を減らしてくれるが、栄養分の吸収に要する仕事には何の変化もない。それゆえ、ヒトの小腸は、同じ体格の霊長類の小腸とほぼ同じ大きさなのである。

以上のような話の中で、たいてい見過ごされてしまうのが、食物の調理法そのものが文化進化の産物であるという事実だ。たとえば、火を使った調理について考えてみよう。これは本能的に知っているものではないし、簡単に思いつくものでもない。そんなことはないと思うなら、屋外に出て、現代の技術を何も使わずに火を起こしてみよう。木の棒を擦り合わせるもよし、発火用の弓錐《ゆみぎり》を作るもよし、火打石を探してくるもよし、その大きな脳を存分に働かせてみてほしい。ひょっとすると、火起こしの本能が目覚めてあなたを導いてくれるかもしれない。なにしろ、太古の昔から人類はこの課題と取り組んできたのだから、自然選択の作用を受けて、そうした本能が生まれつき備わっていてもおかしくはない。

……

やっぱりだめ？　そうだろう。訓練を積んでいなければ――つまり、文化の伝達を受けていなければ――そうそう簡単に火など起こせるものではない。私たちの身体は、火や調理によって形成されてきたが、火起こしの方法や調理方法は他者から学ぶ必要があるのだ。

火起こしは、生物の本性に反する「不自然」な行為であり、技術的にも難しいことなので、火を起こせなくなってしまった狩猟採集民の集団も実際に存在する。ベンガル湾に浮かぶアンダマン諸島の先住民や、アマゾン川流域のシリオノ族、スマトラ島北部のアチェ族、そして、おそらくはタスマニア人などもそうだ。といっても、こうした集団が火を使わずに生きられたはずがない。火を保持はしていたが、必要に応じて新たに火を起こすことができなくなったのだ。たとえば激しい嵐などで、あるバンドの火が消えてしまった場合には、まだ火の消えていない別のバンドを探しに向かうことになった。[8] しかし、旧石器時代のヨーロッパの氷期に小集団で広範囲に分布していたネアンデルタール人（脳容積は現生人類よりも大きかった）の場合には、いったん火が消えてしまうと、それから何千年間も火を起こせずにいたこともあったようだ。[9]

人類の火への依存は、おそらく自然発火で得た火を制御するところから始まったものと思われる。しかし、火種を採ってきて、絶やさず維持し、制御するだけでもかなりの技術を要する。火を消さずにいるだけなら簡単なように思うかもしれないが、豪雨のときも、強風のときも、川や沼地を渡って移動するときもずっと消さずにいるのは容易なことではない。

私がそれを痛感したのは、ペルーのアマゾン川流域で、マチゲンガ族という先住民集団とともに生活していたときのことだ。火の絶えた木炭のようなものを庭に運んでいったマチゲンガ族の女性が、携えてきた乾燥苔と別の薪の熱反射とをうまく利用して、みるみるうちにそれを熾火《おきび》に復活させたのだ。また、別の若いマチゲンガ族の女性が、赤ん坊を脇に吊り下げたまま私の家に立ち寄って、料理に使う火を調整してくれたときも、何だか恥ずかしくて恐れ入ってしまった。そのおかげで火力が増して、鍋を置くのにちょうどよくなった上に、煙も減ってむせなくなり、しかもずっと番をしている必要がなくなった。[10]

調理の技法もやはり、個人の試行錯誤だけではなかなか習得が難しい。消化を助けるように調理するには、適切な調理法を選ぶ必要がある。調理法を誤ると、むしろ消化が悪くなったり、毒素が増したりしてしまう。また、効果的な調理法は、食材によっても異なる。たとえば肉を直火で焼くという（私にとって）すぐに思いつくやり方では、外側は焦げて硬くなり、中は生焼けになってしまう。そんなことにならないよう、小規模社会にはちゃんと、食材ごとにそれぞれ異なる複雑な食物調理法がある。たとえば、食材を葉に包み、焼けた灰の中に長時間埋めて（どれくらいの時間が必要だろうか？）蒸し焼きにするといった方法もある。一方、狩猟民の多くは、仕留めた獲物の肝臓をその場で生のまま食べる。肝臓は栄養豊富で柔らかく、生で食べてもおいしいからだ。ただし、肝臓を食べると非常に危険な動物もいる（あなたはそれを見分けられるだろうか？）。[11]イヌイットのハンターは、ホッキョクグマの肝臓を生で食べたりはしない。体に毒だと信じているからだが、実験的研究によるとその考えは正しいようだ。それ以外の部分は叩いて干し肉などにし、部位ごとに別々の方法で調理する。

このように文化として受け継がれてきた発火法や調理法が、ヒトの遺伝的進化に非常に大きな影響を及ぼした結果、今ではもう、加熱調理した食物にすっかり依存するようになっている。ランガムは、ヒトが生の食物だけで生きられるか否かに関する研究の文献調査を行ない、そのなかで、火を使わずに生きることを余儀なくされた歴史上の事例や、ローフードムーブメントのような現代の流行に関する研究も取り上げている。それによると、結局のところ、加熱調理なしには数か月間生き延びることもままならないようだ。ローフード実践者は、いつも空腹でだんだん痩せてくる。体脂肪が減りすぎて、女性の場合には月経が止まったり不規則になったりする。スーパーマーケットに行けばあらゆる生食材がそろっており、また、ミキサーのような便利な調理器具や下処理済みの食材が手に入る現代でさえ、こういうことが起きる。ということは、加熱調理という方法なしに狩猟採集民が生きるのは不可能だろう。類人猿は、生の食物だけでまったく平気だが、やはり加熱調理した食物のほうを好む。[12]

人類の進化の過程で、火を用いた調理への依存度が高まるにつれて、火起こしの方法を学ぼうとする心理メカニズムが形成されていった可能性がある。これは文化的学習における内容バイアスの一種だ。

カリフォルニア大学ロサンゼルス校(UCLA)の人類学者、ダニエル・フェスラーによると、ヒトには六~九歳頃に、他者が火を扱うのを観察したり、自分で実際に扱ってみたりして、火について学ぶことに執着する時期があるという。小規模社会では、子どもたちがこうした好奇心のままに行動できるので、思春期にはもう火を使いこなすようになっており、それ以上、火に惹きつけられることはない。ところが現代社会では、多くの子どもがその好奇心を満たせずにいるがゆえに、十代になっても二十代前半になっても、火への興味を引きずることになるのだとフェスラーは述べている。(13)

社会的に習得された食物調理技術が少しずつヒトの遺伝子を変化させ始めたのは、おそらく最も原始的な石器が現れた頃からだろう。そのような石器は、少なくとも三〇〇万年前には出現していたようで(第15章参照)、肉を叩く、ぶち切る、スライスする、さいの目に切るといった、肉の調理に使われたと思われる。(14)肉を干したり、植物性食物を水に漬けたりする方法は、さまざまな時期に、おそらく繰り返し現れたことだろう。そしてヒト属が出現する頃には、食物の加熱調理がぽつりぽつりと散発的に行なわれるようになり、しだいにその頻度を増していったものと思われる。とくに、硬くて大きな根茎や肉をよく食べた地域では、加熱調理がさかんに行なわれたに違いない。

諸々の食物調理法がしだいに消化機能の一部を代行するようになるにつれ、ヒトの消化器系の遺伝子にかかる選択圧が変化していった。加熱調理のような技法を用いることで、食物から得られるエネルギーが増えるとともに、消化や解毒が容易になった。その結果、自然選択の作用を受けて、脳に次いで二番目に大きい消化器系組織が小さくなり、こうした組織の病気も減って、かなりのエネルギーを節約できるようになった。文化進化の産物である消化機能の外部化によるエネルギーの節約こそが、ヒトの脳容積の飛躍的拡大を可能にした諸要因の一つなのである。

道具がヒトを弱々しい太っちょに

「筋骨逞《たくま》しいアスリートを求む。体重四〇キロのチンパンジーの両肩を床に押さえつけることができれば、一秒につき五ドルを進呈」。これは、一九四〇年代から一九七〇年代にかけて米国東海岸を旅して回っていたサーカス団の演物《だしもの》、「ノエルズ・アーク・ゴリラ・ショー」のポスターだ。それを見て、がたいのいいラインバッカー〔アメリカンフットボールで防御ラインのすぐ後ろを守る選手〕タイプの男たちが行列をつくった。しかし、我こそはと意気込んで挑戦した三十代の男たちのだれ一人、若いチンパンジーを五秒間以上押さえ込むことはできなかった。実は、チンパンジーのほうはかなりのハンデを負わされていた。すぐに使いたがる武器、つまり大きな犬歯を使えないように、『羊たちの沈黙』のハンニバル・レクター風の拘束マスクを付けられていたのだ。その後、このショーに出演するチンパンジーたちは大きな手袋もはめさせられた。スヌーキーという名のチンパンジーが、対戦相手の鼻に両親指を押し込んで、男性の鼻孔を引き裂いてしまったからである。ともあれ、ノエルズ・アーク・ゴリラ・ショーの主催者が若いチンパンジーを使ったのは賢明だった。なぜなら、体重が六〇キロ以上ある一人前のオスだったら、男性の背骨を砕くことだってできてしまうからだ。結局、この見世物は当局の命令で中止となったが、若いチンパンジーたちを案じての決定だったのか、がたいのいい男たちを案じての決定だったのかは定かでない[15]。

私たちはなぜ、これほど不甲斐ない動物に成り下がったのだろう？

それはまさに文化のせいなのだ。蓄積的な文化進化によって、剣、槍、斧、わな、投槍器（アストラル）、毒薬、衣類など、すぐれた道具や武器が生み出されるにつれて、こうした文化の産物で変化した環境に対応するかたちで遺伝子に変化が起こり、ヒトの身体はしだいにひ弱になっていった。木、燧石《すいせき》（フリント）、黒曜石、骨、枝角、象牙で作られた道具や武器があれば、大きな臼歯がなくても硬い種子や根茎を噛み砕けるし、大きな犬歯や強い筋肉や骨がなくても戦闘や狩猟ができる。

身体が脆弱になっていったわけを理解するには、まず、大きな脳はやたらとエネルギーを食う、という点を理解する必要がある。ヒトの脳は一日の摂取エネルギーの二〇～二五％を使ってしまう（他の霊長類の脳は八～一〇％、他の哺乳類の脳はわずか三～五％にすぎない）。さらに厄介なことに、脳は筋肉とは違い、操業を停止してエネルギーを節約するということができない。休止状態の脳を維持するのにも、活動中とほぼ同じだけのエネルギーが必要なのだ。

代々継承されてきた自然界に関する知識や、道具類、そして調理技術のおかげで、人類の祖先は他の種よりもはるかに少ない時間と労力で、高エネルギーの食事を摂取することが可能になった。これは人類の脳の拡大にとって決定的に重要なことだった。しかし、この脳はエネルギー供給の中断を片時たりとも許してくれないので、洪水、干魃《かんばつ》、けが、病気などで食料が底をついたら深刻な事態に陥ることになる。

この脅威に対処するために、身体のエネルギー予算を切り詰めて、エネルギー枯渇時のための貯蔵庫を設けることが必要になった。うまいぐあいに、道具や武器が出現したおかげで、高くつく筋肉組織を脂肪に交換することが可能となった。脂肪組織ならばもっと安上がりに維持でき、食料枯渇時にも大きな脳を維持するためのエネルギー貯蔵システムとしても使うことができる。[16] 摂取エネルギーの八五％を脳の成長に回している赤ん坊は、だからこそあんなに丸々としているのだ。脂肪組織は、めざましい神経系の発達と文化習得を維持するのに欠かせないエネルギーのバッファーなのである。

そんなわけなので、チンパンジーとの格闘を申し込まれても辞退したほうがいい。その代わりに次の三つの技能で競うことをお勧めする。①針に糸を通す、②速いボールを投げる、③長距離走。[17] ヒトは、自然選択の結果、脂肪を獲得する代わりに筋力を失っていったが、その一方で、どんどん複雑化する道具や技術が、もう一つの重要な遺伝的変化を促した。ヒトの大脳新皮質にある運動ニューロンは、その軸索を脊髄まで長く伸ばし（皮質脊髄路）、そこからさらに別のニューロンが骨格筋にまで至る伝導路を形成している。手指を使って針に糸を通したり、正確に物を投げたり、あるいは舌や顎や声帯を使って言葉をしゃべったりできるのも、この他の哺乳類にはない伝導路があるからなのだ（第13章参照）。

累積的な文化進化によって、より多くの精巧な道具が作られるようになると、さらにいっそう運動制御が向上していった。こうした道具類はまた、ヒトの手の構造に遺伝的変化を起こす選択圧としても働き、その結果として、指の腹が広くなるとともに、親指を動かす筋肉系が発達し、親指を他の指と対向させて正確にものをつかむ「精密把握」が可能になった。また、文化進化によって、投擲にかかわるパッケージも生まれたはずだ。すなわち、物を投げる技術、木の槍や投げ棒などの人工物、それらを使って狩猟、採集、襲撃、警護を行なう戦術などである。こうしたものが出現するとともに、他者を観察して投げ方を学ぶ能力が芽生えるにつれて、投擲動作に適した肩や手首の構造が形成されていったのだと思われる。多くの子どもたちが物を投げることに強い興味を示すのは当然のことなのだ[18]（詳細は第15章）。

複雑な道具とともに歩んできた長い歴史は、ヒトの身体の構造を変化させただけでなく、文化習得のための心理メカニズムを形成してきたようだ。私たちは道具や武器などの「人工物」を、石や動物のような自然界の事物とは区別して認識する。そして、人工物について考えるときは、動植物や水などの無生物について考えるときとは違い、まずその機能に着目する。たとえば、子どもが初めて目にする植物や動物に遭遇したときは、まず最初に「これなあに？」と問うが、人工物の場合には「何に使うの？」「何をするもの？」とその機能を尋ねる。人工物にかぎって自然界の無生物とは異なる思考をするということが起こるには、まず、その機能が一目ではわからない（因果関係がわかりにくい）複雑な人工物が存在し、それについて学ばなければならないという状況が必要だ[19]。累積的な文化進化は、見ただけでは機能がよくわからない人工物をどんどん生み出していくのだ（詳細は第7章）。

ヒトを長距離走者にした水の容器と獲物の追跡

世界中の伝統社会のハンターたちが、私たちヒトにはレイヨウ、キリン、シカ、スタインボック、シマウマ、ウォーターバック、ヌー（ウィルドビースト）などを追い詰める能力があることを証明している。三時間以上にわたってこうした追跡を続けていると、追われている獲物は熱疲労などを起こしてへばってしまう。家畜化されたウマは、人工的な交配によって高い持久力をもつようになったが、それを別にすると[20]、哺乳類のなかで持久力チャンピオンの座をヒトと競い合えるのは、リカオン（アフリカ野生イヌ）、オオカミ、ハイエナのような社会性肉食獣だけだ。これらの動物も持久戦で獲物を仕留めるので、一日に一〇～二〇キロは平気で走れる。

こうした動物たちに勝つには、私たちは熱に頼ればいい。なぜなら、これらの肉食獣はヒトよりもはるかに暑さに弱いからだ。熱帯ではイヌもハイエナも涼しい夜明けか日暮れにしか狩りができない。だから、飼いイヌと競争して勝ちたければ、暑い夏の日中に二五キロレースをするといい。イヌは疲労困憊するはずだ。気温が高ければ高いほど、あなたのほうに勝ち目がある。ちなみに、チンパンジーも長距離走ではまったくヒトにかなわない(21)。

ヒトの身体の解剖や生理を、現生霊長類やホミニン（すでに絶滅した人類の祖先）などと比較すると、一〇〇万年以上にわたる自然選択のなかで、本格的な長距離走向きの身体が形成されてきたことがうかがえる。頭のてっぺんからつま先まで、私たちの身体は長距離を走るのに適したつくりをしている。たとえばこんなぐあいだ。

- ヒトの足裏には、類人猿とは違って、バネのような働きをするアーチ形状（土踏まず）がある。これがエネルギーを吸収して、繰り返し足にかかる衝撃を緩和してくれるのだ。ただしそのためには、正しいランニングフォームを習得して、かかと着地を避ける必要がある。
- ヒトの脚は類人猿に比べて長く、アキレス腱のような大きくて太い強靱な腱が骨格筋をかかとの骨に結びつけている。そのおかげで筋肉のパワーが発揮され、歩幅を大きくとって消費エネルギーを節約しながらスピードを上げることができる(22)。
- 短距離走向きにできている動物は、筋肉のほとんどが速筋線維だが、ヒトの場合には、頻繁に長距離を走って訓練を積んでいると、脚の遅筋線維の割合を五〇%から最高で八〇%まで高めることができる。それによって筋肉の有酸素運動能力が大きく向上する。
- 下半身の関節はすべて、持久走のストレスに耐えられるように強化されている。
- ヒトの大臀筋は非常によく発達しており、それが走行中の体幹を安定させている。また、背骨を支える脊柱起立筋が、上半身を起こした姿勢を維持している。
- 幅広い肩と短い前腕にくわえ、腕振りの動作が走行時の身体のねじれを相殺している。また、他の霊長類とは違い、上背部の筋肉群の働きによって、胴体とは別に頭部だけをひねることができる。

● 後頭部から肩にかけて伸びる項靭帯が、頭頸部を安定させ、走行に伴う衝撃から頭蓋と脳を守っている。走行する四足動物には項靭帯があるが、チンパンジーなどの霊長類にはない。

以上のような筋骨格系の構造もさることながら、何よりもすぐれているのは、長距離走に有利な体温調節機能ではないだろうか。ヒトはどんな動物よりも大量に汗をかくのだ。

哺乳類は体温をだいたい摂氏三六～三八度という狭い範囲に保つ必要がある。ほとんどの哺乳類は深部体温が四二～四四度を超えると死に至る。ところが、走行時には発熱量が一〇倍になってしまう。多くの哺乳類が長く走り続けられないのは、この発熱量の増加に対処できないからなのだ。

こうした適応上の課題を受けて自然選択が働いた結果、ヒトの身体には①体毛がほとんどなくなり、②エクリン汗腺が増え、③「頭を冷やす」仕組みが現れたのである。汗の蒸発熱で皮膚を冷やし、走行時に生まれる気流でその蒸発を促そうというわけだ。

どういうことかを理解するために、まず、汗腺にはアポクリン腺とエクリン腺の二種類があることを押さえておこう。思春期になると、アポクリン腺からフェロモンを含んだ粘っこい液が分泌されるようになる。それが皮膚の常在細菌によって分解されると強い臭いを放つのだ。このようなアポクリン腺は、腋窩《えきか》、乳首、陰部など、皮膚の限られた場所だけに集中して分布している。それに対して、エクリン腺は、塩分などの電解質を含んだ透明な汗を分泌する汗腺で、ヒトのほぼ全身の皮膚に分布している。頭皮や足底など、走行中に冷やす必要のある部位は特にエクリン腺の分布密度が高い。ちなみに、ヒトのエクリン腺の数は、他の霊長類よりもはるかに多く、体表面全体でみた場合、ヒトほど発汗スピードの速い動物はいない。また、ヒト以外の動物は、その部位ごとに発汗をコントロールしているが、ヒトの場合は、体温調節中枢によってエクリン腺からの発汗量が制御されている。ヒトの進化の過程で急激に増えてヒトの体表面を覆うようになったのは、アポクリン腺ではなく、このエクリン腺のほうだった。

　脳はとりわけオーバーヒートしやすい。それゆえ自然選択の結果、人類の祖先の身体には、独特の脳冷却システムが備わるようになった。そのひとつが、顔面や頭皮からの大量発汗によって冷やされた皮膚のすぐ下を走る静脈網である。ここで冷やされた静脈血が、副鼻腔へと流れ込み、そこで、脳に血液を送る動脈から熱を吸収するのである。多くの哺乳類とは違って、深部体温が四四度を超えてもヒトが生きていられるのは、この冷却システムのおかげかもしれない[23]。

　ここまでの話で、ヒトの身体は長距離走向きに進化した、ということは十分に納得してもらえたはずだ。しかし、その遺伝的進化のお膳立てをしたのは文化進化だった、という私の主張はまだ腑に落ちないのではないだろうか。そこで、先ほど挙げた適応の三つの側面を詳しく見ていこう。そうすればその意味がわかるはずだ。

　第一に、持久力を最大限に活かして優位性を高めるには、熱帯地方の日中の猛暑の中を何時間でも走れなくてはいけない。発汗による冷却システムをフル稼働させているトップアスリートは、一時間に一～二リットルの汗をかくが、三リットルまでなら十分に生理的限界の範囲内だ。このシステムに不可欠な要素――水――さえ底をつかなければ、この冷却システムは稼働し続けるので、何時間でも走り続けていられる。さて、水を貯えておくタンクは、遺伝的進化によって身体のどこかに作られただろうか？

　長距離走でヒトと張り合えるウマは、体内に大量の水を貯えることができる。それに対し、ヒトは大量の水を飲んで貯えておくことができないだけでなく、他の動物のように、水をがぶがぶとは飲めない。ロバは三分間に二〇リットルの水を飲めるが、私たちは一〇分かけても二リットルが限界だ（ちなみにラクダは一〇分間に一〇〇リットル飲める）。ヒトの体温調節システムに、この不可欠な要素が欠けていていいのか？　せっかくの長距離走向きのデザインに致命的欠陥があるということなのか？[24]

種明かしをしよう。文化進化によって、水の容器と水場探しのノウハウがもたらされたのである。民族誌的調査が行なわれた狩猟採集社会のハンターたちは、ヒョウタンや革袋やダチョウの卵を使って水を運んでいる。そのような水容器は、どこでどのように水場を探し当てるかという、その土地に代々伝わる詳しい知識と結びついた形で用いられる。

南部アフリカのカラハリ砂漠の狩猟採集民たちは、ダチョウの卵を水容器として使うが、それだと水を冷たく保つことができる。小型のレイヨウの胃袋も水容器として使われる。また、長いアシの茎を使って、樹木の洞《うろ》に溜まった水を吸うこともある。干からびたかぼそい蔓《つる》をたどって、水分をたっぷり含んだ根を探し当てるすべも心得ている。オーストラリアの狩猟採集民たちは、小型哺乳類を「裏返しに」するという手法で水容器をこしらえていた（図5・3）。また、カラハリ砂漠の狩猟採集民たちと同様に、地表の何かを手がかりにして、地下に隠れている水資源を探し当てていた。こうしたノウハウはそう簡単に思いつくものではない。だからこそ、バーク＆ウィルズ探検隊はクーパーズ・クリーク沿いでにっちもさっちも行かなくなってしまったのだ。

こうしてみると、それぞれの環境のもとで水容器を作ったり、水場を探し当てたりするノウハウが文化進化によって生まれないかぎり、発汗による優れた体温調節システムの遺伝的進化など起こりえないことがわかる。ヒトをすぐれた長距離走者にした一連の適応も、実は文化‐遺伝子共進化の一環

図 5.3　オーストラリアの狩猟採集民が用いていたさまざまな水容器

なのであって、水という不可欠な要素が文化によってもたらされて初めて可能になったのだ。

水の補給さえあれば、優秀なマラソンランナーならシマウマやレイヨウやスタインボックを追いかけられるだけの持久力はあるはずだ。しかし、獲物をずっと追い続けていくには、持久力だけではだめ。持久狩猟を成功させるには、いったん特定の獲物に狙いを定めたら、その獲物をどこまでも追跡する能力が必要なのだ。

ヒトが狙う動物のほとんどは、ヒトが全速力で走るよりもずっと足が速く、あっという間にはるかかなたに消えてしまう。持久力というヒトの強みを活かすためには、獣の通った足跡や臭跡を読みとってその行動を予測しながら、何時間にもわたってその獣を追跡できなければならない。

さらに、その狙いを定めた個体、たとえばシマウマなら、多くのシマウマの中からその狙っているシマウマを見分ける能力も非常に重要になる。なぜなら、群れをつくる動物は、群れに戻っていきその中にとけこんで姿を消すという防御戦略をとることが多いからだ。ずっと追跡してきた一匹、つまり疲労している個体だけに的を絞ることができないと、元気のいい別のシマウマを追いかけるはめになってしまう。そうなったらもうおしまいだ。それゆえ、持久戦で獲物を追い詰めるハンターには個体を識別する能力も求められるのだ。

人間以外にも、獲物を追い詰めて狩る動物はいろいろいるが、人間のような方法をとる動物は他にはいない。現代の狩猟採集民の獲物追跡法を調べてみて明らかになったのは、そこには、一種の徒弟制を通じて、代々伝えられてきた知識が凝縮されているということだ。若者たちは、その集団内の狩りの名手が、獣の足跡や臭跡を読みとるのを実際にそばで見ながら学んでいく。アニマルトラッキングのベテランは、残された動物の足跡、食痕、糞などから、その個体の年齢、性別、健康状態、走行速度、疲労度合いやそこを通りかかった時刻まで推定できる。しかしそんなことができるのも、ひとつには、その動物の習性や餌の好み、社会性、そして一日の活動パターンに関する知識があるからこそなのだ。[25]

文化として受け継がれてきた知恵やコツの中には、持久狩猟をさらに有利にするものがいろいろある。それをよく注意して見ると、文化‐遺伝子共進化によって得られた強みを、実に巧妙に活かした戦略であることがわかる。ちょっとややこしい話なので、よく聞いてほしい。

狩りの場面では、四足歩行の獣のほうに身体構造上のハンデがある。それはどういうことか。四肢動物は、イヌのようにパンティング（あえぎ呼吸）で体温調節を行なう。熱をたくさん逃がしたいときは、ハアハアとパンティングのペースを速めればよい。走っていないときはそれでうまくいく。ところが走行中は、四肢が動くたびに胸腔が強く圧迫されて、息がうまく吸えなくなってしまうのだ。そこで、酸素供給や体温調節の要件を満たそうが満たすまいが、とにかく四肢の動きのサイクルごとに一回ずつ呼吸することになる。スピードと必要な酸素量は比例しているため、あるスピードでは呼吸数が多すぎ、別のスピードでは必要な呼吸数に満たないということが起きる。つまり、四肢動物は、①一サイクルに一回ずつ呼吸しながら、②筋肉に必要な酸素を供給し（疲労物質の蓄積を防ぐ）、なおかつ③余計な熱はすべてパンティングで放出する（熱中症を防ぐ）、という条件を満たすスピードを選びながら走らなくてはならないのだ。ちなみに、どれだけパンティングが必要かは、スピードだけでなく、気温や風の吹きぐあいなどによっても変わってくる。

こうしたさまざまな制約があるせいで、四肢動物は、歩行、トロット、ギャロップなど移動方式に応じて不連続にスピード設定を変える必要があるのだ（クルマのギアチェンジをするようなものだ）。最適スピードから外れると、酸素供給や体温調節がうまくいかなくなる。

ヒトにはこうした制約がない。なぜなら①二足歩行ゆえに、足を踏み込んでも肺が圧迫されることはないので、②スピードに関係なく、自由に呼吸数を変えることができるし、③すぐれた発汗システムによって体温調節ができるので、パンティングのために呼吸する必要がないからである。したがって、有酸素運動で走っているかぎり（全力疾走のときは無酸素運動になるが）、エネルギー効率が大きく変わることはない。つまりヒトは、その範囲内であれば自由にスピードを変えられるわけだ。

そこで、熟練ハンターは、わざとスピードを変えて、獲物に非効率な走り方をさせるという手を使う。獲物が逃げようとしてハンターよりも速く走りだしたら、ハンターはスピードを上げる。すると、獲物はさらにスピードを上げざるをえなくなり、たちまちオーバーヒートしてしまう。そうなると酸素供給や体温調節の要件を無視してスピードを落とすしかなくなり、筋肉がどんどん消耗していく。ハンターたちは、獲物に全力疾走させては休ませてといったことを繰り返して、ついに熱中症にまで追い込む。オーバーヒートして倒れた獲物にとどめをさすのは簡単だ。北米や中米のタラフマラ族、パイユート族、ナヴァホ族のハンターたちは、倒れたシカやプロングホーンをただ絞め殺すだけだという[26]。

その他にも、持久狩猟を行なうハンターたちは、ヒトの強みを活かしたさまざまな手を使う。こうした研究がもっとも進んでいるのはカラハリ砂漠だが、カラハリ砂漠のハンターたちはたいてい、気温が三九〜四二度と最も高い真昼の時間帯に獲物を追いかける。季節によって狩猟獣の健康状態も変わるので、それを考慮した上で獲物を選び、雨季にはダイカーやスタインボックやゲムズボックを追い、乾季にはシマウマやヌー（ウィルドビースト）を追いかける。雲のない明るい満月の晩の翌日は、早朝から狩りをする。多くの動物が月明かりの夜にずっと活動して疲労しているからである。また、群れをつくっている動物を狩るときは、群れから「脱落」するものが現れるのを待つ。それが群れの中で一番弱くて狩りやすいからだ。ヒト以外の捕食動物は、一匹に的を絞らず、群れ全体を追いかける。獲物の姿や足跡ではなく、その臭いに頼っているからだ。そして、これはまあ当然かもしれないが、狩猟採集民は、熱中症にやられている人間もすぐわかり、その手当ての仕方も心得ている。村人に遅れまいと懸命に走って熱中症で倒れてしまった（これは労災である）人類学者を介抱してくれたこともある。[27]

最後になったが、けがを少なくし、パフォーマンスを最大するようなランニングフォームを身につけるには、自分で練習を積むだけでなく、だれかを手本にして学ぶ必要がある。進化生物学者で解剖学者でもあるダニエル・リーバーマンは、世界各地に赴いて、靴を履かずに裸足で長距離を走る人々を研究してきた。あらゆる年齢の人々に、どのようにして走り方を覚えたのかと尋ねると、「自然に覚えた」と答える人は一人もいない。たいてい、本人よりも年上で、走るのが上手く、村人からの信望も厚い人物の名前を挙げて、その人の走り方をよく見てまねているという答えが返ってくる。人間はきわめて文化的な動物――とことん文化に依存している動物――なのであって、適応を遂げた身体構造を最大限に活かす走り方を見つけ出すのにも、だれかを手本にして学ぶようになっているのだ。[28]

動植物についての思考と学習

何世代にもわたる文化進化の歴史の中で、植物や動物に関する膨大な知識が蓄積されてきた。遭難したヨーロッパ人探検家たちの事例からわかるように、このような知識は生存に不可欠のもので、それなしに生き延びることはできない。それほど重要なものであるならば、ヒトには幼い頃から、このような知識を獲得、蓄積、整理するとともに、推論によって拡張し、さらに他者に再伝達しようとする心理的な能力や動機が備わっていても不思議はない。

実際、ヒトには、植物や動物に関する知識を使いこなすためのすぐれた**民俗生物学的な認知システム**が備わっている。スコット・アトランやダグラス・メディンをはじめ、さまざまなヒト集団で調査を行なっている人類学者や心理学者たちの多数の研究から、こうした認知システムにはいくつか興味深い性質があることが明らかになっている。子どもたちは植物や動物についての情報をたちまち、①**本質に基づくカテゴリー**（「コブラ」「ペンギン」など）に整理し、そのカテゴリーを②**階層的な（樹状の）分類体系**に組み込むことで、③**カテゴリーに基づく帰納的推理**や④**属性の継承を利用した推論**ができるようになるのである。

あまり聞き慣れない認知科学の専門用語が出てきたので、説明を加えておこう。まず、「本質に基づくカテゴリー化」とはどういうことかと言うと、ある動物を、たとえばネコだと教わった者は、暗黙のうちに、その動物の内面の奥深くには当然ながら、ネコというカテゴリーのメンバーに共通する隠れた本質が備わっていると考える、ということだ。この本質は、その個体を表面的に変えても失われない。たとえば、あなたがそのネコに手を加えて、スカンクそっくりに見えるように着色したとする。それは、ネコ（キャット）なのか、スカンクなのか、それとも「キャンク」や「スキャット」といった、まったく別の動物なのか？　子どもも大人も全員、スカンクみたいに見えるけれどもやはりそれはネコだと言うだろう。それに対して、テーブルを解体してイスに作り直した場合には、それはまだテーブルだと考える者はだれもいない。「本質」ではなく、「機能」に基づいてカテゴリー認知を行なうからである。

「カテゴリーに基づく帰納的推論」を用いると、ある特定のネコについて学んだ知識を、すべてのネコに敷衍《ふえん》することが可能になる。つまり、フェリックスがキャットニップ（イヌハッカ）に大喜びしたら、当然、どのネコもキャットニップに同じような反応を示すに違いないと推測できる。

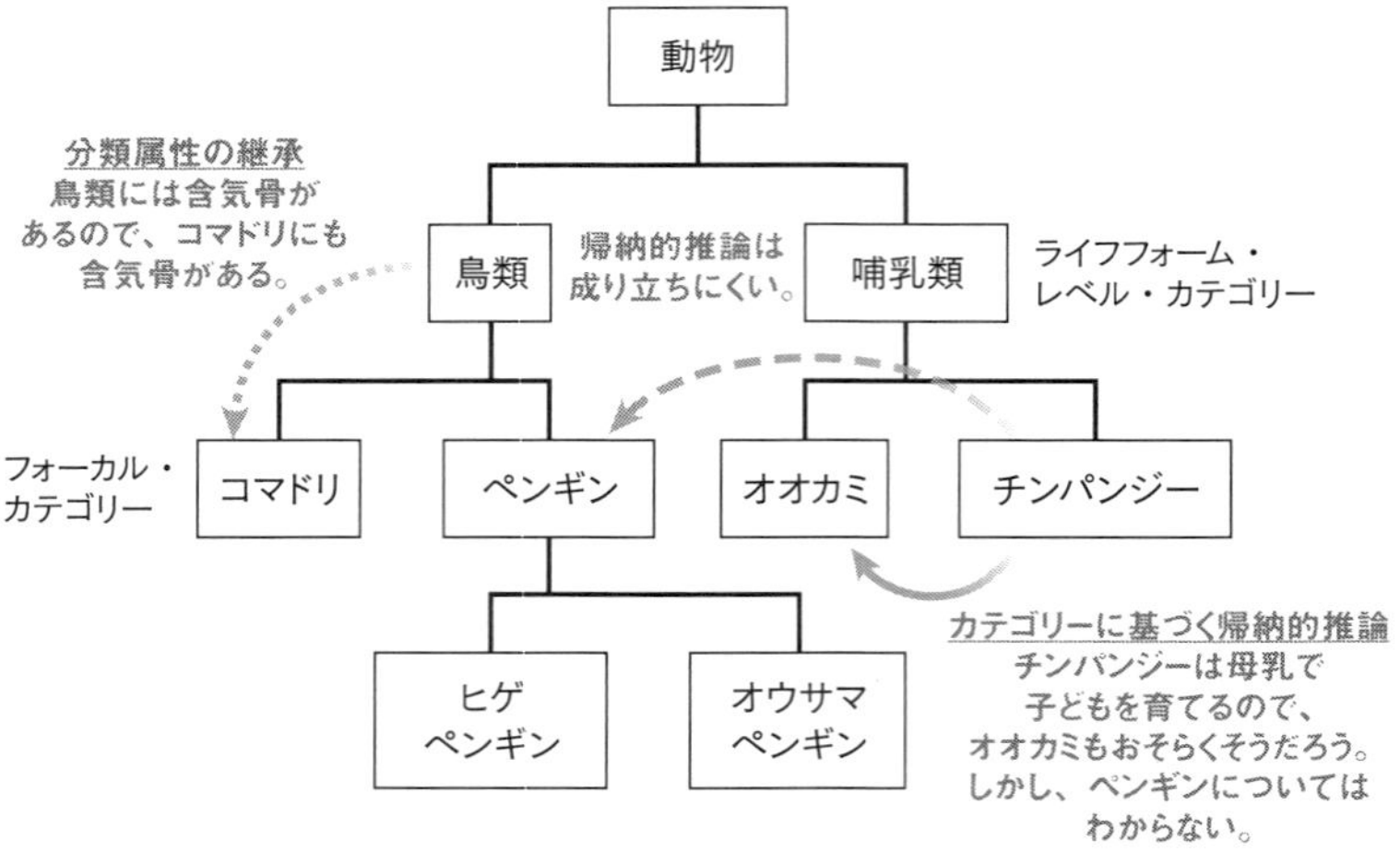

図 5.4　民俗生物学的な思考の諸側面

こうした本質に基づくカテゴリーが、成長発達や文化進化の過程で蓄積されて、だんだんと複雑な「階層的分類体系」ができあがっていく（図5・4）。頭の中にこのような分類体系ができていると、カテゴリーに基づく帰納的推論によって、あるカテゴリー（たとえばチンパンジー）に関する知識をもとに別のカテゴリーについての推論ができる。推論に確信がもてるかどうかは、カテゴリー間の関係で決まる。たとえば、チンパンジーについてのある事実（たとえば、母乳で子どもを育てること）を知っていれば、オオカミも母乳で子どもを育てるに違いないと容易に推測できる。なぜなら、両方とも哺乳類だからだ。

このような階層的分類ができていると、「属性の継承」も可能になる。どういうことかというと、上位カテゴリー（たとえば「鳥類」）に、一定の特徴（卵を産む、含気骨があるなど）があることを学んだとする。すると、初めての鳥（たとえばコマドリ）に出遭ったときに、ひとつひとつ学ばなくても、コマドリもやはり卵を産み、含気骨をもっているだろうと容易に推測できるようになる。[29]

このような思考パターンはどこの小規模社会にも広く共通して見られるものだが、西欧の都会に暮らす人々の場合には、その民俗生物学的な心理にかなり違いがある点が注目される。小規模社会では、日々の生活の中で「コマドリ」「オオカミ」「チンパンジー」といったフォーカル・カテゴリー（図5・4）が使われているので、子どもたちもまず最初にそれを学ぶ。それに対し、都会に暮らす子どもたちや大学生（心理学の研究対象になることが多い）は、「鳥」や「魚」のような「ライフフォーム・レベル」カテゴリーと呼ばれるものを用いる。さらに、こうした都会人は、ヒトを分類体系の中に位置づけて、他の動物と同じように扱うのではなく、ヒトについての知識をもとに、他の動物について判断を下そうとするようだ。

マヤ族の子どもたちやアメリカの農村部の子どもたちとの比較研究から、その理由がわかってきた。都会に暮らす子どもたちは、植物や動物についての文化的インプットが非常に乏しい。唯一よく知っている動物がヒトなのである。つまり、都市化の進んだ西欧社会では、認知機能が発達していく過程での情報入力が少なすぎて、民俗生物学的な認知システムが機能不全を起こしていると言えよう。[30]

この高性能の認知システムは、日常生活の中で文化伝達と直接体験の両方を通して徐々に蓄積される膨大な情報を、みごとに秩序立てて整理していく。[31] もちろん、動植物に関する知識のほとんどは文化伝達によってもたらされる。

この認知システムはどんな働きをするのだろうか。幼児が見馴れない植物に遭遇したときの反応を例にとって考えてみよう。植物には、刺さると痛い棘《とげ》や、不快な油脂成分、チクチクする刺毛、危険な毒素などがある。どれもみな、ヒトのような動物に痛めつけられることがないように、遺伝的変化によって生まれたものだ。人類は広範囲な地域に分布を広げ、植物を食料に、薬品に、建材にと、多様な用途に利用してきた。だとするならば当然、ヒトは植物について学び、その危険を避けるようにできているはずだ。

本当にそうかどうかを確認するために、心理学者のアニー・ワーツとカレン・ウィンは、生後八か月から一歳六か月の乳幼児を対象にある実験を行なった。未知の植物（バジル、パセリ）と、未知の人工物、および、見馴れた人工物（木製スプーン、卓上電気スタンド）にさわる機会を与えたのだ。

驚くべき結果が得られた。月齢に関係なく、ほとんどの乳幼児は植物にはまったく手を触れようとしなかったのだ。触れる子もいるにはいたが、人工物にさわるときよりも、さわるまでにかなり時間がかかった。それに対して、人工物の場合には、未知のものであってもまったく躊躇《ちゅうちょ》することはなかった。この実験から示唆されるのは、赤ん坊は満一歳になる前から、植物とそうでないものをすぐに見分け、植物を警戒するようにできているということだ。では、植物を避けるこの保守的性向を、いかにして乗り越えるのだろう？

その答え。周囲の人々を見て学ぶのだ。乳幼児は、周りの人々が植物をどう扱うかを鋭く観察していて、周りの人々がすでにさわったり食べたりした植物でなければ、さわることも食べることもしない。しかし、他者の反応を見て「ゴーサイン」が出たとわかると、たちまちそれを食べることに興味を示すようになる。

それについて詳しく調べるために、アニーとカレンは次のような実験を行なった。モデルが、ある植物からフルーツを摘むところと、形も大きさもその植物にそっくりの人工物から模造フルーツを摘むところを乳幼児に見せた。さらに、そのモデルがフルーツと模造フルーツの両方を口に入れるところも見せた。その上で、乳幼児に、本物のフルーツを取りにいくか、模造フルーツを取りにいくかを選ばせたのだ。モデルの反応を見てゴーサインを得ていた乳幼児は、七五％以上の確率で本物のフルーツを取りにいった。

比較のために、モデルがフルーツや模造フルーツを、口に入れるのではなく、耳の後ろに乗せるのを乳幼児に見せる実験も行なった。その場合には、乳幼児がフルーツを取りにいく確率と、模造フルーツを取りにいく確率は五分五分だった。食べられる植物は子どもの興味を引くようだが、ただしそれは、周囲の人々を見て有毒ではないという手がかりが得られている場合に限られる[32]。

二〇一三年にイェール大学に招かれて講演したときに初めて、アニーからこの研究について聞いた私は、帰宅するとさっそく、生後六か月の息子、ジョッシュで試してみた。心地よさそうに母親の腕に抱かれているジョッシュに、私はまず、目新しいプラスチック・キューブを差し出してみた。彼は喜んでそれをつかみ、何のためらいもなく、そのまま口に入れた。次に私は、ルッコラ（葉をサラダなどに使うアブラナ科の植物）を一本差し出してみた。ジョッシュはすばやくそれをつかんだが、ひと呼吸おいてから、不審そうに眺めると、そろりと手から離して母親に抱きついた。

それにしても、こうした場面で子どもたちはどれほど心を複雑に働かせていることか。大きさや形や色がよく似ている植物と人工物を見分けるだけでなく、植物をバジルやパセリといった種別に分けて、単に「さわってもよい」植物と、「食べられる」植物とを区別する必要もある。つまり、だれかがバジルを食べるのを見て、「植物は食べてよい」とインプットしてはだめ。それでは、バジルだけでなく有毒な植物も食べてしまうおそれがあるからだ。かといって、だれかがバジルを食べるのを見て、「そのバジルは食べてよい」とインプットしても意味がない。なぜなら、そのバジルはもう目の前の人が食べてしまって存在しないからである[33]。これも文化的学習における内容バイアスのひとつだ。

ヒトは、遺伝子の変化によって、大きな脳、長い幼年期、短い大腸、小さな胃、小さな歯、伸長性に富む項靭帯、長い脚、足裏のアーチ、器用な手、軽量の骨、そして脂肪を蓄えた体をもつに至ったが、このような遺伝的進化を駆動する要因となったのは、累積的な文化進化――突き詰めると、他者の心の中に蓄積されていく利用可能な情報――だった。文化がヒトの身体を形作ったのである。それだけではない。人工物や動植物の学び方でも見たとおり、文化はヒトの頭脳や心理にも遺伝的進化をもたらしてきた。

ヒトはこれまでずっと、さまざまな道具や習慣や調理法など、生存や繁殖を有利にしてくれる複雑きわまる文化の産物にあふれた世界の中で適応してきた。その長い歳月の間にヒトは、自分の経験や生得的な直感よりも、他者から学ぶ文化的情報に絶大な信頼を寄せるようになっていった。第7章では、そのプロセスを詳しく見ていく。第8章以降ではさらに、文化進化がヒトの遺伝子に働きかけて、社会的地位《ステータス》を重んじる心理や、コミュニケーション能力、さらには社会性を生む遺伝的進化を促し、ついにはヒトを家畜化して、極端なまでの社会性をもつ唯一の哺乳類に仕立てていったプロセスを検討する。しかし、その前に、文化には本当に遺伝子に変化を起こすほど力があるのかと訝しんでいるあなたの疑念を晴らしておきたい。

第6章　青い瞳の人がいるのはなぜか

瞳の色の世界地図を作ったらどうなるか。ここ数百年間に移住してきた人々を除くと、ブルーやグリーンなど、瞳の色が薄い人々が住んでいるのは、北欧のバルト海を中心とする地域だけだということがわかるだろう。それ以外の地域では、瞳の色はほとんどブラウンだ。ということはおそらく、ブルーやグリーンの瞳が現れる以前は、ブラウンこそがホモ・サピエンスに共通する瞳の色だったに違いない。ではここで問題。なぜこの地域にだけ薄い瞳の色が分布するようになったのだろうか？[1]

それを知るにはまず、皮膚の色を決める遺伝子がこの一万年間に、文化の影響を受けてどう変化してきたかを考える必要がある。

世界には黒から白までさまざまな肌の色の人がいるが、これはさらされる紫外線の強度と頻度に対する遺伝的適応であることが、多くの証拠から明らかになっている。アフリカ、ニューギニア、オーストラリアなどの赤道付近の地域では、年間を通じて強い日射しが降り注ぐので、メラニン色素の多い黒い肌の個体のほうが自然選択において有利となる。なぜかというと、紫外線（UVAやUVB）をメラニン色素で吸収しなければ、皮膚の葉酸が破壊されてしまうからである。

葉酸は、妊娠や胎児の発達には不可欠で、もし不足すれば、脊椎披裂のような重篤な先天異常を引き起こすおそれがある。妊娠中の女性が医師から葉酸を十分に摂取するように言われるのはそのためだ。男性にとっても、葉酸は精子の生成に重要な役割を果たしている。この生殖に欠かせない葉酸の喪失を防ごうとすれば、必然的に表皮のメラニン色素を増やすことになり、その結果として図らずも肌が黒くなるのである(2)。

赤道から遠く離れた地域に暮らしていれば、強い紫外線が葉酸に及ぼす影響を心配する必要はない。ところが、新たな問題が持ち上がった。肌が黒いとビタミンDが欠乏しがちになるのである。

私たちの体は、UVB（紫外線B波）を利用してビタミンDを合成している。日照量の少ない高緯度地域では、黒い肌のメラニンがUVBを遮りすぎて、ビタミンDの合成を妨害してしまうのだ。このビタミンは、脳、心臓、膵臓、および免疫系が正常に機能するために欠かせない。ビタミンDを食事から摂取することができない場合、肌が黒くて高緯度地域に住んでいる人には、さまざまな健康上の問題が生じてくる。もっともよく知られているのが、子どもの佝僂《くる》病で、筋緊張低下、骨変形、骨折、筋痙攣《けいれん》など深刻な症状が起きてくる。したがって、高緯度地域に暮らす場合には、メラニン色素の少ない白い肌の遺伝子のほうが自然選択において有利になるのだ。

もちろん、文化的な種としては当然のことながら、イヌイットのような、北緯五〇～五五度以北の高緯度地域に暮らす狩猟採集民の多くは、そうした環境に適応した食事を摂るようになった。魚や海洋動物を中心に据えた食事である。したがって、皮膚のメラニンを減らすような選択圧はそれほど強く遺伝子にかからなかった。もし仮に、北方に暮らす人々からこうした食物資源が失われたら、メラニンの少ない白い肌が有利になる自然選択が劇的に進むだろう。

北緯五〇～五五度以北の地域（たとえば、カナダの大部分など）のうち、バルト海沿岸地域は、先史時代の初期農耕がめざましい発展を遂げた数少ない土地である。六〇〇〇年ほど前から、穀物とその栽培方法の文化パッケージが南から徐々に普及してきて、バルト地方を席捲《せっけん》していったのだ。そしてとうとう、人々はもっぱら農産物に依存するようになり、その土地の狩猟採集民が昔からずっと食べてきた、魚その他のビタミンＤ豊富な食物は食べなくなってしまったのだ。高緯度地域でビタミンＤが欠乏した結果、白い肌の遺伝子をもつ個体が自然選択において有利になった。メラニン色素の少ない白い肌ならば、ＵＶＢを最大限に利用してビタミンＤを合成できるからである。

　穀物を主食とするバルト地方の人々の間では、自然選択がさまざまな遺伝子に作用して、肌の色が白くなっていったものと思われる。皮膚のメラニンの生成を抑制するルートはいろいろあるからだ。そのような遺伝子の一つが、15番染色体上にあるＨＥＲＣ２という遺伝子である。ＨＥＲＣ２遺伝子は、その近くに座位をもつＯＣＡ２という遺伝子が、あるタンパク質を生成するのを阻害または抑制する。長くて複雑な生化学的経路を通して、このタンパク質の生成が抑制される結果、皮膚のメラニン色素の量が減少してくる。しかし、このＨＥＲＣ２遺伝子は、皮膚の色に関与する他の遺伝子とは違って、皮膚のメラニンだけでなく虹彩のメラニン色素の量も減らすので、瞳の色も薄くなってくる。

　というわけで、ブルーやグリーンの瞳は、高緯度地域で穀物を主食とする人々が、白い肌の遺伝子が有利になる自然選択を受けた結果、いわばその副作用としてもたらされたものなのである。もし仮に、文化進化によって農耕が始まっていなければ、言いかえると高緯度地域に適した農耕技法が生まれていなければ、ブルーやグリーンの瞳が現れることもなかっただろう[3]。だとすれば、この遺伝子バリアントは、バルト地方に農耕が伝播して以降、つまりこの六〇〇〇年の間に広まったと考えていいだろう。

　瞳の色を例にとって何が言いたいのかというと、文化進化によって形成された環境が、遺伝的進化を駆動する可能性は十分にある、ということだ。

比較的最近の文化‐遺伝子共進化のケースでは、注目する遺伝子群が、競合する遺伝子バリアントにすっかり置き換わるほど人々の間に広まっているわけではないので、原因と結果を関連づけることができるし、場合によっては、自然選択で有利に働いた遺伝子を特定することもできる。これはたいへん有り難い。というのも、研究者のなかには、遺伝的進化を引き起こすほど文化が長い歳月にわたって強い力を及ぼし続けることはありえないと主張する者もいるからだ。しかし最近では、新しい数理モデルとヒトゲノムからの大量の証拠から、予備的なものではあるにせよ、明確な答えがもたらされている。ある集団では、過去一万年間に、文化の影響で特定の遺伝子の頻度が高まったことがわかっている。さらに、文化進化によって生じる選択圧は、自然界の選択圧以上に強い力になりうることもわかってきた。文化はときとして、自然界では見られないほど急激な遺伝的進化を引き起こすことがあるのだ。

誤解のないように断っておくと、本書のテーマは、人類進化の過程で文化がどのように遺伝的進化を駆動したかを論じることであって、現在地球上に暮らす人類の集団間の遺伝的差異を論じることが本書の目的ではない。しかし本章では、今もなお文化と遺伝子の相互作用によって文化‐遺伝子共進化が進行しているという事実を利用して、文化にはゲノムを変化させるほどの力があるのだということを示そうと思う。

ただし、本章以外で取り上げる例に関しては、特定の遺伝子を、文化‐遺伝子共進化のプロセスに結びつけるのがなかなか難しい。それにはいくつか理由がある。まず第一に、私が注目する共進化プロセスは、ほとんどがすでに「完了」しており、人類の間ではその形質に差異がなくなっている。それゆえ、集団間の差異や地球上での集団の移動に着目して、特定のバリアントが広まっていった原因を推定することができない。第二に、ヒトの形質の多くは、染色体上のさまざまな位置にある多数の遺伝子の影響を受けている。つまり各々のバリアントはごくわずかな影響しか及ぼしていないので、ある形質に寄与する遺伝子バリアントを特定するのは非常に難しい。そして最後に、このような取り組みは緒についたばかりなので、まだ概要しかつかめておらず、さらなる研究が必要とされている。

では、そうしたことを踏まえた上で、もうひとつの例について考えてみよう。

米の酒とADH1B遺伝子

哺乳類の場合、果実などが腐りかけたときにできるアルコールは、肝臓において、ADH（アルコール脱水素酵素）遺伝子が作り出す酵素によって分解され、最終的にエネルギーと代謝産物（二酸化炭素と水）になる。しかし、アルコール（エタノール）の肝臓への流入速度が速すぎると、分解しきれずに「あふれ」て心臓へと送られ、ここから全身を駆け巡ることになる。酩酊状態になるわけだ。

ほとんどの霊長類は、アルコールの処理があまり得意ではない。しかし、今から一〇〇〇万年ほど前に、ゴリラとヒトの共通祖先が木から下りて地上で長い時間を過ごすようになると、腐りかけている果実も食物源として重要になったのだろう。現生人類につながる系統はアルコールに対する耐性を進化させていった。(4) この大昔の適応が、ずっと時代を下った後の文化-遺伝子共進化のお膳立てをしたらしい。農耕が始まって以降、ヒトのアルコール代謝関連遺伝子はさまざまな進化の作用を受けることになるのだ。

こうした遺伝的変化の一つについて考えてみよう。今から七〇〇〇～一万年前、4番染色体にあるADH遺伝子の一つ、ADH1B（アルコール脱水素酵素1B）遺伝子に変異が生じ、コードされるアミノ酸の一つがアルギニンからヒスチジンへと変わった。この新バージョンのＡＤＨ１Ｂ遺伝子は、肝臓でのアルコール代謝の効率を格段にアップするものだった。アルコールの分解速度が速くなると、どんどんアセトアルデヒドが作られて、めまい、動悸《どうき》、吐き気、だるさ、ほてり感、顔面紅潮などが起きてくる。このようなフラッシング反応の不快感には、アルコール依存症にかかりにくくする効果がある。ちょうどアルコール依存症の治療に用いる薬と同じような効果があるのだ。推定値には幅があるが、この飲み過ぎを抑制する変異型のＡＤＨ１Ｂ遺伝子をもっている人は、アルコール依存症になる確率が1/2〜1/9、深酒しやすさも約五分の一と低い。しかし、高活性型ＡＤＨ１Ｂによる効率のよいアルコール分解は、過度の飲酒を防いでくれる一方で、二日酔いをひどくすることもある。[5]

　ＡＤＨ１Ｂの遺伝子型のデータを世界中から集めたところ、この飲み過ぎを防ぐ高活性型はかなり偏った分布をしていることが明らかになった。図６・１を見てほしい。遺伝子頻度が最も高い地域は中国南東部で、それに次ぐのが中近東だ。中国南東部では、高活性型が七〇〜九〇％に及ぶ集団もいくつかあり、九九％に達するところもある。中近東ではだいたい三〇〜四〇％の範囲だ。[6]

　ビン・スーらは、こうした遺伝子型の分布を、東アジアにおける稲作の開始時期（つまり狩猟採集生活から農耕生活に移行した時期）に関する考古学的データに重ね合わせてみた。すると、稲作の開始時期が早い地域ほど、現在その地域に暮らしている集団の高活性型ＡＤＨ１Ｂ遺伝子の頻度が高かったのだ。稲作開始時期で、アジアにおけるこの遺伝子頻度の多様性の五〇％を説明することができた。考古学的データの不確実性や、何千年もの間に他にもさまざまな要因の影響を受けていることを考えると、五〇％という数字は驚くほど高いと言える。[7]

　すばらしい結果だが、それにしても、農耕とアルコールにはどんな関係があるのだろう？　ざっくり言って、農耕と酒の醸造は切っても切れない関係にあるのだ。ほとんどの狩猟採集民には、ビール

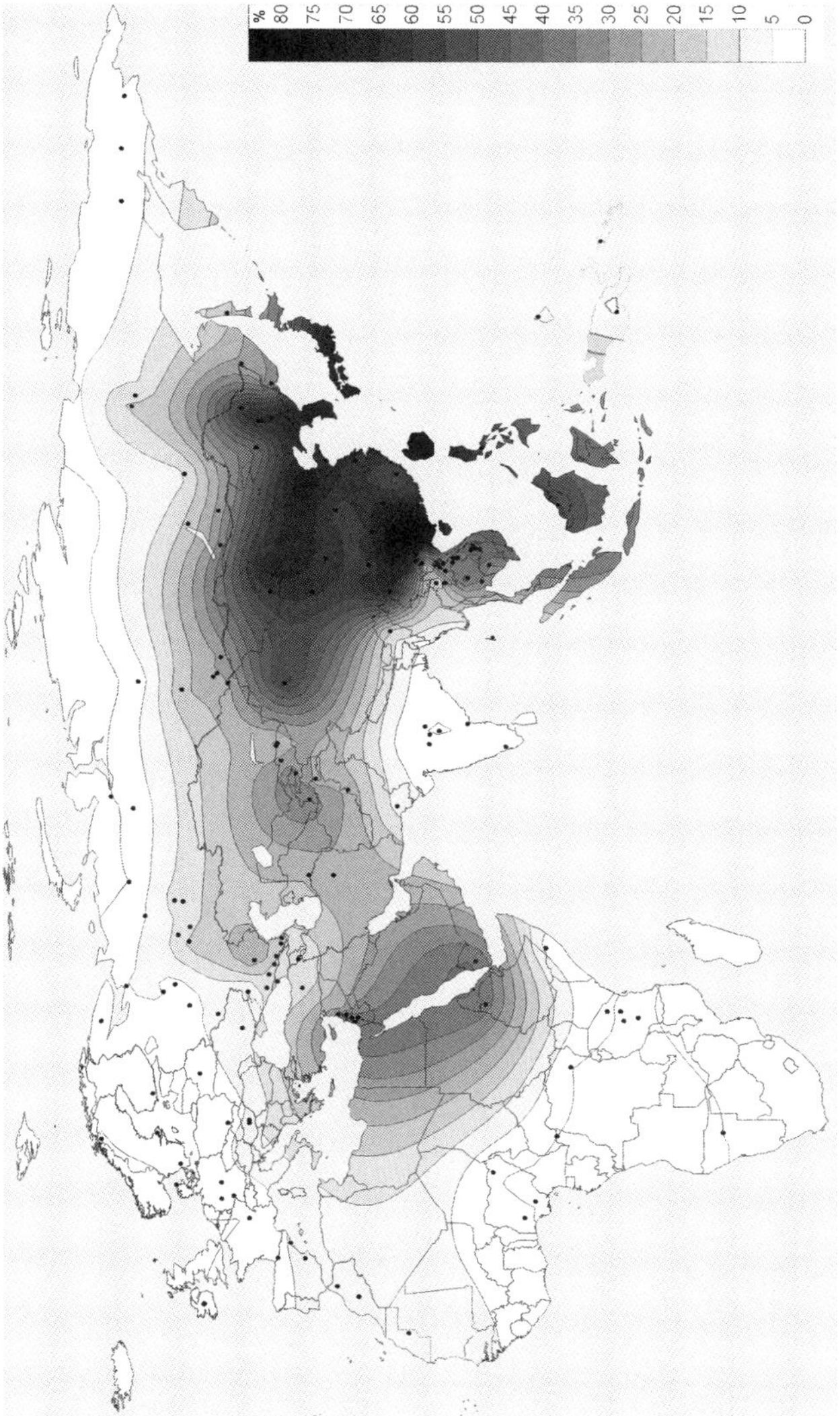

図6.1　高活性型ADH1B遺伝子の世界分布

やワインやスピリッツを作る手段も、技術も、原材料（穀物など）もない。しかし、農耕を営んでいる集団であれば、小規模であれ、半農半牧であれ、焼畑式であれ、たいていそういったものをもっている。

中国の黄河流域では、農耕の開始とほぼ同時に最初のアルコール飲料が作られた。中国河南省にある賈湖《ジアフー》という、今から九〇〇〇年ほど前の農村の遺跡から、一三個の陶器の壺が出土した。化学分析の結果、その壺には、コメに蜂蜜や果実を加えて発酵させて作ったアルコール飲料が入っていたらしいことがわかった[8]。イネを栽培し始めるやいなや、人々は米の酒の作り方を発見したらしい。歴史上の逸話によると、それが稲作民たちにアルコールにまつわる諸問題を引き起こしたようだ。そのせいで、飲酒に歯止めをかける高活性型のＡＤＨ遺伝子が有利になる自然選択が作用したのだろう。文化進化によって、まず稲作が登場し、それに伴って米の酒が生まれていなければ、高活性型のＡＤＨ１Ｂ遺伝子は出現していなかったかもしれない。

ミルクを飲める成人がいるのはなぜか

世界中に暮らす成人の六八％は、ミルクを飲んでもほとんど栄養にならない。哺乳類はみなそうなのだ。もしミルクを飲んでいるとしたら、あなたは少数派だ。もちろん、ヒトも含めて哺乳類の健康な赤ん坊はみな、ラクターゼという酵素を十分備えて生まれてくる。この酵素が小腸で乳糖（ラクトース）を分解してくれるおかげで、その栄養を吸収することができるのだ。ミルクは、カルシウムをはじめ、ビタミン、脂肪、タンパク質、炭水化物、そして水分を豊富に含む優れた食品である。

しかし、ほとんどの人は離乳期を過ぎるとラクターゼ（乳糖分解酵素）の産生が減りはじめ、五歳

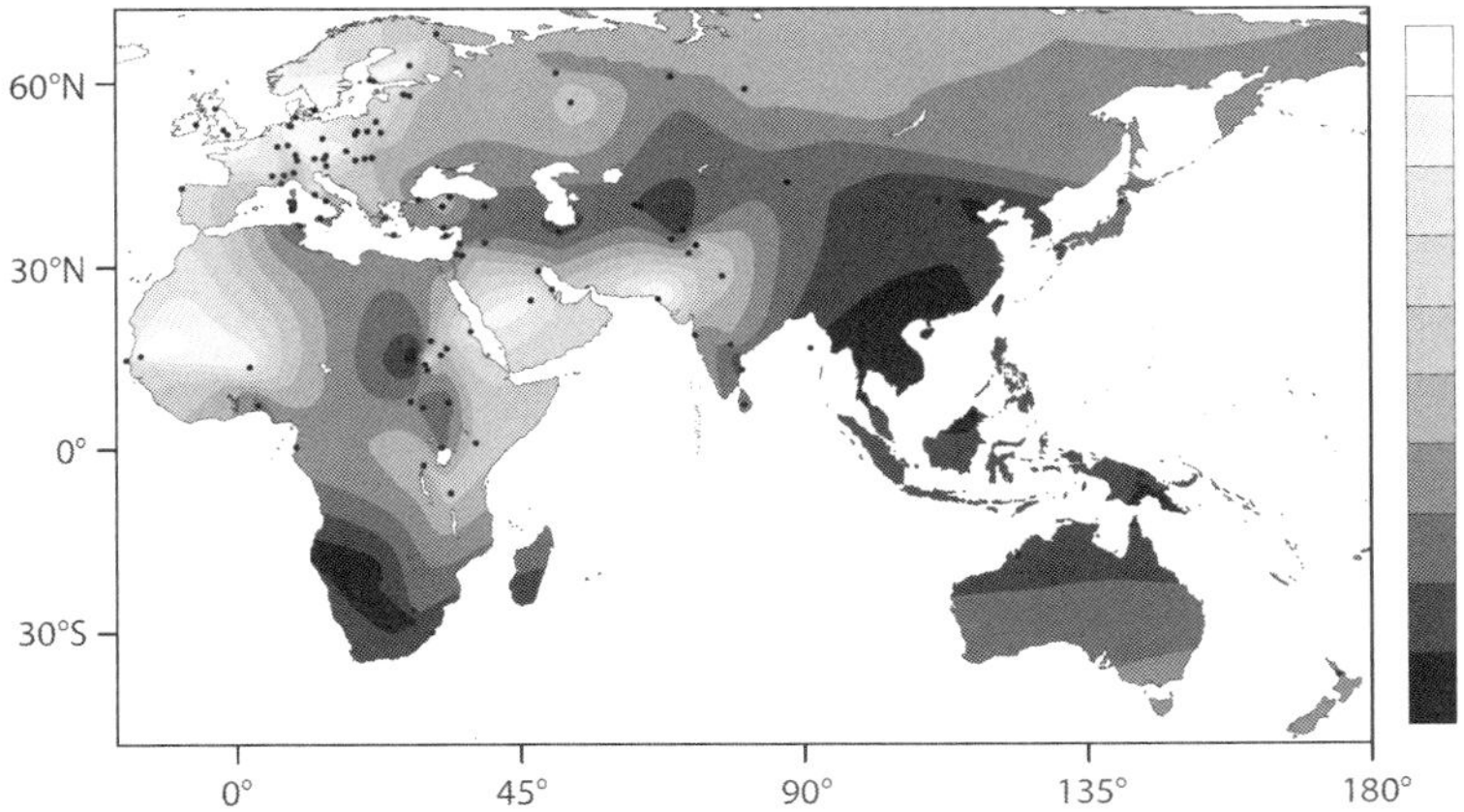

図 6.2　乳糖耐性遺伝子の分布。成人になってもミルクを消化できる人の地域ごとの割合を濃淡で示してある。

頃にはもう、ミルクの乳糖を分解できなくなっている。そのため、ミルクを飲むと、必ずではないにせよ、下痢や腹痛を起こしたり、ガスでお腹が張ったり、むかむかして吐いたりしてしまう。これを乳糖不耐症と呼んでいる。医療が受けられない場合には、そうした下痢が命取りになることもある[9]。

ところが、ヨーロッパ、アフリカ、中東など世界中のあちこちに、大人になってからもずっとミルクを消化できる人々がいる。このような乳糖耐性（ラクターゼ活性持続）の人は、思春期になっても、大人になっても、ミルクの栄養を摂取できる。図6・2は、乳糖耐性を示す人々の世界分布図である。昔からブリテン諸島や北欧に住んでいる人々の間では、乳糖耐性の割合が九〇%を超えるが、南欧や東欧では六二~八六%だ。インドの北部は六三%だが、南部になると二三%と低くなる。アフリカは分布にむらがあり、乳糖耐性の割合が高い集団もあれば、そのすぐ隣の集団は低かったりする。スーダンだけ見ても、民族によって二〇%から九〇%までまちまちだ。東アジアでは、乳糖耐性はごくまれで、皆無の地域も少なくない。

乳糖耐性(すなわちラクターゼ活性持続)は、かなり直接的な遺伝子制御の結果である。通常は、離乳後に哺乳類のラクターゼ産生は停止してしまうが、それを阻止する遺伝子が存在するのである。このような調節遺伝子の地理的分布には、さまざまな要因が関与しているが、こうした遺伝的進化を駆動した重要な文化パッケージが二つある。

まず一つは、今から一万二〇〇〇年ほど前にウシ、ヒツジ、ラクダ、ウマ、ヤギなどの動物を家畜化したことにより、成人の飲用になりうるミルクが登場したことだ。集団によっては家畜を飼ってその乳を搾るようになった。しかし、家畜はもともと肉や皮を利用するための動物であり、搾乳は本来の目的ではなかった。おそらく最初のうちは、わざわざ搾乳しても、それを飲めるのは幼い子どもや赤ん坊だけだっただろう。しかし、この余分なミルクの存在こそが、離乳後もずっと乳糖の分解能力をもつことが有利になるような選択圧を生み出したものと思われる。乳糖耐性遺伝子に自然選択が働いたのは、何よりもまず、牧畜と搾乳という文化パッケージが存在したからなのだ。

しかし、もう一つ重要なことがある。乳糖耐性を獲得した集団は、牧畜と搾乳を続けながらも、その搾ったミルクをチーズやヨーグルトやクミス(馬乳で作る発酵飲料)に加工する習慣も技術ももたないかった集団だということだ。

搾りたてのウシの全乳には、乳糖が重量比で四・六%含まれているが、チェダーチーズでは〇・一%、ザジキ(ヨーグルトで作る中東料理)では〇・三%だ。ゴーダやブリーのようなチーズには乳糖はほとんど含まれていない。というわけで、チーズやヨーグルトにすることとは、ある意味で、乳糖を減らすための文化的適応だとも言える。それによって、乳糖耐性の有無にかかわらず、だれもがミルクの栄養を摂取できるようになるのだから。

もし、こうしたチーズ作りやヨーグルト作りの手法がごく初期の段階で生み出されていたとしたら、乳糖耐性を有利にする選択圧はもっと弱いものになっていただろう。したがって、乳糖耐性遺伝子の分布を理解するには、文化進化によって遺伝的進化がどのように促進されるかだけでなく、どのように抑制されるかをも考慮する必要がある。

もちろん、乳糖耐性遺伝子を選択する強さには、その他にも数多くの要因が関与している。青い瞳の場合と同様に、農耕が発達していて日照量の少ない北欧地域では、とりわけ強い選択圧が生み出された可能性がある。なぜなら、ミルクにはカルシウムやタンパク質、そして少量のビタミンDが含まれているからだ。カルシウムには肝臓でのビタミンDの分解を抑制する働きもある。また、寒冷な地域では、チーズに加工しなくてもミルクを長時間保存しておくことができ、当然、ミルクをそのまま飲むことが多かっただろう。

中東やアフリカの砂漠のような乾燥地帯では、ミルクに含まれている水分は貴重であり、そのことが、乳糖耐性を促す選択圧を強める要因となった可能性がある。たとえばラクダのミルクを飲むことができる牧畜民は、乾燥地域を旅したり、干魃を生き抜いたりするのに有利だったはずだ。

アフリカの一部地域は、気温が極端に高く、家畜が伝染病に罹りやすいため、牧畜はほとんど不可能に近い。ところがそうした地域にも、季節や天候に応じて家畜を移動させて高温を避け、家畜どうしの間隔を空けて感染を防ぐなどする、文化的適応を発達させてきた社会がある。こうした社会の人々は、牧畜にはまったく不向きな地域に暮らしているにもかかわらず、やはり乳糖耐性を獲得している。その地域の特性に対応した牧畜生活を営んできた結果だろう[10]。

乳糖耐性に関して特に興味深いのは、自然選択の結果、さまざまな集団で異なる乳糖耐性のメカニズムが生み出されたことだ。ユーラシア大陸やアフリカ大陸の方々で、牧畜が経済活動の中心になるにつれて、異なる集団でそれぞれ独立に、ラクターゼ産生の停止を抑制する五種類の遺伝子バリアントが生まれたようだ。

ヨーロッパでは、2番染色体のラクターゼタンパク質をコードする遺伝子の転写開始点のすぐ上流で変異が起きて、DNA塩基がシトシンからチミンに置き換わった。この変異によって、哺乳類に本来備わっているラクターゼ遺伝子の「オフ・スイッチ」にじゃまが入り、離乳後もラクターゼのタンパク質が作られるようになったのだ。アフリカや中東では、それとはまた別のDNA塩基の置換が起きたが、それらの変異はすべて、ラクターゼ遺伝子の上流の一万三〇〇〇番目と一万五〇〇〇番目の塩基の間で起きている。(11)

乳糖耐性遺伝子が広がっていった時期からみて、アフリカで生まれた遺伝子バリアントの一つが最も古く、その次がヨーロッパで、今から七四五〇〜一万二五〇〇年前だ。アラビア半島を中心としたバリアントはもっと新しく、二〇〇〇〜五〇〇〇年ほど前だと思われる。そうした時期から考えて、アラビア半島におけるヒトコブラクダの家畜化が、このバリアントにとって有利な選択圧となった可能性がある。それにしても、文化によって駆動される遺伝的進化のスピードは注目に値する。一万年足らずの間に、乳糖耐性遺伝子の保有者が地球上の人口の三二%にまで達したのだ。自然界のどこを探しても、これほどスピーディーな進化は見られない。

私たちはこのような文化‐遺伝子共進化のプロセスを経てきた動物であり、そのプロセスは今もなお進行中なのだ。それを知っておかないと、思わぬ過ちを犯してしまう。次の話題に進む前にそのことについて触れておきたい。

乳糖不耐の人にミルクを推奨するのは良くない――アメリカの研究者たちがようやくそれに気づき始めたのは一九六五年のことだった。それまでアメリカ人は、牛乳を飲むことが「自分たちの」(ヨーロッパ系の）子どもにとって良いことなら、すべての子どもにとって良いことのはずだと信じて疑わなかった。一九四六年、全米学校給食プログラムは、給食で子どもに牛乳を飲ませることを義務づけた。それに異を唱える科学論文が次々と登場しても、全員に牛乳を飲ませようとする政府の姿勢は変わらず、一九九〇年代までずっと続いた。一九九八年には、当時のアメリカ合衆国保健福祉長官までが、あの有名なテレビコマーシャル「Got Milk?（ミルクある?）」に登場した。このCMは、長年にわたり、おおぜいのスポーツ界や音楽界の有名人が起用されて、ミルクを飲んだあと唇の上にできる白い口髭を付けてミルクの消費を促してきたキャンペーンだ。しかし、こうした有名人の多くがおそらく、実際には自ら宣伝している飲物を消化できていなかったに違いない。[12]

文化－遺伝子革命

以上、紹介した三つの例は、文化によって駆動されたことが最も明らかな遺伝的進化の例だが、それが氷山の一角にすぎないことは疑う余地がない。進化生物学者のケヴィン・ラランドらは、ゲノム解析の結果をもとに、自然選択の影響を受けたのがほぼ確実で、しかも文化がきっかけとなって生じた可能性のある遺伝子をすでに一〇〇個以上同定している。このような遺伝子は、乾性耳垢や、マラリア耐性から、骨格の発達、植物毒素の分解にいたるまで、多岐にわたる形質に影響を及ぼしている。[13]こうしたケースは、次のような点で、本書の論点を例証してくれている。

①文化が遺伝子に強い影響力をふるって、遺伝的進化を駆動することがある。乳を飲む習慣、青い瞳、あるいは深酒への歯止めでも見たとおり、文化と遺伝子が相互作用を始めると、その文

化－遺伝子パッケージは急速に広まっていく。

②実際、文化が生み出す選択圧は、自然界における最も強い選択圧にもなりうるもので、一万年ほどの間に新たな遺伝子が世界を席捲することもある。文化－遺伝子共進化のスピードは驚くほど速い。

③現在では、ある形質に寄与しているのが、どの染色体のどの遺伝子なのかを特定することができ、場合によっては、DNA分子のどの塩基が置き換わったのかまで知ることができる。これまで仮説にすぎなかったものが、現在では遺伝子レベルで解明されている。

④文化進化による選択圧が生じると通常、その課題に対処できるいくつかの遺伝子バリアントが出現し、自然選択においてそれらが有利になる。

⑤しかし、ミルクをチーズやヨーグルトに加工する手法がすぐに編み出されたように、文化進化によって選択強度が弱められることもある。

こうして共進化の例を見てきて気づくのは、どれもみな食料生産革命――すなわち農耕・牧畜の開始――に端を発しているということだ。この人類史上の大革命は非常に特異な出来事なので、そこから一般的な結論を導き出すのは無理ではないかと思いがちだ。しかし、私はむしろ、ヒトゲノムの中に原因と結果を見出す上で、この農耕革命はまさに絶好のタイミングで起きた革命だったのではないかと考えている。

産業革命は、人類史というスパンで見るとあまりにも最近の出来事だ。逆に、食料生産革命の前にも、加熱調理革命、投擲武器革命、音声言語革命等々、さまざまな革命があったはずだが、それらはあまりにも遠い過去なので研究するのは難しい。そう考えると、この農耕革命は、今日の我々が科学的研究を進める上で実に好都合な時期に起きてくれた革命なのである。

ではここで、唾液アミラーゼをコードする遺伝子（ＡＭＹ１遺伝子）について考えてみたい。唾液アミラーゼは唾液腺から分泌されてデンプンを分解する消化酵素だが、ＡＭＹ１遺伝子のコピー数がチンパンジーでは二つなのに対し、ヒトでは平均六つもある。ゲノム中に含まれるＡＭＹ１遺伝子のコピー数が多いほど分泌されるアミラーゼの量も多くなるので、ヒトの唾液腺からはチンパンジーの平均六〜八倍のアミラーゼが分泌される。したがって、他の条件が同じならば、ヒトはそれだけ、チンパンジーよりもデンプンの分解能力が高いわけだ。マラソンレースで打ち負かしたチンパンジーに、さらにジャガイモ消化競争を挑んでみよう。

実は、ヒト集団どうしの間でもＡＭＹ１遺伝子のコピー数には違いがある。昔からずっと高デンプン食をとってきた集団は、平均六・五〜七のコピーをもっている。たとえば、タンザニア北部のサバンナで狩猟採集生活を営み、デンプン質の多い根や根茎を主食にしているハッザ族の場合は、平均でも七コピー、多い人は一五コピーももっている。ヨーロッパ系アメリカ人や日本人もかなり多いほうで、コピー数はそれぞれ六・八と六・六だ。それに対し、昔からずっと低デンプン食をとってきた集団は、コピー数がおよそ五・五と少なめだ。動物の肉や血、魚、果実、昆虫、種子、蜂蜜などを主な食料源にしている、コンゴ盆地の熱帯雨林の狩猟採集民やアフリカや中央アジアの牧畜民などがこれに含まれる(14)。

このような違いには、紆余曲折を経てきた進化の足跡が刻まれているに違いない。今から一〇〇万年以上前、人類の祖先が植物の根や根茎を重要な食料源にするようになったときに、ＡＭＹ１遺伝子のコピー数の増加が起きたものと思われる。しかしその後、各集団のデンプンへの依存度自体が、生態学的要因のみならず、その集団の風習、選好、技術、知識など文化的要因によっても変化してきた。

前述のとおり、似たような環境の隣接した地域に暮らす集団どうしでも、AMY1遺伝子のコピー数が違っていたりする。生活様式が異なるからである。

また、文化に規定される社会組織のあり方が、ヒトゲノムに影響を及ぼすという証拠も得られている。これは注目に値する。なぜなら、これまで、文化進化によって形成される社会組織には遺伝子を変化させるほどの力はない、と言われてきたからだ。ヒトの重要な社会組織の一つに、人類学で**婚後居住規定**と呼ばれるものがある。多くのヒト社会では、特に少し前まで、新婚夫婦が夫の家族と妻の家族のいずれと同居するかは、その土地のルールで定められていた。前者を**父方居住**と呼び、後者を**母方居住**と呼ぶ。

太田博樹《おおたひろき》らは、タイ北部の山岳地帯で農耕生活を営んでいる父方居住の三部族と、母方居住の三部族について、ミトコンドリアDNAとY染色体の多様性を調査した。ミトコンドリアDNAは、息子・娘ともに母親だけから受け継がれる。一方、Y染色体は、父親から息子に受け継がれ、娘には受け継がれない。ゲノムに影響が出てくるほど社会集団が安定している場合には、父方居住の集団内では、ミトコンドリアDNAの多様度に比べて、Y染色体の多様度は低くなるはずである。なぜなら、息子は移住せずにその地域にとどまるからだ。それとは逆に、娘は移住せずにその地域にとどまる母方居住の集団内では、ミトコンドリアDNAの多様度に比べて、Y染色体の多様度のほうが高くなるはずである。太田らのチームの調査結果はこの予想とぴったり一致し、文化が生んだ社会規範には、ヒトゲノムに影響を及ぼすほどの力のあることが証明された。(15)

以上からわかるとおり、文化進化はヒトゲノムに対して強い影響力をもっている。そして実際、これまでいろいろと重要な変化を起こしてきた。第5章で見たとおり、こうした文化-遺伝子共進化のプロセスは、人類誕生の原点にまでさかのぼる。火、水容器、投擲物、獲物追跡法など、文化として受け継がれた知識や技術は、ヒトの解剖学的構造や生理機能が形成されていく上での強い選択圧となったのである。この後の章では、ヒトの心理や社会性に関わる遺伝子に対して、文化がどのように選択圧を加えていったのかに注目する。文化進化は実に巧妙なやり方で私たちを変えていく。その文化の担い手自身がまったく意識せぬうちに、文化的適応を形成してしまうのだ（詳細は第7章）。

遺伝子と人種

その前に、遺伝子と人種について強調しておくべきことがある。人類学者はこれまでずっと、人類を人種に分類する生物学的根拠はないと主張してきた。つまり、コーカソイド、ネグロイド、モンゴロイドなど、以前にヨーロッパ人が試みた人種分類にはそれほど大きな遺伝的意味はなく、過去の人類の移動パターンをある程度示しているにすぎない、ということだ[16]。先ほど紹介した研究なども含め、ヒトゲノムに関する詳しい研究の結果、ますますそれが明らかになってきた。

すでに述べたように、肌の色を決める遺伝子は紫外線と食事の影響を強く受ける。メラニン色素がビタミンDの生成や葉酸の破壊に影響するからだ。それゆえ、ニューギニアとアフリカの人々は、人類の分岐と拡散を表す図のなかで互いに最も離れた位置にあるにもかかわらず、どちらも肌の色が非常に黒い。一方、ヨーロッパの人々は肌がとても白いが、これは高緯度地域で農耕を営むようになったことが主な原因となって起きた、進化的には最近の変化なのだ。

別の理由から、まったく異なる分布を示すようになった遺伝子もある。たとえば、乳糖耐性遺伝子の頻度は、ブリテン諸島やアフリカの一部地域では高く、東欧や中東では中程度で、それ以外のアフリカやアジア地域では低い。また、アミラーゼ遺伝子の頻度は、日本人、ヨーロッパ系アメリカ人、そしてタンザニアの狩猟採集民では高いが、コンゴの狩猟採集民や、タンザニアや中央アジアの牧畜民では低い。このような遺伝的差異を人種の概念で説明できるだろうか？

まったく説明できない。伝統的な人種分類ではこのような重要な違いをまったく説明できないのだ。実際、このような分析を行なうと、古典的な人種分類は無意味だということがよくわかる。なぜなら、同じ人種に分類されていても、地域によって遺伝的性質に違いが見られる（たとえば同じアフリカ人でも乳糖耐性と不耐性の集団がある）一方で、異なる大陸に分布する異なる人種に同じような遺伝的性質が見られることもあるからだ（たとえば日本人もアメリカ人もアミラーゼ遺伝子のコピー数が多い）。このような証拠からは、自然選択が、人種分類よりもはるかに細かい集団ごとに、しかも異なる大陸で同時に、作用している様子がうかがえる。

さらに、図6・1や図6・2の分布を見れば、人種であれ、それ以外の分け方であれ、そもそも分類すること自体が真の姿を歪めてしまうということがわかる。遺伝子の分布は連続的なものであって、そもそも境界線など存在しないのだ。全体的に見て、伝統的な人種分類は、ヒトの遺伝的多様性のわずか七％ほどしかとらえていない。いわゆる人種というものが、チンパンジーに見られる亜種のようなものではないことは明らかだ[17]。

実は、ヒトという種は、地球上の広範な地域に分布し多様な環境に適応しているわりに、遺伝的多様性がかなり低い。もちろん、それには十分な理由がある。文化進化は、ときとして遺伝的進化を駆動するが、その一方で、より急速な文化的適応を生み出すことによって遺伝的変化を抑制することもあるのだ。それについては第7章で論じる[18]。

歴史的にもっともな理由から、多くの人々は遺伝的多様性、とくに集団間の遺伝的多様性に関する科学的な進化研究に神経をとがらせている。二〇世紀には、いいかげんな人種の概念を理屈づける疑似科学を利用して、暴力や迫害行為が繰り返され、大量虐殺までもが正当化されてしまった苦い経験があるからだ。擬似科学に基づく人種主義がまたしても台頭してくるのではないかという懸念はもっともだが、目覚ましい発展を見せている二つの研究分野がその懸念をいくらかでも鎮めてくれるはずだ。

まず第一に、実際に遺伝子を研究することでヒトの遺伝的多様性についての理解が進めば、先ほどの例からもわかるとおり、古い人種主義的な考えはこっぱみじんに打ち砕かれる。擬似科学には真の科学で対抗するのがよい。

第二に、心理学寄りの研究者たちは、ヒトはなぜ、ヒトを分類してラベルを貼り、それぞれのステレオタイプ（定型）に押し込もうとするのかを徐々に明らかにしてきている。文化進化には、だれもがもっている部族意識を利用して、社会を特定のやり方で切り分けようとする働きがある（第11章）。そのときに人種や民族といった分類が生まれるのだ。このような分類には通常、大した遺伝的根拠などないのだが、それが無意識のうちに習得されて、私たちの知覚、直感、とっさの判断に影響を及ぼすことがあるのだ。偏見はどこから生まれ、健康、教育、経済、戦争、そして社会生活にどんな影響を及ぼすのかについての理解がしだいに深まりつつある[19]。今まさに必要とされているのは、進化の視点をもって、遺伝子、文化、民族、人種などに関する科学的研究を進めていくことなのである。

こうした理解が深まるにつれて、新しい社会構築主義の考え方がますます広がっていくだろう。それは、すべての人間は（あるいはヒト以外の種も）生まれながらに、奪うことのできない権利を授かっているという考え方に通じるものだ。この生まれながらにもっている権利を、私たちは人権と呼んでいる。遺伝子や生物学的特性や文化についてどんな新事実が明らかになろうとも、人間からこの権利を奪うことはできない。

第7章　信じて従う心の起源

世界の主要作物の一つであるキャッサバは、単位面積当たりの収量がきわめて高く、その根茎には豊富なデンプンが含まれている。そのおかげで、干魃になりやすい熱帯地域でも、かなり高い人口密度が維持されてきた。私はアマゾン川流域でも、南太平洋の島々でもキャッサバを常食にしていたが、とにかく美味しくて腹持ちがよい。

しかし、キャッサバの品種やその土地の生態学的条件によっては、根茎に高濃度のシアン配糖体が含まれていることがある。それがキャッサバ自体のもつ酵素で加水分解されると、有毒なシアン化水素が放出される。したがって、キャッサバを毒抜き処理をせずにそのまま食べると、シアンによる急性や慢性の中毒を引き起こすおそれがあるのだ。慢性中毒はとりわけ厄介だ。というのは、美味しく食べているうちに、何年も経ってから徐々に症状が現れてくるからで、その症状には、神経障害、発達障害、下肢麻痺、甲状腺腫などの甲状腺異常、あるいは免疫力低下などがあると考えられている。俗に「苦味種」と呼ばれるこの高毒性の品種群は、やせた土地でも、条件の悪い環境でもよく育つ。それは、この有毒成分が害虫や害獣を寄せつけないからでもある[1]。

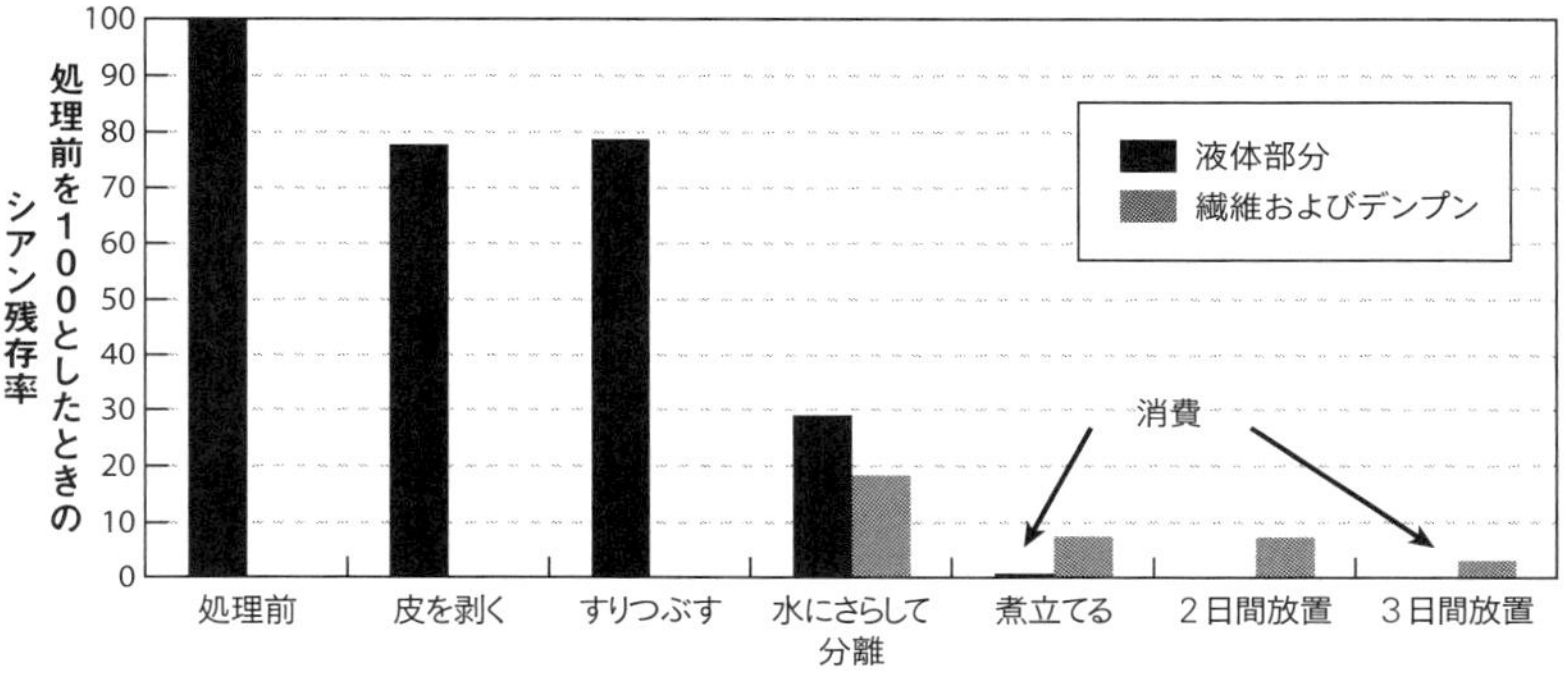

図 7.1　トゥカノ族のキャッサバ毒抜き法の手順ごとの効果

キャッサバが最初に栽培化された南北アメリカ大陸では、何千年も前から人々は高毒性の品種群を主食にしてきた。しかし、慢性のシアン中毒にかかっていたという証拠はまったく見当たらない。それはきちんと下処理をしていたからなのだ。たとえば、コロンビアのアマゾン川流域の先住民、トゥカノ族は、何日もかけて何段階にもわたる毒抜き処理を行なっている。まず芋《いも》の皮を剥いて、すりつぶし、水にさらして繊維とデンプンを分離。液体部分は煮立てて飲むが、繊維とデンプンは二日間以上放置してからパンのように焼いて食べる。それぞれの手順を経たあとの、液体部分と繊維およびデンプン中のシアン残存率を図7・1に示してある[2]。

アマゾン川流域には、キャッサバ以外の作物はなかなか育たない地域が多く、そのような地域ではキャッサバの毒抜き技術なしには生きてゆけない。しかし、いくら生存に必須とはいえ、このような複雑な毒抜き法は、なかなか人間一人の力で考え出せるものではない。ではどうやって身につけるのだろう。

ちょっとここで、この毒抜き法を習得する子どもや若者の立場に立って考えてみよう。彼らはシアン中毒にかかった人をほとんど見たことがない。いつもうまく毒抜き処理がなされているからだ。処理がうまくなされずに、有毒成分を食べてしまったとしても、甲状腺腫や神経障害はシアン中毒でなくても起こる症状なので、キャッサバが原因だとはなかなか見抜けないだろう。するとほとんどの人は、その影響に気づかずに長年キャッサバを食べ続けることになる。

低毒性の品種群（甘味種）は茹でて食べるのが普通だが、高毒性の品種群（苦味種）の場合は茹でただけでは慢性中毒を防ぐことができない。しかし、茹でればたしかに苦味が軽減されるし、急性症状（下痢、胃の障害、嘔吐など）を防ぐことができる。つまり、茹でるという、だれでも思いつく当たり前の方法で高毒性のキャッサバを食べたとしても、何の問題もなさそうに見えるはずなのだ。何段階もの手順を要するキャッサバの毒抜き処理は面倒で根気のいる仕事なので、直感的には、そんなことをこつこつやろうという気にはならないだろう。トゥカノ族の女性たちは一日のおよそ四分の一をキャッサバの毒抜き作業に費やしている。短期的に見たら、割に合わないほど手間のかかる作業なのである[3]。

では、自分でものごとを判断するトゥカノ族の母親が、高毒性のキャッサバの毒抜き処理をするにあたって、一見無意味に思える手順を省略することに決めたとしたらどういう結果になるか考えてみよう。その母親は先祖代々伝わる処理方法を吟味して、その目的は苦味を取り除くことにあるのだと判断する。そこで、あまりにも手間と時間のかかる手順を省略してやってみたところ、それでも苦味は取り除けることがわかる。この簡便な方法に切り替えることで、子どもたちの世話など、もっと別のことに時間を充てられるようになる。しかし、当然のことながら、何年もしくは何十年も経ってから、子どもたちに慢性シアン中毒の症状が現れはじめることになる[4]。

つまり、先祖代々受け継がれてきたやり方を信じてそのまま従おうとしないと、家族が病気になったり早死にしたりする羽目になるのだ。この毒抜き処理に関しては、自分の頭で考えても良いことはない。直感的に判断すると誤った答えを出してしまう。その一番の理由は、因果関係のわかりにくさにある。つまり、それぞれの手順にどんな意味があり、その手順を踏むと何がどう変化するのかということが、個人の頭では容易には推測できないのだ。キャッサバの毒抜き法のみならず、文化的適応の多くは因果関係がわかりにくいというこの事実が、ヒトの心理に大きな影響を及ぼした。

　それにしても、キャッサバの毒抜きの手順を自分で考え出すのは、本当にそれほど難しいことなのだろうか？　歴史を振り返ると格好の事例があるので、それを見てみよう。

　一七世紀初めにポルトガル人が、南米原産のキャッサバを初めて西アフリカの地に伝えた。しかし彼らは、古くから伝わる南米の先住民の毒抜き法も、そして、毒抜きが必要だということも伝えなかった。キャッサバは栽培しやすい上に、やせた土地や干魃に見舞われやすい土地でも高い収穫量が得られるので、あっという間にアフリカ各地に広まり、多くの人々の主食になった。しかし、毒抜き法はなかなか生まれてこなかった。それから数百年が経った現在でも、慢性シアン中毒はアフリカの深刻な健康問題のひとつだ。

　各地域で行なわれている調理法を詳しく調べた結果、高濃度のシアン化物が除去されずに残っている場合が多いことが明らかになった。また、症状はまだ出ていなくても、多くの人々の血液中や尿中から低濃度のシアン化物が検出された。地域によっては下処理をまったくせずに食べているところもあるし、下処理をすることでかえってシアン化物を増やしてしまっている地域もある。アフリカの一部地域では、効果的な毒抜き技術が生まれてはいるが、こうした技術はゆっくりとしか広まっていかない。(5)

　要するに、文化進化は、往々にして、私たち自身よりもはるかに賢いのである。成功、名声、健康を手にしている共同体成員のやり方を個々人が無意識にまねる、ということを何世代にもわたって繰り返すうちに、こうした進化的プロセスによって**文化的適応**が生まれてくるのである。こうした複雑な手法は、その地域の問題に対処すべく工夫を凝らしてあるように見える。が、そもそもそれらは、個々人が因果関係を読み解き、合理的思考や費用便益分析を行なって考え出したものではないのだ。たいていの場合、そのような適応的手法を抜かりなく実践している人の大多数または全員が、それをやることにどういう意味があるのかをまったく理解していない。自分が何かを「している」という意識すらなしにやっている場合もある。

このように複雑な適応的習慣、すなわち生存や繁殖に有利な習慣が生まれるのはなぜなのだろう？それは、継承されてきた文化に信を置く個体が自然選択によって選ばれたからなのだ。つまり、自分の直感や体験を重んじる個体は排除され、先祖伝来の習慣や信念など、蓄積されてきた知恵を信じてそれに従う個体だけが生き残ってきたのである。生死を分ける重大な局面では得てして、自分の経験や直感に頼って行動するとまずいことになる。ナルドーで腹を満たして散々な目に遭った探検家たちのところで見たとおりだ。

では、もっと別の文化的適応の例を見ながら、この点について考えていこう。

授乳中および妊娠中の食のタブー

山ほどある美味しいウツボをみんなで食べているとき、私はメレがウツボをまったく食べず、キャッサバだけを食べているのに気がついた。なぜウツボを食べないのかと尋ねると、メレはたしか「ア・タブ、キ・サ・ブケテ」と答えた。「食べてはいけないの、おなかに赤ちゃんがいるから」という意味だ。それを聞いて私は興味を引かれた。もしかすると、妊娠中、特定の食材の摂取を禁ずるタブーがあるのかもしれない。そもそも、メレが食べていないことに気づいたのは、私自身、ウツボを食べるのをためらっていたからだが、それは、ウツボには高濃度のシガテラ毒が含まれていることを本で読んで知っていたからだ。もちろん私は、民族誌学者の行動指針に従い、他のだれの顔にも不安げな様子がなかったので、どんどんウツボを食べた。地元の人々はみんな夢中でウツボを食べていた。ふだんよく獲れる白身の魚よりも旨みがあって美味しいからだ。

フィジー諸島でフィールドワークを始めて間もなく出会ったこのできごとをきっかけに、妊娠中の生活習慣や食のタブーに興味をもった私は、それから数年間にわたって突っ込んだ調査を続けることとなった(6)。

公衆衛生や妊娠、授乳に関する研究分野で豊富な経験をもつ、妻のナタリーとチームを組んで調査を進めた。その結果、フィジーのヤサワ諸島の女性たちは、妊娠中および授乳中は、食のタブーを忠実に守り、強い毒をもつ魚介類は決して食べないということがわかった。ウツボ、オニカマス、サメ、クロハタなどの大型魚はこうした島々の住民の重要な食料だ。しかし、これらの魚はどれもみな、シガテラ中毒を起こす猛毒を含んでいることが医学文献でも知られている。この毒素は、サンゴの死骸を食べて増える海洋微生物が産生するものだ。食物連鎖を通してしだいに濃縮されていくので、大型で長寿の魚では危険なほど高濃度になっている。

一週間ほど続く急性の中毒症状は、下痢、嘔吐、頭痛、むず痒さなどだが、この中毒に特有なのは温度感覚異常（熱感と冷感の反転現象）である。村人たちの話によると、水浴びのときに、あっやられたな、とわかるという。入浴はいつも冷水浴だが、中毒にかかると、その冷たい水で皮膚が焼けるように感じるのだという。数週間から数か月間にわたってこうした症状に繰り返し見舞われることもある。シガテラ毒が胎児に及ぼす影響についてはほとんど知られていないが、妊娠中は毒素に対する抵抗性が低下することがわかっており、医学文献を当たってみると、シガテラ毒が胎児に高度の障害を引き起こしたと思われる事例がいくつか見つかった。他の毒素と同様に、シガテラ毒が母乳に蓄積されて、それを飲んだ乳児を危険にさらす恐れもありそうだ。成人でもごくまれに、シガテラ中毒がもとで命を落とすことがある。シガテラ中毒なんて聞いたことがないかもしれないが、実は、非常によく起こる魚類食中毒で、熱帯のサンゴ礁の魚を常食している人々にとっては切実な問題なのだ。[7]

　この食のタブーは、女性たちの普段の食事のなかから、母子が悪影響を受けやすい時期にかぎって、毒性の最も強い食材だけを排除するという文化的適応のひとつだ。こうした文化的適応行動がいかにして形成されたのかを探るために、私たちは次のことを調査した。①女性たちはだれからそれを教わったのか？　②その食材を避けることの意味をどのように理解しているか？

　思春期の少女や若い女性はまず初めに、母、義母、祖母からこうした食のタブーについて教わる。その後、村のさまざまな女性たちから話を聞いてその知識は更新されていくが、そうした村の女性たちが情報入手の拠り所としているのが、村の媼《おうな》や「ヤレワ・ヴク（出産や薬草の知識に詳しく、村人から敬われている賢女）」なのだ。フィジーの女性たちもやはり、年齢、成功、知識、そして名声を手がかりに、タブーについて学ぶ相手を見つけていることになる。そして、すでに述べたように、手本の選択ということを代々繰り返すうちに、だれも、何も理解していなくても、適応的な行動様式が生まれてくるのである。

　私たちはさらに、女性たちがこのタブーをどのように認識しているかも探った。妊娠中や授乳中にはなぜこれらの魚介類を食べてはいけないのかについて、因果モデルなどの合理的な原理によって説明がなされるかどうかを調べてみたのだ。すると、食べてはならない時期と食材については、ほとんど一致した答えが返ってきたのと異なり、その理由について尋ねたときの反応は千差万別だった。多くの女性が「知らない」とだけ答えたが、明らかに、妙なことを聞かれるなと思っているようだった。そういう「風習」なのだと答えた女性もいる。それを食べるとお腹の赤ちゃんに悪いらしいと答えた女性もいたが、どんな影響が出るのかについての認識はまちまちだった。しかし、少なからぬ数の女性たちが、サメを食べると鮫肌の赤ん坊が生まれ、ウツボを食べると関節がぐにゃぐにゃの赤ん坊が生まれるらしいと答えた。

この一連のインタビューの中で、この質問についてだけは、もっともらしい理由を後からくっつけたような感じがあった。「理由を聞かれたのだから、理由があるに違いない。だとしたら、今ここで理由を考えよう」というわけだ。これは民族誌学のフィールドワークではよくあることで、私自身、ペルーのアマゾン川流域に住むマチゲンガ族や、チリ南部に住むマプチェ族にインタビューしたときにも同じような経験をしている(8)。

もちろん、西洋の教育を受けてきた人々からも同様の反応が返ってくることはあるが、そこにはやはり際立った違いがある。西洋人は幼い頃からずっと、自分の行動にははっきり説明できる理由がなくてはならないと教育されている。だから、いつも理由を考えようとするし、聞かれたら「もっともな」理由を答えなくては、という気持ちが強い。「それが風習なので」と答えたのでは、もっともな理由とは見なされない。

実は、何かをするのには、はっきりと説明できるもっともな理由がなければいけない、というプレッシャーは、西洋の社会規範にすぎない。ところが、その規範が(西洋人の間に)、人間はだれしも、明確な因果モデルと明快な理由に基づいて行動するものだ、という幻想をつくり出してしまっている(9)。実際にはそうでないことのほうが多いのだが。

最後に、ヤサワ諸島での調査から得られた証拠を見るかぎり、これらのタブーは、理由はよくわからずとも、実際的な効果を発揮している。女性たちが魚類食中毒になる確率を、妊娠および授乳中とそれ以外の時期とで比較してみたところ、妊娠および授乳中は三分の一ほど低くなっていた。つまり、魚食のタブーは、魚類食中毒を減らすための文化的処方箋になっているのである。

トウモロコシに灰を加えるのはなぜか？

チリ南部の農村地域に暮らしながら、先住民のマプチェ族の研究をしていた一九九八年のある朝のことだ。友人のフォンソの家を訪ねると、彼は「モート」という伝統的なマプチェ族のトウモロコシ料理を作っているところだった。見ていると、彼は薪ストーブから新しい灰をすくって、水に漬けてあったトウモロコシ粉に混ぜてから、それを火に掛けた。私はとても興味を引かれて、なぜトウモロコシに灰を混ぜるのかと尋ねると、「それがここの習慣なのさ」という答えが返ってきた。しかし、なかなか理にかなった習慣である。

西暦一五〇〇年以前の南北アメリカ大陸では、トウモロコシが多くの農耕社会の主要作物だった。しかし、トウモロコシに依存しすぎると、栄養上やっかいな問題が生じてくる。トウモロコシ主体の食事はナイアシン（ビタミンB3）不足を招くおそれがあるのだ。ナイアシンが欠乏すると、ペラグラという病気を発症する。ペラグラは、下痢、嘔吐、脱毛、口内炎などの症状が現れたのち、不眠や認知症などを経て、死に至ることもある恐ろしい病気だ。

実は、トウモロコシにもナイアシンが含まれているのだが、結合型ナイアシンの形で含まれていて、通常の調理法ではなかなか吸収可能な形にならない。この結合を解いて吸収できるようにするため、新大陸全域で文化として生まれたのが、トウモロコシ料理にアルカリ成分を加えるという習慣なのだ。

貝殻を焼いてできた灰（水酸化カルシウムが含まれる）を加えたり、特定の樹木を燃やした灰を入れたり、あるいは天然の草木灰（水酸化カリウムが含まれる）を利用したりと、その方法は地域によっていろいろだった。いずれにしても、料理にアルカリ成分を加えるという適切な処理を施すことによって、トウモロコシの結合型ナイアシンが吸収されやすくなり、そのおかげでペラグラを防止することができたのだ。トウモロコシを主食とする農耕社会の繁栄と勢力拡大が可能になったのも、この適切な処理法が生まれたからこそだと言えよう[10]。

それにしても、である。草木灰や焼いた貝殻のような、普通は食べない物を混ぜて調理するというこの方法。私たちのような脳の大きいサルには簡単に思いつくことなのだろうか？

ここでもまた、歴史が自然実験を提供してくれる。一五〇〇年以降、新大陸からトウモロコシがもたらされたヨーロッパの状況を見てみればいい。

一七三五年にはすでに、イタリアやスペインの一部地域はコーンミール（乾燥させたトウモロコシを挽いて粉にしたもの）を主食とするようになっており、こうした地域でペラグラが発生している。ハンセン病の一種であるとか、腐ったトウモロコシを食べると罹るのだとか、そういった説明がなされていた。ペラグラは、この新たな主要作物とともに、ルーマニアやロシアにまで広がっていったが、患者はほとんどが貧困層の人々だった。冬の間、ほとんどトウモロコシだけを食べて過ごすからで、ペラグラは「春の病」と呼ばれるようになった。さまざまな実験が行なわれ、ペラグラを防止するための法律も作られた。傷んだトウモロコシやカビの生えたトウモロコシの販売を禁じたのだ。それでもペラグラは減らなかった。トウモロコシの腐敗が原因ではないのだから当然なのだが――ヨーロッパ人は誤った因果モデルをつくってしまったのである[11]。

その後、一九世紀末から二〇世紀初めにかけて、アメリカ合衆国南部でもペラグラが発生し、一九四〇年代まで猛烈な勢いで広まった。死者は何百万人にも及んだ。なぜなら、貧しい人々や刑務所、サナトリウム、孤児院などの施設が、コーンミールと糖蜜だけの食事に頼るようになっていたからである。軍医総監をはじめ特別委員会や医学会議が警告を発し、治療法発見のために多額の寄付金が寄せられたが、それでもなお、その後三〇年間にわたってペラグラは猛威をふるい続けた。

実は、一人の医師、ジョゼフ・ゴールドバーガーが孤児院を詳しく調査し、刑務所で比較対照試験も行なって、一九一五年の時点ですでに正しい因果モデルが構築されかけていたのだ。しかし、当時の医学界は、ペラグラは感染症だと信じて疑わなかった。それゆえ、ゴールドバーガーの主張は取り上げてもらえず、「馬鹿げている」と切り捨てられた。ゴールドバーガーは、ペラグラ患者の血液を妻や友人に注射するという実験まで行なって、それが感染症ではないことを実証しようとした。しかしその研究も、ゴールドバーガー一派はもともと「抵抗力のある体質」なのだ、として片付けられてしまった。(12)

こうして見ると、このペラグラのケースでは、ヨーロッパ人やアメリカ人は正しい因果モデルを見つけ出せなかったのみならず、ゴールドバーガーの提示した正しい因果モデルの受け入れを拒んだ。言い換えると、誤った因果モデルを固持しようとしたのだ。それはおそらく、正しい因果モデルが直感的に理解できるものではなかったからだと思われる。食べ物にまつわる問題は、どちらかといえば腐敗や汚染といった原因のほうが「考えやすい」。それは昔も今も同じだ。焼いた貝殻のような、普通は食べない物を料理に混ぜてそれを防ぐというのは、化学反応に基づく考え方であって、簡単に思いつくものではない。しかし、文化進化は、この直感ではなかなか思いつかないペラグラの解決法を生み出していたのである。

ここで一言付け加えておきたい。もしあなたが西洋の教育を受けてきた人だとしたら、私がいろいろ挙げてきた有毒な動植物の例は、ごく特殊な例にすぎないと思うのではないだろうか。毒抜きが必要な植物なんてごくわずかで、自然の食べ物は純粋で安全、というイメージが頭に焼きついているはずだからだ。「自然のもの」は「体に良い」と思っている西洋人が多い。しかし、そんなふうに誤解してしまうのは、食材をすべてスーパーマーケットで購入し、人工的に作られた環境のなかで生活しているからなのだ。

植物は、動物や真菌や細菌から身を守るために、さまざまな毒素を進化させた。毒抜き処理をしなければ食べられない「自然」食品を挙げていったらきりがない。野生種に近いジャガイモは毒性が強いので、アンデスの人々は泥をつけて食べるという方法でその毒を中和した。豆類にもやはり毒抜きをしないと食べられないものがある。カリフォルニアでは、多くの狩猟採集民がドングリを主食にしていたが、ドングリもキャッサバと同様に、何日間も水にさらしてアクを抜くという手間のかかる下処理が必要だ。また、多くの小規模社会では、ソテツという熱帯植物の種子を食材として利用してきた。しかし、ソテツには神経毒が含まれているので、適切に下処理をしないと、麻痺などの神経症状を起こして死に至ることもある。狩猟採集社会をはじめとする非常に多くの社会が、さまざまなソテツの毒抜き法を編み出してきた。[13]

ヒト以外の動物たちは、植物の毒成分を分解するはるかに優れた能力をもっている。このような遺伝的な適応形質を失った人類は、先祖代々受け継がれてきた知恵に頼るようになった。文化の力を借りずには、食べていくことさえできなくなったのである。

占いとゲーム理論

第2章で、チンパンジーと人間がマッチングペニーというゲームで対戦したのを覚えているだろうか？　ゲーム理論によると、最適な戦略を採るためには、自分の手をランダムに変えながら、「右」と「左」を一定の割合で選ぶ必要がある。たとえば、あるプレーヤーにとっての最適戦略は、五回に四回の割合で「右」を選ぶことかもしれない。このゲームでは、人間はチンパンジーに負けてしまう。なぜなら、人間は指し手をランダムに変えるのが苦手だからだ。無意識に相手をまねてしまいがちなことも、その理由の一つかもしれない。また、すでに述べたように、心理学分野の多数の研究で、人間（少なくとも西洋人）はギャンブラーの誤謬に陥りやすいことが証明されている。ありもしない傾向や流れがあるかのように錯覚し、負けが続いた後にはきっと勝つ「はず」だと信じてしまうのだ。実際、勝ちが続いたり負けが込んだりすると、それがデタラメに起きたとはどうしても思えず、ランダムな事象のなかに架空のパターンを見出してしまう。よく知られているのが、ホットハンドの誤謬である。バスケットボールの試合で、ある選手が立て続けにシュートを決めると、その後もシュートを連発しそうに思ってしまうが、それは幻想にすぎない。

ヒト特有のこのような認識のクセがしばしば問題になる。なぜなら、生存のための最適戦略を採るためには、自分の行動をランダム化しなくてはならない場合もあるからだ。ところが私たちは、ありもしないパターンを見てしまう認識のクセをなかなか改めることができない[14]。

カナダのラブラドール地方で移動生活を送っているナスカピ族は、カリブー猟に出かけるとき、まずどの方角に向かうかを決定する必要があった。ごく常識的に考えると、自分が以前にカリブーを仕留めたことのある場所や、友人や隣人が最近カリブーを目撃したと言っている場所に向かいたくなるのではないだろうか。

しかし、この状況は、第2章のマッチングペニーゲームの状況によく似ている。カリブーがミスマッチャーで、ハンターがマッチャーだと思えばいい。つまり、ハンターは、自分の居場所をカリブーの居場所に合わせようとする。一方、カリブーは、撃たれて食われてしまうのを避けるため、ハンターの居場所には合わせまいとする。もし、ハンターの側に少しでもバイアスがかかっていて、自分や知人がカリブーを見た場所に再び向かうならば、そこ（人間に遭遇したことのある場所）にはもう近寄るまいとするカリブーの側が有利になる（つまり、仕留められずにすむ）。言い換えると、ハンター側にとって有利な戦略を採るためには、自分の行動をランダム化する必要があるのだ。さて、文化進化は、ヒトに特有の認識の偏りを補正することができるだろうか？

昔からナスカピ族のハンターたちは、狩りに出かける方角を占いによって決めていた。カリブーの肩甲骨が指し示した方向に行けば、狩りは成功すると信じていたのだ[15]。占いの儀式を行なうにはまず、肩甲骨を炭火で焼いて、ひび割れと焦げ跡の模様をつくる。こうしてできた模様を定位置に置き、地図に見立てて読み解くのである。向かうべき方角を示すひび割れ模様は（おそらく）デタラメな出方をしたに違いない。なぜなら、割れ方は、骨、火、気温、焼き方など無数の要因によって決まるからだ。ということは、こうした占いの儀式は、ハンターの意思決定にバイアスがかかるのを防ぐための一種のランダム化装置だった可能性がある。マッチングペニーゲームに参加した大学生たちも、占いのようなランダム化装置を使えばよかったのだ。もちろんチンパンジーにそんな必要はないが[16]。

占いで何かを決定するというのは珍しいことではない。そのような例は他にもある。たとえば、インドネシアのボルネオ島に住んでいるカントゥ族は鳥占いで耕作地を決めている。人類学者のマイケル・ダヴによると、農民自身が耕作地を選ぶ場合には、二つのリスクがあるという。まず一つは、ギャンブラーの誤謬に陥りがちなこと。つまり、一度大洪水に見舞われた場所にはもう洪水は来ないはずだと思いがちなのだ。[17] もう一つは、第4章でMBAの学生たちが投資ゲームをしたときのように、他人の成功に注目して、豊作だった世帯の選択をまねようとすることだ。その結果、ある年にある場所で村人のだれかが高い収量を挙げると、その翌年には大勢がその場所に作付けしたがるようになる。

こうした問題はすべて、認識や意思決定のバイアスによるものなので、鳥占いの結果に従って行動すれば、耕作地の選択がうまくランダム化され、破滅的な天災に見舞われにくくなる。ちなみに、占いの結果は、ある場所にどのような種類の鳥がいたかだけで決まるのではない。鳥の鳴き声によっても吉凶が占われる。[18]

鳥占いという方式の定着パターンから、これが文化的適応の一種であることが支持される。鳥占い方式は、この地方に稲作が伝えられた一七世紀以降、この地方全域に広まったようだ。これは辻褄が合う。なぜなら、この地域において、耕作地をランダムに選ぶことで最も良い影響を受けるのが稲作だからである。稲作が始まると、少数の農家が稲作の好適地を探すのに鳥の観察を始めたのだろう。そのような農家は、長い目で見たとき、ギャンブラーの誤謬に陥った農家や、近隣の後追いばかりしている農家よりも良い成果を挙げることができたのではないだろうか。

ともかくも、四〇〇年という歳月の間に、鳥占いという方式がこのボルネオ島の農耕民全体に広まったのだ。しかし、同じボルネオ島民でも、狩猟採集生活を営んでいる集団や、最近になって稲作を始めた農家、あるいは灌漑に依存しているボルネオ島北部の農家の間ではほとんど見られない。つまり、鳥占いは、この方式を採ると、環境への適応に有利になる地域にのみ広まっていったのである。

こうした例は重要なことを教えてくれる。人々はたいてい、先祖伝来の風習にどういう意味があるのかをまったく理解していないが、むしろ、その目的も効果もわからずにやっているということにこそ、意味があるのかもしれないということだ。鳥占いにしても、骨占いにしても、本当は未来を予測などしていないとわかってしまったら、そんな風習は廃れてしまうだろうし、人々は占いの結果を無視して自分の直感に従うようになっていくだろう。

複雑な道具づくりの技術も、それぞれの手順にどんな意味があるのかがわかりにくい。一例として、狩猟採集生活に欠かせない弓矢パッケージの一要素である矢について考えてみたい。ここでは、きわめて簡素な弓矢を使っていることで知られる、ティエラ・デル・フエゴ（フエゴ諸島）の狩猟採集民の矢を取り上げよう。ティエラ・デル・フエゴは南アメリカ大陸南端部に位置する諸島で、まず最初にフェルディナンド・マゼランが、のちにチャールズ・ダーウィンが島民と接触して初めて、歴史文献に登場することとなった。

フエゴ島民は、六種類の材料と七種類の道具を使い、一四段階の手順を踏んで一本の矢を作り上げる。要点は次のとおりだ。

- まず、矢柄（矢の軸）にする木の選択から始まる。チャウラという常緑低木を選ぶ。丈夫で軽いが、曲がりくねった枝をまっすぐに直すのが大変なので、直感的に選びたくなる木ではない。（なぜ、もっとまっすぐな枝を使わないのか？）
- 木に熱を加えて柔らかくしてから、自分の歯でまっすぐに伸ばし、削器を使って仕上げる。溝のついた石を予め熱しておいて、矢柄をその溝にはめ込み、キツネの皮を押しつけながら前後にこする。キツネの皮に粒子がたまるので、これを使って艶《つや》が出るまで磨く。（キツネの皮でなければいけないのか？）

- 浜辺の松から採った松脂を噛んで灰と混ぜる。(灰を混ぜなかったらどうなるのか?)
- 熱した矢柄の両端に、松脂と灰を混ぜたものを塗り、さらにその上に白い泥を塗る。(赤い泥ではだめなのか? 矢柄は熱しなくてはいけないのか?)あとはこの両端に矢羽と矢じりを付ければよい。
- 鳥の羽を二本使って矢羽を作る。マゼランガンの羽を使う。(なぜニワトリの羽ではだめなのか?)
- 射手が右利きの場合は、鳥の左翼の羽を使い、左利きの場合は右翼の羽を使う。(こんなことが本当に重要なのか?)
- グアナコ(アンデス山脈の野生ラマ)の背骨の腱を水と唾液で細くなめらかにし、それを使って鳥の羽を矢柄に縛る。(皮を採るのに殺したキツネの腱ではなぜだめなのか?)

それができあがったら、次は矢じりをこしらえて矢柄に付ける。もちろん、弓や矢筒も必要だし、弓術も習得しなくてはいけないが、言わんとしていることはもうおわかりだと思うので省略する。[19] それぞれの手順にどんな意味(因果関係)があるのかが非常にわかりにくい。

「過剰模倣」の実験

キャッサバ、トウモロコシ、ナルドーの下処理のような文化的適応行動を身につける上で必須なのは、すべての手順を忠実にまねることだけではない。場合に<u>よ</u>っ<u>て</u>は、それぞれの手順にどんな意味があるのかにこだわりすぎないこと、そして自分の頭で考えて性急な判断を下したりしないことのほうがむしろ重要になってくる。前述のとおり、一見無意味に思われる先祖伝来の手順を省略したばかりに、神経障害や麻痺が起きたり、ペラグラに罹ったり、獲物が減ったり、妊娠中に異変が生じたり、場合によっては死に至ることもある。累積的文化進化を遂げてきた種なればこそ、先祖伝来の知恵を頭から信じて従ったほうが、生存や繁殖に有利な結果が得られやすいのである。

こうしたフィールドでの観察結果とも辻褄が合うのだが、子どもや大人を対象に、モデルをまねるときの忠実度を調べる実験を行なうと、文化伝達プロセスの詳細が見えてくる。

心理学者たちは最近、人間が何の得にもなりそうにない手順まで模倣することがある事実に注目し、どんな場合になぜまねるのかを調べてきた。よく用いられるのはこんな実験だ。参加者はまず、モデルが簡単な道具を用いて「実験箱」を押したり、引いたり、持ち上げたり、突いたり、叩いたりする様子を見せられる（実験箱には通常、ドアや穴のある大きな箱が使われる）。この何段階もの手順を経たのちに、モデルは玩具やスナック菓子といった報酬を手に入れるのだが、その一連の手順の中には、報酬を得るのには明らかに不必要な手順も含まれている。ところが人間はしばしば、物理的な因果関係などとうていありえない手順まで、そっくりまねるのである。このよく見られる現象を、心理学では**過剰模倣**と呼んでいる（名づけ方としては評判が良くないのだが）。

人間の子どもや大人、そしてチンパンジーに対して何度も再現されてきた実験を具体的に見てみよう。参加者たちはまず、モデルが細長い棒を使って一連の手順を実行したのちに、「実験箱」に入っている報酬を獲得する様子を見せられる。実験箱は、大きい不透明な箱で、入り口が二か所ある。一方の入り口はかんぬきで閉めてあるが、棒で(a)押すか、(b)引くかしてそれを取り除けば、筒状の部分にアクセスできる。しかし、この筒状部は先が行き止まりになっているトラップなので、ここから入っても報酬には行き着かない。もう一方の入り口には扉が付いているが、その扉は(a)ずらすか、(b)押し上げるかすることができる。そこから筒状部に棒を差し込めば、先端に付いているマジックテープで報酬を（子どもはステッカーを、チンパンジーは餌を）取ってくることができる。[20]

このような実験を行なうと、子どもであっても、大人であっても、モデルが報酬を得ようとしてやることをそっくりそのまま模倣する傾向がある。無意味な行動は模倣しないようにと告げられている場合でも、あるいは、実験終了を告げられたあと一人でやる場合でも、やはりそっくりそのまままねしてしまうのだ。[21] 第4章から推測されるように、モデルの年齢やステータスが本人よりも上である場合は特に、目的とは関係のない行動まで模倣する傾向が強く見られた。

この傾向は幼児だけのものではない。行動と結果の因果関係が不明瞭な場合には、年齢とともに「過剰模倣」の傾向が強まっていく。[22] この傾向は教育を受けた西洋人だけに見られるものでもない。南アフリカのカラハリ砂漠での研究から、数十年前まで狩猟採集生活を営んでいた人々にも、西洋人の大学生と同じかそれ以上に、他者の行動を忠実に模倣する傾向のあることが明らかになっている。[23]

予想されるとおり、チンパンジーはこの分野でもやはり、頭の大きないとこよりも好成績を挙げた。比較心理学者のヴィクトリア・ホーナーとアンドリュー・ホワイトゥンは、先ほどと同じ不透明な実験箱と、透明な実験箱（上面のスリットは報酬のある場所に繋がっていないことが一目でわかる）の両方を用いて実験を行なった。箱が透明で内部の仕組みがわかると、チンパンジーはすぐさま、無意味な行動をすべて省略したが、スコットランド人の三〜四歳児は、不透明な箱のときと同じように、目的とは関係のない行動もすべて模倣した。

チンパンジーは、モデルが実験箱を操作するのを見て、その箱がどういうもので、そこから自分は何が得られるのかを――つまりその装置の「アフォーダンス」を――理解した。また、実験箱のそれぞれの部分の動かし方も学んだ。しかし、自分の目で見て、その行動が無意味だとわかると、その行動は模倣しなかった。[24] チンパンジーも確かに文化をもつ動物だが、チンパンジーは文化的な種ではないのだ。[25]

しかし、チンパンジーとは異なるヒトの模倣の特徴は過剰模倣だけにとどまらない。第2章で見たように、ヒトにはある程度、相手の動作を反射的にまねようとする傾向がある。マッチングペニーゲームをしたとき、チンパンジーは最適戦略を採れるのに、ヒトにはそれができない理由の一つがこれだ。それから、これは第8章で取り上げるが、ヒトは模倣という手段を利用して社会的関係を築いたり、ステータスの差を示したりするようになった。つまり、相手の動作や口調をまねるのは、「あなたと仲よくしたい。あなたはほんとにすばらしい」という意思表示でもあるのだ。さらにもう一つ。第9章以降では、文化進化の過程で生まれた社会規範について取り上げるが、規範を逸脱した行動をとれば、悪評を立てられるなどの仕打ちを受けることになる。それゆえ、ヒトは「過剰模倣」することによって逸脱者呼ばわりされるのを避けようとすることがある。つまり、ヒトがすべての手順をことごとくまねたり、その土地の風習に厳密に従ったりするようになった背景には、文化‐遺伝子共進化によって生じたさまざまな理由が存在するのだ。[26]

その結果、受け継がれてきた文化に対する依存度はさらにいっそう増していく。直感的認識に反するような習慣や信念を身につけるだけでなく、本能的または生得的傾向に逆らうような嗜好、選好、動機さえも獲得するようになっていった。もちろん私たちに本能や生得的傾向がないわけではないが、然るべき状況のもとでは、文化的学習システムを作動させて、それに上書きしたり、その方向を変えたりする能力が自然選択によってもたらされたのである。

本能の克服──トウガラシはなぜ美味しいのか

私たちはなぜ、料理に香辛料を加えるのだろうか？　その理由を考えるときに考慮すべき点は次の三つだ。①ヒト以外の動物は、餌に香辛料を入れたりはしない。②ほとんどの香辛料は、栄養面での価値はないに等しい。③多くの香辛料の味や効能を特徴づけている成分は、その植物が昆虫、真菌、細菌、哺乳類その他の動物を寄せつけないために進化させた忌避物質である。

料理に香辛料を加えることは、食物由来の病原体に対処する文化的適応の一種である可能性が、いくつかの証拠から示されている。多くの香辛料には、食物中の病原体を殺してくれる抗菌成分が含まれている。世界中で使用されているのはオニオン、ペッパー、ガーリック、コリアンダー、トウガラシ（チリペッパー）、ローリエなどだが、ここから考えられるのは、さまざまな香辛料の使用は、食物中の病原体、特に肉の中の病原体の増殖を抑えるための文化的適応であるということだ。冷蔵庫が登場する以前、食物中の病原体は切実な問題だったはずだ。

生物学者のジェニファー・ビリングとポール・シャーマンは、世界中から伝統料理の本を集め、四五七八種類のレシピについて詳しく調査した。その結果、次の三点が明らかになった[27]。

①香辛料には実際に抗菌作用がある。世界中で最も広く使われている香辛料は、細菌の繁殖を抑える効果が最も高い香辛料でもある。防カビ作用をもつ香辛料もある。また、香辛料を組み合わせて用いることで相乗効果が生まれる。チリパウダー（レッドペッパー、オニオン、パプリカ、ガーリック、クミン、オレガノを調合したもの）のような混合香辛料が重宝されるのはそ

のせいだろう。また、レモンやライムなどの成分は、それ自体に抗菌作用はないが、他の成分の抗菌性を高めるようだ。

②暑い地域に暮らす人々ほど香辛料を多用し、しかも抗菌性の高い香辛料をよく使う。たとえば、インドやインドネシアでは、ほとんどの料理にオニオン、ガーリック、トウガラシ、コリアンダーなど、抗菌性の高いさまざまな種類の香辛料が使われる。それに対し、ノルウェーでは、ブラックペッパーを少々、それからときおりパセリやレモンも使うが、せいぜいその程度だ。

③伝統料理のレシピでは、香辛料の効果をうまく活かす使い方がなされている。オニオンやガーリックのような、加熱しても抗菌作用が弱まらない香辛料は調理の途中で加える。一方、コリアンダーのような、抗菌作用が熱で失われてしまう香辛料は、最後に生のままで加える。(28)

こうして見ると、多くのレシピや香辛料に対する選好が文化的適応であることは明らかだ。その土地の環境に合っているが、それがもたらす効果はとらえにくく、スパイシーな料理を好んで食べる人々自身もその効果がよくわかっていない。この点についてビリングとシャーマンは、より健康で、子宝に恵まれ、成功している家族の調理法や選好を、そうでない家族がまねていくうちに、こうした文化が生まれたのだろうと推測している。食物や植物にまつわる事柄を含め、文化の習得のために進化したヒトの心理に関する知見に照らしても、これは当を得た見方だと言えよう。

数ある香辛料のなかでも、トウガラシは典型的な例を示してくれる。トウガラシは、ヨーロッパ人の渡来する以前から新大陸でさかんに使われていた香辛料で、現在では全世界の成人のおよそ四分の一がごく日常的に使用している。

トウガラシという植物は、カプサイシンによる化学的防御を進化させてきたおかげで、哺乳類や齧歯類に忌避される。哺乳類の場合、カプサイシンによって、痛みを発生させるイオンチャンネルの一つ（TrpV1）が活性化されるので、酸、熱、アリルイソチオシアネート（マスタードやワサビの辛味成分）などさまざまな刺激との相乗効果によって、ヒリヒリと焼けるような感覚を生ずるのだ。このような化学兵器はトウガラシの生存や繁殖に役立っている。というのは、哺乳類などはヒリヒリ辛くて食べられないのに、カプサイシン受容体をもたない鳥類はこれをおいしく食べることができ、そのついでにトウガラシの種子を撒き散らしてくれるからだ。

そんなわけで、ヒト以外の霊長類はトウガラシを避けるし、ヒトであっても、赤ん坊は食べないし、これを嫌う成人も少なくない。トウガラシの辛味成分であるカプサイシンは生得的な忌避反応を引き起こすので、赤ん坊が母乳をいやがることのないよう、授乳中の母親はトウガラシは控えるようにと言われる。また、それを逆に利用して、離乳を始めようとするときに、乳首にわざとトウガラシを塗ったりする地域もある。

しかし、暑い地域で生活している成人は、常日頃からトウガラシを使って料理する。そして、トウガラシ好きの人々に囲まれて育った子どもは、トウガラシを抵抗なく食べるようになるだけでなく、むしろそれを好むようになる。いったいどうして、舌が焼けるようにヒリヒリし、汗がどっと吹き出してくるのを――つまり、イオンチャンネルTrpV1が活性化するのを――好んだりするようになるのだろう？(29)

心理学者ポール・ロジンの研究から、トウガラシを食べておいしいと感じるようになるのは、主として、トウガラシのもたらす痛み信号が快感や興奮として解釈し直されるからであることが証明されている。メキシコ高原での調査によると、子どもたちは無理強いされなくても少しずつ、トウガラシに対する嗜好を獲得していく。(30)自分もトウガラシ好きになりたい、あの人たちみたいになりたいと欲するからだ。これは、子どもたちは年上の子どもたちの食物選好をすぐにまねる、という事実とも一致する。

第14章ではさらに踏み込んで、痛み(ここでは電気ショック)に対する生理学的反応までもが、文化的学習によって変わることがあるのはなぜかについて考える。結論から言うと、必要な場合には、本人も知らないうちに、哺乳類としての生得的な忌避反応を抑え込んでしまえるほど、文化の力は強力なのである。

累積的文化進化と遺伝的進化とが長期にわたってデュエットを繰り広げてきた結果、ヒトの脳はもうすでに、この世界——生存に欠かせない情報が先祖代々受け継がれてきた膨大な知識の中に秘められている世界——への遺伝的適応を遂げている。こうした情報は、日常の調理方法(キャッサバの下処理)、食のタブー、占いの儀式、地域特有の食嗜好(トウガラシ)、メンタルモデル、道具の作り方(矢柄)などの中に埋め込まれている。このような先祖伝来の習わしや教えには、個人や集団が一世代のうちに考え出すことのできるレベルをはるかに超えた優れた知恵が隠されていることが多い。そして、ある種の制度や慣行、宗教的信念や儀式、さらには医療行為についてもやはり同じことが言える。

そうなると、学ぼうとする者は、自分であれこれ考えるのではなく、まず、だれを「範とする」かを決めようとする。その際には、範とするに足る人物かどうかを慎重に吟味する。そして、その人物が、こうしたらああなるというメンタルモデルを示してくれたら、学習者はその出来合いのメンタルモデルをそっくりそのまま採用して自分のものにするのである。

もちろん、複雑な手順や習慣をすっかり丸ごと受け入れるのではなく、メンタルモデルをいったん解体し、因果関係をきちんと理解した上で、もっと優れたものにつくり替えることができないわけではないし、実際にそうする場合もある。別のやり方を試みたり、うっかり忠実な模倣に失敗したり、あるいは変わり者が現れたりして、それまでのやり方が変わっていくこともあるにはある。

しかし、文化的な種、すなわち文化に依存して生きている動物であるヒトは、複雑な手順、習慣、信念、そして動機を丸ごとすべて、意味のなさそうなものまで含めてそっくりそのまま、忠実に模倣しようとする本能をもっている。なぜならば、文化進化には、個人が一生かけて努力してもとうていかなわない、絶妙で奥深い知恵を生み出す力があることが、進化の歴史を通して実証されてきたからである。

多くの場合、人々は自分たちの習慣にどういう意味があるのかを理解しておらず、そもそも何かを「やっている」ということにさえ気づいていない。スパイスを効かせた料理を好む暑い地域の人々は、ガーリックやトウガラシを加えることによって、肉に含まれる病原体から家族を守っているのだとは思っていない。彼らはただ、食嗜好や料理法を文化として受け継ぎ、先祖代々蓄積されてきた知恵を当たり前のごとく信じ、そのやり方を忠実に守っているだけなのである。

ところで、私たちは言うまでもなく、こうしたらああなるという因果モデルを頭の中で組み立ててものごとを考える。しかし、往々にして見落とされがちなのは、複雑な文化進化の産物の存在こそが、このような因果モデルの構築を誘発・促進したのであって、その逆ではないということだ。いつもの手順や習慣の意味を改めて考えてみたときに、初めて因果モデルが生まれてくることが多い。「なぜ私たちはいつもこんなふうにやっているのだろう？　それには何か理由があるはずだ。おそらく……だからに違いない」というわけだ。特定のやり方をする理由をよくよく考えてみる人がいて、その結果、そのやり方をとるようになるわけではない。これまで、蒸気機関、熱気球、飛行機のような既存のテクノロジーを説明しようとして、膨大な量の科学的因果関係の理解が重ねられてきた。たいていの場合、ある装置や技術は、因果理解が生まれる以前からすでに存在していたのであり、それが存在することによって、高度な因果理解が発達しやすい世界が開かれていったのだ。つまり、最近までの人類史においては、因果理解によって文化進化が促されるのではなく、逆に、累積的文化進化の結果として、因果理解がより深まっていくケースのほうがはるかに多かった[31]。

このような歴史的観察は、幼児を対象にした実験的研究の結果とも辻褄が合う。発達心理学者のアンドリュー・メルツォフ、アリソン・ゴプニク、およびアンナ・ウェイズマイヤーの研究から、ヒトの頭の中で因果推論メカニズムが最も効果的に作動するのは、人工物を用いて「何かをしよう」としている人を見ているときであることが示唆された。たとえば幼児は、だれかが人工物を使って何かをするのを見たときのほうが、まったく同じ物体移動やそれによる環境変化が「自然に起きた」ときよりも、こうするとああなるという因果関係をより正確に推論する。つまり、実際に文化的人工物を操作している人を前にすると、幼児の頭の中の因果推論メカニズムのスイッチがオンになるのだ。そして、それに基づいて構築された因果モデルが、文化に規定されたやり方で人工物を操作したり、習慣を実行したりするのを助けるのだ[32]。それについてはのちほど詳述する。

自然選択に勝るとも劣らぬ遺伝的進化の牽引者

スティーブン・ピンカーからデイビッド・バスまで、名だたる進化心理学者たちは口をそろえてこう主張したがる。厳しい環境に対応できるよう、あるいは生物の生存要求を満たせるよう、機能的にデザインされた複雑な適応を生み出しうるのは、自然選択のプロセスをおいて他にはない、と[33]。眼、翼、心臓、クモの網、鳥の巣、ホッキョクグマの雪穴といった自然選択の産物が、それぞれの問題を実にうまく解決しているように見える事実に彼らは感銘を受けているのである。うかつな欠陥はあるとはいえ、こうした自然選択の産物は、生存や繁殖に有利になるように、巧みにデザインされ、精緻に作られている。外界を見るために眼が作られ、空を飛ぶために翼が作られたのだろう。しかし、デザイナーやエンジニアがいたわけではない。また、創ろうと意図する何者かが存在していたわけでもないし、その仕組みのメンタルモデルがあったわけでもない。このような見方には、私もおおむね賛成だし、自然選択のただならぬ力に畏怖の念を抱いているのは私も同じだ。

しかし、「他にはない」という点には同意しかねる。少なくとも累積的文化進化が始まって以降、自然選択は、局所環境に合った複雑な適応を「黙々と」生み出す唯一のプロセスとしての地位を失ったのだ。この点こそが本章の眼目なのだが、文化進化は、第4章と第5章で取り上げた選択的注意と学習のメカニズムや、後述するその他の方法を通して、このような複雑な適応進化の産物を生み出すだけの力を十分に備えている。文化進化の産物は、だれかがデザインしたわけではないし、因果関係のメンタルモデルが先に用意されていたわけでもないのだ。

この点を明らかにするために、二通りの住まい、つまり二種類の構造物を比較してみよう。一方は自然選択の産物で、もう一方は累積的文化進化の産物である。

アフリカに生息するズグロウロコハタオリの雄は、枝から垂れ下がる頑丈なソラマメ型の巣を作る。この巣は長い漏斗状の出入口が下向きになっているので、巣の中の二〜三個の卵を大型捕食者から守ることができる。このズグロウロコハタオリに限らず、ハタオリドリ科の鳥はどの種もみな、それぞれ判で押したように決まったやり方で、同じ手順を繰り返しながら巣を編んでいく〔英名のweaverbirdに対し、「機織り鳥」という和名が付けられているが、「籠編み鳥」としたほうが、この巣作りの様子にふさわしい〕。まず木の枝に付着する部分を作り、それをリング状にしたのち、屋根、卵室、その下の小室、出入口という順に編んでいく（図7・2）。その際、巣の部分ごとに三種類の結び方（止め結び、片結び、引き結び）と三種類の編み方を使い分ける。ハタオリドリは丈の高い草やヤシの葉を見つけ、その丈夫な部分を細く裂いて巣材にするのだ。この巣は出入口が下を向いている上、内部が巧妙な造りになっているので、捕食者はなかなか卵まで到達できない。また、底面が厚い層を成すように編まれているので、万が一、巣が枝から落下しても、卵が割れることはない。

こうしたテクニックやレイアウトは、他のハタオリドリから学ぶわけではない。生まれながらに知っているか、さもなければ、その場で必ず思いつくように仕組まれているのだ。自然選択の結果、このような複雑な構造物が多数生み出されてきた。シロアリ、ハチ、クモのような無脊椎動物は、最終的にどんな形にするかというメンタルモデルなしに、こうしたさまざまな美しい構造物を作り上げるのである。[34]

イヌイットのイグルー（雪の家）もやはり、北極圏の環境に合わせて作られた複雑な構造物で、北極圏のさまざまな地域で使用されている（図7・2）。こうした雪の家は、建築学的にも他に類を見ないユニークな造りをしている。一度に降り積もった雪の塊をブロック状に切り出して、下からドーム状に積み上げていくのだ。このドーム型の構造は、空気力学的に安定していて、極地方の強風にも耐えられる。雪のブロックをきちんと正しく積み上げれば、その上に人間が一人立っても崩れることはない。

海洋哺乳類の脂肪を燃料とする小さなソープストーン製のランプに火を灯すと、雪の壁の断熱効果によって、イグルー内の温度は一〇度に保たれる。内部が温かいので雪がほんの少し融けてきて、壁や天井のブロックがますますぴったりとくっつき合う。また、出入口が長いトンネル状になっているので、設置方向が適切ならば、風を遮断できるのみならず、気圧差を利用して暖気を閉じ込めること

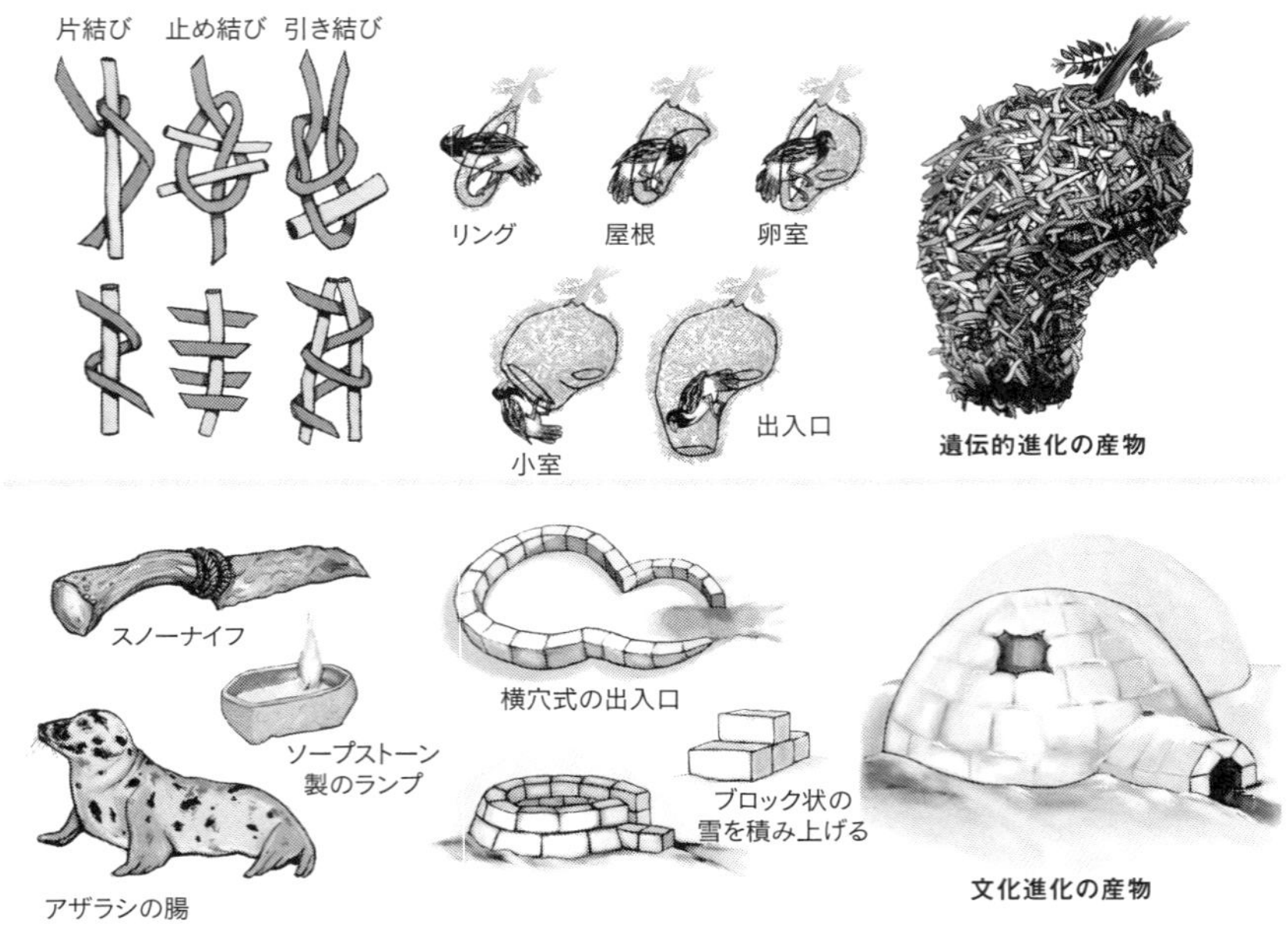

図 7.2 遺伝的進化（上段）と文化進化（下段）という 異なる選択プロセスの産物。上段：アフリカに生息するズグロウロコハタオリの雄は、頑丈なソラマメ型の巣を作る。漏斗状の出入口が下向きになっているので、巣の中の 2〜3 個の卵を大型捕食者から守ることができる。下段：北極地方の狩猟民であるイヌイットは昔から、専用の骨製ナイフで雪塊をブロック状に切り出してイグルー（雪の家）を作ってきた。アザラシの脂肪を燃料とするソープストーン製のランプで暖を取った。

もできる。採光用に、アザラシの腸の半透明の膜や薄い板状の氷でできた窓が設けられおり、換気用の小窓も作られている[35]。

ズグロウロコハタオリの巣と同様に、イヌイットのイグルーも、北極地方での生活に合うように設計されており、まさにぴったりの機能を備えている。まるで、空気力学、熱力学、材料科学、構造力学の専門家チームを集めて作ったかのようだ。

無理もないが、フランクリン隊の隊員たちは、テントの中で凍死寸前にまで追い込まれても、雪の家の作り方を思いつかなかった。一〇〇人にも及ぶ気鋭の隊員たちのだれ一人、考え出すことができなかったのだ。これは累積的文化進化の産物なのであって、実際にこれを作ってきたイヌイットたちのなかにも、その根本的な原理を理解している者はほとんどおらず、ただ「こうするのだよ」と教えられるまま、見よう見まねで覚えてきた作り方なのである。

もちろん、工程の手順やルールとともに、部分的な因果モデルが細切れに伝えられたであろうことは疑いの余地がない。なぜなら、部分的な因果モデル（因果ミニモデル）があれば、各部分の不具合の確認や、環境変化や異常事態への対応に役立つからだ。しかし、こうした因果ミニモデルも、そのほとんどは先祖伝来の知恵として受け継がれてきたものであって、個々人がそのつど構築するわけではない。

文化進化にはそのような複雑な適応システムを生み出す力があると認めることは、ヒトについて研究する上できわめて重要な意味をもつ。どういうことかというと、イグルーの作り方にせよ、複雑な認知機能（17－16の引き算のような）にせよ、無意識のうちに適応課題にうまく対応しているのが観察された場合、それが意図的に考え出されたものでないのなら自然選択を受けた遺伝子の働きによるものだ、と決めつけるわけにはいかなくなる。もしかするとそれは、累積的文化進化の産物かもしれないからである。

総じて言えば、文化進化は私たちよりも賢い。その文化の産物に満ちあふれた世界のなかで遺伝的進化を遂げてきたのが、私たち、ヒトという種なのだ。イグルーのような高度な建造技術から、トウモロコシに灰を加えて重要な栄養素を吸収可能にするといった巧妙な調理法まで、先祖伝来の知恵をとにかく信じて従わざるをえなくなった。人類の祖先が登場してほどなく、先祖伝来の文化を継承せずに自分の頭脳に頼って生きようとする者は、文化習得に長けた者に打ち負かされるようになったからだ。そして、効果的な文化的学習のためには、だれから何を学ぶべきかの見極めが重要になった。

しかし、だれから何を学ぶべきかがわかったとしても、最もすぐれた知識や技術をもっている者があなたの弟子入りを許し、その知恵を授けてくれるとは限らない。この難題が進化の過程でプレスティージ（信望・名声）というものを生み出すことになった。

第8章　プレスティージとドミナンス、生殖年齢を過ぎたあと

エヴェレストの商業公募登山中に起きた遭難事故について綴ったノンフィクション『空へ――エヴェレストの悲劇はなぜ起きたか』のなかで、著者のジョン・クラカワーは、有名な登山家、ロブ・ホールのベースキャンプでの影響力について語っている。エヴェレストのベースキャンプの状況は興味深いことこの上ない。現代社会の方々からやってきた多彩な経歴をもつ人々が、標高五三六〇メートルの高地で偶然居合わせた者同士で、困難に挑むべく最低限の協力体制を敷くことを求められる。当時、ロブ・ホールは世界屈指のクライマーとの呼び声が高く、実際に、シェルパを除くと他のクライマーのだれよりもエヴェレスト登頂経験が豊富だった。クラカワーはその場面を次のように描写している。

ベースキャンプはまるでアリ塚のように、人の動きが忙《せわ》しない。そんなベースキャンプ全体のなかで、わたしたちアドベンチャー・コンサルタンツ隊の居住区は管理人の役割を果たしていた。というのは、この山にあってロブ・ホール以上の尊敬をわがものにしている人はいないからだ。

なにか問題があると必ず——シェルパとの労働問題が起きたとか、急患が出たとか、登山戦略上の微妙な決定が必要だとか、そういうとき人は必ず、わたしたちの食堂テントにやってきて、ロブ・ホールの助言を求めた。そして彼は、長年かかって蓄えてきた知恵を、惜し気もなくわけ与えた。相手が顧客獲得の競争をしている当人であってもそれは変わらなかった。(1)〔『空へ——エヴェレストの悲劇はなぜ起きたか』海津正彦訳、文春文庫〕

人々から寄せられる信望の厚さ、すなわち**プレスティージ**こそが、ベースキャンプでのロブ・ホールの影響力の源泉だった。登山のことであれ、営業の件であれ、競争相手との取引においても、彼は別格の地位にあった。それは、彼がそのような職務上のポジションにいるからではなく、ベースキャンプのだれもが彼に尊敬や賞賛の念を抱いているからなのだった。シェルパとの労働問題のような、登山技術そのものとは無関係なことも含め、さまざまな分野の問題について人々は彼の判断を仰いだ。惜しみなくそれに応えるロブ・ホールの影響力はいよいよ増すばかりだった。クラカワーが描いたそんな場面からほどなく、ロブ・ホールは衰弱したクライマーを救おうとして、山頂近くに留まって最後まで奮闘し、結局エヴェレストで凍死することになる。

このようなパターンは二〇世紀末の西洋人に特有のものではない。世界各地で同じような現象が観察されている。一例として、外界から隔絶されているアンダマン諸島の先住民の場合を考えてみよう。イギリスの有名な社会人類学者、A・R・ラドクリフ゠ブラウンが一九〇六年から一九〇八年にかけて、この平等主義の狩猟採集民について調査を行なっている。ラドクリフ゠ブラウンは次のような観察記録を残した。

年長者に対する敬意の他に、社会秩序をもたらしている重要な要素がもう一つある。特定の個人の資質に対する敬意だ。このような資質には、狩猟や戦闘の技術、度量の大きさや思いやり、情緒の安定性などが含まれる。こうした資質を備えている人物は必ず、共同体の中で影響力のある地位を獲得する。どんな内容について話し合う場合でも、年長者の意見以上に、彼の意見が尊重されるのだ。彼を「慕う」若者たちは、何とかして気に入られようと、できるかぎりの贈り物をしたり、カヌー作りなどを手伝ったりし、狩りやウミガメ捕りのお供をさせてもらいたがる。……どの村にもたいてい、このような強い感化力で人々を動かすことのできる人物がいた。[2]

ラドクリフ゠ブラウンによると、こうした周囲から寄せられる信望、すなわちプレスティージが、地球上の場所や時代を問わず、いつでもどこでも同じような現象を生み出しているという。ベテラン登山家や熟練ハンターをはじめ、その地域で価値のある分野で秀でている人物は、周囲から敬意を払われ、意見を求められるので、おのずと広範囲の分野で影響力を発揮するようになる。こうした尊敬を集めている人物は、めったに怒りを爆発させたり、とっぴな行動に出たりすることはなく、度量の大きさで知られることが多い。

このような現象は、階層序列がなくて正式な指導者もいない、きわめて平等主義的な社会でも認められる。つまり、その社会で重要視される仕事や役割に関して、ずば抜けた技能、知識、成功実績をもっている人物に対し、人々が厚い信望を寄せるという傾向は、時代や場所を問わずヒト社会に一貫して見られる現象なのである。こうした信望に基づく社会的地位(プレスティージ・ステータス)が土台となって、平等主義的社会でも容易にリーダーシップが形成されていく。[3]

このような現象の根底にあるのはいかなる心理なのか。それを明らかにするために、人類の進化の過程で**プレスティージ心理**がどのように発達してきたかを考えてみよう[4]。ポイントは、人類が文化的学習に長けてくると、最適なモデルを見つけて、そのモデルから学ぶ必要性が生まれたということだ。最適なモデルとは、現時点もしくは後の人生で、学習者にとって最も価値のある情報をもっていそうな人物である。その知恵を学び取るためには、長期間にわたって、もしくは最も重要な時期に、その選んだモデルに付き従い、行動をともにする必要がある。そして、そのモデルに、微妙なコツを快く教えてもらわなくてはならない。少なくとも、成功の秘訣を隠さずに示してもらう必要がある。

そのような事情から、ヒトは、優れた技能、知識、成功実績をもつモデルを求める情動や動機をしっかりと発達させている。さらに、ヒトは、相手の協力（つまり教示）を仰ぐため、少なくとも教えを請うことを認めてもらうために、進んでそのモデルに敬意を示そうとする。敬意の示し方には、手伝いをする（雑用を引き受けるなど）、贈り物をする、便宜を図る（子どもの世話をするなど）、人前で褒める（それによって名声を広める）など、さまざまなものがある。いずれにせよ、何かの形で敬意を示さなければ、名声高い人は、縁もゆかりもない者をなかなかそばに置いてはくれないし、その技能や戦略や知識をわざわざ教えてくれたりはしない。

人類の進化の過程でこうした傾向が現れてくると、そこに自然選択が働く余地が生まれ、ヒトの文化的学習能力がさらにまた別の形で磨かれていった。どういうことか。これから複雑な技能（たとえばバイオリンの演奏技能）の習得を目指そうとしている場合を考えてみよう。初心者のあなたは、真に優れた演奏と、良くも悪くもない凡庸な演奏を聞き分けられるだけの耳をまだもっていない。そこで初心者や若者は、経験を積んだ先輩たちが、だれに注目して敬意を払い、そのまねをしようとしているかに着目する。そしてそれを手がかりに、自分が師事すべき人を見つけるのだ[5]。第4章で取り上げたように、他者の評価を参考にして自分のモデルを決めるというのは、文化の二次学習の一種であり、名声に基づく社会的地位（プレスティージ・ステータス）はまさにここから生まれるのである。

いったん人々から注目され、模倣され、敬意を払われるようになった人物は、実際にはそれほどの知識や技能をもっていなくても、高い名声《プレスティージ》を得るようになるのだ。すると、その名声《プレスティージ》を手がかりに、その人物のもとで学ぼうとする者たちが集まってくる。つまり、共同体の成員が、この人物は尊敬や賞賛に値すると信じるようになると、ますますその名声《プレスティージ》が高まっていくのである。その人物を尊敬するようになった人たちの大多数が、自分で直接には、その人物の実績や知識や技能を評価することができなくても――あるいは、していなくても――そのような現象が起きてくる。尊敬や賞賛という感情に動かされて、人々は名声《プレスティージ》のある人物に服従する。アンダマン諸島の若者たちが特定の人物に「付き従う」のも、その人物のカヌー作りやカメ狩りを手伝うのも、そのような理由からなのだ。

社会現象としての名声《プレスティージ》を理解するにはまず、ある人物に成功をもたらしている真の要因は傍目にはわかりにくい、という事実を理解する必要がある。たとえば、あるＮＢＡ（米国のプロバスケットボールリーグ）のスター選手の成功の要因は何だろうと考えた場合、①オフシーズンの集中練習、②スニーカーの選択、③睡眠の取り方、④ゲーム前の祈りの習慣、⑤特殊なビタミン補給、⑥ニンジンをよく食べることなど、いろいろな事柄が候補に挙がる。そのうちのいずれか、あるいはすべてが成功の要因になっているのかもしれない。しかし、初心者には、個人の習慣と成功実績との因果関係をすべて読み解くことなどとうてい不可能だ（第7章参照）。そこで、初心者はたいてい、モデルに選んだ相手の何から何までまねようとする。もちろん、とりわけ成功に関連がありそうだと思う事柄があれば、それに重きを置く場合もあるだろう。いずれにしても、そのような模倣の対象には、そのモデルの目標や動機に加え、個人的習慣や生活様式までも含まれることが多い。もしかするとそれもはやり成功要因の一つかもしれないからだ。ある分野で成功した人々が広い分野にわたって影響力を発揮するようになる理由の一つがこの、「迷ったらまねよ」という直感的な経験則（ヒューリスティクス）なのだ。[6]

現代社会では有名人があらゆる分野の事柄にお墨付きを与えている現実は、この名声《プレスティージ》の力を証明している。たとえば、高校卒業後すぐにプロ入りしたＮＢＡのスター選手、レブロン・ジェームズは、ステートファーム保険のＣＭ出演で数百万ドルを稼いでいる。バスケットボールの驚異的な才能は認めるものの、はたしてジェームズ氏に保険会社を推薦する資格があるのかどうかは不明だ。同様に、マイケル・ジョーダンはヘインズのアンダーウェアのＣＭに、また、タイガー・ウッズはビュイックのクルマのＣＭに起用された。ビヨンセは（少なくともＣＭでは）ペプシを飲んで見せる。音楽的才能と甘い清涼飲料との間にどんな関係があるというのだろうか？　画期的だったのは、米女優のアンジェリーナ・ジョリーの場合である。それまで、新たな医学的発見をもとに大衆教育キャンペーンを立ち上げても、女性たちに乳がん予防に向けた行動を促すことがなかなかできずにいた。そんなときに、「ニューヨーク・タイムズ」紙が特集ページを組んで、あるニュースを報じた。アンジェリーナ・ジョリーが遺伝子検査を受けて、乳がんリスクを高めるＢＲＣＡ１遺伝子の変異が見つかったため、予防のために両乳房の切除手術を受けたというのだ。すると、イギリスからニュージーランドまで、多数のクリニックが、乳がんの遺伝子検査を受けようとする女性たちであふれたのだ。[7]

このように、人類においては、進化の副産物として図らずも、特定分野の名声が多方面に影響力を発揮するようになった。それが何百万ドルもの稼ぎをもたらす場合もあれば、人々の健康維持に役立つ強力なツールとなる場合もある。

名声や信望を重んじるプレスティージ心理は、人類進化の過程で文化的学習に付随して生まれたものであり、社会的地位（ステータス）にまつわる心理としては比較的新しいものなのだ。ヒトはその他に、腕力や権力になびく**ドミナンス心理**ももち合わせているが、こちらは霊長類の祖先から受け継いだもので、当然ながらプレスティージ心理よりもはるかに古い。

サルにせよヒトにせよ、腕力や権力に基づく優位な地位（ドミナンス・ステータス）を獲得するのは、他者がその個体を恐れている場合だ。つまり、慰撫などによって敬意を示すなり、配偶者や餌を譲るなどして気を配らないと、身体的暴力その他の威圧的な手段に訴えてくるだろうと、周囲の個体が恐れている場合である。

このような階層序列のなかで、劣位個体のほうは、肩を狭める、下を向くといった体を小さく見せるディスプレイで、劣位を受け入れていることを知らせる。一方、優位な個体は、体を大きく広げて、胴体を直立させ、四肢を広げて胸を張ることで、自分がボスであることを劣位個体に知らしめる。霊長類においては、パートナーや血縁関係がある程度影響することもあるが、たいてい、体の大きさや強さに基づく戦闘力のみが優位獲得の決め手になる。チンパンジーの場合は、同盟関係が重要な鍵を握ることが多い。二匹または三匹で同盟を組むことにより階層序列での優位な地位を守るのだ。このような地位は、絶え間ない闘いを伴うような不安定なものではなく、熾烈な闘いを経ていったん確立されたあとは、比較的安定した社会秩序をもたらすことが多い。そして、たいていの場合、雌雄ともに優位な個体ほど繁殖成功度が高く、多くの子孫を残すことができる。(8)

それに対して人類は、文化-遺伝子共進化の道を歩んできたがゆえに、（少なくとも）二種類のまったく異なる社会的地位をもつようになった。**ドミナンス**と**プレスティージ**である。このあと、この異なるタイプのステータスが、それぞれまったく異なる心理プロセス、動機、情動、ディスプレイ行動と結びついていることを示そうと思う。

しかしその前に、小規模社会において、ドミナンスやプレスティージを獲得すると本当に生殖適応度が高まるのかどうか検討してみたほうがいいだろう。生殖適応度――どれだけの数の子どもを残せたか――こそ、自然選択においてどれだけ有利かを示すものだ。もし、この二種類のステータスがいずれも生殖適応度の高まりと関連しているならば、その両者とも、人類の進化の過程で遺伝的変化によって生まれ、ずっと維持されてきたと考えて差し支えないだろう。(9)

残念ながら、プレスティージやドミナンスを適応度と関連づける研究はほとんどなされていない。進化論研究者たちが、ヒトの社会的地位《ステータス》にいくつもの種類などないと考えていることも、研究が進まない理由の一つと言える。

しかし、クリストファー・フォン・リューデンらは最近、ボリビアのアマゾン川流域に暮らすチマネ族を対象にした長期のフィールドワークの一環として、チマネ族社会のプレスティージとドミナンスについて調査を行なった。チマネ族の人々は、比較的独立した小さな家族集団で生活を営んでおり、そのような家族集団が集まって川沿いの村々を形成している。人々は狩猟や採集のほか、森に点在する菜園の耕作により生活の糧を得ている。他の社会に比べると地位階層はかなりフラットで、地域指導者の権限もそれほど強くないので、ステータスに関する理論を検証するのはなかなか難しい。

クリスは、チマネ族の何人かをサンプルとして抽出し、二つの村の男性全員について、いくつかの項目（戦闘力、気前のよさ、尊敬されているか、村人を説得する力、自分の主張を通せるか、同盟者の数など）を評価してもらった。その評価得点を集計して、村の男性一人一人に点数を割り当てた。この調査項目中では、「戦闘力」と「村人を説得する力」がそれぞれ、ドミナンス・ステータスとプレスティージ・ステータスの最も優れた指標になるとクリスは考えた。こうした前提に立って彼は、この二種類の指標がいずれも、夫婦間の子どもの数、婚外交渉の頻度、および離婚後の再婚率と関連があることを証明したのだ。年齢、血縁集団のサイズ、経済的生産性など、いくつかの要因の影響を統計的に取り除いてもやはり関連性が証明された[10]。加えて、プレスティージの高い男性は、若くして結婚し、生まれた子どもの死亡率が低いという傾向も認められた（このような傾向はドミナンスの高い男性には見られなかった）。

以上の結果から、少なくともこの小規模社会においては、人々からドミナンスやプレスティージが高いと認められると子どもをもうけたり結婚したりする上でも有利になり、そのメリットは経済力や狩猟技術などと関連する要因の寄与度を上回るものらしい、ということがわかった。ちなみに、ドミナンスやプレスティージの高い男性はいずれも、村の寄合で自分の主張が通りやすかったが、物惜しみせず、尊敬されているのは、プレスティージの高い男性に限られていた。

プレスティージとドミナンスの主な要素

表8・1に、プレスティージとドミナンスの主な要素と、それぞれのステータスを獲得し、維持するために個人が用いる戦略をまとめてある[11]。表の上から順番に見ていこう。プレスティージにせよドミナンスにせよ、ステータス獲得戦略に成功した人は、その集団の意思決定、行動選択、そしてグループダイナミクスに対してより大きな影響力をもつようになる。すると、周囲の人々から一目置かれるようになることも手伝って、集団内で社会的地位《ステータス》を獲得する。これはどちらのステータスにも共通することだが、その根底にある人々の心理は、ドミナンスの場合とプレスティージの場合とでまったく異なる。

ドミナンス・ステータスの場合、高順位者は相手の恐怖心に訴えることで、低順位者に対して影響力を揮う。低順位者たちは、高順位者を怒らせるのを恐れて、その命令や意思に従うのだ。それに対

表 8.1　ドミナンスとプレスティージの比較

ステータスの特徴	ドミナンス	プレスティージ
影響力の源	威圧感や恐怖心	心からの信服、敬意に基づく合意
低順位個体による模倣行動	高順位個体の要求に応じる場合を除き、模倣傾向は見られない。	選好性に基づく無意識かつ反射的な模倣行動。親和欲求に基づく場合もある。
低順位個体の注意の向け方	高順位個体のあとを追うが、視線を合わせるのを避け、凝視はしない。	高順位個体に注意を向けて熟視し、よく観察して耳を傾ける。
高順位個体の社会言語学的行動	場の主導権を握って離さず、攻撃的な言葉（人をけなす冗談や批判など）で脅す。	場の主導権を与えられ、その発言を周囲が待っている。自嘲的なユーモアを交えて話す。
低順位個体によるミミック	しぐさや口調をまねることはない。	高順位個体のしぐさや口調を好んでまねる。
低順位個体の距離のとり方	高順位個体には近づかず、やみくもな攻撃を避けるために距離を置く。	高順位個体に接近し、常にその周囲にいようとする。
ディスプレイ		
低順位個体	肩を落とし、身をかがめて体を小さく見せ、視線を逸らす。	信望を寄せる相手に注意を向け、オープンな姿勢をとる。
高順位個体	体を大きく広げて胸を張り、スタンス幅を広くとって、両腕を広げる。	左に同じだが、やや控え目。あまり広い空間を占有しない。
感情		
低順位個体	恐怖心、羞恥心、恐怖に根ざした尊敬	賞賛、畏敬、心からの尊敬
高順位個体	傲慢（過剰な誇り感情）、尊大	矜持（真の誇り感情）。自尊心をもちながらも自らを律する。
高順位個体の社会的行動	攻撃的で、自己の権力強化を図ろうとし、自己中心的。	向社会的、協力的で、物惜しみをしない。
生殖適応度	高順位個体は小規模社会での適応度が高まる。	高順位個体は小規模社会での適応度が高まる。

し、プレスティージ・ステータスの場合には、高順位者は自らの成功実績やスキルの高さで周囲の人々を惹きつける。心から信服している人々は、自らの意見、信念、習慣をすっかり改めてその人に倣おうとする。それだけではなく、教えを請うために相手の歓心を買おうとして、あえて同調する人々も現れる。つまり、プレスティージの高い人は、二つの理由から――まず一つは、人々が自らの意見や習慣を根本から変えて合わせてくるため、もう一つは、本心からは同意していなくても敬意を払って付き従ってくるために――ますます強い影響力を発揮するようになるのである。(12)

プレスティージが注目度や、文化的学習、および説得力に及ぼす効果は十分に立証されている(第4章参照)。では、ドミナンスとプレスティージの両方とも、集団の行動に影響力を及ぼすのだろうか。それを調べるために私は、同僚である情動社会心理学者のジェシカ・トレーシーと、当時後輩だったジョーイ・チェン(煩雑な作業を一手に引き受けてくれた)とチームを組んである実験を行なった。

まず、面識のない者同士の小チームをいくつか作り、「ロスト・オン・ザ・ムーン」というグループワークに取り組んでもらう。月面に不時着したという想定のもと、方位磁石、銃、信号弾、マッチといった一連のアイテムについて、グループごとに重要度の順位付けをしてもらうのだ。参加者には、チームとしての順位付けが、NASAの専門家の順位付けにどれだけ類似しているかに基づいて報酬を支払うと伝えておく。最初に各自で順位付けを行ない、そのあとチームで集まって、チームとしての順位付けを決める。その作業を終えたあと、一人一人に内密に、自分のチームのメンバーの個人特性や社会性をさまざまな角度から評価してもらう。これらのピア評価(仲間からの評価)に基づいて、一人一人に、プレスティージやドミナンスの評価を含めた、何種類かの得点をつけた。(13)

複雑な統計解析を行なったところ、プレスティージもしくはドミナンスの得点が高い人ほど、グループワークの結果に大きな影響を及ぼしていることが明らかになった。解析に際しては、主観的評価（チームとしての順位付けに大きく影響したのはだれの意見だと、参加者自身が考えているか）と、客観的評価（チームとしての最終的な順位付けに色濃く反映されているのはだれの意見か）の両方を考慮した[14]。

プレスティージおよびドミナンスに基づく戦略は、予想されるとおりの、はっきりと異なるパターンを示し、それぞれ別のルートでチームに影響を及ぼし、チーム内でのステータス獲得に貢献していた。他者に対して支配力《ドミナンス》を揮《ふる》う人は、①高圧的な態度をとり、②成果を自分の手柄にし、③他者をからかって恥をかかせたり、④思いどおりに操ろうとする傾向が見られた。一方、他者から信望《プレスティージ》を集める人は、①謙虚に振る舞い、②成果をチームの功績にし、③冗談を言って周囲を和ませる傾向が見られた。

模倣、注意、ミミック

低順位者たちは、信望《プレスティージ》を集めている人に対し選択的に注意を向けて（つまり観察・傾聴し）、その人を模倣しようとする。（ちなみに、支配力《ドミナンス》を揮う人に対してはそういうことはしない）。このような注意を傾けたり模倣したりといった行動は、自分では気づかずに無意識のうちになされることが多い。その場合、しぐさや口調のまね、すなわちミミックを伴うこともある。このミミックには異なる二つの機能がある。

第一に、しぐさや口調をまねることによって、無意識のうちに、相手のプレスティージの高さへの敬意と賛同を示していることになる。周囲の人々は、だれがミミックの対象になっているかをしっかりと観察しているので、ミミックによって、その人物のプレスティージがさらにいっそう高められることになる。

第二に、しぐさや口調をまねることによって、相手の心に接近しやすくなる。つまり、相手の思考や選好を理解しやすくなるのだ。一般に、お互いのことをよく知ろうと積極的に会話している二人は無意識のうちに、姿勢、しぐさ、声の高さ、顔の表情が似てくるものだ。これはカメレオン効果と呼ばれている。(15)プレスティージに格差がある場合、低順位者ほど、高順位者が何を考え、何を望み、何を信じているかを知ろうとする気持ちが強いので、知らず知らずのうちに高順位者のしぐさや口調をまねることが多くなる。その逆に、高順位者が低順位者のしぐさや口調をまねるということはあまりない。

長年にわたってCNNのトーク番組のホストを務めたラリー・キングの音声模倣に関する研究がある。ラリー・キングの低音ボイスとゲストたちの声を分析して、ラリーのほうがゲストの声に合わせているのか、それとも、ゲストのほうがラリーの声に合わせているのかを調査したのだ。先行研究から、話がうまい人たちが相手に合わせる要素の一つに、声のトーンがあることが確認されていた。しかし、どちらがどちらに合わせているのだろうか?

二五人のゲストについて分析が行なわれた。ビル・クリントンからダン・クエール(一九八九～九三年のアメリカ合衆国副大統領)まで、その顔ぶれは実に多彩だ。予想されたとおり、ラリー・キングは、プレスティージが高いと認める人物にインタビューするときは、自分の声の高さをゲストに合わせていた。しかし、ラリー自身よりも格下と思われる人物にインタビューする場面では、ゲストのほうがおのずとラリーの声の高さに合わせてきた。ラリーが最も顕著に相手に合わせたのは、現職大統領のジョージ・ブッシュ、エリザベス・テイラー、ロス・ペロー、マイク・ウォレス、および大統領候補のビル・クリントンにインタビューしたときだった。それに対し、ダン・クエール、ロバート・ストラウス、スパイク・リーの場合は、自分のほうからラリーに合わせてきた。たまに、どちらもまったく相手に合わせようとしないことがあった。ラリーが、まだ若いころのアル・ゴアにインタビューしたときがそうだ。そのときのやり取りはぎこちなかった。おそらくそれは、両者とも、自分のほうが相手よりもステータスが上だと思っており、敬意を払って譲る気がまったくなかったからだろう[16]。

自分がだれをモデルにして学ぶべきかを決めるときに、周囲の人々が注意を払い、耳を傾け、まねようとしている人物に狙いを定めるのも理に適った方法だ。なぜなら、複雑でわかりにくい世界では、そうすることによって、正しい方向に――手本にすべき人物のもとに――導いてもらえるからである。少なくとも、人類進化の過程ではほとんどずっとそうだった。しかし、現代社会ではむしろ、ヒトの心理のこうした側面が、パリス・ヒルトンのような「有名であることで有名」なセレブタレントを生み出す原因（パリス・ヒルトン効果）になっているのかもしれない[17]。

メディアというものの性質上、有力メディアに取り上げられた人物には、たちまち大勢の注目が集まるようになる。ひとたびメディアに露出すると、それが偶然であれ、仕組まれたものであれ、一般の人々の注意を引くようになり、その結果、人々が無意識のうちに、手本とするのにふさわしい人物だと思うようになる。人々があるセレブタレントの言動に注目するのは、そのタレントが、同じメディアを見ている全員に共通の価値基準を提示しているからだ。こうしたことが注目の手がかり《キュー》となり、名声《プレステイージ》を重んじるヒトの心理に働きかけて、無意識のうちに、この有名人は模倣、尊敬、賞賛に値する人物だと思ってしまう。こうした無意識の思いから、その有名人のしぐさや口調をまねる人たちも増えてくる。有名人に少しでも近づきたいと望むからだ。

こうして人々が関心を寄せるようになった人物のことを、メディアが何度も繰り返し取り上げていると、自己増幅的なフィードバック効果によって、無名だった人が超有名人になることだってないとは言えない。このフィードバックループのそもそもの始まりは、最初にメディアに取り上げられたことによって、一部の人たちが、あの人物は周りから注目されているという誤った推断をしたことにあるのだ。ダンカン・ワッツは、「モナリザ」のような有名絵画が生まれたり、ある曲がヒットチャートのトップに躍り出たりするのも、これと同種の暴走現象であると述べている。[18]

地位ディスプレイと感情

高いステータスを獲得した人には特徴的な行動パターン（地位ディスプレイ）が見られるが、その基礎にある人と人との関係を考えると、それは当然のことと言える。他の多くの種と同様に、霊長類の場合もやはり、体の大きな個体ほど、支配的で優位な地位を獲得しやすい。ヒトでも生後一〇か月までの乳児は、二つのものを戦わせると、それが顔を描いた長方形であっても、大きさの大小だけで勝負が決まると考えるのだ。[19] ということは、支配力《ドミナンス》を握っている人が――ちょうどプロレスラーや雄ヒヒのように――直立して、胸を張り、両腕を広げ、体を「大きく見せる」ことによって自分のステータスを誇示するのは、至極当然のことなのだ。また、支配力《ドミナンス》を揮っている人は、自分に刃向かう者がいないかどうか、常に周囲に睨《にら》みをきかせている。

それに対し、信望《プレスティージ》を得ている者は、ステータスを誇示するような行動はあまり見せない。これは、攻撃的な要素を排除または抑制した、矜持《きょうじ》のディスプレイだと言える。こうした行動パターンは理にかなっていると言える。なぜなら、信望《プレスティージ》を得ている者は、自分のステータスを周囲に知らせることは望んでも、攻撃性が伝わってしまうことは望まないからである。[20]

図8・1の写真は、オリンピック・パラリンピックの柔道競技で優勝して名声を獲得した選手たち

図 8.1　柔道競技で優勝した選手の自尊心を示すディスプレイ行動。先天盲の選手（右）と健常者（左）。

のディスプレイ行動を写したものだ。二枚とも、新たに獲得した地位を示すディスプレイだが、一方は先天盲の選手で、もう一方は健常者の写真だ。これまで一度も、他者の自尊心を示すディスプレイ行動を見たことがないのはどちらの選手かわかるだろうか？[21] こうしたディスプレイは、少なくとも本人が自分のステータスをどう認識しているかを、無意識かつ反射的に他者に伝えている。

　ドミナンスのディスプレイとプレスティージのディスプレイの違いは、「ロスト・オン・ザ・ムーン」というグループワーク中に撮影したビデオの中でもはっきりと見てとれた。ビデオ映像を体系的にコード化することで、次のようなことが明らかになった。ドミナンス獲得戦略をとる人は、プレスティージ獲得戦略をとる人よりも、①広い空間を占有し、②体を広げる姿勢をとり、③両腕を体から離して大きく広げた。一方、信望《プレスティージ》を集めている人は、顔を上に向けて、胸を張り、笑顔をたやさずにいる傾向があった。また、グループワーク中ずっと声を低くして喋る傾向は、支配力《ドミナンス》を揮う人だけに見られ、信望《プレスティージ》を集めている人には見られなかった。

感情面について見た場合、心理学者たちは二種類の誇り感情を区別している。その二つとは、ドミナンスに基づく誇りと、プレスティージに基づく誇りで、それぞれ、**過剰な誇り感情**、**真の誇り感情**と呼ばれている（表8・1）。過剰な誇り感情は、腕力や脅しで他者を支配することによって高いステータスを獲得したときに生じる感情である。一方、真の誇り感情は、価値ある分野での能力、知識、技能、実績を他者から賞賛されることによって高いステータスを獲得したときに生じる感情である。それぞれの誇り感情には、まったく異なるホルモンの作用が関与していることも明らかになり始めている。(22)

低順位者のとる行動もまったく異なっている。優位・劣位の関係（支配・被支配の関係）では、劣位者が行なう服従ディスプレイは、さまざまな点において優位者のディスプレイとは正反対だ。劣位者は身を屈めた姿勢で存在感を薄くし、できるだけ自分を「小さく見せ」ようとする。優位者に睨まれても視線を逸らすが、その一方で、不意打ちを食らうことのないように絶えず相手の様子をうかがっている。服従のディスプレイは恥辱の感情とも関連している。(23)

それとは対照的に、プレスティージによる順位制での低位者は、高位者に積極的に近づいていって付き従い、公然と敬意を表する必要がある。大勢を前にしての敬意の表明はとりわけ効果的だ。なぜなら、敬意を受けた側の名声がますます高まるからである。低位者は信望を寄せる相手に積極的に近づいて、注意を向け、オープンな姿勢をとるが、それ以外の点は、優位劣位関係での劣位者のとる行動とあまり違わない。しかし、それに伴う感情は、恐怖心ではなく、賞賛、畏敬、そして心からの尊敬である。(24)

プレスティージの高い人はなぜ物惜しみしないのか

ABC（アメリカン・ブロードキャスティング・カンパニーズ）の記者、クリスティアン・アマンプールに「なぜギビング・プレッジへの参加を表明したのですか」と尋ねられて、資産家のトム・ステイヤーはこう答えた。「ウォーレン・バフェット氏からお誘いの電話をいただいたのです。あの方が勧めることなら良いことに違いないと思いまして」。「オマハの賢人」と呼ばれているウォーレン・バフェットは、世界で最も敬愛されている人物のひとりだ。彼がビル&メリンダ・ゲイツ夫妻とともに始めた慈善活動キャンペーン「ギビング・プレッジ」によって、多くの資産家たちが自身の資産の半分を慈善活動に寄付することを誓約し、その総額は六〇〇〇億ドルにも上った。二〇一〇年にこのインタビューが行なわれた時点で、バフェットとゲイツ夫妻はすでに四〇名の資産家の誓約を取り付けていた。この三名がまず最初に自ら誓約し、かなり多額の寄付をしたのだ。二〇一五年一月二八日現在では、一二八名の資産家が自身の資産の半分を寄付することを誓約している。

実は、バフェットとゲイツ夫妻は、はるか昔の先例に倣ったのである。キリスト教の初期のころ、ミラノ司教、聖アンブロシウスのような人たちが取った行動をきっかけにして、貧しき者への施しは賞賛すべき行為だと見なされるようになった。全財産を寄付したアンブロシウスのような人たちに感化され、富めるキリスト教徒たちは、だれが貧しき人々に対して（たいてい教会を通じて）最も多額の施しをするか競い合うまでになったのだった。それ以前は、見返りの期待できない貧しき者への寄付など、理解しがたい行為だった。それをすっかり変えてしまったこの出来事は、組織としての教会を長期的に存続させる上で決定的な意味をもつものだったのかもしれない（もちろん、貧しい人々は大歓迎だった[25]。

同じ理由から、慈善団体が寄付を募るときには、まず最初に、有名人からの寄付を前面に出して宣伝を行なう。そうすれば、その気前の良さが、寄付してくれそうな人々全員に知れわたるからである。かつて、ニューヨークの慈善事業の第一人者で大統領自由勲章の受章者でもあるブルック・アスターが、ニューヨーク公共図書館に多額の寄付をしたことがあるが、そのときも、そのすぐあとに三件の寄付が続いた。ビル・ブラス、ドロシー&ルイス・カルマン夫妻、そしてサンドラ&フレッド・ローズ夫妻である。全員が「ブルック・アスター夫人の多額の寄付に心を動かされました」と語っている。このように有名人をまねる形で寄付を促すという手法は、慈善団体の常套手段なのである[26]。

このような現象は、人々はなぜ、名声《プレスティージ》を博している人たちの気前よさをまねるのか、そして、彼らはなぜ、こうしたことを率先して行なうのかを考えるときの参考になる。これは、エヴェレストのベースキャンプからアンダマン諸島まで、あらゆる場所で普遍的に見られる現象なのだ。支配力《ドミナンス》を揮う人物は、自分の目的のために他者を操ろうとするのに対し、名声や信望《プレスティージ》を得ている人物は、物惜しみをせずに人々のために尽くそうとする傾向がある。たしかに、攻撃性を抑えれば、自分に付き従ってくる人々を遠ざけずにすむというメリットはある。しかし、それにしてもなぜ、これほど惜しげもなく他者のために尽くすのだろうか？　これまで述べてきた進化論的な考え方ではなかなか理解しがたい。

その理由は、文化的な種であるヒト特有の性質に隠されている。つまりこういうことだ。あるハンターが大きな実績を挙げて、その土地で高い名声を得たとする。すると、彼がカメ狩りに協力したり、村人に食事を振る舞ったりして積極的に村に尽くす姿勢を見せると、他の村人たちもその姿をまねるようになる。つまり、名声や信望《プレスティージ》を得ている人は他者の行動のモデルになるので、その人が利他的な行動をとることによって、その人が属している地域集団全体の向社会的な行動を増すことができるのである。

もちろん、短期的に見れば、利他的な行動は、他者に利益をもたらすことにしかならない。しかしもっと長い目で見ると、その行動が自分に跳ね返ってくる。つまり、その利他的な行動に感化されて、協力や道義を重んじるようになった社会的ネットワークの中で生活できるようになるのである。ブルック・アスターの場合で言えば、他者を寄付行動へと導いたことで、最高の公共図書館のある街で暮らせるようになったわけだ。

それに対し、ステータスの低い人が利他的な行動をとっても、だれもそれをまねようとはしないので、その人の暮らす社会環境がそのせいで向上することはまずない。こうした理由から、自然選択が起きた結果、プレスティージを獲得した人は向社会的な傾向をもつようになったのではないかと思われる。特に、物惜しみせず人々に分け与えるようになったのは、そのような背景からだろう。

プレスティージとこうした傾向には密接な関連があるので、人々の信望を集めているのがだれなのかわからないとき、気前の良さがそれを見極める格好の手がかりになる。つまり、文化進化によって両者の関連が強められていった結果、一部の社会では、最も気前のいい人物に注目することが、少なくともその地域で最もプレスティージの高い人物を見つける最良の方法になっている。人類学者は、このような伝統的共同体を「ビッグマン社会」と呼んでいる。物惜しみせずに富を分け与えることで地位を築いたビッグマンと呼ばれる人々が、主導権を握っている社会だ。[27] 私たちの暮らす社会は（少なくとも、私の暮らす社会は）ビッグマン社会ではない。しかし、ギビング・プレッジの場合のように、ヒトが本来もっている性質の一部が、ここぞという場面で現れることがある。

実験室環境下でのさまざまな行動実験によって、プレスティージと気前良さとの関連が確認されている。その一つに、雑学コンテストを終えた直後の参加者を二人一組にして行なった実験がある。この雑学コンテストは、プレーヤー間にわずかなステータス格差を生むために行なわれ、二人のうちの一方にだけ金星章が与えられた（金星章を与えられたほうを「プレスティージの高い者」、与えられなかったほうを「プレスティージの低い者」とする）。実は、どちらに金星章を与えるかは、何の根拠もなく適当に決めたのだが、プレーヤーたちは「金星章は雑学コンテストで好成績を収めたしるし」だと思い込んでいる。

そのあと、プレーヤーたちはいろいろな相手と一連の経済ゲームを行なった。各プレーヤーに、相手と協力して寄付する機会が与えられ、両プレーヤーが寄付した場合には、両者とも、寄付した額よりも多くの利益を受け取ることができる。しかし、一方のプレーヤーだけが寄付した場合には、寄付しなかった者が、相手の寄付した額を受け取る。

このゲームの結果は、プレスティージの力を示すものだった。金星章プレーヤーが先に、寄付するか否かを決める機会が与えられた場合には、たいてい寄付する（つまり協力する）という選択をし、次のプレスティージの低いプレーヤーもたいてい同じように寄付した。したがって、両者とも利益を獲得した。ところが、プレスティージの低いプレーヤーが先に、寄付するか否かを決める機会が与えられた場合には、たいてい寄付しない（つまり協力しない）という選択をし、次のプレスティージの高いプレーヤーもやはり寄付しなかった。プレスティージの低いプレーヤーが先に寄付するという選択をした場合でもやはり、プレスティージの高いプレーヤーは寄付しなかった。

この実験で明らかになったのは、プレスティージの低いプレーヤーは、プレスティージの高いプレーヤーの協力的行動をまねる傾向があること、また、プレスティージの高いプレーヤーが協力的に行動するのは、プレスティージの低いプレーヤーが自分に追随するとわかっているときのみだということだった。この実験では、協力し合って双方の利益を高められるかどうかはひとえに、プレスティージの高いプレーヤーが最初に寄付の選択をするかどうかにかかっていた。

このような実験の結果を見て、私が驚きを禁じえないのは、雑学コンテストの成績だと聞かされただけのかなり些細なステータス格差が、両者の協力関係に非常に大きな影響を及ぼす可能性があるということだ。別の実験的研究から、プレスティージの力で、①市場価格をつり上げて法外な利益を得ることも、②集団の協力を促して相互利益を生み出すことも、可能であることが明らかになっている。(28)このような実験すべてが指し示しているのは、プレスティージの力をよく理解していれば、その力を巧みに利用して組織の協力を促すことが可能だということだ。

プレスティージと年寄りの知恵

一九四三年頃、オーストラリアの西部砂漠に暮らすある狩猟採集民のバンドが、長期に及ぶ深刻な干魃に見舞われた。いつもの水源が涸《か》れてしまったので、新たな水場を探さなくてはならない。長老のパラルジはバンドを率いて少しずつ遠くへと向かったが、どこまで行っても水はすでに干上がっているか、干上がりかけていた。広大な居住地域をはるかに越え、二十数か所以上の水場を探し回った末に、パラルジはとうとう覚悟を決めた。もはや最後の頼みの綱にかけるしかないと。そこは、半世紀も前に、成人になるための通過儀礼《イニシエーション》として、たった一度だけ行ったことのある場所だった。パラルジはバンドを率いて何とかそこまでたどり着いた。ところが、来てみると、最後の切り札だったはずの水場もすでに、別の場所からやってきた五つもの部族集団でごった返していた。

まもなく、その水場周辺では食料がまったく手に入らなくなってきた。いよいよ窮地に追い込まれたパラルジが、ふと思い出したのが、儀式のときにいつも部族の人々が歌っていた一連の歌曲だった。それは、先祖たちが経験した流浪の旅の歌で、さまざまな地名やら風景やらが盛り込まれている。その古《いにしえ》の歌を頼りに、パラルジは数人の若者とその家族を引き連れて、まったく見知らぬ土地へと向かった。歌に盛り込まれている情報と道の周辺の地勢を照らし合わせながら、五〇〜六〇の小さな水場をたどって三五〇キロにも及ぶ砂漠地帯を踏破し、ついにオーストラリア西岸のマンドーラステーションにたどり着いた。この一団は、古くから部族に伝わる祭礼歌と、長老の遠い昔の記憶に救われたのだった。(29)

第4章で指摘したとおり、年寄りは、年齢を重ねるなかで貴重な体験（パラルジが成人儀礼で水場を訪ねたような）を積んできているだけでなく、さまざまな文化的学習の機会（祭礼歌を覚えるなど）にも遭遇している。ヒトが十分に文化的な種となり、特定のモデルに注目して選択的に学習するようになると、年寄りが重要な情報源になる場面が増えていった。文化伝達という手段を獲得したことで、それまで世代間にあった情報の堰《せき》が取り除かれると、若年者と高齢者の関係に変化が生じたのである。

非文化的な種の場合、高齢個体は、自らの体験から得た情報しかもっていないだけでなく、その情報は他個体にとってほとんど何の意味ももたない。なぜなら、他個体にそれを獲得する能力がないからだ。しかし、文化的学習能力を備えた種の場合には、高齢個体は肉体的には衰えつつあっても、貴重な知恵の宝庫であることに変わりはなく、若年世代にとっての価値はむしろ増していく。

この蓄積された豊富な知識ゆえだろう。伝統的な社会ではほとんど例外なく、年輩者に厚い信望《プレスティージ》が寄せられている。大規模な比較文化調査を行なって、六九の小規模伝統社会の人々に年輩者の役割について尋ねたところ、四六の社会において、年輩者には敬意を払って、礼を尽くし、その教えに従うという内容のことがはっきりと語られた。五つの社会では、はっきりとは語られなかったものの、やはりそうであるらしいことが容易に推察された。それ以外の場所では、年輩者に対する接し方への言及はなかったが、粗末に扱われている様子は見られなかった。

このような伝統的な社会ではどこでも、そのプレスティージに敬意を表し、年輩者にさまざまな特権が与えられている。たとえば、タスマニア人の年輩者には最上の食物が供されていたし、オマハ族（ネブラスカ州北東部に先住するインディアン部族）の高齢者は、死者を悼んでの入れ墨（スカリフィケーション）を彫らなくてよいとされており、また、クロウ族（モンタナ州東部に先住するインディアン部族）の年輩者はきつい仕事の多くを免除されていた。その一方で、どの社会でもたいてい、指導者や評議員になる資格は一定の年齢以上の者だけに与えられていた[30]。

注目すべきことに、このような民族誌的記述の多くが、年輩者はなぜ崇敬されたのかを教えてくれている。それは、伝承、呪術、狩猟、儀式、意思決定、まじないといった重要分野の知識を豊富に蓄えているからなのだ。こうした見方を裏づけるかのように、知力が低下しだしたり役に立たなくなった高齢者は、たちまちその地位を失い、敬意を払われなくなることも、こうした民族誌的記述から明らかになっている。ある研究者は、広範な文献調査に基づいて次のように述べている。「年輩者への尊敬の念について、何よりも顕著な事実は、それがいたるところで……およそ知られるかぎりすべての社会で認められるということだ」。進化論的観点から考えると、年齢というものが知識や知恵の指標となる場合が多いからこそ、ヒトは高齢個体にプレスティージ・ステータスを与えるのである。ヒト以外のほとんどの動物が高齢個体に敬意を払ったりしないのも、やはり同じ理由からだ[31]。

多くの小規模社会の慣習や社会規範では、共同体の長老たちに、土地、資源、相続、結婚などの裁量権を握らせることで、支配的地位《ドミナンス》をも与えている。したがって、高齢の長老が、現代の組織の多くの監督者のようにドミナンスとプレスティージの両方を併せもつこともあるだろう。しかし、「ロスト・オン・ザ・ムーン」のところで論じたとおり、プレスティージとドミナンスは別々に分けて考える必要がある。なぜなら、協力の意味合いなど、その根底にある認識や感情がまったく異なるからである。

年輩者に厚い信望《プレスティージ》が寄せられるのが、ヒト社会に広く見られる傾向だとしたら、なぜ、多くの西欧社会では年輩者がそれほど尊敬も崇拝もされないのだろう？　進化論の観点に立ち戻って考えてみよう。高齢個体に敬意が払われるのは、経験や学習を積んできた何十年という歳月が、すぐれた知識や知恵の指標になりうる場合だ。ところが、社会が急速度で変化していると、個人が何十年もかけて蓄積した知識が瞬く間に時代遅れになってしまう。このように、新たな世代の直面する世界が、高齢世代の経てきた世界とはかけ離れている場合、年齢は知識や知恵の指標にはならないのだ。

たとえば、今日の高齢世代は、パソコン、電子メール、フェイスブック、グーグル、スマートフォン、アプリ、オンラインライブラリーといったものがまったく存在しない世界で育った。文書作成はタイプライター、手紙は手書き、書店に足を運び、直接出会った相手か、友人や家族に紹介された相手としかデートできなかった。急激に変化しつつある現代社会においては、年輩者が蓄えてきた知識の価値は相対的に低下している。実際、変化のスピードが速まれば速まるほど、最も優秀・有能なモデルはどんどん低年齢化していくのである。

生殖年齢を過ぎたあと、文化、シャチ

ヒトが文化的な種となり、数十年かけて蓄積した個体学習および文化的学習の成果が若年世代にとっての貴重な財産になっていくと、どういうことが起こるか？　長生きすればするほど、より多くの

情報が蓄積されていき、こうした知恵の伝達者としての個人の価値がますます高まることになる（ただしそれは、生きている間ずっと、社会が比較的安定した状態に保たれていることが大前提だが、人類進化の過程ではほとんどずっとそうだったと思われる）。

このような状況のもとでは、長く生きれば生きるほど、それまで蓄積してきた知恵を子や孫に伝える時間が増えるし、将来必要になることを子や孫に学ばせる機会も増えるので、長寿は自然選択において有利に働いたはずだ。

個体として見ると、文化的な蓄積量は、何十年にもわたって右肩上がりに伸びていくが、身体能力のほうは、健康な赤ん坊を産む能力も含めて、しだいに低下していく。ある時点まで来て二本の線が交差したところで、生殖活動を終え、子や孫の世話だけに全精力を傾けるようになる。といっても、身体能力にはすでに衰えが来ているので、とくに伝統的な社会では、若い親族を助ける重要な方法の一つとして、蓄積してきた知恵を授けるという役割に回る。そのようなことができるからこそ、霊長類の中でもヒトだけが、生殖活動を終えてから何十年も生き、さらに、経済的な生産活動ができなくなってからもなお生き続けるのだ。

長寿は、現代社会だけに見られる現象ではない。狩猟採集社会やその他の小規模社会でも確認されており、おそらく今から数万～数十万年前の旧石器時代にまでさかのぼると思われる。それに対し、チンパンジーやその他の霊長類は、生殖年齢を過ぎてから長く生きることはない。生殖活動を終えると比較的短期間のうちに死を迎えるのがふつうだ[32]。

この考え方を支持するような直接的証拠はまだ集まり始めたばかりだが、生殖年齢を過ぎた祖母の存在が孫たちの生存率を高めていることはまず間違いない[33]。現在、議論されているのは、生殖を終えた祖父母の役割である。パラルジのように、信望を集める存在となって文化を伝える役割を果たしているのだろうか？　それとも、根茎掘りなどの労働力で貢献しているのだろうか？　私は、労働力（育児など）と情報提供の両方で貢献しているのではないかと考えている。

それにしても、ヒトにおいてはこうした生殖を終えた個体が集団内にとどまっているのに、ヒト以外の種、とくにヒト以外の霊長類ではそういうことがほとんどないのはなぜなのだろう。それは、ヒトの高齢個体には提供できて、ヒト以外の霊長類の高齢個体には提供できない何かがあるからだ。その何か、とは情報である。文化的な種であるヒトの場合、高齢個体は、他個体の援助に徹するだけではなく、貴重な情報や知恵を伝授することができる。

たとえば、私が調査を行なっているフィジー諸島の村々では、祖父母たちは重要な情報源としての役割を果たしている。年輩の女性たちは、自分の娘や孫娘などに対し、妊娠中や授乳中の魚食のタブー（第7章）について教えたり、出産、授乳、育児、離乳食、編み物、料理、社会規範（礼儀）、薬草についての助言を与えたりしている。年輩の男性たちは、労働の場に顔を出しはするが、実際に手を下すことはない。家屋の建造、カメの解体、祝宴の準備、網打ち漁、菜園の管理、儀式の遂行などについて指示や助言を与えるのが主な仕事になっている。[34]

高齢になっても文化の伝達で貢献できるようになったことが選択圧となって、ヒトは男女ともに生殖を終えてから少なくとも二〇～三〇年間生きるようになり、そのおかげで、末子にも十分な知識や技能を習得させるための時間が確保されるようになった。この効果は、とくに女性において顕著だ。なぜなら、女性は出産や育児にまつわる貴重な知識や経験を身につけているからである。生殖系の機能を停止させることによって、寿命を伸ばし、子や孫たちに文化的情報を伝えて十分な準備をさせるための時間を増やせるようになった。男性の場合も、テストステロンのレベルや精力は徐々に低下し、小規模社会の男性のほとんどは妻とほぼ同時に生殖活動を終えるが、女性ほどは、寿命を伸ばす方向への自然選択の作用は受けない。

ある一線を踏み越えて、累積的文化進化と文化-遺伝子共進化の段階に入ったのは、私たち人類だけである。とはいえ、このような現象――長年の経験から生まれる知恵が、社会集団内での高齢個体の価値を高め、その結果、自然選択の作用によって、生殖機能の停止または低下後の生存期間が長くなるという現象――はヒト以外の種でも認められるはずだ。子を産み終えたのち、何十年間も生きる動物はごく少数だが、そのうちの二つ、シャチとゾウについて考えてみよう。

シャチは大きな脳をもつ動物で、寿命が長く、生殖を終えた後も長く生きる。シャチなどハクジラ類の少数の種は、閉経後も二五年間生きると推定されている。初孫の性的成熟を見届けられるほど長い期間だ。もし、年月をかけて獲得した知識を文化伝達を通して活かせるように、遺伝的適応によって雌の寿命を伸ばした結果がこの更年期だとしたら、シャチはかなり文化的な種であるはずだし、こうした情報を群れのメンバーの役に立てられるような社会構造をもっているはずだ。

さらなる研究が必要ではあるが、どうやらシャチはそのような特徴を備えているようだ。まず第一に、シャチは、集団ごとに行動の仕方や狩りの戦術、仲間同士のコミュニケーション用の音声（「コール」）がかなり異なる。トロール船が捕獲した魚を奪い取るワザをもっている群れもあれば、そうではない群れもある。また、一頭があぶくで脅して水面近くに追い立てたサケやニシンの大群を、仲間たちが尾でたたいて気絶させるという連携プレーが、少なくとも一つの群れで確認されている。さらに、いつ、どこに行けば、どの種のサケが捕獲できるというように、群れによって独自の情報をもっているようだ。

第二に、実験的研究から示されているとおり、シャチは模倣がとてもうまい。ということは、文化的情報が社会的ネットワークを介して何世代にもわたって受け継がれていく可能性がある。シャチの集団間には永続的な行動の違いが数多く見られるのは、おそらくこのような理由によるものと思われる。

第三に、シャチはもしかすると、ヒトに次いで教育熱心な動物なのかもしれない。ある海域では、浜辺に這《は》い上がってゾウアザラシやアシカの子を狩る方法を、母親シャチが子どものシャチに学ばせる様子が確認されている。シャチの母親はあの手この手でこの学習を促すようだ。子どもを浜辺に追い上げて獲物を捕りに行かせ、いよいよ身動きがとれなくなると救出に行く様子も観察されている。

最後に、シャチについての詳しい個体群統計学的研究から、三〇歳を超えたおとなの雄でさえ、その母親が周囲にいると生存率が高まることが確認されている。この研究からは、母親がすでにおとなの息子にどのような貢献をしているのかは不明だが、母親の存在が重要であることは間違いない(35)。

シャチの場合には、何十年もかけて蓄積してきた情報を子孫に伝える機会が用意されている。なぜなら、雌のシャチは、安定した家族の群れから離れることがないからだ。このような母系家族が、おそらくは姉妹の家族とともに小群《ポッド》を形成している。したがって、近縁個体のほとんどまたはすべてが、祖母のもつ豊富な知識の恩恵にあずかれるわけで、それが強力な選択圧となって、生殖終了後も長く生きるようになったのかもしれない。

ゾウについても同じようなことが言える。

一九九三年、厳しい干魃がタンザニアを襲い、国立公園に生息する二〇〇頭ほどのアフリカゾウの集団で子どもの二〇%が死亡するという出来事があった。この地域には、最年長の雌をリーダーとする二一の家族集団が生息していた。二一の集団は、三つの群れに分かれており、群れごとに雨季の間は縄張りを共有していた(したがって顔見知りの間柄だった)。研究者たちが子ゾウの生存率を調査したところ、高齢の雌に率いられている家族集団ほど、この干魃期の子ゾウの死亡率が低いことが明らかになったのだ。

話はここで終わりではない。三つのゾウの群れのうちの二つは、おそらく水を求めて、この干魃のさなかにいきなり公園から出ていったのだが、この二つの群れは、公園内にとどまった群れよりもはるかに生存率が高かった。

この地域が激しい干魃に見舞われるのは四〇〜五〇年に一度なので、前回、大干魃を経験したのは一九六〇年ころだった。残念なことに、その後一九七〇年代にゾウの密猟が横行し、一九九三年の干魃のときにはもうすでに、一九六〇年の干魃を記憶しているゾウのほとんどが殺害されてしまっていた。ところがなんと、公園を離れてうまく生き延びたこの二つの群れには、それぞれ一頭ずつ、一九六〇年当時の記憶をもつ高齢の雌ゾウがいたのである[36]。おそらくこの雌ゾウたちが、オーストラリアの砂漠でのパラルジのように、ひどい干魃に襲われた際にはどうすればよいかを思い出して、頼みの綱の水場へと群れを導いたのだろう。公園内にとどまった群れでは、最年長のゾウでも一九六〇年の生まれだったので、前回の大干魃のことは記憶になかったのだ。

このような干魃期だけにかぎらず、普段から、高齢の雌のリーダーは家族に対して大きな影響力をもっている。高齢の雌リーダーは、外敵（ライオンや人間）を察知して避けたり、内輪もめを防いだり、仲間の鳴き声を聞き分けたりする能力が高いからなのだ。

たとえば、ライオンの吠え声を録音してゾウに聞かせてみた野外実験がある。雄ライオンと雌ライオンそれぞれついて、一頭が吠えている声と三頭が吠えている声を再生して流したのである。ライオンが一頭のときよりも三頭のときのほうが危険なのは当然だが、ゾウにとっては、雌ライオンよりも雄ライオンのほうがはるかに危険な存在だ。どのゾウも、一頭ではなく三頭の声を聞いたときに防御体制を強化した。ところが、唯一、高齢の雌リーダーだけは、雌ライオンと雄ライオンの吠え声の違いを鋭く聞き分けて、危険度の高い雄ライオンの声を聞いたときに防御の構えを強化したのだ。

このような高齢の雌の存在には大きな価値がある。なぜなら、すでに生殖を終えた高齢の雌の知恵が、その家族集団の繁殖力を高めるからであり、また、その知識が子や孫へと代々受け継がれていくるからである(37)。

要するに、長年の経験で蓄積した情報を活かしたり伝えたりする機会さえあれば、そのような個体の長生きは、自然選択において有利になるのだ。そして、共同体の高齢個体が貴重な文化的情報をもっている確率が高い場合には、その個体に注目して、学び、敬うこともやはり自然選択において有利になる。これは、ヒトはもちろんのこと、ゾウやシャチのような、ヒトほど文化的ではない種についても言えることなのだ。

リーダーシップとヒト社会の進化

文化－遺伝子共進化の過程で、ステータスを重んじる心理が形成されていった。このヒト特有の心理を理解することが、政治制度の出現を理解する上で非常に重要になってくる。

階層制のない平等主義的な社会においては、名望《プレスティージ》が政治経済の営みの重要な土台となっている。すでに見てきたとおり、ごく小規模な狩猟採集社会においてさえ、名望《プレスティージ》を集める人物が非常に大きな影響力を揮っているが、こうしたステータスは、狩猟や戦闘といったその土地で重要な分野での技能や実績に根ざしている。もっと豊かな環境に暮らす伝統的社会では、名望《プレスティージ》を集める男たちがその説得力、影響力、気前の良さを武器に、他のビッグマンたちと張り合いながら勢力の範囲を広げていく。その競争が高じて、桁外れの大盤振る舞いになることもある。相手以上に太っ腹なところを見せ、生産力や組織力や度量の大きさで相手を圧倒して、さらに名望《プレスティージ》を高めようと互いに鎬《しのぎ》を削るからである。それぞれの土地の言葉で「ビッグマン」と呼ばれているこうした人々は、一生の間に相当な影響力を築くが、それは一代限りであって、影響力が子孫に引き継がれることはほとんどない。同様に、権勢《ドミナンス》についての理解を深めると、世襲首長や神聖王を戴く階層制社会を支えているヒトの心理がわかりやすくなる。

現代の多くの制度は、この二つのタイプのステータスを巧みに利用している。秀でた知識や技能や実績をもつ人物を権力ある地位に就けて、費用（給料、昇進、休暇など）と効果をコントロールさせるのだ。

うまく機能している制度というものはたいがい、このようなヒト特有のステータス心理を、思いがけない方法で、引き出したり抑えたりしたりしているものだ。その格好の例が、大サンヘドリン――西暦紀元ごろから何百年間も続いた古代ユダヤの最高法院――である。死刑に値する罪を審議する場合には、七〇名の裁判官が一人ずつ意見を述べていくのだが、その際、一番若くて最も地位の低い裁判官から順に発言し、最も尊敬されている「最高位」の裁判官は最後に意見を述べるのがならわしだった。なかなか興味深いルールだ。というのも、①自然の成り行きに逆らう順番であり、②裁判官全員が最下位メンバーの忌憚《きたん》のない意見を聞けるからである。こうなっていなければ、名望《プレスティージ》と権勢《ドミナンス》を誇るお歴々に遠慮したり、説得されたりして、最下位の裁判官が率直な意見を申し述べることはまず不可能だったろう。さらに、特定の人物への権力集中を防ぐ次のような仕組みもあった。①サンヘドリンの主導権は二名で共有され、その二名も裁判官の投票で罷免できる。②裁判官の社会階級や出身に格差をつけない。③地位を誇示する行動を社会規範で抑制する。

このようなルールは、頭の良い人が考えてすぐに思いつくものではないし、たとえ思いついたとしても、なかなか実現できるものではない。なぜなら、このような審議機関の高位者は、自分の意見は特別に注目されて当然だと思っているし、結果に及ぼす影響力を増すために、なるべく最初に発言しようとするからだ。一方、低位者たちはみな一様に、最初に発言するのを免れようとする。無知で浅はかだと思われたくないし、そのあと発言する高位者の意見と対立してしまうのを恐れるからだ。したがって、ステータス心理というものをよく理解した上で、自分の影響力や出世よりも組織の長期的成功を重んじるのでないかぎり、地位の高い者も低い者もともに、低位者から順に発言するというルールを積極的に支持しようとは思わないだろう。

大学の学部教授会では、教授たちが定期的に集まって「重要」事項を審議した上で投票を行なうのだが、そのときもやはり同じだ。私はこれまで人類学、心理学、経済学の教授会に出席したことがあるが、必ずと言っていいほど、上位の教授から順に意見を述べることになり、最年少者や地位の低い教授は一言も発言しないといったことも珍しくない。また、最高裁判所について見ると、カナダの最高裁は大サンヘドリンと同じ発言順を採用しているが、アメリカ合衆国の最高裁は逆で、最初に裁判長が意見を述べたあと、順に下位の裁判官へと進んでいく(38)。

富そのものよりも、名望《プレステイージ》を求める気持ちが人を動かすというのは、人間社会に普遍的に見られる現象である。しかし、名望は、その社会で重視されている分野の知識や技能や実績に根ざすものであって、一定の傾向があるとはいえ、重視される分野は、驚くほどまちまちだ。社会が何に価値を置いているかよって、その社会における成功者の定義も変わってくる。文字が読めること、からくりの発明、古典の暗唱、子だくさん、妾《めかけ》の人数、ヤムイモ栽培技術など、人々から一目置かれるようになる理由はさまざまだ。

人々の心をつかむプレスティージの力を教えてくれる話――イギリスの探検家ジェームズ・クック

のエピソードでこの章を終わろうと思う。一七六八年、海尉となったジェームズ・クックは、南太平洋に向けて長期の航海に出るための準備をしていた。当時、イギリス海軍は壊血病の蔓延に悩まされていた。すでに何百年も前から、大勢の水兵が壊血病で命を落としていた。壊血病にかかると、まず歯肉が腫れて、身体のあちこちに変調をきたす。やがて鼻や口から出血し、歯が抜け落ちていく。ビタミンCを摂取しないかぎり、その症状はさらに悪化して死に至る。

海軍病院の医師のアドバイスを受けたクックは、壊血病の予防に効果のあるザウアークラウト（塩漬け発酵キャベツ）を大量に船に積み込んだ。しかし、ザウアークラウトはそれまでの伝統的な海軍の食事にはなかったもので、刺激臭がかなりきつい。せっかく食事に出しても、水兵たちは嫌って食べないのではなかろうか。かといって、その効果を説いて食べるように強制しても、その食習慣は長続きしないに違いない。そう考えたクックは一計を案じた。ザウアークラウトをきれいに皿に盛り付けて、水兵の食事にではなく、士官の食事に出すように命じたのだ。すると、出航してから一週間もしないうちに、士官たちはザウアークラウトを好むらしいといううわさが流れ、水兵たちの側からザウアークラウトを要求する声が上がり始めたのである。その声はあっという間に高まり、やむなくザウアークラウトを支給することと相成った。こうして、クックは壊血病患者を一人も出すことなく遠征を終えた。これほどの長期に及ぶ航海では、ヨーロッパ人がいまだかつて成し遂げたことのない偉業だった。

第9章　姻戚、近親相姦のタブー、儀式

ある晩、フィジーのヤサワ島にあるテシという村で親睦の集いが催されたときのこと。私は大勢の村人たちとともに、ランタンの明かりに照らされながらカヴァを飲んでいた。ヤンゴーナという木の根の粉末を水に浸して絞った汁、カヴァは、儀式に欠かせない飲み物だ。舌がしびれるような感じがして、ふわふわとした楽しい気分になれる。フィジーの伝統的作法に則って、全員が心地よいゴザの上に座り、長老たちはそのワンルームの家屋の上座に、それ以外の者は下座に並んでいた。この晩、私はちょっとした、しかし人類学的には非常に興味深い出来事に遭遇した。というのも、客人としてすぐに上座に通されるのではなく、同年齢の人たちとともに部屋の真ん中に座ることができたからだ。

次のカヴァの回し飲みはまだかな、と思いながら見回すと、近所に住むクラが戸口に立っているのが目に入った。クラもすぐに私を見つけ（フィジー人の中にいると私は目立つらしい）、私の隣だけがかろうじて空いているのに気づいたようだった。ぱっと明るい笑顔を浮かべた若者は、作法に従って身を屈めながらこちらに向かってきた。そして、私に挨拶しながら腰を下ろそうとした拍子に、うっかり背中で後ろの若い女性を押してしまった。そのとたん、周囲からクスクスと笑い声が湧き起こ

った。クラのイトコが彼を指でつついて「後ろの彼女があんたとお喋りしたいんですってよ」と話しかけた。振り返って、後ろにいるのがだれかを確認したとたん、クラはぎょっとした表情になった。薄暗がりの中でも、うっかり触れてしまった相手が「妹」だとわかったからだ。この行為は、たとえ故意でなかったとしても、弁解の余地がないほどに不適切で恥ずべき行為だったのだ。

もちろん私は、何が起きたのかさっぱりわからず（それは毎度のことだが）、笑っている村人たちを見ながら、ただ混乱するばかりだった。クラは全身に恥ずかしさをにじませながら立ち上がり、大急ぎで部屋から出て闇の中へと消えていった。その晩は二度と戻ってくることはなかった。

クラの真後ろに座っていたのは、「妹」に分類される大勢の親族の一人で、本書の読者の方々の社会で言うところの遠戚に当たる。しかし、ここの村々では、多くの小規模社会の場合と同様、特定のイトコは「兄」「弟」「姉」「妹」と呼ばれ、「実の」（遺伝上の）きょうだい〔ひらがなの場合、兄弟姉妹の意〕と同じように扱うべきものとされている。

こうしたきょうだいの扱いを受ける親族を、人類学では**平行イトコ**と呼んでいる。親同士が同性のきょうだい（母同士が姉妹、父同士が兄弟）の子同士がそれに当たる。一方、親同士が異性のきょうだいの子同士は**交差イトコ**と呼ばれており、こちらは正式な交際相手や恋人候補になる。同様の理屈に従って、曾祖父母やさらにその先にも、類別上のきょうだい同士の関係がある。

クラは、ちょっとした近親相姦のタブーを犯してしまったのだ。この村では、実のきょうだいであれ、類別上のきょうだいであれ、異性のきょうだいとの直接的な接触は一切禁じられている。喋ってもいけないし、隣に座ってもいけない。もちろん、性交渉や結婚は論外で、身体にさわることも、二人きりになることも御法度。触れたり喋ったりすれば、性交渉や結婚に発展しないとも限らない。それを未然に防ごうというわけだ。

クラは、妹であるイトコの隣に座り、うっかり身体に触れたことで、このタブーを犯してしまったのだ。クラの交差イトコがからかって、「妹」に話しかけるようそそのかしたことで、その過ちがいっそう強調されるはめになった。交差イトコ同士は、冗談を言い合える対等な関係で、ふだんからいつも軽口を飛ばし合っている。このような冗談を言い合える関係というのは、相手の権威に敬意を払わなくてはならない関係――たとえば、年齢差のある、実の、または類別上の兄弟との関係――とはまったく異なるものだ。[1]

クラの気の毒な一件は、伝統的社会の成り立ちの一端を垣間見せてくれる。そこから明らかになるのは、大昔の社会にも、多くの現代社会にも共通する事柄だ。つまり、ヒトの社会は、どれほど小規模な社会であろうとも、霊長類の社会とは違って、親族関係に関する一連の規範のもとに成り立っている、ということである。このような社会規範が、血縁個体や協力相手を識別するための生得的な心理プロセスに根ざしていることは間違いない。しかし、そうした社会規範が、遺伝的に進化したヒトの心理機能の諸側面を、さまざまな方法で強化、拡大、抑制していることもまた確かなのだ。

こうした考え方に基づいて本章を含めた3章では、社会規範の出現が、**自己家畜化**という遺伝的進化の駆動力となって、ヒトの社会性を急速に高めていったプロセスを示そうと思う。まず最初に本章では、ヒトの生得的心理を巧みに利用して集団規模や社会的ネットワークを拡大していった、文化進化の巧妙な手法のいくつかを紹介しよう。それによって現生人類につながる系統では、協調性や社会性をいっそう強める新たな社会組織が形成されていったのである。本章では、結婚、父親の責任、近親相姦、および儀式に関する社会規範についても詳しく見ていく。第10章では、文化進化に大きな影響を及ぼしてきた集団間競争に着目する。集団間競争が繰り広げられるなかで、集団に利益をもたらす向社会的な規範が続々と生まれていき、よりいっそう複雑な制度（社会規範パッケージ）が形成されていったのである。このような規範や制度は、太古の昔からずっと、ヒトの遺伝的進化を駆動する重要な選択圧になってきたのだ。そして第11章では、以上の知見をすべて踏まえた上で、文化に促されたこのような自己家畜化のプロセスが、ヒトの心理にどのような影響を及ぼしたかに焦点を当てる。

ヒトの協力行動の進化に関する以上のような見方は、従来の標準的な見方とはまったく異なるものだ。リチャード・ドーキンスからスティーブン・ピンカーまで、進化論研究者たちは数十年来、ヒトが効果的に協力し合えるのは、血縁選択と互恵的利他行動を促す選択圧のもとでヒトの心理が形成されてきたからであると主張してきた。(2) 血縁心理が遺伝的に進化したのは、それが、遺伝子を共有する血縁者を助けるのに役立ち、その結果、利他的遺伝子が広まっていったからだという。また、相互協力行動をとろうとする心理は、自然選択の作用を受けて、他者とのやり取りのなかで損得の繰り延べを利用するようになるにつれて、出現したものだという。(3)

私はこのあと、こうした標準的な見方に大幅な補強と修正を加えていくつもりだ。血縁選択説と互恵的利他主義の考え方では、現代社会のような複雑な社会の協力行動をうまく説明できないだけではない。移動型狩猟採集民などの小規模社会で見られる協力行動もうまく説明することができない。ヒトは血縁個体を助け、互恵関係を築こうとする傾向を生まれつきもっていることは確かだが、(4) 現実のヒト社会で見られる協力行動は、そのような生得的傾向だけでは説明しきれない。たとえば、近縁者を助けようとする動機が強いことは認めるとしても、狩猟採集民の小さなバンドでさえ、メンバーのほとんどは遠縁の親族で、非親族も多数含まれているのだ。(5) このような多様な小規模社会の現実を知ると、ヒトの協力行動や社会性を理解するために必要なのは何なのかが見えてくる。必要なのは、文化によって網の目のように張りめぐらされた社会規範のなかで、ヒトの社会的本能がどのように引き出され、強化され、あるいは抑制されているかを探ることなのである。

そうやって見ていくと、ヒトの協力行動は、移動型狩猟採集民の小規模な社会においてさえ、社会規範の影響を受けることがわかる。ヒトが生まれながらにもっている利他的傾向が、文化によって構築された規範によって、十二分に発揮されるかどうかが重要になってくるのだ。

社会規範と共同体の誕生

本章の冒頭で述べたような親族関係が文化によってある程度規定されていることは、ほとんど疑う余地がない。クラが私の隣に座ったとき、その行動は共同体の他のメンバーから監視されており、クラが座ったとたんにクスクスと笑い声が漏れた。それにしてもなぜ、妹として分類される親族の隣に座ったことが問題視されたのだろうか？　もし、二人の親同士が同性ではなく異性のきょうだいだったら、クラがわざと彼女にぶつかったり、性的なジョークを言ったりしても、村人たちから否定的な反応が返ってくることはなかったはずだ。ところがあの晩、クラは恥辱に打ちのめされ、楽しいはずの親睦の集いが散々なものになってしまった。闇に消えろと言われたように感じたからだ。

そんなふうに感じとる社会性の根底には、ヒト特有の文化的学習能力がある。こうした能力は人類進化の過程でしだいに高められていった。第4章で見たとおり、私たちは他者を観察しただけで、その人の考え、信念、価値観、メンタルモデル、嗜好、動機を汲み取ることができる。テシの村で育つということは、「きょうだいに分類される男女は性的に成熟したら直接に接触してはならない」という考え方を徐々に学んで内面化することなのだ。世界中どこでもそれは同じだ。他者の前で、あるいは自分一人の場面でも、いかに行動すべきかを学び取ることのできる能力が文化的学習能力なのである。そして、「適切な行動」から逸脱すると、当事者以外の、ただそれを見ていただけの人たちの間にも、逸脱者に対するネガティブな感情がわき起こる。のちほど第11章で取り上げるが、ごく幼い子どもでさえ、恣意的に決めただけのルールに違反するとネガティブな反応を示すのである。

　ここまで文化－遺伝子共進化について掘り下げるなかで見えてきたのは、文化的学習のもつ底知れぬ力である。本来ヒトが嫌うはずの事や物を、むしろ好みの対象にしてしまう。トウガラシの場合のように、生得的な忌避反応を克服してはじめて獲得される食嗜好もそのひとつだ。このような経験的知見をもとに、進化論研究者たちは数理モデルを駆使しながら次のような問いに挑んできた。人々が他者を手本にして文化的に学び、そのようにして身につけた行動、戦略、信念、動機が社会的相互作用に影響を及ぼすようになると、いったい何が起こるのか？　おのずと**社会規範**が出現してくる、というのが**文化進化ゲーム理論**から得られる答えだ。

　社会的相互作用が活発で、実績や名声のある人物をモデルにして学ぼうとする人々から成る集団は、成員すべての行動、戦略、期待、選好がみな似てきて、その共通基準から逸脱すると何らかの罰や制裁を受けるようになる。場合によっては、その基準に収まらないほど秀でた人物を評価するための、別の基準が設けられることもある。いずれにしても、一人二人の力ではどうすることもできないほど安定した行動様式がそこに生まれてくるのである。(6)

　実社会でもそうだし、数理モデルを用いた分析例の多くでもそうだが、規範を犯した者は悪評を立てられることで制裁を受ける。社会規範を犯したとたんに、その場で制裁を受けることもあるが、そうでないことのほうが多い。むしろ、それを黙って見ていた人々が悪いうわさを広め、この悪評がその後の付き合いに悪影響をもたらすことのほうがはるかに多い。

　なかなか理解されにくいが、評判それ自体は文化的情報の一つに過ぎず、さまざまな文化を支えているのと同じヒトの心理的能力がそれを広めるのだ。食べられる物の見分け方や道具の作り方など、互いに学び合うことを覚えた人類の祖先たちは、狩猟、襲撃、食物分配、結婚などのために長期的関係を結ぶべきではない相手についても、互いに情報を交換し合うようになった。高度な言葉など要らない。近親相姦の規範違反者に対する感情を友人に伝えようと思ったら、ベジタリアン用ホットドッグを食べた気分を妻に伝えるときのように顔をしかめるだけで十分だ。

文化進化ゲーム理論を用いた研究の成果として、興味深い事実がもう二つ明らかになっている。まず一つは、規範の威力である。ベーコンのような美味しい物を食べてはならないとか、魅力的なイトコとセックスしてはならないとか、個人に相当の我慢を強いることであっても、特定の信念、戦略、動機に支えられている行動は、文化進化の産物である悪評を恐れる気持ちからきちんと守られるのだ。ひとたび第三者が関心をもつようになると、規範の力によって、たとえば自慰のような、社会とは関わりのない行為までもが社会的なものになってしまうこともある。

もう一つは、規範のしつこさである。集団の利益にも個人の利益にもならない規範がそのまままずっと伝えられていく傾向がある。それどころか、文化進化の過程で、だれにとっても有害無益な社会規範が生まれて、すっかり根づいてしまうこともある。幼女の陰核を切除するというものから、葬儀に集った親類が死者の脳を食べる(プリオン病感染の恐れがある)というものまで、民族誌的な事例には事欠かない(7)。

社会において個々人が自分にとって合理的な選択を行なうと、社会にとっては不都合な結果が生じる。これを社会的ジレンマと言うが、そうした状況に陥らずにすんでいるのも、社会規範という隠然たる力が働いているおかげなのだ。社会生活には、他者を食いものにできる機会がいくらでもあるが、ほとんどの人はそれに気づいてさえいない。そして、相手を信用して行動する人が多くなると、相手を騙したり、人の努力にただ乗りしたり、他者を食いものにしたりする機会がますます増えてくる。

それを食い止めるために、文化にはいくつかのツールや秘密のテクニックが備わっている。そのうちの二つは特に重要だ。

一つ目の最も重要な方法は、当事者以外の第三者を引き込むという方法だ。その土地の文化として受け継がれ、広く共有されているルールに則って他者を監視させ、褒美や罰を与えるようにさせるのである。場合によっては、第三者に何らかのインセンティブを与えて、規範違反者に対する制裁を促すこともある。

二つ目の方法は、状況や人間関係に関するモデルを提示するという方法だ。それによって、他者を食いものにする機会から注意を逸らし、ヒトの本能が向社会的な面で発揮されるように仕向けていくのである。喫煙、馬肉食、ゴミのポイ捨てのような、それまで何の抵抗もなく受け入れられていた行為でも、新たなモデルが示されることによって、容認できない忌むべきものに変わる。

こんなふうにして、何万年という歳月の間に、文化進化は霊長類の群れを人間の共同体に仕立て上げていったのだ。では、社会規範によって小規模社会が形成されていく過程を詳しく見ていこう。

親族社会から親族システム社会へ

人類の進化の過程で、文化進化がいかにしてヒトの親族システムや社会組織を形成したかを理解するために、ヒト以外の霊長類を比較の基準にしようと思う（以降、「ヒト以外の霊長類」を単に「霊長類」と呼ぶことにする）。私たちの先祖をずっとさかのぼっていけば、何らかの霊長類に行き着くわけだから、この方法は理に適っていると言える。さまざまな霊長類の親族関係や社会組織のあり方を知ることによって、文化進化や文化−遺伝子共進化が何をしてきたのか、そして今も何をし続けているのかが見えてくる。

ではまず、結婚について考えてみよう。ヒトには生まれつき、つがい形成の本能が備わっているが、この本能を律して強化するために生まれた社会規範の集合体が結婚制度である。結婚にまつわる信念、価値観、風習なども制度の一部を成している。この脆さをはらんだ本能による絆を補強する結婚規範があることによって、配偶関係が維持されるとともに、新たな姻戚関係が生まれ、さらに、子どもの父方の親族関係ネットワークが強化される。

結婚の大元にあるのは、長期にわたってつがい関係を維持しようとする本能である。これはヒトだけでなく、ゴリラやテナガザルなどの大型類人猿やサルの一部にも見られるようだ。この本能は繁殖戦略の一つと考えられるが、それが発現するかどうかは状況しだいだ。そうせざるをえないわけではない（小便とは違う）。ある環境におかれると、そうする傾向があるというタイプのものだ。

「つがい関係」という言葉は、一夫一婦制（単婚）と混同されることが多いが、両者は別の概念であることを理解しておく必要がある。複数の相手とつがいを形成することもあるのだ。たとえば、ゴリラの雄は、同時に複数の雌と長期のつがい関係を結ぶことが珍しくない。ヒトもまた例外ではない。世界を見渡せば、同時に複数の相手とつがい関係を結んで結婚する文化圏もあるし、歴史を振り返ると、ヒト社会の八五％で何らかの形の複婚が認められていた。つまり、雄雌間の永続的な（少なくともその場限りではない）関係のことを、つがい関係と呼ぶのである。(8)

結婚にはたいてい儀式や贈り物の交換が伴うが、男女のつがい形成に共同体を巻き込むのが結婚である。つまり、共同体の成員が、結婚規範を犯す者を監視し、（噂を流すなどして）制裁を加える第三者になるのだ。本人やその親族が、結婚相手に対してどのような経済的、社会的、および性的な役割や義務を求めるかは、広く共有されている行動規範によって決まるもので、一律ではない。しかし、文化の違いを問わず、次のような事柄は必ず結婚規範で規定されている。①結婚できる相手の範囲（近親相姦のタブーなど）、②結婚できる相手の数（一夫多妻を認めるか否かなど）、③相続権と「正当」な相続人、④新婚夫婦の新居（母方居住か、父方居住か）、⑤婚外セックスに関するルール。

男性側からすると、つがい関係がある場合には、自分が妻の生んだ子どもの遺伝上の父親であるという確実性が増すので、育児にも関わるようになる。少なくとも、その子に対して寛容になる。父性の確実性が大きな意味をもつのは、自分は本当に遺伝上の父親なのかという、生物の雄の抱える不安の裏返しとも言える。[9] 他の条件がすべて同じだった場合、父親であることが確実であればあるほど、妻の生んだ子どもの面倒を見る意欲が高まる。

チンパンジーをはじめとする霊長類の多くは、雌の性行動が乱交型なので、その子がだれの子なのかほとんどわからず、したがって雄はあまり子どもの世話をしない。[10] つがいを形成する霊長類であっても、雄の子育てへの関与はごく限られている。ゴリラの場合もそうで、せいぜい自分の配偶者とその子を他の雄から守ろうとするだけだ。[11]

結婚規範により、つがい関係が強化されることによって、面倒見のよい父親がつくられるのである。それがだめでも、後述するように複数の父親がつくられる。すべてではないにせよほとんどの社会には、妻に貞節（つまり浮気しないこと）を求める社会規範があり、およそ四分の一の社会では、夫にも何らかの制限を設けている。そのいずれにも、妻の生んだ子どもに対する男性の投資を増大させる効果がある。

妻に貞節を求める社会規範があると、夫だけでなく、共同体全体で妻のセックスや恋愛を監視することになる。そうなると、妻としては、「妻の産んだ子は自分の子だ」という夫の確信をぐらつかせるような行動はなかなかとれなくなる。それが夫に与える心理的効果は大きく、妻の産んだ子ども

（わが子である確率が高い）に対して積極的に投資するようになる。また、妻としては、貞操規範を犯している（他の男性と不倫している）ところを見つかれば、夫やその親族に非難されるだけでなく、世間からも後ろ指を指されるとわかっているので、それも行動の歯止めになる。

一方、夫の性行動を制限する規範は、家族に向けられるべき資源（財力や労力）が、浮気したり、娼婦を買ったりといった、婚外性交渉の機会獲得のために向けられてしまうのを、防げないまでも抑制する。また、こうした規範があると、共同体全体で彼を監視することになるので、それを犯した場合には、妻やその親族との関係のみならず、共同体内での立場をも危うくすることになる。夫の忠誠を求める社会規範は、夫の資源がセックス目当てに浪費されることなく、妻の子どもたちに投じられるように仕向けているのである。当然ながら、男性が複数の妻をもつこと（一夫多妻）を許容または奨励している社会では、男性にはその分、多くの資源や財産が求められることになる。

さて、何らかの結婚規範があることで、夫婦関係が長続きするようになり、夫が妻の子の父親である確率が高まるとどうなるか。夫の両親やきょうだい（さらに、一夫多妻社会の場合には別の妻との間に産まれた子ども）などとの間に親族関係が生まれる。少なくとも、そうした人たちとの結びつきが強まる。子どもの側からすれば、親族関係ネットワークが劇的に広がって、父方の祖父母やおじ・おばとの関係ができあがるわけだ。そうした親族とはたいてい、血縁関係はないが（ある場合もあるが）、やはり共通の関心が存在する。妻の妹のイリーズと私は血縁ではないが、私の子どもたちに寄せる遺伝的な関心は、イリーズも私も同じだ。両者とも、私の子どもたちと遺伝的なつながりをもっているからである。結婚規範によって、妻と夫の双方が姻戚（婚姻によってできた、血のつながりのない親戚）をもつことになるが、それに伴ってどんな利益がもたらされ、どんな責任を負うことになるかについては後述する。

私の知るかぎり、霊長類においては、このような共通の関心が自然選択において有利に働いたという証拠は得られていない。そうなるためにはもっと大きな社会集団で生活し、つがい関係が長く維持される必要があるが、霊長類はそれがなかなかできないからだろう。人類の祖先においてのみ、長期的なつがい関係が出現したのだとしたら、それはいったいどうしてなのか、第16章でもう一度検討する。

父親をつくる

親族関係ネットワークの構築を通して、社会規範や慣習は、人知れず巧妙に、子どもと父方親族との絆を強化していく。多くの複雑な社会とは違って、移動型狩猟採集民の社会ではたいてい母方と父方双方の親族関係が重視されており、新婚夫婦がどこに住むかも自由に決めることができる。しかし、父方親族側にとってはやはり、父性の確実性という問題が常につきまとう。

南部アフリカのカラハリ砂漠に暮らす移動型狩猟採集民、ジュホアンシ族は、社会規範によって、新生児の父親（正確に言うと、新生児の母親の夫）にその子の命名権を与えている。また、この社会規範では、父親が、子どもの性別に応じ、自分の父親か母親の名前を取って子どもに付けることを奨励している。ジュホアンシ族は、同じ名前の新生児のなかで父方祖父母の霊が生き続けると信じているので、こうすることによって、祖父母や父方親族全体と新生児を結びつける絆が生まれる。父方の親族はその新生児を呼ぶとき、その名前の元になった人物を呼ぶときと同じ親族呼称を用いる。たとえば、祖父の娘（赤ん坊の母親）は赤ん坊を「お父さん」と呼ぶ[12]。

この父方偏重の命名習慣にはたいへん興味をそそられる。なぜなら、ジュホアンシ族の親族関係は、それ以外の面ではきわめて男女平等で、母方と父方両方の関係を同じように重視するからである。命名権を父方に与えることによって、父性の不確実性がもたらす不均衡を解消し、双方の釣合いを取ろうとしているのかもしれない。父方に有利な社会規範が姿を消した多くの現代社会では、父方よりも母方の祖父母やおじ・おばの関与が強くなるにつれて、父性の不確実性の影響が表面化してきている。[13]それを考えると、ジュホアンシ族の風習にはなかなか意味深いものがある。新生児を直接的に父親の両親に結びつけると同時に、「お父さん」「お姉さん」といった親族呼称を使うことによって、新生児を父方親族全員にとって身近な存在にする効果がある。

さらに広く目を向けると、ジュホアンシ族の社会では、名前が同じであることは社会生活上重要であり、経済的にもいろいろと大きな意味をもっている。心理学的に見ると、同名を名乗ることには、相互に影響し合う二つの効果があるようだ。

まず第一に、名前が自分と同じだったり、似ていたりすると、その相手に対する好感度や、類似性の知覚、さらには援助しようという意欲が高まる。こうした現象は、学部学生と教授との間でも見られることが実験で示されている。たとえば、ある研究では、カバーレターの署名欄に記された名前が自分の名前と似ていると、それを受け取った教授が調査票に記入したり、メールに返信したりする確率が高まることが示された。名前が似ていると、同族心理が刺激されるのかもしれない。私たちが外見的特徴の類似度を手がかりに、血縁の近さを測っていることは本書でもすでに見てきた。[14]

第二に、名前が同じせいで同族心理が刺激されることはなくても、社会規範によって同じ名前をもつ者の扱い方が定められており、共同体の人々からそれに則った扱いを受けることになる。ジュホアンシ族の社会では、それに則って、肉を分配する順番から、水場の所有権まで、あらゆる重要な事柄が決められる。

命名の仕方や同名者どうしの関係に関する規範は、さまざまな社会に共通するものであり、小規模社会の人々の多くが、同じ名前のもつ力を直感的に知っている。ちなみに、私のファーストネームはジョセフだが、ヤサワ島の友人のなかでも、ジョセファ、ジョセテキ、ジョセセスといった名前の友人のことはよく思い出す。また、私自身も自分の子どもに、ジョシュア、ジェシカ、ゾーイという名前を付けたが、いずれも頭文字や韻が私と同じだ。

遺伝的進化や経済面に重きを置く研究者の多くは、このような結婚に関する社会規範からは、ヒトの心理の進化をうかがい知ることができるが、単にそれだけのことだ、と決め込んでいる。しかし、こうした規範が社会に深く浸透し、社会生活を根底で支えていることをうかがわせる証拠が現に存在するのだ。社会規範の効果を浮き彫りにするために、結婚について次のような規範や信念をもつ社会を見てみよう。①つがい関係を律する規範がほとんどない。②結婚を排除し、つがい形成を抑制しているので、夫も父親も姻戚も存在しない。③女性が子どもの「第二の父親」(生物学的な父親とは別の社会的な父親)を得ることを奨励または容認している。

結婚規範がほとんどない社会について調べると、生得的なつがい形成本能よりもむしろ、結婚規範のほうが実に多くの「仕事」をしているのだということがわかる。その良い例であるアチェ族について詳しく見てみよう。外部の文化と接触する以前のアチェ族は、南米パラグアイの森で移動型の狩猟採集生活を営んでいた。当時のアチェ族は、配偶者間でかなり永続的な絆を形成し、その絆が子どもを父方親族に結びつける重要な役割を果たしていた。しかし、きょうだい、イトコ、あるいは特定の儀礼的関係にある者同士のつがい形成を禁じる社会規範があるだけで、つがいを形成した男女の行動について共同体はほとんど関知せず、また、共同体として結婚の儀式を執り行なって、人々の前で誓いを立てさせる風習もなかった。妻または夫のいずれかが一方的に申し出ることで離婚が成立し、あとはただ家を出ていくだけ。アチェ族は家財が多くないので、引き払うのも簡単だった。

つがい関係を初めてもつようになるのは、女性は一四歳、男性は一九歳くらいの頃からだった。つかの間の恋愛を繰り返しながらの結婚生活も、同じ男性との間に子どもが二〜三人できると少し安定してくる。それでも、女性は三〇歳までに平均一〇回の結婚を経験しており、最初の結婚は一〇〇％離婚に終わっていた。閉経後の女性を対象に聞き取り調査をしたところ、結婚回数は平均一三回で、ほとんどの女性が父親の異なる子どもを産んでいた。長く続く複婚はまれ（四％）だったが、どの女性もいずれかの時点で複婚を経験していた。そのほとんどは一夫多妻だが、一妻多夫の例もわずかながらあった。三人姉妹と順次結婚し、その三人との間にそれぞれ子どもをもうけたという男性も何人かいた。また、父親とその息子の両方と、時を置いて結婚したという女性も何人かいた。母親と結婚したあと、その娘と結婚したという男性も複数いた[15]。

ほとんどの社会には結婚規範によるかなり厳しい縛りがあるが、こうして見てくるとわかるとおり、その縛りこそが、良きにつけ悪しきにつけ、ヒトのもろくて弱いつがい形成本能を補強しているのである。

・父親なき社会

中華人民共和国の雲南省と四川省に住んでいる、モソ族など四つの少数民族は、少なくとも一〇〇〇年以上の間、夫も父親も存在しない社会を維持してきた。中国政府が、中国独自の好ましい結婚規範を導入しようと積極的に取り組んできたにもかかわらず、その形は変化していない。

この安定した社会は、女家長が率いる母系家族を単位として構成されている。子作りはもっぱら「夜這い」のときに行なわれる。夜這いとは、夜中に男性が性交を目的に女性の寝所へ忍び入ることで、朝にはいなくなる。子どもの父親はだれなのかということに関心が向けられることはなく（たいていは不明)、遺伝上の父親が、その子の一家に貢献するように期待されることもない。その代わり、男性は自分の姉や妹の子どもたちの面倒をみる。この民族の言語に「父親」「夫」「姻戚」を表す言葉はない。もちろん、男女が継続的な関係を結ぶこともあるが、性的な排他性や永続性、結婚の儀式、夫婦間の義務についての規範は何もない。つまり、この驚くほど安定した社会の秩序をつくり出しているのは、つがい形成を抑制し、父系親族を排除する社会規範なのである。[16]

・複数の父親

結婚の形態をとる社会であっても、つがい形成心理に根ざす男性の貞操観念を、社会の規範や教えで強化する必要があるとは限らない。別の方法で子どもへの投資を促すことができるからだ。

南米の先住民の多くは、子どもは母親の胎内で繰り返し射精を受けることによって作られると信じている。人類学で**分割父性**と呼ばれている考え方だ。[17] 実際、多くの部族が、一回射精したくらいでは胎児は死んでしまうと主張する。おなかの赤ん坊に生き続けてもらうには、男性は何か月もの間、「がんばって」射精を繰り返す必要があるというのだ。そして、女性、とくに初妊婦は、生まれてくる子どもに「父親を追加」してやるために、別の男性と性交渉することが許され、むしろ奨励されることもある。胎児に精子を提供した男性はすべて、その子の第二の父親となる。

このような社会のなかには、狩りの成功を祝う儀式のたびに、婚外性交渉が行なわれるところもある。こうしたしきたりが、複数の父親を正式に認め、社会に根付かせる役割を果たしているのだ。第二の父親たち——出産時に母親が名前を挙げることが多い——は、母親の夫である第一の父親ほどではないにせよ、子どもが健やかに育つように、肉や魚を届けるなどして貢献することが期待される。第二の父親はだいたいが夫の兄弟である。

第二の父親を一人つくることは（少なくとも場合によっては）適応的である。ベネズエラのバリ族とパラグアイのアチェ族に関する詳しい研究から、父親が二人いる子どもは、父親が一人または三人以上の子どもよりも、一五歳以上まで生きる確率が高いことが明らかになっている[18]。

忘れてならないのは、社会規範で認められていてもやはり、男性は性的な嫉妬心を抱いてしまうということだ。自分の妻が別の男性と性的な関係をもつことを快くは思えない。しかし、もし仮に、彼が嫉妬心をあらわにしたり、それを行動に移したりすれば、妻の性的逸脱行動を監視して罰する役目を負っている共同体に支持されるどころか、むしろ、共同体を敵に回すことになる。社会規範を破ることになるのだ。そうなれば当然、世間の非難は自分に向けられるわけだから、夫は自制するほかない。共同体の視点からすれば、やがて母になる女性が、わが子に第二の父親を与える行為は、実に好ましい行為なのである。

結婚規範は、ヒトのつがい形成本能を巧みに利用して親族システムの拡大を図る。その際には、姻戚同士がともに、共通する血縁個体の適応度に関心をもつよう仕向けたり、男性が性交渉をもった女性の子への投資をいとわぬようにしたり、同じ名前のもつ力を巧みに利用したりと、いろいろな手を使う。結婚規範はまた、さまざまなものを抑制しにかかる。男性の性的嫉妬心（分割父性の社会）、父親の子どもへの関与（モソ族の場合）、女性の婚外性交渉（ほとんどの社会）、複数のつがい関係（一夫一婦制の社会）などだ。

社会が拡大し複雑さが増すにつれて、集団間での同盟形成、平和の促進、大規模な社会組織の維持など、多様な目的に結婚規範が利用されるようになっていった。しかし、最も単純なヒト社会でも、はるか昔から、このような規範が社会生活の根幹を支えてきたのである。

近親相姦の忌避から禁忌《タブー》へ

ヒトは、ほとんどの霊長類とは違い、きょうだいが長期にわたって社会的な絆を結ぶ。狩猟採集民は、兄弟姉妹がたいてい同じバンドで生活している。それ以外の多く伝統的社会では、きょうだいのうちの男女どちらかが生まれ故郷の共同体で生活を続け、もう一方の性別のきょうだいは結婚して共同体を離れるが、それでもきょうだいの絆が弱まることはない。きょうだいがなぜ強い絆で結ばれているのかといえば、それは何よりも、幼いころから慣れ親しんで育つからである。しかし、異性のきょうだいにとって、こうした幼少期の親密さは深い愛情を育む一方で、性的嫌悪感を抱くもとにもなる[19]。

どんな小規模社会にも、親族システム――親族に関する社会規範の集合体――が存在する。親族システムは、社会によって千差万別だが、すべてに共通しているのは、親きょうだい以外の親族に対してヒトが生まれつきもっている心理をうまく引き出して強化しているという点である。前述のとおり、社会規範はまた、きょうだいに分類すべき親族を定め、実のきょうだいと同じように扱うべしとしている。このような規範は、フォークは左側にというのと同じ「スタンドアロン」型の社会ルールになりかねないが、それを抵抗なく受け入れて内面化し、他者にも強いるようになるのは、そうした規範が近親相姦を嫌悪するヒトの心理に訴えるからだろう[20]。

しかし、こうした社会においても、実の（遺伝上の）きょうだいと類別上のきょうだいをまったく区別できない者はいない。それは著名な人類学者たちがほのめかしていることだ。私自身もフィジーでフィールドワークを行なった際に、村人たちが「実の」きょうだいかどうかに言及するのをときおり耳にした。あるとき、夕食に何を作っているのだろうと思いながら、フィジー人の家の炊事場の外に立っていると、その家の妻が夫に対して言い訳をしている声が聞こえてきた。最近開いたばかりの小さな店の在庫を、すべて自分の兄に与えてしまったからだ。「だって、あの人は私の実の兄なのよ」とフィジー語で抗弁してから、兄が訪ねてきて、家の下座に畏《かしこ》まって座り、物乞いの作法どおり「ケレケレ」を行なったいきさつを語った。彼女は心を動かされ、たとえ店を閉めることになろうとも、兄を助けなければと思ったという。物乞いをしにきた相手が、兄に分類される大勢のうちの一人ではなく、実の兄だったことが、彼女にとってもその夫にとっても無視できない事実だったのだ。

では、近親相姦のタブーに関しては、実のきょうだいと類別上のきょうだいとではどのような違いがあるのだろう？　私たちフィジー調査チームは、二通りの状況を想定してシナリオを作成し、二つの村から無作為に抽出した成人に、それぞれの状況をどう考えるかを答えてもらった。

その背景となったクラの一件を振り返ってみよう。この村々では、社会規範によって、きょうだい同士は家の中で二人きりになることも、言葉を交わすことも禁じられている。実のきょうだいでも、類別上のきょうだいでもそれは変わりない。また、村の家々は、だれかが家にいるかぎり、いつでも戸口を三か所開けてあるので、通りかかった人がだれでも中を覗くことができる。私たちが作成した一つ目のシナリオは、実の異性きょうだいが家の中で二人きりで喋っているというもの。二つ目のシナリオは、家の中で二人きりで喋っているのが類別上の異性きょうだいだった場合である。

村人たちがどのように判断したか、あなたは当てられるだろうか？　うちの学部学生たちに尋ねると、たいてい間違った予想をする。ヤサワ島の村人たちはこう答えた。どちらも間違っていることに変わりはないが、とんでもないことだと村じゅうで騒ぎになり、たちまちゴシップの種になるのは、類別上のきょうだいのほうだ、と。実のきょうだいもルールを守るべきだが、破ったとしても大したことはなく、それで何かが起こるわけではないから、というのだ。この調査に参加してくれたフィジー人たちは次のように考えているようだった。実のきょうだいの場合には、近親相姦に対する生得的な嫌悪感が歯止めになって、単に喋るくらいでセックスに至ることはまずありえない、それに対して、類別上のきょうだいの場合には、村全体で常に監視して厳しく対処しなければ、食い止めることはむずかしい、と。多くの社会では、男女が単に言葉を交わすだけでもセックスへと発展しかねないのである。

ここから、近親相姦に対する嫌悪と近親相姦のタブー（禁忌）の違いや、その関係が見えてくる。近親相姦のタブーは、近縁ではない親族どうしの性交渉やつがい形成を規制するために、文化として発達してきた社会規範である。こうした規範は、ヒトが生まれつきもっている直感や情動反応を利用しているが、そもそもそうした直感や情動は、近縁の親族、とくにきょうだい間の性的関心を抑制するために、遺伝的な進化によって生まれたものだ。

つまり、文化進化は、近親相姦に対する生得的な忌避をうまく利用しながら、非近縁の親族を「兄・弟・姉・妹」と呼ばせることによって、ヒトの行動を自在にコントロールする方法を手に入れたのである。なにしろ、近親相姦のタブーはつがい形成や結婚に強い影響力を及ぼしうるものであり、また、社会規範によって血縁個体に対する利他行動を強化することが可能なのである。つがい形成や結婚を掌握できれば、さらに大きな社会組織を牛耳ることができ、ヒトのさまざまな認知機能や動機までもコントロールすることができる。(21)

もちろん、親族システムを構築するために文化進化が利用するのは、近親相姦への嫌悪感だけではない。文化進化は、あの手この手を使って、ヒトの助け合いの心理まで利用しようとする。よくある方法の一つが、一連の社会規範によって、クラをからかった交差イトコのような特定の親族を互助関係におくというやり方だ。こうした関係にある者同士は、互いに対等で、緊張がなく、冗談を言い合うことで関係が強まる場合が多い。もちろん、こうした関係がいつもうまくいくとは限らない。からかわれた者が、からかい返すことができ、だいたいそうするからである。しかし、ここでも非常に重要なのは、それが二者間のやりとりだけで続いていくわけではないという点だ。そうした関係にある二人が、本当にその土地の規範に定められたとおりに行動するかどうか、第三者がその行動を監視しているのである。[22]

つまり何が言いたいのかというと、ヒトの共同体をつくり上げているのは社会規範の力なのだ。同盟を組んで、助け合い、結婚して、愛し合いといった、メンバーの営みによって成り立っている共同体は、ヒトの社会的本能をさまざまな形で利用、強化、抑制する社会規範によって支えられているのである。ヒトの協力行動や社会性は、文化進化によって生まれた社会規範に大きく影響され、これに深く依存している。この社会規範こそが、ヒトを、他に類を見ないユニークな動物にしているのである。

私たちは、他者の行動を観察して社会ルールを学び取り、少なくともある程度はそれを内面化する。こうして身につけた事柄は、他者に対する判断にも影響するため、循環的な自己強化のメカニズムが働いて、社会的行動についての安定したルール――すなわち社会規範――が形成されていくのである。

逆に言えば　社会規範や信念を剥ぎ取られると、ヒトはこれほど協力的にはなりえず、共同体の形成など望むべくもない。そして、ヒトが他の哺乳類よりも協力的なのは、文化が培った規範がつくる社会環境の中で、長い歳月をかけて、好戦的で反社会的な者（規範違反者）を罰して徐々に排除し、その一方で、従順で社交的な者を優遇してきたからなのである。[23] 第11章では、このようにしてヒトの心理を形成し、イヌやウマのごとく、ヒトを家畜化していった文化－遺伝子共進化のプロセスについて考える。

先ほども述べたとおり、私は、著名な進化論研究者たちとは見解を異にしている。彼らによると、現代社会に生きるヒトの社会性や協力行動が現代の制度に依拠していることは認めるが、小規模社会、特に狩猟採集社会の社会的行動は、遺伝的に進化した社会心理をそのまま反映するものだという。言い換えると、これらの集団の社会的相互作用や協力行動のパターンは、文化として受け継がれてきた規範、習慣、信念とはまったく関係なしに説明がつくということだ。こうした集団に見られる社会性は、その生活様式に合うように自然選択によって獲得された心理の現れにすぎないというのである。

それに対し、もし私の考えが正しいとすれば、狩猟採集社会をはじめ、すべての社会で見られる社会性や協力行動は、ヒトの生得的な動機や傾向を強化または抑制する規範、慣習、信念に依存しているはずである。社会規範には、ヒトのつがい形成本能を強化し、父親の子育て意欲を高め、近親相姦に対する嫌悪感を強める働きがあることはすでに見てきたとおりだ。では、移動型の狩猟採集社会について、もう少し詳しく見ていこう。農耕が広まる以前の旧石器時代に、どのような社会生活が営まれていたかを知るために、決まって利用されるのが、こうした移動型狩猟採集民の社会なのだ。[24]

狩猟採集民の社会性および協力行動

移動型狩猟採集民のバンドでは、協力し合って狩りなどを行ない、肉のような貴重な食物をみんなで分配することがよく知られている。これまでずっと、狩猟採集民がこのように協力し合うのは、近縁者からなる小集団で生活しているからだと言われてきた。もし血縁集団であるとしたら、観察される協力行動の多くは血縁選択説で説明できるというわけだ。

しかし、この説明には問題がある。というのは、狩猟採集民のバンドは血縁者ばかりの集団ではないことがすでに有力な証拠から明らかになっているからである。図9・1の円グラフは、キム・ヒル

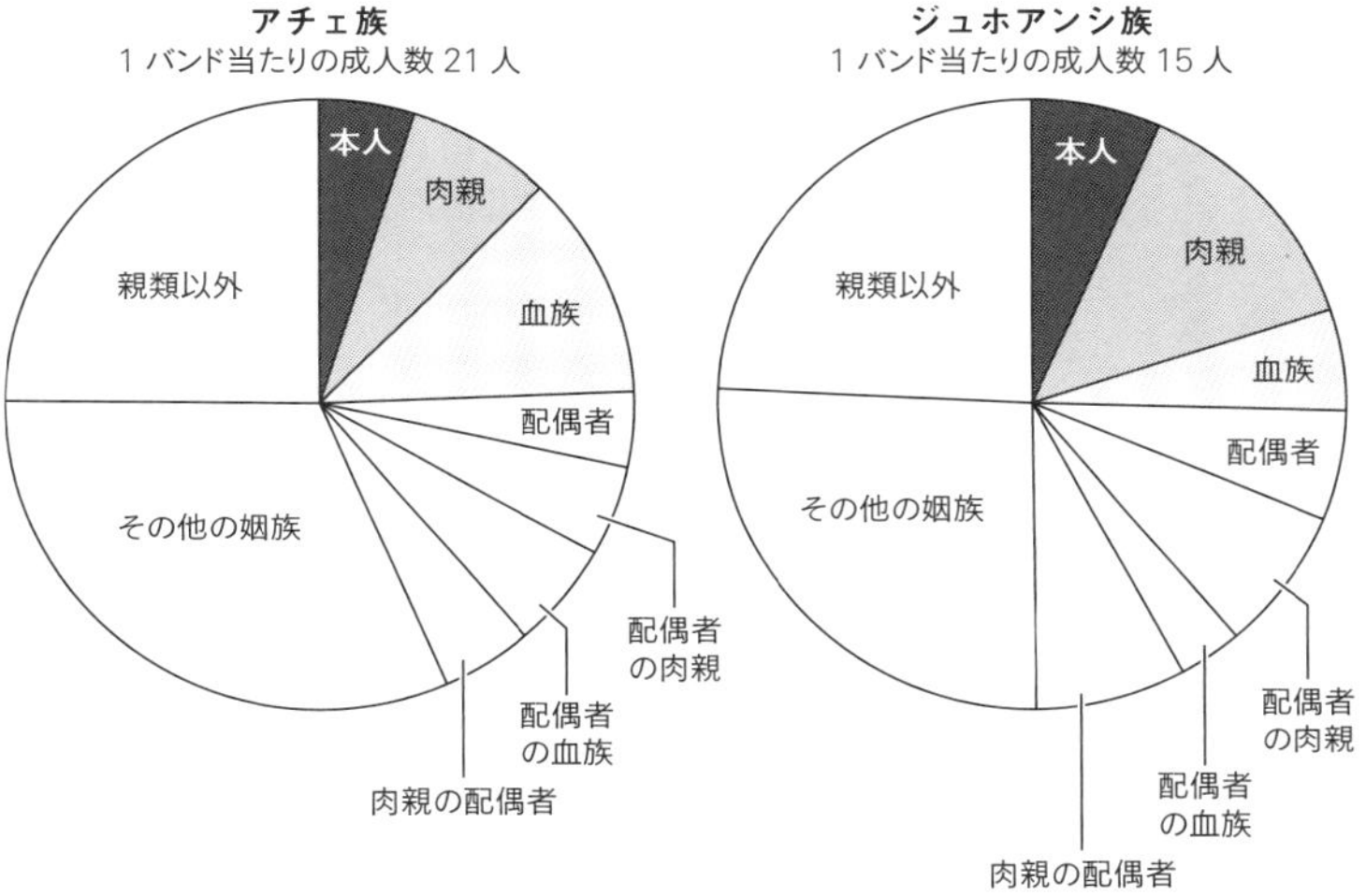

図 9.1　アチェ族とジュホアンシ族（それぞれパラグアイとアフリカの狩猟採集民）のバンドの平均的なメンバー構成（類縁関係別）

らの研究をもとに、ジュホアンシ族とアチェ族のバンドの平均的なメンバー構成を示したものだ。「肉親」には、兄弟姉妹、片親が異なる兄弟姉妹、および父母が含まれ、「血族」には、五世代前までの直系血族（傍系血族はハトコまで）が含まれている。これら二つのカテゴリーと「本人」を合わせても、バンドメンバーの四分の一ほどにしかならない。逆に言うと、血縁者以外のメンバーが、バンドのおよそ四分の三を占めているのである。

詳細なデータが得られているアチェ族について、バンドのメンバー間の血縁度を計算すると平均〇・〇五四で、ハトコ同士よりもやや高いが、きょうだい間の血縁度の一〇分の一ほどでしかない。血縁選択説を前提にするならば、これほど血縁度が低い場合には協力行動などほとんど期待できず、ヒトはむしろ、近縁の親族を、集団のほとんどを占める遠縁の者や血縁のない者から厳密に区別しようとするはずである。

左右のグラフを比較すると、南米とアフリカの狩猟採集民バンドのメンバー構成はきわめてよく似ている。また、大まかなデータしか得られていない三〇の狩猟採集社会のメンバー構成もだいたいこれに近い[25]。

さあ、では、バンドの四分の三を占める血縁者以外のメンバーとはどのような人たちなのだろう？まず、その三分の二は配偶者と姻族だ。つまり、バンド内の成人同士を結びつける絆の半分以上が結婚規範によってつくられているのである。

つがいを形成する霊長類は、おそらく夫婦のような関係を築くと思われるが、すでに指摘したとおり、霊長類の姻族が特別な関係を築いているという証拠は得られていない。意外に思われる向きもあろうが、姻戚関係の出現は、人類を特異な存在にした重要な特徴の一つかもしれないのだ。

こう見てくるとやはり、狩猟採集民のバンドは、文化によって形作られていると言える。なぜなら、結婚によってつくられた姻族まで含めてはじめて、「大部分が親族」で構成されていると言えるのだから。

バンドの構成メンバーの残り四分の一は、血のつながりもなければ姻族でもない人たちだ。しかし、小規模社会の例にもれず、そうしたメンバーもみな親族呼称で呼ばれている[26]。遺伝的なつながりはなくても、何らかの親族名称が付けられているのだ。

ジュホアンシ族の場合は、先ほども触れたとおり、同じ名前を付けることで多くの絆をつくり出している。たとえば、あなたに私と同じ名前の息子がいる場合には、血のつながりはなくても、私に「お母さん」と呼ばせることができる。この呼称は、あなたへの適切な接し方を私に教えると同時に、あなたに対して私がどう振る舞うべきかを共同体の全員に知らせるものでもある。(「母親」なのだから、いちゃついたり、性的な冗談を飛ばしたりするのはもってのほかだ)。

社会規範を通じて文化は、ヒトの血縁関係やつがい関係を強化するとともに、遺伝的つながりに基づく小さな親族社会を、文化的に構成された親族システム社会へと劇的に拡大していく。

肉の分配

協力して狩りをしたり、獲れた肉を分かち合ったりといった行為は、人類進化の重要な要素であり、何百万年も前から行なわれてきたと古人類学者たちは考える。人類学者が研究対象にしている狩猟採集民の社会では、獲物の肉は食事の中で最も重要な位置を占めるものであり、第8章で見たように、威信《プレスティージ》を獲得できるかどうかは、ほとんど狩りの腕前しだいで決まる。[27] しかし、どんなに優秀なハンターでも、不運が続くこともあれば、病気やけがに見舞われることもあり、常に安定して獲物がとれるとは限らない。したがって、獲物の分配は太古の昔から、生きていくために必須の課題だったと思われる。協力し合って肉を分け合えば、脂肪やタンパク質を摂らずに何日間も耐え忍んだりせずにすむ。

こうした理由から、狩猟採集民のバンドに共通して見られる肉の分かち合いという行為は、生得的な心理傾向によるもので、文化的なものは一切関与していないと考える進化論研究者もいる。はたして、本能だけでこうしたことができるものなのだろうか？[28]

狩猟採集民の食物分配について詳しく調べてみると、やはり社会規範に則って行なわれており、「文化・制度的」テクノロジーとでも呼べるものがそれを支えていることが明らかになる。[29] たとえば、姻戚などの文化的につくられた親族にも獲物の分け前を届けるべしとする社会規範に加え、**所有権の移転**や**肉食のタブー**のような文化・制度的テクノロジーが、分配することへの心理的抵抗を弱めているのだ。こうした点についてさらに詳しく見ていこう。

多くの狩猟採集社会では、獲物の所有権を分散または移転させている。獲物を仕留めたハンターから、その分配を任された第三者へと所有権が移るのだ。自分の汗と技で肉を手に入れたハンター自身よりも、そうでない第三者のほうが、その土地の規範に従った分配を行ないやすいからである。[30]

たとえば、ジュホアンシ族のハンターは他人の矢じりを使って狩りをすることが多い。矢じりの所有者が、その矢じりで仕留められた獲物の所有者となり、獲物の肉を分配する責任を負うことが社会規範で定められているのだ。ハンターは他人の矢じりを使いたがる。公平に分配する責任を負わずにすむからだ。「公平」な分配の仕方は、その土地の規範で定められており、少しでも不公平なところがあると、たちまち周囲から批判される。

たいてい、年輩の男性や女性が矢じりを所有していて貸してくれる。あるいは、だれでもみな、「ハロ」と呼ばれる資源交換パートナー（後述）がいるので、自分で矢じりが作れなくても、そのだれかから借りられる。[31] いずれにしても、このようなしきたりは、獲物の所有権をハンターから取り上げることによって、利己的になりがちな傾向を抑えるとともに、通常では肉の分配になど関わらないようなメンバーに分配の責任を負わせているのである。

多くの狩猟採集民の集団では、食のタブーもまた肉の分配に影響を及ぼしており、一連のタブーによって分配方法がすべて決まっている集団もある。

二〇世紀初めの調査により、カラハリ砂漠に暮らすある狩猟採集民の社会には興味深いルールがあることがわかった。大きな獲物の肉がバンドのメンバー全員に行き渡るようにする一連のタブーだ。それによると、ハンター自身が食べられるのは獲物の肋骨と片側の肩甲骨だけ。それ以外の部位は彼にはタブーなのだ。ハンターの妻は、獲物の後半身の肉と脂を受け取るが、それをみんなの前で料理して他の女性たちと（女性たちだけで）分け合わなくてはならない。若い男性が食べてよいのは獲物の腹壁と腎臓と生殖器のみ。このようなタブーに少しでも違反すれば、その後狩猟に出たときに失敗すると信じられていた。そのため、バンドのメンバーが全員で、他のメンバーにも何とかタブーを守らせようとする。あなたがタブーを犯して狩りに失敗すれば、私の肉の取り分も減ってしまうので、あなたが絶対にタブーを犯すことのないよう私が見張ろうというわけだ。つまり、バンド内の全員が、自分の利益に直接関わることであると信じて、タブー違反者を監視し、制裁を加えようとするのである。[32] このようなタブーにまつわる複雑なしきたりは世界各地で見られたが、南米、アフリカ、およびインドネシアの狩猟採集民社会のタブーについては詳細に記録されている。[33]

これこれの獲物または部位は、これこれの人たちは食べるべからず、というタブーには非常に興味深いものがある。なぜなら、タブーを学んだ者が、その教えを信じて、純粋に自己利益のために行動するようになるからだ。私は病気になんかなりたくないし、あの部位を食べると病気になるというから、食べるのはやめておこうと考えるのだ。実は、だれもがそれを疑うことなく信じているからこそ、共同体内での分配が滞りなく行なわれるのだが、だれもそのことには気づいていない。それにしても、そもそも事実ではなく、しかも自分の損になるようなタブーが守られ続けるのはなぜなのか？　自分の経験に照らしたり、「うまいことやった者をまね」たりするうちに、そうしたタブーは姿を消してもいいはずなのに。それは、次のような三つの心理的要因が作用し合ってそれを食い止めるからなのだ。

①私たち人間にはもともと肉嫌いになりやすい素地がある。動物の屍肉には危険な病原体が含まれていることが多いからだ。[34] それゆえ、どんな食物に関するタブーよりも、肉食にまつわるタブーは受け入れられやすい。

②このようなタブーは社会規範になっているので、それを破る者がいないかどうか、他者が常に

監視の目を光らせている。そのことが、ここでは大きな意味をもってくる。なぜなら、タブー破りの報いだと信じられていること（狩猟の失敗など）が起きると、バンドの全員に対する見せしめになるからだ。

③だれもが成長期にこのルールを身につけ、以後、ルールを破ることはない（肉は人前で食べる）。したがって、タブー部位を食べても平気だったという経験をすることがない。まれにタブーを破る人がいて、破った後でたまたま不運や病気に見舞われたりすると、強く印象に残り、すぐにうわさが広まる（心理学で「ネガティビティ・バイアス」と呼ばれるものだ）。一方、タブーを破っても、ずっと何も起こらなかった場合は、記録を付けてでもおかないかぎり、そのまま忘れ去られて記憶に残らないことが多い。

私がフィールド調査で聞いたところによると、タブーに疑念を抱いた者に対しては、タブー破りの報いを受けて、狩猟が散々な結果に終わったり、病気や不幸に見舞われたりした人のことを生々しく話して聞かせているようだった。[35]

移動型狩猟採集民の社会規範や教えは、土地ごとに千差万別であるにもかかわらず、その狙いはほとんど同じであることに驚かされる。大きな獲物を仕留めたら、バンドのメンバー全員に分け前が行き渡るようにするということなのだ。もちろんそれは、全員が均等に分け合うということではない。こうした社会の多くで最優先されるのは、ハンターの血縁者、姻戚、そして儀礼的親族で、それ以外のバンドメンバーや来訪者はそのあとだ。[36]文化進化が、さまざまな規範を組み合わせて解決しようとしていることは、だいたいみな同じ——狩猟が失敗続きだった場合のリスクを分散させることなのである。[37]

共同体儀式

カラハリ砂漠が闇に包まれると、あちこちのバンドからジュホアンシ族の女性たちが集まってきて、燃え盛る火の周囲で声をそろえて高らかに歌い始めた。すると、脚に蛾の繭《まゆ》で作ったガラガラ（鳴る楽器）を巻きつけた男性たちがその周りに集まってきて、リズミカルに足を踏み鳴らしながら輪になって踊り始めた。そのラップとガラガラに呼応するかのように、女性たちがひときわ激しく手を叩き始める。弦楽器が脇で奏でる音色に合わせ、女性たちが大きな声で、「ヌム」——守護と破壊の役割を併せもつ超自然的な存在——をたたえる歌を歌い始めると、いよいよメインイベントの始まりである。それから一〜二時間すると、男性たちが女性たちの輪を横切って8の字を描きながら踊り始め、その何人かがトランス状態に入ると、ダンスは一段と激しさを増した。トランス状態の男性たちが、闇に向かって雄叫《おたけ》びを上げる。怒鳴り声をどんどんエスカレートさせて悪霊と闘い、守護神に向けられる侮辱の言葉を追い払おうとしているのだ。この怒濤《どとう》のような儀式は、勢いが増したり弱まったりを繰り返しながら夜通し続き、明け方になってようやく徐々に鎮まっていった[38]。

三九ものこうした共同体儀式に立ち会った民族誌学者のローナ・マーシャルは、次のように記している。「人々は、邪悪な外力を撥ね除けようとして団結し、社会的なレベルで一体化している……関係がどうであれ、心情がどうであれ、好いていようが嫌っていようが、仲が良かろうが悪かろうが、全員が一つになって歌い、手を叩き、移動する。音楽に合わせて手を叩き、足を踏み鳴らす音が完璧に一致してあたりに響きわたる」。その一五年後に、ジュホアンシ族の別の集団を調査した民族誌学者、ミーガン・ビーゼルも次のように述べている。「このダンスはおそらくブッシュマン社会の結束力の要となるもので、私たちの理解の及ばないほど深いところで人と人を結びつけているのだろう[39]」

このように心理面に強い影響力をもつ共同体儀式は、小規模社会ではごく一般的なもので、オーストラリア中央部の砂漠から北米のグレートベースンまで、移動型狩猟採集民の社会の方々で見られる。ミーガンやローナのみならず、一四世紀のイスラム学者イブン・ハルドゥーンなど、ヒトの共同体を鋭く観察する人々は、「共同体儀式は、参加者に強力な心理的効果をもたらし、個人間の強い絆や深い信頼感、さらには集団としての強い一体感を生み出す」と主張してきた。最近の研究者たちは、共同体儀式が社会的な絆や協力行動に及ぼす影響を系統立てて評価し、儀式の要素を次の七つに分けて考えるようになっている。①同期をとった歌や踊り、その他の動き（行進など）、②楽器の合奏、③極度の肉体的消耗、④運命をともにしているという一体感、⑤危険や恐怖体験の共有、⑥超自然的または神秘的なものへの信仰、⑦手順に込められた意図のわかりにくさ（人々は、なぜそのような段取りで儀式を行なうのかはわかっていないが、そうしなければならないことはわかっている）[40]。

最近のいくつかの実験研究から、他者と同期をとって歌ったり体を動かしたりすると、帰属意識が高まり、信頼感が育まれ、集団内の協力行動が促されることが明らかになっている。

その一つに、アメリカの大学生を四群に分けて行なった実験がある。装着したヘッドフォンからカナダ国歌が流れ、歌詞が表示されるのはすべての群に共通だが、群ごとに、カップも使いながらそれぞれ違った行動をするように指示を受けた。まず、対照群は、カップをテーブルから離して持ちながら、流れてくる音楽を聞くだけだった。「同期をとって歌う」群は、流れてくる音楽に合わせて歌うように指示された（結果として、互いに同期をとって歌うことになった）。「同期をとって歌い、かつ体を動かす」群は、音楽に合わせて歌うとともに、カップも動かした（結果として、互いに同期をとって体を動かすことになった）。最後の「非同期で歌い、かつ体を動かす」群では、参加者のすることは「同期をとって歌い、かつ体を動かす」群と同じだったが、ヘッドフォンの音楽を少しずらして流し始めたので、各々がバラバラに体を動かすことになった[41]。

このような課題をこなした参加者たちに、そのあと、共同出資プロジェクトに携わってもらった。メンバーが共同プロジェクトに出資する合計金額が多いほど、配当金の額も増える。しかし、最終的に、出資額にかかわらず利益は均等に配分されるので、プロジェクトに出資しなくても、他者の投資にただ乗りして利益を得ることができる。

実験の結果、「同期」群――「同期をとって歌う」群と「同期をとって歌い、かつ体を動かす」群――では協力的な行動が促され、その結果、グループ全体としての利益が増した。同じような効果は四歳児でも認められており、一緒に楽器を演奏することで向社会的行動が促進されることが明らかになっている[42]。

このような同期行動にもまして、持続的かつ強力な社会的絆を形成するのがおそらく恐怖体験の共有だろう。こうした体験は、人類の歴史を通し、世界中のあちこちの社会で、一人前の男になるための通過儀礼（イニシエーション）として、さまざまな形をとりながら常に行なわれてきた。多くの狩猟採集社会では現在でも行なわれている。

たとえば、オーストラリア中部に住むアランタ族の場合、一人前の男性になるためには、一〇歳から二五歳までのおよそ一五年間に四つの主要な通過儀礼を経験しなければならなかった。そのうちの三番目までは、地域の共同体ごとに行なわれた。空中に投げ出されたり、夜中にさらわれ、目隠しをされて、噛みつかれたり、男性の集団にのしかかられたり、隔離された場所で欠乏と沈黙に耐えることを強いられたり。また、全身に模様を描き、恐ろしい仮面を被った者が披露する一連の踊りや歌を通して、部族に伝わるさまざまな教えや伝説を学んだりした。ちょうど思春期に入った頃に行なわれる二番目の儀式では、その最後に割礼の儀式が執り行なわれた。石のナイフを用いて思春期の男児の陰茎包皮を切りとるのだ。その傷が癒えたらすぐに三番目の儀式が始まる。そのクライマックスはサブインシジョン。男児の陰茎の下側を切開して、ホットドッグのように切り込みを入れるのである。

最後の四番目の儀式は、部族社会の全域から集められた二〇代の若い男性を対象に行なわれた。すべてのバンドおよび近隣集団に正式な招待状が届けられると、対象となる若者たちが特定の場所に集ってきて、多くのバンドによる踊りや歌を伴って何か月間も続くことになる儀式に参加した。招集を拒んだりすれば、罰を受けて病気になると信じられていたので、それはなかなかできないことだった。

参加者たちは何か月間も日常空間から隔離された状態で、ともに欠乏に耐え、沈黙を強いられながら、延々と続く夜間のセレモニーやダンスに身を投じ、聖なる語りに耳を傾ける。いよいよ最終段階に到達した参加者たちに、火の試練が待っていた。真っ赤な熾火《おきび》の上に木の葉を一層敷いただけのベッドに、何度も横たわらなくてはならない。煙にむせながら、起き上がってよしと言われるまで（およそ四〜五分間）熾火の上でじっと耐えるのだ。この火の試練を乗り越えないかぎり、一人前の部族の男とは見なしてもらえなかった[43]。

部族の若者たちはこのような通過儀礼を恐れることなく、やすやすと乗り越えていったのだと勘違いされるといけないので、言い添えておこう。遠方にはまだ、こうした通過儀礼の風習が伝わっていない地域があったので、思春期の少年や若者たちがそこまで逃げて、こうした儀式を何とか免れようとするのは珍しいことではなかった[44]。しかし、アランタ族の年寄りによると、この儀式は「勇気と知恵を与えてくれる」ものであり、それを経験することで「性格が穏やかになり、争いごとをしなくなる」のだという[45]。

このような「恐怖の儀式」については、系統立った実験研究が始まったばかりだが、こうした儀式の心理的効果によって、参加者同士の間に、ことによると見守る人々の間にも、永続性のある情緒的な絆が形成されるようだ。心理学的に見ると、このような儀式によって、強烈な情動記憶が形成され、それがなぜか体験を共有する者同士を結びつけるのである。こうして生まれる絆は、一緒に激しい戦闘を体験した者同士の間に生まれる強い結びつき――「バンド・オブ・ブラザース(兄弟の絆)」――にきわめて近いものかもしれない[46]〔「兄弟の絆」という言葉は、イギリスのヘンリー五世が演説で語った「今日から世界が破滅する日まで、諸君と私はともに戦い、ともに血を流した絆で結ばれた兄弟だ」という名言に由来する〕。

それはともかく、ここで注目すべき点は、文化進化はそうした体験を通常の通過儀礼に取り入れることによって、部族全体から集めた同年代の男性同士の社会的絆を強める方法を編み出した、ということだ。アランタ族の長老たちも、部族の儀式には社会的結束を強める力があることに気づいていた。しかし、なぜそのような効果があるのかは説明できなかったし、だれがその形式やルールを決めたのかもよくわかっていなかった。

もっと広い視点から見ると、共同体儀式は、文化が生んだ社会規範の集合体だとも言える。その形は実に千差万別だが、すべてに共通しているのは、ヒトの心理のさまざまな側面を利用して、参加者同士の結束力や信頼感を高め、帰属意識を高めて協力を促すという点である。つまり、共同体儀式は、ヒトの社会性や協力行動を形成するために文化進化が編み出した制度・文化的テクノロジーのひとつなのだ。それはどんな社会にも存在する。最も小規模な社会においてさえ、共同体儀式で紡ぎ出される社会の糸が、ばらばらなバンドを一つの部族に束ねているのである。

バンド間の社会生活を織りなす糸

他の霊長類と比較した場合、狩猟採集民の社会生活の最も際立った特徴はおそらく、個々人が、あちこちの集団に所属している多数の人々と社会的なつながりをもっているということだろう。多くの狩猟採集社会では、バンドのメンバー構成は流動的で頻繁に変わる。感情の対立や深刻な食料不足のため、あるいは友人を訪ねるために個人や家族でバンドを離れたいときには、知り合いのツテを頼って行けば、別のバンドに長期間滞在させてもらえる。

それに対し、群れをつくって生活しているチンパンジーは、自分の縄張りを見回って、他の群れから来たチンパンジーを寄せつけようとしない。第10章で取り上げるが、群れの間を自由に移動することができるのは、若い雌のチンパンジーに限られる。それ以外は、縄張りに侵入しようものなら、見つかったとたんに攻撃されて、殺されてしまう。

部族をもつ霊長類はヒト以外にいない[47]。文化はいかにして部族を生み出していったのかを考えてみよう。

狩猟採集民がバンド外の人々と社会的絆を形成する要素は何なのか？　キム・ヒル、ブライアン・ウッドおよびその共同研究者たちは最近、ハッザ族とアチェ族という二つの移動型狩猟採集民の集団についてこの点を調査した。ハッザ族は、タンザニアの広大な森林サバンナ地帯をバンド単位で移動しながら生活を営んでいる狩猟採集民で、今もなお、弓矢を用いた狩猟や、根、根茎、蜂蜜の採集を続けている。キムとブライアンは、各部族の数十のバンドの人々に対し、部族全体から無作為に選んだ成人との間にどのような付き合いがあるか（援助するか、一緒に狩りをするか、その他諸々）を尋ねた。次のデータ解析では、付き合いのある人同士の類縁関係によって、さまざまな付き合い（共同狩猟、肉の授受、同じテントで寝る、援助する、冗談を言い合うなど）の有無を予測できるかどうかを調べた。

予想されたとおり、血縁関係（おばと同等もしくはそれより近縁）が重要な要素で、付き合いのある相手のおよそ五〜一〇％は何らかの血縁者だった。そして、たとえば病気やけがのときに食物を受け取る確率は、相手が近縁者の場合には、そうでない場合の二倍に及んだ。血縁関係だけでなく、姻戚関係も重要な要素で、相手が姻戚の場合には、食物を受け取る確率が一・五倍だった。無作為に選んだ標本の一五～二〇％が姻戚であり、全体的に姻戚関係がかなり大きな割合を占めている。[48]

血縁関係や姻戚関係以上に、バンド同士を結びつける重要な社会的絆となっているのが儀礼的親族関係である。アチェ族の社会では、出産や成年式（一人前になったことを社会的に認める儀式）などに際して、父母以外の成人が（「名付親」などとして）子どもの支援を申し出る。申し出た者は、儀式の一環として、その子どもの両親と特別な関係を取り結ぶ。儀礼的親族関係を取り結んだ者には、それぞれ特定の役割（臍《へそ》の緒を切る、新生児を湯浴みさせるなど）が付与されており、生涯にわたって相互援助の権利と義務を有することが社会規範によって定められている。

血縁の近さは同じであっても、儀礼的親族関係を結んでいる場合には、肉の分配や情報の共有、さらには病気やけがの際の援助を行なう確率が高くなる。つまり、このような文化的に構築された儀礼的親族関係は、血縁関係よりもはるかに重要な意味をもつのだ。アチェ族の場合、よそのバンドに、血縁者の二倍もの儀礼的親族がいることを考えると、その重要性はますます高くなる。

狩猟採集民のハッザ族の社会を結びつけているのは、選ばれた男たちだけが秘密裏に集まって行なわれる「エペメ」の儀式である。みんなで一緒になって大きな獲物の決められた関節部分を食べ、闇夜の静寂の中、共同体の他のメンバーのために聖なる踊りを舞う。儀礼的親族関係があると肉の分配や情報の共有、さらには病気のときの援助が行なわれやすいことがやはりデータから明らかだ。儀礼的親族関係は血縁関係よりも重要だというだけでなく、各個人はよそのバンドに血縁者の三倍もの儀礼的親族をもっている。[49]

儀礼的親族関係と姻戚関係。この二つはいずれも文化的に構築されたもので、霊長類やその他の動物の世界には存在しない。しかし、ヒト社会においては、この二つが、血縁にもまして、連携、協力、援助、および分配行動をもたらす大きな要素になっているのである。

南部アフリカの砂漠に暮らすジュホアンシ族も、ハッザ族やアチェ族と同様に、多数のバンド同士を結びつける広大な社会的ネットワークを構築している。姻戚関係や共同体儀式を拠り所にしているのはもちろんだが、ジュホアンシ族の場合にはそれに加え、「ハロ」と呼ばれる資源交換パートナーの制度がある。ハロのパートナー同士は、文化的に規定された特殊な関係で、互いに贈り物をする義務を負っており、常にモノを交換し合うことでその関係が維持される。先祖代々、このような関係がいくつもつくられ、受け継がれているので、パートナー間で贈り物としてやりとりされたモノが広大なネットワークの中を脈々と流れている。

ハロは明らかに、ヒトが生まれつきもっている助け合いの心理をうまく引き出しているが、それだけではない。社会規範によってそれをかき立てて強化するとともに、第三者によってそれをすべて監視しているのだ[50]。

このように、干魃や戦争などの際には、巨大な部族社会のネットワークが移動型狩猟採集民の生活の支えとなるが、そのようなネットワークを構築し維持していく上で大きな力となっているのが、儀式、結婚、交換などに関する諸々の社会規範なのである。

まとめ

では最後に重要なポイントをまとめておこう。各個体が他者から学ぶ能力を発揮するうちに、一連の社会規範が生まれてくると、この、共同体儀式、食のタブー、親族システムなどについて定めた社会規範によって、ヒトの社会生活は大きな影響を受ける。それにしてもなぜ、社会規範には個人の意思決定を左右するほどの力があるのだろうか？　その理由はいくつもあるが、一般的な理由を次に挙げる。

- 第三者に監視させ、規範違反者に対しては、悪評を立てるなどして制裁を加える。
- さまざまな行動がもたらす代償と利益（食のタブーを犯すと狩猟に失敗する、など）を個人に認識させる。
- ヒトの生得的な心理を利用する（結婚によってつがい形成本能を強化する、儀式の同期行動によって協力行動を促す、など）。

移動型狩猟採集民の社会をも含め、ありとあらゆるヒト社会の共同体や協力行動は、このような社会規範を抜きにしては理解することができない。現代の狩猟採集民についての詳しい研究から明らかなように、結婚、命名、交換、および儀式に関するしきたりは、バンドの形成に影響を及ぼすとともに、多数のバンドを結びつけて部族にまとめ上げる社会的絆の役目も果たしている。狩猟採集民バンドにおける肉の分配は、人類進化の初期に生まれた重要な特徴だとよく言われるが、そのような行為でさえ、文化的に構築された親族の絆、所有権のルール、食のタブー、そして共同体儀式の上に成り立っているのである。

ここまで私は、集団内の調和や、協力、そして社会性を促していると思われる、さまざまな社会規範について述べてきた。しかし明らかに、人々はなぜその規範が効果を発揮するのかを理解していないし、そもそもその規範が何かを「している」ことにさえ気づいていない場合が多い。さらに言うと、食のタブーや共同体儀式のケースではむしろ、人々が真実に気づいて、からくりを見破ってしまったら、そのしきたりの効果は半減するのではないかと思われる。

では、このような集団を利する規範はいかにして出現したのだろう？　その出現のプロセスを解き明かしてみたい。

第10章　文化進化を方向づけた集団間競争

ウガンダのンゴゴの森で、霊長類学者たちがチンパンジーの特に大きな群れを二〇年近くにわたって調査してきた。一九九九年当時、一五〇匹ほどからなるこの集団は二九平方キロメートルの縄張りを支配していた。他のチンパンジー集団と同様に、おとなの雄たちは夜になると「境界線パトロール」に繰り出す。このときは、普段とは違い、社会的な行動も採餌行動もせずに、ただ黙々と自分たちの縄張りと隣の群れの縄張りとの間を一列縦隊で進んでいく。境界線に沿って進みながら、ときおり相手の縄張りに急襲をかけるのだ。

それからの九年間に、一一四回のパトロールによって、他の群れのチンパンジー二一匹が襲われ殺害された。その二一回のうちの一三回は、縄張りの北東の角を襲撃した際に起きており、特定の群れを狙った殺害行為であることは明らかだ。その相手方の集団の規模はよくわかっていないが、群れのチンパンジーの七〜八割が、五〇年の寿命を全うする前にパトロール隊に殺されたのではないかと思われる。

二〇〇九年になると、ンゴゴのチンパンジーたちは、雄だけでなく雌や子どもたちもみな、この新たな領土に入り込んでは、元々の縄張りにいるときと何ら変わりない行動をとるようになった。どうやら一〇年にわたる組織的な襲撃によって、隣の群れは後退を余儀なくされ、この大集団は自らの縄張りを二二・三％拡大することに成功したらしい[1]。

ヒトに最も近縁な霊長類の一種で、縄張り拡大のための殺し合いが見られるということは、このような集団間競争は、はるか昔、ヒトが文化的学習に依存するようになる前からあったのだろう。文化進化が出現したのは、集団間競争がすでに当たり前のようになっている世界だったのかもしれない。

遺伝的変化によって生まれたヒトの文化的学習能力により、文化進化が始まり、さまざまなルールが生まれてきたとき、ヒトはすでに安定した社会集団をつくって生活していたと思われる。ルールといってもその多くは、木の実を割るときはこの種の石を使う、といった類のものだっただろう。しかし、そのような中にときおり、向社会的なルールが混じっていた可能性がある。食物の分配や、共同体防衛のための協力行動、あるいは、集団内の調和を促すような規範である（「争うなかれ」「姦淫するなかれ」など）。

それにしてもなぜ、そのような向社会的な規範が、その機能を果たせるまでに文化進化を遂げることができたのだろうか？　第9章で見たとおり、社会規範の多くは、ヒトの社会的本能を引き出して強化するように、実に巧みに作られている。しかし、その「狙い」や裏の「意図」をわかった上で規範を守っている人は、いたとしてもごくわずかだ。

なぜ、向社会的行動を促す規範が広まっていったのか――その理由を説明しうる重要なプロセスを提供してくれるのが集団間競争なのである。つまりこういうことだ。文化進化の過程で、それぞれの集団が、それぞれ異なる社会規範をもつようになる。協力行動を促す規範をもっている集団は、そのような規範をもたない集団との競争において、優位に立つことができる。ということは、長い年月にわたって集団間競争が繰り広げられるうちに、そうした競争に有利な社会規範が蓄積され、まとまっていくことになる。協力行動、援助行動、分配行動、そして集団内の調和維持などからなる社会規範のパッケージである[2]。

このあと、集団間競争にはどのような種類があるか、最も重要なものをいくつか挙げて、その重要な証拠を示していく。集団間競争によって、規範に統制される社会が形成されたわけだが、そのような社会の中で生きてきた長い進化の歴史が、ヒトの遺伝的進化にどのように影響を及ぼしたかを第11章で考察する。

ある集団内に生まれた新たな規範は、集団間競争を左右し、いくつかのプロセスを通して他集団に広まっていく。次の五つのタイプの集団間競争について考えてみよう[3]。

①戦争や襲撃　集団間競争のなかで文化進化に最も直接的で顕著なのが、暴力を伴う衝突である。協力行動を促す社会規範をもち、技術面、軍事面、または経済面で優位に立つ集団が、そのような社会規範をもたない他集団を駆逐、排除、あるいは吸収していく[4]。

②集団としての生存力の格差　苛酷な環境下では、協力行動、分配行動、および集団内調和を促す社会規範をもつ集団でなければ、そもそも生き残ることができない。そのような規範をもたない集団は、そこで絶滅するか、さもなければもっと穏和な環境に撤退するほかない。

新たな生態的ニッチを獲得するのにも、それにふさわしい社会規範が必要になってくる。たとえば、協力して鯨を捕って北極圏で生きるのにも、水のない砂漠地帯を生き抜くのにも、社会規範が重要な役割を果たす。協力行動がとれない集団は、全滅または離散の憂き目に遭うほかないのだ。結局、効果的な規範が人々を律している集団だけが生き残って、協力行動を促す規範のない集団に取って代わることになる。

発祥の地であるアフリカから世界中に広がっていった人類は、その先々で苛酷な環境に遭遇することになる。遺伝的適応ができていない環境、つまり生得的な性質に合っていない環境に対処することを余儀なくされたのだ。それ以来、この生存力の格差が、人類の進化に特に重要な意味をもつようになった可能性がある。このタイプの競争では、集団同士の接触がなくても、暴力を伴う衝突が起きなくても、自ずと強い集団が勝ち残っていくことになる。(5)

③**移住者数の格差**　社会規範の力によって、集団内調和が保たれて、協力行動が促され、経済生産性が高くなった有力集団には、よその集団から多くの人が移住してくるようになる。わざわざ不振にあえぐ集団に移住しようとする人など、強制でもされないかぎりほとんどいない。年月を経るうちに、成功集団は移入者の増加でますます発展し、そうでない集団は移出者の増加でますます衰退していく。このような現象は、領地を接する小規模な部族集団間でも、また、現代の国家間の移民についても観察されている。(6)

④**繁殖力の格差**　社会規範の力によって、その集団の出生率を変化させることができる場合もある。生まれた子どもは代々自集団の規範を身につけるので、年月を経るうちに、出生率の高い集団の社会規範が、そうでない集団の社会規範を凌駕して広まっていく傾向がある。たとえば、多産を奨励する神を奉じ、子だくさんの家族をたたえる現代宗教があるが、その狙いはこうしたところにあるのだ。(7)

⑤**名声バイアスによる文化伝達**　文化的学習能力を備えているヒトは、健康で豊かな生活を送っている成功集団のメンバーに選択的な注意を向けて、それに倣おうとする傾向がある。成功集団には、その集団を成功に導いた社会規範が存在する場合があるからで、その結果、より有力

な集団の社会規範が、思想、信念、風習（儀式など）、動機などとともに、他の集団に伝播していく(8)。その集団の成功の要因は何なのか、個人にはなかなか判断がつかないため、成功とは無関係のさまざまな文化（ヘアスタイルや音楽の好みなど）までもが流入する。

歳月を経るうちに、以上のような集団間プロセスが組み合わさって、さまざまな社会規範の統合や再結合が起こり、しだいに向社会的な規範ができあがっていく。誤解のないように述べておくと、「向社会的な規範」とは、他集団と競争する上で有利な規範のことだ。たとえば、協力行動を引き出したり、集団内調和を促したりする規範がそうだが、私はこの「向社会的」という言葉に、「好ましい」とか「優れている」とか、道徳的な意味合いは一切込めていない。この点を強調することにもなるので付け加えておくが、集団間競争を勝ち抜くのに有利な規範や信念は、ややもすると、隣の渓谷に住む部族や民族を「獣」「畜生」「鬼」などと呼んで殲滅《せんめつ》しにかかろうとさせてしまう。

集団間競争はどれくらい古いのか？

集団間競争は、旧石器時代の人類社会の文化進化に、どれほどの影響を及ぼしたのだろうか？　集団間競争は、ヒトの遺伝的進化に影響を及ぼすほど遠い昔から、文化進化を方向づけてきたのだろうか？

間接的な証拠しかないが、異なる角度からの複数の証拠が、集団間競争は人類進化の過程でいろいろと重要な役割を果たした可能性があることを示唆している。大昔の人類を推測するために、まず、ヒト以外の霊長類から見ていこう。ずっと過去にさかのぼれば、ヒトは霊長類の一種にすぎなかったわけで、ヒト以外の霊長類は人類の出発点を示してくれるはずだ。

次に、小規模社会、とくに狩猟採集民の社会に注目しよう。人類の祖先は、現代の国民国家とはまったく異なる社会で生活していた。今の狩猟採集社会のなかに、旧石器時代の社会の典型のようなものは一つもないが、全体をまとめて見るとさまざまなことがわかる。同じような問題に直面しながら、同じような資源に頼り、同じような技術を用いて暮らしていた人類の祖先が、それぞれにどのような多様な社会を築いていたのかが大まかに見えてくるのだ。

最後に、こうして得られた証拠を、古人類学の研究成果に照らしながら検討して、人類の祖先の生活様式を再構築していこう。発掘された道具や人骨からは、太古の人類についてさまざまな知見が得られている。また、氷床コアや湖底堆積物のデータから長期の気候変動を読み解くと、太古の地球環境がある程度見えてくる。

集団間競争について論じるにあたり、ぜひ心に留めておいてほしいのは、文化進化が常に向社会的な規範形成を促すとは限らないということだ。集団間競争の効力が失われたり弱まったりしてくると、文化的学習によって成功者をまねようとする傾向が強まり（言い換えると、自集団の利益よりも自己利益に適うことが優先されるようになり）、個々人が自集団の制度の「抜け穴」を探し、そこを突いて自己や親類縁者の利益を図ろうとするようになる。歴史を見ればわかるとおり、どんなに優れた制度であっても、集団間競争に揉まれながら刷新されていかないかぎり、やがて制度疲労を起こし、私利私欲のせいで崩壊に至る。つまり、長い時間がかかるかもしれないが、いつか必ず、個人や仲間同士が制度の不備に付け込む方法を見つけ出してしまう。そして、そのような裏技が広まるにつれて、向社会的な効力は徐々に削がれていくのである。

まず、戦争や襲撃による集団間抗争から見ていこう。本章冒頭で述べたように、チンパンジーは暴力を伴う集団間抗争を繰り広げ、それによって縄張りを大きく広げたり、失ったりする。群れ同士の攻撃的な関係は、多くの霊長類で広く見られるものだが、チンパンジーのこの攻撃性には特に興味をそそられる。なぜなら、ヒトとチンパンジーの共通祖先がどのようだったかを想像する上で、格好のモデルを提供してくれる動物だからだ。現生するチンパンジーが暴力抗争を行なうのであれば、ヒトとチンパンジーの共通祖先もやはり同様のことをやっていたと考えていいだろう。

前述のンゴゴのチンパンジーの死亡率は異常に高いが、別の地域のデータによると、チンパンジーの縄張り闘争での死亡率は四〜一三％であり、後ほど取り上げるが、この数字はヒトの小規模社会における暴力抗争での死亡率にほぼ等しい。ンゴゴの他にも四か所のチンパンジー生息地で、集団間の縄張り闘争が詳しく記録されており、ンゴゴ以外の二つの集団で、縄張りの拡大が観察されている。(9)

チンパンジーはときに、文化が伝承されているのかと思うような行動様式を見せることもある。しかし、チンパンジー社会に規範があるという信頼できる証拠は今のところ得られておらず、ましてや、集団間競争を勝ち抜くのに有利な社会規範などは明らかに存在しない。(10)ということは、集団間競争がまず先にあって、その後、文化進化が生じたのかもしれない。文化進化が生じるやいなや、集団間競争によって規範が出現したのだろう。

しかし、その順序が逆だった可能性もある。つまり、文化進化によって、資源をうまく利用する知恵や、力の不均衡をもたらす社会規範が生み出され、それが集団間競争を引き起こしたという可能性も否定はできない。もちろん、人類進化の過程で、集団間競争を抑制するようなことが起きた可能性もある。したがって、小規模社会、とくに狩猟採集民の集団において、実際に集団間競争が起きているかどうかを問う必要がある。

さいわい、小規模社会では、集団間競争の一種である戦争が起きると注目の話題となるので見過ごされることはない[11]。先程の問いの答えだが、こうした衝突は頻発しており、その頻度にはかなり幅がある。また、狩猟採集社会よりも農耕牧畜社会のほうがはるかに戦争が多いのは確かではあるが、信頼できる証拠から、多くの狩猟採集民が長期に及ぶ集団間の暴力抗争で大勢の仲間を失い、居住地を減らしていることが明らかになっている。狩猟採集社会で起きた暴力抗争の証拠とされるもののレビュー論文によると、戦争や襲撃を「絶え間なく」（毎年）または「頻繁に」（五年に一度以上）経験しているところは、こうした社会の七〇～九〇％に上る。集団間の暴力抗争が直接の原因で死亡した人の割合は、民族誌学者の報告によると平均一五％、墓地の考古学的調査から得られたデータによると一三％と推定される（前述のとおり、チンパンジーの縄張り闘争での死亡率は四～一三％だ）。狩猟採集社会で暴力死を遂げる割合は、二〇世紀の欧米諸国（すべて一％未満）に比べればはるかに高いが、産業革命以前の多くの農耕社会に比べると低い値にとどまっている[12]。

狩猟採集社会で集団間抗争が続いていると、人命が失われるばかりでなく、長年の間に少しずつ着々と領地が広がったり縮まったりし、それに伴って資源も増えたり減ったりしていく。民族歴史学的データが得られている五つの集団では、一世代（二五年）の間に三～五〇％の領地の獲得もしくは喪失が起きており、平均すると一六％だった。この数字は割り引いて考えたほうがいいかもしれない。というのは、この五つのうちの四つは北アメリカ西部の集団なので、農耕民の領地拡大の影響を、少なくとも間接的に受けている可能性があるからだ。

では、一番低い三％という数字で考えてみよう。これは、狩猟採集民が占有するオーストラリアの大地の中央部に居住しているワルピリ族の場合だ。三％という数字で計算した場合でも、六〇〇年経つごとに領地が二倍以上に広がることになる。五〇〇〇年後には（ヒト属が出現したのは今から二〇〇万年以上前だから、その年数に比べたら短いが）、最初はワシントンDCほどの面積だった領地が、そのおよそ四〇〇倍のインディアナ州くらいまで拡大する。[13] さらに五〇〇〇年ほど経つと、このスピードで領地を拡げていく集団は、アジア全域を配下に収めてしまう可能性がある。要するに、一世代当たり三％というスピードは実に速いのである。

誤解のないように述べておくと、移動型狩猟採集民の集団間抗争は、複雑な社会の戦争とはまったく性質を異にするものだった。奇襲をかけたり、待ち伏せ攻撃したりといったことがほとんどで、危険をなるべく避けるために、相手の不意を突いて多勢で襲いかかった。ほとんどいつも、少なくともその場では攻撃側の勝利に終わったが、やがて、やられた側が奇襲を仕掛けて報復に出る。それが全面衝突にまで発展して、何百人もが参戦することもあるにはあったが、それはどちらかと言うとまれだった。近隣集団との対立がいつまでも長引き、よそ者はその場で殺されるといった状況が続くうちに、その中間に無人の緩衝地帯（一種の非武装地帯）が設けられることが多かった。

このようなパターンはチンパンジーの場合とよく似ているが、しかしここには重要な違いがある。このような対立はたいてい、共通の習慣や言語をもつ多数のバンドから成る部族集団間で起きた。チンパンジーのように居住集団間で起きたのではない。つまり、ヒトの場合には集団間抗争がはるかに大きなスケールで起きたのだ。

旧石器時代の社会は、民族歴史学的データが示す以上に、こうした集団間抗争が起こりやすかったのではないかと考えられる。なぜなら、人類の進化史の大半を占めるこの時期に、人類は、かなり安定していた過去一万年間とは比較にならないほど激しい気候変動にさらされていたからである。その当時の人類は、絶え間ない気候の変化や、海面水位の上昇や低下への対応を迫られただけでなく、今よりも頻繁に暴風雨、洪水、火事、そして干魃に見舞われたことだろう。

このような激しい気候変動が戦争の引き金になったことをうかがわせる二つの証拠が存在する。まず一つは、カリフォルニアの海洋狩猟採集民に関する七〇〇〇年間に及ぶ考古学的記録である。急激な気候変動が起こる時期には、資源が逼迫して、暴力が多発することが明らかになっている。もう一つは、世界各地の小規模社会、および東アフリカのある地域の民族誌的データをもとに行なった戦争に関する数量分析である。分析の結果、予測不能な環境は集団間抗争の誘発要因になりうることが示された。(14) こうして見ると、まさに予測不能な環境に置かれていた旧石器時代には、集団間競争が激化していた可能性が高い。

暴力や戦争が起こらなくても、集団間競争の力学が働き、文化進化を通して制度や慣行が形成されていくことも珍しくない。そこにはどんなメカニズムが働いているのだろう。ニューギニアのある村は、風習、儀式、信仰などを含めた村の掟のすべてを、その地域の有力集団のやり方に倣って改めるという決定を下した。その経緯をよく調べると、こうしたメカニズムの一端が見えてくる。

ニューギニア島中央部の山岳地帯では、飼育できる豚の頭数がそのまま、集団間競争での経済的・社会的成功につながる。なぜなら、豚の贈与交換を通して、同盟を結ぶ、恩義に報いる、妻を娶《めと》る、気前よさを見せて威信を得る、といったことができるからだ。したがって、豚の飼育に長《た》けている集団ほど、出生数と移入者数の増加によって急速に人口を増やすことができ、領地拡大の可能性も高くなる。小規模社会の部族抗争では、集団の規模が非常に重要で、大規模な集団ほど領地の拡大に成功しやすい。しかし、成功した集団が獲得した威信《プレスティージ》の力こそが、競争に有利な制度、信念、習慣の急速な伝播をもたらす可能性もある。他の集団が、成功集団のやり方や考え方をまねて採り入れようとするからだ。

一九七一年、人類学者のデーヴィッド・ボイドは、ニューギニアのイラキアという村で暮らしながら、威信《プレスティージ》を得た集団の文化が、他集団の文化を凌駕して伝播していく様子を目の当たりにしている。

部族の劣勢と豚の生産量の少なさに頭を痛めたイラキアの長老たちは、何度も集まっては事態の改善策を話し合った。豚増産のための改革案がいろいろと出されたが、時間をかけて議論した結果、信望ある部族長の「フォレ族を手本にすべきである」という提案に従うことで意見が一致した。儀式や習慣その他、豚に関連する諸々の事柄をフォレ族から学ぶことにしたのだ。フォレ族はその地域で大きな勢力を張っていた民族で、豚の生産量の高さは周囲に知れ渡っていた(15)。

そのあと開かれた村人全員の集会で、次のようなフォレ族の習慣、教え、規則、そして目標に倣うことになったと申し渡された。

①村人全員が豚のために歌い、踊り、笛を吹くこと。こうした儀式を行なうことで、豚がどんどん大きく育ってくれる。焼き上がった宴会のごちそうは、まず最初に豚に食べさせてから、人が食べること。
②柵を破ってよその家の庭に入った豚を殺してはならない。豚の所有者は、その家の主人が柵を修理するのを手伝うこと。揉めごとが起きたら、フォレ族が用いている紛争処理の手続きに従って解決すること。
③むやみに他の村に豚を贈ることは禁止する。正式な祝宴の贈り物としてのみ認める。
④女性は、豚の世話にもっと精を出し、豚にもっと多くの餌を与えること。飼育にかける時間を増やすために、うわさ話は慎むこと。
⑤男性は、サツマイモの増産に努め、女性が豚に与えられる餌の量を増やすこと。豚が一定の大きさに成長するまでは、遠くの町に働きに出てはならない。

最初の二項目は、ある儀式のときにさっそく実行された。デーヴィッドはこの村に長く滞在して、村人たちがそれ以外の決め事も確かに守り、豚の生産量が実際に増加したところまで見届けている。しかし、そのあと長期的にどうなったかは、残念ながら確認されていない。

このケースについて、三つの点に注目したい。まず第一に、諸々の決め事と豚の生産量との間に、本当に因果関係があるのかどうかは不明だ。歌うことで豚の成育が速まる可能性がないとは言えないが、にわかには信じがたい。しかし、実験などを通して確かめてみようとする者はだれもいなかった。

第二に、村の長老たちは、他部族の制度や習慣をまねることを選び、独自のものを一から作ろうとはしなかった。これは賢明なやり方だ。なぜなら、私たち人間は、社会の制度を一から作り上げるのはひどく苦手だからだ。

第三に、制度や習慣があっという間に集団から集団に伝わった。なぜなら、イラキアにはすでに、各氏族の長老たちによる評議会など、村としての政治制度が整っていたからだ。長老たちには、伝統的に（つまり社会規範によって）、共同体レベルの決定を下す権限が与えられていた。そのような意思決定機関がなければ、フォレ族の習慣は世帯から世帯へと伝わっていくだけで、伝播速度ははるかに遅かっただろう。もちろん、そのような政治的な意思決定機関それ自体が、集団間競争で有利となって広まっていく。

実は、このイラキアでの出来事は決して特別なケースではない。ニューギニアなど各地で行なわれた多数の民族誌学的あるいは民族歴史学的な調査研究から、成功した集団の制度や儀式が模倣されるという現象は、あちこちで広く見られることが明らかになっている。

たとえば、ニューギニア高地で農業を営む少数民族、エンガ族について詳しい研究がなされているが、それによると、集団間競争には、「カルト」の伝搬を促す効果があるようだった。カルトとは、儀礼的要素の強い規範や政治信条の集合体で、部族の「成員としての自覚、繁栄、結束力」を強める働きをする。そこにはたいてい、第9章で取り上げたような、恐怖体験によって心理面に強い効果を与える通過儀礼が含まれていた。民族誌学者のポリー・ウィースナーとアキー・トゥームは、それについて次のように述べている。

［このようなカルトが］言語境界線を越えてたちまち伝わるのは、①伝える側と受け取る側が同じような問題に直面しているため、根底にある信念も実際の手法も、問題解決に有意義である場合、および、②そのカルトを有する集団が成功集団として認知されている場合だった。……もっと効果的に霊界と交信する新しい方法を求め、成功者のやり方を模倣しようとして、カルトが導入されたのだ。[16]

場合によっては、わざわざ有力共同体のもとに出向いて、授業料としてたいてい豚を献上し、その儀式や制度について、重要な細部までしっかりと学んでくるということも行なわれていた。

ニューギニアのセピック川周辺地域では、人口がだいたい三〇〇人を超えると、氏族《クラン》同士の諍《いさか》いが起きて、たいてい村は分裂してしまう。ところが、イラヒタというアラペシュ族の村は、この地域の村々の中で群を抜いて規模が大きく、民族的にも多様な一五〇〇人の集団を維持していた。軍事的にも経済的にもかなりの脅威にさらされている地域にありながら、この村が繁栄と安寧を享受できるのは、これほど大きな地域集団の結束力を維持できる能力があればこそだった。

他の共同体が失敗しているなかで、なぜイラヒタだけがこれほどの大集団を維持できるのか。その理由を突きとめようと、人類学者のドナルド・トゥジンは、イラヒタの社会を詳しく調査した。その結果、明らかになったのは、イラヒタは一九世紀に、神秘力信仰に根ざした儀礼的要素の強い社会組織を導入したということだ。この信念パッケージによって共同体が再編成され、儀式により聖なるものとなった下位集団同士の間に、横断的な相互依存関係が生まれたのである。

イラヒタは、この儀式と制度の複合体をつくり上げるに当たって、まず一八七〇年頃に、その基本的要素を、アベラム族という、急速に勢力を拡大している集団から採り入れている。アベラム族の基本的パッケージを模倣し、それに改良を加えることで、イラヒタはアベラム族に太刀打ちできるようになり、それ以降、軍事的にも経済的にも成功を遂げてきた。イラヒタはまた、移住してくる人々や、敵対的な近隣集団から逃げてくる人々を受け入れることによっても成長した。これは移住者数の格差による集団間競争の一例と言える。(17)

このような民族誌学的な含蓄に富む事例から示唆されるのは、まず、共同体の規模や政治的な複雑さが増すにつれて、社会を結びつける力をもつ儀式がますますその効力を増しながら周囲に広まっていったということ。それから、軍事的・経済的競争の激化が、このような社会の変化をうながす駆動力となった可能性があるということだ。これは小規模社会を対象にした比較文化研究の最近の統計分析結果とも一致している。分析結果からは、戦争が頻発している地域ほど、強い苦痛や恐怖を伴う男性の儀式が行なわれていることが明らかになっている。多くの場合、戦争の脅威に駆り立てられるように、名声《プレステイージ》を得た集団の儀式が模倣されていく。それゆえ、戦争と名声バイアスという、二種類の集団間競争の相乗効果によって、協調性を重んじる文化が周囲へと広まっていく。(18)

暴力抗争、領地の喪失と獲得、成功集団のしきたりの模倣などが確認されたことで、集団間競争の鍵となる要素のいくつかは、最も小規模なヒト社会でも広く認められることが明らかになった。(19) しかし、このような民族誌的な事例からではわからないことがある。それは、こうした比較的短期の相互作用が、もっと長期的な文化進化に大きな影響を及ぼすのかどうかということ。つまりこうした作用が、何百年、何千年という長いスパンで、社会の仕組みや決まり、社会組織のあり方、ひいてはヒトの社会心理までを系統的に変えていくのかどうかということだ。人類進化の長い歴史の中で、集団間競争は、遺伝子や心理と密に関わる社会的な状況を生み出したのだろうか？

狩猟採集民の勢力拡大

現在のところ、狩猟採集民の集団が何百年、何千年という長いスパンで、他の狩猟採集民集団を取り込みながら勢力を拡大していったことを示す証拠はほとんど得られていない。それは一つには、集団の勢力拡大を示す証拠となるものの大半は、農耕民や牧畜民が狩猟採集民や他の農耕牧畜民を犠牲にして分布を拡大していった証拠だからである。今から何千年も前に農耕民が地球上の支配に大成功を収めたことにより、それ以前の狩猟採集民集団の分布拡大の様子を知ることが難しくなってしまったのだ。それゆえ、集団間競争によって絶えず領土拡大を狙うのは農耕牧畜社会に特有の傾向であって、移動型狩猟採集民はそうした苦悩とは無縁なのだと考える向きもある。しかし、狩猟採集民にとっても勢力拡大が重要だと考えるのなら、この地球上で農耕民も牧畜民も、最後まで近づけなかった場所、あるいは近づかなかった場所を調査してみれば、それを示す証拠が見つかるはずだ。というわけで、これから私たちが向かうのは、オーストラリア大陸（ヨーロッパ人が来るまで狩猟採集民の土地だった）、北極地方、そして北アメリカ西部のグレートベースンである。考古学的記録だけからしかうかがい知ることのできない太古の昔のケースとは違って、こうした比較的最近のケースでは、言語学的、考古学的、遺伝的、および民族誌的証拠を突き合わせながら、狩猟採集民の分布拡大の様子をより鮮やかに描き出すことができる。

パマ・ニュンガン語族の分布拡大

オーストラリアでは、すでに述べたように、ワルピリ族が一世代あたり三%の割合で領地を拡大していった。といっても、この割合がずっと、たとえば五〇〇〇年間続いたのかどうかはわからない。何百年にもわたって領地の獲得と喪失が繰り広げられ、正味の増減はゼロだったということだってありうるわけだ。

しかし、重要な事実がある。ワルピリ語は、他でもない、パマ・ニュンガン語族に属する言語なのである。図10・1に示すように、パマ・ニュンガン語族の分布域はオーストラリア大陸の八分の七(図の白い部分)に及んでいる。その他に二十数種ほどあるオーストラリア先住民の言語はすべて、大陸の残り八分の一に追いやられてしまった。いずれも大陸北部の、カーペンタリア湾の西側の地域(バーク&ウィルズ隊がたどり着いた場所)である。

パマ・ニュンガン語族自体の詳細な分析ともあわせて、このような諸言語の分布を調べていくと、言語に残されたおなじみの痕跡——勢力拡大の痕跡——が見えてくる。分析の結果、明らかになったのは、今から三〇〇〇~五〇〇〇年ほど前にクイーンズランド州北西部地域に現れたパマ・ニュンガン語族が徐々に分布を拡大していき、やがて、オーストラリア大陸のほぼ全域を席捲するに至ったということだ。[20]

この言語地図はさらに、考古学的、疫学的、遺伝学的、および民族誌学的データによって肉付けされる。考古学的な観点から見ると、このような言語の分布拡大が起きたのとほぼ同時期に、特徴的な「ナイフ形石器」のような、新しいタイプの石器がオーストラリア大陸全域に現れ始めた。このよう

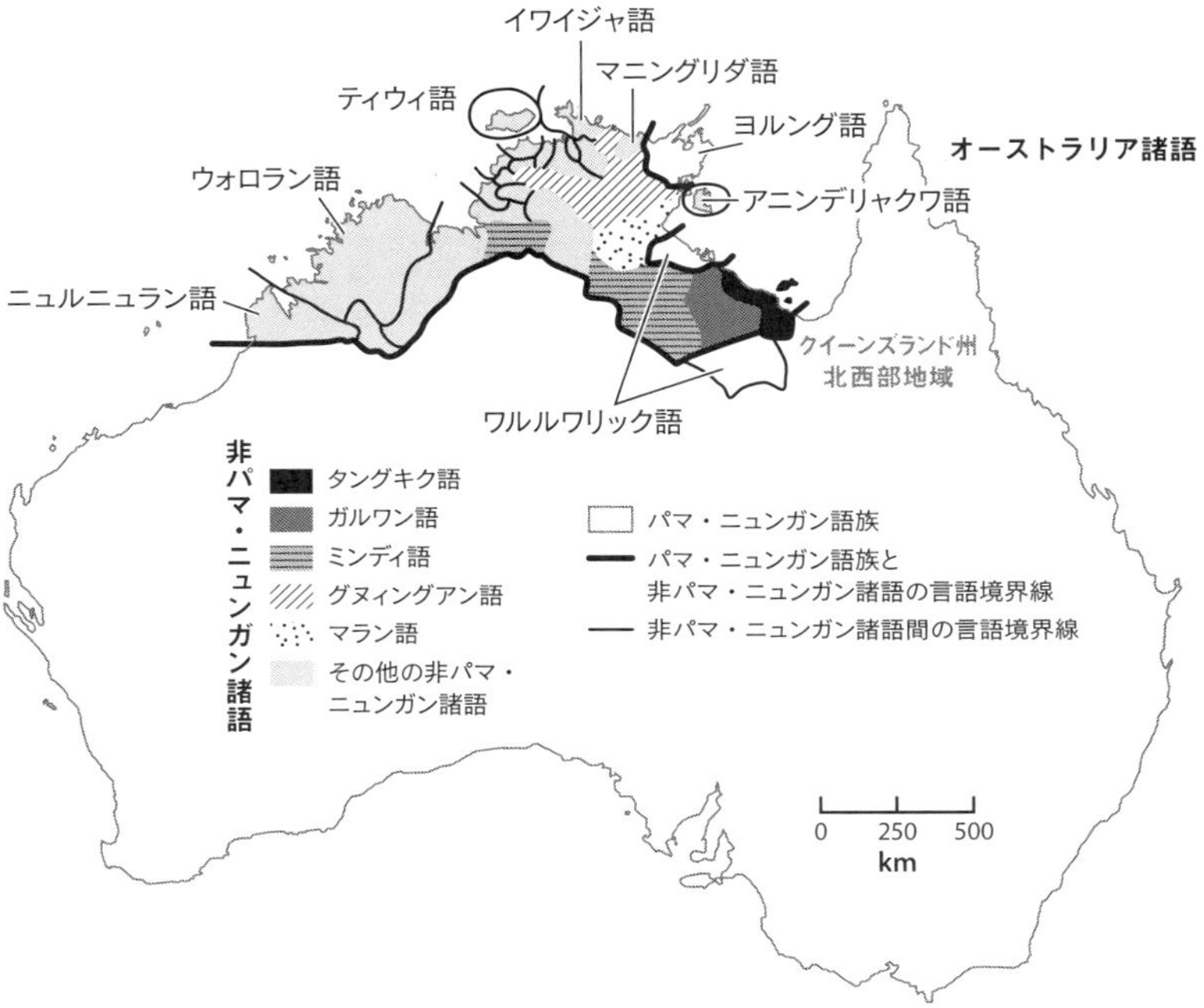

図 10.1 主要なオーストラリア諸語の分布。パマ・ニュンガン語族がオーストラリア大陸の大半を占めている。

な新しい道具類の分布は、パマ・ニュンガン語群の分布とほぼ一致している。また、ナルドーのように、種子を挽いて粉にするといった、複雑な加工処理を必要とする新たな植物性食物も現れ始めた。加工するのにかなり手間はかかるものの、このような新たな食物源は貯蔵が可能だったので、少しずつ蓄えていって、大規模な集会で食物を供することもできるようになった。それに伴って、大がかりな儀式が頻繁に行なわれるようになり、人口密度が高くなって、人々が苛酷な生存環境にも進出していったことを示す証拠が見つかっている。石器やその発掘場所についての研究からは、交易網が発達し、地域間の交流が増したことがわかる。

以上のような証拠からは、新たな言語、道具、儀式、および調理法が、旧来のものに取って代わるように、オーストラリア大陸全域に広がっていった様子がうかがえる。得られる証拠をすべて組み合わせて検証を行なった言語学者のニック・エヴァンズとパトリック・マッコンヴェルは、パマ・ニュンガン諸語の話者が広がっていった理由として次の五つを挙げている。①父系制の導入。②なるべく方言の異なる集団から配偶者を選ぶように定めた結婚規範。③植物種子の加工や貯蔵が可能になり、多集団が集う儀式が行なわれるようになったこと。④思春期の若者を対象にイニシエーションの儀式が行なわれるようになったこと(アランタ族の例をすでに紹介した)。⑤一連の歌曲を通して、包容力に満ちた世界観が浸透し、聖なる集団への帰属意識が高められたこと(第8章でパラルジ率いるバンドを救ったのも一連の歌曲だった)。このような親族関係、結婚、および儀式に関する社会規範が、居住集団を異にする男性たちをしっかりと結びつけて、相互に依存し合う社会的ネットワークを築いたのである。「方言についての外婚制」の規範によって、男性は言語や方言の異なる集団から妻を探さなければならなくなった。それが他集団との関係を築こうとする誘因となり、それぞれの地域集団がより大きな集団に統合されている状態が維持されたのだ。また、第9章で述べたように、新たに始まった儀式の情緒的効果によって、散在するバンド同士の結束力が高められたのではないかと思われる。特に思春期の若者たちは生涯にわたって強い絆で結ばれることになっただろう。

このような社会規範によって姻戚関係の範囲が広がり、大規模な儀式が行なわれるようになると、道具、武器、技術、食物源、薬草などに関する情報交換が活発になって、さらにすぐれたテクノロジーや、生存や繁殖に有利な文化的レパートリーが生み出されていったであろう。また、大規模な儀式が行なわれるようになると、若者たちが参加集団すべてのなかで最も優れたメンバーから複雑な技術を習得するようになり、「技術移転」がいわば制度化される形になったはずだ。すべての地域集団に対し、儀式への参加が義務づけられていたが、そのような社会規範があったからこそ、集団全体として複雑な技術を発達させ、その膨大なレパートリーを保持し続けることができたのだ。アランタ族が、儀式に招かれて参加しないと病魔に冒されると信じていたのを思い出してほしい[21]。

ここで重要なのは、このような勢力拡大の背景に、暴力を伴う衝突、成功集団への移住、名声バイアスによる模倣といった集団間競争のメカニズムが存在していたのかどうかということだ。わずかではあるが、そうしたメカニズムの存在を示す証拠が得られている。

まず、オーストラリア先住民のＤＮＡ塩基配列を比較すると、パマ・ニュンガン諸語の話者は、必ずではないにしてもたいてい、それ以外の言語の話者とは遺伝的に異なる。それと符合するように、パマ・ニュンガン諸語の話者は、レトロウイルスの一種であるヒトＴ細胞白血病ウイルス１型（ＨＴＬＶ１）の保有率が高いのに対し、それ以外の言語の話者はその保有率が低い。ＨＴＬＶ１は主に母乳を介して感染するので、母親からその子どもたちには感染するが、部族間で感染が起こることはほとんどない。ということは、繁殖力の格差、もしくは暴力を伴う衝突、またはその両方のメカニズムがある程度作用して、居住する人間が置き換わっていったのだろう。

しかし、民族誌的データや民族歴史学的データを調べると、以上のようなタイプの競争に加え、移住者数の格差や名声バイアスによる文化伝達もこの勢力拡大に重要な役割を果たしていたらしいことがわかる。特に、言語と遺伝子（あるいはレトロウイルス）との間にほとんど関連性がない場合もあることを考えると、そのようなメカニズムの重要性がうかがえる。

遠い過去の時代に、規範や信念や習慣が、集団から集団へと模倣されて広がっていったのかどうかは知る由《よし》もないが、最近のケースでは、血縁に基づく制度や儀式が近隣集団によって次々と模倣されていく様子が実際に確認されている。たとえば、キンバリー地方で生まれた男性の割礼の儀式がこの六〇年ほどの間に、アーネムランド、グレートオーストラリア湾沿岸地域、さらにはクイーンズランドへと伝播していった。[22] また、二つの集団が親族・結婚システムを統合することで生まれた複雑な結婚規範が、オーストラリア大陸の各地へと広まっていった。おそらく、再編・統合によってできあがった複雑な制度は、その母体となった制度よりも、多様な集団を統合するのにふさわしいものだったのだろう。

西部砂漠の厳しい環境に進出しようとしたとき、集団としての生存力のヽヽヽ格差も、パマ・ニュンガン諸語の話者に味方した可能性がある。先にやってきた集団が苛酷な環境に耐えきれなかった西部砂漠でも、新たな社会規範や儀式からなるパッケージを携えた集団は生き延びることができた。広範囲に散在しているバンド同士が、それによって社会的な絆を維持することができ、干魃や洪水に見舞われても生き残れる確率が高かったからだ。[23] 第8章で見たように、一九四三年に西部砂漠が干魃に襲われたときにパラルジがバンドを救うことができたのも、思春期の通過儀礼として遠方の水場を訪れた体験や、何十年間も儀式のたびに歌ってきた一連の歌曲のおかげだった。言うまでもなく、バーク＆ウィルズ隊は、干魃ではない平常時でも、オーストラリアの砂漠で水を見つけることができなかった。

イヌイットおよびヌーミックの勢力拡大

北極地方の狩猟採集民社会の制度もやはり、同じような集団間競争のメカニズムによって形成されてきた。イギリスでヘイスティングズの戦いが行なわれていたころ（西暦一〇〇〇年前後）、アラスカの北極海沿岸地域では、イヌイット・イヌピアック語の話者――イヌイットに分類される人々――が東に向かって勢力を拡大し始め、やがて、広大なカナダ北極圏全域を配下に収めるようになった。

それから数百年もすると、この狩猟採集民はグリーンランドにも移住し、さらに南に進んで、カナダ東岸のラブラドール地方まで勢力を広げた。

といっても、彼らは無人の地に入っていったわけではない。この地域には昔から、イヌイットとは考古学的にも、おそらくは遺伝的にも異なるドーセット人が居住していたが、イヌイットが押し寄せてくると、またたく間に後退し、ほとんど消滅するに至った。イヌイットは、グリーンランドの地でも古代スカンジナビア人と遭遇して戦いを交えており、おそらく彼らを駆逐するか、少なくともすみやかな撤退を促すかしたのだろう[24]。

考古学的な証拠によると、イヌイット（「テューレ」民族）はドーセット人よりも高度な技術をもっていた。つまり、強力な複合弓、高品質の木工用手斧、カヤック、犬、そり、雪めがねなど、優位に立てる道具をいろいろ携えて、ドーセット人の居住地にやって来たのだ。沿岸地方に暮らすイヌイットのグループは、アザラシの皮を張ったボートや銛など、捕鯨用の道具一式も備えていた。ここが興味を引くところなのだが、ドーセット人もずっと以前には弓矢や犬をもっていたのだが、イヌイットが進出してくる何百年も前に、そうしたものを失っていたのである（便利な道具を「失う」ことなどあるのかと思われる方は、第12章を待たれよ）。

社会的な面から見ると、イヌイットはおそらく、捕鯨のような経済活動の際にも、襲撃、戦争、共同体防衛などの際にも、信望《プレステイージ》を集めるリーダーのもとにすばやく集結することができたのではないかと思われる。また、イヌイットが文化として培ってきたしきたりの中には、親族関係についての柔軟な規範、（ジュホアンシ族のような）同名者間の特別な関係、社会的な絆を強化する儀式など、さまざまなものがあった。たとえば、イヌイットの男性は、自分の妻を他の男性とセックスさせることで、その後ずっと、その男性と互恵的な関係を維持することができ、互いの子どもたち同士の間には特別な絆さえ生まれた。

　また、このような文化として培われたしきたりは、個人や共同体が、広い地域に散在する集団と社会的なネットワークを構築し、維持するのにも役立っていた。こうしたネットワークは、交易関係や言語の類似性を維持するのにも、結婚相手を探したり、防衛や襲撃の同盟相手を募ったりするのにも必要欠くべからざるものだった。ポーラーイヌイットについて後述するが、ある集団が複雑な技術を維持できるかどうかは、広範囲な社会的接触を維持できるかどうかにかかっているのだ[25]。

　パマ・ニュンガン諸語の話者たちの場合と同様に、イヌイットの勢力拡大の過程でもさまざまなタイプの集団間競争が起きたらしいことが、民族誌的および民族歴史学的な証拠からうかがえる。

　戦争に関して言うと、イヌイットは少しずつドーセットの領地を侵食して、その土地の資源を奪っていったのではないかと思われる。衝突が起こるたびに、ドーセット側が敗北して後退を余儀なくされたのではないか。考古学的あるいは言語学的な証拠からは、戦争での勝利がイヌイットの勢力拡大の要因になったのかどうかはわからない。しかし、アラスカ北部の民俗歴史学的な証拠からは、この地域では襲撃が常態化しており、大激戦になることも珍しくなかった様子が明らかになっている。夜明けの奇襲を受けて、壊滅する共同体もあった。待ち伏せ攻撃を受けて、大人数の交易隊や狩猟隊が全滅することもあった。当然ながら、こうした狩猟採集社会では、見ず知らずの者は嫌疑をかけられて、たいていその場で殺された。だからこそ、他の共同体の多数のメンバーと個人的な付き合いを大切にしようとしたのだ[26]。

　集団としての生存力の格差も、勢力拡大の一端を担っていた可能性がある。狩猟採集の優れた技術と多様な生存戦略をもっていたイヌイットは、激動する生態系の変化にも耐え、それにうまく適応していけたのでドーセットよりも速いペースで子孫を殖やしていったと思われる。イヌイットがやって来る以前にも、ある地域のドーセットが死に絶えてしまう、ということが何度もあったようだ。もし、イヌイット社会の規範や慣習が有利に作用して、一部地域で全滅する頻度がドーセットよりも低かったならば——イヌイットとドーセットが一度も戦いを交えることがなくても——結果的に、イヌイットの規範や慣習が広まっていき、地域一帯を支配することになったであろう(27)。

イヌイットとドーセットの間では、ある程度の文化伝達もなされていた。たとえば、考古学的な証拠から、後期ドーセット文化はイヌイットの家の造りを採り入れていたことがうかがわれる。また、北極地方の隔離集団の中にわずかながら、イヌイットと遺伝的な関係はないが、明らかにイヌイットのさまざまな習慣を採り入れている集団が見つかっている。彼らはドーセット人の末裔《まつえい》かもしれない(28)。

狩猟採集民の集団間競争が契機となって、ここでもオーストラリア大陸と同様の現象が起きたと思われる。つまり、広い地域に散在している小集団が永続的な社会関係を保ち、互いに協力して捕鯨、共同体防御、襲撃などの活動にあたることを可能にする社会規範が広がっていったであろう。そのような社会規範がないがために、社会性や協調性に欠ける集団は、それに長けた集団に敗北を喫したはずだ。このような環境下では、見知らぬ者を信頼し公正に扱うのではなく、もっぱら、信頼できる同盟相手、友人、親族の緊密な社会的ネットワークを維持することが求められたはずだ。

これとまったく同じことが北米のグレートベースンでも起きている。アメリカ合衆国のロッキー山脈とシエラネバダ山脈の間にある広大な盆地がグレートベースンだ。西暦二〇〇年頃から六〇〇年頃にかけて、ヌーミック語を話す狩猟採集民が、カリフォルニア東部からグレートベースン全域へと扇形に広がっていった。ヌーミック語を話す三部族——パイユート族、ショショーニ族、およびユト族——が徐々に勢力を伸ばして、それまでこの地に居住していた狩猟採集民に取って代わり、周辺部に侵入してきた農耕民をも撃退していったのだ。

オーストラリア大陸での場合と同様に、彼らの勢力拡大の原動力となっていたのもやはり、新しいタイプの社会組織と進んだ技術だった。離合集散を繰り返す柔軟性の高い社会組織や儀式のおかげで、共同狩猟、情報交換、婚礼、あるいは襲撃のために集合することもできたし、また、狩猟採集や防御のために家族単位に分かれて行動することも可能だった(移動する核家族を襲うのはなかなか難しい)。また、その前にいた狩猟採集民とは違って、これらの集団は、手間をかけた植物加工技術や貯蔵食品(そして独自の工夫を凝らした水容器)を利用していたので、高い人口密度を維持することができ、干魃などの環境変動にも対応することができた。

一六五〇年に、ヌーミック語を話す部族が初めて歴史の舞台に登場するや、たちまち勇敢さでその名を轟かせ、だれもが襲撃隊の奇襲攻撃を恐れるようになった。この時期に、ヌーミック諸部族は、ワーナー渓谷とサプライズ渓谷から非ヌーミック系部族を追い払い、その領地を奪っている[29]。

ヌーミック語を話す部族の一つ、コマンチ族は、ついにグレートプレーンズにまで進出し、馬を利用して劇的に勢力を拡大していく。それまでそこに住んでいたのはほとんどが農耕民だったが、コマンチ族は先住民集団をまたたく間に追い出し、スペイン人をも駆逐した。こうして、この移動型狩猟民の諸バンドは広大な領地を支配するようになり、唯一、それらを撃退できたのは、急激に勢力を拡大してきたもう一つの集団、アメリカ合衆国だけだった[30]。

太古の時代の勢力拡大

以上、ある狩猟採集民の集団が、別の狩猟採集民集団を押しのけて勢力を拡大していくという集団間競争のプロセスについて述べてきたが、今述べたようなケースはかなり具体的でわかりやすい。それはひとつには、初めてヨーロッパ人と接触した当時の先住民社会の様子が報告されており、その社会のしきたり、言語、生活様式がある程度わかっているからである。

しかし、このような勢力拡大のプロセスは、はるか遠い過去の時代から人類の進化に大なり小なり関わってきたことが考古学的証拠から示されている。今から一〇〇万年以上前に、アフリカに生まれたヒト属の祖先がユーラシア大陸全域に広がっていき、その先々で急激な気候変動や生態学的変化に遭遇することになる。このような、進化の過程で経験したことのない苛酷な環境下では、協力行動をとれる集団や、さまざまな技術（火、弓矢、釣り、衣類など）を維持できる社会的ネットワークをもつ集団だけが生き残り、それ以外の集団は死に絶えてしまう。その結果として、こうした生存に有利な文化が受け継がれていくことになったのだろう[31]。

今から六万年ほど前に、ホモ・サピエンスの集団（現生人類につながる系統）がアフリカで誕生し、ヒト属の他のメンバーやホモ・サピエンスの他のメンバー（ネアンデルタール人など）を押しのけて地球全体に広がっていった。五万年ほど前から、このホモ・サピエンスは、ネアンデルタール人が占有していたヨーロッパへと分布を広げていった。その勢力拡大を特徴づけているのも「ナイフ形石器」だった。パマ・ニュンガン諸語の話者たちがオーストラリア大陸で勢力を広げていったときと同じである。また、彼らの勢力拡大には、イヌイットの場合と同じく、弓矢のようなすぐれた技術の助けがあったのかもしれない。このアフリカで誕生したホモ・サピエンスは、ヨーロッパのネアンデルタール人とある程度交雑したが、結局、文化的な面で、このアフリカの亜種がヨーロッパの亜種（すなわちネアンデルタール人）に徐々に置き換わっていき、やがて遺伝的にも優位を占めるようになる。

これは聞き覚えのある話のはずだ。考古学のデータからは、このような勢力拡大の背後に何があったのかは詳しくはわからないが、暴力行為の証拠があることから、ある程度、戦争や（チンパンジーの場合と同様に）襲撃が行なわれていたと考えられる。旧石器時代の人類が成人の人肉を食べていたことを示す証拠がたびたび発見されているが、これは集団間暴力の存在を物語るものだ[32]。また、こうした勢力拡大時にはよく見られることだが、ヨーロッパの亜種もやはり、アフリカからの新来者を模倣していた様子がうかがわれる。名声バイアスによる文化伝達が起きたのだ。

さらに時代を下って、今から一万二〇〇〇年ほど前に農耕や牧畜が始まると、集団間競争がいっそう激化し、ますます大規模で複雑な社会ができあがっていった。ジャレド・ダイアモンドは、集団間競争を抜きにしては、ある農耕集団が世界に版図を広げていったプロセスは説明できないと主張する。そして、西暦一五〇〇年以降、世界を征服したのはヨーロッパ人であって、アステカ族でもワルピリ族でもなかった理由も、ヨーロッパ（あるいはユーラシア）が集団間競争の激戦地だったことを考えれば難なく説明できるとしている[33]。

以上、さまざまな証拠からうかがえるのは、非暴力的なものも含めた、さまざまなタイプの集団間競争が文化進化を方向づけ、人類社会を形成してきたということ。そして、遠い昔、人類進化の歴史が始まった当初から、ヒトはそのようにして形成された社会の中で生きてきたということだ。だとするならば、集団間の競争が、社会規範、慣行、世評、懲罰などのあり方を介して、ヒトの遺伝的進化をも方向づけてきたと考えてよいだろう。では、このプロセス、人類の自己家畜化現象について考えよう[34]。

第11章　自己家畜化

ここはドイツのマックス・プランク研究所。発達・比較心理学実験室にやってきた三歳児たちに、次のような一連の課題に取り組んでもらう。まずは、手人形《パペット》のマックスと実験者に会って、打ち解けてもらうウォーミングアップからだ。その一環として、実験者が、おなじみの物を、おなじみのやり方で使ってみせる（たとえば、色鉛筆を使って絵を描くなど）。その後、子どもにも同じものを使わせる。さらにその後、マックスにも同じものを使わせるが、マックスはときおり間違ったおかしな使い方をする（たとえば、色鉛筆のおしりで絵を描こうとするなど）。すると、ほとんどの子どもはすぐにマックスの間違いを指摘する。たまに何も言わない子どももいるが、マックスのやり方はどうかと尋ねれば、間違いをはっきりと指摘する。こんなふうなやりとりのなかで、マックスは間違うこともあるのだということ、それから、間違えたらそれを指摘していいのだということを子どもたちにわかってもらう。

　このあと、実験は次の段階に進む。子どもとマックスは同じテーブルに座っているが、マックスのほうは居眠りを決め込んでしまう。そのすぐ隣のテーブルでは、一人の大人がなじみのない物品をいくつか使って一連の操作を行なっている。たとえば、こうした「課題」の一つに、溝のついた発泡スチロール板、木製のブロック、および黒い吸込みヘッドを使用するものがある。隣のテーブルの大人（モデル）は、木製ブロックを発泡スチロール板の上に置き、吸込ヘッドを使って、ブロックを板に押しつけながら溝にはめ込んでいく。モデルはそれを行なうとき、子どもに目を向けたり話しかけたりせずに(a)、(b)いずれかの行動をとる。(a)この操作に精通しているかのように手慣れた様子で行なう。(b)まったく初めてのことをぶっつけ本番でやっているようにふるまう。

モデルが操作を終えたあと、最初の実験者が戻ってきて、そのなじみのない物品を子どものところに持ってきて「さあ、これをあげよう」と言う。受け取った子どもは、その物品をどう扱ってもかまわないが、子どもにモデルを模倣する行動が見られたら、研究者はすかさずそれを記録しておく。

ここでようやくマックスが目を覚ます。今度はマックスがそれを使う番だ。マックスはそれらの物品を、至ってまともな、ただしモデルの使い方とは違った使い方をする。このときが、この実験のなかで最も重要な瞬間である。マックスが規準からはずれたやり方で物品を使ったとき、子どもがマックスに対してどんな反応を示したか、研究者は注意深く観察して記録する。

大多数の子どもは、マックスの「間違った」行動にただちに異を唱えた（図11・1）。モデルが自信ありげだった場合でも、不安げだった場合でも、子どもたちは異を唱えたが、自信ありげなモデルを見た場合のほうがより強く抗議した。「ちがうよ！　そんなふうにやるんじゃないよ！」「こういうふうに使わなきゃ！」と、規範を示すような形で抗議することが多かった。「だめ、そこに置いちゃだめ！」と、命令を出すだけの場合もあった。いずれにしても、モデルのやり方を忠実にまねた子どもほど、強く抗議する傾向が見られた。しかし、モデルをほとんどまねなかった子どもでさえ、マックスのやり方がモデルと違うことに否定的な反応を示した。子どもたちはまるで、ローカルな規範に

図11.1　この場面でのルールに反したやり方をする手人形マックスに対し、指を振って非難する実験参加者

従って生きていくテクニックを身につける前からもう、その規範を察する能力をもっているかのようだった。

心理学者のマイケル・トマセロらは、これに似た多数の実験を行なったが、そのいずれからも同じような結果が得られている[1]。他者を観察することによって、幼い子どもたちは自発的にその場のルールを察し、そのルールはだれもが従わねばならない規範なのだと思い込む。逸脱行為や逸脱者は子どもたちを怒らせ、正しい行動を教えなくてはという気持ちにさせるのだ。

こうした実験結果で印象的な点は、子どもたちは大人から直接的な教示や合図（指差しや目配せ）を受けなくてもそういう行動がとれるし、そうしようとするということだ。子どもたちはマックスのやり方を咎めようとしたが、べつに大人のまねをしているわけではない。大人はだれもマックスを咎めてなどいないのだから。推測されるルールに反した行動を見て、自発的に叱責したくなったのだ。この実験は、他の種にはないヒトの社会生活だけに（そしてすべてのヒト社会に）見られる重要な特徴のいくつかを明らかにするものだ。その特徴とは次の四つである。

- 私たちは社会的ルールが支配する世界に生きている（だれもがそのルールを認識しているとは限らないが）。
- こうしたルールの多くは恣意的だったり、一見恣意的だったりする（たとえばフィジーの魚食のタブーのように）。
- こうしたルールに従うかどうか、他者がいつも目を光らせており、ルールを破れば否定的な反応が返ってくる。
- 私たちは、こうしたルールに従うかどうかを、他者に見張られていると思っている。

前章までに見てきた小規模社会の場合と同様に、旧石器時代の人類の社会でも、実にさまざまな規範が出現し、そのなかで集団間競争を有利にする規範だけが選択的に広まり、制度となって社会を形成していったのだろう。遺伝子の側からすれば、生き延びて複製できるかどうかは、その遺伝子の保持者が、文化として受け継がれてきたローカルルール（その遺伝子がたまたま属している集団のみで適用されるルール）を身につけ、その支配下にある社会をうまく渡っていけるかどうかで決まる——そんな社会が形成されていったわけだ。

小規模社会では、多くの共同体の例に漏れず、規範を犯した者にはさまざまな制裁が待ち受けている。まず、陰口を叩かれたり、悪い噂を流されたりといったことから始まる。クラのときのように、特定の親類から笑いものにされることが多い。その後、制裁は厳しさを増していき、結婚相手の候補から外されたり、取引や資源交換の機会を取り上げられたりする。それでもまだ懲りずに規範を破れば、村八分にされたり、暴行（鞭打ち刑など）を受けたり、場合によっては集団リンチで殺されることもある。[2] オオカミを家畜化してイヌにするときに、服従しようとせず訓練を拒んだ個体を殺処分したように、ヒトの共同体はそのメンバーを家畜化していったのである。[3]

ヤサワ島の村々ではいかにして規範が維持されているのだろうか。私たち研究チームが調査したところ、次のようなことが明らかになった。たとえば、村の祝宴や共同作業をたびたび欠席する人や、食のタブーや近親相姦のタブーを犯す人は、世間の評判ががた落ちになる。ヤサワ島の人々にとって、世間の評判は非常に重要だ。自分に対して恨みや嫉妬心を抱いている相手から、危害を加えられたり搾取されたりすることのないよう守ってくれる盾のような存在だからである。ところが、規範を犯してしまうと、特に規範違反が度重なると、この世評の盾がなくなってしまうのだ。その結果、だれでもほとんど咎めを受けることなく、その規範違反者を食いものにできるようになる。違反者が釣りに出かけたり、別の村の親戚を訪ねたりしている間に財産（食器、マッチ、道具など）が盗まれたり、壊されたりすることもあれば、夜間に作物を盗まれたり、畑を焼かれたりすることもある。

そのような悪事を働いた者自身は、小さな村であっても、たいてい匿名のままでいられる。そして、盗んだ食物や道具など、目に見える形の利益を得るだけでなく、競争相手を打ちのめしたり、過去の恨みを晴らしたりすることもできる。このような行動は、利己的な動機からの行動でありながら、協力を重んじる社会規範を維持する役目を果たしている。なぜなら――ここが非常に重要なのだが――何をしても許されるのは、規範を破って世評の盾を失った者を標的にした場合に限られるからなのだ。高い評判を得ている者にそんなことをしようものなら、自分自身が規範違反者になってしまい、評判は損なわれて陰口を叩かれ、物を盗まれたり畑を荒らされたりすることになる。

ヤサワ島の人々自身ははっきりとは意識していないが、こんなふうに、過去の恨みや嫉妬心や単なる利己心などを巧みに利用することで社会規範が維持され、村の祝宴には必ず参加するといったルールが守られているのである。(4) したがって、所属集団の規範（ローカルルール）を身につけられない者、自分を制御できない者、たびたび規範を犯す者は、容赦なく搾取の対象にされた上、最終的に村から追い出されてしまう。

人類進化の歴史を通してずっと、規範を犯す者には制裁が加えられ、規範を守る者には報酬が与えられてきたことで、人類の自己家畜化が進み、ヒトに**規範心理**が植えつけられたのである。この心理はいくつかの要素から成り立っている。

まず第一に、ローカルルールを効果的に身につけるために、私たちヒトは直感的に、社会はルールに則って動いているはずだと考えるようにできている。それがどんなルールなのか、まだ知らなくても、である。ルールに反したことをすればまずいことになるはず。だとすれば、他者の行動は社会のルールに則ったものであるはずだ、と考えるようになるのだ。また、ヒトは幼いうちから発達してくる認知力と動機によって、ルールに反する行為を目敏く見つけて、違反者を避けたり利用したりするようになるし、自分の評判を常に気にかけ、評判を落とすまいと心がけるようになる。(5)

第二に、ヒトは規範を学ぶときに、それを少なくともある程度、自分の価値として受け入れる。このように規範が内面化されていると、うまく世の中を渡っていけるし、目先の利益に釣られてルールを破ることもなくなる。規範が内面化されていれば、それが直感的な経験則（ヒューリスティクス）としてすばやく働き、ルールを破れば短期および長期的にどんな利益があり、逆にどんな報いを受けるかといちいち損得勘定したりせず、すんなりとルールに従い、規範を遵守することができるようになる。ただしこれは、深く考えない機械的な反応が、規範の求める行動と一致する場合であって、内面化された選好が打算的な行動を促してしまう場合もある。(6)

マックスを使った実験が面白いのは、その場限りの新奇なルールが示されたときに、子どもがそれにどう反応するかを見せてくれるからだ。この実験のルールは、協力行動や援助行動に関するルールでなく、この場面でのみ適用されるルールである。にもかかわらず、子どもたちはほとんど無条件にそれは社会規範なのだと判断し、それに違反するとひどく腹を立てる。

一九六〇年代から一九七〇年代にかけて、心理学者たちは子どもの利他的行動に注目して研究を進めていたが、そのときにもやはり同じような行動が観察されている。その典型的な心理学実験の手順は次のとおりだ。一人で実験場にやって来た学童は、まず実験者と顔合わせをする。そのあとボーリングレーンの前に案内され、そこで魅力的な賞品をいろいろ見せられる。ボーリングゲームで獲得したトークンと交換できる品々だ。その子は、「恵まれない子どもたち」のためのチャリティーボックスも見せられる。ゲームで獲得したトークンの一部をそこに寄付してもいい。チャリティーボックスの後ろにはたいていマーチ・オブ・ダイムス（アメリカのボランティア団体）のポスターかそのコピーが貼られている。モデル（少し年上の若者か同年齢の子ども）が一〇〜二〇回投げて見せるが、このデモンストレーションは当然ながら、トークンを何枚か獲得できるように設定されており、モデルはその獲得したトークンの一部をチャリティーボックスに寄付する。

実験参加者の子どもたちは、次の三つのうちのどれかを経験する。①モデルが気前よく、多数のトークンを寄付する。②モデルがケチで、ごくわずかなトークンしか寄付しない。③モデルのデモンストレーションはなし。そのあと、子どもは一人でボーリングゲームを行ない、寄付するかどうかを自分の意思で決める。

これに類する多数の実験から、四つの事柄が明らかになった。まず第一に、子どもたちは自発的にモデルを模倣し、自分が見たモデルの行動しだいで、利他的にも利己的にもなった。つまり、気前のよいモデルを見た子どもは、「モデルなし」の場合よりも寄付額が多かった。一方、ケチなモデルを見た子どもは、「モデルなし」の場合よりも寄付額が少なかった。

第二に、子どもたちは、寄付額をまねるだけでなく、モデルの発言など、それ以外の行動も模倣した。その際に、自分がとる行動や、モデルの実際の行動とは矛盾するような発言であっても、モデルが口に出した言葉をそのまま反復した。たとえば、「恵まれない子どもたちに寄付するのはとても大切なことなんだよ」と言いながら、ほんのわずかしか寄付しないなど。

第三に、モデルの行動を見た効果は、それが気前のよい行動であれ、ケチな行動であれ、数週間ないしは数か月後に再テストしたときまで持続する。ただし、ボーリングゲームとは関係のないまったく別の場面にまで、その効果が及ぶことはない。[7]

第四に、子どもたちは、自己報酬か他者配慮かの基準をすぐに模倣して、その基準をすぐに他者にも強要する。子どもたちは、このゲームで年下の初心者の世話を任されると、たいてい、初心者の前では気前よさを見せて、自分が習得した基準をその初心者にも採用させようとする。初心者が自発的にそれを採り入れない場合には、叱責するなどして採用を強要する。[8]

このように見てくると、子どもたちは、あらゆる場面に通じる利他の精神を習得しているわけではない。ボーリングゲームという場面での行動規範を習得しているのであって、適切な寄付額もその中に含まれる。しかし、それを社会規範だと受け止めた子どもたちは、手人形のマックスの「間違い」を咎めたときと同じように、それを他の子どもたちにも強要するのだ。[9]

利他的行動とトウガラシのどこが似ているのか

過去に経験したことのない状況に置かれた人は、それまでに身につけた規範のうちで、どれならばその状況に適用できそうかを探る一方で、その前例のない状況に適用される新たな規範を身につけることもいとわない。そのことを念頭においた上で、次の経済ゲームの結果を見てみよう。典型的な社会的ジレンマの実験である。二人以上の面識のない者同士が匿名でやり取りし、自分の利得と相手の利得の双方に影響する意思決定を行なう。その決定によって、実際に持ち帰る金額が決まるので、実験とは言ってもその意思決定には現実味がある。

経済ゲームからは、社会規範や人間心理に関する貴重な洞察が数多く得られている。その結果を正しく解釈すれば、社会的行動を評価するための貴重なツールになる。また、意思決定を下す際には、さまざまな動機、認識、信念などが複雑に絡み合って決定に影響を及ぼすが、それらを解きほぐして理解するのにも経済ゲームは格好のツールになる。よく知られた経済ゲームには、囚人のジレンマゲーム、最後通牒ゲーム、独裁者ゲームなどがある。どのように実験するのかというと、たとえばこんな場面を想像してほしい。

ここは、とある大学の実験経済学の実験室。大学生らしき若者たちが大勢コンピューター端末に向かっているが、みな面識のない人たちばかりだ。あなたも空いている端末に座るように言われる。各々のスペースはパーティションで仕切られているので、他人があなたのディスプレイを覗くことはできない。準備を終えると、画面にゲームのルールが表示される。今からあなたは室内のだれか一人とやり取りするのだが、ＩＤでランダムに割り振られるので、お互いに相手がだれだかわからない。

各々が一回ずつ意思決定を下して、ゲームは終了となる。そこで儲けられれば、その金額が参加報酬（二〇ドル）に上乗せされて、ゲーム終了後、退室するときに現金で受け取ることができる。

今回、あなたはたまたま「提案者」の役割を割り振られた。したがって相手が「応答者」となる。提案者であるあなたの仕事は、一〇〇ドルを自分と相手に配分することだ。〇ドルから一〇〇ドルまでのうちで（一ドル刻みで）相手の取り分を提示する。相手は、あなたがだれだか知らない。提示を受けた応答者には、選択肢が二つある。提案を承諾するか、拒否するか、である。承諾した場合には、応答者は提示された金額を受け取り、あなたはその残りを受け取る。応答者が拒否した場合には、双方とも取り分はゼロになる。つまり、あなたは参加報酬だけを受け取って帰途に就くことになる。

以上が、最後通牒ゲームである。ゲーム理論を用いると、持ち帰る金額を最大にすることだけを考えた場合に、双方がどのような意思決定を下すかがわかる。まず、応答者の立場に立って考えてみよう。提案者がゼロより大きい金額を提示してきた場合に、拒否すれば、あなたの取り分はゼロ、承諾すれば、提示された金額を受け取れる。たとえば、提案者が一ドルを提示してきた場合、それを承諾すれば、一ドル余計に持ち帰ることができる。したがって、金額の最大化だけを考える応答者ならば、どんな低い金額でも一ドル以上ならば承諾するはずである。となると、提案者はそのことを見越した上で、最低額の一ドルを提示してくるだろう。

ヒトがもし、金額の最大化だけを考える生き物だったなら、最後通牒ゲームで実験すると、提案者は低い金額ばかり提示するだろうし、応答者は、ゼロでないかぎりそれを拒否しないはずだ。ところが、当然ながら、どこのヒト社会で実験しても決してそうはならないのである。それに対し、霊長類で実験すると、面識のない相手との取引において自己利益以外のものを求める動機は、ほとんどあるいはまったく認められない。たとえば、チンパンジーは、最後通牒ゲームで拒否することは決してない。[10]

西欧社会では、大多数の人が相手に半額（一〇〇ドル中の五〇ドル）を提示する。それよりも少ない額を提示すると、たいてい拒否されてしまう。そうなると、提案者自身の取り分もゼロになってしまうので、半額未満を提示するのはあまりにもリスクが大きい。しかし、ここが興味深いところなのだが、だいたい二五歳以上の成人の場合には、拒否されることを懸念して自ら進んで半額を提示するわけではないのである。

それが本当かどうかを確かめるには、最後通牒ゲームにおいて応答者が拒否する権限を奪ってしまえばいい。それが独裁者ゲームである。独裁者ゲームの提案者は、一〇〇ドルのうちのいくらかを相手に分け与え、相手が拒否しようがしまいが、残りを自分の取り分にすることができる。もしかりに徹底的に自己利益を追求するのであれば、提案者は相手には一銭も与えずに、一〇〇ドルすべてを持ち帰ろうとするはずだ。ところが、西欧社会の成人は、ルールをそのように変えてもやはり、相手に半額を提示する。

どうやら人間は、面識のない相手に対しても平等分配規範をもっており、それがこのような実験の場面にも現れるらしい。平等分配規範が内面化されているおかげで、常に損得を考えていなくても、最後通牒ゲームの応答者のような仕返し屋のいる社会をすんなりと渡っていけるのだ。最後通牒ゲームでは、提案者の取り分があまりに大きいと、応答者は提示を拒否することで提案者に仕返しをしてくる。しかし、人間は、そのように仕返しされる恐れがなくても、また、ゲーム外の人間関係にはまったく影響が及ばなくても、やはりこの平等規範を守ろうとするのである。[11]

私は共同研究者たちとともに、多様な社会の人々とチンパンジーに対して経済ゲームを実施した。ヒトの場合には、経済ゲームを行なうと当然ながら、普段の社会生活での規範が実験室にも持ち込まれ、ヒトはその規範に則って行動するので、ゲーム展開は社会によってまったく異なってくる。たとえば、現代の産業社会でこうした実験を行なった場合、そこから見えてくるのは、交換取引などの社会的相互作用を律している規範の存在である。それは、面識のない多数の人間が匿名で取引する大規模社会において、双方が利益を得られるように文化的に進化してきた社会規範である。このような没個人的な規範というのは珍しいのだが、それが強い力をもっている点が多くの現代社会の特徴なのだ。それに対し、ごく小規模な人間社会で実験を行なうと、あまり高い金額を提示することもないし、提示額が低いからといって拒否することもない。それは、面識のない人相手や匿名の相手と金銭取引をする場合の社会規範がそもそも存在しないからなのである。(12)

しかし、実験室で何度もゲームを繰り返していて、参加者たちが新たな状況になじんでくると、参加者たちの間に「実験室用の」社会規範ができてくる。それは、ゲーム独自の規範を犯したら他者からどう思われるかという懸念など、さまざまな動機、信念、期待がないまぜになって生まれてくるものだ。

無意識かつ反射的に

社会規範が内面化されていると、複雑な社会環境に適応しやすくなる。こんなことをしたらどんな評判を立てられるだろうかとあれこれ慮《おもんぱか》ったり損得を考えたりせずに——つまり無意識に——ローカルルールに則った「正しい行ない」ができるようになるのだ。それが本当かどうかは、公共財ゲームでどのように反応するかを見ればわかる。

公共財ゲームは、リサイクル、献血、納税、共同体防衛など、実生活でよく見られる社会的ジレンマ状況をつくり出して行なわれるゲームだ。社会的ジレンマとは、全員が協力すれば、集団として最大の成果が得られるが、一人だけ利己的に行動してそれ以外の全員が協力すると、その裏切り者が一番得をするという状況である。こうした状況をつくり出すために、たとえば次のようなルールを設定してゲームを行なう。まず、面識のない四人でグループをつくる。最初に各人に四ドルが与えられる。各人は、そのうちの何ドルをグループ(公共)のために寄付するかを決めなくてはならない。ただし、他の三人の寄付額は知らされていない。最後に、公共への寄付額を合計し、その二倍の金額が、寄付したか否かにかかわらず、四人全員に均等に配分される。

ではまず、四人全員が四ドルすべて(合計一六ドル)を公共プロジェクトのために寄付し、グループとして最大の成果が得られた場合を考えてみよう。寄付額を二倍した三二ドルが均等に配分されるので、各人が八ドルずつ(最初の二倍の金額)を持ち帰ることができる。

次に、寄付しない者がいた場合はどうなるかを考えてみよう。たとえば、三人が四ドルずつ寄付し、一人がまったく寄付しなかった場合、寄付した三人は六ドルずつ持ち帰れるが、寄付しなかった一人は一〇ドル(最初の四ドルと、公共プロジェクトからの六ドル)を持ち帰ることができる。つまり、寄付した他者にただ乗りした者(フリーライダー)が一番得をすることになるのだ。三人がただ乗りし、一人だけが四ドルすべてを寄付した場合、フリーライダーは六ドルずつ持ち帰れるが、寄付した人は二ドルしかもらえない。そんなことになるのであれば、自己利益の最大化をめざす人は一銭も寄付しないはずである。

ところが、プレーヤーは全額をグループに寄付すべきだと思うかと尋ねると、教育を受けた西洋人の大多数がそう思うと答える。大学生を対象に実験を行なった場合、全額を寄付する者やまったく寄付しない者(フリーライダー)もいるが、平均するとだいたい四〇~六〇%が寄付に向けられる[13]。

では、公共財ゲームで多額の寄付をする人や、同様のゲームで向社会的な選択をする人は、無意識に規範に従っているのだろうか。それを明らかにするためにデーヴィッド・ランドらは、寄付額を決めるのに要した時間と寄付額との関係を調査した。図11・2にその結果の一つが示してある。決定を下すのが速かった参加者ほど寄付額が多かった。つまり、すばやい直感的な反応をする者ほど協力的だったということだ[14]。

興味をそそられる結果だが、協力的な人たちがたまたま質問にすばやく答える人たちだっただけかもしれない。そこで、デーヴィッドは、参加者に好きなだけ時間をかけさせるのではなく、参加者をランダムに次の三群に分けて同じ実験を行なった。①一〇秒以内に答える、②前回と同様に時間制限を設けない、③一〇秒間以上じっくり考えてから答える。図11・3にその結果が示してある。時間制限を設けると、参加者はより協力的な反応を示した。逆に、時間をかけて熟考させると、時間制限がある場合よりも協調性が低下した。

ランドらのチームは、参加者たちに「熟考した上で」もしくは「直感に従って」決めるようにさりげなく仕向けるなど、手法を変えてさまざまな実験を行ったが、そのすべてにおいて同様の傾向が明らかになった。適切な規範を身につけている場合には、直感に従って決めたほうが協力的な行動につながるのである。

本章冒頭で、幼児たちが社会規範だと見て取ったルールをマックスが犯すと、とたんに幼児たちが怒りを露わにするのを見てきた。この反応の仕方は、最後通牒ゲームで応答者が拒否を表明する場合によく似ている。

ある社会の人々は、低い金額の提示を受けると怒りを示し、その提示額を拒否する場合には、間を置かずに拒否の決定を下す。それに対し、低い提示額の承諾を決定する場合には――理性に従うにしても、自己利益を考えるにしても――時間をかけて慎重に考えるようだ。こうした社会の人々を対象

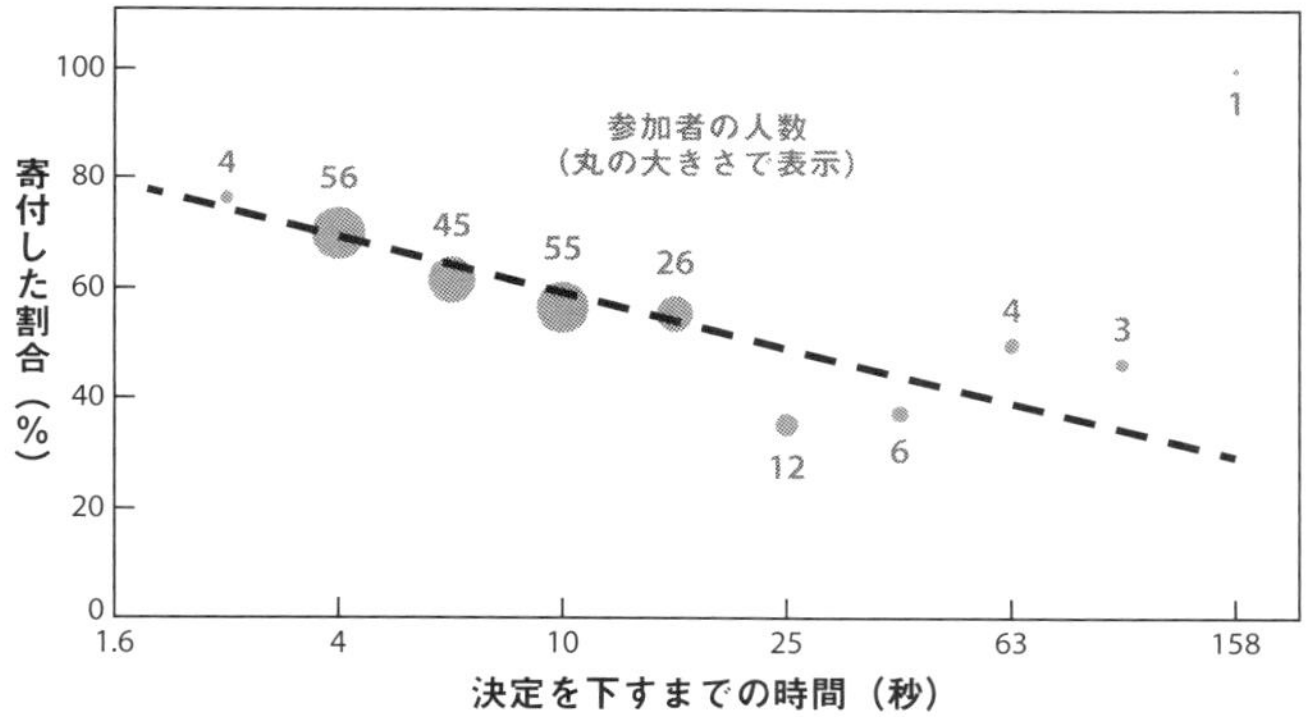

図 11.2　決定を下すのに時間がかかった人ほど協力的でなかったことがわかる。

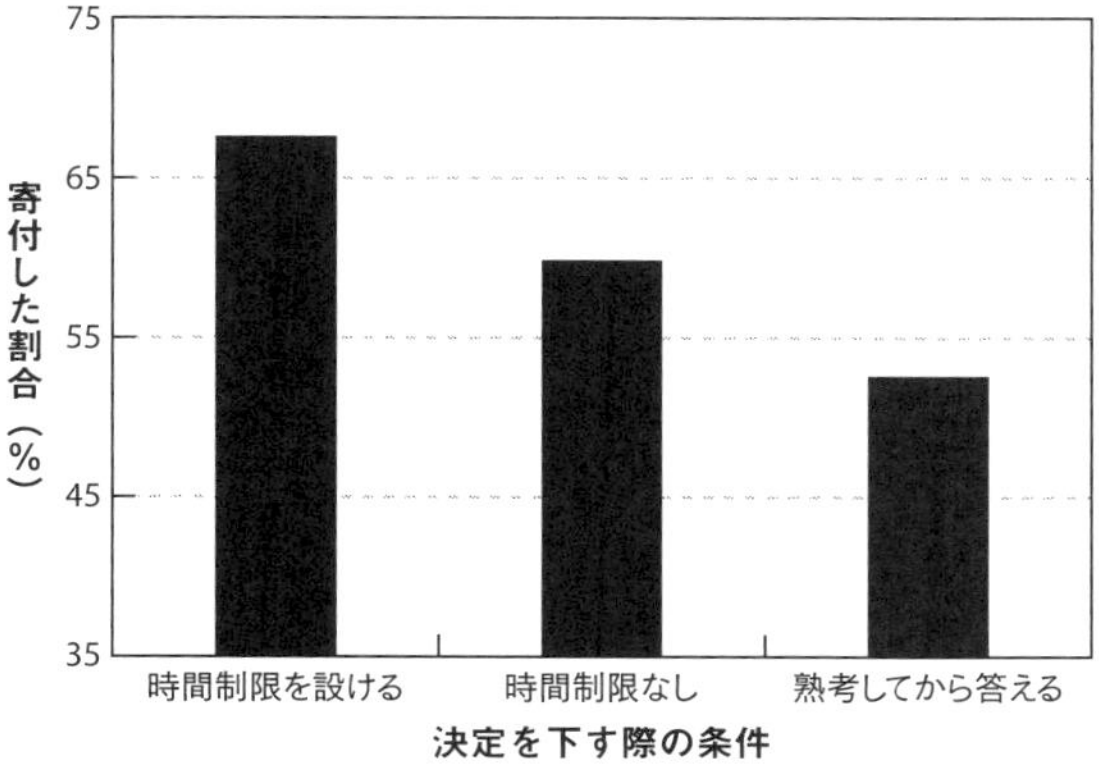

図 11.3　各群の寄付割合の平均値。時間制限がある場合のほうが協力的な行動を示した。

に実験を行なった場合には、応答時間に制限を設けると、不公平な提示額に対する拒否が増える。参加者にセロトニンを枯渇させる薬を投与し、衝動の制御をしにくくして行なった実験がある。すると、低い提示額に対して拒否する人が増えたが、半額を提示された場合にはだれも拒否しなかった。ネガティブな情動反応は、規範違反や規範違反者に対し、無意識かつ反射的に向けられる反応なのである。(15)

経済ゲームでの規範の力を初めて痛感したのは、一九九五年にペルーのアマゾン川流域に暮らすマチゲンガ族の人々に最後通牒ゲームを行なったときだった。面識のない相手との金銭取引に公平を期する、という強い社会規範をもっていない彼らは、ゲームでどんな金額を提示されても喜んだ。相手が半額を提示してくることは期待しておらず、低い金額を提示されても、拒否して罰を与えようとはしなかった。それから二〇年近くかけて、二〇を超える多様な社会で行なわれた研究の結果、ごく小規模なヒト社会ではそれが普通であることが明らかになった。

経済的な意思決定を下す際に規範心理が重要な役割を果たすことを示す証拠は、経済学者のエリック・キンブローの研究からも得られている。ある晩遅く、アムステルダムのパブからの帰り道、エリックが広い交差点を渡ろうとすると、クルマなどどこにも見当たらないのに、赤信号で立ち止まっている人たちがいた。この体験にヒントを得たエリックは、ある実験を考案した。

実験参加者たちには、最初に簡単なゲームをやってもらう。そのルールは次のとおりだ。プレーヤーはゲーム開始時に手持ち資金を与えられる。画面上にプレーヤー自身のアバターが表示され、それがバーチャルな通りを歩いていくうちに、手持ち資金がしだいに減っていく。アバターが画面の反対側に到達した時点で、資金がまだ残っていれば、それを持ち帰ることができる。交通ルールに従い、アバターは画面上の街路の赤信号で自動的に止まるが、その間にも手持ち資金は減り続ける。アバターを進めるには、ただキーを押すだけでいい。信号の色にかかわらず、いつでもアバターを進ませることができるのだが、参加者の多くは、どの信号も青になるまで待っていた。

この「規則遵守」ゲームを終えた参加者たちに、最後通牒ゲーム、独裁者ゲーム、公共財ゲームのようような経済ゲームをやってもらった。その結果はエリックの予想を裏づけるものだった。つまり、赤信号で長い時間待つ人ほど、独裁者ゲームでは半額を提示し、公共財ゲームでは多くの金額を寄付し、最後通牒ゲームでは低い提示額を拒否する傾向があったのだ。どうやら、信号待ちのような交通ルールを遵守する行動と、経済ゲームにおいて社会規範に従い、違反者を罰しようとする行動は、同じ心理メカニズムを基盤としているようだ[16]。

エリックや私が取り上げるずっと以前から、アダム・スミスやフリードリヒ・ハイエクが主張していたとおり、私たちに「正しい行ない」をさせて社会をうまく動かしているのは、無意識かつ反射的に働く規範心理であって、自己利益を追求する利己心でもなければ、先を見越した冷静で合理的な損得勘定でもない。つまり、ある社会がうまく機能するかどうかは、社会規範のパッケージ、すなわち制度いかんにかかっているのである。

そして脳内でも

神経科学研究ツールを用いて経済ゲームを行なうと、規範が内面化されることによってヒトの脳内にどんな効果が現れるのかがよくわかる。協力行動をとったり、慈善事業に寄付したり、その場のルールに従わない者を罰したりすると、脳内の「報酬系回路」が活性化されるのである。その一部は金銭や食物を得たときに刺激されるのと同じ回路だが、そのような場面では、実際には金銭を失うことになるにもかかわらず報酬系が刺激される[17]。神経学的に言うならば、人間は規則を守り、規則に背く者を罰することが「好き」なのである。

このような脳活動の画像化技術を用いて、人間が社会規範を破ろうとしたときに脳内で何が起きるのかを見ていくと興味深いことがわかる。では、嘘をつく場合を考えてみよう。神経学的に説明すると、嘘をつこうとするとき――弁護士や車のセールスマンは別にして（ほんの冗談です）――大多数の人は、認知的制御や抽象的思考をつかさどる脳領域を活動させて、無意識に起こる機械的反応を抑え込む必要がある。つまり、社会規範を犯すためには、心的努力と「高度」な認知機能が不可欠なのだ。(18)

たとえば、ほとんどの西洋人は、いろいろな場面で面識のない相手に嘘をつくのにも、内面化された規範に背く必要がある。とはいっても、もちろん、相手のためを思ってあえて嘘をつく場合は、必ずしも規範に背くことにはならない。また、多くの社会では、自分や家族のために見知らぬ人や外国人に嘘をつくことは、褒められることではないにせよ、まったく問題なしとされている（当然ながら、規範に「背く」必要もない）。

自然選択の結果、規範が内面化されていったのはなぜなのか？　そこにはどんなメリットがあるのだろう？　広い視点に立つならば、動機づけが内面化されているおかげで、私たちは世の中をうまく渡っていくことができる。危険な落とし穴にはまるのはたいてい、規範を犯した場合だからである。また、内面化されているおかげで、目先の誘惑に打ち勝つことができるし、思考力や注意力をフル稼働させなくてもすむし、他者に対して説得力をもって社会的責任を説くことができる。

このロジックは、第7章で見てきたものとよく似ている。肉に潜む病原体の危険を防ぐために、ヒトは文化的学習によって、トウガラシその他の香辛料に対する生得的な忌避反応を克服したのだった。こうして痛み（辛さ）を快感と感じるようになったことが、本人も気づかぬうちに生存や繁殖に関わる問題（肉に潜む病原体）を解決し、厳しい生物界を生き抜くのを助けているのだ。それとまったく同じように、規範遵守を喜びと感じるようになったことが、苦もなく直感的に人間社会を生き抜くのを助けているのである。

規範違反をすぐに見つけてしまうわけ

社会規範の内面化に加え、文化－遺伝子共進化のプロセスはヒトの認知機能、動機、および感情を多方面にわたって磨き上げてきた。評判を落とさないように気を遣うようになったのもそのひとつだ。認知機能に関して言えば、規範破りが絡んでくる問題になると、子ども・大人を問わず、すぐれた論理的思考力を発揮する。だからこそ、私たちは規範を破らずにいられるのだし、違反者をすぐに見つけ出して、罰したり、避けたり、村八分にしたりすることができ、それによって得をすることもある。フィジー島の例で見たとおり、規範違反者を見つけたらそれは、その人の作物を堂々と盗んだり、過去の恨みを晴らしたりする絶好のチャンスになる。

こうした能力を理解する上で格好の材料を提供してくれるのが、三〜四歳児を対象にした次のような実験だ。子どもたちに、二通りのストーリー（バージョン①とバージョン②）のどちらか一方を聞かせた上で、論理クイズを解いてもらう。いずれも、夜になると裏庭に遊びに出ていくネズミの話で、途中までのストーリーはまったく同じだ。ネズミたちのうちの何匹かは、遊びながらチューチュー鳴くので、近所のネコに襲われてしまう。だから、夜には――そのあとが異なる。バージョン①では「チューチュー鳴くネズミはすべて家の中にいます」と語る（単なる状況の叙述）。それに対し、バージョン②では「チューチュー鳴くネズミはすべて家の中にい、な、く、て、は、な、り、ま、せ、ん」と語る（社会規範を示す）。

さあ、このあとテストに移る。黄色いゴム製のネズミが一〇匹入っているネズミの家の前に子どもたちを連れて行く。「チューチュー鳴く」ネズミなのか「鳴かない」ネズミなのかは、ぎゅっと握ってみて音が出るかどうか調べないとわからないことも示してみせる。そのあと、ネズミの家に夜が訪れ、四匹のネズミが裏庭に遊びに出ていく。ここで、子どもたちに次のいずれかの課題を与える。バージョン①を聞いた子どもには、叙述内容が正しいかどうか確かめさせる。バージョン②を聞いた子どもには、規範を破ったネズミを見つけさせる。

いずれの場合もやるべきことは同じで、裏庭にいるネズミをすべてチェックする必要がある。家の中のネズミを調べても意味がない。なぜなら、どちらの場合も鳴かないネズミが家の中にいても構わないわけだし、鳴くネズミと鳴かないネズミがそれぞれ何匹いるのかは知らされていないのだから。規範を破ったネズミを見つけようとする場合には、三〜四歳児のほとんどが、裏庭にいるネズミをチェックしようとした。ところが、叙述内容を確かめようとする場合には、ほとんどの子が、裏庭にいるネズミをチェックしようとは考えなかった[19]。この実験結果から、規範心理に訴えるように課題を設定すると、子どもたちが論理クイズを解きやすくなるということがわかる。

こうした自己家畜化が進行するなかで、社会規範に支配された世界をうまく渡っていけるように、ヒトの感情やその表出行動にもいろいろと手が加えられた。霊長類の恥や誇りに関連する感情が、社会規範に適合するようにだんだんと形を変えていったのである。ヒトの羞恥心はもともと、霊長類に見られる「原型的な恥感情」から（遺伝的に）進化した。それは、霊長類が群れの優位個体に対して服従を示すときに見せる感情とその身体表現だ。ヒトも霊長類も、羞恥心や原型的恥感情を表すときは、肩を落とす、うつむく、しゃがむ、姿勢を低くするといった行動をとる。なるべく目立たないように、小さく見せようとするのである。

しかし、人類学者のダニエル・フェスラーが主張するように、ヒトの場合には、社会規範を犯してしまったときや、仕事のできばえが標準以下だったとき、そして階層序列が低い場合にも（第8章参照）羞恥心を抱く。共同体の規範を犯した者は、霊長類の劣位個体が優位個体の前で恥を表すのと同じ理由から、共同体に対して恥を表明する。いずれの場合も恥の表明は、その社会の秩序を受け入れていることを再確認するものだ。たとえば、規範を犯した場合、恥を表明している者は、共同体に対して事実上こう言っているのだ。「はい、私は規範を犯してしまい、戒めを受けなくてはならないことは承知しています。でもどうか、あまりむごいことはしないでください[20]」

また、同様の文化‐遺伝子共進化の過程で、個々人を評価する基本的な心的機能や、危害の恐れ、公正さ、地位などを判断しようとする動機や初期設定のようなものがもたらされた可能性がある。遺伝的進化によってこのような心理的適応能力が備わっていった背景には、集団間競争が繰り広げられるなかで広まっていった次のような社会規範の存在があると考えられる。①共同体や内集団のメンバーに危害を与えることを抑制する規範、②仲間を公平に扱うように命じる規範、③持続的な上下関係を確立する規範。

こうした予想とも一致するのだが、ブリティッシュコロンビア大学の私の同僚の一人で、発達心理学者のカイリー・ハムリンは、赤ん坊は満一歳になる前から、かなり微妙な社会的区別を行なっていることを証明した。パペットを用いた簡単な道徳劇を利用して、乳児が人助けをするパペットを好み、人のじゃまをしたり、人を傷つけたりするパペットを嫌うことを明らかにしたのだ。しかし、とりわけ重要なのは、乳児がごく早期から微妙な心理の綾を見せることである。生後八か月でもう、反社会的なことをした人（他のパペットを傷つけたとされている人）を助けるパペットよりも、反社会的な人を傷つけるパペットのほうを好むようになる。他者に危害を加えたとわかっているなら、あるいは他集団のメンバーであるならば、その人物を傷つけるのは、乳児にとって望ましいことなのだ。同様に、よちよち歩きの幼児もやはり、反社会的な人を助けるパペットからは褒美を取り上げて懲らしめる。むしろ、反社会的な人を傷つけるパペットのほうを好む。

この研究から明らかなように、発達初期の赤ん坊でさえ、小規模社会の社会規範を維持するのに不可欠な他者評価の能力や動機をすでに備えており、相手を助けるべきか、傷つけるべきかという単純な状況に、その他者評価の論理を当てはめることができるようなのだ。[21]

要するに、ヒトは、社会規範に支配されている世界、しかも第三者や世評の力で社会規範が強化されている世界を生き抜くために、遺伝的進化を遂げていったのだ。つまり、向社会的なバイアスを通して規範を身につけ、それを内面化して遵守するとともに、規範に犯す他者に目を光らせ、自分の評判に気を配るようになっていった。その進化のプロセスが、私たちヒトを、どんな動物とも異なる独特の生きものにしたのである。

規範が生んだ民族の固定的イメージ

チンパンジーの群れが、隣の群れの一匹にばったり出くわすと、たちまち敵意をむき出しにして一斉に吠えたり叫んだりする。それが大きな群れだったりすると、全員でその不幸なはぐれものに襲いかかって殺してしまう。しかし、ヒトの社会ではこういうことは起こらない。ごく小規模な社会でもチンパンジーの集団とはまるで違う。なぜなら、バンドであれ、村であれ、一世帯の集団であれ、個々の集団はすべて、もっと大きな部族集団や、ゆるやかな部族ネットワークの中に組み込まれているからである。

部族メンバーは同じ民族なので、言語や方言が同じだし、それ以外の服装、挨拶、身振り、儀礼、髪型など、外見的な特徴が共通していることが多い。外見は似ていなくても、民族が同じだと、共通する社会規範、信念、世界観のもとで生活しているので、相手の行動が予測でき、協調や協力がしやすい。[22]

ヒトは、見知らぬ人にそれほど友好的ではないし、だれに対しても親切にするわけではない。イヌイットのところで述べたように、多くのヒト社会では昔も今も、一人で旅をしているとすぐに大勢の見知らぬ人々に囲まれて命からがら逃げてくるはめになる。小規模社会では、言語境界線上で、あるいは部族同士が抗争しているときにこうしたことがよく起こる。

しかし、ヒト社会には、部族のネットワークというものも存在する。そのネットワーク内部であれば、直接には知らない人が大勢いても、比較的安全に狩猟、採集、農耕、旅行、配偶者探しができる。見ず知らずの人であっても、特に仲間の目印となるものを身につけていて、しかるべき挨拶をする人であれば、近づいても安全だし、同じ部族ネットワークのメンバーだと思って間違いない。[23]

言語など文化を同じくする集団も、また、そうした集団内の社会環境を生き抜くためのヒトの心理も、文化−遺伝子共進化のプロセスを通して生まれたものと思われる。つまりこういうことだ。文化進化によって、多種多様な社会規範が生まれ、その結果、結婚、交換、分配、儀礼などに関する習慣や期待が集団ごとにますます異なるものになっていった。すると、自然選択が遺伝子に働きかけて、規範に支配された社会をうまく渡り、柔軟に学習していくのに有利な認知機能や動機をヒトに与えることによって、そのような社会環境に対応したのである。

規範が支配する社会に生まれ育つ個人の成功をある程度まで左右するのは、自集団の社会規範をきちんと身につける能力、そして、その規範を共有できそうな相手を選んで付き合う能力である。もし、自集団の他者と折り合わない規範を身につけてしまえば、結局、そのローカルな規範に抵触することになり、悪評を立てられて、罰を受けるなど、いろいろとまずいことが起きる。自集団のローカルな規範をきちんと身につけていても、付き合おうとした他集団の相手が異なる規範をもっている場合には、結局、制裁を受けたり、無駄骨に終わったり、なかなかうまくいかない。たとえば、民族の異なる少年と少女が恋に落ち、何年間も付き合っていても、少年の家族は結婚持参金を要求し、少女の家族は婚資（花嫁代償）を求め、結局、結婚できずに終わるかもしれない。双方とも、相手が支払ってくれて当然だと思っているから、話はこじれていくばかりだ。

ともあれ、社会規範というのはなかなか厄介な代物である。目に見えないが、隠然たる力をもって社会に根を下ろしており、手遅れになってはじめて気づかされる。また、規範の多くはすでに各人の世界観の一部になっているので、別の考えをもつ人間がいること自体、なかなか想像できなかったりする。

たとえば、あなたがアフリカ北東部出身の立派な男性と結婚したとしよう。結婚後何年も経ってから、夫が実家を訪ねた折に、八歳の娘に陰核切除を受けさせていた事実を知ることになるかもしれない。あなたの常識では考えられないことだが、彼やその母親にとっては当たり前のことなのだ。女性に陰核などあってはならないのだから。中東やアフリカ北東部では、女性器切除は古くから行なわれている風習で、純潔を守り、多産を約束するものとされている。あなたがなぜそんなに狼狽するのか、彼らには理解できないのだ。

どんな社会規範のもとに生きている人間かということは、目で見てわかるものではない。そこで、自然選択によって利用されたのが、社会規範はたいてい言語、方言、入れ墨のような識別可能な特徴とともに伝播するという事実だった。こうした特徴に注目すれば、①だれを手本にすべきか、②結婚を考えている相手とは規範を共有できそうか、がわかる。[24] 目印にするのにふさわしいのは、簡単にはごまかしのきかない特徴だ。あるいは、服装、身振り、礼儀作法などから総合的に判断することもある。なぜなら、独特の帽子のようなものだと、身に着けるだけで簡単に相手をだますことができるからだ。

たとえば、マンハッタンに住む非ユダヤ人の医師がユダヤ人の患者を増やしたいと思ったら、クリニックの入り口にメズーザーを取り付けておくかもしれない。メズーザーというのは、ヘブライ語の礼拝文が記された羊皮紙の小片を装飾を施したケースに収めたものだ。ユダヤ人の家屋ではたいてい、これが戸口の門柱に取り付けてある。ほとんどの人は気づかずに通り過ぎてしまうが、ユダヤ人の目にはすぐに留まるはずだ（私の妻もそうだ）。

というわけで、メズーザーのようなものは比較的簡単に人を欺くことができてしまうが、それとは対照的なのが言語や方言である。なぜなら、一定の地域や特定の社会集団で育っていないかぎり簡単には身につくものではないからだ。ということは、言語や方言は、何かを学んだり付き合ったりする相手を選ぶ際の、あるいは、相手の行動を予測する際の、最も確実な手がかりになると考えられる。

すでに第4章で、幼い子どもは道具の使い方にせよ食嗜好にせよ、自分と同じ言語や方言を話す人をまねる傾向があるのを見てきた。発達心理学者のキャサリン・キンズラーも、幼い子どもが自分と同じ言語を話す相手とやりとりしたがること、特に相手が同じ方言を話す場合にその傾向が顕著になることを明らかにしている。

このような傾向はさまざまな集団で確認されており、ボストン、パリ、および南アフリカの子どもたちを対象に行なった実験でも同様の結果が得られた。[25] 生後五～六か月の乳児は、母親と同じアクセントの人のほうばかり見つめる。生後一〇か月になると、母親と同じアクセントの人のほうからおもちゃを受け取るようになる。(26) また、幼稚園児は自分と同じ言語や方言を話す子を「友だち」に選ぶ傾向がある。

エスニックマーカー（民族を識別する目印）として、言語がいかに重要かを痛感したことがある。それは、妻のナタリーが、ミシガン州に住んでいるカルデア系の人々を対象に博士論文のための研究を行なっていたときだ。もともとイラク北部に住んでいたカルデア人の移民が、徐々に大都市デトロイトに集まって暮らすようになったのは、二〇世紀に入ってからのことだ。そして一九九〇年代末には、この民族集団が、デトロイトの小規模食料雑貨業を牛耳るまでになった。緊密な社会的ネットワークを形成して、親類や同郷のカルデア人を雇い、カルデア人の医師、弁護士、その他の専門職者を優先的に使うことによって、厳しい経済的環境の中でも（何しろデトロイトだ）ずっと繁栄を続けてきたのである。

とにかく、コミュニティから「カルデア人」だと見なされることが何よりも重要だった。それは今でも同じだ。さもないと、仕事に就くことも、他のカルデア人実業家と握手契約を取り交わすことも、広い社会的ネットワークに参入することも、結婚相手を見つけることもできないからである。

カルデア人たるものとして非常に重視されること――それがカルデア語を話せることなのだ。カルデア語はイエスが話した言葉なのだと、カルデア人たちは口をそろえて言う。その重要さゆえに、多くの移民二世や三世が、カルデア語の授業を受けてカルデア語を学んだ。モスルなどイラクの都市部からやって来た移民第一世代の中にも、カルデア語の授業を受ける者がいた。というのは、イラク都市部に住むカルデア人の中には、アラビア語しか話せない人々がいたからである。当然ながら、アラビア語を話していてはカルデア人とは認めてもらえない。デトロイトには、アラビア語を話すイスラム教徒の移民があふれており、カルデア人にとって彼らはむしろ、自分たちと区別したい相手なのである。もちろん、こうした使用言語だけでなく、カルデア派のキリスト教を信仰しているかどうかも、カルデア人かどうかを判断する重要な指標になっていた[27]。

しかし、言語や方言よりもさらに顕著で確実なエスニックマーカーもある。何千年も前から世界各地のさまざまな集団において、人為的な頭蓋変形が行なわれてきた。ヨーロッパにも最近までこの風習が残っていた地域がある。頭に板を当てて紐で締めつけるなど、いろいろな方法を使って乳児の頭蓋骨を変形させ、扁平型、円筒型、円錐型など、彼らの美的観念に合う独特の形に仕上げるのだ[28]。その形状は民族や階級を識別する目印にされることが多かった。頭蓋変形は乳児期から始める必要があり、家族に負担を強いるものなので、ごまかして似せることなどほとんど不可能だからである（図11・4）。

そんなわけで、文化進化によって生まれた世界では、集団ごとに社会規範がまちまちで、規範の境界線がどこにあるかは、言語、方言、服装、その他の特徴（頭蓋の形など）から見極めるほかなかった。このような社会環境が、その世界で生き抜くのに有利な認知能力の発達を促していったのだろう。この世界では、ある人の方言を聞けば、その人の選好、動機、信念などさまざまな側面を、ある程度自信をもって予測できたはずである。なぜなら、方言は、社会規範や信念や世界観と同じ経路を通って伝達されるからである。

このような社会環境はまた、集団の成員の特徴的な目印を見つけて、「カテゴリーに基づく帰納的推論」（第5章参照）を行なう心理機能の発達をも促したかもしれない。どういうことかと言うと、ある集団の一人について何かの情報が得られると（たとえば豚は食べないなど）、その集団のメンバー全員がそうなのだろうと一般化して考えるようになるのだ。もちろん、そのような能力のマイナス面として、過度の一般化によって誤った推論をし、集団の状況や成員の行動を、実際とは異なるステ

図 11.4　アメリカ合衆国の太平洋岸北西部に居住するチヌーク語を話す人々が、乳児の頭蓋を扁平にするために昔から用いている器具

レオタイプ化した型の中に押し込んでしまうこともある。いずれにせよ、認知科学者たちはこうした能力をヒトの民俗社会的能力と呼んでいる。(29)

私たちの規範意識は、民俗社会的な心理と深く絡み合っている。それを見るために、もう一度パペットのマックスを用いた実験に戻ろう。今度は、子どもたちをマックスとアンリの二人に会わせる実験だが、マックスがネイティブのドイツ語を話すのに対して、アンリはフランス語訛《なま》りのドイツ語を話す。すると、ドイツ人の子どもたちは、発音から同じ民族だと判断したマックスがモデルと違ったやり方をしたときのほうが、アンリが違ったやり方をしたときよりも激しく抗議したのである。

同じ民族の者は、規範を共有しているせいか、好意的な待遇を受けるが、その分、厳しく監視され、その規範を破ると罰を受けることになる。これはどの文化にも共通して言えることのようだ。たとえば、モンゴルやニューギニアなど、さまざまな地域の人に最後通牒ゲームをやってもらうと、損をしてでも相手を罰するのは、異なる民族の相手が規範を破ったときよりもむしろ、同じ民族の相手が規範を破ったときなのだ。(30)

部族や民族についてこのような考え方をすると、さらにいろいろなことが見えてくる。まず第一に、集団間競争によって、集団の成員が自部族のものと認めるものを拡大発展させる仕掛けが広まっていく傾向がある。宗教も国家も、擬似部族をつくることにより、ヒトの心理のこうした部分を巧みに利用するように文化的に進化してきたものだ。

第二に、このような見方をすると、心理学における内集団と外集団の考え方は、重要なポイントを見逃していることに気づく。すべての集団を同じように考えてはいけない。たとえば、内戦の真の原因は、民族あるいは宗教の違いであって、階級や所得や政治的イデオロギーの違いではない。(31)なぜなら、ヒトの心理はもともと、社会を民族に切り分けるようにできており、階級やイデオロギーで分類するようにはできていないからである[32]。

最後に、私たちが「人種」を区別する心理メカニズムはもともと、人種ではなく、民族を区分するために進化したものだ。こう述べても、その違いがよくわからないかもしれない。人種と民族はしばしば混同されているからだ。ここではっきりさせておこう。その民族の一員であるかどうかは、言語や方言のような、文化として受け継がれてきた特徴によって決まる。一方、その人種に属するかどうかは、肌の色や毛髪の形状のような、遺伝的に受け継がれてきた、目に見える形質的特徴によって決まる。

ヒトの民俗社会的能力は、民族や部族を見分けるために進化したものだ。ところが現代社会では、肌の色や毛髪の形状のような特徴が、エスニックマーカーとして受け取られてしまう。別の民族集団の成員がそのような肌の色だったり毛髪の形状だったりする場合があるからだが、このような人種的特徴がヒトをだまし、無意識かつ反射的に、別の民族だと思わせてしまう。この勘違いの産物が人種に対するレッテル貼りや人種差別を生み出すのである。

それと関連して重要なのは、人種的特徴よりも民族的特徴のほうが優先的に認識されるという事実だ。子ども大人を問わず、言葉やアクセントからすると「同じ民族」だが、肌の色からすると「異なる人種」だという場合、文化的共通性のほうが身体的差異にまさるのだ。つまり、子どもたちは、人種は同じで方言が異なる人よりも、人種は違っても方言が同じ人を友達に選ぶ[33]。服装が同じという程度の文化的共通性でも、人種的差異にまさることがある。

ちなみに、異なる人種間では文化的差異が維持される傾向がある。同じ地域に住んでいる場合でもそうなのだが、それはおそらく、子ども大人を問わず、（民族的特徴だと誤認した）人種的特徴が同じ相手を選んで、学んだり付き合ったりしようとするからだろう。

要するに、文化－遺伝子共進化の結果、ヒトは、文化的な違いをマッピングして、文化多様性に富む世界を渡っていく心的機能を装備するようになったのである。ところが、自らの観察や、文化的に習得したカテゴリー（人種など、第7章参照）をもとに、周囲の社会的世界のマップを作成するにあたり、視覚系などヒトの民俗社会的装置は、大きな建物や目抜き通りだけを書き込んで、細部は無視するというエラーを犯してしまう。その結果、連続的に変化する文化多様性が、断片的に浮彫りにされるということがしばしば起きてくるのだ。

ヒトはなぜ血縁個体間の互恵的利他性が強いのか

進化論をヒトに適用するにあたり、従来から、血縁関係や互恵的利他性（助け合い）の重要性が強調されてきたことは第9章で述べたとおりだ。それが重要であることは疑うまでもない。しかし興味をそそるのは、なぜヒトは他の種に比べてこれほど血縁関係や互恵性が強いのかということだ。たしかに霊長類の社会生活でも血縁関係は重要な意味をもっているが、ヒトの社会生活における重要性にはとうてい及ばない。ヒトは他の哺乳類よりも頻繁に、より多くの親族を助けようとする。そもそも他の哺乳類は、どういう場合に、だれを助ければいいのかを認識していない。腹違いのきょうだいを含め、血縁個体のすべてがわかっているわけではないのだ。

血縁個体に対する利他行動が生まれるためにはまず、どんな場合に、どの個体を助ければよいかを各個体が認識している必要がある。要するに、他の種では血縁個体どうしが助け合うような自然選択が起きないのは、そもそも血縁個体を見つけにくく、どんな場合に援助が必要なのかがわかりにくいからなのだ。

社会規範が文化進化していくと、どんな場合にだれを助けるべきかを定めた規範が生み出されて、血縁個体に対する利他行動を強化することができるようになる。共同体が監視役となって、人々が親族に対する責任を無視することのないよう見張るのだ。兄弟同士はもともと助け合おうとするものだが、兄弟間の生活扶助義務を定めた規範をもつ共同体に監視されている兄弟は、ますます助け合おうとするだろう。さらに、規範違反者に制裁を科すようになると、血縁者びいきの本能を生み、とりわけ父と子の結びつきを強化する方へと自然選択が強く働く。

ヒト以外の動物、特に霊長類以外の動物ではこうした助け合いがほとんど見られないことからしても、互恵的利他行動を促す上で、社会規範の存在は非常に大きかったのではないかと考えられる。社会規範があることにより、広い分野にわたって継続的な助け合いが促される。また、ある人がローカルな規範に違反していないか（助け合いを怠っていないか）どうかを第三者が監視しやすくなるし、違反者に対して制裁を加えやすくなる。

たとえば、多くの小規模社会では、男性同士が、お互いの妹を妻にする風習がある。今、おまえの妹と結婚させてくれたら、将来、私の妹が適齢期になったとき、おまえと結婚させようと約束をとりかわすのだ。しかし、結婚したあとでいろいろ状況が変化することもある。あなたが障がい者になるかもしれないし、相手の妹が別の男性と行方をくらますかもしれない。そうなると、家同士の関係が破綻しても、返礼せずにすましてしまおうという気持ちが芽生えそうなものだ。しかし、多くの地域では、約束を反故《ほご》にする者はおらず、妹交換の規範は守られている。返礼義務を果たさないと、評判がおそろしく傷ついてしまうからだ。

ニューギニアのゲブシ族で詳しい調査がなされているが、それによると、妹交換の義務を怠った場合には、遠からず魔術師の汚名を着せられ、共同体によって処刑されてしまう。こうした文化的に構築された世界では、互恵的利他行動の義務を怠ると、相手との関係が終わってしまうだけでなく、自分自身の命を落とすことにもなりかねないのである。[34] このような社会では、強い助け合いの精神をもつ個体が自然選択によって選ばれるようになる。

文化進化によって生まれた社会的世界では、自然選択の作用が増強され、血縁個体間で互恵的利他行動をとろうとするヒトの本能にますます磨きがかかっていったのである。

戦争、外的な脅威、規範の遵守

ネパールでは一九九六年から二〇〇六年にかけて、ネパール共産党毛沢東主義派《マオイスト》の反乱軍とネパール武装警察やネパール政府軍との間で激しい戦いが繰り広げられた。この内戦で一万三〇〇〇人以上が死亡し、家屋や財産が破壊され、何十万にも及ぶ人々が住む家を奪われた。小さな田舎の村々がいきなり暴力の嵐に見舞われたのである。村人を脅して支援を強要したり、情報収集したりするために暴力が利用されることもあった。また、復讐や政治的報復の手段として暴力が用いられることもあった。

このような戦争は、人々の社会的動機づけにどのような影響を及ぼすのだろうか？　それを調査するために、政治学者のマイケル・ギリガンらは、ペアにした六組の共同体において、公共財ゲームや独裁者ゲームなどを含めた一連の行動ゲームを実施した。共同体のペアを作るにあたっては、地理学的、人口統計的属性が近い共同体どうしを組にした。組にした共同体間の大きな違いは、一方が戦争中に多数の死者を出したことがあるのに対し、他方は戦争で死者を出した経験がまったくないことだった。[35]

戦争で暴力を受けたことがある共同体の人々は、自分の世帯は暴力や財産喪失や退去を経験していなくても、公共財ゲームでは仲間の村人に協力しようとする傾向が強かった。また、独裁者ゲームでも、より多くの金額を分け与える傾向が見られたが、こうした行動をとるのは主に、自分の世帯が暴力を受けたことのある人々だった。公共への寄付の合計はかなりの額に上り、ほとんどの人がこのゲームから日給の半分ないしは一日分の報酬を得て帰宅した。

社会規範が強化され、共同体の結束が強まると、より多くの、より活発な共同体組織が生まれてくるようだ。戦争の影響を受けていない共同体で、農業協同組合や婦人団体のような新たな地域組織が設立されたところはまったくなかった。それに対し、戦争の影響を受けた共同体では、その四〇%において、戦後、新たな組織が設立されている。暴力を経験した共同体では、新組織の設立がなかったところでも、既存の組織や外部の者が起ち上げた組織の活動が、暴力を受けていない村の組織よりも活発になった。戦争を経験したことで向社会的な規範が強まり、その結果、より多くの活力に満ちた共同体組織が生まれたのである。

戦争にはなぜ、このような向社会的行動を促進する効果があるのだろうか？

何十万年にもわたって集団間競争が繰り広げられるなかで、さまざまな社会規範が広まっていった。団結して共同体を守ろうとする気運を高め、干魃、洪水、飢饉のような自然災害に対処するためのリスク共有ネットワークを作り、食物、水、その他の資源の分かち合いを促すような社会規範である。つまり、時が経つにつれてだんだんと、個人の生存や集団の存続は、集団を利する向社会的な規範を遵守できるかどうかで決まるようになっていった。とくに、戦争の脅威が迫っているとき、飢饉に襲われたとき、干魃が続くときはそうだった。

このような世界では、文化‐遺伝子共進化によって、集団間競争に対する心理的反応が促された可能性がある。集団の結束力を高めなければ生き残れないような脅威にさらされると、あるいはそれが常態化した環境に置かれると、個々人をしっかりと監視し、違反者に厳しい懲罰を加える習慣が集団間競争で有利になって広まるので、その結果、（飢饉のときに食物を分かち合わないなど）規範を破ろうとする誘惑は抑え込まれていく。また、そうした脅威のもとでは、違反者は村八分、鞭打ち、死刑など苛酷な制裁を受けるようになるので、その結果として、人々は無意識かつ反射的に社会規範を遵守するようになり、信念や価値観や世界観をも含め、集団やその社会規範にしがみついて生きるようになっていったのかもしれない。

つまり、集団間競争がきっかけとなって、集団の結束力や自集団への帰属意識が強められ、規範を守ろうとする意識が高まっていったのだ。規範意識が高まると、規範が遵守されるようになると同時に、違反行為に対するネガティブな反応が強まる(36)。

歴史家たちは長らく、戦争は人間の向社会的な動機づけに影響を及ぼすのではないかと考えてきたが、冒頭で紹介したネパールでの研究をはじめ、いくつかの最近の研究がそのとおりであることを示している。今なお地球上のあちこちで繰り広げられている痛ましい戦争が、準自然実験としてそれを実証しているのだ。研究自体はまだまだ途上であるが、戦争がヒトの心理に永続的な効果をもたらすことはもはや疑うまでもない。ヒトが、集団間抗争で引き裂かれた世界のなかで進化を遂げてきた文化的な種であることを考えれば、それは当然のことであろう。

さあ、では次は、コーカサス地方のジョージアと、西アフリカのシエラレオネに向かうとしよう。経済学者のマイケル・バウアー、ジュリー・ヒティロヴァ、およびレッサンドラ・カサールは（後に私も参加）、戦争の体験は大人よりも子どもたちに強い影響を及ぼすのではないかと考えた。それにはもっともな理由がある。さまざまな社会規範を習得し、それを内面化するのは六歳頃から二〇歳代初めにかけてだからである。このチームはまた、戦争を経験することによって、人々の向社会的傾向が増し、内集団の結束が強まるのではないかとも考えた。言い換えると、戦争を経験することで、自らが属する共同体の成員を優遇し、それ以外の集団の成員を冷遇する、いわゆる内集団びいきの傾向が現れるのではないかと考えたのだ。

それを確かめるべく、私たちのチームは実験を行なった。対象としたのは、二〇〇八年のロシア軍侵攻から六か月が過ぎたジョージアの三～一二歳の子どもたちと、長期にわたる壮絶な内戦が終わって一〇年後の西アフリカのシエラレオネの大人たちである。注目されるのは、シエラレオネの成人の多くは、戦時中に思春期や幼年期を過ごしたという点だ。いずれの地域においても、住民に対する戦争の影響は、研究者の意図とかかわりなく自然に生じたものなので、これは一種の自然実験だと言える。

インタビューで得たデータをもとに、戦争から受けた影響の大きさに応じて参加者を次の三つのカテゴリーに分けた。①戦争から甚大な影響を受けた（身内を殺された、家を追われたなど）、②戦争から何らかの影響を受けた（身内が負傷したなど）、③ほとんど影響を受けなかった。[37]

子どもたちにも簡単にできるように、実験は二つの選択肢のどちらかを選ぶだけの単純なものを用いた。たとえば、「費用分担ゲーム」という実験ゲームでは、参加者に次のどちらかを選んでもらう。(a)二つとも自分のものにし、相手には与えない、(b)一つを自分のものにし、相手にも一つ与える（平等に折半）。内集団成員と外集団成員のどちらか一方をゲームの相手にして実験を行なった。ジョージアの子どもたちの場合、内集団の相手は同じクラスのだれか、外集団の相手はジョージアの遠方の学校のだれかとした。シエラレオネでは、内集団の相手は同じ村のだれか、外集団の相手はシエラレオネの遠方の村のだれかとした。

この実験から、戦争の体験が社会性の発達に最も大きな影響を及ぼすのは、だいたい七歳から二〇歳くらいまでだということが明らかになった。この時期に戦争を体験すると、(内集団成員に対してのみだが)平等主義規範を守ろうとする意識が高まる。つまり、戦争から大きな影響を受けた人ほど平等主義的な選択をする傾向があり、たとえば費用分担ゲームでは(相手が内集団成員の場合のみだが)平等に折半しようとした。こうした効果が戦後少なくとも一〇年間は持続するという事実は注目に値する。しかし、遠方の見ず知らずの相手に対しては、戦争体験の影響はまったく見られなかった。(これら遠方の相手はもちろん、戦いを交えた集団の成員ではなかった)。

戦争体験時の年齢がこの発達期(七~二〇歳)をはずれると、結果は違ってくる。二〇歳代前半を過ぎてから体験した人々も、内集団成員に対する平等主義的傾向の高まりを示したが、その度合いはごくわずかだった。つまり、この年齢を過ぎると、まったく影響を受けなくなるわけではないが、影響度はかなり限られてくるということだ。一方、七歳未満で体験した人々は、戦争から何の影響も受けていなかった。

以上、アジア、ヨーロッパ、およびアフリカでの調査結果を紹介したが、これはけっして特異なケースではない。ブルンジ、ウガンダ、およびイスラエルでは、投票行動やコミュニティ活動への参加などに関する調査データと行動ゲームの両方を用いて、戦争の影響に関する研究が行なわれたが、ここでもやはり同様の結果が得られている。[38] こうしたことから考えると、アメリカ合衆国では、この年齢のときに第二次世界大戦を体験した人々がその後もずっと愛国心や公共心をもち続け、いわゆる「偉大なる世代」が形成されたのかもしれない。[39]

全体的にみて、災害の脅威や情勢不安にさらされると、人々は共同体の社会規範を忠実に守るようになる。儀式を重んじ、超自然的なものを信仰するようにもなる。このような社会規範があればこそ、遠い昔から今日に至るまで、人類の共同体は結束し、協力し合って生き延びてこられたのだから。

長い歳月にわたって続いてきた集団間競争を駆動力とする文化進化によって、規範であふれた社会環境が生み出されていった。つまり、結婚、儀式、親族関係から、資源交換、金銭取引、共同体防衛に至るまで、ありとあらゆる分野が社会規範の影響を受け、名声や信望《プレステイージ》が重んじられる社会が誕生したのである。こうした社会環境が何万年、何十万年にもわたって強い選択圧として作用し続けた結果、ヒトの遺伝子に変化が生じ、ヒトの社会性が形成されていった。こうして生まれた高度な社会性と、他者から学ぶという文化的性質とがあいまって、高度な技術や適応的な知恵が蓄積されていった。こうしたプロセスの結果として生まれるのが、人類の集団的知性（集団脳）なのである。

第12章　ヒトの集団脳

北緯七五度線よりもさらに北方の氷に閉ざされた海。ポーラーイヌイットは、この凍てつく海に囲まれながら、グリーンランド北西部で孤絶した暮らしを営んでいる。ここは北極地方を東へと大移動していったイヌイット集団の最東端である（第10章参照）。これ以上北極に近い所で生活したヒト集団は、いまだかつて存在しない。

一八二〇年代のあるとき、疫病がこの狩猟民たちを襲い、豊かな知識や経験をもつ高齢者がおおぜい命を落とした。その結果、代々受け継がれてきたノウハウが突如失われ、この狩猟民集団は生活に欠かせない複雑な道具を作ることができなくなってしまった。魚を突くやす（図3・1）や弓矢を作れる者もいなくなった。イグルーの入口と居室とをつなぐ防寒性に優れたトンネルの作り方もわからなくなった。何よりも致命的だったのは、カヤックを作れなくなったことだ。カヤックを失ったことで、ポーラーイヌイットは孤立状態に陥り、失われたノウハウを他のイヌイット集団から学び直すことできなくなったのである。

北極探検家のアイザック・ヘイズは、サー・ジョン・フランクリン（第3章参照）の捜索中にポーラーイヌイットに遭遇しているが、ヘイズや、同じく北極探検家のエリシャ・ケーンが指摘しているとおり、このような技術の喪失は、この集団にとってまさに死活問題だった。弓がないので、カリブーを狩ることもできない。渓流にホッキョクイワナが群れをなしていても、やすがないことにはそれも獲れない。

人口は減り続けるばかりだった。ところが一八六二年のこと、バフィン島周辺で暮らす別のイヌイット集団が、グリーンランド沿岸を旅しているときに偶然、彼らに遭遇したのだ。こうして再び文化とつながることのできたポーラーイヌイットは、バフィン島スタイルのカヤックなど、ありとあらゆるものを模倣して、失っていたものを急速に取り戻していった。

それから何十年かして、彼らの人口は減少から増加へと転じた。そして、グリーンランド内の他のイヌイット集団と常に接触しているうちに、ポーラーイヌイットのカヤックのスタイルも少しずつ、バフィン島民から学んだ大型幅広タイプから、元のグリーンランド西部の小型でスリムなカヤックへと変化していったのである。

北極地方で生きるのに必須の技術であっても、いったん失ってしまうと、ポーラーイヌイットはそれを取り戻すことがなかなかできなかった。だれもが子どものときに、こうした技術が活躍するのを見てきているはずなのだが、その技術を担っていた人々が突如いなくなると、老いも若きもまったく対処できなくなってしまった。発明の母である必要に迫られていたにもかかわらず、カヤック、やす、複合弓などを考案することも、トンネル状の入口を設計することもできなかったのだ。

このような高度な技術は、先祖代々受け継がれるなかで進化してきたものだ。その累積的文化進化の過程で、こうした技術の随所に、一見直感に反するような、微妙なもの作りの原理を内に秘めたさまざまな変化が盛り込まれてきたのである。

ちなみに、ポーラーイヌイットにとって、失った技術が生存に必須なものであったことは疑うべくもない。それは、通りかかったバフィン島のイヌイットと出会って、イヌイットの集団的知性とのつながりを取り戻すと、あっという間に、失っていたノウハウをすべて再習得したことから明らかだ。[1]

この単純明快な歴史的事例からは、人類の成功の秘密の一端が、さらにはそのアキレス腱までもが垣間見えてくる。

個々人が互いに正確かつ忠実に他者から学べるようになると、その社会集団には**集団脳**とでも呼ぶべきものができあがってくる。その集団脳が、さまざまな道具や技術、その他の非物質文化（ノウハウなど）を生み出していくのである。

人類が高度なテクノロジーを発達させることができたのも、地球生態系で圧倒的な優位を獲得することができたのも、幾世代にもわたって受け継がれてきた集団脳のおかげであって、生まれつき個々人の脳に備わっている発明の才や創造力の働きではない。バーク＆ウィルズ探検隊、フランクリン遠征隊、そしてナルバエス遠征隊のところで見てきたように、数週間から数か月分の備えしかないという、生死がかかった状況に追い込まれてもなお、生きるのに必要な最低レベルの道具をどうやって作ればいいのか、個人の頭で考えて答えを見つけ出すことはできなかった。私たちの集団脳は、個人間の情報共有によって生まれる、さまざまな相乗効果によってつくられていくのだ。

では、それにはどんなものがあるか、一番単純なところから考えてみよう。ヒトは、ごく幼い頃から、自分が属する共同体や広い社会的ネットワークの中から、能力やスキルに優れ、実績や名声もあるメンバーを選んで模倣しようとする傾向がある。したがって、従来よりも優れた技術やスキルや方法が現れると、必ずや集団全体に広まっていく。成果が上がらない人々や若年者がそれを模倣するからだ。新たな技術やスキルや方法は、必ずしも意図的な発明から生まれるとは限らない。うっかりミスが幸いすることもあれば、別々の人の発明が組み合わさって新たなものが生まれることもある。そして、こうしたヒトの文化伝達のメカニズムにはある一定の傾向が見られる。集団から集団へ、世代から世代へと伝達されていく過程で、あまり意味のなかった無数の改良や新結合はいつしか消えてなくなり、大きな成果につながったものだけが集積され、伝播していくのである[2]。

このようなプロセスにおいて重要な役割を果たすのが、集団の規模、そして、個人間の社会的つながりなのだ。人間の数が増えればそれだけ、幸運なミスや、新たな組み合わせ、偶然のひらめき、改良の努力も増すわけだから、集団の規模が重要であることは言うまでもないだろう。

たとえば、矢羽根のアイデアが生まれる確率に対し、集団の規模がどのように影響するかを考えてみたい。一人の人間が、偶然にせよ熟考の末にせよ、一生の間に「矢に羽根を付けよう」と思い付く確率を一〇〇〇分の一としよう。すると、メンバー一〇人の集団で、少なくともだれか一人が一生の間に矢羽根を思いつく確率は一％（厳密には〇・九九六％）となる。したがって、平均すると、一〇人の集団が一〇〇世代を重ねるうち（二五〇〇年間）には、だれか一人がこれを思いつくだろう。一〇〇人の集団であれば、その中の少なくともだれか一人が一生の間に矢羽根を思いつく確率は一〇％（厳密には九・五二一％）だ。したがって、その集団が一一世代を重ねるうち（二七五年間）にはだれか一人がこれを思いつくだろう。一〇〇〇人の集団であれば、だれか一人が一生の間にこれを思いつく確率は六三％だから、一・六世代（四〇年間）のうちにはだれか一人がこれを思いつくはずだ。一万人の頭脳を合わせれば、一世代のうちに必ず（厳密に言うと九九・九九五％の確率で）矢羽根のアイデアが生まれることになる。

ただし、このような規模の効果を考えるにあたっては、ひとつ条件がある。その集団の成員同士の社会的つながりが十分に保たれていて、工夫や改善の成果が集団全体にスムーズに伝わることが大前提だ。ところが、集団の規模が大きくなればなるほど、この条件を満たすのがむずかしくなってくる。こうした社会的なつながりがどれほど重要か、ちょっと想像してみてほしい。個々人が完全に社会から孤立していて、思いついたアイデアをいっさい他者には明かさなかったらどうなるか?

おそらく大した進歩は起こらないだろう。ちょっと便利な道具を工夫する人はいるだろうが、その人が死んでしまうと、その工夫の成果もその人とともに消えてしまう。そうなると、手の込んだ複雑な道具は生まれてこないだろう。そのような場合には、集団の規模が大きくても小さくても関係ない。これが、ほとんどの動物の場合なのである。

そんなわけで、集団の規模と並んで、累積的文化進化を引き起こすのに非常に重要なのが、社会的な結びつきの度合いなのである。それは個々人の頭の良さ以上に重要だ。

ではここで、二つの架空の大集団、テンサイ族とチャライ族について考えてみよう。テンサイ族が一生の間にある発明をする確率を一〇分の一とする。チャライ族はもっとずっと頭が悪いので、一生の間に同じ発明をする確率を一〇〇〇分の一とする。つまり、テンサイ族の頭の良さは、チャライ族の一〇〇倍だということだ。しかし、テンサイ族は社会性にひどく欠けており、学べる友人が一人しかいない。一方、チャライ族には友人が一〇人いる。つまり、チャライ族はテンサイ族の一〇倍、社会性に富んでいるということだ。

さて、二つの集団の全員がある発明品を手に入れようとして、自分でも頭をひねり、友人からも教わろうとしたらどうなるか。ただし、友人は必ず教えてくれるとは限らず、知っていても教えてくれるのは二人に一人だ。そのような条件のもとで、全員が独自に考え、なおかつ友人からも学ぼうとした場合に、イノベーションがより普及するのはテンサイ族とチャライ族のどちらだと思うか?

テンサイ族では五人に一人弱(一八%)が発明品を獲得するだろう。そのうちの半数は自分の力で発明する。一方、チャライ族では九九・九％が発明品を獲得するが、自力で発明するのは〇・一％にすぎない。ぜひ覚えておいてほしいのは、テンサイ族はチャライ族の一〇〇倍も頭が良かったのに、チャライ族はテンサイ族の一〇倍、社会性に富んでいたにすぎないということだ。クールなテクノロジーを手に入れたければ、頭を良くするよりも、人づきあいを良くしたほうがいい――それが結論だ。

では、先ほどの発明品を弓矢だとした場合、チャライ族とテンサイ族が領地をめぐって争ったらどちらが勝つだろう？　頭の良い集団と社会性に富んだ集団ではどちらが勝利するかということだ。明言はできないが、どちらかと言うとチャライ族が勝利する確率のほうが高い。なぜなら、テンサイ族は弓矢を装備している者が一八％にすぎないのに対し、チャライ族は全員が弓矢を装備しているからである。(3)

このような文化進化の過程で、道具や技術や習慣の習得しやすさにも磨きがかかっていく可能性がある。世代を経るにつれて、継承される技術自体は変わらなくても、それを学ぶための方法がしだいに簡素化され、直感的で学びやすいものになっていくはずだ。つまり、規模が大きくて成員同士の結びつきの強い集団は、複雑な道具や高度な技術をいろいろと獲得していくだけでなく、同時に、それを習得しやすくするテクニックも獲得していくということだ。

人類の自己家畜化が進み、ヒトの社会性が高まるにつれて、集団脳の規模が拡大し、そのおかげで、より高度な技術や膨大な知識を獲得することができたのだろう。しかし忘れてならないのは、ヒトが定住人口をはるかに超えた大規模な集団を維持していくのには、やはり社会規範の存在が欠かせないということだ。集団間競争が繰り広げられるなか、大規模な集団内の調和維持に役立つ社会規範が広まっていったことだろう。また、親族の絆、命名の風習、姻戚関係、配偶者交換、および儀式などを通して社会集団を拡大し、同盟関係を強化する仕組みも広まっていったことだろう。このような規範や制度の支えがあればこそ、ヒトの集団脳は規模を拡大することができたのであり、そのおかげで、高度な道具や武器など、より複雑なノウハウを文化進化を通して生み出し、かつ維持していくことが可能になったのである。

さあ実験だ！

うちの大学院生のマイケル・ムスクリシュナと私は、社会における相互連絡性がスキルの蓄積に及ぼす効果を、心理学実験室の管理された環境下で捉えてみたいと考えた。そこで、次のような「伝達路」を作って実験を行なった。

まず、第一「世代」の大学生たちに、ある複雑な「見本画像」を見せ、初めて扱う画像編集ソフトでそれを再現してもらう。さらに、次の世代の学生のために、助言などを含めた説明書を二ページ書いてもらう。次の世代の学生は、前の世代が作成した画像と説明書を受け取る。このプロセスを一〇世代にわたって繰り返したのだ。作成された画像が見本画像にどれくらい類似しているかによって、各参加者のスキルを評価した。そして、本人のできばえと、その次の世代のできばえとを合わせた得点に応じて、現金で参加者に報酬を支払った。

実験に参加する大学生一〇〇人を二つのグループ、「5-モデル群」と「1-モデル群」に振り分けて実験を行なった。5-モデル群では、前世代の五人から画像と説明書を受け取ってそれを手本にする。一方、1-モデル群では、前世代の一人だけから画像と説明書を受け取ってそれを手本にする。つまり、集団のサイズは両群ともまったく同じだが、**社会的な相互連絡性**は、5-モデル群のほうが五倍高かったと言える。

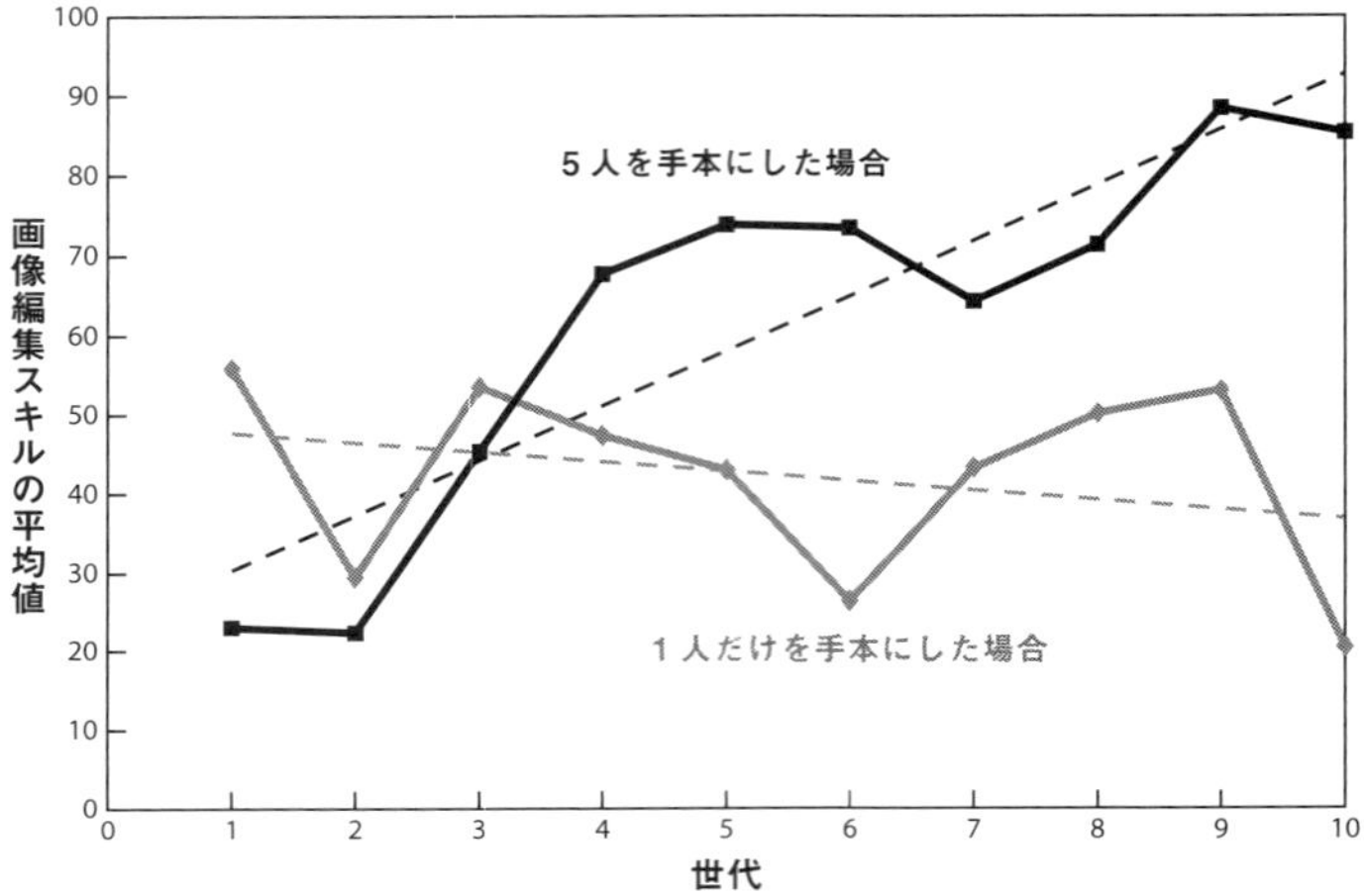

図 12.1 社会性が 10 世代の間にスキル向上に及ぼす効果。5 人を手本にした場合の 10 世代にわたる画像編集スキルの平均値(黒線)。1 人だけを手本にした場合の平均値(灰色の線)。

この実験の結果が図12・1に示してある。前の一人だけから学んだ場合には、世代ごとのスキルの平均値は上がらなかった。ところが、前世代の五人から学んだ場合には、二〇%そこそこから八五%以上へと、スキルの平均値が劇的に向上したのである。最後の一〇世代目になると、5-モデル群の最も下手な人でさえ、1-モデル群の最も上手な人のできばえを上回った。一〇世代を重ねる間に、社会的な相互連絡性がグループ全員のスキルを向上させたのである[4]。

5-モデル群の参加者たちは、前世代の最も上手な人だけを模倣するのではなく、(五人中)上位四人から得られるヒントを組み合わせつつ、最も優れた一人に重きを置くということをやっていた。これは重要なことで、別々の人から採り入れた別個の要素をもとにして、「発明《インベンション》」をせずに「革新《イノベーション》」を生み出すことができるのである。つまり、自前で新たな技術を考え出す個体がいなくても、異なるモデルから学んだものを新たに組み合わせる個体がいれば、今までにない新しいものは生まれうるのだ。このことはイノベーションを理解する上で非常に重要になってくる。

フランスのマクシム・デレックスが行なった同じような研究でも、同様の現象が確認されている。参加者たちがパソコン画面上で単純な矢じりを組み立て、それを用いて「魚釣り」をするという実験である。釣れた量が得点化され、実験終了後にそれを現金に換えてもらえる。参加者は一ラウンドごとに、矢じりに改良を加えることができる。その際には、グループ内の他のメンバーが何匹釣れたかを見て、そのテクニックをまねてもいいし、自分の頭で考えて試行錯誤を重ねてもよい。このような課題を、人数の異なるグループ(二〜一六人)に与えて、それぞれ一五ラウンドずつ行なった。

その結果、一五ラウンド繰り返す間に、多人数グループ(八人または一六人)の作った矢じりの性能はぐんと向上したが、少人数グループの作った矢じりの性能はほとんど変化しないか、やや低下した。最終ラウンドでは、最大グループ(一六人)の作った矢じりは、最小グループ(二人)の作った矢じりよりも、性能が五〇%高くなっていた。[5]

実世界での集団の規模と相互連絡性

もちろんこうした実験室実験をすれば、社会性の因果効果を推定することができるが、実世界でも本当にこうしたプロセスが効果を発揮しているのかどうかを確認する必要がある。そこで、人類学者のミシェル・クラインとロバート・ボイドは、集団の規模と技術の複雑さの関係について、自然実験が可能な場所を求めて地球上を探した。大陸の集団は、候補から外れる。なぜなら、こうした集団はどこもみな、ある程度つながりを保っており、民族や言語の境界線を越えて技術が伝播することがわ

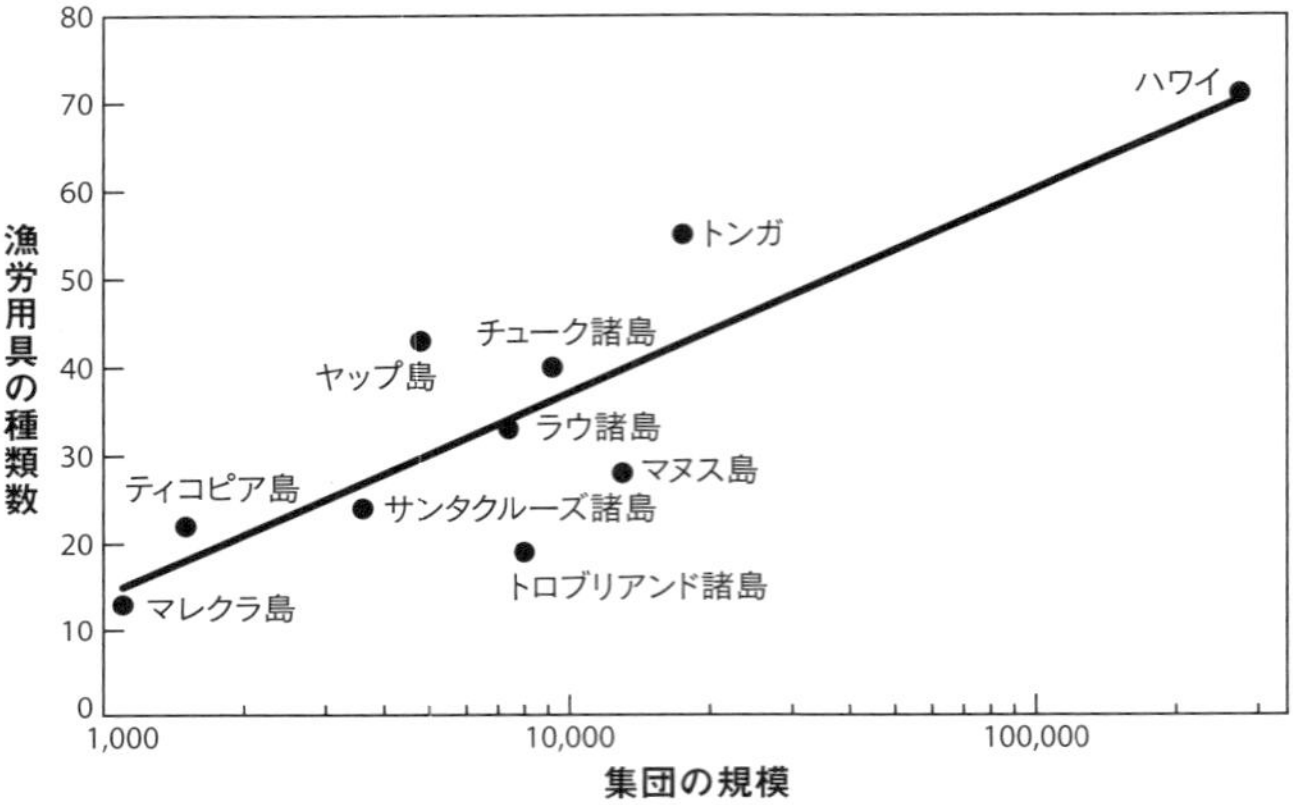

図 12.2 集団の規模とその集団のもつ漁労用具の種類数との関係。横軸は対数目盛。

かっているからである。その点、太平洋上では、島ごと、または島群ごとに集団が隔てられている。大陸とは違って、何百キロにも及ぶ海洋が島と島を隔てているので、少なくともある程度まで連絡が遮断されており、自然実験には好都合だ。

島間の技術格差を測る指標として、クラインとボイドは漁労用具に注目した。漁労用具はオセアニアでの生活必需品である。これらの集団に関する詳しい民族誌記述をもとに、ヨーロッパ人と接触した時点での集団の規模、および漁労用具の種類や複雑さを推定した。また、これらの島々は完全な孤島というわけではないので、クラインとボイドは、各集団の他集団との相対的な接触度も評価した。

結果は予想したとおりで、人口規模が大きく、他の島々との接触度が高い島や群島ほど、漁労用具の種類が豊富で、より複雑な漁労技術をもっていた。図12・2に、集団の規模と漁労用具の種類数の関係が示してある。人口の多い島に暮らす人々のほうが、手にしている道具の種類が多く、しかも高度な道具を使いこなしていた。[6]

また、進化人類学者のマーク・コラード率いる別のチームが、世界各地の工業化されていない農耕および牧畜社会四〇か所について調査したところ、やはり同じような強い関連性が認められた。人口規模の大きい集団のほうが、複雑な技術や多種多様な道具をもっていたのである。[7]

このような効果はオランウータンにおいても観察されている。オランウータンには蓄積された文化はほとんどないが、いくらか社会的学習能力を備えているので、地域ごとに固有の文化をもっている。たとえば、あるオランウータンのグループは日常的に、葉を使って地面から水をすくったり、枝を使って果実の種子を取り除いたりしている。いくつかのオランウータンのグループについての調査から、個体間の相互作用が盛んなグループほど、より多くの食物獲得技術を身につけていることが明らかになった。若いオランウータンからすれば当然、手本にできる個体が二〜三頭いたほうがいいわけだが、オランウータンは単独で行動する傾向が強いので、手本にできるのは母親だけというグループもある。[8]

要するに、人口規模が大きく、相互連絡性の高い集団ほど、より高度な道具、技術、武器、ノウハウを生み出すことができる。それは集団脳のサイズが大きいからなのだ。

タスマニア効果

ここまで、累積的文化、つまり集団としての知識の増加や技術の高度化について考察してきたが、裏を返せば、次のようなことが言える。まず第一に、ある集団が突然、人口を減らしたり、社会的つながりを失ったりすると、生存や繁殖に有利な文化的情報を継承できなくなり、その結果、高度なスキルや複雑な技術も失われてしまう可能性があるということ。第二に、人口の規模と社会の相互連絡性によって、集団脳のサイズの上限が決まってしまうということだ。

文化的情報が失われていくプロセスには二通りある。その一つはポーラーイヌイットのところで見たとおりだ。共同体内で最も豊富な知識をもつ成員にいきなり疫病などが襲いかかり、先祖代々受け継がれてきた文化がそっくり丸ごと消えてしまう場合である。移動手段であるカヤックが作れなくなると、もともと地理的に隔絶されていたポーラーイヌイットの集団は、さらに技術を失ってますます衰退するという悪循環に陥り、次第に負のスパイラルから抜け出せなくなっていった。

もしかすると、このような現象は決して珍しくないのかもしれない。著名な人類学者・心理学者であるW・H・R・リヴァーズは、「有用な技術の喪失(*The Disappearance of Useful Arts*)」と題する一九一二年の論文に、このような謎の事例を数多く記している。その一つにトレス諸島の事例がある。トレス諸島は、バヌアツを構成する島々の最北端にある、地理的に隔絶された群島だ。あるとき、ここの熟練カヌー職人が一人残らず死んでしまった。すると、島民たちはしばらく孤立状態に置かれるはめになった。なぜなら、竹を結び合わせただけの筏《いかだ》しか作れなくなり、その筏では諸島外の海域に出ていくことも、漁をすることもできなかったからだ(9)。

文化的情報が失われていくもう一つのプロセスは、あまり顕著ではないが、むしろこちらのほうが重要ではないかと私は思う。高度な知識や技術を身につけている達人をまねようとしても、師匠の域にまで達することができずに終わる場合が多いのだ。コピーがオリジナルを越えることはなかなかない。

こんなふうに考えてみるといい。アーチェリー競技で必ず一〇〇点満点の結果を出すアーチェリー名人がいたとする。この名人に初心者一〇〇人の訓練をしてもらう。名人が死ぬときまでに、一〇〇人全員が名人の技の九五%を習得するとする。つまり、アーチェリー競技で全員が九五点を取るようになるわけだ。そのうちの一人が次世代の初心者たちの訓練を担当するというぐあいに、二〇世代にわたって続けたとする。さて、二〇世代目のアーチェリーの腕前はどうなるだろうか？

大したことはない。競技に参加しても三五点そこそこだろう。

なぜか？　それは、世代を経るごとに情報の一部が失われていったからだ。通常、コピーするたびに、オリジナルよりも品質が劣化していく。累積的文化進化を生み出すためには、この劣化を食い止める必要があるが、それができるのは、集団の規模が大きくて社会的なつながりが保たれている場合だけに限られる。要は、大多数の者は師匠の域に達することができずに終わっても、一握りの弟子が——偶然の幸運にせよ、厳しい訓練の成果にせよ、工夫の賜物にせよ——とにかく師匠を追い越せばいいのだ。

もう一度、アーチェリーの思考実験をやってみよう。今度は、初心者の九割が名人の技の八〇％を習得する。ただし、残りの一割は、名人の技の一〇五％にまで達するものとする。そのうちの最も優秀な弟子一人が、やはり次世代の訓練を任される。さて、二〇世代目はどうなるだろうか？

すばらしい結果になる。二〇世代後には、アーチェリー競技で全員が二〇〇点を超えるようになるのだ。最初の名人の得点の二倍である。しかも、一五世代目にはもう、初心者たちの得点の平均が最初の名人の一〇〇点を上回る。なぜかというと、弟子の九割は自分の師匠の技量に及ばないが、世代を経るごとに師匠の技量がアップし、それに伴って弟子たちの腕前も上がっていくからなのだ。

集団の規模が大きければ、文化伝達に伴う情報の一部喪失という問題を克服することができる。なぜなら、何かを学ぼうとする者が増えればそれだけ、だれかが師匠の知識や技能と同等もしくはそれを越えるレベルにまで到達する確率が高まるからだ。集団内の相互連絡性が保たれていることも重要だ。保たれていれば、より多くの者が最高の技能や実績をもつ師匠に接する機会が増えるので、師匠を凌駕する確率も高まるし、それぞれ別の師匠から学んだ要素を組み合わせて新機軸を打ち出すことも可能になるからだ。

タスマニア島の先住民の話を読んでいるときに、私の頭に浮かんだのはまさにそのことだった。タスマニア島は、面積がアイルランドの五分の四ほど、スリランカとほぼ同じ広さの島で、オーストラリアのヴィクトリア州の南方二〇〇キロメートルの海上に位置している。ヨーロッパ人探検家が初めてタスマニア人と接触したのは一八世紀末のことだが、これほど簡素で単純な道具しかない狩猟採集民の社会など、当時のヨーロッパ人は見たことがなかった。猟具や武器として男たちが使っていたのは、尖頭器のない槍と石と投げ棍棒だけ。船は、水の漏れる葦《あし》の筏しかなく、パドルもなかった。川を渡るときは、女性たちが手で水をかいて、夫や子どもを引っ張っていった。冷涼な海洋性気候の島に暮らすタスマニア人は、ワラビーの獣皮を肩から掛け、剥き出しの肌に獣脂を塗っていた。島の周囲には魚がいくらでもいるのに、タスマニア人はなぜか、魚を捕ることも食べることもしなかった。頭蓋骨を器にして水を飲み、火を起こすことさえできなくなっていた。タスマニア人の道具はすべて合わせてもぜいぜい二四種類ほどだった⑩。

それがどれほど簡素で単純だったか、他との比較で見てみよう。一八世紀のこの時代、バス海峡を隔てたすぐ向こう側のヴィクトリア州には、パマ・ニュンガン語を話す先住民（アボリジニ）が住んでいた。彼らは、タスマニア人の持っている道具以外に、何百種類にも及ぶ特殊な道具を持っていた。多種多様な骨角器、やす（魚を突き刺す三叉の槍）、投槍器、ブーメラン、木工用の柄付き石斧、多数の部品から成る道具類、鳥や魚やワラビーなど獲物の種類別に作られた網、パドル付きの縫合型樹皮舟、網袋（紐を編んで作った袋）、磨製石斧、水を飲むための木製容器などである。衣類についても、ワラビーの皮を肩に掛けて獣脂を塗るのではなく、アボリジニは、フクロギツネの皮で作った袖なし外套をまとっていたが、これは骨製の錐と針を用いて体に合わせて縫製したものだった。漁労に関してもアボリジニは、貝殻製の釣り針、網、罠、銛などを使っていた。それなのになぜか、タスマニア人は、同時期にバス海峡を隔てたすぐ対岸に住んでいるアボリジニよりもはるかに単純な道具しか持たなくなっていたのだ。[11]

タスマニア人の道具は、旧石器時代のいろいろな社会の道具と比較してみても、やはり単純であることがわかる。世界各地の何万年、何十万年も前の遺跡から、ヨーロッパ人が初めて遭遇したときにタスマニア人が持っていた道具より、もっと複雑な道具が出土しているのである。タスマニア人の石器は、ヨーロッパで発見された四万年前以降の石器の多くよりもずっと稚拙で、ネアンデルタール人やそれ以前のヒト属のメンバーが作った石器と同程度だ。タスマニア人は骨角器を持っていなかったが、他所で出土している精巧な骨製の銛先は、少なくとも八万九〇〇〇年前にまでさかのぼる。ちなみに、槍先にする石製の尖頭器は、現生人類の出現よりもはるか前の、五〇万年前にまでさかのぼる。こうした特に古いものは別にしても、柄付きの道具の出現は、現生人類が登場したとされる二〇万年前以前にまでさかのぼることが一般に認められている。

タスマニア人は、ワラビーの獣皮をそのまままとい、水漏れのする筏で川を渡っていたが、三万年前の北極地方や少なくとも四万五〇〇〇年前のオーストラリアには人類が存在していたことから、そのころからすでに、体に合わせた防寒着や沖に漕ぎ出せる船があったことがうかがえる。また、インドネシアでも四万二〇〇〇年前にはすでに、外洋でマグロやサメやベラを捕っていた。[12]

謎をますます深めているのが、今から一万二〇〇〇年ほど前まで、タスマニアはオーストラリア大陸と地続きだったという事実だ。海面が上昇し、海水がバス海峡に流入して初めて、それまでオーストラリア大陸の半島だったタスマニアが島になったのである。こうして大陸から分離されるまで、タスマニア人が残した考古学的遺物は、複雑さという点において、オーストラリア大陸で見つかるものとまるで区別がつかない。大陸から分離されると同時に、タスマニアから複雑な道具が失われ始めたのだ。骨角器の数が少しずつ減っていって、およそ三五〇〇年前には完全に姿を消してしまう。

古い時代のタスマニアの遺跡からは魚の骨が多く出土しているので、少なくとも一部の集団は魚貝類をよく捕って食べていたと思われる。今からおよそ八〇〇〇年前から五〇〇〇年前まで続いたある居住地の遺跡の発掘調査からは、魚貝類がアザラシに次いで重要な食料源だったことをうかがわせる証拠が得られている。ところが、魚貝類はしだいに減っていき、やがて考古学的記録からすっかり姿を消してしまう。一七七七年に、キャプテン・クックの部下たちが、島の周囲の豊かな海域で捕ったばかりの新鮮な魚を差し出したとき、タスマニア人たちは魚に対する嫌悪感をあらわにした。ちなみに、クックが差し出したパンのほうは喜んで受け取って食べている。[13]

バス海峡の北側に目を転じると、そこでもやはり暮らしに変化が進行していた。第10章で述べたとおり、タスマニア人が漁労技術、骨角器、そして縫製衣類を失っていったこの一〇〇〇年間に、オーストラリア大陸ではパマ・ニュンガン語群の分布域拡大が着々と進んでいた。大陸の北部から始まったこの動きは大陸南東部にまで及び、それらの地域に高度な石器や、犬、種子挽き器《シードグラインダー》のみならず、新しい社会制度や共同体儀式をもたらした。それによって、ローカルな集団が大規模な地域集団に統合されるとともに、大規模な集団間の社会的な結びつきが強化されていった。言い換えると、文化の累積的進化によって高度で複雑な道具が生み出されていく条件が整ったのである。しかし、このようなパマ・ニュンガン語群の勢力拡大がバス海峡を越えてタスマニア島にまで及ぶことはなかった。

海面上昇によって、オーストラリアという広域社会のネットワークから分断されていた八〇〇〇〜一万年の間に、タスマニア人の集団脳のサイズは急速に縮小していった。その結果、習得しにくい技能や技術はしだいに失われていった。また、集団脳の規模拡大につながるはずの技術や制度のイノベーションも妨げられてしまった。

実験室のタスマニア

マイケル・ムスクリシュナと私は、実験室の管理された環境下で、タスマニア効果のような現象を再現できるのではないかと考えた。そこで、前述の画像編集スキルの伝達実験のときと同じような要領で、今度は、ロッククライミングで用いる複雑なロープの結び方を伝達する実験を行なった。まず、第一「世代」の参加者たちはロープの結び方のトレーニングを受ける。その後、習ったとおりにロープを結びながら、その様子をヘッドカメラ（頭部に装着した小型カメラ）で撮影する。次の世代は、撮影された動画と結び方に対する評価点を受け取る。１－モデル群では、前世代の一人だけから動画と得点を受け取った。５－モデル群では、前世代の五人全員から動画と得点を受け取った。そして前回の実験のときと同様に、参加者たちは、自分の得点とその次の世代の得点の合計点に応じて報酬を受け取った。

図12・３にその結果が示してある。第一世代は全員がトレーニングを受けた熟練者なので、世代を経るごとにスキルが低下していくのは当然といえる。ポイントは、社会的な相互連絡性が、グループとしてのスキルの低下速度や最終的なスキルレベルに影響を与えるかどうかである。前世代の一人だけからしか学べなかった場合には、前世代の五人から学べた場合に比べて、結び方のスキルの落ち込みが急激だった。両群ともに五世代を経たあたりで定常状態に落ち着くが、５－モデル群は１－モデル群よりもはるかに高いレベルでスキルの平均値が維持された。前回と同じく、５－モデル群の一〇世代目の全員が、１－モデル群の一〇世代目の最も上手な人のスキルを上回った。

マクシム・デレックスもこれとよく似た結果を得ているが、その実験方法はすでに述べたとおりで

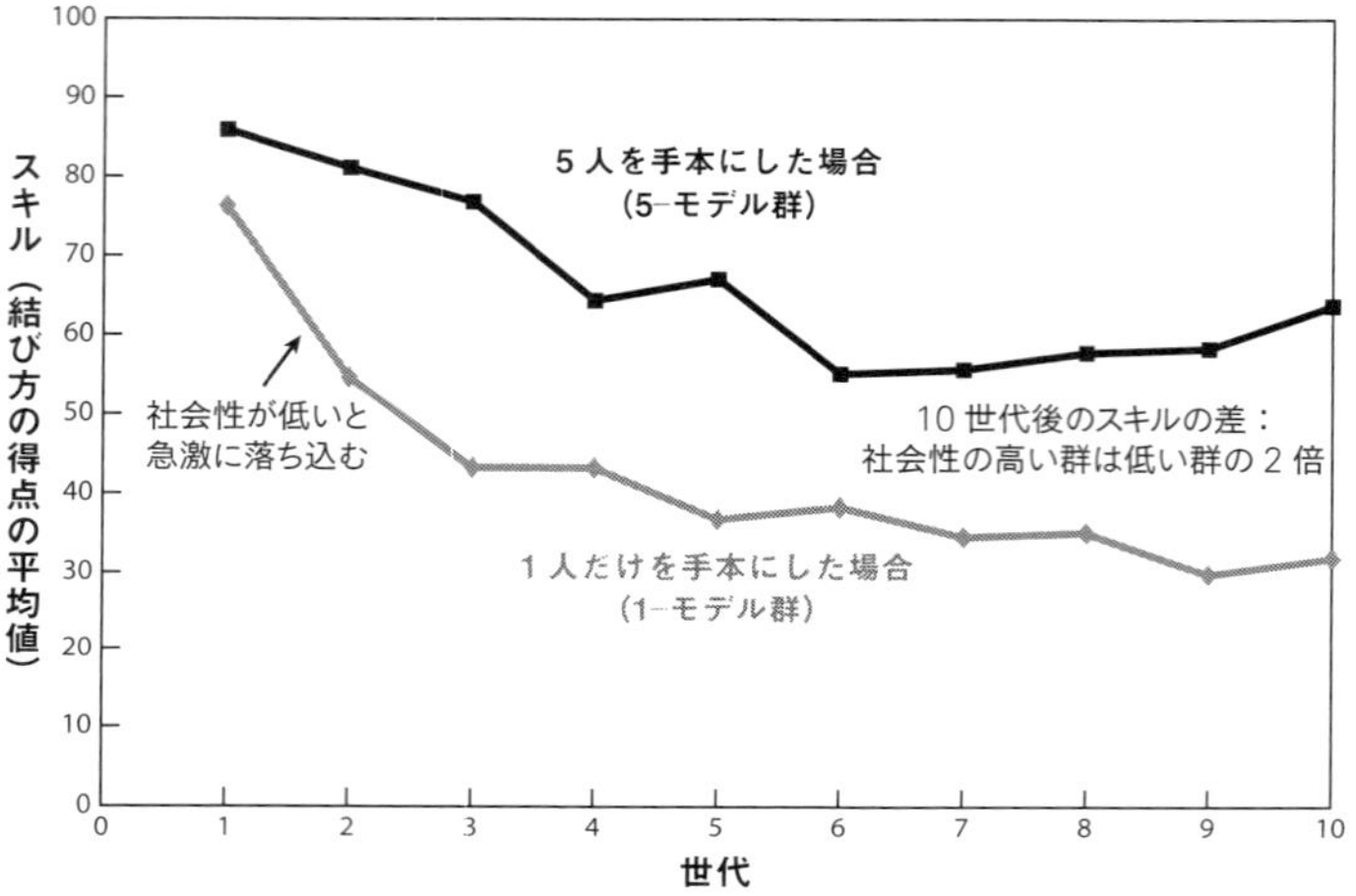

図 12.3　1–モデル群と 5–モデル群のスキルの 10 世代を経る間の低下。灰色の線は、集団の社会的相互連絡性が弱いとスキル低下が急速に進むことを示している。

ある。パソコン画面上で単純な矢じりを組み立てる実験を行なうと、前述のとおり、多人数グループでは、一五ラウンド繰り返す間に矢じりの性能が向上していった。単純な矢じりではなく、もっと複雑な漁網で実験を行なうと、多人数グループ（八人または一六人）では最初の性能が維持されたが、少人数グループ（二人または四人）ではその性能が低下していった。その結果、最終ラウンドでは、多人数グループと少人数グループの漁網の性能に三〜四倍の開きが生じたのである。

ヒトの場合、社会集団の規模や、メンバーの社会性、ネットワークの緊密さは、社会規範や儀式などの文化的手法いかんにかかっている。第9章で見たとおり、狩猟採集民の場合でさえ、多数のバンドの個々人を大きな社会的ネットワークに組み込んでいるのは、儀礼的親族関係や姻戚関係なのである。民族誌学者のキム・ヒルとブライアン・ウッドがそれぞれ、アチェ族とハッザ族に、道具の作り方について同じ民族言語集団のだれかを参考にしたことがあるかどうかを尋ねたところ、肉親や近隣者よりもむしろ、儀礼的親族関係や姻戚関係をもつ相手から影響を受けることのほうが多かった。このような結果から見ても、イヌイット語、ヌーミック語、パマ・ニュンガン語とともに広まっていった儀式、儀礼、親族システムが、高度な知識や技術の伝播に密接に関わっていたと思われる。それらによって生まれた社会的つながりこそが、集団脳を育み、維持したのである。[14]

要するに、集団間競争よって高度な道具や武器が生み出されていく際には、より大きな集団脳を維持できる社会規範や制度が同時に生み出されていく必要がある。テクノロジーと社会性とが共進化する必要があるのだ。

幼児 対 チンパンジーおよびオマキザル

三〜四歳児の少人数グループと、同じ個体数のチンパンジーおよびオマキザルのグループが、パズルボックスに挑戦した。この箱は、開け方そのものがパズルで、いろいろな方向にスライドさせたり、押したり、ひねったりしないと開かない。三段階で徐々に難度が増していくようにできており、累積的な文化学習の機会を提供することを目的としている。ある決まった順序で一連の操作を行なって、うまく箱を開けることができたらご褒美がもらえるのだが、各段階ごとにもらえるご褒美がだんだん豪華になっていく。オマキザルとチンパンジーは、第一段階をクリアしたらニンジンをもらい、第二段階ではリンゴを、最後の第三段階をクリアできたら大好きなブドウをもらう。三〜四歳児たちは、ステップアップするごとに、だんだんと豪華なシールをもらう。

この課題の設定の仕方はなかなか理に適っていると言えよう。というのは、私はこれまでずっと、食物の加工処理法が人類の生存と進化に及ぼした影響の大きさを力説してきたが、この課題には、食物の加工処理の手順に似たところがあるからだ[15]（第16章も参照のこと）。

この課題に挑戦したサルとヒトでは、どちらが優れた成績を得ただろうか？　前章までに取り上げた多くの認知課題ではサルがヒトに勝利したが、それとはまったく違って、今回はヒトの圧倒的勝利に終わった。幼児の四三％が最終段階（第三段階）までクリアしたのに対し、チンパンジーで最終段階に到達したのは一匹のみ、オマキザルでは一匹もいなかった。箱に一〇〇〇時間触れている間の、全体としての第一段階からのステップアップ度を累積すると、オマキザル、チンパンジー、ヒトはそれぞれ、一・七、六・一、三八八・六だった。この結果には驚かされる。特に、サルたちがこうした報酬の入ったパズルボックスの課題になじみがあることを考えると驚異的でもある。明らかに、累積的な学習はヒトの領分なのだ。

いったい何が、幼児たちを成功に導いたのだろう？　うまく箱を開けられた子どもたちに頻繁に見られたのは次のような行動だった。①他の子どもの操作をまねる（模倣）、②他の子どもに教わる（口頭教示）、③他の子どもにご褒美を分ける（分かち合い）。つまり、ヒトグループに見られる模倣、教示、社会性が成功の鍵を握っていたのだ。一方、サルグループが苦戦したのは、まさにこうした社会的、文化的能力に欠けていたからだった。チンパンジーやオマキザルでは、教示行為や分かち合いがゼロだったのに対し、幼児では、分かち合いが二一五回、教示行為が二三回見られた。模倣について見ると、チンパンジーは、第一段階の操作はある程度まねたが、第二および第三段階の操作をまねることは一度もなかった。この実験結果は、野生のチンパンジーやオマキザルの観察結果ともよく一致する。こうした霊長類においては、累積的文化進化に必要な、教示その他の行為が確認された例はない[16]。

生まれつき賢いのはネアンデルタール人？

大学生向けの授業で、私はよくこんなクイズを出している。まず、次の四つの石器の写真を見せる。①一八世紀のタスマニア人の石器、②一七世紀のオーストラリアのアボリジニの石器、③ネアンデルタール人の石器、④旧石器時代末期（三万年前）の人類の石器。写真には名称も年代も付いていない。石器の写真だけを見て、製作者の生得的な認知能力を評価させるのである。

大学生たちはきまって、一七世紀のオーストラリアのアボリジニや旧石器時代末期の人類よりも、タスマニア人とネアンデルタール人のほうが認知能力が低いと評価する。当然ながら、バス海峡への海水流入によって分断されたタスマニア人とアボリジニとの間に、生得的な認知能力の差があるとは思えない。ところが残念なことに、手を挙げてこんなふうに答える学生はいない。「道具類の複雑さを見ただけで、製作者の生得的な認知能力を判断することはできません。なぜなら、複雑な道具を作れるかどうかには、社会性が大きく影響してくるからです」（これが正答）。

もっと極端な例を取り上げるならば、一八二〇年代のポーラーイヌイットは、一八六〇年代のポーラーイヌイットよりも知的能力が優れていたのだろうか？　一八二〇年にはカヤック、やす、弓矢などを作ることができたが、一八六〇年には作れなくなってしまった。

多くの古人類学者も、同じような誤りを犯す。人類の祖先種が作った道具類の洗練度を見て、それをそのまま、その種の生得的な認知能力に結びつけてしまうことがあるのだ。

ネアンデルタール人について見ていくとたいへん興味深い。というのも、ネアンデルタール人は、ユーラシアにおいて、アフリカに起源をもつ現生人類の祖先と共存していたことがあり、何らかの影響を及ぼし合っていたはずだからだ。その証拠に、現生人類の多くがネアンデルタール人のＤＮＡをいくらかもっている。

ネアンデルタール人集団の道具のほとんどは、アフリカからの侵入者（現生人類の直接の先祖）のものほど複雑ではないし洗練されてもいない。それゆえ、ネアンデルタール人は、アフリカからの移住者に比べて、生得的な認知能力が劣っていると考える研究者が多かった。ネアンデルタール人の脳容積は、私たちの脳容積と同等、もしくはそれよりも大きいという事実がありながら、ずっとそのように言われてきたのだ。[17]

霊長類どうしの認知能力を比較する際に、脳容積は最も強い予測因子となる。[18] その理屈からすれば当然、私たちの祖先は、脳のもっと大きいネアンデルタール人よりも頭が悪かったということになる。しかし、研究者たちはこれまで、私たちの系統のほうが生まれつき頭が良かったという仮定のもとに研究を進めてきた。それゆえ、何としても、ヒトの脳やヒト特有の能力（言語など）に私たちの成功の要因――すなわち、絶滅を免れ、地球上の優占種となりえた理由――を見出そうとするのだ。

そうではなくて、こう考えたらどうだろう。個体ごとに見た場合、アフリカからの移住者（つまり私たちの先祖）は、同時期に生きていたネアンデルタール人よりも、生まれつきの賢さはやや劣っていた。しかし、彼らは、より高度な累積的文化進化を可能にする、もっと大きなサイズの**集団脳**をもっていた――そう考えてみたらどうだろう。

このような大きな集団脳が生まれるのは、社会集団の規模が大きく、成員同士の結びつきが強い場合、そして、個々人の成人後の平均寿命が長い場合である。成人後の寿命が長ければ、多くのことを自ら体験する時間が増えると同時に、さまざまな人から学んで、新たな組み合わせを生み出す時間も増え、さらに、このようにして蓄えた知恵を他者に伝える時間も増えることになる（第8章で述べたとおり)。

こうした角度から、ネアンデルタール人について見てみよう。資源の乏しい氷河期のヨーロッパで、環境の激変に対処しながら生きる必要に迫られていたネアンデルタール人は、離ればなれの小集団で生活しており、事あるごとにその規模を小さくしていった。突き槍だけでゾウやウマやアカシカなど危険な獲物を仕留めていたので、成人してもその多くが狩猟中に負傷し、若くして命を失った。

一方、後から押し寄せてきたアフリカからの移住者たちは、もっと規模が大きく、成員同士の結びつきの強い集団で生活していた。そのような集団は、南方の温暖で豊かな環境(海洋性気候など)の中で出現した社会の仕組みや決まりに支えられていたものと思われる[19]。また、四〇歳を超える者も少なくなかったが、それには、投擲武器が発明されて狩猟の安全性が格段に高まったことや、質の高い防寒着など、優れた文化的適応がなされたことも影響していると思われる。つまり、好適な生態学的条件のもとで生まれた社会規範や慣習が、より大きな集団脳を育み、その集団脳の知恵のおかげで寿命が延びたことで、ますますその集団脳のパワーが増していったのである。

だとすると、生態学的な制約により、小さな集団脳しかもてなかったネアンデルタール人は、それを補うために、個々人の脳容積を大きくする必要があったのかもしれない[20]。しかし、ネアンデルタール人が個々の脳を大きくして対抗しても、アフリカからの移住者の社会的な結びつきや長寿がもたらす、より大きなサイズの集団脳のパワーにはかなわなかったのだろう。

アフリカからの移住者たちは、その大きな集団脳を武器に、ヨーロッパのネアンデルタール人を絶滅に追い込んで、これに置き換わっていったのかもしれない。イヌイットがドーセットを押しのけることができたのと同じ理由だ。発祥の地の環境の差に由来する社会の仕組みの違いが、生存や繁殖に有利な高度なテクノロジーを生み出せるか否かを決定づけたのである。興味深いことに、ドーセット人にしても、ヌーミック語の話者が押し寄せる以前のグレートベースンの居住者にしても、結局は絶滅してしまったが、生得的な知的能力が劣っていたことを示す証拠はいまだ見つかっていない。いずれにせよ、現生人類がネアンデルタール人に置き換わった出来事は、文化進化の物語の初めの一章にすぎず、ヒト属の歴史を通して幾度となく繰り返されてきたことなのかもしれない[21]。

誤解のないように言い添えておくと、私は、たとえば一五万年前のヒトと五万年前のヒトとのに間に遺伝的差異がないと言っているわけではない。何十万年もしくはそれ以上の長い歳月にわたって文化進化が遺伝的進化を駆動してきたのだから、違いがあって当然だろう。それだけの長い期間にわたって、人類は自らの家畜化を押し進めてしてきたのだから。

ではなぜここで、ネアンデルタール人のような集団を取り上げたのかというと、それは、集団の規模や相互連絡性を知らずに、物的証拠だけで生得的な知的能力を予測するのは不可能だということを強調したかったからであり、また、現在と同じく当時も、集団間競争を駆動力とする文化進化が起きていたことを示したかったからである。

文化進化の視点を導入すると、テクノロジーや人類の進化の歴史のもう一つの特徴が明らかになる。それは、文化進化は直線的ではないということだ。研究者たちは、火の痕跡や、槍、長柄武器、釣針、宝石、交易品、骨角器など、初期の人類のものと思われる物的証拠を見つけ出すと、すぐにこう考えてしまう。ひとたび発明されたものが消失するわけがない。少なくとも、より良いものが発明されるまでは存続するはずだ、と。ときおり立ち止まりつつも、たゆみなく続けられていく技術革新のようなものを思い描いているようだ。

しかし、私がこれまでに示してきた証拠はどれもみな、そうではないことを物語っている。テクノロジーにせよ、非物質的なノウハウにせよ、それを維持し続けられるかどうかは、生態学的な条件、環境の変動、病気の蔓延、社会的な慣行などの絡み合いによって決まってくるのだ。集団として、いったん失ってしまったノウハウを二度と取り戻せないこともある。

弓矢ほどの重要なものも例外ではない。最新の証拠からすると、弓も矢も六万〜七万年前にはすでにアフリカに出現していたようだ（もっとずっと早かったと主張する研究者もいる）。ところが、ヨーロッパ人と初めて接触したとき、オーストラリア大陸には弓も矢もなかった。オーストラリアじゅうの狩猟採集民が、手投げの棍棒や槍とブーメランだけで狩りをしていたのである。すでに見てきたように、ドーセット人は弓矢の技術を失っており、イヌイットが渡ってきたとき、それが大きな痛手となった。オセアニアでもやはり、数回にわたって弓矢の技術が失われたようだ。外洋船や陶器の技術と同様に、弓矢の作り方や使い方がわからなくなってしまったヒト集団は珍しくない。前述のとおり、火起こしの方法がわからなくなった狩猟採集民の集団さえあるのだ[22]。

旧石器時代の人類は、有史以降のどの時代よりも急激で極端な環境の変化にさらされていたので、テクノロジーの進化にはむらがあり、一気に花開くこともあれば、集団の衰退、離散、あるいは分断に伴って突然消えてしまうこともあったのではないかと思われる。こうした見方は遺跡データとも符合する。しかし、なにしろ古人類学の証拠は少ない上に散発的なので、確かなことはいまだ明らかになっていない[23]。

いずれにしても、文化的な種であるヒトにとっては、複雑なテクノロジーを生み出す上で、生得的な頭の良さよりも社会性のほうがはるかに重要になってくる。したがって、テクノロジーやその他の文化の繁栄について考えるとき、その繁栄の理由を理解しようとするのであれば、社会制度、結婚の風習、諸々の儀式など、社会生活面についても考慮しなくてはならない。

ところが、文化の繁栄を遺伝的要因で説明しようとするアプローチは、複雑な累積的文化進化の産物（たとえば言語など）を遺伝的差異に結びつけて考えようとする。しかし、複雑な言語の出現は、文化の繁栄の究極の説明などではなく、累積的文化進化の産物の一つにすぎないのであって、道具類と同様に、さまざまな力の影響を受けている。それについては第13章で再び取り上げる。

道具と規範がヒトをより賢くする

集団脳は、遺伝的進化がまったく起こらなかったとしても、個々人をより賢くしてくれる。どういうことか。規模が大きく、成員同士の結びつきの強い集団からは、より多くの道具、より豊かな知識、より高度な技術が生まれてくる。こうした多くの文化的レパートリーを身につけた個人は、それがなければ解けないような問題まで（独力で）解決できるようになる。もっと長期的に見ると、さまざまな概念、道具、技術、手順、そして経験知に満ちあふれた文化的に構築された世界では、より高度な認知能力をもたらす遺伝子が有利になって集団内に広まりやすくなるはずだ。しかしここでは、遺伝子のことはひとまず脇において、遺伝的な変化がなかった場合を考えてみよう。遺伝的変化がなくてもやはり、文化進化によって個々人はより賢くなっていくだろう。(24)

このような効果を最も基本的な形で確認するために、まずチンパンジーでの実験から見ていこう。ティボー・グルーバーとリチャード・ランガムらは、異なるチンパンジーの群れに人工的な「蜂蜜の泉」を設置して、チンパンジーたちがどのような行動をとるかを観察した。チンパンジーは蜂蜜が大好物だが、枝や葉のような道具を使ってすくいあげなければ、この蜂蜜はなめることができないように作られている。複数の群れを対象に実験したのは、そのなかの一部の群れで、丸太から「水をすくいあげる」行動が確認されていたからである。さて問題は、水をすくいあげて飲むという知識が、この多少とも新たな状況下で、チンパンジーが好物の蜂蜜をなめる方法を思いつく確率に影響するかどうか、だ。

結果は、イエスだった。水すくいの習慣が広まっている群れのチンパンジーだけが、蜂蜜をなめる方法を発見したのだ。研究者がわざわざ枝を与えてやっても、結果は同じだった。蜂蜜泉にすでに枝が刺してあっても（ここまでヒントを与えても）、やはり、水すくいの習慣がある群れのチンパンジーだけが問題の解決法を見つけた[25]。つまり、チンパンジーが新しい問題を解く能力は、すでにもっている文化に依存するというわけだ。

では、こんな類人猿を想像してみてほしい。この類人猿の生まれ育った世界にはすでに、車輪、滑車、ばね、ねじ、投擲具、弾性力を利用した弓、くくり罠、てこ、毒薬、圧縮空気を利用した吹き矢、筏、やす（図3・1）、火を使った加熱調理等々、さまざまなものが満ちあふれている。当然ながら、この類人猿の頭の中には、新しい問題に適用できる数々の選択肢（プレハブ建築の建築部材に当たるもの）が備わっている。ここに挙げたような道具、というか概念は、読者の皆さんにはごく当たり前のことと思われるかもしれないが、だれにも教わらずにイチから自分で考え出すのは非常に難しい。

車輪について考えてみよう。車輪が発明されたのは、人類史からすれば比較的最近のことだ。農耕が始まり、人口密度が高くなってからずっと後のことで、しかもユーラシア大陸でしか発明されていない。アメリカ大陸、オーストラリア大陸、およびニューギニアでは発明されなかった。荷車を引かせるための犬（南米ではリャマ）がいたにもかかわらず、手押し車、滑車、水車などが必要だったにもかかわらず、発明されなかった。同様に、オーストラリア大陸では、弾性力を利用した道具はまったく発明されなかったようだ。つまり、弓も、弦楽器も、くくり罠もなかったわけだ。圧縮空気を利用した道具も発明されなかったようで、当然、吹き矢も、フルートも、ホルンも存在しなかった[26]。

累積的文化進化によって生み出されたものの多くは、その概念を多少とも新たな問題に応用することが可能だし、その概念の組み合わせによって新たなものも生み出すことができる。たとえば、「投擲物＋弾性エネルギー」の組み合わせで、弓という道具が生まれる。しかし、累積的文化進化の産物がもたらしたものは単にそれだけにとどまらない。実は、私たちに認知ツールを、言い換えると、文化進化なしには獲得しえなかったであろう心的能力を、与えてくれているのである。アラビア数字、ローマ字、インド発祥のゼロの概念、グレゴリオ暦、円筒図法（地図投影法の一つ）、基本色名、時計、分数、左右の概念――これらは、あなたや私の頭脳を形作っている認知ツールのごく一部にすぎない。脳をつくる遺伝子によって課された知的機能の制約のなかで「やりくり」すべく、文化進化によって生まれたのがこうした認知ツールなのである。こうしたツールが生得的能力を引き出したり、高めたり、組み合わせたりすることで、新たな、予想以上の能力が発揮される。

どういうことか。大多数の西洋人の頭脳には組み込まれていないツール、そろばんを例にとって説明しよう。そろばんを使いこなす人は、343＋675＋853のような計算問題を、電卓使用者よりも速くやってのける。なかなか大したものだが、それは計算に使う道具が違うだけのこと。重要なのは、その先なのだ。珠算の達人は、そろばんを手元から取り上げられてしまっても、電卓派に勝てる。つまり、電卓派よりも暗算力がアップしているのである。なぜなのだろう。

そろばんは、バビロニア数学以前の時代に生まれた計算盤から、長い取捨選択のプロセスを経て文化進化してきたものだ。そろばんの仕組みを分析するとわかるが、この計算具はヒトの視覚や記憶力を最大限に活かしながら、その欠点を補うように作られている。つまり、そろばんを用いると、数字を視覚性ワーキングメモリに保持しやすくなるのである。珠算技能に習熟すると、幼い子どもでも超高速の暗算ができるようになる。それは、頭の中にそろばんを思い描いて計算しているからで、実際に珠をはじいているかのごとく、無意識に指を動かしていることがよくある。暗算をしている間、言語は何の役割も果たしていないようだ。ただし、計算が終了したら、その答えを算用数字で記すか、口頭で伝えるかしなければならない。

珠算式の暗算は、西欧の一般的な大学生のやり方——つまり、数字という言語ツールに依存する計算方法とはまるで異なる。そろばんは、ヒトの視覚記憶を利用して知的パワーを引き出す、頭脳の補装具《プロテーゼ》なのである。この簡素でエレガントなツールは、使い慣れない者には想像もつかないほどのパワーをもたらしてくれる。[27]

しかし、このあと言語について見ていくにあたって、注目すべきことがある。それは、暗算をするときには、そろばん暗算をする者も、西欧の大学生も、累積的文化進化の産物に頼らざるをえないということだ。

第13章　ルールを伴うコミュニケーションツール

ヒトは、いつ、いかにして言葉を獲得したのか——言語の起源と進化は、何百年も前から人々の興味を惹き付けてきた。[1]幼い子どもが言語スキルを身につけていく過程は、まさに奇跡としか言いようがない。だれに教わらずとも自然に、高度なコミュニケーション能力を獲得していくのだから。それ以上に驚きなのが、弁舌巧みな人でさえ、自分の発する言葉がどのような文法に則って組み立てられているのか、その階層構造をなかなか説明できないことだ。言葉がおのずと口を突いて出てくるのである。子どもがいとも容易に言語を習得してしまうわけ、そして、特に意識しなくても複雑に入り組んだ構造の言語が生まれてくるわけを、いったいどのように説明すればいいのだろう?

複数の分野の研究結果がみな同じ答えを示している。言語は長期にわたる累積的文化進化の産物である、と。優れた技術、儀式、制度といった文化の他の諸側面と同様に、音声言語を含めた諸々のコミュニケーションツールは、幾世代にもわたる文化伝達の過程を経て進化してきたものであり、その過程で、コミュニケーションの質と効率が高まるように、また、自然環境や社会規範（たとえばタブー）などそれぞれの土地の状況に合うように、変化を遂げてきた。つまり言語は、コミュニケーションのための文化的な適応なのだ。

このようなコミュニケーションシステムは、私たちの脳に合うように、類人猿の認知機能を利用して（文化的に）変化する必要があったが、同時にそれは、遺伝子にかかる新たな選択圧となって、ヒトのコミュニケーション能力を高めていった。この強大な進化圧を受けたことによって、ヒトの解剖学的構造や心理が形成されていったのである。たとえば、喉頭の位置が下がって声域が広がり、舌が自由に動くようになって滑舌が良くなり、さらに、虹彩の周囲（強膜）が白くなって視線の方向がよくわかるようになった。また、生まれつき音声模倣の能力をもつようになり、指差しや目配せなどを交えて意思の疎通を図ろうとするようになった。

言語の進化を理解しようとする際にぶつかる問題の多くは、言語だけを近視眼的に見てしまうところに原因がある。言語をヒトのコミュニケーションレパートリー全体のなかに置き、それをさらに文化－遺伝子共進化のなかに位置づけることによって、道具、習慣、規範、コミュニケーション、言語が互いに相乗効果を及ぼし合う関係が見えてくる。言語は文化の一部なのであって、コミュニケーションツール（単語）とそれを用いるルール（文法）とで構成されている。次の二点をしっかりと理解すれば、言語の起源や進化をはるかに説明しやすくなる。①誰かが発明したり、意図して設計しなくても、文化進化によって、複雑だが習得しやすいレパートリーが構築されていくということ。②言語は文化－遺伝子共進化のプロセスの一要素なのだということ。

つまり、テクノロジーや制度の場合と同様に、長い歳月を経るうちに、文化進化によって多くの有用なコミュニケーションの要素が人類の祖先たちの間で蓄積されていき、統合されたり磨かれたりしながら、しだいに複雑なものになっていったのである。古人類学者が発掘調査で見つけられるような物的証拠は何一つ残っていないので、この蓄積のプロセスを直接観察することはできない。しかし、私の推測が正しいとすれば、現代の社会や、歴史に記録されている社会のコミュニケーションシステムに、さまざまな文化進化の痕跡が刻まれているはずだ。丹念に調べれば、それが見つかるだろう。

まず最初に、コミュニケーションシステムは、物理的環境と社会環境の両方を含めた、ローカルな環境課題に適応（文化的適応）していることを見ていこう。次に、文化進化の状況がコミュニケーションレパートリーのサイズや複雑さに影響しうることを見ていく。テクノロジーの場合と同じく、その言語共同体の規模と緊密さが、語彙数、音素数、および文法ツールに影響を及ぼすのである。

あなたが言語学者でなければ、こうした主張を抵抗なく受け入れてもらえるだろう。少なくとも真っ向から反論はしないだろう。言語だけを、他の文化分野とは別扱いにして考える理由はどこにもないのである。タスマニア人が用いていた道具は、ヴィクトリア時代のアボリジニや現代のメルボルンのオーストラリア人の道具に比べて複雑度が低く、種類が少なかったことを否定する人はほとんどいないだろう。また、社会制度は社会によって千差万別で、その社会の経済的成功に影響を及ぼすことは、ほとんどだれも否定しないだろう。パマ・ニュンガン語やイヌイット語を話す人々の社会の仕組みが、彼らの勢力拡大を促したことについて、少なくとも基本的な部分で異を唱える人はほとんどいないだろう。

ところが、言語学者や言語人類学者たちはたいてい、言語間に優劣などなく、習得難易度、情報伝達効率、および表現力に大きな差は認められないという立場をとっている。(2) 加えて、言語の形成は非言語的な要因の影響をそれほど受けない——つまり、それ以外の世界とは一線を画していると考える。このような二つの大前提が、言語に対する文化進化論的アプローチを妨げてきたのだ。ところが最近、新たなデータセットを用いて、文化進化の所産としての言語を研究するためのデータが新たに得られるようになるにつれて、そのような知的バリケードのあちこちにひび割れが生じてきた。それについて詳しく見ていこう。

文化的に適応するコミュニケーションレパートリー

言語は他者から学ぶのか——すなわち、文化的に伝達されるのか——という点に関しては、ほとんど議論の余地がない。生まれる前から胎児は、母親が話す言語の音やリズムの要素を覚え始めている。そして、生まれるとすぐに、周囲の人たちの舌や口の動きをじっと見つめながら音声模倣をし、そのつど修正しながら適応学習を重ねていく。やがて、乳児の脳内に、母語にとって意味のある音だけを拾い、それ以外の音は無視するような、その言語専用の音素フィルターが形成される。そして、満一歳になる頃には、指差しは、何かに注意を向けよという合図なのだと理解するようになり、言葉が出るずっと前から、指差しと情動反応とでコミュニケーションを交わし始める。

乳幼児は、こうしたコミュニケーションシステムの諸要素を無意識のうちにどんどん身につけていくが、それには文化的学習につきもののバイアスがかかっており、道具や習慣や社会規範を学ぶとき（第4章参照）と同じく、有能さ、信頼度、および民族（方言）を手がかりにモデルを選んでいる。乳幼児は、そのモデルが言葉や身振り手振りを使って、何かをするのを（友人を助ける、情報を求める、何かを手に入れるなどを）注意して観察する。やがて、乳幼児は、そのモデルが何をしようとしているのかを推測し、モデルの目的、願望、および行動を模倣するようになる。その意味は、日々の社会生活の豊富な文脈から推測することが可能だ。

子どもたちは遊びのなかでよく大人の社会生活の場面を演じるが、そのなかには、文脈に即した言語や非言語的コミュニケーションの諸要素とともに、コミュニケーションとは無関係の習慣が登場する。[3] 学習者の側からすると、コミュニケーションシステムも、習得しなくてはならない文化の重要な一要素にすぎない。火の起こし方、儀式の作法、キャッサバの毒抜き法、タブーの遵守などと同じく、その地域、その社会だけで意味をもつローカルスキルの一つにすぎないのだ。もちろん、その地域のコミュニケーションレパートリーを習得していくうちに、だんだんと文化の受け入れ口そのものが広がり、その地域で生きるのに欠かせない習慣、信念、動機、考え方などが身につきやすくなっていく。

計り知れないほど長い年月を経るうちに、文化進化によって、ヒト集団にはコミュニケーションのための強力なツールキットが装備された。これらのツールキットには、ジェスチャー（身振り手振り）、体の姿勢、顔の表情のほか、舌打ち音、口笛、うめき声、うなり声、歯擦音（シーッという音）、金切り声など、実にさまざまなものが含まれる。食物加工法のツールキットと同様、これらはその集団の生活環境に合わせて発達したものであり、文化の他の側面に作用しているのと同じ諸要因の影響を受けている。

ではまず初めに、言語以外のレパートリーから見ていこう。なぜなら、そうすると、次の二つの点に気づくからだ。①音声言語（話し言葉）は、現代では非常に重要なレパートリーになっているが、実は、ヒトのコミュニケーションシステムの一要素にすぎないこと。②ヒトは、話し手の意図を推し量ることによって、言葉だけでなく、さまざまな行動から意味を引き出すことができること。このような非言語的なシステムに注目することによって、人類の祖先が用いていた最も初期のコミュニケーションシステムがどんなものだったかが、ある程度わかってくるかもしれない。

私たちは直接会って言葉を交わすとき、顔の表情はもちろんのこと、さまざまなジェスチャーで相手にサインを送っている。たとえば、人差し指や中指を突き立てたり、顎や唇を突き出したり。それぞれのしぐさの意味するところは社会によって千差万別だが、要注意。少なくともこの二つは、国や地域によっては、相手を侮辱するしぐさだと見なされているからである。

また、私たちは挨拶の一つとして握手を交わすが、握手を求めてはいけない場合もある。しかし、フィジーに行ったら必ず、長めに相手と手を握り合おう。また、世界中のあちこちに、深々とお辞儀をしたり、会釈したりする習慣があるが、お辞儀の習慣のない地域もある。

私は、「ＯＫ」「いいぞ」という意味をこめて、親指を立てたり、人差し指と親指で輪を作ったりする。しかし、イランやブラジルではこのＯＫサインは禁物だ。リチャード・ニクソン大統領はうっかりやってしまったが、このしぐさは、アメリカ合衆国で中指を突き立てるのと同じく、相手を侮辱するジェスチャーだからである。私たちはうなずいて「イエス」という同意や承諾を示すが、この同じ動作が「ノー」を意味する国や地域もある（ブルガリアなど）。眉をちょっと上げて「イエス」を示す民族もいる。

言語をことさらに重視する学者たちでさえ、しょっちゅう「エアクオート」（ある単語や句を発するときに、顔の両脇でピースサインを作って、クイクイと指を曲げる動作）を使う。これは二重引用符《ダブルクオーテーション》を表すジャスチャーで、本来とは異なる言葉の使い方をしたり、含みをもたせたりするときに使われるものだ。私はこれまで幾度となく、人文学の先生方が一方の手にカフェラテを、もう一方の手に書物を持ちながら難儀されているのを見てきた。自分の言葉が変に解釈されないようにしたくても、両手がふさがっているとエアクオートが使えないからだ。

身振り言語と口笛言語

しかしジェスチャーは、音声言語に付け足して使われるだけではない。オーストラリアや北アメリカの狩猟採集民の間では、本格的な身振り言語が広く使われていたし、もうちょっと単純な身振り言

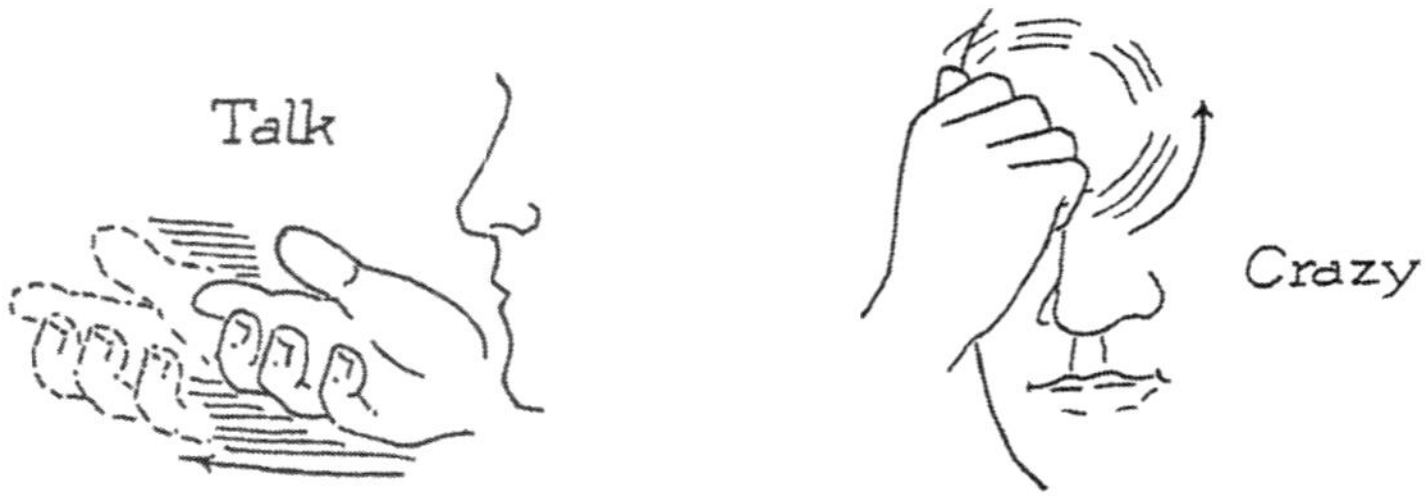

図13.1 平原インディアン共通の標準的な手話。左から「話してくれ」「そんなばかな」を意味するサイン。

語は、アフリカの狩猟採集民バンドから、キリスト教修道院に至るまで、世界中いたるところで見つかる。

北アメリカでは、平原インディアン（グレートプレーンズで遊牧を行なっていたインディアン）の部族の多くが、狩猟、戦闘、および大規模な儀式のために部族独自の手話を発達させており、なおかつ、平原インディアン共通の標準的な手話にも精通していた。平原標準手話は、種々さまざまな（音声）言語が話されている地域において、部族間で意思疎通を図るための重要な手段だった。はっきりとしたわかりやすいジェスチャーを用いるこの言語は、広い平原でのコミュニケーションにうってつけではないかと思われる。このような場所では、聴覚言語よりも視覚言語のほうが適しているし、部族間でやりとりするときは、お互いに相手の部族にあまり近づきたくないだろう。

六〜七歳以降に習得するからだろう、平原標準手話はきわめて図像的だった。つまり、表現しようとするものの要素を含み、共通の手まねを多用する（図13・1）。たとえば、「鳥」を表すときは、両手を決まったやり方でぱたつかせる。「ワシ」を表すときは、まず「鳥」のサインを示してから、「尾」のサイン、さらに「黒色」のサインを示す。「鳥-尾-黒」で「ワシ」という意味になる。

平原標準手話の文法体系は、時間をおいて順に示すのではなく、空間的な位置を利用する。つまり、主語や目的語を表す名詞句（「この黒い犬」など）を、空間の別々の位置に組み立てたのち、それらを動詞を表すサインでつなげるのだ。この「エア・ピクチャー」と呼ばれるものを描いて、それらを関連づけることができれば、言語学者が感銘を受ける音声言語の階層構造を、比較的容易に組み立てることができる。平原標準手話は、伝達速度という点では音声言語にかなわなかったものの、表現力では音声言語に引けを取らなかったと言われている。その後、グレートプレーンズに入植してきたヨーロッパ人たちは、インディアンのさまざまなサインをまねて用いるようになった(4)（『ボーイスカウトハンドブック』参照）。

狩猟採集生活を営むオーストラリア先住民は、表現力も複雑度も千差万別の身振り言語をもっていたことが知られており、オーストラリア大陸全域、特に中央砂漠地帯において、詳細に記録されている。なかには、音声言語に匹敵するほどの表現力をもつ本格的な手話を備えた社会もあった。しかしたいてい、ローカルな身振り語体系には数十〜数百種類のサインしかなかったので、狩猟や襲撃のとき、あるいは喋ることがタブーの儀式のときなど、特定の場面では役に立ったものの、音声言語ほどの表現力はなかった。

興味深いことに、本格的な手話は、社会のしきたりによって何か月間も、あるいは何年間も喋ることがタブーとされる集団において発達する傾向がある。このようなタブーが課せられるのは、ワルピリ族の場合のように、近親者の男性が亡くなった後の喪中期間のことが多い。タブーとされる期間は、故人との続柄の近さや、故人の地位、予期せぬ死だったかどうかによってかなり異なる。近親者の女性が亡くなった場合には通常、故人の魂が旅立つまでおよそ一年間がタブー期間とされる。

オーストラリアの手話は、平原標準手話とは違って図像性が低く、その集団の音声言語の文法規則に準拠している。しかし、文法は集団ごとに違っても、サイン自体は集団間でかなり共通している。

中央砂漠地帯の北部では、集団同士が近接しているほど、共通するハンドサインの割合が高く、音声言語の類似性とはあまり関係がない。ということは、これらのサインは、音声言語とは独立に広まっていったのだろう[5]。

狩猟採集民の身振り言語には、私たちが言語について考える上で、注目すべき重要なポイントが三つある。まず第一に、こうした身振り言語は、ローカルな文脈に、つまりそこで求められる役割に適応しているらしいということだ。大きな図像的なジェスチャーを用いる平原標準手話は、遠くにいる相手との、あるいは大規模な儀式の場でのコミュニケーションのために発達したものだ。それに対し、オーストラリアの手話の微妙なジェスチャーは、ひとつには喋ることがタブーとされる期間に意思の疎通を図るために発達したものと思われる。たとえば、親族の死後、女性は何か月間も喋ることを禁じられている地域では、手話が音声言語に劣らぬほどの表現力を有するまでになっている。ということは、言語とは無関係の社会規範がこのようなコミュニケーションシステムの発達を促したと考えられる。

第二に、オーストラリアの身振り言語の複雑度や表現力は、集団によってまちまちだ。サインの数(語彙数)が乏しく、文法体系もあまり発達していない集団もあれば、語彙・文法ともに十分なものを備えている集団もある。これらさまざまな身振り言語は、複雑度にせよ表現力にせよ、決して同等ではないことは、もはや議論の余地がない。

最後に、オーストラリアの身振り言語は、子どものときに習得するものなので、(平原標準手話とは違って)それほど図像的ではない。つまり、ほとんどのハンドサインには、それが表そうとする具象物との直接的な類似性はない。図像的だと大人は学習しやすいが、子どもが言語を学ぶとき、図像性など必要ないからだ。

何度も言うが、文化進化は私たちよりもずっと賢く、コミュニケーションを促すための方法をいろいろと見つけ出してきた。次は口笛言語について考えよう。

トルコからメキシコに至るまで、僻地《へきち》に暮らしている人々は、互いに遠く離れた場所にいても、口笛を使って何不自由なく会話を交わすことができる。このような口笛言語の多くは、険しい山々に囲まれた土地でのコミュニケーションに音響的に適応しているようだ。たとえば、隣の家は峡谷を越えたすぐ先にあるのに、訪ねて行こうとすると一時間以上もかかるような土地では、この口笛言語が大活躍する。地域によっては指笛を用いるところもあるが、指笛を使えば、二〜三キロ以上、条件が良ければ一〇キロ程度離れていても容易にコミュニケーションを交わすことができる。一方、親しい間柄の打ち解けた会話に、口唇だけで音を発する口笛を使う地域もある。

このように、文化進化によって、口笛によるさまざまな言語が生み出されたのは、口笛がその地域の状況に適していたからである。口笛だけとは限らない。それ以外にも、太鼓、角笛、フルート、銅鑼《どら》等々、信じられないほど多様なものを用いた遠距離コミュニケーションシステムのあることが、人類学者たちの調査で明らかになっている。(6)

聞こえ度

コミュニケーションの達人とは、その地域の社会的、生態学的な環境条件のもとで最も効果的に自分の意思を伝えられる人である。若年者や未経験者がコミュニケーションの達人に注目し、そのコミュニケーションツールの効果的な使い方をまねていくと、歳月を経るうちに、累積的文化進化によってだんだんとサインや口笛のレパートリーが集積・整理されていく。カヤックや、槍、ブーメランなどの技術が磨かれていくのとまったく同じだ。

だとしたら、このような文化進化のプロセスが、身振り言語や口笛言語だけに適用されて、典型的な音声言語には適用されないと考える理由はどこにもない。音声言語もやはり、状況次第では、その土地の音響環境や、言語とは無関係の社会規範の影響を受けるはずである。こうした研究はほとんどなされてこなかったが、予備的な証拠は得られている。

音声言語は、聞こえ度がまちまちで同じではない。音声の聞こえ度は、発話のための息の流れが遮断されると低下する。したがって、aのような広母音の場合に、聞こえ度は最も高く、tinのtのような、いわゆる無声閉鎖音の場合に最も低い。こうした母音や子音を実際に発音して、空気流が遮られる感じの違いに注意を向けてみよう。

母音にも子音にもいろいろな聞こえ度のものがあるが、概して、子音よりも母音のほうが、はるかに聞こえ度が高い。当然ながら、聞こえ度の高い言語には母音が多く（ハワイ語など）、聞こえ度の低い言語には子音が多い（ロシア語など）という傾向がある。同じだけのエネルギーと努力で発音しても、聞こえ度の高い音声のほうが、聞こえ度の低い音声よりも遠くまで届くし、周囲の雑音にかき消されにくい。

もし、言語が環境への文化的適応のひとつだとしたら、騒音や音の散乱の激しい場所で、遠くにいる相手と話すことが多い状況では、言語の聞こえ度が高くなることが予想される。こうした状況をつくり出す環境変数にはさまざまなものが考えられるが、ロバート・モンローとジョン・フォートらは、気候が、そのなかでも特に気温が、大きく影響するのではないかと考えた。その理由はきわめて明快だ。温暖な地域ほど、屋外での仕事、遊び、料理、休養の時間が長くなるが、屋外では屋内に比べて、相手との距離、騒音、劣悪な音響環境といった問題に直面しやすいからだ。彼らは、数十種類の言語について、単語リストをもとに聞こえ度の尺度を作成し、聞こえ度と環境温度の指標（一年のうちで摂氏一〇度を下回る月の数など）との関連性を調べた。

その結果、環境温度だけで、言語の聞こえ度の変動の約三分の一を説明できることが明らかになった。温暖な地域の言語は、寒冷地の言語に比べて母音の数が多く、しかも聞こえ度の最も高い母音ａがよく使われる傾向がある。子音についても、温暖な地域の言語では、聞こえ度の最も高いｎ、ｌ、ｒのような子音がよく使われる。それに対して、寒冷地の言語では、deep のｉのような、聞こえ度の最も低い母音がよく使われる(7)。

しかし、話はそれほど単純ではなく、さまざまな要因がこれに加わってくる。たとえば、温暖な地域ではどこでも一様に、聞こえ度の高い言語が発達するとは限らない。密林に覆われた地域では、聞こえ度が高くてもあまり効果がないかもしれない。また、人類学者のメルヴィン＆キャロル・エンバーが主張するように、風の強い極寒の地の人々が口を大きく開けて喋るのを控えるのは、体温喪失を避けるためかもしれない。さらに、性的制限を課す社会規範も、聞こえ度に影響を及ぼすのではないかとも彼らは主張している。こうしたさまざまな要因を、基本的な環境温度の指標に加えて聞こえ度との関連性を調べたところ、（少なくともデータを収集した数十の言語については）聞こえ度の変動の五分の四を説明することができた。

なかなか見事な結果ではあるが、あまり過大評価しないほうがいいだろう。このような研究はまだ始まったばかりだからである。しかし、ここに何かが関係していることも確かだ。環境温度と聞こえ度との間に基本的な関連性があることは、何通りかの方法で検証されており、しかも、別の研究者が行なった再検証にも耐えている(8)。

文化的学習によって、道具や食事など、その土地の環境に適したツールキットが形成されていくのだとしたら、同じように、文化進化によって、音素のツールキットが磨きあげられていったとしても不思議ではない。

動物たちのコミュニケーションはいかにして、その種の生息地の音響環境に適応してきたのか――これは、生物学者たちが昔から関心を寄せてきた問題である。言語とは違い、ヒト以外の動物同士のコミュニケーションの多くは、かなり固定的なシグナルを介して行なわれている。しかし、サル、鳥、そしてプレーリードッグの場合には、自然選択によって、そのコミュニケーションシステムがそれぞれの音響環境に応じて微妙に変化していることがうかがわれる。この場合もやはり、選択的な文化の習得によって――まったく意識することなしに――コミュニケーションシステムをその生息地の音響環境に適応させているのだ。文化進化は、遺伝的進化で対応するような適応上の問題の多くを、より迅速に、種分化のプロセスを経ずに解決することができるのだ。(9)

複雑度、伝達効率、習得しやすさの文化的進化

言語に用いられる音声が変化するのは見てきたとおりだが、言語を構成する要素――ツール(単語)とルール(文法)――も、食物獲得や弓矢の技術などと同じように、文化進化によって集積、整理、統合されていくのだろうか? 累積的文化進化によって、言語のもつ表現力や伝達効率は増していくのだろうか?

このあと示す証拠からもわかるとおり、その答えはイエスだ。しかし、それにもおのずと限界がある。道具の種類を増やし、技術を高めていこうとしても、大量で複雑な情報の伝達に付きものの系統的エラーやうっかりミスのせいで限界に突き当たる。言語の場合も同じだ。

廃《すた》れることなく分布を広げていくためには、言語にもやはり習得しやすさが求められる。特に、子

どもが学びやすくなければいけないし、集団が急速に拡大していくときは、大人でも容易に習得できないといけない。となると、語彙数、音素数、および文法ツールもやはり、文化の他の諸側面と同様に、集団の規模や相互連絡性、社会的ネットワーク（階層、民族）、テクノロジー（たとえば文字）、制度（たとえば正規教育）などの影響を受けるはずである。

語彙サイズ

まず、語彙から見ていこう。単語は情報伝達のツールであり、適切な単語があれば、コミュニケーションのスピード、容易さ、質は向上する。それぞれの言語の語彙サイズ——用いられる単語の総数——を正確に調べるのはむずかしいが、大ざっぱな見積もりでも十分に事足りる。なぜなら、言語ごとの違いがあまりにも大きいからである。言語学者や人類学者たちが小規模社会のさまざまな言語について丹念に調査しているが、それによると、単語の総数は三〇〇〇～五〇〇〇語といったところだ。一方、ヨーロッパの言語について見てみると、薄っぺらな辞書にもたいてい約五万語が収録されている。どっしりと厚みのある大学レベルの英語の辞書になると、収録語数はおよそ一〇万語。フルサイズの『オックスフォード英語大辞典』に至っては三〇万語以上が収録されている。

もちろん、このような比較の仕方は、あまりにも公平さに欠ける。なぜなら、文字をもたない社会の辞書は、（人類学者が来るまでは）それを話す人々の頭の中にしかなかったのに対し、ヨーロッパの辞書は、書籍やオンラインデータベースになっているのだから。しかも、収録語をすべて知っている人など実際にはほとんどいない。とはいっても、平均的な一七歳のアメリカ人は四～六万語、その教師たちは約七万三〇〇〇語を知っている。このような脳内に収録されている単語数で比較した場合、小規模社会の言語の話者がその単語すべてを知っていると仮定しても、アメリカ人の語彙数は小規模

社会の人々の語彙数の八～一四倍に上る。(10)

しかし、こうした比較は明らかに、語彙力の差を実際以上に誇張してとらえている。なぜなら、小規模社会の言語にはない単語の多くは、そもそも小規模社会にはない技術、行動、概念を表す単語だからだ（衛星、腹筋運動、顔文字など）。そこで、このようなカテゴリーには入らない二種類の言葉、色名と整数について考えてみよう。

基本色名の数は、言語によって異なる。その数が多い言語の筆頭は英語で、「ブラック」「ホワイト」「レッド」「イエロー」「グリーン」「ブルー」「パープル」「オレンジ」「ピンク」「ブラウン」「グレー」という一一の基本色名がある。それに対し、基本色名がまったくない言語や、二つだけという言語も少なくない。二つの場合には決まって、「黒」と「白」（より正確には「明」と「暗」）だ。色名が二つか三つしかない言語では、晴れた「青」空は、「黒」い空と表現され、暗く濁った水の色に喩えられる。(11)基本色名が三つの言語では、あらゆるものの色を、たいてい「黒」「白」「赤」のいずれかで呼び表す。きわめて多いのは、色名が五つの言語で、その場合にはたいてい「白」「黒」「赤」「黄」「青緑」の五つだ。もちろん、表現したい色の名前がなくても、色を相手に伝える方法はいろいろある。たとえば、同じ色の物を引き合いに出せばいい。しかし、いちいち「何々と同じ色の」と説明するのはめんどうくさいし、効率が悪い。(12)

古代の文学作品を見ても、比較文化研究の結果と一致している。旧約聖書、ホメロスの叙事詩、そしてヴェーダの詩は、色の表現が何ともはっきりせず、色彩描写をまったく欠いていることも少なくない。空も海も「青」くはないのだ。これらの文学作品の世界はほとんど黒と白と赤で彩られている。これらの社会の文学作品に、基本色名として、緑、青、黄を表す色彩語が登場するのは、もっと後の時代になってからなのだ。詩情豊かな古典文学の至宝に色彩がほとんどないとは、まったくの驚きである。[13]

このように、色名は言語進化の一端を垣間見せてくれる。しかし、色の差異は連続的なものであって、実際には区切りなどない。したがって色と色の区切りは恣意的なものにすぎない。光物理学によって、これが「赤」、これが「黄」というように明確に定義されるわけではないのだ。となると、色名を習得するにあたって厄介な問題が生じてくる。どこからどこまでの色の範囲を「赤」と呼べばいいのか？　あなたが「赤」と呼んでいる色の範囲と、私が「赤」と呼ぶ色の範囲を一致させるにはどうすればいいのか？

その答えはおそらく、実際の色のスペクトルは一つながりのものであっても、ヒトの視覚系はあたかもその中に区切りがあるかのように知覚する、という事実のなかにあるのだろう。たとえば、立体地図の隆起部分が飛び出して感じられるのと同じように、私たちは色の区切りを認知しているのだと考えてほしい。もしかしたら、このような色の知覚は遺伝的適応によるもので、人類の進化史を通して特に区別する必要のあったものを反映しているのかもしれない。あるいは、ただ単に、色知覚に必要な生理学的システムのくせを反映しているだけなのかもしれない（あるいは、その両方という可能性もある）。

いずれにしても、このように色と色との区切りが感じられることによって、その地域ではどんな色を「赤」と呼び、どんな色を「青」と呼べばいいか、学習するのが容易になる。すると、時が経つにつれて、同じ色名をもつ色に対する知覚的類似度が限りなく高まっていく。[14] たとえば、「赤」を例にとると、色合いが微妙に異なるさまざまな「赤」が知覚的に互いに似てくるのだ。それぞれの「赤」の客観的な色相や彩度がどうであれ、色名が同じだと、色知覚まで似てくるのである。

誤解のないように言い添えておくと、このようなヒトが生まれつきもっている色知覚の生理学的・

認知的制約は、もともと言語とは関係のないものなのだが、連続的な色のスペクトルを言葉を使って区切るために、文化進化によって利用されているのだ。多くの文化的適応と同様に、この色名の仕組みも、ヒトの視知覚の制約をうまく活かして、色を相手に伝えるために編み出されたものらしい[15]。

英語の話者は一一の基本色名を使いこなすことができる。文化進化がそれを学びやすくする方法を見つけ出したからである。韓国語の話者も一四の色名をもっている。しかし、人類の進化史を通じてほとんどの社会は、色名がおそらく二つか三つしかなかった。新たな色名の習得は、ヒトの認知能力に影響を及ぼして、大脳の灰白質を増加させていった。そして、同じ色名で呼ばれる色同士の微妙な色合いの違いには目をつぶり、異なる色名で呼ばれる色の間の違いを識別して記憶する能力を高めていったのである。当然ながら、色名が増えれば増えるほど、識別すべき色の種類も多くなっていく[16]。

整数について見ていくと、言語に秘められた力をよりいっそう実感できるのではないだろうか。本書を読んでいるあなたは、おそらく、一〇個の数字を一定のルールに従って組み立てるだけで、どんな数でも表すことができる位取り記数法を文化遺産として継承しているに違いない。この十進記数法を用いれば、サクランボ二七個の山と、サクランボ二八個の山があったとき、その数の違いがすぐにわかる。

しかし、ヒトがこのような能力をもつようになったのは、人類史のスパンの中で見ればごく最近のことなのだ。知られているかぎり、大多数の社会では「一」「二」「三」の次は「たくさん」で、それ以上数えることができなかった。そういう数え方だと、たとえば、あの二つのサクランボの山の数の違いを判別できない。しかし、認知科学の研究から、三までの数であればだれでも生まれつき頭の中でイメージできることが知られており、「一」「二」「三」「たくさん」という数え方は、こうした認知科学の研究結果とも一致するものだ。

小規模社会のなかには、このような生得的能力に頼った数え方を補うものとして、身体の各部位に対応させていく数え方を文化的に習得している社会もある。人や物の数を数えるとき、指を折っていくだけでなく、肘、膝、鼻、目なども使って、身体の各部位に順に対応させて数えていくのである。ニューギニアでは、この方法で数えられる数の限界は一二だが、二二、二八、四七、あるいは七四まで数えられる社会もある。さらに、それ以上の数を数えられるように、こうした数え方を二巡目、三巡目と繰り返す方法をとっている社会もある。このように、大きな整数がなくても、いろいろと工夫してうまくやってはいるが、そのような集団でも、機会があればたいていすぐに、他の言語の大きな数の数え方を採り入れる[17]。

子どもたちが整数や色名を完全に理解するのは、ずいぶん大きくなってからだ。少なくとも、それ以外の言語の諸側面に比べるとかなり遅い。しかし興味深いことに、現代の西欧の子どもたちは、昔の世代に比べると、幼いうちから基本色名をマスターするようになっている。文化的なシステムが進化して、こうした知識をすみやかに伝達できるようになっているようだ[18]。

こうした累積的文化進化の産物——整数や色名——を獲得したことが、ヒトの脳に変化をもたらし、その認知能力にも影響を及ぼす。これまで見てきた整数や色名は、語彙の拡大がいかに私たちを「賢く」するかを示す具体的な例である。

もっと一般的に言うならば、単語は思考のための便利なツールなので、語彙が増すことによって、ある種の問題解決能力が高まると考えられる。語彙力はＩＱテストの項目の一つだが、アメリカ人の成人の産出語彙（聞いて意味がわかるだけではなく、使いこなせる語彙）は、少なくともこの五〇年間、おそらくはそれ以前からずっと増加傾向にある。大学レベルの教育が普及したこともその理由の一つだが、大学卒業後も知らず知らずのうちに語彙を増やし続けていることが大きく影響している。

二〇世紀に入って、アメリカ人の仕事の内容がいろいろ変化しているからかもしれない。いずれにせよ、アメリカ人の成人にＩＱテストを行なうと、その両親や祖父母たちが同年齢だったときよりも高い得点が出る。それはひとつには、より多くの単語を理解したり、使いこなしたりするようになっているからなのだ。[19]

最後に、人類の祖先たちが十分な文化的学習能力を獲得するや否や、たちまち語彙が増えていったと考えて何の不思議もない。ヒト以外の霊長類にもすでに、事物（バナナ）、事象（嵐）、関係（ライバル）をカテゴリー化して概念形成を行なう能力がある。あとはただ、文化的学習によって、こうした概念を特定の身振りや音声と結びつけることができさえすれば――つまり概念に言葉を与えることができさえすればいい。ひとたび言語化され、身振りや音声と結びついた概念は、その社会集団内で代々受け継がれ、広く共有されるようになる。[20]

要するに、言葉も文化の他の諸側面に似た性質をもっており、それぞれの言語の語彙サイズは、その集団脳のサイズとともに増大していくと考えられるのだ。色名や整数の例からもわかるように、集団脳の拡大に付随して起きる語彙数の増大が、私たちに新たな認知能力を授け、そのＩＱを高めている可能性がある。

音素数

語彙数と同様に、社会で用いられる音素の数も、その集団の社会性の影響を受ける。もちろん、話し言葉の音声は口や舌や気道の解剖学的構造に制約されるが、それでも可能な音の範囲内で驚くほどバリエーションに富んだ音声を発することができる。

ロトカス語は、人口四〇〇〇人ほどのパプアニューギニアの小島で話されている言語だ。ロトカス語の音声は、母音が五種類、子音が六種類の、合わせて一一種類の音素で構成されている。ハワイ語もやはり、母音の数は五種類だが、八種類の子音と組み合わせて用いられる。南米アマゾンに暮らすピダハン族の場合、男性が話すピダハン語の音素数は、ロトカス語と同じ一一種類だが、ピダハン族の女性は、子音の二つを男性のようには区別しないので音素数は一〇種類しかない。知られているかぎり、これが音素数の最も少ない言語のようだ。

それに対して英語は、方言によっても多少異なるが、およそ二四種類の子音と、最低でも一二種類の母音がある。アフリカ南部で話されているコオ語では、およそ四七種類の子音の他に、七八種類の吸着音（舌打ち音とも呼ばれる子音の一種）を使用するので、音素の数は一四〇種類を超える。ハワイ語、ピダハン族、ロトカス語の一〇倍以上にもなるわけだ[21]。

このように、用いられる音素の数は言語によってまちまちなのだが、それにしても、なぜこれほどまでに差が大きいのだろうか？

実は、まだほとんど解明されておらず、文化進化論的な考えに基づく詳細な研究がようやく緒についたところだ。しかし、興味深い要因の一つと目されているのが、言語を習得する環境である。見知らぬ人が大勢いる大規模な共同体では、ほとんど共通点のない相手とコミュニケーションを交わさなくてはならない。それに対し、小規模な社会では、子どもたちはこぢんまりした同質性の高い集団内で言語を習得することになる。お互いの生活背景もわからず、人によって発音にかなりばらつきがあるような環境下で言語を習得しようとすると、音の違いを聞き分ける耳が養われるし、そうした音の違いが意味を理解する上でより重要になってくる。一方、小規模な共同体で言語を学ぶ場合には、微妙な音の違いは聞き逃されてしまう。それはひとつには、お互いに話の文脈や背景がわかった上で話をしていることが多いからだ。このようなことが影響して、統合化された市場社会の大規模集団は、孤立した小規模な言語共同体よりも音素数が多いという傾向が生まれるのかもしれない。
こうした傾向とも一致するが、それぞれ異なる言語データベースを用いた複数の研究から、話者数の多い言語ほど、異なる音として認識される音の種類（すなわち音素数）が多いことを示す証拠が得られている。[22]
当然ながら、音素の数は、言語のそれ以外の諸側面とも関連し合っているはずだ。音素数が多ければ、使われる単語が短くても効率的で表現力に富む情報伝達ができる。文化進化のプロセスにおいては、効率のよい情報伝達が選択されていくので、音素数の多い言語――つまり多様性に富む大規模な言語共同体の言語――ほど、単語が短くなる可能性がある。実際に、いくつかの分析から、それを裏づける結果が得られている。音素数の多い言語ほど、単語が短くなる傾向が認められるのである。[23]
総じて、規模が大きく成員同士の結びつきの強い集団ほど、音素数は多く、単語は短くなる傾向があることを示す証拠が集まりつつある。そして、これはまだ分析中だが、大きな集団で使われている単語は、小さな集団の単語よりも情報伝達効率が良いと考えてよさそうだ。

文法の複雑化

ここに記すのはごく単純なストーリーだ。理解できるかどうか、ちょっと読んでみてほしい。

少女　フルーツ　摘む　振り返る　マンモス　見る
少女　走る　木　到達する　登る　マンモス　木　揺さぶる
少女　叫ぶ　叫ぶ　父親　走る　槍　投げる
マンモス　叫ぶ　倒れる

父親　石　つかむ　肉　切る　少女　与える
少女　食べる　終える　寝る

これは、言語学者のガイ・ドイッチャー著『言語の展開（*The Unfolding of Language*）』に掲載されているストーリーを改編したものだ。二三個の単語が英語の文法に違反して並べられているが、それでもとりあえず話の内容は理解できるだろう。ドイッチャーは、文法に頼らなくても理解できるように、類人猿の認知機能に根ざすと思われる基本原則に従ってストーリーを組み立てたのだ。

まず第一に、近接の原則。空間的に近くにあるものは、言葉どうしも近くに配置して「まとめる」のである。こうした原則に従わない言語も多いが、情報を組織化するのに役立つのは、まずこれだ。第二に、時系列順の原則。物語中の出来事は、実際にものごとが起きた順に古いほうから書いていく。第三に、因果関係に則った組み立て。さまざまな言語の話者について調査したところによると、ヒトが真っ先に考えるのは、行為の主体（主語）らしい。その次に、行為の客体（目的語）を、最後に、主体の動作（動詞）を考える傾向がある。したがって、「少女　フルーツ　摘む」と並べたほうが、「フルーツ　少女　摘む」と並べるよりも理解しやすい。主語－動詞－目的語という英文の基本配置に反するものであったとしても、である[24]。

したがって、共通の語彙がありさえすれば、ある程度のコミュニケーションは可能だし、物語を伝えることもできる。実際、文法など必要ないばかりか、単語の並べ方がその言語の文法ルールに違反していても意味は伝わる。ということは、文化進化によって、こうした単語ストックに文法のルールやツールが徐々に加わることで、単純だった共通基語（祖語）が次第に複雑なものになっていったのだろう。

そのプロセスもある程度は解明されている。共通の祖先をもつ言語同士の特徴を比較し、その歴史的変化を詳細に調べることによって、特定の文法的要素がどこから現れ、どのように進化するのかが明らかになる。典型的なプロセスとしては、まず初めに内容語（その単語のみで具体的な意味をもっている単語）を奪ってきて、その本来の意味を徐々に抜いていき、そのあとたいてい、伝達効率を高めるためか、長さを切り詰めてしまう。このようなプロセスを文法化と呼んでいる[25]。ちょっとここで文法化をやってみよう。

①**形容詞**　静的な事物と動的な事象を区別する能力は、ヒト以外の霊長類にも認められるので、おそらくは言語獲得以前のヒトの祖先にもあったと思われる。こうした認知能力を土台にしているのが名詞と動詞だが、それらが転用されて形容詞や副詞が生まれる。たとえば、「concrete」という言葉がそうだ。この単語はもともと、セメントと水と砂利を練り混ぜて作る人造石（コンクリート）を意味するものだった。この堅固な建築材料を表す名詞がやがて、「抽象的ではない」ことを意味する形容詞に進化し、「具体的な（concrete）例を示して下さい」というふうに使われることになる。将来、新たな建築材料が開発されてコンクリートに取って代わった暁には、「concrete」は「抽象的ではない」ことのみを表すようになるのかもしれない。

②**時制**　動詞が徐々に変化して、過去や未来など、時間的な位置を示す時制の標識になることがある。英単語の「gonna」は、文法的要素になりつつある動詞のよい例だ。「I'm gonna stay here and not move.（私はここにとどまる。動くつもりはない）」という文を考えてみよう。「gonna」はもちろん、動詞句「going to」の短縮表現だが、ここでは単に「とどまる」という

意向を表現するために用いられている。「gonna」はまだ完全には文法的要素になっていないが、すでに何百年も前にこうした過渡期を経て、現在ではすっかり文法的要素になっているのが「will」である。「will」という語はもともと「望む・欲する」という意味の動詞だった。こうした意味の動詞が未来時制の指標に用いられるのは、多くの言語に広く見られる現象だ（たとえばスワヒリ語など）。同様に、過去時制の指標は、「終える」「済ます」という意味の動詞を少し変化させたのち、徐々に短縮化することで作られることが多い。私が調査を続けているフィジー語のヤサワ島方言では、それを短縮される前の形で見ることができる。たとえば、「私は食べた」と言いたいときは「私は食べるのを済ませている」と表現する。

③前置詞　副詞にさらに手が加わって、「after（〜の後）」や「before（〜の前）」のような前置詞が生まれる。たとえば、まず「back（背）」や「buttocks（尻）」のような身体部位を表す名詞が少し変化して、「behind（後ろに、遅れて）」のような副詞になる。次に、その副詞が前置詞へと進化し、「I put my laptop behind the door.（私はパソコンをドアの後ろに置いた）」のように使われるようになる。英語では、「立って下さい」と言うとき、「Get off your buttocks.（尻を上げろ）」と言わずに「Get off your behind.」と言う。露骨に言うのを避けて、「buttocks（尻）」の代わりに「behind」を用いるのだが、このような婉曲表現に利用されているうちに、前置詞「behind」は身体部位を表す名詞としての意味も兼ね備えるようになった（これはまれなケースだが）。

④代名詞の複数形　名詞や代名詞に「all」をつけてから、それを短縮することで複数形を作るというやり方も珍しくない。たとえば、アメリカ合衆国南部で話されている英語の方言では、二人称代名詞の複数形として「y'all」という形が生まれた。この新たな代名詞は、「You〔単複同

形〕」が単数ではないことを明確にするために、「all」をくっつけることで生まれたものだ。こうした代名詞は、英語の他の方言にはないが、さまざまな言語で認められる。ちなみに、「y'all」には文法的におかしいところはなく、言語進化の一例にすぎない。もし何かヘンだと感じるとしたら、それは、内面化されているあなたの言語規範にそぐわないからなのだ。

⑤**従属接続詞**　従属節を導くツールはたいてい、関係節を導くツールから作られるが、そのツールはたいてい、「this」や「that」のような指示詞から作られる。どういうことかというと、まず「that picture（あの絵）」「this hat（この帽子）」のような句の中の指示詞が進化して、「Zoey likes the picture *that* Jessica painted.（ゾーイは、ジェシカが描いた絵を気に入っている）」のように、関係節を示すようになる。この関係節の標識がさらに進化して、「I hope *that* Zoey likes the picture that Jessica painted.（私は、ゾーイが、ジェシカが描いた絵を気に入ることを願っている）」のように、従属接続詞として機能するようになるのだ。

実際のところ、言語を習得するには、単語の並べ方の可否を決める社会規範を身につけなくてはならないが、こうしたルールは徐々に変化していく。ルールに調整を加えて伝達効率や表現力を高めることに成功した人が選択的注目を受けて、手本にされるからである。

未知の文法を習得し、それを使って意思の疎通を図るという、比較的短期間の実験においてもやはり同じような現象が確認された。ある実験では、やりとり開始から三日後にはもう、習得したばかりの文法パターンが、情報伝達効率を高めるような形に変化した。そして驚いたことに、そこで観察された文法変化は、実際の言語においてこうした文法的要素が変化していくパターンと同じだったのである。[26]

こうして見てくるとわかるように、文法のツールやルールも、文化の他の諸側面と同様に、しだいに進化を遂げていく。ということは、過去をずっとさかのぼっていけば当然、時制を示したり、複数形を作ったり、従属節を埋め込んだりといった、言語に普遍的な様式がいくつか欠けた、もっと原始的な言語が存在したはずである。だとするならば、テクノロジーの場合と同様に、現存する言語や歴史上の言語のなかに、文法のルールが非効率だったり、文法のツールキットが貧弱だったりする言語が見つかるのではないだろうか。しかし、ある一つの言語に何か優れたツールが現れると、便利な記数法がそうだったように、たちまち他の言語にも波及していってしまう。そこでまずは、新たなツールをまだ採用していない孤立した集団や言語に目を向けてみよう。あるいは、過去の資料をもとに大昔の言語を振り返ってみよう。

そうして得られた結果からすると、どうやら予想に違わず、「after（〜の後に）」、「before（〜に先だって）」、「because（〜なので）」といった従属接続詞は、有史時代に入ってから進化したもののようだ。そうなると、合成弓がヒトのテクノロジーに特徴的なものだとは言えないのと同様に、従属接続詞がヒトの言語の特徴だとは言えなくなる。

従属関係を表すツールは、最も初期のシュメール語、アッカド語、ヒッタイト語、ギリシア語ではあまり発達していなかったようだ。当然、こうした言語は繰り返しが多くなるので、冗長で、読むのに時間がかかる。[27] 現在使われている言語の中にも、ワルピリ語（オーストラリア）、イヌイット語（北極地方）、イアトムル語（ニューギニア）、ピダハン語（アマゾン川流域）など、従属関係を表すツールを欠く言語があるようだ。[28] 人々は、従属する句をある程度は使うが、その従属関係を従属接続詞のような専用の文法ツールを使って表すのではなく、後ろにどんどん繋げていくのである。たとえば、こんな感じだ。「ぼくは来週、シャロンの息子をサーカスに連れていくつもりだ……シャロンは、先週、ぼくらがばったり出会った若い女性だ……ぼくらが出会ったのはスターバックスの前だった」

哲学者たちは昔から、従属関係を示す文法ツールを用いるなどして、より大きな階層構造の中に句を埋め込んでいくという「言語」の能力に感銘を受けてきた。しかし、このような調査結果からするとどうやら、ほとんどの現代言語に見られる複雑な階層構造や従属関係の多くは、長い歳月をかけた累積的文化進化の産物らしい。だからといって、階層的な入れ子構造を組み立てる高度な能力は、ヒトが生まれつきもっている能力ではないと言っているわけではない（こうした能力は、道具を組み立てたり、社会関係を理解したりするのにも役立っている可能性がある）。ただ、こうした能力を存分に引き出す優れた文法ツールは、文化進化によって構築されたと言っているのである。

最後に、文法的複雑さは、文化の他の諸側面と同様に社会制度の影響を受け、社会のコミュニケーション事情に適応している。たとえば、多数の異質な言語共同体を含んでいて、成人後に言語を習得する者が多い大規模な集団では、文法が形態論的に簡素になる傾向がある。形態論的に複雑な文法では、単語自体の前や後または真ん中に、微妙な意味合いをもつさまざまな文法的要素が加わる。これらの文法的要素が単語の意味を補って、時制、叙法、単数複数、性別などを表すのである。形態論的に簡素な言語にこのような機能はほとんどないが、単語を追加したり、語順を変えたりすることによって同等の情報を伝えることが（たいていは）できる。大規模な集団ほど形態論的に簡素になる理由について、興味深い説明がなされている。集団が大きくなるほど、成人後に言語を学ぶ者が増えるが、成人は形態論的に複雑な言語を学ぶのが苦手だからだというのである。(29)

以上をまとめると、言語共同体が大きくなるほど、単語数、音素数、そして文法ツールの種類が多くなる。つまり、大きな言語共同体の言語ほど複雑になる傾向があるのだ。歴史的な証拠から、単語数や文法ツールの種類は何百年、何千年という年月の間に増加してきていることがうかがえる。また、心理学的な証拠から、語彙内容や文法規則が、記憶や知覚といったヒトの認知能力を変化させうることが明らかになっている。それは、色名や整数を表す言葉がそれらに及ぼす影響で見てきたとおりだ。このような事実から考えると、現代世界の諸言語は、人類の進化史を通して話されてきたさまざまな言語とはかなり異なるものになっている可能性がある。

習得を容易にする文化進化

ヒトのコミュニケーションレパートリーが拡大していくにつれて、二種類の選択圧が働いたと考えられる。その一つは、ヒトの遺伝子に対する選択圧である。コミュニケーションシステムの諸要素を初めとする、人類の祖先の文化的学習能力は、それによって高められていった。もう一つは、コミュニケーションの諸要素に対する選択圧である。それによって言語は、特に子どもたちにとってより習得しやすいものになっていった。

ここで私が強調したいのは、後者の役割である。さまざまな道具がヒトの手や肩や身体能力に合わせて文化的に進化してきたように、言語もまたヒトの脳に合わせて文化的に進化し、（色名の例でもわかるとおり）ヒトの心理の特性や制約に適応して、より習得しやすいものになっていった。子どもたちは苦もなく言語を習得するが、そもそも習得しにくい要素は習得されず、したがって次世代には伝達されない。子どもたちが習得に苦労する言語もあるにはあるだろうが、もっと学びやすい言語に負けて結局、廃れてしまう。(30)

生まれつきヒトに備わっている心理的機能をうまく利用する言語ほど習得しやすく、したがって、将来、他言語に取って代わられる可能性も低い。うっかり覚え違いをする学習者たちの間で、代々文化伝達がなされていくプロセスをコンピューター上でシミュレーションすると、言語と、ヒト以外の生物種のコミュニケーションシステムとを隔てる重要な特徴がいろいろ明らかになる。語彙サイズが増すにつれて、言語の規則化・標準化を促す文化進化の選択圧が高まるのである。[31]

せいぜい五〇語程度の語彙サイズの小さい言語ならば、動詞の過去形がそれぞれまちまちでも何とか覚えられるだろう。しかし、単語数が五〇〇〇語にもなるとそれでは覚えきれない。そのような規則を欠いた言語ではだめなのだ。動詞の過去形は語尾に「-ed」を付けるというような、子どもたちが覚えやすい整然とした規則がある言語に負けて淘汰されてしまう。個々に覚えるのは大変だし、語彙サイズが増すにつれて、たまにしか聞かない特殊な動詞が増えるからである。不規則変化をする動詞で残るものもあるが（たとえば「eat（食べる）」の過去形は「eated」ではなく「ate」）、それは頻繁に使われる単語に限られる。こうした単語は、繰り返し使うことによって記憶の制約が緩和されるのだ。

人類の進化史には、このような言語進化のプロセスを示す直接的な証拠は発見されていない。しかし、前述のコンピューターシミュレーションの結果を補ってくれるのが、第12章で紹介したスキル蓄積実験に似た、実験室での実験から得られる間接的証拠である。他者が人工言語を使用するのを観察し、その意味を推測するということを、実験上の世代を何代にもわたって次々と繰り返していくうちに、ある種の構造（統語構造のようなもの）と構成性（単語のような基本的要素の組み合わせで全体の意味ができあがる性質）が現れることが明らかになった。だれか一人の力でそうなるわけではないし、そうなるように努力している者がいるわけでもない。何世代にもわたって文化伝達がなされていくうちにいつの間にか現れる、無意識の産物なのである。

実社会で使われる自然言語を話す子どもたちの研究によって、言語のもつ規則性が言語の習得を容易にしている事実が、よりいっそう確認された。規則性の高い言語を話す子どものほうが、規則性の低い言語を話す子どもたちよりも、「馬が牛を蹴った」といった文の意味を明確に理解するのだ。具体的にいうと、トルコ語や英語を話す子どもたちのほうが、不規則なセルビア・クロアチア語を話す子どもたちよりも成績がよかった。もちろん、成長するにつれてこうした成績の差はなくなる。しかし、このような研究から、子ども（もしくは大人）にとっての習得しやすさは言語によって異なり、どれも同じではないことがうかがわれる[32]。

要するに、子どもたちが事もなげに言葉を覚えてしまうのは、そもそも現在使われている言語が、文化進化を経て習得しやすくなった言語だからなのである。また、統語規則のような、どの言語にも見られる特徴のいくつかは、特に語彙が増大していくときに、習得しやすさを損なうまいとする文化進化の力が働いた結果に違いない。

手指の器用さ、規範、身振り、および音声の相乗作用《シナジー》

人類の進化史を通じてずっと二つの重要な共進化が進行していた。まず第一に、複雑度を増すコミュニケーションレパートリーと、複雑度を増す道具、習慣、制度との共進化である。両者は互いに作用し合って相乗効果をもたらす。なぜなら、二つ以上の文化領域が選択圧となって、価値ある文化的情報を獲得、蓄積、整理、再伝達する心理的能力を高める遺伝子に影響するからである。この相互作用によって、他者から学ぶ文化的学習能力に磨きがかけられていったはずだ。つまり、相手の目的や意図を推し量り（そのほうが学びやすい）、根底にある規則や規範を見抜き、複雑な階層構造を学ぶ能力が高められていったのだと思われる。

第二に、前述のとおり、コミュニケーションレパートリーが文化的に蓄積されていくにつれて、コ

ミュニケーションに関わる諸々の遺伝子に選択圧がかかるようになり、その結果、ヒトの心身にさまざまな変化が生じた。まず、声帯の位置が下がって声域が広くなった。皮質脊髄路(大脳皮質のニューロンの軸索が脊髄の中にまで伸びて形成される伝導路)が発達して、手指や舌の巧緻性が増した。眼球の強膜〔いわゆる白目の部分〕が白くなって、他者に合図を送るときの視線の方向がわかりやすくなった。さらに、音声を模倣したり、指差しや視線などで合図を送ったりする認知能力も確実に発達していった。

最初に文化進化の蓄積が始まったのはどの領域からなのか。道具製作からか、食物加工からか、身振りによるコミュニケーションからか——今となっては知るすべもない。当然、集団ごとに生態学的条件が異なるわけだから、身振り語から蓄積が始まった集団もあれば、道具作りの技術から始まった集団もあるだろう。重要なのは、どの領域から始まったにせよ、それが他の領域の発達をも促進した可能性が高いということだ。

たとえば、ヒトの脳は、大脳皮質のニューロンの軸索が、脊髄前角の運動ニューロンに直接結合する伝導路(皮質脊髄路)が非常によく発達している。(33) このような解剖学的変化のおかげで、ヒトはすぐれて手指が器用になり、手指の巧緻性を必要とする動作の習得能力が高まった。そして、さらなる器用さを必要とする技術(網や衣服やナイフの製作や火起こしなど)が現れ、新たなスキルや戦略(狩猟や防御に、石、棍棒、槍のような投擲物を用いるなど)が広まったことで、そのような解剖学的変化がいっそう促進された。身振り語であれ、道具作りの技であれ、いずれにしても複雑さが増せば、皮質脊髄路を発達させる遺伝子に有利に働く選択圧が生じたはずだ。とすれば、まず初めに身振り語が現れた場合でも、手指の巧緻性が増したことによって道具作りの技が出現しただろうし、まず初めに船を動かす道具が現れた場合でも、それを作る手指の動きを利用して身振り語が出現しただろう。コミュニケーションスキルが高まることによって、道具の作り方や使い方に関する情報伝達の質も向上した可能性がある。

こうしたプロセスはさらに、舌の動きや発声にも関係してくる。ヒトは、舌を器用に動かし、耳で聞いた音声をまねて発音することができ、こうした能力の高さは霊長類のなかでも群を抜いている。他の鳥のさえずりを聞いてそれをまねるのが得意な鳥類の多くは、脳内に似たような情報処理の仕組みをもっているが[34]、自然界において、音声模倣能力をもつ動物はごくわずかしかいない。

ヒトの大脳皮質から出て、顎、舌、顔面、声帯の筋肉まで伸びている神経は、もともとは、身振り手振りや、道具作り、その他の技能のために伸びたものと思われる。しかし、これらの部位が大脳皮質の運動支配を受けるようになったことで、その予期せぬ副産物として、音声を学習することが可能になったのだろう。といっても最初のうちは、顔の表情、指差し、体の姿勢など、従来のコミュニケーション手段を補うものでしかなかったはずだ。このような非言語的コミュニケーション手段だと、相手が他のことに使えない、あるいは常に互いの顔を見ていないといけないなどさまざまな制約があったのだが、音声言語はこうした制約を取り除いてくれるものだった。それゆえ、非言語的なコミュニケーションレパートリーに徐々に言語的要素が追加されていくようになり、発話に関わる遺伝子に有利に働く選択圧が生じたのである[35]。

身振り、発声、社会規範、道具使用がどのような順序で出現したのかは、それほど重要なことではない。いずれにしても、こうした文化進化が遺伝的変化の選択圧となって、音声を用いたコミュニケーション能力が発達していった。そのおかげで、道具を使ったり、武器を投げたり、調理したりする手が自由になり、また、夜間にも意思の疎通が図れるようになり、獲物の追跡中にバランスを崩すこともなくなった。

類人猿との比較研究から、ヒトの喉頭は低い位置にあるので、その分、声道が長く、発声可能な音域が広いことが明らかになっている。また、ヒトの舌は、左右にも上下にも自由に動かせるようになった。その一方で、類人猿の喉頭の周りにある喉頭嚢は、ヒトでは退化していった。しかし、こうした変化は大きなコストを伴うものだった。ヒト以外の哺乳類とヒトの赤ん坊は、呼吸と嚥下《えんげ》が同時にできるので、食物を喉に詰まらせて窒息することはめったにない[36]が、成長するとそういうことが起きてくる。

遺伝子に対するこうした選択圧は、音声言語だけでなく、コミュニケーション全般に作用した。人類の祖先はおそらく、現代の多くの狩猟採集民と同じく、音声言語とあわせて身振り言語も使っていたのだろう。

社会規範や世評によって協調性を重んじる世界が形成されるにつれて、他者を欺いたり利用したりするよりも、コミュニケーションを図ったり、教え導いたりするほうが重要になっていった。そのような選択圧を受けたせいで、ヒトの眼は、白目（強膜）の部分に比べて虹彩がかなり小さい。相手の眼を見れば、その人がどこを見ているのか、だれを見ているのかがわかるようになっているのだ。類人猿とヒトの赤ん坊での実験から、類人猿は他の類人猿の頭の向きを見るのに対し、ヒトの赤ん坊は他者の眼を見ることが明らかになっている。眼を見るという行為は、関心の対象を隠しておきたい場合には不都合だが、文化的情報の伝達やコミュニケーション全般にとってはきわめて有効だ。

文化的情報の伝達のために、世界各地のいろいろな集団で、学習を促すさまざまな「教育的」な合図が利用されている。よく使われのが、目配せ、うなずきや首振り、指差しなどだ。また、乳幼児に話しかけるときは、どんな文化圏の人々もマザリーズ（母親語）で話しかける。抑揚をつけてゆっくりと話すマザリーズは乳幼児にもわかりやすいので、言語の習得を促すのにも適している。[37]

ヒトの言語には興味深い特徴がいろいろある。言語や言語以前の単純なコミュニケーションシステムが、道具や習慣や社会規範と共進化したのだということを理解すれば、いったいなぜ、そのような特徴が生まれたのかを説明しやすくなる。

たとえば、言語学者たちがいつも感銘を受けているのが、現代言語に見られる階層構造、配列順序、そして入れ子構造である。(38) 言語の進化だけを見ているかぎりでは、こうしたパターンを認識する能力がどこからもたらされたのか、なかなか見当がつかない。もし、遺伝子の突然変異によって、言語の階層構造を組み立てる知的能力を獲得した人物が、ごく原始的な言語しかもたない集団の中にいきなり現れたとしても、その高度な能力は何の役にも立たなかったはずだ。周りの人々も同等の認知能力を備えていなければ、何を言っているのか理解できないし、その複雑な構文をまねることもできないからである。

ところが、そのような認知能力が広く培われる基礎があったのだ。複雑な道具類もやはり、多くの現代言語と同様に、ときに入れ子状になったプロセスを伴いながら、順序立てて階層的に組み立てていく。槍を作るためには、柄の材料となる木を採ってきて、まっすぐに伸ばし、よく飛ぶようにバランスをとる必要がある。その後（その前でもいいが）、槍の穂先にするための燧石《すいせき》、骨、黒曜石などを探してこなければならない。それを打ち割ったり削ったりして、鋭く尖った穂先を作るのだ。さらに、柄の先端に穂先を取り付けるために、動物の腱や樹脂も必要になる。つまり、槍の製作には、構成要素（部品）、動作（割るなど）、そしてルール（組み立てる順序）がある。良い槍を作ろうという目的をもって、一連の作業を行なうのである。相手に何かを伝えようという目的をもって、言葉を組み立てるのとまったく同じだ。

同様に、ナルドーやドングリのような種子の毒抜きのための加工処理方法にも、一連の手順やさらにその下準備があり（挽く、さらす、加熱するなど）、それを順序どおりにこなす必要がある。織物や編み物などの場合には、階層的に順序正しく行なうだけでなく、同じテクニックを何度も延々と繰り返す必要がある。[39]

しかし、その場合には、言語の場合とは違って、他者が自分と同じ能力をもっている必要はない。他者よりも複雑な道具を組み立てることができれば、ただちにその個人にとっての利益になる。そして、そのような複雑な道具の存在は、強力な選択圧となって、そうした能力をもたない個体に不利に働く。こうした認知能力は、コミュニケーションレパートリーの整理や伝達にも応用されるし、おそらく親族システムに関する規範や習慣の伝達にも発揮されるに違いない。こうしたこととも符合するが、手指を使う系列動作学習をヒトとサルとで競わせると、課題に階層構造が含まれている場合に限って、ヒトのほうが高い成績を挙げる。[40]

コンピューターシミュレーションによって、ヒトの認知能力の特性を探る研究が行なわれている。（ナルドーの下処理のような）一連のステップ（系列動作）を伴う複雑な非言語的作業を習得する能力が、「遺伝的」に進化していく人工ニューラルネットワークに、同時に文法習得の課題を与える。すると、人工ニューラルネットワークは文法習得の能力を遺伝的に進化させるが、文法自体もこうしたネットワークを習得しやすいように文化的に進化していく。シミュレーションの結果、明らかになったのは次の三点だ。

①非言語的な系列動作を習得する能力の遺伝的進化が、文法習得能力を高めた。つまり、道具と言語との間には相乗作用が見られる。
②しかし、非言語的な系列動作（道具作り）の習得能力を高めるだけでは、文法習得能力の遺伝

的進化は妨げられた。つまり、文法習得に特化した遺伝子が優位になることはない。
③にもかかわらず、人工ニューラルネットワークの文法習得能力は向上した。なぜなら、既存の人工ニューラルネットワークが容易に学べるように、文法自体が文化進化を遂げたからだ。[41]つまり、文化進化によって習得しやすい文法ができあがったのである。

複雑な系列動作を学習するための遺伝子と脳

人類進化の過程において、手順や系列動作の学習能力の向上に関与したと思われる遺伝子がわかってきた。ヒトの第７染色体にあるＦＯＸＰ２遺伝子は、系列動作学習に関与する脳領域の発達に影響を与えるタンパク質をコードしている。一億七〇〇〇万年の間、どの生物種においてもこの遺伝子にあまり変化はなかったようだ。ところが、今から五〇〇万〜一〇〇〇万年前にヒトとチンパンジーが共通祖先から分かれて以降、ヒトのＦＯＸＰ２遺伝子の二か所に変化が起きた。

ＦＯＸＰ２遺伝子の突然変異は、ヒトにおいては文法習得や系列学習に、マウスにおいては運動スキルの学習に影響を及ぼす。もちろん、遺伝子と知的能力との間に関連性が見られても、両者をはっきりと結びつけるのは難しい。しかし、累積的文化進化が起きたことで、ＦＯＸＰ２遺伝子が生存上有利になって集団内に広まり、ヒトの系列動作学習能力（文化的に出現した複雑な道具作りの手順を習得するための能力）が高まっていったと考えるのは妥当だと思われる。こうして生まれた能力が、ヒトのコミュニケーションレパートリーにも利用されて、より複雑な構文を操れるようになったのかもしれない。あるいは、順序はその逆だった可能性もある。[42]

それとも符合することだが、脳機能イメージング技術を利用した研究の結果、言語使用と道具使用（手指の動作）に関与する脳領域は重なり合うことが明らかになっている。実際、道具使用に関与する領域、もしくは言語使用に関与する領域だけに注目してみても、両者の違いはほとんど見当たらない。違いがあるとしてもごくわずかで、言語使用は聴覚野を活性化させるのに対し、道具使用は運動野を刺激するといった程度だ。

これまで文法習得専用と考えられてきた脳領域はどうやら、系列や階層を必要とする作業や、複雑な手指の動作のために使われているようだ。同様に、発声を学ぶのにも、道具作りを学ぶのにも、模倣に関与する同じ脳領域が使われるので、音声模倣は脳内において、他の模倣行動と明確に区別できるものではない(43)。

現在でも、文化がヒトの遺伝的進化の主要な駆動力であることに変わりはなく、文化進化によって生まれた、集団ごとにそれぞれ異なる言語の特徴が、なおも遺伝子頻度の変化をもたらしている可能性がある。そのことをうかがわせる証拠がある。非声調言語の出現が、二種類の遺伝子バリアントの伝播を促す要因となったらしいのだ。

多くの言語は、一つの音節内の音の高低のパターンによって単語の意味を区別している。このような言語を声調言語と呼んでいる。たとえば北京語の場合、「ma」という音は、声の抑揚（イントネーション）しだいで、「母」という意味にもなれば、「馬」、「麻」、「叱る」といった意味にもなる。それに対し、英語やスペイン語など、ヨーロッパ言語はみな非声調言語であり、特に何かを強調する場合や、感情や気分を伝えようとする場合以外は、一つの音節内で音を上下させることはない。

脳の成長と発達に関わるＡＳＰＭ遺伝子とＭＣＰＨ遺伝子のバリアントが、今から五〇〇〇年ほど前に自然選択の作用を受けて広がり始めた。これら二つの遺伝子のバリアントは、いずれも非声調言語と関連がある。つまり、非声調言語の話者は、新たなバリアントを保持している傾向があるのだ。

もちろん、人類の集団が世界中に広がっていった歴史を考えれば、遺伝子と言語とが相互に関連し合っているのは当然だろう。両者はほとんど一緒に動くからである。言語と遺伝子の相関関係はあまりにもありふれていて、自然選択の作用はなかなか見出せない場合が多い。そのようなケースでは、歴史的な関係、言語の類似性、および空間的な近さでは、遺伝子と言語の相関関係を説明することはできないようだ。そして、これまでのところ、これらのバリアントが生まれた原因を、知能、脳容積、社会技能《ソーシャル・スキル》、統合失調症といった心理や認知機能の差で説明することはできていない。

ヒトの子どもはみな、どこで生まれ育ってもその土地の言語を習得できるが、もしかすると、自然選択がその土地の言語の特徴に応じて、遺伝的性質に手を加えているのかもしれない(44)。

文化、協力、そして行動が言語よりも雄弁なわけ

本章では、広い視野に立った見方を提示してきたが、これは新旧さまざまな主張に異を唱えるものである。従来の見解では、人類進化の途上での言語の出現こそが、進化のルビコン川であって、それを越えたとき、ヒトは他の動物と一線を画すことになったのだとされてきた。言語の出現によって文化伝達が可能になり、さらに、悪評の力で協力問題が解決されたというのだ。人類にとって言語が途方もなく重要なものであることは明らかだが、言語を重視しすぎるこうした一般的な見方には大きな問題点が三つある。

第一に、この見方は、言語がなくても、かなりの文化伝達や文化進化が可能だということを認識していない。道具製作、火起こし、危険な動物、食用植物、調理法、食物選択などに関する文化的情報はすべて、言語を使わずとも、かなりの程度まで獲得できる。食物分配のような社会規範でさえ、言語なしでも伝達が可能だ。文化‐遺伝子共進化が始まってまもなく、本格的言語の出現にはまだほど

遠いころに、指差し、顔の表情、即席の身振り手振りなどを文化伝達のツールとして利用するようになったのではないだろうか。これらは現在でも、共通の言語をもたない者同士のコミュニケーションツールとして使われている。まがりなりにも言語と呼べるものが出現したのはおそらく、文化進化がかなり進み、単純なコミュニケーションレパートリーが出そろった後だったのではないかと思われる。

第二に、言語それ自体が文化進化の産物であって、言語が文化をもたらすわけではない。もちろん、言語は、文化伝達（文化的情報の流れ）を容易にしてくれるし、物語伝承、カテゴリー分類、詩歌など、まったく新たな道筋を築いてくれたりもする。しかし、こうした新たな道筋も、その端緒を開いたのは、言語によらない文化進化なのだ。そのずっと後に、言語から文字や読み書き能力が立ち上げられ、文化進化の新たな道を築いたのと同じだ。

第三に、言語は、その根本に、協力行動にとっての深刻なジレンマを抱えている。嘘、欺き、誇張などである。少なくとも短期的には、言葉で簡単に相手を騙すことができるので、人を利用したり、操ったりする格好の手段になりうるのだ。そして、コミュニケーションシステムが複雑になればなるほど、嘘をつきながら罰を免れるのが容易になってしまう[45]。

この協力上の問題に対処できなければ、言語の進化は、遺伝的にも文化的にも限られたものになる。理由は明らかだ。もし他者が自分を騙すために言葉を使ってくるのなら、何を言われても信じなければ、あるいは完全に耳をふさいでしまえばいいからだ。騙されたくないからという理由で、だれもが聴くのを止めてしまったら、そもそもコミュニケーションをとろうとする意味がなくなる。そうなれば、言語は消えてなくなるか、そうでなくても、嘘や偽りは言えないような状況でしか使われなくなるだろう。

というわけで、複雑なコミュニケーションレパートリーの進化がスタートするためには、その時点ですでに、協力上のジレンマがいくらかでも解消されている必要がある。したがって、言語だけではヒトの協力行動を促す決め手にはなりえないのだ。しかし、「嘘をついてはいけない」「人を騙してはいけない」という社会規範が文化として芽ばえ、社会に根づいた後であれば話は別だ。規範違反者の悪評を流したり、社会規範を迅速かつ正確に定着させたりといった言語の力によって、協力行動や交換取引がどんどん拡大していく可能性がある。

言語こそがヒトの協力上の問題を解決したとする主張の多くは、こうした認識に欠けており、そもそも文化の存在を大前提にしている。なぜなら、すでに世評というものが存在し、嘘や妄言を取り締まってくれると決めてかかっているからである。そのような誠実さを求める社会規範や世評は、いずれも文化として受け継がれていくものであり、社会によって千差万別だ。

言語が抱える協力上の問題を緩和する方法は、誠実さを求める社会規範の他にもまだ二つある。いずれも、ヒトの文化的学習能力によるものだ。まず一つ目。悪評を伝えるには、言葉を使わなくても、指差しや顔の表情だけで十分に伝わる。たとえば、みんながビルの家を再建しているときに、ビルが木陰でぶらぶらしていたら、彼を指差して呆れた顔をすればいい。それだけで、私がビルの態度をどう思っているかが相手に伝わる。つまり、必ずしも言葉に頼らずとも、評判は伝わるものなのだ。

そして二つ目。世評は操作されやすいが、文化的学習に長けた者はすでに、利己的な人物が流すデマに騙されないための認知能力を身につけている。たとえば、スティーヴが、ライバルのジョンよりも優位に立ちたくて、ジョンはひどい奴だと根も葉もない告げ口をしてきたとする。そのようなときは、多数派の意見に耳を傾け、ジョンのライバルではない大勢の人々から情報を集めればよい。スティーヴからの誤情報を捨て、多数派の評価を集約することによって、真実に近いスティーヴの姿が見えてくる。このように、ヒトの文化的学習メカニズムは、嘘やデマによる世評の信憑性の低下を防ぐのにも役立っている。[46]

それでもやはり、言語の出現によって、特に名声や成功実績のある個人が、自分の有利になるように他者をそそのかす機会が生まれたのではないかと思われる。たとえば、競争相手に毒を盛りたい者は、青いキノコは弱毒キノコだと知っていても、青いキノコは栄養豊富で美味しいと言葉巧みに宣伝するかもしれない。そのような虚偽情報をつかまされる危険性が生み出した選択圧によって、情報を受け取る側が、ある手がかりに注目するようになった。私はそれを**信憑性ディスプレイ**（ＣＲＥＤ）と呼んでいる。

ＣＲＥＤとは、言っていることと考えていることが異なるとき、つまり言葉と本心が食い違っているときには現れるはずのない行動である。ＣＲＥＤは、言語がもたらした手軽な文化伝達経路を悪用しようとする者から身を守る、一種の情報フィルターとして機能する。青いキノコは栄養豊富で美味しいと本当に信じているならば、自分でも青いキノコをどんどん食べ、自分の子どもたちにも食べさせるはずだ。これがＣＲＥＤである。その行動を見た人は、青いキノコは栄養があるという相手の言葉に嘘はなさそうだ、信用してもよいだろう、と考えるに違いない。

この研究はまだ緒についたばかりだが、子どもや大人を対象にした実験的研究から、食物選好、利他行動、さらには超自然的・反直感的信仰など、さまざまな信念や習慣の文化伝達にＣＲＥＤが重要な役割を果たしていることが示されている。[47] たとえば、宗教的信仰を広める上で殉教が大きな力となるわけも、ＣＲＥＤに照らせば説明しやすくなる。死をもいとわずに信仰を貫いた人の言葉は本物であって、人を騙したり操ったりする意図はない（なかった）はずだと人々は考える。宗教指導者が清貧や禁欲の誓いを立てるわけも、ＣＲＥＤに照らせば説明しやすい。身をもって示すことで、伝道師としての説得力が増すのである。

このように、言葉を使って人を騙そうとする相手に対し、CREDがある程度、情報フィルターの役割を果たしてはいる。しかしながら、あざといテレビCMや言葉巧みな営業トークが横行している現状は、言語を介した文化習得への依存によって生まれた問題が、いまだ解決されていないことの証左と言える。

私たちがCREDを利用するのは、行動は言葉よりも雄弁で、行動にこそ本心が現れるからなのだ。CREDは、自己利益のために虚偽情報を流して人を騙そうという企みに歯止めをかける役割を果たしているのである。

まとめ

本章を終えるにあたり、ぜひ心に留めておいてほしいことを七つ挙げておく。

①言語は、情報伝達のための文化的適応の積み重ねによってできあがったものだ。テクノロジーや社会規範の場合と同様に、ひとたび文化進化が始まると、地域の状況に適した複雑なコミュニケーション手段が生み出されていく。身振り言語や口笛言語が生まれるのも、言語共同体の音響環境に合わせて言語音の聞こえ度が変わるのも、すべて文化進化の働きなのだ。

②言語には、習得しやすくなるよう文化的に進化していく傾向がある。そして、言語とは無関係のヒトの生得的心理の諸側面を利用して、習得しやすさを高めていくうちに、言語に共通する諸々の特徴が生まれてくる。しかし、言語を学ぶのはだれなのか――子どもだけなのか、それともあらゆる年齢層の人々なのか――によって、事情は少し変わってくる。

③道具類の場合と同様に、集団の規模が大きく、成員同士の結びつきが強くなるほど、語彙サイズが増し、音素数が増えて、単語自体は短くなる。また、従属接続詞のような複雑な文法ツールが文化的に進化して維持されるようになる。
④こうした傾向を念頭に置きながら、多様な言語について得られた人類学的・歴史的証拠に照らして考えると、人類の進化史を通じて支配的だった言語は、英語のような広く普及している現代言語とはまったく異なるものだった可能性がある。小規模社会の技術や制度が、私たちの社会のものとはかなり異なっているのと同じだ。
⑤言語の獲得は、ヒトの心理の諸側面を変化させるとともに、個人にそれまでなかった認知能力を授けてくれる。
⑥文化進化の産物である言語は、人類の進化史を通してずっと、ヒトの遺伝子に対して強い選択圧をかけ続けてきた。それを受けてヒトの身体や脳は、発話や協力的なコミュニケーションを交わすのに適したものへと変化してきたのだ。そのプロセスは今もなお続いている。
⑦言語の進化を理解するためには、道具、技術、および社会規範を含めた、もっと大きな文化－遺伝子共進化の文脈の中に位置づける必要がある。

文化は、遺伝子には手を加えなくても、ありとあらゆる方法でヒトの脳や身体の機能を変化させることができる。第14章ではそうした例のいくつかを見ていく。文化進化は、生物学的進化の一種なのである。

第14章　脳の文化的適応と名誉ホルモン

ここに並ぶ文字を読んでいるあなたは今、左大脳半球の側頭葉・後頭葉を中心として、文化的に構築されたネットワークを使用している。この脳の「レターボックス」は、文字を読むことに特化したハードウェア、もしくはファームウェアだ。[1] この脳領域が障害を受けると、突然読み書きができなくなってしまうが、その他の認知能力や視機能には影響がない。たとえば、この領域に障害のある人は、数字は理解できるし、数値計算もできるが、文字が読めないのだ。中国語や日本語のような表意文字を用いている人々の場合でも、この症状に変わりはない。[2]

脳機能イメージングによって明らかになったことだが、「READ」と「read」は、文字の形状はそれほど似ていないにもかかわらず、脳内のレターボックスには類似性のあるものとして登録されている。ただし、もちろんそれは英語を読み慣れている人だけに限られる。英語読者の脳内の回路には、この「R」と「r」の関係が、文字どおり刻まれているのである。同様に、ヘブライ語の文字は、ヘブライ語を読み慣れている人のレターボックスを活性化させるが、英語しか読めない人の脳のレターボックスを活性化させることはない。[3]

つまり、読み書き能力の高い人は、脳に文字認識の訓練を施したことによって、文字を読めない人とは異なる脳をもつようになったのだ。文字認識の訓練によって、脳がそれぞれの表記体系に応じた視覚情報処理のために特殊化されるのである。文字認識能力が高まれば高まるほど、脳の配線回路が、文字の読み取り用に特殊化されていく。アメリカ人の子どもたちの場合、このレターボックスは八歳頃に現れ始め、文字を読み続けていると、思春期を迎える頃になってようやく成熟する。

文字を読む学習をすることによって、「視覚野」の顔認識に特化された領域と、物体に反応する領域の間に、このレターボックスが形成される。加えて、左右の大脳半球をつなぐ情報ハイウェイである脳梁が太くなる。さらに、上側頭溝や左下前頭回（ブローカ野）にも変化が生じる。このような再配線の結果、読み書き能力の高い人には総じて、次のようなことが起きてくる。①言語性情報についての記憶力が高まる、②話し言葉を聞くと脳の広い領域が活性化される、③単語を構成する音の違いに敏感になる。つまり、読み書き能力が高まることによって、読み書きとは直接には関係のない認知能力までが高まるのである。(4)

しかし、このような能力向上には必ずコストがつきまとう。読み書き能力が高まるとどうやら顔認識が苦手になるらしい。なぜなら、こうした脳領域を急ごしらえすることによって、その隣にある顔認識担当の領域、紡錘状回が割を食うからである。

実は、顔認識に関わる脳機能は左右非対称で、右脳が優位であることが知られているが、もしかするとそれは、文字を読む学習のせいかもしれない。顔認識に関わる機能が左半球から追い出されて、右半球がその機能を引き受けたのだという。(5) 私はその話を聞いて少しほっとした。これで、人の顔をすぐに忘れてしまう言い訳ができたぞ、と思ったからだ。私は顔認識用のファームウェアの一部を、大好きな読書用に譲ってしまったのです、と言えばいい。

このような変化は、ヒトの脳に加えられた生物学的修飾であるが、遺伝的修飾ではない。それは何千年にもわたる文化進化の結果なのだ。文化進化は、遺伝子に手を加えることなしに、ヒトの脳をうまく改良する方法を見つけたのである。物体認識、視覚記憶、および言語使用のために遺伝的進化を遂げたヒトの神経系に応急装備を施した文化の産物が、読み書き能力なのである。

神経科学者のスタニスラス・ドゥアンヌが主張するとおり、脳のレターボックスは、高精度の物体認識ツールや言語中枢がある、いわば神経回路のスイートスポットに配線されている。そういうこともあって、さまざまな表記体系には、次のような共通する三つの特徴が見られる。

まず第一に、「L」、「X」、「O」、「T」のようなアルファベット圏の表記体系の文字にせよ、漢字の「山」のような非アルファベット圏の表記体系の文字にせよ、文字によく使われる形は、ヒトの視覚系によってすばやく認識される。それは、自然界のいたるところで見つかる形だからであって、当然といえば当然なのだ。

第二に、記された文字が表す意味、または音は、その文字自体の大きさとは関係がない。そもそも、実世界の物体の見かけの大きさだって、見る位置によって変わるのだ。子どもたちは、文字の大きさが実物の大きさとは関係がないことを教えられなくても、自然に理解するようになる。しかしまれにだが、日本語の平仮名（の拗音や促音）のように、小さく書くことに意味があると教わることもある。最後に、文字を書くときは、読みやすいように適切な文字間隔をとる。間隔があ　ま　り　に　もあ　き　す　ぎ　て　い　る　と、読み取り速度がガクンと落ちる。[6]

これまで見てきたさまざまな文化的適応と同様に、表記に使われる記号もおそらく、最初からヒトの物体認識系に最適化された基本字だったわけではないだろう。また、子どもたちが最初から、文字の大きさの違いに意味はないと理解しているかどうかはわからない。実際、多くの表記体系の起源は、

図14.1　パレンケ遺跡（メキシコ）の「葉の十字架の神殿」に描かれているマヤ文字

象徴的なピクトグラムなのだ。恣意的に決めた記号を使うよりも、たとえば水面や麦畑のように見える波打つ線のほうが覚えやすかったのだろう。古代エジプトのヒエログリフは、動物や道具などをかたどった文字を使っていたが、それらの一部がやがて音素を表すようになっていく。

文化進化によって、ヒトの脳の構造により適した文字要素が選択されていくうちに、こうした共通する傾向が現れたのだが、もちろん、それ以外のさまざまな要因が文化進化に影響を及ぼした。もしかしたら、まったく異なる文化進化の道筋をたどって、それぞれに読みやすい――つまりまったく違った意味でヒトの脳にぴったりフィットする――表記体系が生み出された可能性もある。ユーラシアとは別個に表記体系が生み出されていった南北アメリカ大陸について見てみよう。

南北アメリカ大陸では古くから、概念、日付、固有名、音節を表す記号として、図案化された顔が使われており、時とともにその種類が増していったようだ。たとえば、マヤ地域では六〇〇年間にわたって、図案化された顔が表記体系の中心をなしていた（図14・1）。この珍しい文字要素は、顔を認識して記憶するための脳領域を含め、ヒトの生得的能力を巧みに利用している。ちなみに、こうした文字の読み取りに長けていたマヤの人々はたぶん、私のような読書好きとは違い、日常生活での顔

の認識や記憶も得意だったのだろう。昨今、表記体系の文化進化が進むなかで、再びこうした傾向が盛り返してきているのかもしれない。顔文字の登場がその証《あかし》ではないかと思うのだ[7]（＞◯＜）。

文字を読み取る能力は、文化進化の産物である。ヒトの脳の神経回路を配線し直すことによって、認知の特殊化が進み、瞬時に図形を言語に変換するという、ほとんど奇跡に近い能力が生み出されたのだ。ほとんどのヒト社会には表記体系などなく、つい数百年前まで、大多数の人々は読み書きができなかった。ということはつまり、文字を読み取るという高度な能力を身につけている現代人は、人類史上の多くの社会の人々とはいくぶん異なる認知を行なう異なる脳をもっているのである。

この違いこそが、これから取り上げる重要なポイントなのだ。文化的差異は、遺伝的差異ではないが、生物学的差異である。脳を含めたヒトの生物学的特性は、遺伝子以外のさまざまな要因によって決まるのだ。にもかかわらず、十分な見識があるはずの科学者や科学ジャーナリストまでもが、文化的差異を、生物学的ではない、実体のないもののように扱うことが珍しくない。こうした混乱が生じるのは、「脳内」で起きることやホルモンの作用を受けるものは、遺伝的なものでしかありえない、と信じ込んでいるからなのだ。それは大きな誤解である。（あなたがもしそう思っているとしたら）その誤解を払拭してもらうのが本章の目的だ。最近の研究から、文化には脳の構造や、体の形態、ホルモンの分泌を変えることによって、ヒトの生物学的特性そのものを変えてしまうだけの力があることが明らかになっている。文化的な進化は、遺伝的な進化ではなくとも、生物学的な進化の一種なのである。

ここで重要な点を確認しておきたい。本書ではここまでずっと、何万、何十万年という歳月をかけて文化進化がいかにヒトの遺伝的進化を推し進めてきたかを述べてきた。ここからは話がガラリと変わる。文化的に構築された環境のなかで成長することによって、発達過程を通して非遺伝的に、ヒトの身体や脳が形成されていく――そういう話だ。明らかに、これら二つのプロセスは関連し合っているにもかかわらず、こうした相互の関連については、進化や社会科学の領域の研究でほとんど考慮されてこなかった。

文化進化はさまざまなやり方で、ヒトの生物学的特性を方向づけてきた。まず最も基本的なところでは、文化的学習によって調節を受けた脳の報酬系回路いかんで、違ったものを好んだり欲したりするようになる。第7章でトウガラシについて見てきたとおり、こうした違いは実に大きな影響力をもっている。学習によって、食の嗜好も、配偶者の選択も、痛みに対する感受性も変わってくるのである。このあと示す証拠で、ワインのような飲食物に対する味覚や、電気刺激に対する痛覚が、学習しだいで変化することを明らかにする。

文化の力はそれだけではない。社会的な誘引と個人の動因の両方を形成することによって、文化はヒトが自分の脳を一定の方向へと鍛えるように仕向けるのだ。ある社会では、それが文字の読解だったり、性別や地位の判別だったり、あるいは分数の使用だったりする。また別の社会では、それがアニマルトラッキングだったり、水中透視だったり、あるいは群れの中の牛一頭一頭を見分ける技だったりする。また、文化進化のプロセスで、ヒトの認知能力を高める頭脳の補装具《プロテーゼ》のようなものが生まれることもある。そろばんや、そろばん暗算がそうだ。それに習熟した子どもたちは、電卓を使うよりも速く暗算ができるようになる（第12章参照）。

ワイン、男性、歌

進化論の原則に立って性的魅力を理解しようとする研究者たちは、ヒトは恋人や配偶者に一定の特性を求める傾向があることを示してきた。しかし、恋人や配偶者の選択、特に長期的な関係を結ぶ相手の選択は、文化的学習の観点に立ったほうが上手く説明できる。相手の特性を判断するのはなかなか難しく、不確実な上に、時間がかかることだからだ。他者がどんな異性に惹かれ、関係を結ぼうとしているかをよく観察すれば、時間やエネルギーを節約して精力を集中することができる。

こうした仮説を検証するための実験設定はだいたいみな同じだ。まず、参加者たちに、ある人物（「テッド」としよう）が一人で写っている写真かビデオを見せて、その魅力度を評価させる。そのあと、テッドが、ある異性（「ステファニア」としよう）から注目を浴びている写真かビデオを見せるのだ。するとたいていの場合、テッドの魅力度が高く評価されるようになり、参加者たちはテッドを、長期的な関係を結んでもいい相手だと評価するようになる。第4章から予想されるとおり、魅力度アップの幅が大きいのは、モデルであるステファニアが、①美人で魅力的、②参加者よりも年上または経験豊か、③無表情ではなくテッドに微笑みかけている場合である。

モデルの好みを模倣することによって、特定の人物が好まれるようになるのは明らかだが、それにとどまらず、ある研究によると、その人物と同じ特徴をもつ人々全般が好まれるようになるという。たとえば、黒ずくめの服装のテッドがステファニアの注目を浴びた場合には、その後、（テッドだけでなく）黒ずくめの服装の人々全員の魅力度が高く評価されるようになる可能性がある。このような傾向があることは、服装や髪型の特徴についても、また、目と目の間隔などについても実験を通して明らかになっている[8]。

神経科学者たちは、以上のような実験に脳スキャン技術を加えることによって、人々が学習の影響を受けて顔の魅力度の評価を変化させるときに、脳内で何が起きているのかを調べてきた。たとえば、こんな実験がある。男性参加者たちが一八〇枚の女性の顔写真について、「まったく魅力的でない

（1）」から「非常に魅力的（7）」まで七段階で評価した。一枚評価するごとに、その顔写真に対する「他の男性たちの評価平均値」が示された。しかし実際には、ランダムに選ばれた六〇枚については、回答したその男性の評価よりも二〜三点高め、または低めの値を、コンピューターが「評価平均値」として示す仕組みになっていた。それ以外については、参加者自身の評価に近い値が「評価平均値」として示された。

　それから三〇分後、参加者たちは脳スキャンを受けながら、もう一度一八〇枚すべての顔写真の評価を行なった（ただし、今回は平均値は示されなかった）。注目されるのは、他者の評価を見たことが、同じ顔に対するその後の評価にどう影響したか、そのとき脳内ではどんなことが起きていたか、ということだ。(9)

　例によって参加者たちは、他者の評価平均値がもっと高いと知ると、自分も評価を上げ、他者の評価平均値がもっと低いと知ると、自分も評価を下げた。脳スキャンの結果から、他者の異なる評価を見たあとは、その顔に対する主観的評価が変化することが明らかになっている。他の類似の研究から得られたデータと組み合わせて考えると、他者に同調して自分の評価を変えると、脳内報酬系が活性化されるらしい。その結果、神経回路に永続的な改変が加わり、選好や評価が変化するようだ。要するに、他者の選好に基づく文化的学習が、顔に対する感じ方を変えてしまうのである。このような感じ方の変化は――遺伝的な変化ではないが――あくまでも生物学的な変化であり、神経学的な変化である。

　既存の研究から、ワイン、音楽、その他の好みについても、同様の現象が起こることが示されている。とくにワインは格好の例を提供してくれる。ワインの価格には、大勢の他者の評価が集積されている。したがって、舌を肥やそうとする者は、著名な専門家の選好に加えて、その価格にも注目するはずである。
脳スキャンをしながら、参加者たちに五種類のワインの飲み比べをしてもらった実験がある。五種類のワインのボトルにはそれぞれ、五ドル、一〇ドル、三五ドル、四五ドル、九〇ドルの値札が付けられていた。しかし実際には、飲み比べに用いられたワインは三種類しかなく、そのうちの二種類に、五ドルと四五ドル、一〇ドルと九〇ドルの値札が付けてあったのだ。ご多分にもれず、実際にはまったく同じワインであっても、高額なワインのほうを、参加者たちは美味しいと評価した。[10]
では、このときの参加者たちの脳内はどうなっていたのだろう？　価格の異なる同一のワインを味わっているときの脳スキャンデータを比較した結果、高額なワインを飲んでいるときのほうが、内側眼窩前頭皮質がより活性化されていることが明らかになった。内側眼窩前頭皮質は、飲食物を味わったり、においをかいだり、音楽を聴いたりしたときの心地よい気分と関連のある脳領域だ。つまり、この研究から、脳の一次感覚野は価格の影響を受けないが、そこから送られてくる情報に対する評価が、価格次第で変化することがうかがわれる。感覚入力はそのままで一定だが、それをどのように知覚するかが文化的学習によって変化するのである。
ワインの場合には、とくにそれが顕著で面白い。一本一・六五ドルから一五〇ドルまでのワインについて二重盲検法で〔実験者にも被験者にも価格を伏せて〕飲み比べ実験を行なうと、何度やっても、ワインのテイスティングの訓練を受けていないアメリア人は、実際には安いワインのほうを美味しいと評価する。[11]ワインの価格と味を正しく関連付けられるようになるのには、訓練が必要なのである。となると、贈り物戦略としては、普通のアメリカ人にワインを贈るときは、安いワインを買ってきて値札を剥がし、ものすごく高いワインなのだと言って渡すのがいいということになる。もらった相手も、（節約できた）自分も大満足だ。ただし、相手が満足してくれるなら嘘をついても平気、という場合に限られるが。

以上の研究から明らかなのは、人々の選好や嗜好は、他者の嗜好や選好を観察したり推察したりすることによって強く影響を受けること。そして、ものの価格は、人々が自らの選好を方向づける手がかりの一つになっているということだ。それは、脳内の報酬系回路に神経学的な変化が生じることを意味している。つまり、人々の選好が一定不変だと考えるのは大きな誤りだということだ。ヒトは、遺伝的進化よって（多少とも）柔軟な選好をもつようになり、文化的学習を通してその選好を変化させることで、さまざまな異なる環境に適応しているのである。

ロンドンで車を運転すると海馬が変わる

二〇〇九年のこと、私はロンドン市内のある会議場に向かおうとしていた。チャールズ・ダーウィンの『種の起源』（一八五九年）の出版一五〇周年を記念する、王立協会の祝賀イベントで講演するためだ。ヒースロー空港から地下鉄で移動したあと、タクシーに飛び乗った。

一・五キロほど進んだところで、大渋滞にはまってしまった。運転手はこちらを振り返って、「これじゃ、いつまでたっても着きませんな。ホテルまで大した距離じゃないんですが、ここからそこに抜ける道がないんでね」と言う。彼が勧めるには、タクシーを降りて、道を渡ったら狭い路地に入り、張り出したバルコニーの下をくぐるように進んで左に折れ、右に曲がってまた路地に入り……「ややこしくて忘れてしまった」……そうすれば、左手にホテルが現れるという。歩いてみると、まさに教えてくれたとおりだったので、彼の頭の中に記憶されているロンドン市街地図の正確さにたまげてしまった。

後から振り返って思うのだが、あのタクシー運転手の脳、その中でもとくに記憶を司る海馬は、ロンドン市街地向けの特別仕様になっていたのだろう。ロンドンのタクシー運転手になるためには、ロンドン中心部にあるチャリングクロス駅から半径六マイル（九・七キロ）以内のエリアのどんな道でも走れるよう、地図を頭に叩き込んで難しい試験に合格しなくてはならない。合格するにはたいてい三〜四年かかる。ロンドン中心街は、二万五〇〇〇以上の道が、まるで迷路のごとく、複雑かつ不規則に張りめぐらされているからである[12]。

ロンドンのタクシー運転手に注目した研究がいくつかあるが、その報告結果はどれもみな同じだ。訓練を積んで試験に合格した人たちは、脳の背側海馬の灰白質が増加しているのである。ヒトやその他の動物の海馬には空間記憶が蓄えられている。タクシー運転手として経験年数を経るうちに、海馬のこの部分の灰白質が増えてくるのだ。こうした脳構造のリノベーションのおかげで、運転手はロンドンの街中のランドマークを記憶したり、ランドマーク間の距離を判断したりといった認知機能が高まる。しかし、こうした新たな認知能力には必ずコストが付きまとう。ロンドンのタクシー運転手の場合、複雑な幾何学的図形を記憶する能力が若干低下するのである。

社会規範に支配され、世評が大きな影響力をもつ社会に生まれたヒトは、幼い頃からもう、秩序を乱さず規則に従い、ローカルな社会で重視される分野で秀でようとする。それがゴルフのこともあれば、経理、読書、そろばんのこともある。あるいは、吹き矢での狩猟だったり、先祖の霊を呼ぶ儀式だったりする。基本的に、社会規範が生み出した教育体制のもとで、すべての子どもが教育を受ける。子どもたちは、ローカルな規範を内面化し、その規範に従って心身を鍛え、その社会で重視される身体技能や知的能力を身につける。

タクシーの運転はほんの一例にすぎない。この種の研究はまだ緒についたばかりだが、すでに多くの知見が得られている。ジャグリングの技を身につけたり、ドイツ語が話せるようになったり、ピアノが弾けるようになったりすると、脳のさまざまな領域の灰白質や白質に特異的効果がもたらされるのだ。このような研究結果は、居住する社会の要求に応じてヒトの脳が特化されることを示すものだ。

しかし、ヒトには他の動物にはない特徴がある。社会的誘因（評判など）、知的ツール（色名、書物、そろばん、地図、数字など）、および個人の動因を介して、文化的学習や文化進化が脳の改変を促すのである。こうした認識に立つ下位分野、文化神経科学によって、文化的に伝達される日々の仕事や、習慣、規範、目標が、ヒトの脳にどのような影響を及ぼすかが明らかにされ始めている。このような文化的な生態環境が、それぞれ異なる認知能力、知覚バイアス、注意配分、そして動機をもたらすことになるのだ。トレイ・ヘデンらが行なった研究について考えてみよう[13]。

事物や人物を知覚するときに、背景との関係まで正確に捉えられるかどうかは、洋の東西によって違いがある。教育を受けた西洋人の場合は、背景と切り離してその事物や人物だけに注目する傾向がある。背後の状況や文脈を無視して、対象の特性だけを抽出するのが得意なのだ。逆に言うと、西洋人は、事物や人物をその背景と結びつけて捉え、関係やその影響に注意を払うということがなかなかできない。それが他の集団の人々とは違うところだ[14]。

このような特徴と関連して、単純図形の知覚に関してもやはり、西洋人は枠組みの大きさとは関係なく、線分の絶対的長さを判断するのが得意だ。それに対し、多くの東アジアの国々で育った人々（以後「東アジア人」と称する）は、枠組みの中に占める線分の相対的長さを判断する能力に長けている。つまり、枠組みの大きさとの関係で長さを捉えるのである。こうした実験結果から、西洋人は東アジア人などに比べて知覚の「準拠枠依存性」が低いと心理学者たちは主張する。図14・2に、絶対判断と相対判断の違いが示してある。この課題は、知覚に関するものであること、客観的な正解が

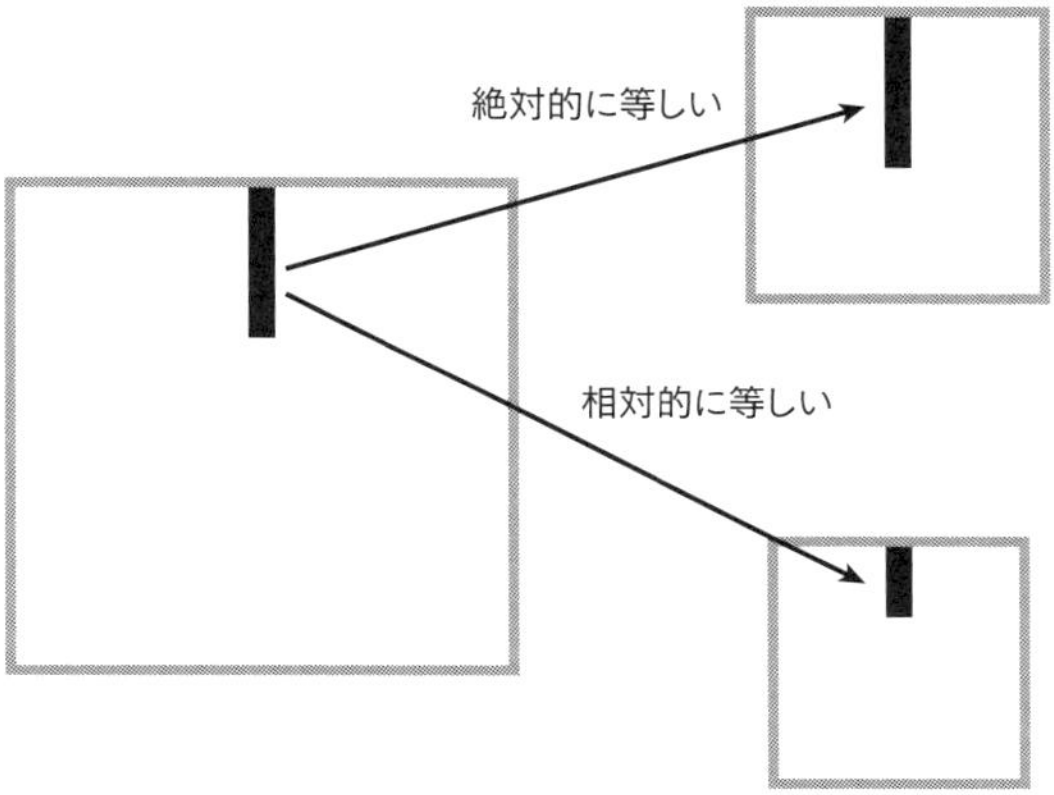

図 14.2 線分の長さを比較判断する課題。正方形の中に引かれた太線の長さを比べて、絶対的に等しいかどうか、正方形の一辺に対する比率が等しいかどうかを判断してもらう。

あることから、私のお気に入りだ。

ヘデンらは、ヨーロッパ系アメリカ人とアメリカに居住する東アジア人を対象に、ある実験を行なった。提示される線分の長さが、その前に見ていた線分の長さと比べて絶対的に、もしくは相対的に等しいかどうかを判断してもらい、そのときの脳活動を機能的磁気共鳴画像法（ｆＭＲＩ）でスキャンするという実験である。ポイントは、少し頭を使えばだれでもわかるように、比較的簡単な課題で実験を行なった点にある。難しくすると、アメリカ人は絶対課題では勝ち、相対課題では負けることになる。課題を易しくすることで、そうならないようにしたのだ。つまり、脳活動に何らかの差が現れたら、それは、最終的な反応や判断の違いによるものではなく、課題を解くために投入される心的努力や神経学的機能の差だけに起因しているということになる。

各群の脳スキャンの結果を比較したところ、ヨーロッパ系アメリカ人の場合は、西洋人が概して苦手とする相対課題に取り組むときに、抑制機能や注意に関連する脳領域の活動が高まることが明らかになった。活動が高まった脳領域はほとんどが前頭葉と頭頂葉に位置していた。一方、東アジア人の場合は、絶対課題に取り組むときにこの脳領域の活動が活発になった。つまり、アメリカ人と東アジア人とでは、まったく同じ課題に取り組むときでも脳活動パターンが異なることが判明したのである。両者は神経学的にまったく異なるのだ。

さて、本書の主要テーマの一つは、人類の進化史における文化－遺伝的共進化の重要性である。当然ながら、こうした脳活動パターンの違いが文化的差異だと即断するわけにはいかない。何百年、何千年間にもわたってまったく異なる社会構造が維持されていれば、集団間に遺伝的差異が生じても不思議はないからだ。声調言語が特定の遺伝子に影響を及ぼした可能性についてはすでに述べたとおりだ。

しかし、この相対課題と絶対課題のケースでは、遺伝子の関与はゼロではないかと私は睨《にら》んでいる。実は、ヘデンのチームは、質問紙を用いて、東アジア人の参加者に対し、異文化環境であるアメリカ合衆国での生活にどれくらいなじんでいるかを尋ね、その文化適応度を評価している。その結果は図14・3に示したとおりで、文化適応度と脳活動パターンとの間には明らかな負の相関が認められた。アメリカ合衆国での生活に適応していると感じている人ほど、西洋人が一般に得意とする絶対課題を容易にこなし、心的努力の投入量が多くのヨーロッパ系アメリカ人とほとんど変わらなかった。

もちろん、だからと言って、遺伝的差異の可能性が完全に消えるわけではない。なぜなら、文化適応度が遺伝子の影響を受けているかもしれないからだ。しかし、アメリカ合衆国やカナダに移住した人々の調査から、適応度の差は数世代のうちに消え去ることが明らかになっており、それも考慮すると、このような心理学的差異は、少なくとも基本的には文化進化の産物だと考えて間違いない。(15)

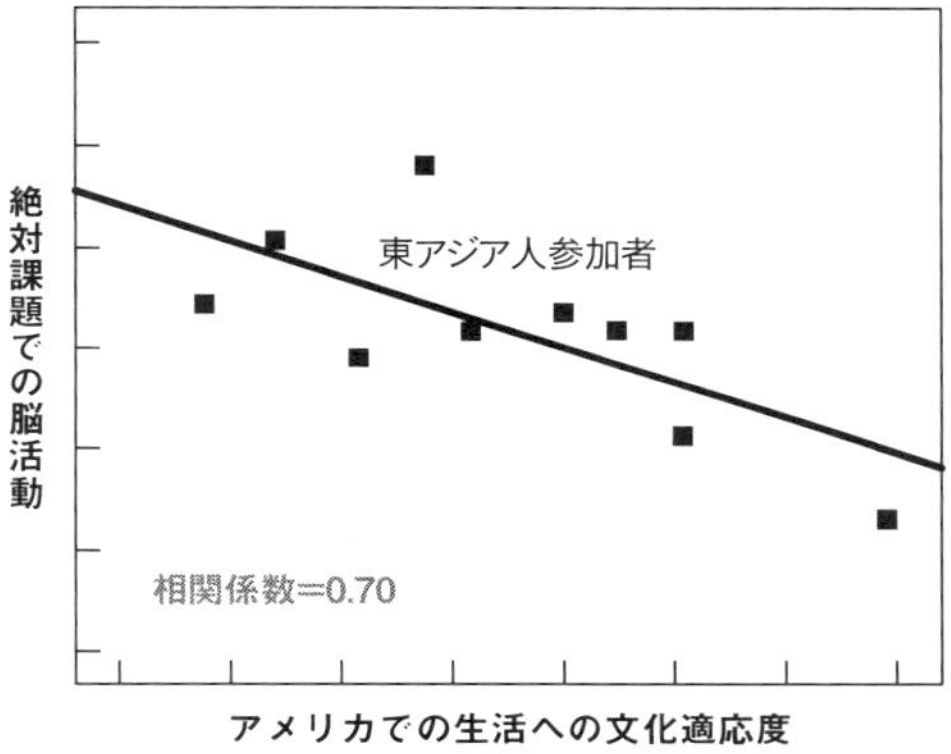

図 14.3　東アジア人参加者の鍵となる脳部位の活動とアメリカでの生活への文化適応度

名誉ホルモン

こんな場面を想像してほしい。あなたがオフィスの狭い廊下を歩いていくと、書類キャビネットの引き出しから何かを出そうとしている大柄の男が道をふさいでいる。あなたが近づくと、男はしぶしぶ引き出しを戻して、あなたを通してくれた。ところが、彼の背後を通り過ぎる瞬間に、尻をあなたにぶつけて「こんちくしょう」と暴言を吐いてきた。あなたはどんな反応を示すだろうか？　どれくらい侮辱されたと感じるだろうか？

それはたぶん、あなたがどこで生まれ育ったかによって違ってくるだろう。もし、「名誉の文化」をもつ地域の出身なら、（男性であればだが）それを「男らしさ」への挑戦と受け止める可能性が高い。すると、テストステロンやコルチゾールの血中濃度が急上昇することになる。テストステロンは攻撃性と関連のあるホルモンで、コルチゾールはストレスと関連のあるホルモンである。その濃度が上昇することで、あなたの身体は戦闘態勢に入る。次にあなたと出会う人は、「俺をなめるなよ」という気迫や、それを知らしめる強い握手を受けることになる。

しかし、名誉の文化をもつ地域の出身でないなら、このような無礼な扱いを受けてもたぶん、すぐにカッときたりはしないはずだ。ホルモン濃度が急上昇することもなく、次にあなたと出会う人が、気骨ある保安官がやって来た、と知らされることもない。

このような名誉の文化をもつ社会では、複雑な一連の社会規範が男性親族に、暴力に訴えてでも自分の財産や妻子を守りぬく義務を負わせ、動機付けを行なう。こうした規範のある社会では、自分や家族が侮辱されたり、財産を奪われたり壊されたり、あるいは親族が危険にさらされたりしたときは、即座に暴力で仕返しをしなければ、その男性の評判はがた落ちになる。それゆえ、私たち名誉の文化をもたない社会の者には法外と思えるほどの過激な暴力でやり返してくる。名誉文化をもつ男性の妻や恋人といちゃつこうものなら、顔面にパンチが飛んでくるだろう。それ以上の行為に及べば殺されてしまうかもしれない。正式な警察機構がなく、牛、馬、羊、山羊のような家畜が簡単に盗まれてしまう社会では、このような規範には大きな適応的意味があるのだ。

書類キャビネットのところにいた「無礼なやつ」の話は私がこしらえたわけではない。これは、心理学者のリチャード・ニスベットとドヴ・コーエンがミシガン大学で行なった有名な実験なのだ。そして、この実験を行なうのに必要となる、名誉の文化をもつ社会は、実は身近なところにあった。

アメリカ合衆国の最南部《ディープサウス》は、アイルランド北部のアルスター地方やスコットランド北部のハイランド地方からの移民が多く、そうした人々がここに名誉の文化を持ち込んだ。もちろん、アメリカ合衆国北部にも、こうした地域からの移民がやって来たが、彼らは数世代のうちにその土地の文化に同化されていった。しかし、南部では、初期の移民の大多数がアルスター地方からの移民だったので、とくに山間部や湿地帯などの田舎では、名誉の文化がそのまま残ることになったのだ。名著『名誉と暴力——アメリカ南部の文化と心理』の中で、ドヴとリチャードはさまざまな実験結果や統計データを駆使して、このような名誉規範やその心理的圧力が、道徳判断や子どものしつけから、銃規制や新聞の論調に至るまで、ありとあらゆる事柄に影響を及ぼしていることを示している[16]。

さらに最近、経済学者のポーリン・グロージャンがこの現象の重要性に注目し、最南部《ディープサウス》の殺人発生率がいまだにアメリカの他地域の二倍にのぼる理由を、移民の人口分布によって説明した。殺人発生率が高い郡トップ2はテキサス州とジョージア州にある。また、州単位で比較した場合、ノースカロライナ州とサウスカロライナ州の殺人発生率が最も高い。

ポーリンは、一七九〇年の第一回アメリカ合衆国国勢調査のデータを用いて、一五〇〇の郡について、アイルランドとスコットランドからの移住者の数を調べた。一八世紀にはこの国勢調査が実施されるまでの間に、アイルランドのアルスター地方やスコットランドのハイランド地方から大量の移民が流入していた。ディープサウスについて分析した結果、一七九〇年時点でアルスター地方やハイランド地方からの移民の多かった郡ほど、二一世紀の現在でも殺人発生率が非常に高いことが明らかになった。統計的に補正をかけて、貧困、不平等、人種差別などの影響を取り除いても、である。荒涼たる大地が広がっている辺鄙《へんぴ》な地方ではとりわけ、こうした傾向が顕著に見られる。移民やその子孫が、新たに発足した国家の機構に組み込まれることなく、そのまま牧畜生活や名誉の文化を引き継いでいくからである[17]。

ちょっと待たれよ。これは遺伝的なものではないのか。スコットランドのハイランド地方からの移民たちが持ち込んだ「攻撃的」な遺伝子が、ディープサウスの田舎にいまだに根強く残っているのではないか。確かにあらゆる仮説を検討してみるのも悪くはないが、それだけはどうも考えにくい。なぜなら、移民たちの故郷であるスコットランドには、暴力性の高さも名誉の文化も残っていないからである。スコットランドの殺人発生率は、マサチューセッツ州とほぼ同じで、アメリカのディープサウスの三分の一程度だ。

また、ニューイングランド諸州や中部大西洋岸諸州も、スコットランドやアイルランドからの移民が多かったが、一七九〇年時点での移住者数と二一世紀の殺人発生率との間に何の関連性も見られない。これらの地域では、スコットランドやアイルランドからの移民がイングランド、ドイツ、フランス、オランダからの移民と混ざり合って、名誉の文化は失われていった。

要するにこういうことだ。アメリカ合衆国の一部地域では、正規の警察力が及ばない社会で文化的に生み出された社会規範がその後も根強く残った。こうした社会規範は男性のホルモンを巧みに利用して、「名誉」が傷つけられるような状況では、暴力的手段で家族や財産を守り抜くという行動を形成していった。こうして文化的に形成された生物学的反応が、アメリカ南部社会における暴力犯罪の発生率を高めているのである。これは生物学的差異だが、遺伝的差異ではない。

薬理作用のないものが生理活性を示す

プラシーボは、ヒトの生理機能に対し、文化がどのような影響を及ぼすかを教えてくれる。プラシーボという言葉から思い浮かぶのは、新薬の治療効果を判定する試験ではないだろうか。ランダム化比較試験では、参加者を薬剤を投与する群と、砂糖錠などの不活性物質（プラシーボ）を投与する群とにランダムに振り分ける。その際、どちらの群に振り分けられたかは参加者たちには知らされない。なぜかというと、自分がどちらの群かがわかっていると、この薬は効くはずだという本人の思い込みから、実際には効果がなくても効果があったと報告するおそれがあるからだ。しかし、どちらの群か知らされていなければ、そのような反応バイアスを避けることができる。ところで、化学的に不活性な偽薬、プラシーボには、本当に実際の効果はまったく「ない」のだろうか？

実は、あるのだ。何十年にもわたる研究の結果、プラシーボにも歴然たる効果があることが明らかになっている。本人の信念、願望や、それまでの体験にもよるが、偽薬を投与されたり、偽手術などの「にせ」治療行為を受けたりすると、体内の生物学的経路が活性化されるのである。こうした経路はたいてい、一般の薬剤に含まれる生理活性物質の作用経路とまったく同じだ。プラシーボによって、痛みの軽減、免疫系の活性化、過敏性腸症候群の症状の緩和、パーキンソン病患者の協調運動障害の改善、喘息症状の緩和などが期待できる。

しかし、プラシーボの作用や効果は通常、患者がその薬や治療法をどれだけ信じているかによってまったく違ってくる。この薬は効くと信じる気持ちが強いほど、実際に大きな効果が発揮されるのだ。それだけではない。本物の薬の薬理作用もどうやら、効くと信じる気持ちの影響を受けるらしい。つまり、モルヒネを注射すれば痛みが和らぐと信じる気持ち（これはモルヒネの偽薬を使って測定できる）が強ければ強いほど、本物のモルヒネが高い鎮痛効果を発揮するのである。患者に知らせずに投与したのでは、まったく効かない薬もある。つまり、薬が薬理作用を発揮するためには、効くと信じる気持ちがある程度必要なのだ[18]。

ここでもやはり、文化が少なからず絡んでくる。なぜなら、私たちの信念や期待は、自分の直接体験（プラシーボ研究者の言うところの「条件付け」）か、他者から得た情報（文化的学習）のいずれかによって形成されるからである。すでに信念が形成された状態でクリニックを訪れることもあれば、訪れたクリニックで、医者によって信念が形成されることもある。

さらに、文化によってフィードバックループがつくられることもある。まず最初に、周囲からの情報によって、あの薬はとよく効くという期待感が生まれたとしよう。治療を受け、当初の期待感によるプラシーボ効果も加わって、快方に向かう。その次のときは、良くなったという直接体験（前回の治療効果による条件付け）が、他者からの情報（文化的学習）に上乗せされる。このようなフィードバック効果が好循環をもたらすこともあれば、悪循環を生むこともあり、それによって治療効果が多少とも左右される。

こうした現象がからんでくるので、偽薬を用いた治療の効果は国によってまちまちだ。たとえば、ドイツ人には胃潰瘍の偽薬がよく効き、隣国のデンマーク人やオランダ人の二倍の治療効果を発揮する。ドイツでは、偽薬を投与された人の五九％が快方に向かったが、デンマークやオランダで症状の改善が見られたのは二二％にすぎなかった。

逆に、高血圧の偽薬はドイツ人には効きにくい。拡張期血圧が一一 mmHg ほど下がることが実証されている降圧剤の偽薬を使ってその効果を調べると、多くの国々では拡張期血圧が三・五 mmHg 下がったのに対し、ドイツではそのような効果が見られなかった。ドイツ人は、他の国々の人々とは違って、低血圧に対する不安が強いので、こうした文化の影響を強く受けた不安感が、偽薬の効果を妨げているのかもしれない(19)。

偽薬の作用機序の解明が最も進んでいるのは鎮痛剤である。ある種の鎮痛剤（オピオイド系鎮痛剤）は、背外側前頭前皮質、前帯状皮質、側坐核といった脳領域にあるオピオイド受容体を活性化させ、痛覚の伝達を抑制する。鎮痛剤の偽薬もやはり、同じ受容体を活性化させて、同領域での痛覚伝達を抑制する。どうやら偽薬は、生物学的には同じことをやっているらしい。つまり、薬理作用のないものが生理活性を示すのである。プラシーボ効果は思い込みの産物（「in your head」）だと言うのであれば、薬理作用をもつ大多数の薬もやはりそうだということになる。

パーキンソン病の患者にも偽薬が効果を発揮する。パーキンソン病になると、手足が震える、筋肉がこわばる、動作が遅くなるといった運動障害が起きてくるが、それは、脳内で神経伝達物質のドーパミンが不足し、指令がうまく伝わらなくなるからなのだ。「これはパーキンソン病の特効薬なので運動障害が改善されますよ」と言って、患者に偽薬を服用させると、脳の線条体という部分で大量のドーパミンが放出されることが脳スキャンから明らかになっている。ドーパミンの分泌量が増えることで、運動機能の障害も改善される。[20]

さらに、免疫反応の抑制、セロトニンやドーパミンのようなホルモン分泌、ある脳領域の活動の変化、呼吸中枢のオピオイド受容体の調節、心血管系のβアドレナリン作動性の抑制といった、生物学的な経路を利用して、さまざまな偽薬による治療が行なわれている。この最後に挙げたプラシーボ効果は、多くの心疾患の治療に用いられるβ遮断薬と呼ばれる薬物群の薬理作用に等しい。

ここに興味深いデータがある。心臓発作を起こした後の服薬状況を調べた研究によると、医者の指示に従ってきちんと服薬した患者は、その後の生存率が高くなるという。ある調査では、処方された薬の八〇％未満しか飲まなかった患者が五年以内に死亡する確率は二五％だったのに対し、八〇％以上を飲んだ患者の死亡率は一五％にとどまった。それはそうだろう。

では、次のデータはどうだろう。処方された薬がプラシーボだった場合でも、八〇％未満しか飲まなかった患者の死亡率が二八％だったのに対し、きちんと飲んだ患者の死亡率は一五％にとどまった。ということは、薬自体に薬効成分はなくても、指示されたとおりに服用することで生存率が上がったことになる。薬の効果を信じる気持ちと、治療計画に従う態度とがあいまって、薬そのものに薬理作用はなくても、心臓発作後の死亡率が半減するのである。[21]

もちろん、β遮断薬を服用したほうが、その偽薬を服用するよりも効果が大きいことを証明した研究もあるが、偽薬であっても指示どおりに服用することによって、β遮断薬と同じくらい生存率が上がる。自己制御能力には、寿命を伸ばす力があるのだ。

心地よく痛む

文化的学習は非常に大きな力をもっている。学習しだいで、主観的な痛みの強さを和らげることもできるし、痛みや痛みの恐怖に対する生理反応を抑えることもできる。さらに、痛みを望ましいものにしてしまうことだってできるのだ。たとえば、走るのは苦痛だから避けたいと思っている人が多いが、私のようなランナーは走るのが好きでたまらない。同様に、重量挙げをやっている人は、しっかり練習した後の筋肉痛が大好きだ。痛みが心地いいのである。私もそうだが、子育てをしていると、目の前で転んだわが子が親の反応をうかがっているのを見たことがあると思う。親が笑顔で平然としていれば、子どもはむっくり起き上がって、またすたすた歩き出す。ところが、親が痛そうに顔をしかめると、たいていわっと泣きだし、ハグを求めてすり寄ってくる。

痛みは必ずしも悪いものとは限らないので、ヒトは、好ましい痛み（筋トレ後の筋肉痛）と危険な痛み（刺し傷の痛み）とを区別するようになった。実験的研究から明らかになったことだが、痛みを伴うトレーニングが筋肉を「鍛えてくれる」と信じることによって、体内のオピオイド受容体やカンナビノイド受容体が活性化されて、痛みが鎮まるとともに、痛み耐性が増大する。ところが、トレーニング内容は同じでも、筋肉が傷ついてしまうと思いながらやっていると、まったく異なる生体反応が起こり、痛み耐性は低下する。[22]

ブリティッシュコロンビア大学の私の同僚で、心理学者のケネス・クレイグは、文化的学習（他者の反応を観察すること）が痛みの感受性に及ぼす影響を実験によって検証した。まず、実験参加者たちに、段階的に電圧が上がって痛みの強さが増していく、一連の電気ショックを体験してもらう。その際、参加者を二群に分け、一方の群だけは、自分が電気ショックを体験した直後に、別の人（痛みに強いモデル）が同じ強さの電気ショックを受ける様子を観察させる。参加者もモデルも、そのつど、電気ショックによる痛みの強さを評価するのだが、モデルは、参加者よりも常に二五％ほど低く評価するように、裏で実験者から指示を受けていた。

そしてモデルが去ったあと、今度はランダムに強さを変えて、参加者たちに一連の電気ショックを体験してもらった。その新たな一連の痛みについて両群を比較すると、痛みに強いモデルの反応を見た群は、見なかった群に比べて、痛みの強さを五割ほど低く評価した。なかなか興味深い結果ではあるが、ひょっとして、モデルの反応を見た群は、モデルに比べて弱虫だと思われたくないから少し割り引いて答えただけではないのだろうか。

いや、そうではない。クレイグは、それが口先だけではないことを実験によって証明している。モデルの反応を見た参加者には、①皮膚電位の安定（身体が脅威に対して身構えるのをやめたことを意味する）、②心拍数の低下と安定、③参加者自身によるストレス評価の低下が認められた。痛みに強いモデルの反応を見たこと（文化的学習）によって、電気ショックに対する生理反応が変化したのである。モデルを観察しその体験を推察することによって、言葉で伝えられる以上に、強力なプラシーボ効果が生まれる。それどころか、自分自身の直接体験にも劣らぬほどの効果がもたらされるのである[23]。

妖術や占星術の生物学的な力

ノーシーボ効果はプラシーボ効果の逆で、患者や被験者が悪い結果を予想していると、実際にその有害作用が現れる現象だ。ノーシーボに関する研究は、プラシーボに比べてはるかに少ない。たぶんそれは、わざわざ症状を悪化させるようなことは倫理上問題があるし、臨床応用する機会がないからだろう。しかし、悪いことが起こるのではないかという予感は的中してしまうのだ。

　薬効成分は含まれていなくても、本人が有害だと信じている「薬」を飲ませると、生体反応が生じて、実際に有害作用が現れることが多い。痛みを誘発するノーシーボ（反偽薬）は、脳内のコレシストキニンの生理活性を高め、ドーパミンの分泌を抑えるとともに、視床下部‐下垂体‐副腎系（HPA系）を介して不安を引き起こす。すると、単に痛みが悪化するだけでなく、不安を増加させ、何でもない触覚刺激まで痛く感じるようになる[24]。

　他者から強い負の感情を向けられたり、呪いを掛けられすると、病気や怪我をしたり命を落としたりすると、大昔から信じられてきた。現在でも、アフリカからニューギニアまで、世界の至る所でそう信じられている。妖術《ウイツチクラフト》や邪術《ソーサリー》と呼ばれるものだ。とりわけ、他者から嫉妬の念を向けられることは、チリから中東まで多くの地域で「邪視《イーヴィルアイ》」として恐れられている。理由は単純で、人から妬まれると健康や運を損なうと信じているからだ。嫉妬心を恐れるがゆえに、人々は成功を隠したがり、周囲から抜きん出て目立つのを避けようとする。

　もちろん、ノーシーボ効果を考えるならば、妖術の力を信じる彼らがそのように振る舞うのは、きわめて理に適ったことだった。秀でている者に対しては当然、周囲が嫉妬の感情を抱くだろう。妖術を信じているところにもってきて、周りから嫉妬の視線を浴びれば、当然、身体に生物学的な反応が起きてくる。それがもとで病気になったり、衛生環境の悪いところでは死に至ることもあっただろう。妖術の力を信じている場合には、その力が本当に肉体に、生体反応を引き起こしてしまう可能性があるのだ。

文化的信念の力の効果がどれほど強いか、二〇世紀末にカリフォルニアで行なわれた研究から考えてみたい。伝統的な中国の占星術では、万物は火、土、金、水、木の五種類の要素から成ると考えられている。人の運命は、誕生年によってこの五つのいずれかと結びつけられ、その影響を受けやすいとされている。さらに、この五種類の要素は、特定の臓器や特定の症状とも関連づけられている。たとえば、火は心臓と関連があり、土は瘤、腫瘍、および結節と関連があるという。これに従うと、一九〇八年（土の年）に生まれた人は腫瘍ができやすいことになる。

このような関連性を信じている場合には、それがノーシーボとして作用するかもしれない。デーヴィッド・フィリップスらは、この仮説を検証するために、一九六九～一九九〇年の間に死亡したカリフォルニア在住の中国系アメリカ人とヨーロッパ系アメリカ人について、その死亡時の年齢を比較した。予想されるのは、ある病気にかかると、その症状や臓器に関連があるとされる年に生まれた人は、それがノーシーボ効果をもたらして死亡時期が早まるのではないかということだ。それを確かめるには、それぞれの疾患の患者について、疾患と誕生年が不吉な組み合わせの中国系アメリカ人を、それ以外の中国系アメリカ人、およびヨーロッパ系アメリカ人（伝統的な中国の占星術を信じていないと思われる人々）と比較してみればいい[25]。

図14・4に、気管支炎、肺気腫および喘息について分析した結果を示してある。いずれも肺と関連があり、したがって、末尾の数字が〇か一の誕生年と関連のある疾患だ。棒グラフの棒の高さは、疾患と誕生年の組み合わせが不吉であるがために、余命が何か月失われるかを示している。予想されたとおり、カリフォルニア在住のヨーロッパ系アメリカ人は影響を受けていない。この事実は重要だ。なぜなら、それによって、中国占星術が唱える説が真実である可能性が排除されるからである。中国系アメリカ人全体で見ると、女性では四年分、男性では五年分が失われている。伝統的な中国占星術

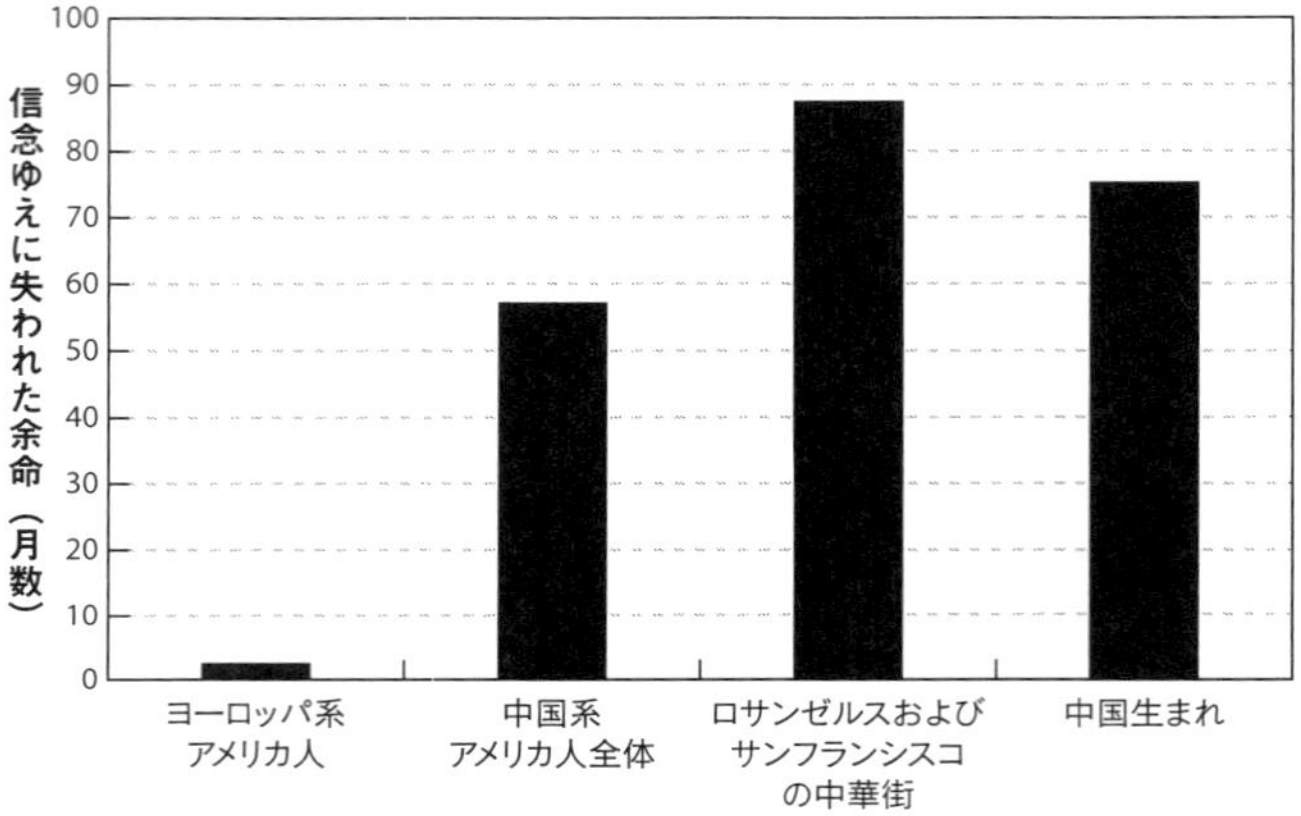

図 14.4　疾患と誕生年の不吉な組み合わせのために失われた余命の集団による違い

はあまり信じないという中国系アメリカ人も増えているかもしれないので、とくに昔ながらの説を今も信じている可能性が高い中国系の人々（ロサンゼルスやサンフランシスコの中華街に暮らす人々や、中国生まれの人々）について調べてみた。分析の結果、男性に関しては大きな差はなかったが、女性の場合は九年分も失われていた。がんや心臓発作についても同様の傾向が認められる。[26]

文化進化により構築された社会的・技術的世界に生まれ育つことによって、ヒトの生体諸機能は大きく変化する。遺伝子頻度を変化させるほどの時間が経過していない場合でも、文化には、ヒトの生物学的特性を根底から変えてしまう力があるのだ。知らず知らずのうちに身につけた動機、選好、価値観によって、脳そのものが変化し、報酬系回路を興奮させるもの（「好き」なもの）が変わるとともに、即座に直感的に反応するようになる。それは第11章で見たとおりだ。だからと言って、文化的学習によって何でも好きになれるわけではないが、筋肉痛やトウガラシの辛さなど、ある種の痛みを心地よく感じられるようになることは注目に値する。

また、文化的学習によって、この世界の仕組みに関するメンタルモデルや信念が形成され、それによって何に注意を向け、何を期待するかが変わってくる。さまざまな偽薬《プラシーボ》や妖術《ウイッチクラフト》が、実際に効果を発揮し、生体諸機能に大きな影響を及ぼす理由もこれで説明できる。

さらに、累積的文化進化により諸々の技術、習慣、社会規範のパッケージが生まれたことによって、ヒトの心身機能を補うツールを授かり、また、世評の重要性が増してくると、それに伴ってヒトの脳にも変化が生じ、まったく新たな認知能力が生まれるとともに、既存の能力に磨きがかかっていく。本書ではこのような作用を例証するために、数の数え方、色認識、そろばん暗算、準拠枠依存性、文字の読み取り能力、ロンドンのタクシー運転手の技能などについて取り上げた。

ヒトが文化に大きく依存している種である以上、ヒトの集団間には、制度、技術、および習慣に関連するさまざまな面において相当な心理的差異が生じる可能性が高いが、そのような心理的差異は、結局のところ、(非遺伝的な) 生物学的差異なのである。生物学的特性はすべて遺伝的差異で説明されると考え、文化的説明をこれらと切り離してしまうと理屈に合わなくなる。

ここまで一四の章では、人類進化のプロセスを追ってきた。まず、自然選択の作用を受けて、文化習得のための心理的能力が形成される。この能力を発揮して、何世代にもわたって他者から学んでいくうちに、高度な技術、精緻な制度、複雑な言語、膨大な知識といったものが蓄積されていく。こうして生まれた文化進化の産物が、個体の発達過程を通じて、あるいは遺伝的進化を駆動することにより、ヒトの身体や脳や心理を形成してきたのである。

さて、このあとの第15章と第16章では、次の二点について考えてみたい――文化が駆動する遺伝的進化の道筋を歩み始めたのは、どの時点からなのか。そして、その道を歩み始めた動物が人類の祖先だったのはなぜなのか。

最後の第17章では、このような知見を総合して、ヒトの本性、協力行動、イノベーション、人類の未来といった、一連の大きなテーマに取り組むつもりだ。

第15章　人類がルビコン川を渡ったのはいつか

人類史上、きわめて重要な出来事のひとつは、ある境界線を踏み越えて、文化が徐々に蓄積されていく段階に入ったことである。それを契機に始まった遺伝的進化こそが、ヒトを自然界に類を見ないユニークな動物にしたのだ。しかし、人類の祖先がこの一線を越えた時期については、本書ではまだあまり触れていない。人類が初めて、個人が一生の間に独力で一から考え出すのは絶対に不可能なノウハウや複雑な道具をもつようになったのは、一体いつごろなのだろうか?

まず一つ言えるのは、ある時点または出来事を境に、一気にそうした段階に移行したとは考えにくいということだ。スタートラインのあたりで行きつ戻りつしていた時期が長かったのではないだろうか。ある集団が境界線を越えて、少しずつ文化的ノウハウの蓄積を始めたとしても、環境の変化や、病気の蔓延、近隣集団との抗争などがもとでその集団が離散したり消滅したりすれば、せっかく蓄積され始めた文化の産物も失われてしまうだろう。

こうした後退や揺り戻しは、新たな環境に移住したときにも起きたことだろう。せっかく文化的に環境に適応し始めていても、環境が変わればそれが通用しないかもしれないし、移住先では必要な材料や資源が手に入らないかもしれないからだ。たとえば、ある集団が火を制御して――火を起こすのではなく自然の火を利用して――調理することを覚えたとする。しかし、火のある場所から離れたあと、嵐などで種火が消えてしまえば、火はもう使えない。あるいは、文化の蓄積がわずかに進み、ある種の火山岩から石斧を作ることを覚えたとする。しかし、気候変動などによりその集団が新たな土地に移住すると、似たような種類の石は手に入らなくなって結局、その石斧の作り方も忘れ去られてしまう。

模倣能力がまだ未熟で、まねをしても間違いが多く、社会的に不寛容で教育指導がほとんど行なわれなかった時代には、文化的適応の成果を絶やさずに積み重ねていくのはきわめて難しかったと思われる。にもかかわらず、そういった文化の継承・蓄積の萌芽が現れたのは、一体いつ頃なのだろう？それを推測するのに利用できる証拠として、三種類のものがある。まず、現生霊長類を慎重に研究すれば、ヒトとチンパンジーの最後の共通祖先（ヒトとチンパンジーが別の種に分かれる直前の動物）がいかなる動物であったかを推測することができる。そこが、人類進化の出発点だ。次いで、古人類学者が発掘した人類化石や旧石器などの試料を詳しく分析すれば、人類の祖先の生活様式や能力が、時の経過とともにどのように変化したかが推測できる。最後に、ヒトや類人猿の遺伝子や、化石から採取された太古のＤＮＡを比較することによって、どの遺伝子がどのように変化したかがわかる。このような石器、化石、および遺伝子の分析結果から累積的文化進化の証拠を見つけ出して、その大まかな歴史年表を――推測にすぎないことは承知の上で――作成してみたい。

まず出発点から見ていこう。ヒトとチンパンジーの共通祖先はどれほどの文化をもっていたのだろうか？　遺伝子の分析から、現生人類につながる系統は、今から五〇〇万〜一〇〇〇万年前に、チンパンジーに至る系統から分岐したことが明らかになっている。現生チンパンジーにもその他の霊長類にも、これといった文化の蓄積は見られないことから、ヒトとチンパンジーの最後の共通祖先にもやはり文化の蓄積はなく、今日のチンパンジーと同レベルだったと考えてよいだろう。ということは、これでスタートラインが決まる。五〇〇万〜一〇〇〇万年前に生きていたヒトとチンパンジーの最後の共通祖先はまだ、累積的文化進化に至る境界線を越えてはいなかった。[1]

化石から得られる情報によると、今からおよそ四〇〇万年前のアフリカに、脳がチンパンジーよりもやや大きくて、二本脚で歩く類人猿が現れた。このような類人猿は何種類かいたが、話を簡単にするために、それらをまとめてアウストラロピテクス属と呼ぶことにする。これらの類人猿に関する直接的な証拠はないが、次のような三種類の間接証拠が得られている。①アウストラロピテクス属の脳容積、および、霊長類の脳容積と知能などの関係を示すデータ。②動物の骨化石に残された、石器による傷跡。③アウストラロピテクス属の手の解剖学的変化。これは、第5章と第13章で述べた、道具と手指の巧緻性の共進化の話とも辻褄が合う。[2]

ではまず、脳容積から見てみよう。フィールドワークと実験的研究の両方から、脳容積の大きい霊長類ほど、個体学習、社会的学習、およびいくつかの認知スキルに優れていることが示されている。また、こうした研究からは、チンパンジーやオランウータンのような脳の大きい類人猿の場合には、社会的学習の機会が増すほど、道具使用の頻度が高まることも示されている。

チンパンジーのなかには、シロアリやアリや蜂蜜に手が届かないときには、棒を使って釣ったりくったりする者や、木の実の殻が堅くて歯で割れないときには、石や木を使って叩き割ったりする者がいる。そのような技を持った個体が周囲にいると、チンパンジーの子どもは高い確率でそうしたやり方を習得するようになる。また、チンパンジーの少なくとも一つの群れは、棒の一端が房状になっていて、シロアリをたくさん引きずり出せる「房つき」掘り棒を用いることが知られている。

アウストラロピテクス属の脳は、チンパンジーの脳よりもやや大きかった（それぞれ四四〇㎤と三九〇㎤）。ということは、アウストラロピテクス類は、現生するどの類人猿よりも社会的学習に長けており、したがって、より多くの道具を、より頻繁に、より多種類の課題に用いていたと考えてよいだろう。また、アウストラロピテクス属は、（第16章で述べたとおり）主に地上生活を営んでおり、現生サル類のような指背歩行（軽く拳を握り、指の背面に体重をかけて歩く）ではなくて、直立二足歩行だった。それゆえ、空いた手で道具を運びやすくなったことも手伝って、道具の使用はますます加速したのではないかと思われる(3)。

今から三四〇万年ほど前のエチオピアでは、何者かが石器を使って、ウシほどの大きさの有蹄類《ゆうているい》（ウマ、シマウマなど）や、ヤギほどの大きさのウシ科動物（仔アンテロープなど）の肉をこそぎ取っていた。こうした石器は、骨を叩き割って、栄養豊富な骨髄を取り出すのにも使われていた。当時、エチオピアのこの地域にはアウストラロピテクス属がいたことを示す証拠が得られている。ということは、この食物加工を行なっていたのはおそらくアウストラロピテクス属であろう(4)。

といっても、その「石器」なるものが、実は道具として使われた石にすぎないのか、それとも、本当の意味の石器だったのか――つまり、石を打ち砕いて縁を鋭利にするなど、加工を施したものだったのか――は定かではない。このアウストラロピテクス属は単に、鋭利な石を拾って使っただけなのかもしれない。

いずれにしても、チンパンジーは、石を使って木の実を割ることはしても、捕獲した動物を石を使って解体することはないし、その骨を石で叩き割って骨髄を取り出すこともしない。また、獲物は小動物に限られ、牛のような大きな動物には近づかない。このような証拠を表15・1にまとめてあるので、順番に見ていこう。

表 15.1　累積的文化進化の始まりに関連する証拠

時期	獲得したと思われる能力	得られている証拠	意義	該当しそうな種
340万年前	獲物を加工する道具としての石の使用	石器で傷つけた跡が残る動物の骨	獲物の解体のための道具の使い方が、現生サル類よりも高度になる。	アウストラロピテクス属
320万年前	道具使用のための精密把握の出現	手の骨の解剖学的構造	解剖学的構造の変化を引き起こすほどまで道具の使用に頼るようになる。	アウストラロピテクス属
260万年前	打製石器の製作技法（「オルドワン石器」）	石や骨に意図的に付けられた傷跡	動物の屠殺解体や草木の切り出しに道具が使われて食物の加工が進む。	初期ヒト属、またはアウストラロピテクス属
230万年前	脳容積が増し、道具や言語などを順序立てて階層的に組み立てる能力が向上。	頭蓋骨が大きくなり、ブローカ野の発達が認められる。	より高度な能力を必要とする複雑な文化的習慣の増加。	初期ヒト属
200万年前	脳の側性化――大脳半球の機能分化が現れ始める。	右利きの者によって製作された石器	道具やコミュニケーションレパートリーの習得が脳に求められる。	初期ヒト属
180万年前	骨を鋭く尖らせた道具を、シロアリ塚に穴を開けたりするのに使用。	骨の摩耗痕の分析	上質な食物資源を入手。石器以外の道具も使われるようになる。	アウストラロピテクス属、または初期ヒト属
180万年前	脳容積が増し、文化的情報を獲得、整理、伝達する能力が増す。	より大きな頭蓋骨（800㎤）	文化として獲得したノウハウへの依存度が増す。	ホモ・エレクトス
180万年前	新しい多様な環境に移住して適応する能力	アジアやコーカサス地方で発見された頭蓋骨	文化進化に依存して新たな環境に適応。	ホモ・エレクトス

時期	獲得したと思われる能力	得られている証拠	意義	該当しそうな種
180万年前	食物加工に依存。加熱調理を行なった可能性もある。	歯、顎、消化管が小さく、顔が短くなる。	上質の食物を獲得し、加工する文化的ノウハウを得たことにより、解剖学的構造が変化。	ホモ・エレクトス
180万年前	物を速く正確に投げる能力を練習によって習得。	肩や手首の解剖学的構造の変化	文化伝達によって投擲スキルの獲得が促され、それが身体構造の変化をもたらす。	ホモ・エレクトス
180万年前	長距離を走り続ける持久狩猟	身体の解剖学的構造の変化	水の容器や獲物を追跡する技能が不可欠。	ホモ・エレクトス
175万年前	高度な道具類、大きな石器原材を切り出す技術	大型のハンドアックス（握斧）、クリーヴァー（なた状石器）、ピック（つるはし状石器）	力を制御して、より大きな「ブランク」を切り出せるようになる。	ホモ・エレクトス
170万年前	上質の食物の獲得および加工への依存度がますます高まる。	骨盤が狭まり、臼歯が小さくなる。	肉、骨髄、地中の根や根茎を獲得し加工する技術	ホモ・エレクトス
160万～120万年前	新たな技術や材料（石材や骨）が使われ、形式が標準化。	さまざまな大型のハンドアックス、クリーヴァー、ピック	両面を打ち欠いた高度な石器。対称性が増して刃が鋭利になる。	ホモ・エレクトス
140万年前	精密把握機能（つまみ動作）の向上	指の骨の変化	現生人類の手が出現するほどまでに道具の使用が普及。	ホモ・エレクトス
85万年前	より洗練された石器製作技術	立体的に対称な薄手の石器	軟質素材ハンマーの使用とより複雑な手順	ホモ・エレクトス
75万年前	加熱調理、石切り、植物、魚、およびカメについての知識	いろり、動物の骨、植物の残骸、道具類、巨大な石器原材	さまざまな文化的ノウハウに大きく依存。	ホモ・エレクトス

それから約二〇万年後の、あるアウストラロピテクス属の手の化石を見るとすでに、石を道具として使うことが影響したと思しき変化が認められる。解剖学的構造の進化によって、「つかむ」ことが可能になっていたのだ。この四本の指と母指（親指）を対立させる精密把握（つまみ動作）こそ、ヒトが道具をていねいに操作するときに用いる手の動作である。親指を対立させることができるがゆえに、ヒトは類人猿とは違って針に糸を通したり、巧みに石器を作ったりすることができるのだ（こうした石器類がまもなく考古学的記録に現れてくる）。チンパンジーとは違って、（少なくとも）ある種のアウストラロピテクスの親指は長く、しかも四本指の指先の幅が広くなっていたので、精密把握がかなり向上していたと思われる。さらに、骨には、長母指屈筋と呼ばれる筋肉の付着部も認められる。長母指屈筋は親指の屈曲を行なう筋肉だが、現生類人猿にはこれがまったくないか、あったとしても未発達のままだ。

アウストラロピテクス属の手指動作は、その他にもさまざまな面で安定化、強化されている。たとえば、両手のひらを「お椀」のようにしてすくうヒト特有の動作や、類人猿にはできないような把握動作もできるようになっている。(5) アウストラロピテクス属におけるこのような身体構造の変化は、道具の製作と使用がもうすでに、現生類人猿の社会以上に重要になっていた社会で生きていく上での共進化だったと思われる。(6)

もちろん、早合点は禁物だ。これが、文化によって駆動された遺伝的進化だとは言いきれない。人類の祖先の手の進化的な変化をもたらした道具類は、まったく個別に発明されたものだった可能性もある。つまり、アウストラロピテクスの各個体が独力で道具の作り方を発見したのであって、社会的学習は何の役割も果たしていないのかもしれない。そう考えられないこともないが、だとすると、この霊長類は、現生する他の類人猿ともヒトとも違っていたことになる。現生する類人猿やヒトの場合には、単純な道具の使用さえも、社会的学習によって広まっていくからだ。

今から二六〇万年前には、最古の石器群が考古学的記録に登場する。タンザニアのオルドヴァイ渓谷で出土したことから、オルドワン石器と呼ばれているものだ。ただ石を拾って道具として使うのではなく、石に打撃を加えて、チョッパー（片刃の礫器《れっき》）、スクレーパー（削器）、石槌、石錐などにこしらえてあった。

詳細な分析や、そっくりの石器をこしらえて行なう石器製作実験から、さまざまな石器を使い分けていたことが示唆される。つまり、大型哺乳類の肉を切り取る、骨を割って骨髄を取り出す、獣の皮を剥ぐ、木の実を割る、硬い草や葦《あし》を刈るなど、それぞれの用途別に石器を使い分けていたらしい。また、石器使用跡で発掘された動物骨化石から、彼らがキリン、スプリングボック、バッファロー、そして時にはゾウの解体を行なっていたことが明らかになっている。ちなみに、これらの石器は、黒曜石、石灰、石英などさまざまな石材で作られており、一〇～二〇キロ離れた産地の石が使われていることも珍しくない[7]。

念頭に置いてほしいのだが、私はこのあとも、こうした石器類や解剖学的構造の変化が現在報告されている最も早い年代を示すつもりだ。しかし、研究者がたまたま最古の事例を発見する確率は事実上ゼロに等しいので、ここで述べる事柄はすべて、記載した年代よりもっと早くに出現していたと考えてよい。

世界最古のオルドワン石器は、何の変哲もない石器のように見えるが、作り方のコツを学ぶのはなかなか容易ではない。打撃を加えるときは、適切な角度から正確に強く叩いて打ち割らなくてはならない。原始的な石器とはいえ、熟練したオルドワン石器の製作者になるには、石材ごとに多彩な技術を身につける必要があったはずだ。剥片をはがし取った際に残った原石（石核）をさらに加工調整する能力もそのひとつだ。

類人猿を、刃物がないと餌を手に入らないような状況に置いて、その道具の作り方を人間が教えても、オルドワン石器の製作者のように石器を作れるようにはならない。英語を理解することで知られているボノボ（チンパンジー属の一種）のカンジに石を与え、石工職人がオルドワン石器を作って見せた。しかし、その技法を用いるのに必要な手指の巧緻性に欠けるカンジは独自の方法を発明した。その石を力いっぱい、床や別の石に叩きつけたのである。そして、かけらのなかから、鋭利な刃をもつ石片を拾い集めた。とりあえず、餌を手に入れるにはその石片で事足りたが、カンジが打ち割って作った石片には、オルドワン石器の重要な特徴の多くが欠けている(8)。

およそ二四〇万年前には、さらに大きな脳（容積およそ六三〇㎤）をもつ二足歩行の類人猿がアフリカに現れた。複数種いた可能性があるが、私たちヒト属の最初のメンバーだとされているので、まとめて「初期ヒト属」と呼ぶことにする。初期ヒト属は、顎や臼歯が小さく、臼歯のエナメル質も薄かった。食物加工技術の広まりとともに、身体の解剖学的構造が変化していったのだろう。その食品加工技術、オルドワン石器が関与している可能性が高い。

石器の発達に伴って木製の道具も使われるようになり、それらは文化として受け継がれるノウハウの重要な要素になったと思われる。こうしたノウハウのおかげで、地中の根茎や根を見つけて掘り出したり、肉や骨髄を取り出して加工したり（切る、刻む、砕くなど）、シロアリやアリ、卵、齧歯類、蜂蜜を見つけて採取するのが容易になったことだろう。

また、魚の産卵期を知り、棍棒や簡単な槍を使うようになったことで、初期ヒト属は大型の魚を獲れるようになった可能性がある。初期の遺跡のあちこちで、魚の骨が見つかっているのだ。初期の遺跡からは亀の甲羅も出土しており、初期ヒト属が亀を「ひっくり返して」甲羅を切断する方法を発見したことがうかがわれる。

このような栄養豊富な資源を入手し、それを加工できるようになったことで、脳の拡大への扉が開かれたのだろう。新たなエネルギー源を獲得する一方で、大きな歯や顎で砕いたり切り刻んだり、あるいは口や胃や小腸で時間をかけて消化するのに要するエネルギーは減少したからだ。(9)

こうした初期段階のどこかの時点で、現生人類につながる系統では、7番染色体に突然変異が起こり、MYT16遺伝子のスイッチがオフになったのだろう。現生霊長類においては、この遺伝子の働きで頭蓋骨を取り巻く巨大な筋肉が形成され、その筋肉のおかげで、硬い食物を噛んだり、強く噛みついたりすることができる。ところが、ヒトにおいては、この遺伝子が抑制されている。この遺伝子が形成に関与する強力な筋繊維はもはや必要ないからである。

このような遺伝子の抑制が起きるのは、その類人猿が、良質の食物を獲得して加工する道具や技術(石器など)に加え、攻撃や防御用の道具や技術(槍や棍棒など)を持っていて、大きな顎の筋肉が単なるお荷物になってしまったからこそだろう。そのような筋肉の維持にはコストがかかるので、別の解決策がある場合には、それが自然選択によって排除されたとしても不思議はない。(10)

この点に関して、アウストラロピテクス属を見てみるとなかなか興味深い。というのは、初期ヒト属と共存していたいくつかの種は、巨大な顎と歯を発達させたからである。食物の消化という共通の課題を、ヒトは文化進化によって解決したのに対し、後期アウストラロピテクス属は遺伝的進化——強力な顎や歯——によって解決したのだということがわかる。

技術や知識の広がりは、石器の製作と使用のみにとどまっていたわけではないらしい。一八〇万年前には、何者かが動物の骨や角を道具として使用し、その道具を石で研ぐこともしていたようだ。骨の摩耗痕を丹念に分析すると、それが何に使われていたかがわかるが、こうした骨は、シロアリ塚に穴を開けたり、地中の根や根茎を掘ったりするのに使われていた可能性が高い。なかには、獣の皮でこすったのか、表面が磨かれているものもある。

誤解のないように述べておくと、こうした骨や角は、のちに旧石器文化の急速な広がりを示す、精巧に作られた骨角器とは別物である。[11] とはいえ、これらは「骨に関するノウハウ」の蓄積がすでに始まっていたことを示すものだ。また、このような証拠からは当然、初期ヒト属とアウストラロピテクス属の少なくとも何種かは、木や葦や獣皮で作られた豊富な道具のレパートリーに加え、社会的学習で得た諸々の知識をもっていたことが推測される。

ところで、二〇〇万年余り前の人類の祖先の脳について、ある推測が可能だ。オルドワン石器を分析してみると、これらの道具製作者の九〇％が右利きだったことがわかる。これはちょっと意外だ。というのは、サルに利き手はなく、ヒトに利き手ができたのは、大脳両半球の機能分化の結果だからである（ちなみに、現生人類の多くは、道具使用や言語の中枢が左半球に局在している）。利き手の出現と符合するかのように、初期ヒト属の頭蓋骨では、言葉、身振り、道具使用に重要とされる領域がやや拡大しており、右脳と左脳の役割分担が生まれつつあるのがわかる。食物加工などに道具が使われるようになり、食物加工技術などのツールとコミュニケーションのツールが相乗作用をもたらすなかで、現生人類の脳の特徴である大脳半球の機能分化がすでに現れ始めていたのかもしれない。[12]

第1章のヒト対サルのサバイバルゲームに戻ろう。仕留めた獣の硬い皮を剥いだり、太い腱を切ったりするには剥片石器が必要だが、あなたは原石を打ち欠いて剥片を作る方法を知っているだろうか？　石器として利用できる石の種類や、それを採取できる場所を知っているだろうか？　石なら何でもいいというわけではないし、燧石《フリント》や珪岩《クオーツアイト》や珪質堆積岩《チャート》がそのへんに転がっているはずもない。

実験の結果は、石器の作り方を身につける上でヒトは文化伝達の機会に大いに助けられていることを示すものだ。といっても、十分な時間と動機さえあれば、あなたは自分の力ですべて発見できるのではないかと思う。それくらいの技術は、少なくとも私たち現代人にとっては累積的文化進化の産物などではない。累積的文化進化の産物というのは、個人が一生の間に独力で考え出すのは不可能なほど複雑なものだからだ。しかし、脳の小さな人類の祖先が、そのような道具や技術を独力で発見するのは、現代人よりもはるかに難しかったはずだ。となるとやはり、文化の蓄積が関与した可能性が高いと思われる[13]。

こうしたことを考えると、オルドワン石器が長期にわたって製作され、時に広く伝播することがあったのは、通常は社会的学習によって広まり、なおかつ、個体が独力で発明することもあったからだろう。オルドワン石器群に共通する特徴は、あるタイプの石を打ち欠いたときにできる貝殻状の剥離痕である。そうしたタイプの石が周囲に転がっている場所で暮らす賢い地上性の類人猿が、このような技術を発見したとしても何の不思議もない。ひとたび生まれた技術は、社会的学習によって他の個体にどんどん伝播していったに違いない。オルドワン石器の製作は長期にわたって続いた。時として集団からその技術や知識が失われることがあっても、すぐにまただれかが発明して、再びその地域一帯に広まっていったからだろう。そのようなプロセスが繰り返されたのではないかと思う。

私たちは今、累積的文化進化の境界線上を行きつ戻りつしている集団を見ているような気がする。技術や知識を獲得する上で、さまざまな形の社会的学習が重要な役割を果たしたはずで、そのおかげで、はるかに多くのノウハウを手に入れたに違いない。この段階でもすでに、石器を作ったり、骨を鋭利に研いだり、重要な資源（産卵する魚や営巣するカメなど）を探し当てたりといった生存に有利な知識は、独力で獲得するよりも、社会的学習によって獲得されていたのではないだろうか。しかし、この段階ではまだ、高度な道具や複雑な文化のパッケージを生み出すほどの持続的な蓄積は起こらなかった。

文化の蓄積は、二歩前進しては二歩後退するといった形で始まる。なぜなら、集団が分裂したり、自然災害のような不運な出来事に見舞われたり、といったことがあるからだ。そのような場合には、考古学的記録にそれが遺跡間の差異として残される。つまり、複雑な技術の痕跡が発見される遺跡と、そうでない遺跡とが見つかるのだ。しかしその場合には、時とともに連続的に複雑さが増していく傾向は見られない。集団が累積的文化進化の境界線上を行きつ戻りつしているときには、それが遺跡間の差異としてしか現れてこないのである。

複数の研究者によるオルドワン石器の調査データを見るかぎり、ちょうどこの状況が当てはまるのではないかと思われる。時代により、地域により、打ち欠き方も違えば、使われる石材の種類も違うのだ。なかには、両側から打ち欠いて刃をつけた、高度な両刃の礫器を作る集団も現れた。しかし、二六〇〇万年前から一九〇〇万年前くらいまでの間は、時とともに石器に改良が重ねられていく傾向はほとんど見られない[14]。

一八〇〇万年前には、文化–遺伝子共進化による選択圧が高まったことで、変化のスピードがアップした。ヒト属の新種がアフリカで誕生し、たちまちユーラシア大陸の各地に拡散していったのだ。脳容積が大きく（八〇〇cm^3）、体型は現生人類とほとんど変わらず（骨盤下口がせばまり、下肢が長い）、たいてい高度な石器を携えていた。話を簡単にするために、アジア、アフリカ、ヨーロッパに居住していたこれら新種のすべてをまとめてホモ・エレクトスと呼ぶことにする。

ホモ・エレクトスの身体の構造は、第5章で述べたように、この種が食物加工に依存するようになったことを示している。初期ヒト属に比べて臼歯や顎や顔が小さいが、こうした特徴はすべて、強い咀嚼力が必要なくなっていたことを示している。

胃や腸は化石にはならないが、胸郭やその周囲の骨は化石になることがある。エレクトスの胸郭は、チンパンジーやゴリラのような漏斗状の胸郭ではなく、私たちと同じような樽型だった。これは、エレクトスがもうすでに、類人猿が生の食物を消化するのに用いる大きな消化管を失っていたことを示している。つまり、エレクトスはしだいに、ヒトが食べるような、上質で、手間のかかる加工処理食物を常食するようになっていったのだ。

このような進化的変化を促す力になった文化の産物として、次のようなものが挙げられる。①大型の獲物を狩ったりあさったりする武器、戦略、スキル、②大型の動物を解体する道具やノウハウ、③地中の根茎や根を掘り出したり、蜂蜜を採取したりする知識や技術。エレクトスはある程度まで火の制御ができ、加熱調理をしていたことをうかがわせる証拠も得られている。エレクトスの火の使用頻度や火への依存度については議論が続いているが、一五〇万年ほど前には、火の使用をうかがわせる痕跡が、一〇〇万年前には、より確かな火の使用跡が、そして八〇万年ほど前には、火の使用と加熱調理を示す証拠が見つかっている。[15]

アフリカでは、ホモ・エレクトスの化石が、新たな大型の石器とともに出土している。この石器は、まず一定の材質の大きな石器原材を切り出してから作られるという点で、オルドワン石器とはまったく異なる。切り出した「ブランク」の両面または片面を加工して、ハンドアックス（握斧）、クリーヴァー（なた状石器）、そしてピック（つるはし状石器）を作るのである。

このような石器の製作にはかなり複雑な手順を要する。まず、原石を探し出したら（たいてい遠方にしかない）、それを切り出して大きなブランクを運び、それからようやくハンドアックスやクリーヴァーやピックの製作に取りかかるのだ。最後のブランクを打ち欠く作業だけでも容易ではない。初めての現代人がまねてやろうとすると、手助けがあっても膨大な時間がかかってしまう。一人のエレクトスが一生の間に独力で一から考え出したことが、果たしてどれくらいあっただろうか。それは知る由もないが、遭難したヨーロッパ人探検家たちは、もっと大きな脳をもっていながら、刃物が必要なときに石斧を急ごしらえすることすらできなかったのだ。

小規模伝統社会で、今でも石器を製作している集団について、人類学者たちが研究を続けている。それによると、彼らは何年にもわたって文化の伝達を受けながら自己修練を積んでようやく、上質のアックス（刃と柄が平行な石斧）やアッズ（刃と柄が直交する石斧）を作れるようになるのだという。しかし、どのようにしてあの大きな石器原材を切り出してくるのかはよくわかっていない[16]。

ちょうどこの時期のホモ・エレクトスの肩や手首の解剖学的構造の変化は、高い投擲能力を獲得したことをうかがわせるものだ。この能力は獲物を殺したり、人を襲ったりするときに役立つが、速く正確に物を投げることができるのは、動物のなかで唯一ヒトだけに限られる。チンパンジーもたまに物を投げることはあるが、身体能力の劣っている私たちよりも、投げる速度は遅いし、正確さにも欠ける[17]。

しかし、当初ヒトが投げていたのは、石や簡単な槍くらいだったはずで、そうしたものが出現したくらいで、投擲のための身体構造の変化が急激に加速されたというのは、すぐには納得できないかもしれない。

ヒトは、練習しなくても自然に、強く正確に投げられるようになるわけではないというところに、それを理解する鍵がある。私の小学校時代の女の子の大多数のように、成長期に投げる練習をしないと、大人になってもうまく投げられない。どうしても練習が必要なのである。ではここでちょっと、次のような場面を想像してほしい。あなたは成長期の子どもで、周囲に物を投げる大人はいない。あるいは、ときおり投げる大人もいるが、投げてもスピードは出ないし、コントロールも悪い。あなたも試しに小動物や鳥に向かって石や棒を投げてみるが、ほとんど当たらない――こんな状況では、嫌になって、物を投げることを諦めてしまうに違いない。けれども、もし、物を速く正確に投げて、鳥をうまく撃ち落とすことのできる年長者がいて、それを見てまねることができたとしたらどうだろう。もっと辛抱強く練習を続けるのではないだろうか。あるいは、年上の子どもたちが標的を撃つ練習をしているのを見たら、自分もやってみようと思うのではないだろうか。もちろん、そんなふうに触発されるのは、あなた自身に他者から学ぶ優れた能力がある場合だ。

いずれにせよ、投擲技術を受け継いでいく伝統が生まれるためには、まず最初に、少数の並外れた能力または幸運の持ち主が、文化的学習に頼らずに修練を積んで、独力で投擲法を編み出す必要があったことは確かだ。しかし文化的学習であれば、各々が独自に投擲法を編み出さなくてはならない場合に比べ、ハードルははるかに低くなる。このようにして、まだそれほど高度な投擲具が現れていない段階でも、投擲能力に磨きがかけられていく状況が、文化進化によってつくり出されていったのだろう。

同様に、第5章で述べたとおり、アニマルトラッキングの知識に加え、水容器を作って使うようになったことが、エレクトスに持久狩猟（長距離を走り続けて獲物を追い詰める狩猟）への道を開いたのかもしれない。初期ヒト属にもある程度、長距離走のための解剖学的適応が見られるが、エレクトスになると、長い脚をはじめ、お椀型の骨盤、左右に張り出した腰、頭部からの熱放散の仕組みなど、長距離走に適応した特徴が随所に認められる。[18]

このような変化が加速されたのは、今から一六〇万〜一〇〇万年前のことだ。この時期のエレクトス社会の遺跡から出土する道具類を見ると、どんどん新たな技術が加わっている。同じ遺跡から出土

図 15.1　哺乳類の長い骨から作られた 140 万年前のハンドアックス（握斧）。エチオピアで出土。

するハンドアックス（握斧）でも、片面だけを打ち欠いたもの（片刃）がほとんどだったのが、やがて、両面から打ち欠いたもの（両刃）が大半を占めるようになる。そして、時代を経るにつれて、さらに洗練され、対称性が増すとともに、刃の部分がますます鋭利になっていく。さらに、大きな骨で作られたものも現れるようになる（図15・1）[19]。

現代の石工がこうした大昔の石器を複製してみる実験的取り組みの結果、さまざまな打撃法が新たに加わって広まっていったことが明らかになっている。こうした新たな加工技術を身につけるには、石材の準備をも含め、より複雑な作業手順の習得が必要になる[20]。

予想にたがわず、文化の蓄積の兆候が現れても、遺跡ごとに技術や手法はまちまちだし、一定のペースで蓄積が進むわけではなく、生まれた技術が消失することも珍しくない。大きくて特徴的なハンドアックス（握斧）が考古学的記録から姿を消してしまい、もっと単純な石器（オルドワン石器）だけになることもよくある。[21] 一世代か二世代の間、石器原材が手に入らないと、その集団からは製作技術も石器自体も失われてしまうのだ。また、火を制御する方法や加熱調理の習慣も、他の文化的適応と同様に、ある期間、特定の集団から失われてしまうと考えるべきだ。前述（第5章）のとおり、現代の狩猟採集民の文化的レパートリーから、火起こしの知識が失われることだってあるのだ。

手指の骨の化石から得られた解剖学的証拠から、一四〇万年前に、さまざまな道具やその新たな製作技術の重要性が増したことで、人類の祖先の手指の巧緻性や精密把握にさらなる変化が起きたことが見て取れる。エレクトスの中指付け根の骨の形が変化して、ヒトとほぼ同じ形になり、現生類人猿ともアウストラロピテクス属とも異なるものになったのだ。この新たな形だと、精密把握時の関節が安定して、手や手首全体が強化される。[22]

研究者たちは以前から、エレクトスの道具やその製作技術には長期にわたる停滞が見られると主張してきたが、新たな証拠が得られたことで、どうやらそうではないらしいことがわかってきた。[23] 八五万年前には、やや大きな脳をもつようになったエレクトスの大型切断石器は薄手になるとともに対称性を増している。このような洗練された石器を複製してみる実験の結果、加撃具として軟質素材ハンマーが使用されていることがわかってきた。つまり、石器製作の前にまず、骨や枝角から軟質素材ハンマーを製作する必要があるわけだ。そのためには何段階もの手順を踏まねばならなかったはずだし、より高度なスキルが求められたはずだ。しばらくすると、さまざまな遺跡から、それぞれ異なる素材のハンマーを用い、異なる打撃技法で製作されたと思われる石器が出土するようになる。

今から約九〇万年前以降、人類の祖先は急激な環境の変化にさらされるようになる。数理モデルによるシミュレーション結果からすると、こうした環境の変化は、社会的学習を促す方へと選択圧を高めたはずである。すでにある程度、文化に依存するようになっている種においては、特にその傾向が強かったはずだ。

しかし、環境の変化は同時に、累積的文化進化を妨げたり、消し去ったり、場合によっては後退させる要因にもなったと思われる。文化進化によって居住地の環境や資源に適応した能力が形成されても、頻繁に環境が変化すると、入手できる植物や動物も違ってくるし、気候パターンも変わってくるために、せっかくの文化的適応が役に立たなくなってしまうのだ。数百年にわたって同じ土地に住み続け、さまざまな文化的適応を成し遂げてきた集団であっても、環境が変わってしまえば、どこか別の場所に移住するか、さもなければ、新たな環境に再適応するほかない。

このような状況下では、複雑な文化の産物がときおり現れはするものの、さまざまな場所でばらばらに、しかも突発的に現れたと考えられる。現代の高度な道具類が私たち自身の頭脳の産物ではないのと同様に、エレクトスの高度な道具類も、その大きな脳や知能の直接の産物ではなかったのだから、エレクトスが移住していった先々で同じように高度な道具が作られるはずはないのだ（第12章参照）。西暦一五〇〇年以降の大航海時代に、ヨーロッパ人探検家たちが世界各地で遭遇した社会が、技術の複雑度も洗練度も千差万別だったのと同じだ。複雑な技術を生み出してそれを維持するためには、社会的ネットワークや社会規範で結びついている集団脳の存在が必要不可欠なのである。

とはいうものの、時期や場所によっては累積的文化進化の兆候が見られるようだ。そのひとつが、イスラエル北部にあるゲシャー・ベノット・ヤーコブ遺跡である。かつて湖岸だった場所にあるこの遺跡からは、七五万年ほど前に営まれていた社会生活の様子が見て取れる。広大な遺跡のあちこちから、石器の製作や食物の調理が行なわれていたことを物語るものが出土している。遺跡の住人たちは、いろりで火を使いこなし、ハンドアックス、クリーヴァー、石刃、ナイフ型石器、石錐、スクレーパー（削器）、チョッパー（片刃の礫器）など多種多様な石器を作っていた。燧石、玄武岩、および石灰岩から道具を製作するにあたっては、遠方の採石場からチームを組んで大きな石器原材を運んできた。玄武岩の原材にはV字形の刻み目が入っているものも見つかるが、これは切り出す際にてこが使われたことを示している。玄武岩はよく使われる高品質の石器原材だが、だれかがてこを利用した採石法を心得ていたのだろう。[24]

この集団は多様な食材を利用しており、この土地の動植物に関する広範な知識も必要だったはずだ。ゾウ、シカ、ガゼル、サイ、イノシシおよび齧歯類の解体処理には石器を利用していた。シカの骨に残されている傷跡は、それから何十万年も後の、後期旧石器時代の狩猟民がつけた傷跡とそれほど違いがない。

ゲシャー・ベノット・ヤーコブの居住者たちは、サワガニ、カメ、爬虫類のほか、コイ、イワシ、ナマズなど九種類以上の魚を捕っていた。体長一メートル以上もある大きな魚の骨も見つかっている。さらに、ドングリ、オリーブ、ブドウ、ナッツ、ヒシの実、その他さまざまな果実も採っていた。そのひとつが、岸部からかなり離れた水中にあるオニバスの実である。彼らは、木の実を割り、ドングリを煎る、ということもしていたようだ。こうして、殻を取り除き、渋味の元のタンニンを減らしたのだろう。もしかすると、インドや中国で何千年も前から行なわれているように、オニバスの種子を煎って「ポップコーン」を作っていたかもしれない。

明らかに、もうこの時点で累積的文化進化が始まっており、あなたや私や遭難したヨーロッパ人探検家たちが一生の間に考えつく以上のノウハウが生み出されている。嘘だと思うなら、高品質の玄武岩の原材を切り出しに行き（たぶん、てこが必要になると思う）、完璧に左右対称のハンドアックスを作り（まず、枝角か骨でハンマーを作るの忘れずに）、ゾウを仕留め（原始的な本能を頼りに？）、それを解体処理し（ハンドアックスを使おう）、火を起こすか、自然発火した火を見つけるかし、筏をこしらえてオニバスの実を採りに漕ぎ出してみてほしい（はたして見つかるだろうか）。これでようやく、ゾウ肉のステーキと「ポップコーン」が味わえる。

もちろん、この頃の人類が私たちと同じだったと言っているのではない。彼らはすでにルビコン川を渡り、文化とその産物が駆動する遺伝的進化の道筋を歩み始めている、と言っているのである。

この時点ですでに累積的文化進化の領域との境界線を越えたと言っても、あなたはまだ納得できないかもしれないが、ゲシャー・ベノット・ヤーコブでの生活から三〇万年の間に、ホモ・エレクトスは大きな変化を遂げる。脳容積が一二〇〇㎤にまで拡大するなど、これは、ホモ・ハイデルベルゲンシスという新種名を与えられるに値する大きな変化である。

石製の尖頭器を付けた木製の槍など、投擲武器が初めて現れたのもこの時期だし、石刃を作るためのさまざまな技法が生まれたのもこの時期だ。こうした石刃技法は、遺跡内では一様な技法が用いられているが、それぞれ集団ごとに異なっていた。それからほどなく、石器の様式性がはっきりと現れ、天然接着剤を利用した複合道具も作られるようになる。

ホモ・ハイデルベルゲンシスの耳は、ヒトと同じく、言語音の周波数帯に対応していたようだ。これは他の類人猿には見られない特徴で、文化が生み出した音声コミュニケーションが、私たちの遺伝子を着々とつくり変えつつあることを物語っている[25]（第13章参照）。

とはいえ、こうしたノウハウや技術の多くは、考古学的記録に現れては消えるといったことを繰り返すばかりで、ようやく永続性が見て取れるようになるのは一〇万年前以降のことだ。しかし、これこそが、集団脳に依存している種に見られる現象なのである。なぜか。環境の変化や集団間競争によって、集団の規模が縮小したり、バンド間の社会的な絆が断たれたりすると、集団脳はもろにその影響を受けてしまうのである。

では、本章の要旨をまとめよう。現在までに得られている証拠からすると、アウストラロピテクス属は、どの現生類人猿にもまして文化的情報を集めるようになってはいたが、道具にしても技法にしても、一個体が一生の間には発明しえないほど高度なものはまだなかった。といっても、時期や場所によっては、一個体では考えつかないほどの知恵が蓄えられたことがあったかもしれない。これらの集団はおそらく、真の累積的文化進化の段階に入る寸前で一進一退を繰り返していたのだろう。こうした文化的ノウハウの集合体が、初期ヒト属の進化を駆動して、脳を大きく、歯や顎を小さくしていった。

そして、一八〇万年前にはついに境界線を越えたようだ。累積的文化進化の産物がヒト属の遺伝的進化を駆動して、現在の私たちのような足や脚、腸、歯、脳などを形成していった。のちの基準からすればのろい歩みではあるが、道具の改良が進み、新たな技術が少しずつ加わっていった。もちろん、文化の喪失や技術の後退はその後も相変わらず続き、現在に至るまで続いていく。

七五万年前には、ゲシャー・ベノット・ヤーコブにおいて、文化的な種が生活を営んでいたことはもはや疑いの余地がない。彼らは大きな獣や魚を捕り、いろり火を絶やさず、加熱調理を行ない、巨大な石器原材を協力して運んで、複雑な道具を製作し、多種多様な植物を採っては加工していた。

つまり、現生人類につながる系統において、累積的文化進化が始まった時期は実に古いのだ。控えめに見ても、何十万年も前まで、実際にはおそらく、何百万年も前にまでさかのぼると思われる。ではなぜ、ルビコン川を渡ったのが人類の祖先だったのか？　それを探っていこう。

第16章　なぜ私たち人類なのか？

累積的文化進化との境界線を越えて、文化に駆動される長い遺伝的進化の道を歩みだしたのは、なぜ、人類の祖先だったのだろう？　数百万年前になってようやく、そのプロセスがスタートしたのはなぜか？　なぜ、一〇〇〇万年前や二億年前ではなかったのか？　ヒト以外の種はなぜ、同じような文化－遺伝子共進化の道筋をたどらなかったのか？

まず最初に押さえておく必要があるのは、社会的学習によって脳や身体が形成されていった動物は、必ずしもヒトだけではないということだ。ケヴィン・ラランド、アンドリュー・ホワイトゥン、カレル・ファン・シャイクらのような生物学者や霊長類学者によると、道具使用や食物選択のような有益な行動を集団内に広めていく社会的学習の傾向が、多くの種の脳容積の拡大に影響を及ぼしたという。大きな脳をもつ動物は、行動の柔軟性と社会的学習に直接体験が合わさって、新たな環境に置かれても、降りかかる難題を解決しながら、巧みに生存・繁殖していくことができる。脳の大きな動物ほど、革新的な行動の変化や社会的学習が頻繁に認められる。そして、脳容積が増すと、脳機能の発達やプログラムに手間がかかるので、大きな脳をもつ動物ほど、幼齢期も、寿命も、ともに長くなる傾向がある。[1] 十分な学習時間をとるには、幼齢期が長くなければならないし、幼齢期の長い子どもの世話をしながら多くの子どもをもうけるには、母親も長生きでなければならないからだ。

そんなわけで、脳容積の拡大は、さまざまな動物に一般的に見られる進化プロセスであって、ヒトの脳が大きいのも、ある意味ではその一つにすぎない。だが心配は無用。ヒトは、別の意味でやはり特異な存在だ。進化プロセスのなかで累積的文化進化が急激に加速し、文化と遺伝子の自己触媒的相互作用が遺伝的進化を強力に駆動してきた動物は、現生種ではヒト以外にいないのである。ではなぜ、他の種ではこうしたことが起こらなかったのだろう？　その理由は、**始動時の問題**にありそうだ。[2]

文化の累積的進化が始動し、いったん軌道に乗ってしまえば、生存や繁殖に有利な道具、技術、知識が次々と生み出されて、豊かな文化的社会ができあがっていく。そうなれば、文化習得のためにあつらえた大きな脳をつくり、プログラムするために多大なコストをかけても、それに十分に見合うだけの文化が周囲にすでに存在している。しかし、最初はどうだろう。他者を模倣して身につける価値のあるものなど、そこにはほとんど存在しない。あるのは、（社会的学習などせずとも）試行錯誤などの個体学習だけで事足りるシンプルなものだけだ。となると、複雑な機能を備えた大きな脳は、自然選択において必ずしも有利にはならない。大きな脳をつくったりプログラムしたりするのにコストがかかりすぎるからだ。

かりに、脳容積の拡大に必要なコストを工面できたとしても、個体学習（非社会的学習）能力を高めるほうがやはり自然選択において有利になるだろう。なぜなら、手本にする相手が周囲にいなくても（つまり、社会的学習が役立たない状況下でも）、個体学習によって柔軟で革新的な行動を生み出すことが可能だからだ。[3]

つまり、「始動時の問題」とは、遺伝的進化を促すほどには、文化が蓄積された状況がなかなか生まれないということだ。高い社会的学習能力をもつ個体が自然選択において有利になるためには、模倣して習得すべきものが周囲にたくさんなければならないが、そもそも社会的学習がなされていない段階では、蓄積された文化などまずありえない。

この始動時の問題をクリアするためには、社会的学習に圧倒的なメリットがあるような状況を作り出す必要がある。つまり、他個体の頭脳や行動のなかに知恵が詰まっているような状況、言い換えると、試行錯誤などの個体学習だけでは、他者を模倣して学習する者にはとうていかなわないような状況である。

このような始動時の問題について考えると、なぜ、ヒト以外の種では累積的文化進化がなかなか起こらないのかがわかる。また、文化‐遺伝子共進化のハイウェイには、なだらかな進入路《ランプ》などなく、むしろ、越えねばならない難関、ルビコン川が存在するのだということもわかる。

さて、問題は、人類はいかにして累積的文化進化のエンジンを始動させたのかということだ。これから、私が考え出した仮説を開陳したい。これまでに得られた証拠に照らして最も適切だと自負してはいるが、人類の進化に関する新説であって、まだ推論の域を出ていない。新説に付きものの誤謬は、今後、多くの優れた同僚たちが正してくれるものと信じている。

絡み合う二本の道筋が橋をかけた

始動時の難関を突破するための道は二つある。まず一つ目。前述のとおり、脳サイズを変えずに文化的レパートリーの規模や複雑さを増すことができれば、他者から学ぶべき適応的な事柄が豊富に存在する社会が生まれる。そうなれば、社会的学習能力を高める遺伝子にコストをかけても採算が取れるようになるだろう。なぜなら、そこにはもうすでに、模倣して習得すべきものがあふれているからだ。

そして二つ目。脳を拡大するコストを下げることも可能だ。ただしその場合、コストの一部は母親が負担することになる。子どもが脳を発達させて一人前になるまでの間、母親がずっと面倒を見なくてはならないからである。

これら二本の道筋が人類進化のカギを握っており、両者は互いに絡み合って、強化し合ったというのが私の考えだ。図16・1(a)に、一つ目の「ノウハウの道筋」の主な因果関係を示してある。それに重ねる形で、図16・1(b)に、二つ目の「社会性‐世話の道筋」を示してある。ただし、これらの図に示したのは主要な因果関係だけなので、これから述べる関係の中にはここに描かれていないものもある。

まず最初に、大型の地上性霊長類を出発点にする理由を説明し、次に捕食者や集団間競争について、そして最後に環境の変動について取り上げる。これら三つの外的要因(図の太字部分)が、互いに絡み合う二つの進化プロセスを駆動していったのだ。では、この二本の道筋について詳しく見ていこう。

大型の地上性霊長類が生み出す文化的蓄積

霊長類が手を進化させたのは、物をつかんで食べたり、木にぶら下がって移動したりするためだった。ところが、樹上から地上に降り、その手が自由になったことで、さまざまな可能性が生まれたのだ。地上生活を始めた霊長類のなかには、より多種類の、より複雑な道具を作り出したほか、こうした個体学習に依存する社会的学習能力も高め、技能を広める種も現れた。たとえば、他個体のそばをうろついて道具や資源(シロアリなど)にさらされているうちに、道具の使い方や獲物の捕り方を自

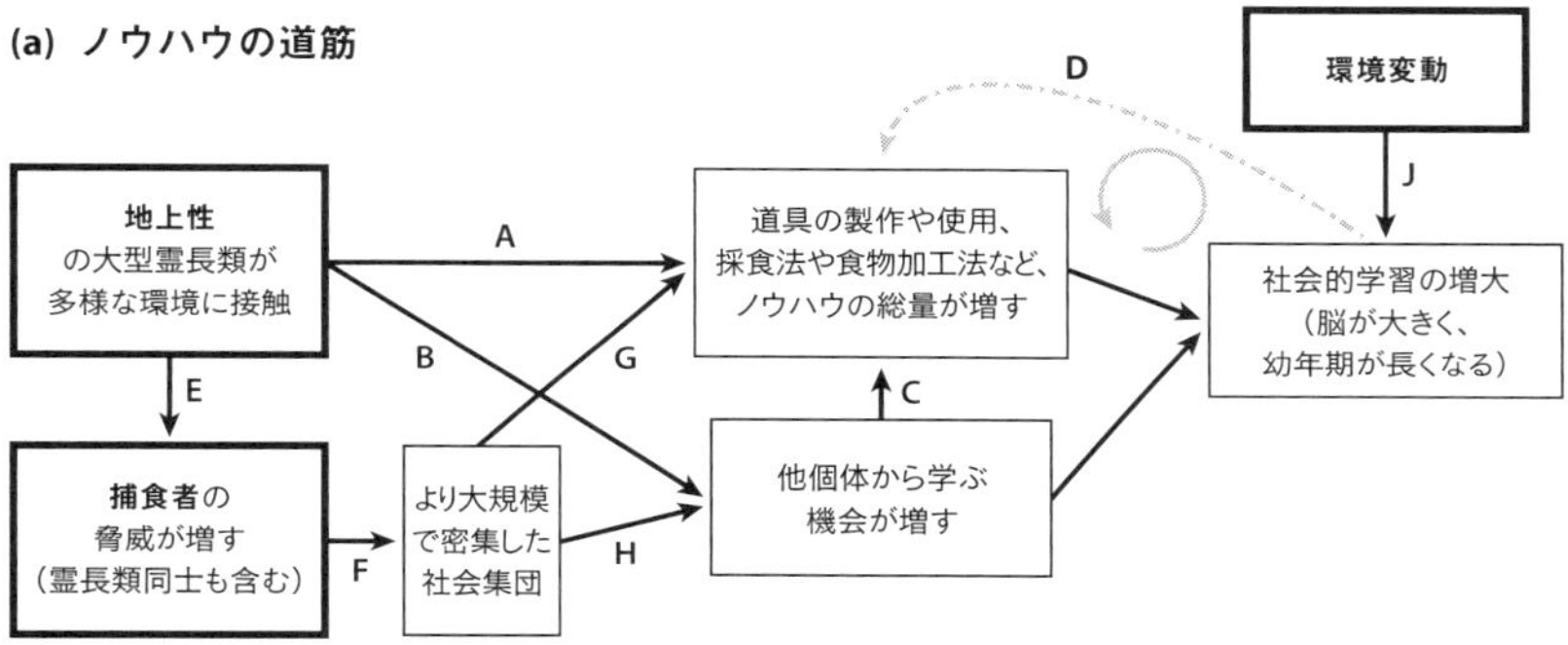

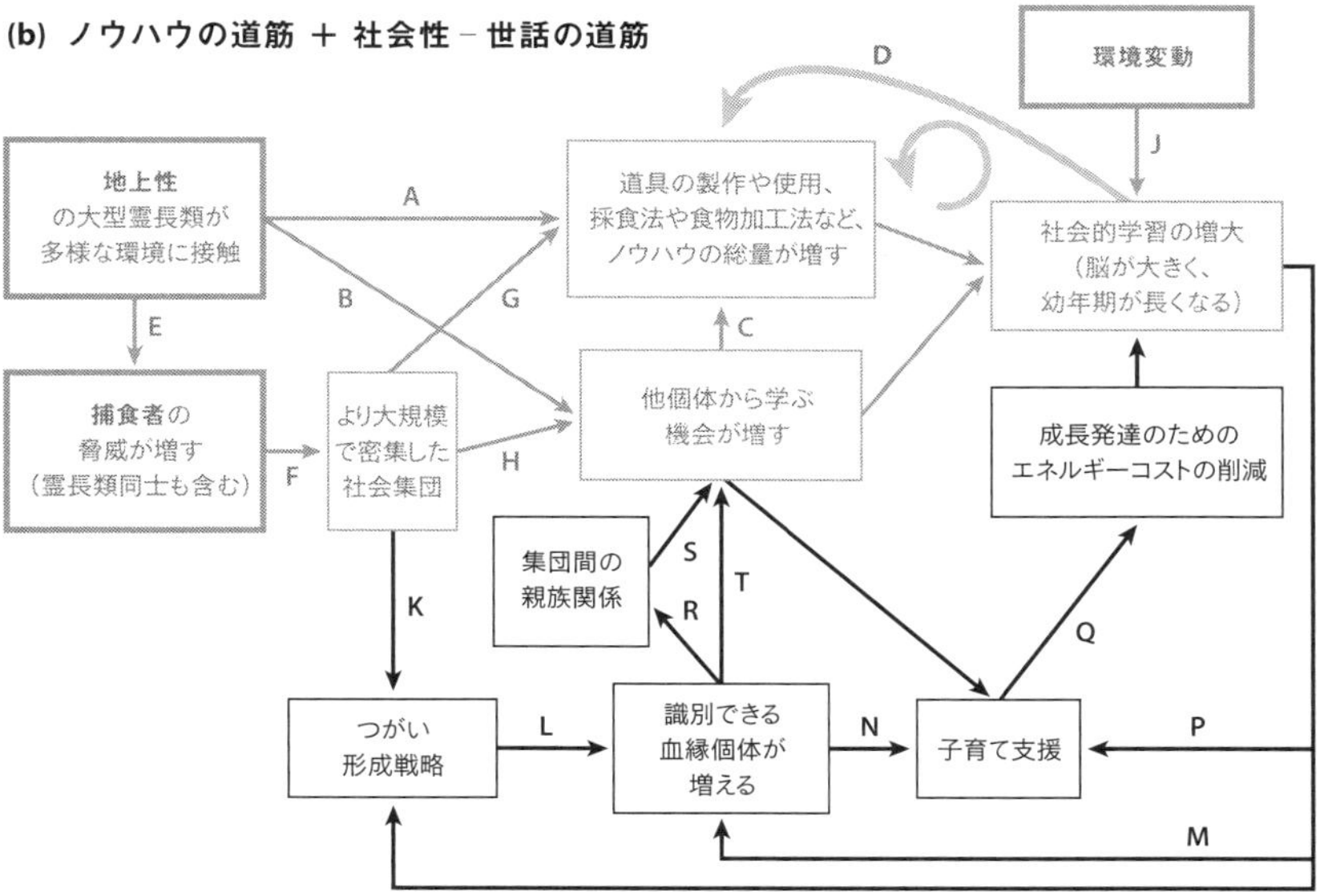

図 16.1　(a) は、ノウハウの道筋を示している。(b) は、ノウハウの道筋に社会性－世話の道筋を重ね合わせたもの。

分で編み出すような場合である。こうした面で地上性霊長類のほうが有利なのは明らかだ。

地上で生活すれば、両手が自由になるし、昆虫類（シロアリやアリなど）、木の実、石ころ、棒きれ、葦、草、木の葉、水など、多種多様な資源を入手しやすくなる。両方の手が空いていて、しかも、いろいろな素材が手元にあるという状況でなければ、多数の道具を用い、何段階もの手順を踏んで、複数の部品を組み立てて作り上げる道具など考えつくはずもない。

それは、半樹上・半地上性の生活をしているチンパンジーを観察すれば明らかだ。チンパンジーが地上で用いる道具やその操作手順は、樹上で用いるものよりも複雑なのがふつうだ。樹上でもたまに複雑な道具を使うが、それは、まず最初に地上で作って使い始めた道具を樹上でも使っているにすぎない。

さらに地上では、各々の個体が、より多くの個体に、視界を遮られることもなく簡単に近づける。その結果、地上では、他個体のそばをうろつきながら、独自に道具を考えつく確率も高まる。また、地上では、他個体が置き去りにした道具があると、すぐに拾い上げていじってみることができる。ところが樹上では、道具はたいてい地面に落下してしまうので、他の樹上生活者の学習を促す刺激にはなりえない。(4)

地上性のメリットは、現生霊長類が地上で過ごす時間が増えるように仕向けて、道具の使用頻度がどうなるかを比較することによってもわかる。そのような研究としては、野生霊長類の自然実験や、捕獲された霊長類の比較研究などがある。たとえば、サルは道具は使わないのが普通だが、樹木のほとんどない場所に住まわせて地上で過ごす時間を増やすと、高い確率で道具を使い始めるようになる。また、大型類人猿の場合、たとえば飼育下のオランウータンは、野生のときよりも地上生活の時間が長くなるが、そうなると道具の使用頻度が増し、複雑な道具を作るようになる。野生において、ほとんど樹上で生活しているオランウータンの道具は、地上で過ごす時間の長いチンパンジーの道具よりも単純だが、それにもやはりこうした要因が影響しているのかもしれない[5]

というわけで、大型類人猿はもともと、道具を作るなど、独力での問題解決能力がすでに他の霊長類よりも優っているが、地上での生活時間が長くなると、さらにその能力が増強される。したがって、他の条件が同じならば、脳の大きい霊長類ほど、模倣する価値のあるものをいろいろ考え出すが、脳の大きい霊長類が地上で生活するようになると、模倣する価値のあるものがますますたくさん生み出されるようになる。先ほど述べた、集団内の他個体の行動のなかに価値ある情報が十分にあるという状況——言い換えると、社会学習能力を備えた大きな脳のほうが自然選択において有利になるという状況——が今まさに作られようとしているのである。

アウストラロピテクス属の祖先と思われる動物の化石証拠から、五〇〇万年前にはすでに、樹上から地上への移行が進んでいたことがうかがえる。四四〇万年前のアフリカには、脳容積がチンパンジーと同じか、やや小さい類人猿がいて、巧みに地上を歩いたり、木に登ったりしていた[6]。脳容積から考えて、これらの類人猿は個体学習能力に優れていたはずだし、また、地上での生活時間が長いので、チンパンジーに引けをとらないくらい、模倣によってさまざまな行動やスキルを学習していたと思われる。

もし、何らかの要因が作用して、この地上性類人猿の脳容積がチンパンジーと同じくらいまで拡大したらどうなるだろう？　この類人猿は、チンパンジーよりも長い時間を地上で過ごし、より多くの道具を使っているわけだから、チンパンジーの社会以上に文化の産物が豊富な社会が生み出されるはずである。

地上生活が文化的レパートリーの総量に及ぼす影響を、図16・1(a)の矢印AとBで示している。地上において他個体へのアクセス頻度が増し、社会的学習の機会が増すことが、ノウハウの総量に及ぼす影響を矢印Cで示している。

脳の大きな類人猿は、個体学習能力をもたらした自然選択の副産物として、ある程度の社会的学習能力を獲得するだろう。環境から独力で学びとる個体学習能力が高まると、個体学習に付随する形の、簡単な社会的学習能力も高まるのだ。

ノウハウの総量が増し、社会的学習の機会も増えたならば、当然、社会的学習能力を高める遺伝子をもたらす選択圧が強まるだろう。結果として、さらに大きな脳と長い幼齢期が必要となる。破線Dは、このようなフィードバック効果を示しており、円を描く矢印は、そこで起きうる自己触媒反応を示している。

捕食圧が群れの拡大、ひいては文化の蓄積を促す

樹上は、霊長類がさまざまな危険を回避できる場所だ。そこから降りて、地上での活動時間が増えると当然、捕食動物に狙われる危険も高まっただろう。アフリカでは、人類の祖先の類人猿たちが、現代の密林に棲む類人猿とは比べものにならないほど（人間の脅威は別として）、捕食者の大きな脅威にさらされたはずだ。当時の密林には、種数、個体数ともに現在の二倍もの大型肉食獣がいたからである。現生するライオン、ヒョウ、チータ、ハイエナの他に、すでに絶滅したサーベルタイガー（長い犬歯をもつ大型ネコ類）が複数種いた。そのうちの二種は大きさがライオンほどもあり、さらに一種は茂みに潜んでいて襲いかかるのを得意としていた。また、オオカミに似た野生のイヌや、群れで狩りをするハイエナもいたし、毒蛇の数も多かった。

さらに、第10章で取り上げたチンパンジーのように、果実をつけた樹木、仕留めた大きな獲物、身

を隠す洞穴、貴重な石器、採石場などを奪い合う、類人猿の他集団が脅威となることもあったろう。アウストラロピテクス属には多くの種があったが、ヒト属につながる種はそのうちの一つにすぎないことを考えると、類人猿同士が被食－捕食関係にあった可能性もある。

捕食される危険が高まると、哺乳類は通常、大きな群れを作ってこれに対抗する。個体数が多いほうが安全だからだ。それを考えると、人類の祖先も防衛策として大きな群れを形成した可能性がある。それもやはり、地上で過ごす時間が長くなったことがそもそもの原因だ。[7] この関係が図16・1(a)の矢印E－Fで示してある。

このような防衛策の副産物として、群れの拡大に伴って、道具、スキル、ノウハウの規模や複雑さが増大した可能性がある。集団の規模が大きいほど、より多くのイノベーションやアイデアを生み出して、広め、保持することができたはずだからだ（図16・1(a)の矢印G）。

現生種の類人猿は、広い範囲に分かれて小集団で分散採食を行なう習性があるが、捕食圧の高まりは、このような分散採食を抑制する方向にも働いたであろう。それによって、集団内の子どもたちが、より多くの個体と、より頻繁に接触する機会が生まれたと思われる（矢印H）。

このような諸々の力が働いて、多数の複雑な道具や、その地域特有のノウハウ――良質の食物を発見、採取、加工する方法や、水場を探す方法――が生み出される。すると当然、このような文化的情報の獲得、蓄積、整理、再伝達をうまく行なう脳をもたらすような選択圧が、数を増していったであろう。そして、脳がより大きく、発達期（幼齢期）がより長いほうが、利用可能な情報をすべて習得する上で有利になっていったであろう。

環境条件の変化が社会的学習を促す

以上のような進化プロセスの進行中に、気候変動によって環境条件が急激に変化するようになった。環境が不安定になり、何百年、何千年にもわたって気候が変化し続けると、個体学習よりも社会的学習に依存するほうが生存上有利になることが、進化プロセスの数理モデルから明らかになっている。(8) 三〇〇万年ほど前から、気候変動の振れ幅が大きくなり始め、一万年ほど前まで地球規模の変動サイクルが繰り返された。地球が寒冷化・乾燥化に見舞われ、森林、湖、サバンナが拡大と縮小を繰り返しているときには、社会的学習能力を促す選択圧が強まったであろうことは容易に想像される。

今から二〇〇万～三〇〇万年前、ちょうど最初のヒト属が出現したころ、こうした環境の変化が、社会的学習への依存を促す最初の一撃を与えたことだろう（矢印J）。もちろん、多くの種がこの一撃を食らったわけだから、それだけでは、人類の祖先のみがルビコン川を渡った理由の説明にはならない。しかし、この一撃のことを念頭におきながら、進みつつある進化のプロセスをもう一度見てみよう。

社会性 ― 世話の道筋

地上に降りて大きな集団で生活するなかで、豊富な文化的レパートリーが生まれ、そこに環境の変動が加われば、それでもう十分のようだが、重要な一線を越えるには（つまり、フィードバックループDを生むには）、まだ一つ大きな障壁が残されている。

大きな脳をもつ霊長類をつくるためには、母親は妊娠、授乳、育児により多くの時間とエネルギーを投資して、子どもが成長する過程で、社会的学習や訓練を重ね、蓄積されたノウハウを利用できるようにしなくてはならない。となると、母親は、やや余計にカロリーを摂取するとともに、学習する子ども一人一人に手をかけられるよう、妊娠・出産の間隔を空けざるをえなくなる。そうなると、自分が長生きするか、さもなければ子どもの総数を減らすほかない。実際、現生霊長類ではそのような傾向が見られる。チンパンジーは、子どもが自立するまで五年ほどかかるので、出産間隔が五〜六年になっている。

問題は、出産間隔が長すぎる種は、干魃、疫病、洪水、飢饉などに見舞われて、成獣の死亡率が高まったときに、絶滅しやすいということだ。なぜなら、集団がその衝撃からすぐに回復できないからである。たとえば、ある集団の再生産がなされるためには、メスが平均三〇歳まで生きる必要があるのに、突然の干魃で平均死亡年齢が二〇歳にまで下がってしまった場合、その集団の個体数は必ず減り始め、集団自体が消滅してしまうこともある。つまり、自然選択により脳が大きくなって、個体としての適応度が高まると、種としては、災害などで絶滅しやすくなってしまうのだ。したがって、母親のエネルギー投入方法を変え、母親の寿命を延ばすことによって、子どもの脳を大きくするのには限界がある。現生する類人猿はおそらくこの限界にぶつかっているのだろう[9]。

しかし、この問題を回避する手立てがある。難しく考えることはない。母親の子育てを他個体が手伝えばいいのだ。手助けしてもらえれば、それほど出産間隔を空けずにすむし、栄養獲得に苦労することもなくなる。集団が大きくなり、社会的学習への依存がやや高まり始めたころ、人類の祖先たちに、この解決策へと通じる進化の道筋が開かれたのだ。

つがい形成、社会的学習、家族

集団の規模が大きくなり、その地域の資源に関する知識が増えると、オスとメスのどちらにとっても、つがい形成という適応戦略を採ることが有利になる。では、まず初めに、集団規模の効果に注目してみよう（図16・1(b)）。

多くの生物種のオスは、できるだけ多数のメスと、できるだけ多くの交尾機会を得るために、他のオスを牽制したり威嚇したりする。群れの中で優位な地位（ドミナンス・ステータス）を獲得することこそが、交尾の機会を増やして、多くの子孫を残すための最も確実な方法だからだ。ところが、集団内のオスの個体密度が高くなると、この戦略のメリットが薄れてくる。なぜなら、多くの競争相手を撃退しなくてはならない上、多くのメスに絶えず注意を向けていなくてはならなくなるからだ。

このように、集団が大きくなって競争が激化したときに、オスが採りうる適応戦略の一つが　つがい形成である。第9章で述べたとおり、つがい形成という戦略を選んだオスは、肉などを提供したり、メスとその子を保護したり、場合によってはその子を養育したりして、メスとの継続的な二者関係を形成しようとする。それと引き替えに、オスは、そのメスとの交尾の優先権が保証され、妊娠可能な排卵日前後の期間もわかるようになる。そのためには当然、少なくとも時折メスから離れずにいなくてはならないが。

集団の規模がつがい形成の出現に及ぼす影響について、第10章で取り上げたンゴゴのチンパンジーの群れの調査から興味深い証拠が得られた。前述のとおり、ンゴゴの群れは、通常の野生チンパンジーの群れに比べて格段に大きい。広大な縄張り内のオスとメスの行動を詳しく分析すると、大集団で競争が激しいせいだろうか、一部のオスとメスはペアで行動していることがわかった。これは奇妙な現象だ。なぜなら、チンパンジーはつがい形成をしないことで知られている動物だからである。

遺伝子を調査したところ、このようなつがいを形成しているオスは、その相手のメスの子を優先的にもうけていることがわかった。つがいを形成している二匹は、互いにグルーミングし合うなど、一緒にいることが多かった。このようなつがい関係は、長期間維持されることが多く、あるオスは一六年にわたって関係を維持し、一匹のメスの子ども四匹のうちの三匹の父親となった。このようにつがいで行動するのは、オスの四分の一にすぎなかったが、メスは半数がつがい行動をとった（群れにはメスよりもオスのほうが多い）。当然ながら、優位なオスは、つがい形成という戦略を採らなかった。群れの中で優位な地位につくことが、オスの繁殖成功度を高める重要な要因であることに変わりはないのだ[10]。しかし、この観察結果は、集団が大きくなると、つがい形成の萌芽が現れる可能性があることを示している。

では、大型類人猿の社会的学習能力が、どのような影響力をもっているかを見ていこう。社会的学習能力をもつようになると、オスが、メスにとって価値ある文化の継承を行なう可能性が出てくる。

チンパンジー社会では、オスは生まれ育った集団で一生を過ごすのに対し、メスはたいてい、おとなになるとほかの群れに移っていく。よく調べてみると、オスのチンパンジーは母親の採食行動をまねる傾向があり、その縄張り内のどこで、いつ餌を見つけるか、どうやってそれを採るかを習得している。したがって、縄張り内のことをよく知っているオスと一緒にいれば、メスも、縄張り内についての、そのオスの（実は、その母親の）知識が得られる。一般に、社会的学習能力をもつ種で、メスが他の群れから移ってくる種の場合、オスは、メスにとって有益なもの――その縄張り内についての知識――をもっている。となると、メスは当然、成長期に優れた社会的学習をしてきたオスを選んで、長いこと（学習のために）行動をともにしようとする[11]。

このように、メスが群れを移るタイプの類人猿の大規模集団では、オス、メスともに、つがい形成から利益を得ることになる。メスは、食物の提供を受け、保護してもらえるだけでなく、つがい形成によってローカルな知識を獲得することができる。一方、オスは、オス同士の激しい競争を回避することができる。そして、とくに社会的学習能力に秀でたオスは、桁違いな利益を得ることになる。なぜなら、優れたローカル知識を求めるメスに好まれ、選ばれるからである。

では、ここまでの話をいったん整理しておこう。捕食者にさらされるようになると、大きな群れを作って、分散せずに密集して生活するようになる（図16・1(b)の矢印F）。すると、個体密度の高まりに対応して、つがい形成という適応戦略がとられるようになり（矢印K）、また、ローカルな知識（縄張り内についての知識）が社会的に継承されるようになる。では次に、類人猿において、つがい形成がなぜ血縁関係の輪を広げるのかを見ていこう。

霊長類の大きな群れで、つがい形成が進むと、血縁個体――とりわけ兄弟姉妹や、片親の異なる兄弟姉妹、父親、さらには父親の兄弟――の識別度が高まる。霊長類学者のベルナール・シャペーはその理由を、霊長類は主に（すべてではないが）、いつも自分の母親のそばにいる他個体に注目することで血縁個体を見分けているからだと説明する。自分の母親は、もちろん間違えようがない。その母親に育てられているのだから。

しかし、現生する大型類人猿の場合（つがいを形成しない場合）、このような見分け方だと役に立つ血縁関係はほとんど広がっていかない。なぜか。オスのチンパンジーの立場に立って考えてみよう。幼い彼が見知っているのは、年齢の近い兄弟姉妹だけだ。そして、その多くは父親が異なる。姉妹や異父姉妹たちは、まもなく別の群れに移ってしまうので、おそらくもう二度と会うことはない。兄弟たちは、成長するとすぐに、他のオスのもとに向かい、繁殖成功を収める方法を学んだり、他のオスたちと同盟を組んだりするようになる。したがって、兄弟や異父兄弟たちとはその後も顔を合わせることになるが、年齢が近くなければ、血縁だと認識できないかもしれない。また、幼い彼は自分の祖母がわからない。母方の祖母は別の群れで暮らしているし、父方の祖母やその他、父方の親族を識別するすべはほとんどない。そもそも、自分の父親がわかっていないからである。自分の母親とは生涯、親族関係をもつが、母親にはあまり関心をもたない。なぜなら、オスとして繁殖成功を収める方法を知っているわけではないし、交尾相手でもないからである[12]。

では、同じような類人猿の群れで、今度はつがい形成がなされている場合を考えてみよう。幼いチンパンジーは、「いつも母親のそばにいる」という例の原則から、父親である確率の高い個体を識別できるようになる。つがいが形成されている場合には、父親が母親のそばにいるからだ。父親のほうも、自分の子どもが識別でき、本当に自分の子だという確信が増すようになる。幼いオスは、兄たちの仲間に加わりたがるかもしれないし、オスとしての成功法を学ぶため、父親に付き従うようになるかもしれない。そうなってもなかなか、父親はわが子に投資しようとはしない。しかし、父親の行動を観察することによって、強いオスになる準備をしようとしているわが子を、少なくとも寛容には扱うようになる。

つがいが形成されている場合、幼いオスは、父親との関係を介して、腹違いの兄弟（父親は他にもつがい形成をしている場合がある）や、父親の兄弟を識別できるようになる。なぜなら、父親は自分の兄弟と行動をともにするし、つがいのメスの子には寛容だからである。また、父親の母親は、自分の息子がわかっているので、どれが自分の孫なのかもわかるようになる。そして、息子がつきまとっているメスや、息子が寛容に扱う子どもたちを見守ることができるようになる。

総じて、つがい形成には、それまで散り散りだった血縁個体を結びつけて、家族のような血縁ネットワークを作り上げる力がある。それを図16・1(b)の矢印Lで示してある。

このような進化の過程のどこかで、ヒトのメスは排卵隠蔽と呼ばれる戦略をとるようになった。チンパンジーなど多くの霊長類のメスは、妊娠可能な排卵前後の時期になると、お尻が赤くふくらんで、オスから見てもすぐわかるようになる。つまり、一匹のメスと長くつきあっていると彼女のサイクルがわかり、もっと別の発情期のメスを探したり、オス同士で同盟を組むために、そばを離れてかまわない時期がわかるようになるのだ。

ところがヒトの場合、女性はいつでも性的に受け入れ可能で、男性は自分のパートナーがいつ妊娠可能なのかよくわからない。この排卵が隠蔽されていることも手伝って、男性は、より頻繁にパートナーに付き添い、生殖とは直接関係のない性交を何度も行なうはめになる。そして、この「付き添う」時間が長くなったことの副産物として、母親にくっついている子どもとの関係がさらに強化されていく。[13]

つがい形成や血縁ネットワークによって生まれた効果は、社会的学習やその後の文化的学習によって強化される。母親がさまざまな他個体にどう反応し、どう行動するかを観察して、それを模倣するのが社会的学習である。子どもは、母親の他の個体に対する行動をそっくりまねるだけでなく、感情までも共有しうる。たとえば、母親が生まれた赤ん坊の世話し、乳を飲ませるのを見て、赤ん坊の姉も同じようにしようとするかもしれない。母親が父親に対し、優しく毛づくろいをしてやっているのを見ると、娘もそのオスに対してポジティブな感情を抱くようになる。あるいは、母親が父親にいつも寄り添っているのをまねて、娘も自分の兄弟と連絡を取り合うようになるかもしれない。

一方、母親を通して自分の父親を知った息子は、父親をまねて、父親の兄弟や子どもたちとともに行動するようになり、その結果、おじ、兄弟、そして腹違いの兄弟がすぐにわかるようになる。さらに社会的学習が進むと、若いオスは、父親が仲間に対して抱く感情を模倣するようになり、父親の同盟相手と接触するようになるかもしれない。また、父親が、母親を護り、娘たちを世話するのをまねて、息子も同じような行動や態度を取るようになるかもしれない。[14] 図16・1(a)の矢印Mは、このような効果を示している。

もちろん、第4章で述べたように、自然選択の作用を受けて文化的学習能力が高まってくると、学習者は、より実績や名声の高い個体から学んで、自分の信念、選好、戦略を更新していくようになる。識別できる血縁個体が増えると、社会的学習の機会も増すことになる（矢印T）。なぜなら、血縁者ゆえの愛情や、血縁だという事実から寛容に扱ってもらえるおかげで、学習者が安心して知識の豊富な年長者に付き従い、その行動を観察できるからだ。同時に、年長者の側にも、自分の知識を若者に伝えようとするインセンティブが生まれ、手本を示したり、合図を送ったりするようになる（第13章参照）。社会的学習の機会が増えれば、自然選択を受けて社会的学習に長けた個体が数を増やし、有益で習得可能な知識がますますたくさん生み出されていく。

母親の支援と情報の分割

つがいが形成され、社会的学習への依存度が高まると、血縁関係の輪が広がって、その関係が長く維持されるようになる。また、育児に関しては**アロマザリング**が増大する。アロマザリングとは、母親以外の個体が子どもの世話をすることを言う（アロパレンタルケアとも言う）。

ヒト以外の動物の場合、母親以外で子どもの世話をするのは、血縁というインセンティブをもつ個体と、威圧下にあるか、それ以外に生きるすべがない非血縁個体に限られる。しかし、狩猟採集民の場合には、母親の他に、子どもの父親（または父親たち、第9章参照）、姉、兄、おば、双方の祖父母、母親の友人なども子どもの世話をする。八つの小規模社会でアロマザリングについて詳しく調査したところ、母親自身が行なっているのは、直接的育児（おしめを換えたり、風呂に入れたり、ミルクを与えたりといった事柄）の約五〇％にすぎなかった。残りの五〇％のうち、赤ん坊のきょうだいと祖父母がその半分を、そして、父親、おば、その他の人々が残る四分の一を担っていた。それに対し、ヒト以外の類人猿の母親は、直接的育児のほぼ一〇〇%を自らが担う。ヒトの場合には、母乳の授乳さえ、おばや祖母などがその一〇~二五%を担っている狩猟採集民もいる。[15]

つがいが形成されることによって、それまで血縁度がほとんど、あるいはまったくわからなかったであろう多くの血縁個体が、互いに認識し合って関係を築くようになる。それに加えて、社会的学習がさかんになると、母親の娘や妹など、母親を模倣する者たちがみな、母親がやるのと同じように赤ん坊の世話をするようになる。父親としても、こうした血縁関係がわかれば、母親とその子どもを守る理由ができる。男性としての成功法を学ぼうとしている息子たちも、自分の父親を、その後は他の男性たちを見習って、適応的な方法で家族を守り世話するようになる。こうしたことがすべて、図16・1(b)のN-Qの道筋をつけていく。

また、社会的学習がさかんになると、若い親や育児を手伝う若い個体が、前の世代のノウハウをどんどん利用して、肉、昆虫、木の実、水、蜂蜜、根茎など、価値ある食物源を見つけたり採ったりできるようになり(矢印Q)、子どもの発育期が長くなり余計に必要になった分のエネルギーを賄いやすくなる。

さらに、社会的学習が進むと、さまざまな女性たちに、母親の育児を手伝うことへのインセンティブが生まれる(矢印P)。子育て経験のない女性たちにとって、赤ん坊を観察したり世話したりする機会は、のちにわが子を育てるときに役立つものだからだ。母親のほうも、協力が得られるのであれば、他者を周りにおいてどんどん学ばせようとするようになる。そして、選択的な社会的学習が行なわれるようになると、実績や名声のある母親ほど、多くの支援を得られるようになる。学習者がそのような母親をモデルにしようとし、敬意の表し方の一つとして子どもの世話を買って出るからである(第8章参照)。

一方、祖母たちは、孫の育児に直接携わることもあれば、母親に子育て方法を教える場合もあるだろう。前述のとおり、祖父母たちは豊富な経験や知識をもっているので、社会的学習が進むと、それまで閉ざされていた扉が開かれて、このような知恵を子や孫たちに伝えることが可能になる。それもやはり、自分の孫が識別できるからこそなのであって、これこそ、つがい形成が開いた進化の扉だと言える。

出産や育児の経験のない少女や若い女性が、母親や祖母から教わるさまざまな事柄を見ていくと、ヒトは、哺乳類に本来備わっている機能についてまで文化的学習に依存していることがわかる。たとえば、ヒトの母親は、赤ん坊が乳首を噛み切らないようにするにはどうすればよいか、授乳のコツを教わる必要がある。また、多くの母親は、だれかに教わらなければ、分娩後すぐに乳房から分泌される粘っこくて黄色い液を捨てたくなってしまうだろう。初乳と呼ばれるこの貴重な液体は、赤ん坊の免疫力を高めるなど、生物学的にいろいろ重要な役割を果たしている。しかし、ヒトの多くはこの初乳を直感的に「悪い母乳」ととらえ、赤ん坊には飲ませるべきでないと判断してしまう。[16] ヒト以外の動物がこのような重大な誤りを犯すことはない。

当然ながら、アロマザリングはその後、人類進化の過程でしだいに社会規範の影響を受けるようになっていったであろう。狩猟採集民のハッザ族について調査した進化人類学者のアリッサ・クリッテンデンは、赤ん坊の世話の手伝いを拒んで何度も叱られている幼い少女について述べている。その少女は、血縁関係にはない赤ん坊の母親に叱責されたのみならず、言われたとおり赤ん坊の世話を手伝うまで、他の子どもたちからも仲間外れにされていた。[17] 小規模社会では、遠縁の者や血縁ではない者が直接的育児の二〇〜三〇%を担っているが、それには社会規範も寄与しているのである。

文化的学習とアロマザリングの間でシナジー効果が起こり、相手の立場を慮ったり、相手に情報を伝えたりする能力が磨かれていった。そして、このような心理的能力はいずれも、メンタライジング能力や向社会性によって、その発達が促された（第4章参照）。

アロマザリングを上手に行なうためには、世話をしている子どもが何を考え、何を求めているかを推測でき、しかもその欲求を満たしてやろうとする気持ちがなければならない。一四種の霊長類について行なわれた最近の実験的研究もそれを裏付けるもので、アロマザリングが頻繁に行なわれる種ほど、率先して群れの仲間を助けようとする傾向が見られた。

他者の子どもの世話をする場合と同様に、他者から何かを学ぼうとする者は、教える側の目的、要望、信念、戦術などをある程度、推し量れなくてはならない。また、教える側（親子の関係ではないことが多い）にとっても、学ぼうとしている相手が、どこまでわかっていて、何を理解できていないのかを見抜く能力が欠かせないし、教えてやろうという意欲も重要だ。

こうして、アロマザリングがさかんな種ほど、高い文化的学習能力を備えるようになっていった。また逆に、文化的学習能力の進化によって、相手の心を読む能力や向社会的な動機が高められ、育児力やアロマザリング力がますます向上していった（矢印P[18]）。

もしかすると、①社会的学習への依存度の増大と、②つがい形成やアロマザリングの出現とが、男女の性別役割分業をもたらしたのかもしれない。しかし、男女間の分業を理解するには、それが情報の分割に根ざしていることを見落としてはならない。文化的情報の蓄積が進んで、一人ではカバーしきれないほどになると、つがいを形成したカップルは、互いに相手に欠けているスキルや習慣や知識を身につけるようになる。狩猟採集民の女性は、出産や授乳をし、赤ん坊の主たる養育者になるので、育児や離乳、食物の調理や加工、さらには安定した食料供給のための採集法に的を絞って学習する必要がある。それに対して男性は、道具の作り方、武器や防御手段、狩りの仕方、そして獲物の追跡法に特化して習得すればいい。

このような情報の分割は多くの小規模社会で見ることができる。たとえばハッザ族を例にとると、人類学者のフランク・マーローが、三人の少年とともに、通常は女性がやっている根茎掘りに行ったときのことを述べている。三人が根茎を掘りあげたあと、フランクも加わってそれを生のまま食した。とたんに、全員が吐きそうになった。少年たちは、間違った根茎を掘ってしまったか、あるいは、その根茎は加熱調理をしないと食べられないということを知らなかったのだ。ハッザ族の女性がやれば、決してこんなことにはならないだろう[19]。同様に、フィジー諸島の男性は、母親と赤ん坊をシガテラ中毒から守ってくれる、妊娠中・授乳中の魚食のタブーのことをよく知らないし、うちの大学の男性教授連で初乳のことを知っている人はあまりいない。

なぜ、こうした情報の偏りが生まれるのか。少なくとも初めのうちは、成果や実績を挙げている同性に注目して学習することによって、男女別に特化した分野の情報が獲得されていくからだ。第4章で述べたジェンダー・バイアス（同性モデルを手本にする傾向）である。ところが、文化－遺伝子共進化が進むにつれて、男女それぞれに異なる内容バイアスがかかるようになり、興味をもって学ぼうとする対象がある程度分かれていった可能性がある。たとえば、女児は赤ん坊に、男児は投擲物に、より強い興味を示す生得的傾向があったとしても不思議はない。それを裏付けるような研究結果がある。同性のモデルが風船をぽんぽんたたいて弾ませて見せると、生後六～九か月の男児は、女児よりも強い興味を示し、すぐにそれをまねて自分でやろうとする。女児のほうは、風船が弾む動きにあまり惹かれないようだ[20]。

部族の起源

つがい形成には、別々の集団を社会的に結びつける力もある。それによって、文化的情報の流れが生まれて、集団脳の規模が拡大し、道具の種類や複雑度が増していく（図16・1(b)の矢印R－S）。こうしたことが起こるのも、つがい形成によって、女性とその兄、父、おじとの間に永続的な関係が形成されているからなのだ。女性は、配偶者を求めて自分の群れを離れても、近隣の群れにいることが多い。

第10章で見たとおり、チンパンジーの群れは、近隣の群れ同士が敵対関係にある。このような敵対関係がずっと続いていると、集団間での文化的情報の流れが途絶えて、集団脳が拡大せず、適応的な文化進化が阻まれてしまう。ところが、つがい形成がなされている集団同士が遭遇した場合には、兄弟と姉妹や父と娘は互いに相手を識別できるので、こうしたつながりが集団間の対立の緩衝材になる。さらに、こうした姉妹や娘たちはすでに、男性とつがい形成をして子どもをもうけているかもしれない。父親や兄弟たちは、自分の孫や甥が識別でき、その父親とも顔見知りだ。となれば、守ろうとこそすれ、殺したりはしないだろう。このような社会的なつながりによって、集団間の交流がスムーズになり、水場や果樹を共同で利用するといった可能性も生まれてくる[21]。

家族関係が生んだ社会的ルートを通って、さまざまな習慣や道具や技術が、集団から集団へと流れるようになる。こうした新たなネットワークの拡大によって、道具、スキル、習慣、ノウハウの総量も複雑度も増していく。そうなると、脳をさらに大きくしてもそれに十分見合うだけの、学ぶべきことがいくらでもある、文化的複雑さに満ちあふれた世界が創出される。

やがて、人類の祖先が、行動様式を規定し強化・拡張する諸々の社会規範を身につけ始めると、つがい形成は結婚という制度に形を変えていった（第9章参照）。そして、文化進化によって再三、息子と母親の兄弟との関係強化が図られることになる。人類学ではこれを母方叔権制《アヴアンキユレート》と呼んでいる。母方叔権制は、別々の共同体を結びつけるのに役立つことが多い。甥に、母方のおじのもとを訪ねて贈り物をもらったり、何かを教わったりする特権が与えられるからだ。

すでに指摘したとおり、このような関係は、霊長類がもともともっている、自分の血縁個体を残そうとする心理に根ざすものだが、社会規範の出現によって、それが第三者である共同体によって監視・強化されるようになったのだ。[22]

このように、社会性−世話の道筋がノウハウの道筋と交錯するなかで、ルビコン川を渡りきるだけの力がいくつかの形をとって、もたらされていったのである。

まず第一に、つがい形成と社会的学習によって、血縁ネットワークが広がり、他者から学ぶ機会が増すともに、血縁個体がわかるようになってアロマザリングが促進される。血縁の絆が結ばれることで、社会の寛容さが増し、それによって他者から学ぶ機会が生まれ、多様で複雑な道具やノウハウの文化進化が加速される。豊富な道具やノウハウの出現によって、他者から学ぶ能力や意欲を身につけている個体が、生存や繁殖においてますます有利になる。やがて、模倣だけでは習得が難しいスキルが現れると、少なくとも何らかの単純な教示が行なわれるようになる。なぜなら、経験豊かな個体が、自分の血縁個体を識別できるようになり、その個体に投資しようとするさまざまな動機をもつようになるからだ。ともかくも、血縁関係のある者には、貴重な知識や技術や採食法を隠そうとはしないものだし、なかなか隠せるものではない。

第二に、こうした血縁者や赤ん坊について学ぼうとする者から子育て支援や投資を得られるようになると、母親が妊娠の間隔を空けなくてもすむようになり、その一方で、子どもたちは、増える一方の有益な習慣、道具、知識、技術を習得するのに必要な時間と機会を与えられるようになる。その結果として生まれるのが、より大きな脳であり、その大きな脳を、観察や遊びや練習を通して身につけた知恵で満たすのに欠かせない長い幼年期なのである。もちろん、こうした歩みはまだまだ続く。文化進化はやがて、社会規範を形成するとともに、儀式のようなソーシャルテクノロジーを利用して、集団や個人をつなぐ広大なネットワークを構築し維持するようになる。

現生する類人猿はなぜルビコン川を渡れなかったのか

文化が蓄積していくためには、集団の規模、社会的相互作用、そしてつがい形成が重要であることを理解すれば、現生する類人猿が、ある一線を越えて累積的文化進化の段階に入ることができていない理由が見えてくる。たとえば、ゴリラは、つがい形成をすることはするが、オス一頭とメス数頭の家族で生活している。累積的文化進化が起こるには、集団の規模が小さすぎる。また、オランウータンは、群居しない動物で、つがい形成もしない。オランウータンの子どもは通常、母親だけから学んで成長する。他個体を見て学ぶことはほとんどないので、文化的情報の蓄積はなかなか起こらない。チンパンジーは集団を形成しはするが、離合集散をくり返すので、チンパンジーの子どもはほとんど母親にくっついたままだ。幼齢期のチンパンジーがいかにして、アリやシロアリを棒で釣る方法を学ぶのかを調査したところ、もっぱら母親を手本にしており（時間にして九〇％）、機会がある場合にのみ、他個体（たいてい年長のメスの血縁個体）に目を向けることが明らかになった[23]。

というわけで、私がルビコン川にかけた狭い進化の橋を渡り始める類人猿は、捕食者の脅威にさらされて大集団で生活することを余儀なくされ、少なくともその一部がつがい形成という戦略を採るようになった、大型の地上性類人猿なのである。

つまるところ、人類の祖先がルビコン川を渡れたのに、他の多くの種は渡れずにいる理由を説明する鍵は、始動時の問題を人類はいかに解決したのかという点にある。つまり、他者からの情報に頼るべく脳のサイズを大きくしても、その時点ですでに他者の脳内に学ぶべき情報がたくさん蓄えられていなければ、脳の拡大はコスト倒れに終ってしまう。そこで、優れた個体学習能力をもつ動物（たとえば大型類人猿）がいたと仮定し、脳のサイズはそのままで、その個体が学びうるノウハウの総量が増すような状況をまず考えてみる。

地上に降りて生活するようになると、個体学習がしやすくなると同時に、社会的学習のチャンスも増える。また、捕食者から身を守るために、より大きな群れを作って暮らさざるを得なくなり、集団の規模や相互連絡性が増していく。地上生活のメリットと捕食者の脅威とがあいまって、集団内の文化的レパートリーの総量が増大し、それを契機に境界線の向こう側へと渡り始めたのだろう。

ところが、より多くの文化的情報を蓄積すべく脳を拡大する戦略も、大きな壁に突き当たる。生きるのに不可欠な事柄を子どもが習得するのに時間がかかり、養育する母親の負担が大きくなりすぎるのだ。さしあたり母親にとっては割に合うものだったとしても、もっと長いスパンで見た場合、そのような種は、飢餓や干魃や洪水に見舞われたときに絶滅の恐れがある。もともと対捕食者防御から生まれた社会的学習者の大集団は、こうした制約を乗り越えるために、つがい形成戦略を採るようになっていく。それがひいては、血縁関係の輪を広げ、社会的学習の機会を増やし、アロマザリングを促すようになる。

以上二つの要因——社会的学習の機会が増し、ノウハウが蓄積されたことで、上質の食物が多量に得られるようになったこと、そして、血縁個体などが母親の子育てを支援するようになったこと——があいまって母親の負担が減り、間隔を空けずに子どもを出産できるようになる。それによって、脳容積の大幅拡大への扉が開かれ、ますます文化的学習能力が選択されていったのである。

第17章　新しいタイプの動物

本書で取り上げてきた状況は、人類が現在、生物学で言うところの**主要な移行**の途上にあることをうかがわせるものだ。複雑性の低い生命体が何らかの形で結びついて、複雑性の高い生命体が生まれるときに、そのような移行が起きる。たとえば、独立に自己複製する分子から、染色体というパッケージングされた高次構造への移行がそうだし、かつては別々の単純な細胞だったものが生命維持に必要な機能を分担しながら（ヒト細胞内の核やミトコンドリアなどのように）結びついて、互いに完全に依存しあう複雑な細胞が生まれたのもこの主要な移行である。

人類はもはや、これまで蓄積されてきた文化や、協力し合う集団なしには生きていくことができない。アロマザリングや、労働と情報の専門分化が進み、各種コミュニケーションツールにすっかり依存している。言い換えると、ヒトは、生物学的に主要な移行を遂げるために必要な、あらゆる条件を満たし始めているということだ。そう、私たちは、これまでにない新しいタイプの動物の先駆けなのである。[1]

だが実際には、そのような認識はなされていない。ヒトは、チンパンジーほど毛深くないが、チンパンジーをちょっと賢くしただけ、という誤った見方が横行している。しかしそれではヒトという動物を理解したことにはならないのだ。

この主要な移行がどのように起きているのかを理解することによって、人類の起源、人類が地球生態系の優占種となりえた理由、そして自然界における人類の独自性についての考え方が変わってくる。また、そうした洞察を得れば、知能、信仰、イノベーション、集団間競争、協力行動、制度、儀式、そして集団間の心理的差異についての考え方も変わってくる。

ヒトはきわめて文化的な動物であって、(遺伝子が変化するまでに至らない)短い期間にも、制度、テクノロジー、言語といった文化の産物の影響を受けて、心理バイアス、認知能力、情緒反応、選好などが変化していく。そして、もっと長い歳月の間には、このような文化的に構築された世界に適応すべく、遺伝子が変化を遂げていく。まさにこれこそが、ヒトの遺伝的進化の最大の駆動力だったのであり、今もなおそれは続いている。

この見方は、人類進化を説明する通常のストーリーとはまるで異なる。標準的な見解によれば、あまりぱっとしない遺伝的進化が長らく続いたのち、今から一〇万年、五万年、もしくは一万年ほど前に(諸説あり)突然、進化が加速して創造的活動が始まったとされている。その後、遺伝的進化は止まり、文化進化がそれに取って代わったのだという。このような見方だと、文化は、遺伝子のみならず、脳や身体機能とも切り離されてしまい、諸々の矛盾が生じるわけだが、それについては省略する。

進化論的な考え方を、ヒトの脳、身体機能、および行動に適用しようとする最近の努力はかなりの前進を見せているが、このようなアプローチもやはり、図17・1に示したような一方向の因果関係を想定している。

このような従来の進化論的アプローチは、文化に対する重要性の認識が低く、文化や文化進化は、

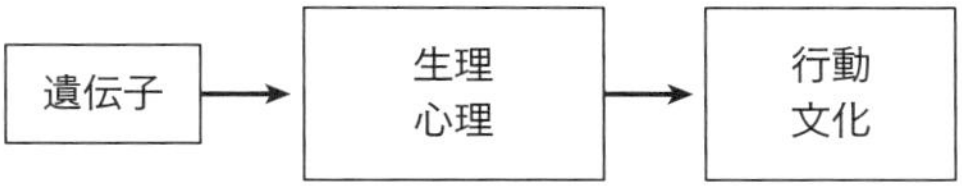

図 17.1　ヒトの生理、心理、行動、および文化に対する典型的な進化論的アプローチ

どちらかというと最近の現象であって、純粋な遺伝的進化によって出現した人間の本性の大きなコア部分のせいぜい表面をひっかく程度にすぎないと見なされている。[2] たとえば、二一世紀の進化心理学の教科書ですら、文化をうやうやしく取り上げながらも、「フラフープの大流行、ファッションの変遷、エイリアン存在説、ジョークのセンス」といったことを説明するだけのものとして片付けてしまっている。[3]

それ以前の非進化論的な見方では、文化は、遺伝子や生物学的特性とは切り離された天上の領域に置かれていたのだから、それに比べれば大進歩ではある。だが、それでもやはり、このような従来の進化論的アプローチは、文化の重要性を正しく認識していない。フラフープのような現象を、狩猟採集民の生存に直接関わるもの（イヌイットのイグルー、適応的な食のタブー、複合弓、狩りの成功率を高める占いの儀式、オーストラリアの砂漠で水場を見つけるノウハウなど）に置き換えてみればいいのだ。

たとえば、牛乳を飲む習慣によって生じた遺伝子の変化は、比較的最近起きたフィードバック効果のケースだが、従来のアプローチはそういったものを見落としている。しかし、この旧来の進化論的アプローチが見落としているのは、文化がヒトの生物学的特性に及ぼすこうした些細な影響だけではない。そもそも、何十万年、もしくはそれ以上の長期間にわたって、ヒトの遺伝的進化を駆動してきた最大の要因が文化進化であったことを認識していないのである。次に挙げたように、文化進化の影響は根深く、しかも広い範囲に及ぶ（表5・1参照）。

● ヒトの体の生理や構造の多くは、文化進化が生んだ選択圧に対する反応として、遺伝的に進化したと考えるのが妥当だ。文化進化の産物には、火、加熱調理、切断用具、投擲武器、水容器、獲物追跡法、コミュニケーション手段などがあるが、次のようなヒトの特徴は、これらに対応して形成されたと考えると説明しやすい。歯が小さい、大腸が短く、胃が小さい、植物毒の解毒能力が低い、正確に物を投げられる、項靭帯がある（走行時の頭部の安定）、エクリン腺が多い、更年期が長い、喉頭の位置が低い、舌の動きがなめらか、強膜が白い、脳が大きい（第5章、第13章参照）。

- ヒトの認知能力やバイアスの多くは、価値ある文化的情報が存在する状況への適応として、遺伝的に進化したと考えるのが妥当だ（第4章、第5章、第7章）。そのようにして進化したものの一例として、高度な文化的学習能力、「過剰模倣」傾向、動植物に関する知識を整理する民俗生物学的能力などが挙げられる。
- 上位者への敬意、模倣行動、誇り感情、協調性、ディスプレイ行動など、ヒトのステータス心理の多くは、社会集団内において、保有する文化的情報の量が成員によって異なる状況への適応として、遺伝的に進化したものと考えられる（第8章）。
- ヒトの社会心理は、社会規範や世評に支配される世の中をうまく渡っていけるようにできている。集団ごとにまったく異なる規範を学んでそれを守らなければ、ヒトは生きていくことができないからだ（第9〜11章）。たとえ苦痛を強いるものであっても、ヒトは文化的学習によって身につけた規範を、自分のものとして受け入れる。また、ヒトは規範違反者を見つけるのが非常にうまく、協力行動とは関係のない違反もすぐに見つけてしまう。ヒトは、自集団にとって最適な規範を身につけられるよう、そして、うっかり他集団に荷担することのないよう、言語や方言のようなエスニックマーカーを手がかりにして手本にすべき相手を選び、そのような人物から選択的に学習する。

要するに、文化-遺伝子共進化をまったく考慮せずに、ヒトの体の構造や生理や心理を理解しようとすることは、魚が水中で適応進化してきたことをまったく無視して、魚の進化を研究するようなものなのだ[4]。

では、本書で述べてきた見解をまとめよう。重要なテーマを順に取り上げ、それにひとつずつ答えていこうと思う。

ヒトはなぜユニークなのか?

言うまでもなく、体の構造や生理、心理に関して、ヒトが他の動物と違っている点は無数にある。ヒトの目を見張る特徴として挙げられるのは、長距離走、投擲、獲物の追跡、音声言語や身振り言語でのコミュニケーション、食物分配、教示、道具製作、加熱調理、因果モデルの構築、相手の心を読む、儀式の遂行など、まだ他にもいろいろある。しかし、本書では、言語、協力行動、道具製作といった、ある特定のものを取り上げてその進化の歴史をたどるのではなく、まず最初に、あるタイプの進化プロセス――文化-遺伝子共進化――に着目し、それがヒトに及ぼした影響を突き止めようとした。

ヒトはなぜ他の動物とは違うのか。それはルビコン川を渡ったからである。文化が累積的に進化していき、この蓄積された情報と、火や食物分配規範のような文化の産物とが主要な駆動力となって、ヒトの遺伝的進化を推し進めていった。ヒトがこれほどユニークなのは、このような進化の道を歩んだ現存する動物が他にはいないからであり、ネアンデルタール人のようにやはりルビコン川を渡った動物も、複数回にわたり分布域を拡大したヒトに取って代わられてしまったからなのだ。

本書の各章では、文化－遺伝子共進化がいかにして、あのような諸々の産物を生み出したのかを説明しようとしてきた。この共進化のプロセスを理解してこそ、ヒトが他に類を見ないユニークな動物である理由がわかるのであって、それなしにそのプロセスから生まれた個々の産物（言語、協力行動、道具など）に注目してもだめなのだ。

ひとたびルビコン川を渡ってしまった人類は、もう引き返すことはできない。この移行の重大さを知らしめてくれるのが、ヒトは狩猟採集民として長い進化の歴史を歩んできたにもかかわらず、文化として受け継がれてきたそのノウハウを失ったら狩猟採集では生きていけない、という事実である。

本書では、北極地方からオーストラリア奥地まで、さまざまな環境のもとで大きな脳をもつ探検家たちが悪戦苦闘するのを何度も見てきた。食物や水場探しなど、旧石器時代の人類にとって定番の課題に直面した我らのヒーローたちは、精一杯闘った。だが、脳の中の狩猟採集モジュールが発火することも、火起こしの本能が目覚めることもなく、ほぼ全員が病に倒れ、あえなく命を落としていった。先祖代々受け継がれてきたノウハウを身につけているその土地の先住民の若者であれば、難なく切り抜けられたはずの状況につまずいてしまった結果だった。

文化の支えなしには生きられないのは、現代社会の人々だけではない。狩猟採集民などの小規模社会の人々もやはり、獲物の追跡、食物の加工、狩猟の仕方、道具の製作など、文化として身につけた膨大なノウハウに大きく依存していることが人類学者の研究で明らかになっている。このような知識や技術はどれもみな複雑で、その地域の状況にみごとに適合しているのだが、人々自身は、なぜそのようにするのか、よくわかっていないことが多い。シアン化物を除去するためのキャッサバの下処理法、ペラグラを予防するためにトウモロコシに灰を混ぜる知恵、フエゴ島民の矢作りの手順などを思い出してほしい。生きる手段が狩猟採集であろうとなかろうと関係なしに、ヒトの社会はおしなべて、文化にすっかり依存しているのである。

本章の冒頭でも述べたが、人類は今、生物学で言うところの主要な移行の途上にある。これまでにない新しいタイプの動物が生まれようとしているのだ。

人類においては、技術や知識をどれだけ高め、生態系でどれだけ優位に立てるかは、集団脳のサイズと相互連絡性にかかっている。そして、その集団脳の性能は、共同体の相互依存と結束を強め、情報や労働の専門分化を促す社会規範や制度に大きく依存している。

太古の昔から集団間競争のなかで選択されてきた社会規範の力によって、ヒトは徐々に家畜化されていった。つまり、規則をきちんと守り、子どもの面倒をよく見、配偶者に忠誠を誓い、友人の恩に必ず報い、共同体の成員として立派に行動する動物になっていったのである。

ヒトの体内の細胞がそうであるように、すべてのヒト社会では、労働や情報の分化がなされており、異なる下位集団がそれぞれの業務を担い、専門の知識を扱っている。このような分業と、それによって生まれる相互依存の度合いは、ますます増大し続けている。

同様に、ほとんどのヒト社会には、その成員の長期的な生存や繁殖に関わるような、集団レベルの意思決定を行なう仕組みがあり、集団の目的追求のためは一部の成員を犠牲にすることも厭わない。細胞の集合体だったものが一個の生命体へと変化を遂げたように、文化に駆動された遺伝的進化によって、ヒト社会はだんだんと超生命体のようなものに変化を遂げつつあるようだ。

ヒトが他の動物よりも協力的なのはなぜか？

文化的学習が進んで、人々が社会的行動や動機を身につけ、他者の行動を評価するまでになると、おのずと規範が生まれた。すると、いかに行動すべきかという共通認識が生まれ、その認識を共有する者同士の間で、評判が取り沙汰されるようになる。そうなると、遺伝子は、集団ごとに慣行が異なるダイナミックな社会的環境のなかで生き延びねばならなくなる。自集団の規範に則って（儀式や食物分配など）諸々の事柄を正しく行なうことができないと、悪い噂を流されて、結婚の見込みもなくなり、村から追放されたり、極端な場合には集団リンチを受けたりするようになる。そのような環境のなかで自然選択によって、規範に素直に従い、規範を犯すことを恥と感じ、社会規範の習得や内面化を得意とするようなヒトの心理が形成されていった。これこそが、自己家畜化のプロセスである。

文化進化や社会規範によって集団間に慣行や行動の違いが生じてくると、集団間で競争が生まれたであろう。集団間競争にはさまざまなタイプのものがあり、暴力を伴う衝突はその一つにすぎない。集団間競争が繰り広げられるなかで、競争を有利に導くような社会規範が優勢になり、とりわけ、集団の規模、結束力、社会的相互作用、協力行動、経済生産性、集団内調和、リスクの共同負担などを促進する規範が広まっていった。そうなると、遺伝子は、利己的な規範違反者は罰せられるという、向社会的な規範をもつ社会のなかで生き残っていかなくてはならなくなる。そこで有利になるのは、共同体の仲間に危害を加えない、他者を公正に扱う、といった規範をもつ社会になじむ、向社会的な心理の遺伝子だったはずだ。第11章で紹介した実験では、生後九か月にも満たない赤ん坊にも、このような心理メカニズムの萌芽が認められた。

できるだけ効果的に向社会的規範を構築するために、文化進化はしばしば、ヒトに生まれながらに備わっている心理を引き出したり、強化したり、場合によって抑制したりする。第9章では、文化進化が、ヒトの血縁心理や、つがい形成本能、そして近親相姦への嫌悪感を利用した規範をくりかえしつくっては、姻戚関係や、類別上のきょうだい、あるいは「父」と呼ぶおじなど、さまざまな血縁ネットワークの拡大を図るのを見てきた。また、文化進化が、つがい形成本能を強化して、より良き父親を作ることもあれば、その本能を抑制して、子どもの遺伝上の父親の社会的役割をことごとく剥奪する場合もあるのを見てきた。

親族や互恵性に関する社会規範が生まれ、悪評を立てられたり制裁を受けたりする脅威にさらされるようになったことで、同族意識や互恵精神をさらに強める遺伝子に有利な状況が生まれた。このようにしてヒトは、家族や友人に対しても、また共同体や部族のレベルにおいても、他の動物よりも協力的な行動を取るようになっていったのだ。言うまでもなく、それによって生まれた個人と集団との絶えざる葛藤が、今もなお、私たちの生活や制度のいたるところにはびこっており、さまざまな組織や政治体制をうまく機能させる上での主要な課題の一つとなっている。

ちなみに、ヒト社会は、協力体制の規模や度合いが社会によってまちまちだが、それは、社会ごとにそれぞれ異なる社会規範を進化させてきたからだ。このような規範は、ヒトに生得的に備わっているメカニズムを利用してホルモン分泌や、動機、判断、知覚を変えることによって、大きな心理的効果をもたらし、さまざまな場面での協力傾向を強めたり弱めたりする。

総じて言えるのは、文化–遺伝子共進化の視点を取り入れてはじめて、独特の性質をもったヒトの協力行動の謎に迫れる、ということだ。それは、ヒトが他の動物よりも格段に協力的である理由のみならず、ヒトの協力行動に次のような特徴が見られる理由も説明してくれる。①協力の度合いが、社会ごと、行動領域（食物分配、共同体防衛、儀式参加など）ごとに大きく異なる。②過去一万年間に飛躍的に増大した。③文化的学習の影響を受けやすい。④評判という強制メカニズムに依存しており、そのメカニズムは、儀式の作法や食のタブーのような、協力行動以外の多くの領域で作用するのと同じもの。⑤協力行動はさまざまな誘因《インセンティブ》によって維持され、それは、報酬、懲罰、悪評、規範違反者からの搾取容認など、社会によってまちまちである。(5)

他の動物よりも賢そうに見えるのはなぜか？

まずはしっかりと認識しよう。あなたの賢さは、かなり嵩《かさ》上げされたものである。一見賢く見えるのは、先祖代々受け継がれてきた知識や技術や習慣など、膨大な文化遺産の宝庫から、知的アプリケーションをふんだんにダウンロードして利用しているからなのだ。本書では、多くの章の随所で、そうしたアプリの数々を取り上げてきた。そのごく一部をここに挙げてみよう。あなたは今、自由に使っているが、独力では決して思いつかないであろう知的ツールには次のようなものがある。十進法、分数、時間区分（分、時、日など）、滑車、火、車輪、てこ、一一の基本色名、風力、表記体系、弾性エネルギー、掛け算、文字認識、凧《たこ》、紐の結び方、三次元の座標参照系、従属接続詞など。そして、第16章で述べたとおり、これらのなかには、ファームウェアとして脳内にインストールされるものもあれば、すでにヒトの脳のハードウェアの一部となっているものもある。あなたが今、この文章を読んでいるということは、左右の大脳半球をつなぐ情報ハイウェイ、すなわち脳梁が、読み取り能力を獲得する以前よりも太くなっているはずだ。

では仮に、一〇〇年単位で過去にさかのぼっていき、その時代に生きている成人をランダムに選んで、脳内に装備されている文化由来の知的ツールを調べてみたらどうなるか？　今あなたの脳内にある知的ツールが徐々に姿を消していくだろう。その一方で、それとはまた別の、きわめて優れた知的ツールや能力が姿を現してくるだろう。たとえば、そろばん暗算、優れた水中視力、農耕に関する膨大な経験や勘、獲物追跡のためのメンタルマップ、鋭敏な嗅覚などだ。

前述のとおり、こうした知的ツールは代価を伴うことが多い。たとえば、一一の基本色名を習得すると、別々の色名で呼ばれる色を識別する能力は高まるが、その反面、同じ色名で呼ばれる色同士の微妙な違いを感じとる能力は低下してしまう。また、生物の分類体系を習得すると、主要な関係ばかりに注意が向いて（ペンギンは鳥類なので卵を産むなど）、それ以外のことを見落としがちになる（海に潜るペンギンは空を飛ぶ他の鳥とは違って、密度の高い頑丈な骨をもっているなど）。

とは言うものの、昔の人々はやはり、現在の私たちが「頭の良さ」の証だと考える事柄が、今ほど得意ではなかったはずだ。たとえば、もし仮に、知能検査を行なって今日の尺度で評価したならば、二〇〇年前の一八一五年のアメリカ人の平均ＩＱは七〇に届かなかったであろう[6]。

文化習得度の低いヒト、つまり子どもたちが、幼い類人猿と年長の類人猿を相手に競ったゲームの結果を思い出してみよう。ヒトには生まれつき強力なハードウェアがインストールされているのであれば、対戦相手の類人猿よりも大きな脳をもつ子どもたちは当然、この毛深い仲間たちに完勝したはずである。ところが、多くの認知領域において、結果はほとんど引き分けだった。ヒトの子どものほうが勝利したのは、社会的学習の領域（第２章で見たとおり）と、累積的な学習の実験（第12章）だけだったのだ。

もちろん、ヒトの子どもたちは、成長するにつれて前述のようなアプリをダウンロードしていき、やがて、すべての認知領域で類人猿を凌ぐようになる。それに対し、類人猿のほうは、幼い類人猿が成長しても、こうした認知課題の成績がアップすることはない。

当然、疑問が湧いてくる。ヒトが生まれつき賢いわけではないとしたら、ヒトの能力を高めてくれる、こうした精巧な知的ツールや、複雑な人工物、そして教育の仕組みはいったいどこから来たのだろう？　その答えは、集団脳だ。文化が累積的に進化していくなかで、だれも気づかぬうちに、人類の集団脳から生まれたのである。

ヒトは高い文化習得能力と豊かな社会性をもつがゆえに、アイデア、道具、習慣、洞察、メンタルモデルのような情報が、別の情報と結びつきながら、個々人の間を伝わっていく。その過程で、学習の成否、繁殖成功度、集団間競争といったフィルターにかけられて、あるものは歴史のゴミの山に捨てられ、あるものは次世代へと引き継がれ、しだいに高度で洗練されたものができあがっていくのである。

大天才がたった一人で偉業を成し遂げるということは滅多にない。知の営みについての歴史が示すように、累積的文化進化の地殻変動によって、一人の力では越えられない知識の溝が縮められてはじめて、多くの人が自力で知識の溝を越えられるようになるのである。[7]

本書では、集団脳のサイズと社会の相互連絡性がいかに重要かということを、タスマニア島、グリーンランド北部、オセアニア、および実験室での事例を通して示した。集団脳のサイズが大きいほど、累積的文化進化が大規模かつ急速に進むが、集団の規模が縮小したり、社会的な結びつきが失われたりすると、世代を経るうちに、それまで受け継がれてきた知恵がどんどん失われていく。

こうしたことからわかるように、集団脳の力は、その集団の社会規範や制度いかんにかかっているのである。だからこそ、第9章と第10章で、狩猟採集社会では姻戚関係や、資源交換や儀式による結びつきがいかに重要かを強調したのだ。なぜなら、その集団脳を大きく豊かにしていくのは、血縁関係よりもむしろ、こうした文化的に構築された関係だからである。パマ・ニュンガン語、イヌイット語、ヌーミック語の話者集団のような、勢力を拡大していった集団が、取って代わられた集団よりも技術面で優位に立ち、それを維持し続けていられた理由の一端は、このような社会制度を備えていたことにある。人類においては、社会性と技術面は密接に絡み合っているのである。

ところで、私たち人間は、因果関係を読み解くモデルを構築する優れた能力をもっている。しかし、それはいったいなぜなのだろう？　私の考えはこうだ。文化進化が最初の一歩を踏み出すと、どんどん複雑な習慣や技術が生み出されていった。トウモロコシ粉に焼いた貝殻を混ぜる習慣（化学反応）、吹き矢（圧縮空気）、槍投げの技術（空気力学）、投槍器（トルクの増強）、弓（弾性エネルギー）等々、さまざまな原理を利用したものが現れたはずだ。このような貴重な文化をより効果的に学び、次世代に伝えるために、ヒトには逆行分析、いわゆるリバースエンジニアリングの能力が必要になった。できあがっているものを調べて、その原理を推測する能力である。それによって構築されるものを、私は因果ミニモデルと呼んでいる。こうしたモデルがあれば、多様な環境に適応していくなかで、自分が到達すべき目標、または下位目標に向かって正しく進んでいるかどうかを確認しやすくなる。

たとえば、槍柄材をまっすぐ伸ばすためには通常、湿らせる、熱する、削る、磨くといった複雑な工程を踏まなくてはならない。その間、次のようなことを理解した上で、作業を進めていく必要がある。「このような工程を踏んでいるのは、槍柄を真っ直ぐに、滑らかにして、重心のバランスをとるためだ。なぜなら、槍柄が真っ直ぐで、滑らかで、バランスがとれているほど、正確に投げられるからだ」。それがわかっていれば、随時、真っ直ぐで、滑らかで、バランスがとれているかどうかを確認できるし、正確に飛ぶかどうかを試してみることもできる。うまく飛ばない場合はどうすればいいかもわかる。さらに擦って磨けばいい。

これこそが、因果モデルの先駆けである。なぜなら、作業工程という原因から、真っ直ぐで、滑らかで、バランスのとれた槍柄という結果が生じ、さらに、槍柄の特性という原因から、高い操作性という結果が生ずることを認識させるものだからだ。

肝心なのは、こうした因果ミニモデルを構築または習得する能力が遺伝的に進化したのは、それが文化の伝達力を高めるものだったから、という点だ。このような遺伝的進化を駆動する選択圧は、ますます複雑化する道具、習慣、技術の出現によって生じたのである。そういう観点からすると、因果ミニモデルを構築する能力が、すぐれた道具や習慣を生み出したわけではない。因果関係はむしろ逆で、しだいに高度化する道具や習慣が、まず、こうした認知能力の出現を促し、その後、両者は文化‐遺伝子共進化のデュエットを繰り広げるようになったのだ。まさにそれを裏づけるかのように、実際に人工物を使っているのを観察すると、同じ因果情報をただ提示された場合よりも、私たちの因果推論のメカニズムが作動しやすいのをすでに見てきた。

以上をまとめよう。ヒトが他の動物よりも頭がいいのはなぜか——その理由は、文化的な面と遺伝的な面の両方からいくつか挙げられる。しかし、究極の要因は、ルビコン川を渡る橋を見つけたこと、そして、累積的文化進化の力に牽引されながらついに対岸にたどりついたことにあるのだ。

たしかに、私たちは賢い。しかしそれは、巨人の肩の上に乗っているからでもなければ、自らが巨人だからでもない。私たちは、多数の小人たちが寄り集まってできた巨大なピラミッドの上に乗っているのである。ピラミッドが高くなると、小人たちの背丈も少しは伸びるが、私たちがかなたを見渡せるのはやはり、小人たちの数の力なのであって、特定の小人が長身だからではない。(8)

このようなプロセスはまだ続いているのか？

そのとおり。このようなプロセスはすべて、現在もまだ進行中だ。累積的文化進化、集団間競争、そして文化－遺伝子共進化は、今もなお続いているどころか、むしろ一万年前から加速している。[9] 一万年ほど前に地球の気候が安定し、食料生産が容易になったことで、集団間競争が激化し、その結果、新たな仕組みや決まりが生まれて、社会がますます大きくなり、さらに多数の人々を擁するようになっていった。つまり、集団間競争が繰り広げられるなかで、よそ者をも信頼して公正に扱い、協力し合うことを促す新たな社会規範が生まれて広まっていき、そうした規範を維持するために、多種多様な政治的、宗教的、社会的な制度が作られ、その複雑さの度合いを高めていったのだ。[10]

政治的なものとしては、法律、法廷、裁判、警察制度などがある。こうした制度が、長年にわたってヒトの小規模社会を支配してきた通常の地域レベルの監視・処罰体制を補強するようになったのだ。また、宗教的な領域では、超自然的なものに対する信仰や儀式や規範のパッケージが出現し、互いに結びつきながら広まっていった。時を経るうちに、こうしたなかから、それまでにない「天上の神」が生まれてくる。この神は、信徒はもちろんのこと、信徒以外の行動にも道徳的な関心をもっている神で、しだいに（全知全能の神として）規範違反者を監視し、（地獄に落とすなど）懲罰を与えるほどの力をもつようになっていった。さらに、名声指標、同調伝達、および信憑性ディスプレイ（ＣＲＥＤ）を組み合わせた新たな共同体儀式が生まれ、広まることによって、こうした新たな神への信仰が深まり、地域共同体や部族の境界を越えた、より大きな信仰共同体が構築されていった。[11] その結果、現代の宗教は、政治制度と同様に、人類の進化史の大半を占めている信仰や儀式とはまるで異なるものになっている。いずれも、文化進化の過程で生み出されたものであることに変わりはないのだが。

社会的な制度としては、古代社会の一部では、富裕層であっても一人の男性が同時に二人以上の女性を妻にすることを禁ずる諸々の社会規範が作られるようにさえなった[12]。これは、現在の社会の八五%が男性に複数の妻との結婚を認めている現状に照らすと、奇妙と言えないこともない。ヒトのさまざまな心理を利用しながら、一夫一婦婚が規範として広まったのは、社会内での男性同士の競争を抑えることができるからかもしれない。それによって、犯罪、暴力、レイプ、および殺人が減少すると同時に、子どもに対する男性の投資が増すことで、子どもの健康や生存にも好影響をもたらす（後ほど詳しく述べる）。

結婚制度や宗教上のしきたりなど、現代社会の制度・慣行について見たときにたいへん驚かされることがある。それは、なぜこうした制度・慣行が有効に機能しているのかも、また、それらがヒトの生得的な心理の諸側面をどのように利用し、ヒトの脳や身体諸機能をどのように変えているのかも、ほとんどの人々がいまだ理解していないということだ。この分野では、昔からあまり大きな変化は起きていない。

もちろん、テクノロジーの分野では大きな変化があった。特に緯線に沿った交易や移住を通して相互連絡のある大規模な社会ほど、集合脳のサイズが大きくなり、ますます複雑な道具、技術、習慣、知識を蓄積し続けていくようになった。そのことは、西暦一五〇〇年頃にどれだけ複雑な技術をもっていたかを大陸ごとに比較してみるとよくわかる。

圧倒的に複雑な道具やノウハウの蓄積があったのが、ユーラシア大陸だ。それはひとつには、中東、中国、インド、ヨーロッパといった地域間の相乗作用的な文化交流があったからである。

その対極にあるのが、オーストラリアとニューギニアだった。オーストラリアは、大陸としては最も小さい上に、内陸の不毛な砂漠地帯が状況をますます不利にした。ニューギニアは、ミニ大陸、というよりも実際には非常に大きな島なのだ。

これらの中間にくるのが、南北アメリカ大陸だった。面積自体は大きいが、南北に長く伸びている上に、南北の大陸は、きわめて狭い陸地（パナマとコロンビアの間のダリエン地峡）でしかつながっておらず、現在でも南北を縦断する幹線道路を分断している。また、さまざまな山脈や砂漠が人々の通行を阻んでいる。

国際交易が盛んになって、海上交通路が十分に開かれるまで、ヒトの集団脳は、居住している大陸の面積や地形の制約を受けていたのである。(13)

ここで強調すべきは、知識や技術の複雑化があるところまでくるとたいてい、文化進化によって労働の専門分化（実際には、情報の専門分化）が進み始めるということだ。こうして生まれた社会では、集団脳のサイズが、知の最先端に立つ集団――現状を改善できるだけの知識をもっている人々――の規模や相互連絡性でかなり決まってくるようになる。

たとえば私が、動きが遅い自分のｉＰｈｏｎｅを何とかしたいと思ったとする。たぶん、開けて中を覗くことはできるだろう（見てもさっぱりわからないだろうが）。中をちょっといじくってみることもできるだろう。防錆潤滑剤「ＷＤ－40」をスプレーしてみるかもしれない（うちの芝刈り機の調子が良くなるようなので）。でも、そんなことをしてもとうていうまくいくとは思えない。

要するに、ここまで技術の高度化・複雑化が進むと、知識をもたない素人が何とかしようとしても、どうにもならないのだ。したがって、複雑化した社会において、技術蓄積が進むかどうかは、知の最先端に立つ部分集団の規模や相互連絡性に大きく依存するようになる。つまり、小さな一歩を踏み出せるだけの知識、あるいは幸運な間違いに気づけるだけの知識をもっている人が、集団の中にどれだけいるかで決まってくる。そして、どれだけ多数の人を知の最先端に立たせられるかは、その社会がもつ文化伝達の仕組み、すなわち教育制度にかかってくるのである。

集団脳の重要性がわかれば、イノベーションを起こす力、つまり革新力が社会によって大きく異なる理由もわかってくる。特定の個人だけが優秀でも、また、上からインセンティブを与えても、イノベーションを起こす力は生まれない。それは、知の最先端を行く大勢の人々が、自由に意見を交わし、遠慮なく反論し、相互に学び合って、協力関係を築き、外部の者をも信頼して、試行錯誤を重ねていく――そのような能力と意欲から生まれるものなのだ。イノベーションには天才も組織も要らない。必要なのは、多数の頭脳が自由に情報をやり取りできる大きなネットワークのみ。それを構築できるかどうかは、人々の心理にかかっており、人々の心理は、諸々の社会規範や信念のパッケージ、およびそこから生まれる公式な制度のもとで醸成される[14]。

インターネットの普及によって、人類の集団脳は劇的に拡大する可能性を秘めている。といってもやはり、言語の違いが地球規模の集団脳の出現を阻むだろう。そして、インターネットによる集団脳の拡大を阻むもう一つの課題は、人類がこれまでずっと直面してきたのと同じ課題。つまり、情報共有に際してのジレンマである。社会規範や何らかの制度がないと、ウェブ上から優れた知恵やアイデアをすくい取るばかりで、自分からは他者に何も提供しようとしない利己的な人が得をする状況が生まれてしまう。現在のところは、名声の獲得といったインセンティブが十分に働いているようだが、コストを負担せずに有益な情報を獲得する新戦略が広がるにつれて、こうした状況も変化していくかもしれない。情報共有に関する向社会的な規範を、インターネット上で長期にわたってどの程度まで維持できるかがカギになるだろう。

最後になったが、うちの学部学生からときおり、ヒトの進化は停止または逆行しているのではないかと尋ねられることがある。学生たちの考えはこうだ。ヒトの遺伝子に働きかけて、それぞれの環境で生存できる、より適応的な個体を生み出すのが自然選択の作用のはずだ。文化進化の産物のおかげで、現在ではもう、感染症は死病ではなくなったし、膝靱帯を断裂しても再び歩けるようになったし、人工授精で不妊を克服することもできるようになった。そうしたことを考えると、自然選択が、「自然界」（文化のない世界）により適応したヒト個体を生み出す方向に働いているようには思えないというのだ。それに対する答えだが、もちろん、自然選択の作用は停止してなどいない。ただ方向を変えただけのこと。しかし、これは別段新しいことではない。

ひょっとすると、初期ヒト属やホモ・エレクトスも同じような疑問を抱いたかもしれない。彼らもやはり、大きな歯や、強い顎の筋肉、大きな消化器系をだんだんと失って、上質の食物や食物加工技術に依存するようになっていった。それに伴って、根茎を見つける知識や、複雑な切断用の石器が欠かせなくなり、あるところまでくると、火や加熱調理なくしては生きられなくなった。早熟なエレクトスのなかには、うちの学部学生と同じく、こんなふうに頭を悩ます者もいたかもしれない。かつては強い顎の筋肉や大きな歯がやっていた仕事を、今では石器や火がやってくれるようになっている。ということは、自然選択の作用は停止または逆行しているのではなかろうか、と。

これでおわかりかと思うが、ヒトの遺伝的進化は、太古の昔から文化の影響を受けてきたのである。現在の状況はただ単に、文化進化がヒトの遺伝的進化をまたしても新たな方向へと、どんな種もまだ経験したことのない共進化の道へと向かわせているにすぎない。

歴史学、心理学、経済学、人類学の研究方法はどう変わってくるか？

以上のことからわかるように、ヒトの行動を理解するためには、密接に絡み合っている、心理、生理、文化、遺伝子、および歴史の糸をほどいていく必要がある。その第一歩としてまず認識すべきなのは、人々はまったく異なる制度、技術、言語、宗教等々のもとで暮らしていると、遺伝的には同じであっても、異なる生物学的特性や心理的特性をもつようになるということだろう。膨大な実験的証拠からすでに、生育環境の文化的差異によって、次のような側面に違いが現れることが明らかになっている。視知覚、分配に際しての公正動機、忍耐力、名誉毀損に対する反応、分析的思考、欺瞞傾向、準拠枠依存性、自信過剰、授かり効果（自分の所有物への評価が他人の評価よりも高くなる心理バイアス）。そして、こうした心理的差異はどれもみな、ある意味で、生物学的差異でもあるのだ[15]。

したがって、ヒトの心理の多くを説明するためには、少なくとも現在の心理学の教科書の内容の多くを説明するためには、さまざまな文化進化の産物（一夫一婦制などの制度、文字認識などのテクノロジーのような）と、ヒトの脳、生理、心理、遺伝子との相互作用関係をしっかり押さえる必要がある。

たとえば、すでに述べたように、一夫一婦制の社会では、男性は結婚すると、血中テストステロン濃度が下がり、犯罪率が下がって、リスク回避傾向が高まる。さらに、満足遅延耐性が高まることもある。

一夫多妻制の社会では、貧しい男性の多くは結婚することができない。なぜなら、地位の高い男性たちが女性の大多数を惹きつけて、第一、第二、第三夫人にしてしまうからだ。こうした貧しい未婚男性の犯罪率は上がりこそすれ、下がることはない。一方、一夫多妻社会の既婚男性のテストステロンが低下することもないだろう。なぜなら、一夫一婦社会の既婚男性とは違って、結婚後も公然と積極的に結婚市場に参入し、テストステロンを高濃度に保ちながら恋愛相手を追い続けるからである。

こうしてみると、一夫一婦制には、テストステロンの社会的抑制システムのような機能があるのかもしれない。前述のとおり、このような心理学的効果にこそ、この異例の結婚規範が過去数百年間に世界中に広まった理由があるのかもしれない[16]。

テクノロジー面について見ると、第16章で述べたように、多くの人が高い読み書き能力をもつようになったのは、人類史上、比較的最近のことだ。読み書き能力を獲得したことによって、脳の神経回路の再配線がなされ、その結果、言語性情報の保持時間が長くなって、音声言語に関わる脳領域の活動が高まり、逆に、脳の中で顔認識に関わる領域がいくぶん縮小することになった。

表記体系の細かな特徴がヒトの脳の遺伝的構造に適合していたことは明らかだが、文字認識能力が出現し、それとともに神経回路が変化していったことの重要性をよく考えてみる必要がある。プロテスタンティズムの教義とともに急速に広まった宗教的信念と、産業革命の先駆けとなった輪転印刷機とによって文字が広く社会に普及したわけだが、その文字の普及によって大勢の人々の脳に変化が生じ、人類史上初めてヨーロッパにおいて、読み書き能力をもつ多数の人々の間に文化伝達経路が開かれたのである。その結果、集団脳が急激に拡大していった。

この知見をどう役立てていくか？

政治家や、企業や軍隊のトップ、あるいはエコノミストたちが、新たな法律、組織、政策、テロ対策などを立案するときにはどうしても、人間の本性について暗黙の前提を土台にしてしまう。このような前提はたいがい、本人の人生経験や、個人的な考え、そして世間に流布している信念（その生みの親は啓蒙思想家の無責任な空想）に根ざしているのだが、こうした前提の影響力は無視できない。いくつかの例を見てみよう。

二〇〇三年、イラクにおいてアメリカ軍が勝利した直後には、独裁者サダム・フセインの圧制から解放して欧米流のピカピカの政治経済制度を提示すれば、イラク人はすぐにこうした制度を採用してオハイオ州民のように行動するようになるだろうと、多くのアメリカ人が考えていた。[17] しかし、実際にはそうはならなかった。それは一つには、新たな公式の制度や組織が、イラクの人々の社会規範や、非公式な慣行、そして文化に根ざした心理に合っていなかったからだろう。文化の重要性を見落としていたのだ。

致死性下痢症、マラリア、あるいは性行為感染症の患者を減らそうとして、公衆衛生の専門家は長いこと「教育」の必要性を強調してきた。人々は事実を知りさえすれば理に適った行動を取るはずだ――つまり、トイレで用を足し、手を洗い、蚊帳《かや》を吊り、コンドームを使うだろう――というのが多くの専門家の考えだ（だった）。ところが実際には、人々に「事実」を伝えて「教育」しても、効果はなかなか挙がらなかった。それは一つには、人間は、それぞれの社会の習慣を身につけ、社会規範に対応するように進化してきた、選択的な文化習得者だからなのだ。こうした教育の現場では、フレーミング効果の重要性も議論されてきた。つまり、同じことを伝えるにしても、改善しなかった場合の不利益を示すのと、改善した場合の利益を示すのとでは、効果が違ってくるという。しかし、このような簡単な因果モデル（「事実」）は、習慣や社会規範の添えものにしかならず、すでに身についている習慣や社会規範を強化するときにだけ必要とされるのである。[18]

イスラエル北西部の町ハイファでは、託児所に預けた子どもを、親が約束の時間に引き取りに来ないので困っていた。そこで、六か所の託児施設では、経済学の処方箋に従って、遅刻した親には罰金を科すことにした。人間は誘因《インセンティブ》に反応するのだとしたら、罰金を科せば、遅刻する親は減少するはずである。ところが実際には、遅刻する親の割合が二倍に増えてしまった。それから三か月後、罰金制度は廃止されたが、遅刻傾向はそのまま変わらず、罰金を科す前のレベルに戻ることはなかった。つまり、罰金制度が事態を悪化させてしまったのである。

どうやら、罰金を科したことによって、暗黙の規範に変化が生じたらしい。それまでは、時間を守らなかったことを恥じ、託児所スタッフに申し訳ないと思っていた人々が、遅刻しても延長保育をお金で買えるのだと考えるようになってしまったのだ。遅刻を減らすためには、罰金を科すのではなく、明示的な規範を定めて時間遵守を徹底させるとともに、親と託児所スタッフの人間関係を深めていくべきだったのである。(19)

なぜ、こうした失敗を犯してしまうのだろう？　それは、人間はみな、世界を同じように捉え、同じことを望み、信念（世界に関する「事実」）に基づいてそれを追求し、新たな情報や体験を同じように受け止める、という思い込みがあるからなのだ。私たちはもう、こうした思い込みがすべて誤りであることを知っている。

第14章では、東アジア人とヨーロッパ系アメリカ人とでは、知覚判断に差があることを取り上げた。脳活動が高まる知覚課題（つまり苦手とする知覚課題）が両者では異なるのである。

第8章では、アンジェリーナ・ジョリーの特集記事をきっかけに、イギリスからニュージーランドまでの多くの医療機関に、遺伝子検査を求める女性たちが殺到した理由について考えた。乳がんや遺伝子検査についての知識を深めるわけではない記事が、こうした行動を駆り立てたのである。

また、第14章で見たように、オフィスの狭い廊下で尻をぶつけられても、アメリカ合衆国北部の男性ならそのままやり過ごすのに、最南部《ディープサウス》で育った男性はすぐにカッときて、けんかや暴力沙汰になりやすい。北部出身者は、南部でしばらく暮らした経験がないかぎり、南部出身のクラスメートの行動を予測するのは難しいのではないだろうか。

第11章では、社会規範が、無意識に働く動機づけ要因となって、文字どおり、ヒトの脳の配線に組み込まれていることを見てきた。

ヒトは文化的な動物なのだということを理解すれば、新たな組織、政策、制度を立案する際の方向性もまったく違ってくる。本書から導かれるポイントを八項目にまとめておく。

①ヒトは適応力の高い文化学習者であり、同じ共同体の他者から、アイデア、信念、価値基準、社会規範、動機、世界観などを学んで身につける。その際には、名声、実績、性別、方言、民族性などを手がかりにして模倣すべきモデルを選び、食物、性行動、危険、規範違反などに関わる領域に特に注意を向けて学ぶ。こうした傾向はとりわけ、不確実な環境下にあるとき、事態が切迫しているとき、ストレス下にあるときに強まる。第4章で取り上げた、著名人の自殺報道後に後追い自殺が多発する現象は、ヒトの模倣傾向がどれほど強いかを教えてくれる。

②しかし、ヒトは何でも無節操に模倣するわけではない。なじみのない物を食べる、あるいは死後の世界を信じるなど、コストを伴う習慣や非直感的な信念を採用するには、信憑性ディスプレイ（CRED）を必要とする。つまり、手本となる人が、激しい苦痛や大きな財政的痛手などに耐え、身をもってその信憑性を示す必要があるのだ。CREDは、苦痛を快感に変え、殉教者を最強の文化伝達者にする力をもっている。

③ヒトは、高いステータス（社会的地位）を求めるが、その決め手となるのがプレスティージ（信望・名声）だ。しかし、プレスティージを高める行動や行為はさまざまで、勇猛果敢な戦士にも、清貧従順な尼僧にも、高いプレスティージを得ている者がいる。たとえば、聖アンブロシウスの場合。彼は、古代末期の帝政ローマの富裕層に対し、貧しい人々に自分の富を分け与えよと説いた。惜しみなく与えさえすれば、天国に召されるに値することが証明されるというのだ。もちろん、聖アンブロシウスはこの活動を始める前に、巨額の私財のほとんどを人々に分け与えている（CREDの一例）。

④社会規範を習得するとたいてい、動機が内面化されて、世界の見方（ひいては注意の向け方や記憶の仕方）が変わり、他者に対する判断や処罰の基準も変わってくる。人々の選好や動機は常に一定ではないので、政策や事業計画の立て方しだいで、人々が無意識かつ直感的に欲するものを変えることができる。

⑤ヒトの生得的心理にうまくはまると、社会規範はとりわけ強い力を発揮し、廃れることなくいつまでも維持される。しかし、そうでないものは定着しにくく、たとえば、外国人を公正に扱うことを求める社会規範は、母親に子どもの世話を義務づける社会規範に比べて、広めるのも維持するのもはるかに難しい。本書の随所で取り上げた規範はいずれも、ヒトのさまざまな生得的心理をうまく利用している。血縁者びいき、近親相姦に対する嫌悪、助け合いの精神、肉を避ける傾向、つがい形成の欲求などである。すでに見たように、儀式もまた、ヒトの生得的心理の諸側面に強く訴えるよう、文化によって生み出されたものだ。

⑥イノベーションの成否はひとえに、集団脳を拡大できるかどうかにかかっている。そして、集団脳をどれほど拡大できるかは、新たなアイデア、信念、洞察、習慣をどんどん生み出して、

互いに共有し、いろいろ組み合わせることを促すような、社会規範や制度を構築し、人々の心理を醸成できるかどうかにかかっている。

⑦ヒトの社会はそれぞれ、社会規範も、制度も、言語も、テクノロジーもまったく異なり、当然ながら、物の考え方も、経験的な判断も、動機づけも、情緒反応もそれぞれ異なる。それゆえ、よそから公式な制度をもってきて押しつけても、その社会にうまくなじまない。したがって、そうしたお仕着せの制度を導入しても思惑どおりには行かず、効果はおそらくまったく上がらない。

⑧ヒトは、効果的な制度や組織を意図的に作り上げるのが苦手だ。しかし、ヒトの本性や文化進化についての理解が深まるにつれて、それが克服されていくと私は思っている。それまでの間、私たちは文化進化の作戦に倣って「多様化と選択の手法」をとるべきだろう。さまざまな制度や組織を互いに競わせるのだ。役に立たないものは駆逐され、優れたものだけが残っていくうちに何らかの道が開けてくるに違いない。

人間の生の営みについて、さらに理解を深めていくためには、これまでになかったタイプの新しい進化学が必要とされている。それは、ヒトの心理、生理、文化、歴史、そして遺伝子の間の、多様な相互作用と共進化に焦点を当てた進化学である。この未踏の科学の行く手には、幾多の障害や陥穽《かんせい》が待ち受けているに違いない。しかし、新たなタイプの動物を理解しようとする私たちにはきっと、未知なる領域に踏み込んでいく心躍る旅が約束されているはずだ。

訳者あとがき

私たちヒトは、この地球上で他に類を見ないとてもユニークな動物だ。その遺伝的進化の最大の駆動力となってきたのは文化である、という考えのもと、なぜヒトはそのような独自の進化の道を歩むことができたのか、それはいったいどの時点からなのかという、いわば人類の起源、人類の誕生の秘密に迫ろうとするのが本書である。

本書の原題は『The Secret of Our Success: How Culture Is Driving Human Evolution, Domesticating Our Species, and Making Us Smarter』。著者ジョセフ・ヘンリックは、ハーバード大学人類進化生物学教授兼ブリティッシュコロンビア大学心理学部・経済学部教授である。航空宇宙工学と人類学の学士の学位を取得後、航空機メーカーのエンジニアとして二年間勤務。その後一九九三年からカリフォルニア大学ロサンゼルス校で人類学を学び直し、修士号および博士号を取得した。そうした学際的な経歴と知識をもつ著者らしく、本書では、その二〇年間にわたる研究の成果と、人類学、考古学、民族誌学、言語学、行動経済学、心理学、進化生物学、遺伝学、神経科学、スポーツ科学など、広範な分野の最新の知見をもとに緻密に理論を展開していく。取り上げる材料は、ヨーロッパ人探検家の苦闘の記録、移動性狩猟採集民の生活、チンパンジーや人間での実験、太古の人類の化石や石器、ヒトゲノム、経済ゲーム等々、多岐にわたる。

本書ではまず、ヒトの体の構造や生理、さらには心理や行動までもが、文化に駆動される長い遺伝的進化の道を歩むなかで形成されてきたもの、すなわち「文化－遺伝子共進化」の産物であることを徹底的に検証する。文化を考慮せずにヒトの特性を理解しようとすることは、魚が水中で適応進化してきたことを無視して魚の進化を研究するようなものだという。ここでいう「文化」には、道具、技術、経験則、習慣、規範、動機、価値観、信念など、成長過程で他者から学ぶなどして後天的に獲得される、ありとあらゆるものが含まれる。ヒトという動物がいかに文化的な種であるか、つまり、文化を装備することで生態環境に適応してきた種であるかということをとことん思い知らされる。

文化進化の産物が、ヒトの解剖学的構造や生理機能を変化させていったということは比較的理解しやすい。たとえば、加熱調理のための火や切断用具などを得て、消化機能がアウトソーシングされたことで、歯が小さく、消化管が短くなり、解毒能力が低くなった。あるいは、水容器を得たことで持久狩猟が可能になり、その結果、長距離走に適応した身体が形成されていった、など枚挙にいとまがない。

けれども、ヒトの心理や行動までもが文化によって形成されてきたとはどういうことなのだろう。それを考える際のポイントとなるのが、「長い年月の間に文化として代々受け継がれてきた大量の情報は、一個人が一生かけても考え出すことができないほど優れた知恵に満ちている」という事実である。

ヒトは賢そうに見えるし、たしかに賢い。けれどもそれは、生まれつき個々人の脳に備わっている発明の才や創造力によるのではなく、「祖先代々受け継がれてきた知識や技術や習慣など、膨大な文化遺産の宝庫から、知的アプリケーションをふんだんにダウンロードして利用しているから」なのだと著者は言う。たとえば、十進法、分数、三次元座標、時間区分、左右の概念、基本色名、表記体系、滑車、車輪、てこの原理等々。こうした精巧な知的ツールが脳内にインストールされているおかげで、私たちは生得的能力をはるかに超える能力を発揮することができるのだという。子どもたちはよく、なぜ勉強しなくてはならないの？と問うが、この事実を認識すれば、学ぶことの意味を十分に納得するのではないだろうか。

もちろん、価値ある文化的情報は、こうした知的ツールだけにとどまらない。長い年月の間に、動植物に関する知識なども含め、その地域での生存や繁殖に有利なありとあらゆる情報が蓄積されて、優れた「集団脳」と呼ぶべきものができあがっていく。そうなると、試行錯誤を繰り返しながら自分で工夫するよりも、すでに適応的なスキルや習慣を身につけている他者を模倣する「社会的学習」のほうが圧倒的に有利な状況が生み出される。そのような状況下で、ヒトの模倣行動にますます磨きがかけられるとともに、手本にすべき人物、つまり成功実績や名声のある人物を敬おうとするプレスティージ心理や、それに伴う社会的地位（ステータス）といったものが生まれ、さらに一連の社会規範ができあがっていく。協力行動や、親族関係、集団の調和維持などに関する社会規範を犯した者には悪評などの制裁が加えられ、規範を守る者には報酬が与えられるうちに、ヒトに規範心理が植えつけられていった。そして、集団を利する社会規範をもつ集団のほうが、他集団との競争で有利になるために、ますますこうした傾向に拍車がかかり、人類の「自己家畜化」が進んだのだと著者は説明する。

私たちはつい、自分の頭で考えずに、権威者の意見になびいたり、多数派に同調してしまったりする。うわさ話が好きで、世間の目や評判を気にしてしまう。しきたりや人間関係のしがらみから自由になりたいと思いながら、それに縛られてしまうこともある。けれども、このような性質は、長い進化の歴史のなかで培われてきた、ヒトという動物の特性なのだと認識すると、今までとは少し違った見方ができるような気がする。

そしていよいよ本書の最後で、著者が「始動時の問題」と呼ぶ難問に挑む。

文化がある程度まで蓄積されてくると、高い社会的学習能力をもつ個体が自然選択において有利になり、そうした個体によって、ますます文化が蓄積されていく。著者によると、ヒトでは文化と遺伝子がともに進化してきたのだが、初期の段階では、遺伝子レベルの進化を引き起こすほど文化が蓄積された状況というのはなかなか生まれない。わざわざ習得するほどの文化が十分まわりになければ、脳を大きくしてもコスト倒れに終わってしまい、当然、ヒトの遺伝的進化はなかなか進まない。では、その一番初めの、脳容積の拡大に見合うだけの文化的情報が蓄えられている状態、というのはいかにして生み出されたのだろうか？　人類が、文化に駆動される遺伝的進化の道に踏み出したときに突破したこの一線を、著者は「進化のルビコン川」と呼んでいる。ヒト以外のどんな現生種も越えることができなかったこのルビコン川を、人類はどのようにして渡ったのだろうか？　互いに絡み合う二つ進化プロセスでこれを説明しようとする、著者の仮説が披露される。

私たちは現在、装備している文化の質と量からみても、また、集団脳の規模拡大の鍵とされる人々の結びつき度合いからみても、これまでとはまったく異なるレベルに達しようとしている。私たちはこの先、いったいどこに向かうのだろう。ヒトと文化の緊密な関わり合いの歴史を振り返り、人間の本性を深く掘り下げていく本書は、私たちの未来を考える上で大きな力になってくれるに違いない。

最後になりますが、翻訳に当たってひとかたならぬお世話になりました白揚社編集部の筧貴行様に深く感謝申し上げます。

二〇一九年五月

今西康子

図 12.3 Adapted from Muthukrishna et al, 2014.

図 13.1 William Tomkins. *Indian Sign Language*. Dover Publications, 1931. Reprinted with kind permission of Dover Publications.

図 14.1 Sylvanus Griswold Morley. "An Introduction to the Study of the Maya Hieroglyphs." *Smithsonian Institution Bureau of American Ethnology, Bulletin* 57. Washington DC: Washington Government Printing Office, 1915.

図 14.3 Adapted from Hedden et al, 2008.

図 14.4 Redrawn from Phillips, Ruth, and Wagner, 1993.

図 15.1 Reproduced by kind permission of the KGA Research Project. Originall published in *PNAS*, 2013, Beyene et al. Figure S1.

図版クレジット

図 2.1　Source: Museum Victoria.

図 2.2　Drawn from data in Herrmann et al., 2007.

図 2.3　Reprinted from *Current Biology,* 17/23. Sana Inoue and Tetsuro Matsuzawa. "Working memory of numerals in chimpanzees." R10004-R1005. Copyright 2007, with permission from Elsevier.

図 2.4　Redrawn from "Chimpanzee choice rates in competitive games match equilibrium game theory predictions." Christopher Flynn Martin, Rahul Bhui, Peter Bossaerts, Tetsuro Matsuzawa, Colin Camerer. *Scienctific Reports,* Jun, 2014. Published by Nature Publishing Group.

図 3.1　Museum of Cultural History, University of Oslo / Photographers: Anette Slettnes and Nina Wallin Hansen.

図 3.2　Painting by Scott Melbourne. In William John Wills, *Successful Exploration through the Interior of Australia from Melbourne to the Gulf of Carpentaria. From the Journals and Letters of William John Wills.* Edited by his father, William Wills. London: Richard Bently, 1863.

図 6.1　Reprinted from *The American Journal of Human Genetics,* 84.1, Borinskaya et al., "Distribution of the Alcohol Dehydrogenase ADH18*47His Allele in Eurasia." 89–92. Copyright c 2009 The American Society of Human Genetics, with permission from Elsevier Ltd. and the American Society of Human Genetics.

図 6.2　Gerbault et al., "Evolution of lactase persistence: An example of human niche construction." *Philosophical Transactions B,* 2011, 366, 1566, by permission of the Royal Society.

図 7.1　Redrawn from Dufour, 1994.

図 8.1　Copyright 2004 Studio Southwest, Bob Willingham.

図 9.1　Redrawn from Hill et al., 2011.

図 10.1　Redrawn from Evans, 2005.

図 11.1　"Young Children Enforce Social Norms." Marco F. H. Schmidt, Michael Tomasello, *Current Directions in Psychological Science* (21:4). Copyright c 2012 by the Association for Psychological Science. Reprinted by Permission of SAGE Publications.

図 11.2　Redrawn from Rand, Greene, and Nowak, 2012.

図 11.3　Adapted by permission from Macmillan Publishers, Ltd.: *Nature* ("Spontaneous giving and calculated greed." David G. Rand, Joshua D. Greene, Martin A. Nowak. September 19, 2012.). Copyright 2012.

図 11.4　Paul Kane. *Caw-Wacham.* About 1848, oil on canvas. The Montreal Museum of Fine Arts, purchase, William Gilman Cheney, bequest. Photo: The Montreal Museum of Fine Arts, Christine Guest.

図 12.2　Adapted from Kline 2010, #9767.

Wray, A., and G. W. Grace. 2007. "The consequences of talking to strangers: Evolutionary corollaries of socio-cultural influences on linguistic form." *Lingua* 117 (3):543–578.

Xu, J., M. Dowman, and T. L. Griffiths. 2013. "Cultural transmission results in convergence towards colour term universals." *Proceedings of the Royal Society B: Biological Sciences* 280 (1758).

Xygalatas, D., P. Mitkidis, R. Fischer, P. Reddish, J. Skewes, A. W. Geertz, A. Roepstorff, and J. Bulbulia. 2013. "Extreme rituals promote prosociality." *Psychological Science* 24 (8):1602–1605.

Yellen, J. E., A. S. Brooks, E. Cornelissen, M. J. Mehlman, and K. Stewart. 1995. "A Middle Stone Age worked bone industry from Katanda, Upper Semliki Valley, Zaire." *Science* 268:553–556.

Young, D., and R. L. Bettinger. 1992. "The Numic spread: A computer simulation." *American Antiquity* 57 (1):85–99.

Zahn, R., R. de Oliveira-Souza, I. Bramati, G. Garrido, and J. Moll. 2009. "Subgenual cingulate activity reflects individual differences in empathic concern." *Neuroscience Letters* 457 (2):107–110.

Zaki, J., and J. P. Mitchell. 2013. "Intuitive prosociality." *Current Directions in Psychological Science.*

Zaki, J., J. Schirmer, and J. P. Mitchell. 2011. "Social influence modulates the neural computation of value." *Psychological Science* 22 (7):894–900.

Zesch, S. 2004. *The Captured: A True Story of Indian Abduction on the Texas Frontier.* New York: St. Martin's Press.

Zink, K. D., D. E. Lieberman, and P. W. Lucas. 2014. "Food material properties and early hominin processing techniques." *Journal of Human Evolution* 77 (0):155–166. http://dx.doi.org/10.1016/j.jhevol.2014.06.012.

Zmyj, N., D. Buttelmann, M. Carpenter, and M. M. Daum. 2010. "The reliability of a model influences 14-month-olds' imitation." *Journal of Experimental Child Psychology* 106 (4):208–220. http://dx.doi.org/10.1016/j.jecp.2010.03.002.

sava in a Tukanoan Indian settlement in the northwestern Amazon." *Economic Botany* 56 (1):49–57.

Wiltermuth, S. S., and C. Heath. 2009. "Synchrony and cooperation." *Psychological Science* 20 (1):1–5.

Wolf, A. P. 1995. *Sexual Attraction and Childhood Association: A Chinese Brief for Edward Westermarck*. Stanford, CA: Stanford University Press.

Wolf, T. M. 1973. "Effects of live modeled sex-inappropriate play behavior in a naturalistic setting." *Developmental Psychology* 9 (1):120–123.

———. 1975. "Influence of age and sex of model on sex-inappropriate play." *Psychological Reports* 36 (1):99–105.

Wolff, P., D. L. Medin, and C. Pankratz. 1999. "Evolution and devolution of folkbiological knowledge." *Cognition* 73 (2):177–204.

Woodburn, J. 1982. "Egalitarian societies." *Man* 17 (3):431–451.

———. " 'Sharing is not a form of exchange': An analysis of property-sharing in immediate-return hunter-gatherer societies." In *Property Relations*, edited by C. M. Hann, 48–237. Cambridge: Cambridge University Press.

Woodman, D. C. 1991. *Unravelling the Franklin Mystery Inuit Testimony*. Montreal: McGill-Queen's University Press.

Woollett, K., and E. A. Maguire. 2009. "Navigational expertise may compromise anterograde associative memory." *Neuropsychologia* 47 (4):1088–1095.

———. 2011. "Acquiring 'the knowledge' of London's layout drives structural brain changes." *Current Biology* 21 (24):2109–2114.

Woollett, K., H. J. Spiers, and E. A. Maguire. 2009. "Talent in the taxi: A model system for exploring expertise." *Philosophical Transactions of the Royal Society B: Biological Sciences* 364 (1522):1407–1416.

Woolley, A. W., C. F. Chabris, A. Pentland, N. Hashmi, and T. W. Malone. 2010. "Evidence for a collective intelligence factor in the performance of human groups." *Science* 330 (6004):686–688.

World Bank Group. 2015. *Mind, Society and Behavior*. World Development Report 2015. Washington DC: World Bank.

Wrangham, R. W. 2009. *Catching Fire: How Cooking Made Us Human*. New York: Basic Books. 〔リチャード・ランガム『火の賜物—ヒトは料理で進化した』依田卓巳訳、NTT 出版〕

Wrangham, R., and R. Carmody. 2010. "Human adaptation to the control of fire." *Evolutionary Anthropology* 19 (5):187–199.

Wrangham, R., and N. Conklin-Brittain. 2003. " Cooking as a biological trait.' " *Comparative Biochemistry and Physiology A: Molecular & Integrative Physiology* 136 (1):35–46.

Wrangham, R., Z. Machanda, and R. McCarthy. 2005. "Cooking, time-budgets, and the sexual division of labor." *American Journal of Physical Anthropology*:226–227.

Wrangham, R. W., and L. Glowacki. 2012. "Intergroup aggression in chimpanzees and war in nomadic hunter-gatherers evaluating the chimpanzee model." *Human Nature* 23 (1):5–29.

Philosophical Transactions of the Royal Society B: Biological Sciences 362 (1480):603–620.
Whiting, M. G. 1963. "Toxicity of cycads." *Economic Botany* 17:271–302.
Wichmann, S., T. Rama, and E. W. Holman. 2011. "Phonological diversity, word length, and population sizes across languages: The ASJP evidence." *Linguistic Typology* 15:177–197.
Wiessner, P. 1982. "Risk, reciprocity and social influences on !Kung San economics." In *Politics and History in Band Societies*, edited by E. Leacock and R. B. Lee, 61–84. New York: Cambridge University Press.
———. 1998. "On network analysis: The potential for understanding (and misunderstanding) !Kung Hxaro." *Current Anthropology* 39 (4):514–517.
———. 2002. "Hunting, healing, and hxaro exchange—A long-term perspective on !Kung (Ju/'hoansi) large-game hunting." *Evolution and Human Behavior* 23 (6): 407–436.
———. 2005. "Norm enforcement among the Ju/'hoansi Bushmen—A case of strong reciprocity?" *Human Nature* 16 (2):115–145.
Wiessner, P., and A. Tumu. 1998. *Historical Vines*. Smithsonian Series in Ethnographic Inquiry, edited by William Merrill and Ivan Karp. Washington DC: Smithsonian Institution Press.
Wiley, A. S. 2004. " 'Drink milk for fitness': The cultural politics of human biological variation and milk consumption in the United States." *American Anthropologist* 106 (3):506–517.
Wilkins, J., and M. Chazan. 2012. "Blade production similar to 500 thousand years ago at Kathu Pan 1, South Africa: Support for a multiple origins hypothesis for early Middle Pleistocene blade technologies." *Journal of Archaeological Science* 39 (6):1883–1900.
Wilkins, J., B. J. Schoville, K. S. Brown, and M. Chazan. 2012. "Evidence for early hafted hunting technology." *Science* 338 (6109):942–946.
Willard, A. K., J. Henrich, and A. Norenzayan. n.d. "The role of memory, belief, and familiarity in the transmission of counterintuitive content." Unpublished manuscript. http://coevolution.psych.ubc.ca/pdfs/AKWillard_CogSci_Total.pdf.
Williams, T. I. 1987. *The History of Invention*. New York: Facts on File.
Wills, W. J., W. Wills, and G. Farmer. 1863. *A Successful Exploration through the Interior of Australia, from Melbourne to the Gulf of Carpentaria*. London: R. Bentley.
Wilson, D. S. 2005. "Evolution for everyone: How to increase acceptance of, interest in, and knowledge about evolution." *Plos Biology* 3 (12):2058–2065.
Wilson, D. S., and E. O. Wilson. 2007. "Rethinking the theoretical foundation of sociobiology." *Quarterly Review of Biology* 82 (4):327–348.
Wilson, E. O. 2012. *The Social Conquest of Earth*. New York: Liveright.〔エドワード・O・ウィルソン『人類はどこから来て、どこへ行くのか』斉藤隆央訳、化学同人〕
Wilson, M. L., C. Boesch, T. Furuichi, I. C. Gilby, C. Hashimoto, G. Hohmann, N. Itoh, et al. 2012. "Rates of lethal aggression in chimpanzees depend on the number of adult males rather than measures of human disturbance." *American Journal of Physical Anthropology* 147:305–305.
Wilson, M. L., and R. W. Wrangham. 2003. "Intergroup relations in chimpanzees." *Annual Review of Anthropology* 32:363–392.
Wilson, W., and D. L. Dufour. 2002. "Why 'bitter' cassava? Productivity of 'bitter' and 'sweet' cas-

of social learning in a periodically changing natural environment." *Theoretical Population Biology* 70 (4):486–497.
Wakano, J. Y., K. Aoki, and M. W. Feldman. 2004. "Evolution of social learning: A mathematical analysis." *Theoretical Population Biology* 66 (3):249–258.
Walden, T. A., and G. Kim. 2005. "Infants' social looking toward mothers and strangers." *International Journal of Behavioral Development* 29 (5):356–360.
Walker, R. S., M. V. Flinn, and K. R. Hill. 2010. "Evolutionary history of partible paternity in lowland South America." *Proceedings of the National Academy of Sciences, USA* 107 (45):19195–19200. doi:10.1073/pnas.1002598107.
Ward, C. V., M. W. Tocheri, J. M. Plavcan, F. H. Brown, and F. K. Manthi. 2013. "Earliest evidence of distinctive modern human-like hand morphology from West Turkana, Kenya." *American Journal of Physical Anthropology* 150:284–284.
———. 2014. "Early Pleistocene third metacarpal from Kenya and the evolution of modern human-like hand morphology." *Proceedings of the National Academy of Sciences, USA* 111 (1):121–124.
Wasserman, I. M., S. Stack, and J. L. Reeves. 1994. "Suicide and the media: *The New York Times*'s presentation of front-page suicide stories between 1910 and 1920." *Journal of Communication* 44 (2):64–83.
Watts, D. J. 2011. *Everything Is Obvious*: How Common Sense Fails Us*. New York: Crown Business.〔ダンカン・ワッツ『偶然の科学』青木創訳、早川書房〕
Webb, W. P. 1959. *The Great Plains*. Waltham, MA: Blaisdell.
Webster, M. A., and P. Kay. 2005. "Variations in color naming within and across populations." *Behavioral and Brain Sciences* 28 (4):512–513.
Wertz, A. E., and K. Wynn. 2014a. "Selective social learning of plant edibility in 6-and 18-month-old infants." *Psychological Science* 25 (4):874–882.
———. 2014b. "Thyme to touch: Infants possess strategies that protect them from dangers posed by plants." *Cognition* 130 (1):44–49.
White, T. D., B. Asfaw, Y. Beyene, Y. Haile-Selassie, C. O. Lovejoy, G. Suwa, and G. WoldeGabriel. 2009. "*Ardipithecus ramidus* and the paleobiology of early hominids." *Science* 326 (5949):75–86.
Whitehouse, H. 1996. "Rites of terror: Emotion, metaphor and memory in Melanesian initiation cults." *Journal of the Royal Anthropological Institute* 2 (4):703–715.
———. 2004. *Modes of Religiosity: A Cognitive Theory of Religious Transmission*. Lanham, MD: Altamira Press.
Whitehouse, H., and J. A. Lanman. 2014. "The ties that bind us: Ritual, fusion, and identification." *Current Anthropology* 55 (6):674–695. doi:10.1086/678698.
Whitehouse, H., B. McQuinn, M. Buhrmester, and W. B. Swann. 2014. "Brothers in arms: Libyan revolutionaries bond like family." *Proceedings of the National Academy of Sciences, USA* 111 (50):17783–17785. doi:10.1073/pnas.1416284111.
Whiten, A., and C. P. van Schaik. 2007. "The evolution of animal 'cultures' and social intelligence."

Science 299:102–105.

van Schaik, C. P., and J. M. Burkart. 2011. "Social learning and evolution: the cultural intelligence hypothesis." *Philosophical Transactions of the Royal Society B: Biological Sciences* 366 (1567):1008–1016. doi:10.1098/rstb.2010.0304.

van Schaik, C. P., K. Isler, and J. M. Burkart. 2012. "Explaining brain size variation: from social to cultural brain." *Trends in Cognitive Sciences* 16 (5):277–284.

van Schaik, C. P., and G. R. Pradhan. 2003. "A model for tool-use traditions in primates: implications for the coevolution of culture and cognition." *Journal of Human Evolution* 44:645–664.

VanderBorght, M., and V. K. Jaswal. 2009. "Who knows best? Preschoolers sometimes prefer child informants over adult informants." *Infant and Child Development* 18 (1):61–71.

van't Wout, M., R. S. Kahn, A. G. Sanfey, and A. Aleman. 2006. "Affective state and decision-making in the ultimatum game." *Experimental Brain Research* 169 (4): 564–568.

Ventura, P., T. Fernandes, L. Cohen, J. Morais, R. Kolinsky, and S. Dehaene. 2013. "Literacy acquisition reduces the influence of automatic holistic processing of faces and houses." *Neuroscience Letters* 554:105–109.

Vitousek, P. M., H. A. Mooney, J. Lubchenco, and J. M. Melillo. 1997. "Human domination of Earth's ecosystems." *Science* 277 (5325):494–499. doi:10.1126/science.277.5325.494.

von Rueden, C., M. Gurven, and H. Kaplan. 2008. "The multiple dimensions of male social status in an Amazonian society." *Evolution and Human Behavior* 29 (6): 402–415.

von Rueden, C., M. Gurven, and H. Kaplan. 2011. "Why do men seek status? Fitness payoffs to dominance and prestige." *Proceedings of the Royal Society B: Biological Sciences* 278 (1715):2223–2232.

Vonk, J., S. F. Brosnan, J. B. Silk, J. Henrich, A. S. Richardson, S. P. Lambeth, S. J. Schapiro,and D. J. Povinelli. 2008. "Chimpanzees do not take advantage of very low cost opportunities to deliver food to unrelated group members." *Animal Behaviour* 75:1757–1770.

Voors, M. J., E. E. M. Nillesen, P. Verwimp, E. H. Bulte, R. Lensink, and D. P. Van Soest. 2012. "Violent conflict and behavior: A field experiment in Burundi." *American Economic Review* 102 (2):941–964.

Wade, N. 2009. *The Faith Instinct: How Religion Evolved and Why It Endures*. New York: Penguin Press.〔ニコラス・ウェイド『宗教を生みだす本能―進化論からみたヒトと信仰』依田卓巳訳、NTT 出版

———. 2014. *A Troublesome Inheritance: Genes, Race, and Human History*. New York: Penguin Press. 〔ニコラス・ウェイド『人類のやっかいな遺産―遺伝子、人種、進化の歴史』山形浩生、守岡桜訳、晶文社〕

Wadley, L. 2010. "Compound-adhesive manufacture as a behavioral proxy for complex cognition in the Middle Stone Age." *Current Anthropology* 51:S111-S119.

Wadley, L., T. Hodgskiss, and M. Grant. 2009. "Implications for complex cognition from the hafting of tools with compound adhesives in the Middle Stone Age, South Africa." *Proceedings of the National Academy of Sciences, USA* 106 (24): 9590–9594.

Wakano, J. Y., and K. Aoki. 2006. "A mixed strategy model for the emergence and intensification

Mind, edited by J. Barkow, L.Cosmides, and J. Tooby, 19–136. New York: Oxford University Press.

Toth, N., and K. Schick. 2009. "The Oldowan: The tool making of early hominins and chimpanzees compared." *Annual Review of Anthropology* 38:289–305. doi:10.1146/annurev-anthro-091908–164521.

Tracy, J. L., and D. Matsumoto. 2008. "The spontaneous expression of pride and shame: Evidence for biologically innate nonverbal displays." *Proceedings of the National Academy of Sciences, USA* 105 (33):11655–11660. doi:10.1073/pnas.0802 686105.

Tracy, J. L., and R. W. Robins. 2008. "The nonverbal expression of pride: Evidence for cross-cultural recognition." *Journal of Personality and Social Psychology* 94 (3): 516–530.

Tracy, J. L., R. W. Robins, and K. H. Lagattuta. 2005. "Can children recognize pride?" *Emotion* 5 (3):251–257.

Tracy, J. L., A. F. Shariff, W. Zhao, and J. Henrich. 2013. "Cross-cultural evidence that the pride expression is a universal automatic status signal." *Journal of Experimental Psychology-General* 142:163–180.

Tubbs, R. S., E. G. Salter, and W. J. Oakes. 2006. "Artificial deformation of the human skull: A review." *Clinical Anatomy* 19 (4):372–377.

Turchin, P. 2005. *War and Peace and War: The Life Cycles of Imperial Nations*. New York: Pearson Education.

———. 2010. "Warfare and the evolution of social complexity: A multilevel-selection approach." *Structure and Dynamics* 4 (3). http://escholarship.org/uc/item/7j11945r.

Tuzin, D. 1976. *The Ilahita Arapesh*. Berkeley: University of California Press.

———. 2001. *Social Complexity in the Making: A Case Study among the Arapesh of New Guinea*. London: Routledge.

Tylleskar, T., M. Banea, N. Bikangi, R. D. Cooke, N. H. Poulter, and H. Rosling. 1992. "Cassava cyanogens and konzo, an upper motoneuron disease found in Africa." *Lancet* 339 (8787):208–211.

Tylleskar, T., M. Banea, N. Bikangi, L. Fresco, L. A. Persson, and H. Rosling. 1991. "Epidemiologic evidence from Zaire for a dietary etiology of konzo, an upper motor-neuron disease." *Bulletin of the World Health Organization* 69 (5):581–589.

Tylleskar, T., W. P. Howlett, H. T. Rwiza, S. M. Aquilonius, E. Stalberg, B. Linden, A. Mandahl, H. C. Larsen, G. R. Brubaker, and H. Rosling. 1993. "Konzo—A distinct disease entity with selective upper motor-neuron damage." *Journal of Neurology Neurosurgery and Psychiatry* 56 (6):638–643.

Valdesolo, P., and D. DeSteno. 2011. "Synchrony and the social tuning of compassion." *Emotion* 11 (2):262–266.

Valdesolo, P., J. Ouyang, and D. DeSteno. 2010. "The rhythm of joint action: Synchrony promotes cooperative ability." *Journal of Experimental Social Psychology* 46 (4):693–695.

van Schaik, C. P., M. Ancrenaz, B. Gwendolyn, B. Galdikas, C. D. Knott, I. Singeton, A. Suzuki, S. S. Utami, and M. Merrill. 2003. "Orangutan cultures and the evolution of material culture."

Sutton, M. Q. 1986. "Warfare and expansion: An ethnohistoric perspective on the Numic spread." *Journal of California and Great Basin Anthropology* 8 (1):65–82.

———. 1993. "The Numic expansion in Great Basin Oral Tradition." *Journal of California and Great Basin Anthropology* 15 (1):111–128.

Suwa, G., B. Asfaw, R. T. Kono, D. Kubo, C. O. Lovejoy, and T. D. White. 2009. "The *Ardipithecus ramidus* skull and its implications for hominid origins." *Science* 326 (5949).

Szwed, M., F. Vinckier, L. Cohen, and S. Dehaene. 2012. "Towards a universal neurobiological architecture for learning to read." *Behavioral and Brain Sciences* 35 (5):308–309.

Tabibnia, G., A. B. Satpute, and M. D. Lieberman. 2008. "The sunny side of fairness—Preference for fairness activates reward circuitry (and disregarding unfairness activates self-control circuitry)." *Psychological Science* 19 (4):339–347.

Talhelm, T., X. Zhang, S. Oishi, C. Shimin, D. Duan, X. Lan, and S. Kitayama. 2014. "Large-scale psychological differences within China explained by rice versus wheat agriculture." *Science* 344 (6184):603–608.

Testart, A. 1988. "Some major problems in the social anthropology of hunter-gatherers." *Current Anthropology* 29 (1):1–31.

Thompson, J., and A. Nelson. 2011. "Middle childhood and modern human origins." *Human Nature* 22 (3):249–280. doi:10.1007/s12110–011–9119–3.

Thomsen, L., W. E. Frankenhuis, M. Ingold-Smith, and S. Carey. 2011. "Big and mighty: Preverbal infants mentally represent social dominance." *Science* 331 (6016):477–80. doi:10.1126/science.1199198.

Tolstrup, J. S., B. G. Nordestgaard, S. Rasmussen, A. Tybjaerg-Hansen, and M. Gronbaek. 2008. "Alcoholism and alcohol drinking habits predicted from alcohol dehydrogenase genes." *Pharmacogenomics Journal* 8 (3):220–227.

Tomasello, M. 1999. *The Cultural Origins of Human Cognition*. Cambridge, MA: Harvard University Press.〔マイケル・トマセロ『心とことばの起源を探る―文化と認知』大堀壽夫・中澤恒子・西村義樹・本多啓訳、勁草書房〕

———. 2000a. "Culture and cognitive development." *Current Directions in Psychological Science* 9 (2):37–40.

———. 2000b. "Primate cognition: Introduction to the issue." *Cognitive Science* 24 (3):351–361.

———. 2010. *Origins of Human Communication*. Cambridge. MA: MIT Press.〔マイケル・トマセロ『コミュニケーションの起源を探る』松井智子・岩田彩志訳、勁草書房〕

Tomasello, M., R. Strosberg, and N. Akhtar. 1996. "Eighteen-month- old children learn words in non-ostensive contexts." *Journal of Child Language* 23 (1):157–176.

Tomblin, J. B., E. Mainela-Arnold, and X. Zhang. 2007. "Procedural learning in adolescents with and without specific language impairment." *Language Learning and Development* 3 (4):269–293. doi:10.1080/15475440701377477.

Tomkins, W. 1936. *Universal Sign Language of the Plains Indians of North America*. San Diego: Frye & Smith.

Tooby, J., and L. Cosmides. 1992. "The psychological foundations of culture." In *The Adapted*

Minugh-Purvis, and M. A. Mitchell. 2003. "Inactivating mutation in the MYH 16 'superfast' myosin gene abruptly reduced the size of the jaw closing muscles in a recent human ancestor." *Molecular Therapy* 7 (5):S106–S106.

Stedman, H. H., B. W. Kozyak, A. Nelson, D. M. Thesier, L. T. Su, D. W. Low, C. R. Bridges, J. B. Shrager, N. Minugh-Purvis, and M. A. Mitchell. 2004. "Myosin gene mutation correlates with anatomical changes in the human lineage." *Nature* 428 (6981):415–418.

Stenberg, G. 2009. "Selectivity in infant social referencing." *Infancy* 14 (4):457–473.

Sterelny, K. 2012a. *The Evolved Apprentice: How Evolution Made Humans Unique*. The Jean Nicod Lectures. Cambridge, MA: The MIT Press. 〔キム・ステレルニー『進化の弟子―ヒトは学んで人になった』田中泉吏・中尾央・源河亨・菅原裕輝訳、勁草書房〕

———. 2012b. "Language, gesture, skill: The co-evolutionary foundations of language." *Philosophical Transactions of the Royal Society B: Biological Sciences* 367 (1599):2141–2151.

Stern, T. 1957. "Drum and whistle languages—An analysis of speech surrogates." *American Anthropologist* 59 (3):487–506.

Stewart, K. M. 1994. "Early hominid utilization of fish resources and implications for seasonality and behavior." *Journal of Human Evolution* 27 (1–3):229–245.

Stout, D. 2002. "Skill and cognition in stone tool production—An ethnographic case study from Irian Jaya." *Current Anthropology* 43 (5):693–722.

———. 2011. "Stone toolmaking and the evolution of human culture and cognition." *Philosophical Transactions of the Royal Society B: Biological Sciences* 366 (1567):1050–1059.

Stout, D., and T. Chaminade. 2007. "The evolutionary neuroscience of tool making." *Neuropsychologia* 45 (5):1091–1100.

———. 2012. "Stone tools, language and the brain in human evolution." *Philosophical Transactions of the Royal Society B: Biological Sciences* 367 (1585):75–87.

Stout, D., S. Semaw, M. J. Rogers, and D. Cauche. 2010. "Technological variation in the earliest Oldowan from Gona, Afar, Ethiopia." *Journal of Human Evolution* 58 (6):474–491.

Stout, D., N. Toth, K. Schick, and T. Chaminade. 2008. "Neural correlates of Early Stone Age toolmaking: Technology, language and cognition in human evolution." *Philosophical Transactions of the Royal Society B: Biological Sciences* 363 (1499):1939–1949.

Striedter, G. F. 2004. *Principles of Brain Evolution*. Sunderland, MA: Sinauer Associates.

Stringer, C. 2012. *Lone Survivors: How We Came to Be the Only Humans on Earth*. New York: Henry Holt and Company.

Sturm, R. A., D. L. Duffy, Z. Z. Zhao, F.P.N. Leite, M. S. Stark, N. K. Hayward, N. G. Martin, and G. W. Montgomery. 2008. "A single SNP in an evolutionary conserved region within intron 86 of the *HERC2* gene determines human blue-brown eye color." *American Journal of Human Genetics* 82 (2):424–431.

Sturtevant, W. C. 1978. *Arctic*, Vol. 5 of *Handbook of North American Indians*. Washington, DC: Smithsonian Institution Press.

Surovell, T. A. 2008. "Extinction of big game." In *Encyclopedia of Archaeology*, edited by D. Pearsall, 1365–1374 . New York: Academic Press.

gen Fixation: Global Perspectives, edited by T. M. Finan, M. R. O'Brian, D. B. Layzell, and J. K. Vessey, 7–10. Wallingford, UK: CAB International.
Smil, V. 2011. "." *Population and Development Review* 37 (4):613–636
Smith, E. A., and B. Winterhalder. 1992. *Evolutionary Ecology and Human Behavior*. New York: Aldine de Gruyter.
Smith, J. R., M. A. Hogg, R. Martin, and D. J. Terry. 2007. "Uncertainty and the influence of group norms in the attitude-behaviour relationship." *British Journal of Social Psychology* 46:769–792.
Smith, K., and S. Kirby. 2008. "Cultural evolution: Implications for understanding the human language faculty and its evolution." *Philosophical Transactions of the Royal Society B: Biological Sciences* 363 (1509):3591–3603.
Snyder, J. K., L. A. Kirkpatrick, and H. C. Barrett. 2008. "The dominance dilemma: Do women really prefer dominant mates?" *Personal Relationships* 15 (4):425–444. doi:10.1111/j.1475–6811.2008.00208.x.
Soler, R. 2010. "Costly signaling, ritual and cooperation: Findings from Candomble, an Afro-Brazilian religion." Unpublished manuscript.
Soltis, J., R. Boyd, and P. J. Richerson. 1995. "Can group-functional behaviors evolve by cultural group selection? An empirical test." *Current Anthropology* 36 (3):473–494.
Sosis, R., H. Kress, and J. Boster. 2007. "Scars for war: Evaluating signaling explanations for cross-cultural variance in ritual costs." *Evolution and Human Behavior* 28:234–247.
Spencer, B., and F. J. Gillen. 1968. *The Native Tribes of Central Australia*. New York: Dover Publications.
Spencer, C., and E. Redmond. 2001. "Multilevel selection and political evolution in the Valley of Oaxaca." *Journal of Anthropological Archaeology* 20:195–229.
Spencer, R. F. 1984. "North Alaska Coast Eskimo." In *Arctic*, Vol. 5 of *Handbook of North American Indians*, edited by D. Damas. Washington, DC: Smithsonian Institution Press.
Sperber, D. 1996. *Explaining Culture: A Naturalistic Approach*. Oxford: Blackwell.
Sperber, D., F. Clement, C. Heintz, O. Mascaro, H. Mercier, G. Origgi, and D. Wilson. 2010. "Epistemic vigilance." *Mind & Language* 25 (4):359–393.
Stack, S. 1987. "Celebrities and suicide: A taxonomy and analysis, 1948–1983." *American Sociological Review* 52 (3):401–412.
———. 1990. "Divorce, suicide, and the mass media: An analysis of differential identification, 1948–1980." *Journal of Marriage & the Family* 52 (2):553–560.
———. 1992. "Social correlates of suicide by age: Media impacts." In *Life Span Perspectives of Suicide: Time-Lines in the Suicide Process*, edited by A. Leenaars, 187–213. New York: Plenum Press.
———. 1996. "The effect of the media on suicide: Evidence from Japan, 1955–1985." *Suicide & Life-Threatening Behavior* 26 (2):132–142.
Stanovich, K. E. 2013. "Why humans are (sometimes) less rational than other animals: Cognitive complexity and the axioms of rational choice." *Thinking & Reasoning* 19 (1):1–26.
Stedman, H. H., B. W. Kozyak, A. Nelson, D. M. Thesier, J. B. Shrager, C. R. Bridges, N.

Sherman, P. W., and S. M. Flaxman. 2001. "Protecting ourselves from food." *American Scientist* 89 (2):142–151.

Sherman, P. W., and G. A. Hash. 2001. "Why vegetable recipes are not very spicy." *Evolution and Human Behavior* 22 (3):147–163.

Shimelmitz, R., S. L. Kuhn, A. J. Jelinek, A. Ronen, A. E. Clark, and M. Weinstein-Evron. 2014. " 'Fire at will': The emergence of habitual fire use 350,000 years ago." *Journal of Human Evolution* 77:196–203. http://dx.doi.org/10.1016/j.jhevol.2014.07.005.

Shutts, K., M. R. Banaji, and E. S. Spelke. 2010. "Social categories guide young children's preferences for novel objects." *Developmental Science* 13 (4):599–610.

Shutts, K., K. D. Kinzler, and J. M. DeJesus. 2013. "Understanding infants' and children's social learning about foods: Previous research and new prospects." *Developmental Psychology* 49 (3):419–425.

Shutts, K., K. D. Kinzler, C. B. Mckee, and E. S. Spelke. 2009. "Social information guides infants' selection of foods." *Journal of Cognition and Development* 10 (1–2):1–17.

Silberberg, A., and D. Kearns. 2009. "Memory for the order of briefly presented numerals in humans as a function of practice." *Animal Cognition* 12 (2):405–407.

Silk, J. B. 2002. "Practice random acts of aggression and senseless acts of intimidation: The logic of status contests in social groups." *Evolutionary Anthropology* 11 (6):221–225.

Silk, J. B., S. F. Brosnan, J. Vonk, J. Henrich, D. J. Povinelli, A. S. Richardson, S. P.Lambeth, J. Mascaro, and S. J. Shapiro. 2005. "Chimpanzees are indifferent to the welfare of unrelated group members." *Nature* 437:1357–1359.

Silk, J. B., and B. R. House. 2011. "Evolutionary foundations of human prosocial sentiments." *Proceedings of the National Academy of Sciences, USA* 108:10910–10917.

Silverman, P., and R. J. Maxwell. 1978. "How do I respect thee? Let me count the ways: Deference towards elderly men and women." *Behavior Science Research* 13 (2):91–108.

Simmons, L. W. 1945. *The Role of the Aged in Primitive Society*. New Haven, CT: Yale University Press.

Simon, H. 1990. "A mechanism for social selection and successful altruism." *Science* 250:1665–1668.

Simoons, F. J. 1970. "Primary adult lactose intolerance and the milking habit: A problem in biologic and cultural interrelations: II. A culture historical hypothesis." *American Journal of Digestive Diseases* 15 (8):695–710.

Slingerland, E., J. Henrich, and A. Norenzayan. 2013. The evolution of prosocial religions. In *Cultural Evolution: Society, Technology, Language and Religion*, edited by P. J. Richerson and M. H. Christiansen, 335–348. Cambridge: MIT Press.

Sloane, S., R. Baillargeon, and D. Premack. 2012. "Do infants have a sense of fairness?" *Psychological Science* 23 (2):196–204.

Smaldino, P. E., J. C. Schank, and R. McElreath. 2013. "Increased costs of cooperation help cooperators in the long run." *American Naturalist* 181 (4):451–463.

Smil, V. 2002. "Biofixation and nitrogen in the biosphere and in global food production." In *Nitro-*

"Continuing investigations into the stone tool-making and tool-using capabilities of a bonobo (*Pan paniscus*)." *Journal of Archaeological Science* 26:821–832.

Schmelz, M., J. Call, and M. Tomasello. 2011. "Chimpanzees know that others make inferences." *Proceedings of the National Academy of Sciences, USA* 108 (7):3077–3079.

———. 2013. "Chimpanzees predict that a competitor's preference will match their own." *Biology Letters* 9 (1).

Schmidt, M. F. H., H. Rakoczy, and M. Tomasello. 2012. "Young children enforce social norms selectively depending on the violator's group affiliation." *Cognition* 124 (3):325–333.

Schmidt, M. F. H., and M. Tomasello. 2012. "Young children enforce social norms." *Current Directions in Psychological Science* 21 (4):232–236.

Schnall, E., and M. J. Greenberg. 2012. "Groupthink and the Sanhedrin: An analysis of the ancient court of Israel through the lens of modern social psychology." *Journal of Management History* 18 (3):285–294.

Scholz, M. N., K. D'Aout, M. F. Bobbert, and P. Aerts. 2006. "Vertical jumping performance of bonobo (*Pan paniscus*) suggests superior muscle properties." *Proceedings of the Royal Society B: Biological Sciences* 273 (1598):2177–2184. doi:10.1098/rspb.2006.3568.

Scofield, J., and D. A. Behrend. 2008. "Learning words from reliable and unreliable speakers." *Cognitive Development* 23 (2):278–290. doi:10.1016/j.cogdev.2008.01.003.

Scott, D. J., C. S. Stohler, C. M. Egnatuk, H. Wang, R. A. Koeppe, and J. K. Zubieta. 2008. "Placebo and nocebo effects are defined by opposite opioid and dopaminergic responses." *Archives of General Psychiatry* 65 (2):220–231.

Scott, R. M., R. Baillargeon, H. J. Song, and A. M. Leslie. 2010. "Attributing false beliefs about non-obvious properties at 18 months." *Cognitive Psychology* 61 (4):366–395.

Sear, R., and R. Mace. 2008. "Who keeps children alive? A review of the effects of kin on child survival." *Evolution and Human Behavior* 29 (1):1–18.

Selten, R., and J. Apesteguia. 2005. "Experimentally observed imitation and cooperation in price competition on the circle." *Games and Economic Behavior* 51 (1): 171–192.

Sepher, J. 1983. *Incest; The Biosocial View*. New York: Academic Press. 〔J. シェファー『インセスト―生物社会的展望』正岡寛司・藤見純子訳、学文社〕

Sharon, G., N. Alperson-Afil, and N. Goren-Inbar. 2011. "Cultural conservatism and variability in the Acheulian sequence of Gesher Benot Ya'aqov." *Journal of Human Evolution* 60 (4):387–397.

Shea, J. J. 2006. "The origins of lithic projectile point technology: evidence from Africa, the Levant, and Europe." *Journal of Archaeological Science* 33 (6):823–846.

Shea, J. J., and M. Sisk. 2010. "Complex projectile technology and *Homo sapiens* dispersal into Western Europe." *PaleoAnthropology*:100–122.

Shennan, S. 2001. "Demography and cultural innovation: A model and its implications for the emergence of modern human culture." *Cambridge Archaeology Journal* 11 (1):5–16.

Sherman, P. W., and J. Billing. 1999. "Darwinian gastronomy: Why we use spices." *BioScience* 49 (6):453–463.

ingestion and preference." *Chemical Senses* 6 (1):23–31.
Rozin, P., and D. Schiller. 1980. "The nature and acquisition of a preference for chili pepper by humans." *Motivation and Emotion* 4 (1):77–101. doi:10.1007/bf00995932.
Rubinstein, D. H. 1983. "Epidemic Suicide among Micronesian Adolescents." *Social Science Medicine* 17 (10):657–665.
Rushton, J. P. 1975. "Generosity in children: Immediate and long term effects of modeling, preaching, and moral judgement." *Journal of Personality and Social Psychology* 31:459–466.
Rushton, J. P., and A. C. Campbell. 1977. "Modeling, vicarious reinforcement and extraversion on blood donating in adults. Immediate and long-term effects." *European Journal of Social Psychology* 7 (3):297–306.
Ryalls, B. O., R. E. Gul, and K. R. Ryalls. 2000. "Infant imitation of peer and adult models: Evidence for a peer model advantage." *Merrill-Palmer Quarterly Journal of Developmental Psychology* 46 (1):188–202.
Saaksvuori, L., T. Mappes, and M. Puurtinen. 2011. "Costly punishment prevails in intergroup conflict." *Proceedings of the Royal Society B: Biological Sciences* 278 (1723):3428–3436.
Sabbagh, M. A., and D. A. Baldwin. 2001. "Learning words from knowledgeable versus ignorant speakers: Links between preschoolers' theory of mind and semantic development." *Child Development* 72 (4):1054–1070.
Sahlins, M. 1961. "The segmentary lineage: An organization of predatory expansion." *American Anthropologist* 63 (2):322–345.
Salali, G. D., M. Juda, and J. Henrich. 2015. "Transmission and development of costly punishment in children." *Evolution and Human Behavior* 36 (2): 86–94.
Sandgathe, D., H. Dibble, P. Goldberg, S. J. P. McPherron, A. Turq, L. Niven, and J. Hodgkins. 2011a. "On the role of fire in Neanderthal Adaptations in Western Europe: Evidence from Pech de l'Aze and Roc de Marsal, France." *PaleoAnthropology* 2011:216–242.
———. 2011b. "Timing of the appearance of habitual fire use." *Proceedings of the National Academy of Sciences, USA* 108 (29):E298–E298.
Sanfey, A. G., J. K. Rilling, J. A. Aronson, L. E. Nystrom, and J. D. Cohen. 2003. "The neural basis of economic decision-making in the ultimatum game." *Science* 300:1755–1758.
Sanz, C. M., and D. B. Morgan. 2007. "Chimpanzee tool technology in the Goualougo Triangle, Republic of Congo." *Journal of Human Evolution* 52 (4):420–433.
———. 2011. "Elemental variation in the termite fishing of wild chimpanzees (*Pan troglodytes*)." *Biology Letters* 7 (4):634–637. doi:10.1098/rsbl.2011.0088.
Scally, A., J. Y. Dutheil, L. W. Hillier, G. E. Jordan, I. Goodhead, J. Herrero, A. Hobolth, et al. 2012. "Insights into hominid evolution from the gorilla genome sequence." *Nature* 483 (7388):169–175.
Schachter, S., and R. Hall. 1952. "Group-derived restraints and audience persuasion." *Human Relations* 5:397–406.
Schapera, I. 1930. *The Khoisan Peoples of South Africa*. London: Routledge.
Schick, K. D., N. Toth, G. Garufi, E. S. Savage-Rumbaugh, D. Rumbaugh, and R. Sevcik. 1999.

tions to solve collective action problems." *Cliodynamics* 3 (1): 38–80.

Ridley, M. 2010. *The Rational Optimist: How Prosperity Evolves*. New York: Harper.〔マット・リドレー『繁栄―明日を切り拓くための人類10万年史』大田直子・鍛原多惠子・柴田裕之訳、早川書房〕

Rilling, J. K., A. G. Sanfey, L. E. Nystrom, J. D. Cohen, D. A. Gutman, T. R. Zeh, G. Pagnoni, G. S. Berns, and C. D. Kilts. 2004. "Imaging the social brain with fMRI and interactive games." *International Journal of Neuropsychopharmacology* 7:S477– S478.

Rivers, W.H.R. 1931. "The disappearance of useful arts." In *Source Book in Anthropology*, edited by A. L. Kroeber and T. Waterman, 524–534. New York: Harcourt Brace.

Roach, N. T., and D. E. Lieberman. 2012. "Derived anatomy of the shoulder and wrist enable throwing ability in Homo." *American Journal of Physical Anthropology* 147:250–250.

Roach, N. T., and D. E. Lieberman. 2013. "The biomechanics of power generation during human high-speed throwing." *American Journal of Physical Anthropology* 150:233–233.

Roach, N. T., M. Venkadesan, M. J. Rainbow, and D. E. Lieberman. 2013. "Elastic energy storage in the shoulder and the evolution of high-speed throwing in Homo." *Nature* 498 (7455):483–486.

Rodahl, K., and T. Moore. 1943. "The vitamin A content and toxicity of bear and seal liver." *Biochemical Journal* 37:166–168.

Roe, D. A. 1973. *A Plague of Corn: The Social History of Pellagra*. Ithaca, NY: Cornell University Press.

Rogers, E. M. 1995a. *Diffusion of Innovations*. New York: Free Press.〔エベレット・ロジャーズ『イノベーションの普及』三藤利雄訳、翔泳社〕

Rosekrans, M. A. 1967. "Imitation in children as a function of perceived similarity to a social model and vicarious reinforcement." *Journal of Personality and Social Psychology* 7 (3):307–315.

Rosenbaum, M., and R. R. Blake. 1955. "The effect of stimulus and background factors on the volunteering response." *Journal Abnormal Social Psychology* 50:193–196.

Rosenbaum, M. E., and I. F. Tucker. 1962. "The competence of the model and the learning of imitation and nonimitation." *Journal of Experimental Psychology* 63 (2):183–190.

Rosenthal, T. L., and B. J. Zimmerman. 1978. *Social Learning and Cognition*. New York: Academic Press.

Roth, G., and U. Dicke. 2005. "Evolution of the brain and intelligence." *Trends in Cognitive Sciences* 9 (5):250–257.

Rozin, P., L. Ebert, and J. Schull. 1982. "Some like it hot—A temporal analysis of hedonic responses to chili pepper." *Appetite* 3 (1):13–22.

Rozin, P., L. Gruss, and G. Berk. 1979. "Reversal of innate aversions—Attempts to induce a preference for chili peppers in rats." *Journal of Comparative and Physiological Psychology* 93 (6):1001–1014.

Rozin, P., and K. Kennel. 1983. "Acquired preferences for piquant foods by chimpanzees." *Appetite* 4 (2):69–77.

Rozin, P., M. Mark, and D. Schiller. 1981. "The role of desensitization to capsaicin in chili pepper

(1567):1017–1027.
Reader, S. M., and K. N. Laland. 2002. "Social intelligence, innovation, and enhanced brain size in primates." *Proceedings of the National Academy of Sciences, USA* 99 (7):4436–4441.
Real, L. A. 1991. "Animal choice behavior and the evolution of cognitive architecture." *Science* 253:980–86.
Reali, F., and M. H. Christiansen. 2009. "Sequential learning and the interaction between biological and linguistic adaptation in language evolution." *Interaction Studies* 10 (1):5–30.
Rendell, L., L. Fogarty, W. J. E. Hoppitt, T. J. H. Morgan, M. M. Webster, and K. N. Laland. 2011. "Cognitive culture: Theoretical and empirical insights into social learning strategies." *Trends in Cognitive Sciences* 15 (2):68–76.
Rendell, L., and H. Whitehead. 2001. "Culture in whales and dolphins." *Behavioral and Brain Sciences* 24 (2):309–382
Reyes-Garcia, V., J. Broesch, L. Calvet-Mir, N. Fuentes-Pelaez, T. W. McDade, S. Parsa, S. Tanner, et al. 2009. "Cultural transmission of ethnobotanical knowledge and skills: An empirical analysis from an Amerindian society." *Evolution and Human Behavior* 30 (4):274–285.
Reyes-Garcia, V., J. L. Molina, J. Broesch, L. Calvet, T. Huanca, J. Saus, S. Tanner, W. R. Leonard, and T. W. McDade. 2008. "Do the aged and knowledgeable men enjoy more prestige? A test of predictions from the prestige-bias model of cultural transmission." *Evolution and Human Behavior* 29 (4):275–281.
Rice, M. E., and J. E. Grusec. 1975. "Saying and doing: Effects of observer performance." *Journal of Personality and Social Psychology* 32:584–593.
Richerson, P. J., R. Baldini, A. Bell, K. Demps, K. Frost, V. Hillis, S. Mathew, et al. 2016. "Cultural group selection plays an essential role in explaining human cooperation: A sketch of the evidence." *Behavioral & Brain Sciences.*
Richerson, P. J., and R. Boyd. 1998. "The evolution of ultrasociality." In *Indoctrinability, Ideology and Warfare*, edited by I. Eibl-Eibesfeldt and F. K. Salter, 71–96. New York: Berghahn Books.
———. 2000a. "Climate, culture and the evolution of cognition." In *The Evolution of Cognition*, edited by C. M. Heyes, 329–345. Cambridge, MA: MIT Press.
———. 2000b. "Built for speed: Pliestocene climate variation and the origins of human culture" In *Perspectives in Ethology*, edited by F. Tonneau and N. Thompson, 1–45. New York: Springer.
———. 2005. *Not by Genes Alone: How Culture Transformed Human Evolution*. Chicago: University of Chicago Press.
Richerson, P. J., R. Boyd, and R. L. Bettinger. 2001. "Was agriculture impossible during the Pleistocene but mandatory during the Holocene? A climate change hypothesis." *American Antiquity* 66 (3):387–411.
Richerson, P. J., R. Boyd, and J. Henrich. 2010. "Gene-culture coevolution in the age of genomics." *Proceedings of the National Academy of Sciences* 107 (Suppl. 2):8985–8992. doi:10.1073/pnas.0914631107.
Richerson, P. J., and J. Henrich. 2012. "Tribal social instincts and the cultural evolution of institu-

tal study." *Economic Theory* 33 (1):169–182.

Poulin-Dubois, D., I. Brooker, and A. Polonia. 2011. "Infants prefer to imitate a reliable person." *Infant Behavior and Development* 34 (2):303–309. http://dx.doi.org/10.1016/j.infbeh.2011.01.006.

Powell, A., S. Shennan, and M. G. Thomas. 2009. "Late Pleistocene demography and the appearance of modern human behavior." *Science* 324 (5932):1298–1301.

Pradhan, G. R., C. Tennie, and C. P. van Schaik. 2012. "Social organization and the evolution of cumulative technology in apes and hominins." *Journal of Human Evolution* 63 (1):180–190.

Presbie, R. J., and P. F. Coiteux. 1971. "Learning to be generous or stingy: Imitation of sharing behavior as a function of model generosity and vicarious reinforcement." *Child Development* 42 (4):1033–1038.

Price, D. D., D. G. Finniss, and F. Benedetti. 2008. "A comprehensive review of the placebo effect: Recent advances and current thought." *Annual Review of Psychology* 59:565–590.

Price, T. D., and J. A. Brown, eds. 1988. *Prehistoric Hunter Gathers: The Emergence of Cultural Complexity*. New York: Academic Press.

Proctor, D., R. A. Williamson, F.B.M. de Waal, and S. F. Brosnan. 2013. "Chimpanzees play the ultimatum game." *Proceedings of the National Academy of Sciences, USA* 110 (6):2070–2075.

Pulliam, H. R., and C. Dunford. 1980. *Programmed to Learn: An Essay on the Evolution of Culture*. New York: Columbia University Press.

Puurtinen, M., and T. Mappes. 2009. "Between-group competition and human cooperation." *Proceedings of the Royal Society B: Biological Sciences* 276 (1655):355–360.

Rabinovich, R., S. Gaudzinski-Windheuser, and N. Goren-Inbar. 2008. "Systematic butchering of fallow deer (Dama) at the early middle Pleistocene Acheulian site of Gesher Benot Ya'aqov (Israel)." *Journal of Human Evolution* 54 (1):134–149.

Radcliffe-Brown, A. R. 1964. *The Andaman Islanders*. New York: Free Press.

Rakoczy, H., N. Brosche, F. Warneken, and M. Tomasello. 2009. "Young children's understanding of the context-relativity of normative rules in conventional games." *British Journal of Developmental Psychology* 27:445–456.

Rakoczy, H., F. Wameken, and M. Tomasello. 2008. "The sources of normativity: Young children's awareness of the normative structure of games." *Developmental Psychology* 44 (3):875–881.

Rand, D. G., J. D. Greene, and M. A. Nowak. 2012. "Spontaneous giving and calculated greed." *Nature* 489 (7416):427–430.

———. 2013. "Intuition and cooperation reconsidered. Reply." *Nature* 498 (7452): E2–E3.

Rand, D. G., A. Peysakhovich, G. T. Kraft-Todd, G. E. Newman, O. Wurzbacher, M. A. Nowak, and J. D. Greene. 2014. "Social heuristics shape intuitive cooperation." *Nature Communications* 5:3677. doi:10.1038/ncomms4677.

Rasmussen, K., G. Herring, and H. Moltke. 1908. *The People of the Polar North: A Record*. London: K. Paul, Trench, Trübner & Co.

Reader, S. M., Y. Hager, and K. N. Laland. 2011. "The evolution of primate general and cultural intelligence." *Philosophical Transactions of the Royal Society B: Biological Sciences* 366

ploring Expedition of 1860–1." http://www.burkeandwills.net.au/downloads/.
Pietraszewski, D., L. Cosmides, and J. Tooby. 2014. "The content of our cooperation, not the color of our skin: An alliance detection system regulates categorization by coalition and race, but not sex." *Plos One* 9 (2):e88534. doi:10.1371/journal.pone.0088534.
Pietraszewski, D., and A. Schwartz. 2014a. "Evidence that accent is a dedicated dimension of social categorization, not a byproduct of coalitional categorization." *Evolution and Human Behavior* 35 (1):51–57.
———. 2014b. "Evidence that accent is a dimension of social categorization, not a byproduct of perceptual salience, familiarity, or ease-of-processing." *Evolution and Human Behavior* 35 (1):43–50.
Pike, T. W., and K. N. Laland. 2010. "Conformist learning in nine-spined sticklebacks' foraging decisions." *Biology Letters* 6 (4):466–468.
Pingle, M. 1995. "Imitation vs. rationality: An experimental perspective on decision-making." *Journal of Socio-Economics* 24:281–315.
Pingle, M., and R. H. Day. 1996. "Modes of economizing behavior: Experimental evidence." *Journal of Economic Behavior & Organization* 29:191–209.
Pinker, S. 1997. *How the Mind Works*. New York: W. W. Norton.〔スティーブン・ピンカー『心の仕組み』椋田直子訳、筑摩書房〕
———. 2002. *The Blank Slate: The Modern Denial of Human Nature*. New York: Viking.〔スティーブン・ピンカー『人間の本性を考える―心は「空白の石版」か』山下篤子訳、日本放送出版協会〕
———. 2010. "The cognitive niche: Coevolution of intelligence, sociality, and language." *Proceedings of the National Academy of Sciences* 107 (Suppl. 2):8993–8999. doi:10.1073/pnas.0914630107.
———. 2011. *The Better Angels of Our Nature: Why Violence Has Declined*. New York: Viking.〔スティーブン・ピンカー『暴力の人類史』幾島幸子・塩原通緒訳、青土社〕
Pinker, S., and P. Bloom. 1990. "Natural language and natural selection." *Behavioral and Brain Sciences* 13 (4):707–726.
Pitchford, N. J., and K. T. Mullen. 2002. "Is the acquisition of basic-colour terms in young children constrained?" *Perception* 31 (11):1349–1370.
Place, S. S., P. M. Todd, L. Penke, and J. B. Asendorpf. 2010. "Humans show mate copying after observing real mate choices." *Evolution and Human Behavior* 31 (5):320–325.
Plassmann, H., J. O'Doherty, B. Shiv, and A. Rangel. 2008. "Marketing actions can modulate neural representations of experienced pleasantness." *Proceedings of the National Academy of Sciences, USA* 105 (3):1050–1054.
Plummer, T. 2004. "Flaked stones and old bones: Biological and cultural evolution at the dawn of technology." *Yearbook of Physical Anthropology* 47:118–164.
Potters, J., M. Sefton, and L. Vesterlund. 2005. "After you—Endogenous sequencing in voluntary contribution games." *Journal of Public Economics* 89 (8):1399–1419.
———. 2007. "Leading-by-example and signaling in voluntary contribution games: An experimen-

ers." *Anthropological Quarterly* 44 (3):157–172.

Paladino, M. P., M. Mazzurega, F. Pavani, and T. W. Schubert. 2010. "Synchronous multisensory stimulation blurs self-other boundaries." *Psychological Science* 21 (9):1202–1207.

Panchanathan, K., and R. Boyd. 2004. "Indirect reciprocity can stabilize cooperation without the second-order free rider problem." *Nature* 432:499–502.

Panger, M. A., A. S. Brooks, B. G. Richmond, and B. Wood. 2002. "Older than the Oldowan? Rethinking the emergence of hominin tool use." *Evolutionary Anthropology* 11 (6):235–245.

Pashos, A. 2000. "Does paternal uncertainty explain discriminative grandparental solicitude? A cross-cultural study in Greece and Germany." *Evolution and Human Behavior* 21 (2):97–109.

Pawley, A. 1987. "Encoding events in Kalam and English: Different logics for reporting experience." In *Coherence and Grounding in Discourse*, edited by R. Tomlin, 329–360. Amsterdam: John Benjamins.

Pearce, E., C. Stringer, and R. I. M. Dunbar. 2013. "New insights into differences in brain organization between Neanderthals and anatomically modern humans." *Proceedings of the Royal Society B: Biological Sciences* 280 (1758). doi:10.1098/rspb.2013.0168.

Peng, Y., H. Shi, X. B. Qi, C. J. Xiao, H. Zhong, R. L. Z. Ma, and B. Su. 2010. "The *ADH1B Arg47His* polymorphism in East Asian populations and expansion of rice domestication in history." *BMC Evolutionary Biology* 10:15. doi:10.1186/1471-2148-10-15.

Perreault, C. 2012. "The pace of cultural evolution." *PLoS ONE* 7 (9):e45150. doi:10.1371/journal.pone.0045150.

Perreault, C., P. J. Brantingham, S. L. Kuhn, S. Wurz, and X. Gao. 2013. "Measuring the complexity of lithic technology." *Current Anthropology* 54 (S8):S397–S406. doi:10.1086/673264.

Perreault, C., C. Moya, and R. Boyd. 2012. "A Bayesian approach to the evolution of social learning." *Evolution and Human Behavior* 33 (5):449–459.

Perry, D. G., and K. Bussey. 1979. "Social-learning theory of sex differences—Imitation is alive and well." *Journal of Personality and Social Psychology* 37 (10):1699–1712.

Perry, G. H., N. J. Dominy, K. G. Claw, A. S. Lee, H. Fiegler, R. Redon, J. Werner, et al. 2007. "Diet and the evolution of human amylase gene copy number variation." *Nature Genetics* 39 (10):1256–1260.

Perry, G. H., B. C. Verrelli, and A. C. Stone. 2005. "Comparative analyses reveal a complex history of molecular evolution for human*MYH16*." *Molecular Biology and Evolution* 22 (3):379–382.

Peterson, S., F. Legue, T. Tylleskar, E. Kpizingui, and H. Rosling. 1995. "Improved cassava-processing can help reduce iodine deficiency disorders in the Central African Republic." *Nutrition Research* 15 (6):803–812.

Peterson, S., H. Rosling, T. Tylleskar, M. Gebremedhin, and A. Taube. 1995. "Endemic goiter in Guinea." *Lancet* 345 (8948):513–514.

Phillips, D. P., T. E. Ruth, and L. M. Wagner. 1993. "Psychology and survival." *Lancet* 342 (8880):1142–1145.

Phoenix, D. 2003. "Burke and Wills: Melbourne to the Gulf—A brief history of the Victorian Ex-

and Why. New York: Free Press.

Nisbett, R. E., and D. Cohen. 1996. *Culture of Honor*. Boulder, CO: Westview Press.〔R.E. ニスベット, D. コーエン『名誉と暴力―アメリカ南部の文化と心理』石井敬子・結城雅樹編訳、北大路書房〕

Nixon, L. A., and M. D. Robinson. 1999. "The educational attainment of young women: Role model effects of female high school faculty." *Demography* 36 (2):185–194.

Noell, A. M., and D. K. Himber. 1979. *The History of Noell's Ark Gorilla Show: The Funniest Show on Earth, Which Features the "World's Only Athletic Apes."* Tarpon Springs, FL: Noell's Ark Publisher.

Norenzayan, A. 2013. *Big Gods: How Religion Transformed Cooperation and Conflict*. Princeton, NJ: Princeton University Press.

Norenzayan, A., A. F. Shariff, W. M. Gervais, A. Willard, R. McNamara, E. Slingerland, and J. Henrich. 2016. "The cultural evolution of prosocial religions." *Behavioral and Brain Sciences*.

Nunez, M., and P. L. Harris. 1998. "Psychological and deontic concepts: Separate domains or intimate connection?" *Mind & Language* 13 (2):153–170.

O'Brien, M. J., and K. N. Laland. 2012. "Genes, culture, and agriculture: An example of human niche construction." *Current Anthropology* 53 (4):434–470.

O'Connor, S., R. Ono, and C. Clarkson. 2011. "Pelagic fishing at 42,000 years before the present and the maritime skills of modern humans." *Science* 334 (6059):1117–1121. doi:10.1126/science.1207703.

Offerman, T., J. Potters, and J. Sonnemans. 2002. "Imitation and belief learning in an oligopoly experiment." *Review of Economic Studies* 69 (4):973–998.

Offerman, T., and J. Sonnemans. 1998. "Learning by experience and learning by imitating others." *Journal of Economic Behavior and Organization* 34 (4):559–575.

Oota, H., W. Settheetham-Ishida, D. Tiwawech, T. Ishida, and M. Stoneking. 2001. "Human mtDNA and Y-chromosome variation is correlated with matrilocal versus patrilocal residence." *Nature Genetics* 29 (1):20–21.

Over, H., and M. Carpenter. 2012. "Putting the social into social learning: Explaining both selectivity and fidelity in children's copying behavior." *Journal of Comparative Psychology* 126 (2):182–192.

———. 2013. "The social side of imitation." *Child Development Perspectives* 7 (1): 6–11.

Paciotti, B., and C. Hadley. 2003. "The ultimatum game in southwestern Tanzania." *Current Anthropology* 44 (3):427–432.

Padmaja, G. 1995. "Cyanide detoxification in cassava for food and feed uses." *Critical Reviews in Food Science and Nutrition* 35 (4):299–339.

Pagel, M. D. 2012. *Wired for Culture: Origins of the Human Social Mind*. New York: W. W. Norton.

Paige, D. M., T. M. Bayless, and G. G. Graham. 1972. "Milk programs—Helpful or harmful to Negro children?" *American Journal of Public Health and the Nations Health* 62 (11):1486-1488. doi:10.2105/Ajph.62.11.1486.

Paine, R. 1971. "Animals as capital—Comparisons among northern nomadic herders and hunt-

Muthukrishna, M., S. J. Heine, W. Toyakawa, T. Hamamura, T. Kameda, and J. Henrich. n.d. "Overconfidence is universal? Depends what you mean." Unpublished manuscript. http://coevolution.psych.ubc.ca/pdfs/OverconfidenceManuscript2014.pdf.

Muthukrishna, M., T. Morgan, and J. Henrich. 2016. "The when and who of social learning and conformist transmission." *Evolution and Human Behavior.*

Muthukrishna, M., B. W. Shulman, V. Vasilescu, and J. Henrich. 2014. "Sociality influences cultural complexity." *Proceedings of the Royal Society B: Biological Sciences* 281 (1774). doi:10.1098/rspb.2013.2511.

Mutinda, H., J. H. Poole, and C. J. Moss. 2011. "Decision making and leadership in using the ecosystem." In *The Amboseli Elephants: A Long-Term Perspective on a Long-Lived Mammal*, edited by C. J. Moss, H. Croze, and P. C. Lee, 246–259. Chicago: University of Chicago Press.

Myers, F. 1988. "Burning the truck and holding the country: Property, time and the negotiation of identity among the Pintupi Aborigines." In *Hunters and Gatherers: Property, Power and Ideology*, edited by T. Ingold, D. Riches, and J. Woodburn, 15–43. Oxford: Berg.

Naber, M., M. V. Pashkam, and K. Nakayama. 2013. "Unintended imitation affects success in a competitive game." *Proceedings of the National Academy of Sciences, USA* 110 (50):20046–20050.

Nakahashi, W., J. Y. Wakano, and J. Henrich. 2012. "Adaptive social learning strategies in temporally and spatially varying environments: How temporal vs. spatial variation, number of cultural traits, and costs of learning influence the evolution of conformist-biased transmission, payoff-biased transmission, and individual learning." *Human Nature* 23 (4):386–418.

Neff, B. D. 2003. "Decisions about parental care in response to perceived paternity." *Nature* 422 (6933):716–719.

Nettle, D. 2007. "Language and genes: A new perspective on the origins of human cultural diversity." *Proceedings of the National Academy of Sciences, USA* 104 (26):10755–10756. doi:10.1073/pnas.0704517104.

———. 2012. "Social scale and structural complexity in human languages." *Philosophical Transactions of the Royal Society B: Biological Sciences* 367 (1597):1829–1836.

Newman, R. W. 1970. "Why man is such a sweaty and thirsty naked animal—A speculative review." *Human Biology* 42 (1):12–27.

Newmeyer, F. J. 2002. "Uniformitarian assumptions and language evolution research." In *The Transition to Language*, edited by A. Wray, 359–375. Oxford: Oxford University Press.

Nhassico, D., H. Muquingue, J. Cliff, A. Cumbana, and J. H. Bradbury. 2008. "Rising African cassava production, diseases due to high cyanide intake and control measures." *Journal of the Science of Food and Agriculture* 88 (12):2043–2049.

Nielsen, M. 2012. "Imitation, pretend play, and childhood: Essential elements in the evolution of human culture?" *Journal of Comparative Psychology* 126 (2):170–181.

Nielsen, M., and K. Tomaselli. 2010. "Overimitation in Kalahari Bushman children and the origins of human cultural cognition." *Psychological Science* 21 (5):729–736.

Nisbett, R. E. 2003. *The Geography of Thought: How Asians and Westerners Think Differently . . .*

expansion in wild chimpanzees." *Current Biology* 20 (12):R507–R508. doi:10.1016/j.cub.2010.04.021.

Mithun, M. 1984. "How to avoid subordination." *Berkeley Linguistics Society* 10:493–523.

Moerman, D. 2002. "Explanatory mechanisms for placebo effects: Cultural influences and the meaning response." In *The Science of the Placebo: Toward an Interdisciplinary Research Agenda*, edited by H. A. Guess, A. Kleinman, J. W. Kusek, and L. W. Engel, 77–107. London: BMJ Books.

———. 2000. "Cultural variations in the placebo effect: Ulcers, anxiety, and blood pressure." *Medical Anthropology Quarterly* 14 (1):51–72.

Mokyr, J. 1990. *The Lever of Riches*. New York: Oxford University Press.

Moll, J., F. Krueger, R. Zahn, M. Pardini, R. de Oliveira-Souzat, and J. Grafman. 2006. "Human fronto-mesolimbic networks guide decisions about charitable donation." *Proceedings of the National Academy of Sciences, USA* 103 (42):15623–15628.

Moore, O. K. 1957. "Divination—A new perspective." *American Anthropologist* 59: 69–74.

Moran, S., D. McCloy, and R. Wright. 2012. "Revisiting population size vs. phoneme inventory size." *Language* 88 (4):877–893.

Morgan, R. 1979. "An account of the discovery of a whale-bone house on San Nicolas Island." *Journal of California and Great Basin Anthropology* 1 (1):171–177.

Morgan, T.J.H., and K. Laland. 2012. "The biological bases of conformity." *Frontiers in Neuroscience* 6 (87):1–7.

Morgan, T.J.H., L. E. Rendell, M. Ehn, W. Hoppitt, and K. N. Laland. 2012. "The evolutionary basis of human social learning." *Proceedings of the Royal Society B: Biological Sciences* 279 (1729):653–662.

Morgan, T.J.H., N. T. Uomini, L. E. Rendell, L. Chouinard-Thuly, S. E. Street, H. M. Lewis, C. P. Cross, et al. 2015. "Experimental evidence for the co-evolution of hominin tool-making teaching and language." *Nature Communications* 6. http://dx.doi.org/10.1038/ncomms7029.

Morris, I. 2014. *War, What Is It Good For? The Role of Conflict in Civilisation, from Primates to Robots*. London: Profile Books.

Morse, J. M., C. Jehle, and D. Gamble. 1990. "Initiating breastfeeding: A world survey of the timing of postpartum breastfeeding." *International Journal of Nursing Studies* 27 (3):303–313. http://dx.doi.org/10.1016/0020–7489(90)90045-K.

Mowat, F. 1960. *Ordeal by Ice, His The Top of the World*, Vol. 1. [Toronto]: McClelland & Stewart.

Moya, C., R. Boyd, and J. Henrich. 2015. "Reasoning about cultural and genetic transmission: Developmental and cross-cultural evidence from Peru, Fiji, and the US on how people make inferences about trait and identity transmission." *Topics in Cognitive Science*.

Muller, M., R. Wrangham, and D. Pilbeam, eds. 2017. *Chimpanzees and Human Evolution*. Cambridge, MA: Harvard University Press.

Munroe, R. L., J. G. Fought, and R. K. S. Macaulay. 2009. "Warm climates and sonority classes not simply more vowels and fewer consonants." *Cross-Cultural Research* 43 (2):123–133. doi:10.1177/1069397109331485.

McPherron, S. P., Z. Alemseged, C. W. Marean, J. G. Wynn, D. Reed, D. Geraads, R. Bobe, and H. A. Bearat. 2010. "Evidence for stone-tool-assisted consumption of animal tissues before 3.39 million years ago at Dikika, Ethiopia." *Nature* 466 (7308):857–860.

Medin, D. L., and S. Atran. 1999. *Folkbiology*. Cambridge, MA: MIT Press.

———. 2004. "The native mind: Biological categorization and reasoning in development and across cultures." *Psychological Review* 111 (4):960–983.

Mellars, P., and J. C. French. 2011. "Tenfold population increase in Western Europe at the Neandertal-to-modern human transition." *Science* 333 (6042):623–627.

Meltzoff, A. N., A. Waismeyer, and A. Gopnik. 2012. "Learning about causes from people: Observational causal learning in 24-month-old infants." *Developmental Psychology* 48 (5):1215–1228. doi:10.1037/a0027440.

Mesoudi, A. 2011a. "An experimental comparison of human social learning strategies: Payoff-biased social learning is adaptive but underused." *Evolution and Human Behavior* 32 (5):334–342.

———. 2011b. "Variable cultural acquisition costs constrain cumulative cultural evolution." *Plos One* 6 (3):e18239. http://dx.doi.org/10.1371%2Fjournal.pone.0018239.

Mesoudi, A., L. Chang, K. Murray, and H. J. Lu. 2014. "Higher frequency of social learning in China than in the West shows cultural variation in the dynamics of cultural evolution." *Proceedings of the Royal Society B: Biological Sciences* 282 (1798). doi:10.1098/rspb.2014.2209.

Mesoudi, A., and M. O Brien. 2008. "The cultural transmission of Great Basin projectile-point technology: An experimental simulation." *American Antiquity* 73 (1):3–28.

Meulman, E. J. M., C. M. Sanz, E. Visalberghi, and C. P. van Schaik. 2012. "The role of terrestriality in promoting primate technology." *Evolutionary Anthropology* 21 (2):58–68.

Meyer, J. 2004. "Bioacoustics of human whistled languages: An alternative approach to the cognitive processes of language." *Anais da Academia Brasileira de Ciencias* 76 (2):405–412.

Meyers, J. L., D. Shmulewitz, E. Aharonovich, R. Waxman, A. Frisch, A. Weizman, B. Spivak, H. J. Edenberg, J. Gelernter, and D. S. Hasin. 2013. "Alcohol-metabolizing genes and alcohol phenotypes in an Israeli household sample." *Alcoholism: Clinical and Experimental Research* 37 (11):1872–1881.

Midlarsky, E., and J. H. Bryan. 1972. "Affect expressions and children's imitative altruism." *Journal of Experimental Child Psychology* 6:195–203.

Miller, D. J., T. Duka, C. D. Stimpson, S. J. Schapiro, W. B. Baze, M. J. McArthur, A. J. Fobbs, et al. 2012. "Prolonged myelination in human neocortical evolution." *Proceedings of the National Academy of Sciences, USA* 109 (41):16480–16485.

Miller, N. E., and J. Dollard. 1941. *Social Learning and Imitation*. New Haven, CT: Yale University Press.

Mischel, W., and R. M. Liebert. 1966. "Effects of discrepancies between observed and imposed reward criteria on their acquisition and transmission." *Journal of Personality and Social Psychology* 3:45–53.

Mitani, J. C., D. P. Watts, and S. J. Amsler. 2010. "Lethal intergroup aggression leads to territorial

doi:10.2307/40330845.
———. 1996. "Backtracking to Babel: The chronology of Pama-Nyungan expansion in Australia." *Archaeology in Oceania* 31 (3):125–144. doi:10.2307/40387040.

McDonough, C. M., A. Tellezgiron, M. Gomez, and L. W. Rooney. 1987. "Effect of cooking time and alkali content on the structure of corn and sorghum nixtamal." *Cereal Foods World* 32 (9):660–661.

McDougall, C. 2009. *Born to Run: A Hidden Tribe, Superathletes, and the Greatest Race the World Has Never Seen*. New York: Alfred A. Knopf.〔クリストファー・マクドゥーガル『Born to run 走るために生まれた ： ウルトラランナー vs 人類最強の"走る民族"』近藤隆文訳、日本放送出版協会〕

McElreath, R., A. V. Bell, C. Efferson, M. Lubell, P. J. Richerson, and T. Waring. 2008. "Beyond existence and aiming outside the laboratory: estimating frequency-dependent and pay-off-biased social learning strategies." *Philosophical Transactions of the Royal Society B: Biological Sciences* 363 (1509):3515–3528. doi:10.1098/rstb.2008.0131.

McElreath, R., R. Boyd, and P. J. Richerson. 2003. "Shared norms and the evolution of ethnic markers." *Current Anthropology* 44 (1):122–129.

McElreath, R., M. Lubell, P. J. Richerson, T. M. Waring, W. Baum, E. Edsten, C. Efferson, and B. Paciotti. 2005. "Applying evolutionary models to the laboratory study of social learning." *Evolution and Human Behavior* 26 (6):483–508. doi:10.1016/j.evolhumbehav.2005.04.003.

McGhee, R. 1984. "Thule prehistory of Canada." In *Arctic*, Vol. 5 of *Handbook of North American Indians*, edited by D. Damas. Washington, DC: Smithsonian Institution Press.

McGovern, P. E., J. H. Zhang, J. G. Tang, Z. Q. Zhang, G. R. Hall, R. A. Moreau, A. Nunez, et al. 2004. "Fermented beverages of pre-and proto-historic China." *Proceedings of the National Academy of Sciences, USA* 101 (51):17593–17598.

McGuigan, N. 2012. "The role of transmission biases in the cultural diffusion of irrelevant actions." *Journal of Comparative Psychology* 126 (2):150–160.

———. 2013. "The influence of model status on the tendency of young children to over-imitate." *Journal of Experimental Child Psychology* 116 (4):962–969. http://dx.doi.org/10.1016/j.jecp.2013.05.004.

McGuigan, N., D. Gladstone, and L. Cook. 2012. "Is the cultural transmission of irrelevant tool actions in adult humans (*Homo sapiens*) best explained as the result of an evolved conformist bias?" *Plos One* 7 (12):e50863. doi:10.1371/journal.pone.0050863.

McGuigan, N., J. Makinson, and A. Whiten. 2011. "From over-imitation to super-copying: Adults imitate causally irrelevant aspects of tool use with higher fidelity than young children." *British Journal of Psychology* 102:1–18.

McGuigan, N., A. Whiten, E. Flynn, and V. Horner. 2007. "Imitation of causally opaque versus causally transparent tool use by 3-and 5-year-old children." *Cognitive Development* 22 (3):353–364.

McNeill, W. H. 1995. *Keeping Together in Time: Dance and Drill in Human History*. Cambridge, MA: Harvard University Press.

Martinez, I., M. Rosa, R. Quam, P. Jarabo, C. Lorenzo, A. Bonmati, A. Gomez-Olivencia, A. Gracia, and J. L. Arsuaga. 2013. "Communicative capacities in Middle Pleistocene humans from the Sierra de Atapuerca in Spain." *Quaternary International* 295:94–101.

Mascaro, O., and G. Csibra. 2012. "Representation of stable social dominance relations by human infants." *Proceedings of the National Academy of Sciences, USA* 109 (18):6862–6867.

Mathew, S. n.d. "Second-order free rider elicit moral punitive sentiments in a small-scale society." Unpublished manuscript. Arizona State Univ.

Mathew, S., and R. Boyd. 2011. "Punishment sustains large-scale cooperation in prestate warfare." *Proceedings of the National Academy of Sciences, USA* 108 (28): 11375–11380.

Mathew, S., R. Boyd, and M. van Veelen. 2013. "Human cooperation among kin and close associates may require enforcement of norms by third parties." In *Cultural Evolution*, edited by P. J. Richerson and M. H. Christiansen, 45–60. Cambridge, MA: MIT Press.

Mausner, B. 1954. "The effect of prior reinforcement on the interaction of observe pairs." *Journal of Abnormal Social Psychology* 49:65–68.

Mausner, B., and B. L. Bloch. 1957. "A study of the additivity of variables affecting social interaction." *Journal of Abnormal Social Psychology* 54:250–256.

Maxwell, M. S. 1984. "Pre-Dorset and Dorset prehistory of Canada." In *Arctic*, Vol. 5 of *Handbook of North American Indians*, edited by D. Damas, 359–368. Washington, DC: Smithsonian Institution Press.

Maynard Smith, J., and E. R. Szathmáry. 1999. *The Origins of Life: From the Birth of Life to the Origin of Language*. Oxford: Oxford University Press.〔ジョン・メイナード・スミス、エオルシュ・サトマーリ『生命進化８つの謎』長野敬訳、朝日新聞社〕

McAuliffe, K., and H. Whitehead. 2005. "Eusociality, menopause and information in matrilineal whales." *Trends in Ecology and Evolution* 20 (12):650.

McBrearty, S., and A. Brooks. 2000. "The revolution that wasn't: A new interpretation of the origin of modern human behavior." *Journal of Human Evolution* 39:453–563.

Mccleary, B. V., and B. F. Chick. 1977. "Purification and properties of a thiaminase I enzyme from nardoo (*Marsilea drummondii*)." *Phytochemistry* 16 (2):207–213.

McCollum, M. A., C. C. Sherwood, C. J. Vinyard, C. O. Lovejoy, and F. Schachat. 2006. "Of muscle-bound crania and human brain evolution: The story behind the *MYH16* headlines." *Journal of Human Evolution* 50 (2):232–236.

McComb, K., C. Moss, S. M. Durant, L. Baker, and S. Sayialel. 2001. "Matriarchs as repositories of social knowledge in African elephants." *Science* 292 (5516): 491–494.

McComb, K., G. Shannon, S. M. Durant, K. Sayialel, R. Slotow, J. Poole, and C. Moss. 2011. "Leadership in elephants: The adaptive value of age." *Proceedings of the Royal Society B: Biological Sciences* 278 (1722):3270–3276.

McComb, K., G. Shannon, K. N. Sayialel, and C. Moss. 2014. "Elephants can determine ethnicity, gender, and age from acoustic cues in human voices." *Proceedings of the National Academy of Sciences, USA* 111 (14):5433–5438.

McConvell, P. 1985. "The origin of subsections in northern Australia." *Oceania* 56 (1):1–33.

103.
Lopez, A., S. Atran, J. D. Coley, D. L. Medin, and E. E. Smith. 1997. "The tree of life: Universal and cultural features of folkbiological taxonomies and inductions." *Cognitive Psychology* 32 (3):251–295.
Lorenzen, E. D., D. Nogues-Bravo, L. Orlando, J. Weinstock, J. Binladen, K. A. Marske, A. Ugan, et al. 2011. "Species-specific responses of Late Quaternary megafauna to climate and humans." *Nature* 479 (7373):359--365.
Lothrop, S. K. 1928. *The Indians of Tierra del Fuego*. New York: Museum of the American Indian and Heye Foundation.
Lovejoy, C. O. 2009. "Reexamining human origins in light of *Ardipithecus ramidus*." *Science* 326 (5949).
Lozoff, B. 1983. "Birth and bonding in non-industrial societies." *Developmental Medicine and Child Neurology* 25 (5):595–600.
Luczak, S. E., S. J. Glatt, and T. L. Wall. 2006. "Meta-analyses of *ALDH2* and *ADH1B* with alcohol dependence in Asians." *Psychological Bulletin* 132 (4):607–621.
Lumsden, C., and E. O. Wilson. 1981. *Genes, Mind and Culture*. Cambridge, MA: Harvard University Press.
Lupyan, G., and R. Dale. 2010. "Language structure is partly determined by social structure." *Plos One* 5 (1):e8559. doi:10.1371/journal.pone.0008559.
Lyons, D. E., A. G. Young, and F. C. Keil. 2007. "The hidden structure of overimitation." *Proceedings of the National Academy of Sciences* 104 (50):19751–19756.
Maguire, E. A., K. Woollett, and H. J. Spiers. 2006. "London taxi drivers and bus drivers: A structural MRI and neuropsychological analysis." *Hippocampus* 16 (12): 1091–1101.
Mallery, G. 2001 (1881). *Sign Language among North American Indians*. Kindle ed. New York: Dover Publications.
Mann, C. C. 2012. *1493: Uncovering the New World Columbus Created*. New York: Vintage Books. 〔チャールズ・C. マン『1493―世界を変えた大陸間の「交換」』布施由紀子訳、紀伊國屋書店〕
Marlowe, F. W. 2004. "What explains Hadza food sharing?" In *Research in Economic Anthropology: Aspects of Human Behavioral Ecology*, edited by M. Alvard, 67–86. Greenwich, CT: JAI Press.
Marlowe, F. 2010. *The Hadza: Hunter-Gatherers of Tanzania*. Berkeley: University of California Press.
Marshall, L. 1976. *The !Kung of Nyae Nyae*. Cambridge, MA: Harvard University Press.
Martin, C. F., R. Bhui, P. Bossaerts, T. Matsuzawa, and C. F. Camerer. 2014. "Experienced chimpanzees are more strategic than humans in competitive games." *Scientific Reports* 4:5182. doi:10.1038/srep05182.
Martin, C. L., L. Eisenbud, and H. Rose. 1995. "Children's gender-based reasoning about toys." *Child Development* 66 (5):1453–1471.
Martin, C. L., and J. K. Little. 1990. "The relation of gender understanding to children's sex-type preferences and gender stereotypes." *Child Development* 61 (5):1427–1439.

York: Russell Sage Press.

Li, H., S. Gu, Y. Han, Z. Xu, A. J. Pakstis, L. Jin, J. R. Kidd, and K. K. Kidd. 2011. "Diversification of the *ADH1B* gene during expansion of modern humans." *Annals of Human Genetics* 75:497–507.

Liebenberg, L. 1990. *The Art of Tracking: The Origin of Science*. Cape Town, South Africa: David Philip Publishers.

———. "Persistence hunting by modern hunter-gatherers." *Current Anthropology* 47 (6):1017–1025.

Lieberman, D. 2013. *The Story of the Human Body: Evolution, Health, and Disease*. New York: Random House.〔ダニエル・E・リーバーマン『人体600万年史―科学が明かす進化・健康・疾病』塩原通緒訳、早川書房〕

Lieberman, D. E., D. M. Bramble, D. A. Raichlen, and J. J. Shea. 2009. "The evolutionary question posed by human running capabilities." In *The First Humans: Origin and Early Evolution of the Genus Homo*, edited by F. E. Grine, J. G. Fleagel, and R. E. Leakey, 77–92. New York: Springer.

Lieberman, D., D. M. T. Fessler, and A. Smith. 2011. "The relationship between familial resemblance and sexual attraction: An update on Westermarck, Freud, and the incest taboo." *Personality and Social Psychology Bulletin* 37 (9):1229–1232.

Lieberman, D., J. Tooby, and L. Cosmides. 2003. "Does morality have a biological basis? An empirical test of the factors governing moral sentiments relating to incest." *Proceedings of the Royal Society B: Biological Sciences* 270 (1517):819–826.

Lieberman, D. E., M. Venkadesan, W. A. Werbel, A. I. Daoud, S. D'Andrea, I. S. Davis, R. O. Mang'Eni, and Y. Pitsiladis. 2010. "Foot strike patterns and collision forces in habitually barefoot versus shod runners." *Nature* 463 (7280):531-U149.

Lind, J., and P. Lindenfors. 2010. "The number of cultural traits is correlated with female group size but not with male group size in chimpanzee communities." *PLoS ONE* 5 (3):e9241. doi:10.1371/journal.pone.0009241.

Lindblom, B. 1986. "Phonetic universals in vowel systems." In *Experimental Phonology*, edited by J. J. Ohala and J. J. Jaeger, 13–44. Waltham, MA: Academic Press.

Little, A. C., R. P. Burriss, B. C. Jones, L. M. DeBruine, and C. A. Caldwell. 2008. "Social influence in human face preference: men and women are influenced more for long-term than short-term attractiveness decisions." *Evolution and Human Behavior* 29 (2):140–146.

Little, A. C., B. C. Jones, L. M. DeBruine, and C. A. Caldwell. 2011. "Social learning and human mate preferences: a potential mechanism for generating and maintaining between-population diversity in attraction." *Philosophical Transactions of the Royal Society B: Biological Sciences* 366 (1563):366–375.

Lombard, M. 2011. "Quartz-tipped arrows older than 60 ka: Further use-trace evidence from Sibudu, KwaZulu-Natal, South Africa." *Journal of Archaeological Science* 38 (8):1918–1930.

Lomer, M. C. E., G. C. Parkes, and J. D. Sanderson. 2008. "Review article: Lactose intolerance in clinical practice—myths and realities." *Alimentary Pharmacology & Therapeutics* 27 (2):93–

Langergraber, K. 2012. "Cooperation among kin." In *The Evolution of Primate Societies*, edited by J. C. Mitani, J. Call, P. M. Kappeler, R. A. Palombit, and J. B. Silk, 491–513. Chicago: University of Chicago Press.

Langergraber, K., J. Mitani, and L. Vigilant. 2009. "Kinship and social bonds in female chimpanzees (*Pan troglodytes*)." *American Journal of Primatology* 71 (10): 840–851.

Langergraber, K. E., J. C. Mitani, and L. Vigilant. 2007. "Wild male chimpanzees preferentially affiliate and cooperate with maternal but not paternal siblings." *American Journal of Physical Anthropology*:150–150.

Lappan, S. 2008. "Male care of infants in a siamang (*Symphalangus syndactylus*) population including socially monogamous and polyandrous groups." *Behavioral Ecology and Sociobiology* 62 (8):1307–1317.

Lawless, R. 1975. "Effects of population growth and environment changes on divination practices in northern Luzon." *Journal of Anthropological Research* 31 (1): 18–33.

Leach, H. M. 2003. "Human domestication reconsidered." *Current Anthropology* 44 (3):349–368.

Ledyard, J. O. 1995. "Public goods: A survey of experimental research." In *The Handbook of Experimental Economics*, edited by John H. Kagel and Alvin E. Roth, 111–194. Princeton, NJ: Princeton University Press.

Lee, R. B. 1979. *The !Kung San: Men, Women, and Work in a Foraging Society*. Cambridge: Cambridge University Press.

———. 1986. "!Kung Kin terms: The name relationship and the process of discovery." In *The Past and Future of !Kung Ethnography: Essays in Honor of Lorna Marshall*, edited by M. Biesele, R. Gordon, and R. B. Lee, 77–102. Hamburg: Helmut Buske.

Lee, R. B., and R. H. Daly. 1999. *The Cambridge Encyclopedia of Hunters and Gatherers*. Cambridge: Cambridge University Press.

Lee, S. H., and M. H. Wolpoff. 2002. "Pattern of brain size increase in Pleistocene Homo." *Journal of Human Evolution* 42 (3):A19–A20.

Lehmann, L., K. Aoki, and M. W. Feldman. 2011. "On the number of independent cultural traits carried by individuals and populations." *Philosophical Transactions of the Royal Society B: Biological Sciences* 366 (1563):424–435.

Leonard, W. R., M. L. Robertson, J. J. Snodgrass, and C. W. Kuzawa. 2003. "Metabolic correlates of hominid brain evolution." *Comparative Biochemistry and Physiology A: Molecular & Integrative Physiology* 136 (1):5–15.

Leonard, W. R., J. J. Snodgrass, and M. L. Robertson. 2007. "Effects of brain evolution on human nutrition and metabolism." *Annual Review of Nutrition* 27:311–327.

Leonardi, M., P. Gerbault, M. G. Thomas, and J. Burger. 2012. "The evolution of lactase persistence in Europe. A synthesis of archaeological and genetic evidence." *International Dairy Journal* 22 (2):88–97.

Lesorogol, C., and J. Ensminger. 2013. "Double-blind dictator games in Africa and the U.S.: Differential experimenter effects." In *Experimenting with Social Norms: Fairness and Punishment in Cross-Cultural Perspective*, edited by J. Ensminger and J. Henrich, 149–157. New

Kong, J., R. L. Gollub, G. Polich, I. Kirsch, P. LaViolette, M. Vangel, B. Rosen, and T. J. Kaptchuk. 2008. "A functional magnetic resonance imaging study on the neural mechanisms of hyperalgesic nocebo effect." *Journal of Neuroscience* 28 (49): 13354–13362.

Konvalinka, I., D. Xygalatas, J. Bulbulia, U. Schjodt, E. M. Jegindo, S. Wallot, G. Van Orden, and A. Roepstorff. 2011. "Synchronized arousal between performers and related spectators in a fire-walking ritual." *Proceedings of the National Academy of Sciences, USA* 108 (20):8514–8519.

Krackle, W. H. 1978. *Force and Persuasion: Leadership in an Amazonian Society*. Chicago: University of Chicago Press.

Krakauer, J. 1997. *Into Thin Air: A Personal Account of the Mount Everest Disaster*. New York: Villard.〔ジョン・クラカワー『空へ―悪夢のエヴェレスト 1996年5月10日』海津正彦訳、山と溪谷社〕

Kramer, K. L. 2010. "Cooperative breeding and its significance to the demographic success of humans." *Annual Review of Anthropology* 39:417–436.

Kroeber, A. L. 1925. *Handbook of the Indians of California*. Bulletin of the Smithsonian Institution. Bureau of American Ethnology. Washington, DC: U.S. Government Printing Office.

———. 1958. "Sign language inquiry." *International Journal of American Linguistics* 24 (1):1–19. doi:10.2307/1264168.

Kroll, Y., and H. Levy. 1992. "Further tests of the Separation Theorem and the Capital Asset Pricing Model." *American Economic Review* 82 (3):664–670.

Kuhl, P. K. 2000. "A new view of language acquisition." *Proceedings of the National Academy of Sciences, USA* 97 (22):11850–11857. doi:10.1073/pnas.97.22.11850.

Kumru, C. S., and L. Vesterlund. 2010. "The effect of status on charitable giving." *Journal of Public Economic Theory* 12 (4):709–735.

Kwok, V., Z. D. Niu, P. Kay, K. Zhou, L. Mo, Z. Jin, K. F. So, and L. H. Tan. 2011. "Learning new color names produces rapid increase in gray matter in the intact adult human cortex." *Proceedings of the National Academy of Sciences, USA* 108 (16):6686–6688.

Lachmann, M., and C. T. Bergstrom. 2004. "The disadvantage of combinatorial communication." *Proceedings of the Royal Society of London Series B: Biological Sciences* 271 (1555):2337–2343.

Laland, K. N. 2004. "Social learning strategies." *Learning & Behavior* 32 (1):4–14.

Laland, K. N., N. Atton, and M. M. Webster. 2011. "From fish to fashion: Experimental and theoretical insights into the evolution of culture." *Philosophical Transactions of the Royal Society B: Biological Sciences* 366 (1567):958–968.

Laland, K. N., J. Odling-Smee, and S. Myles. 2010. "How culture shaped the human genome: Bringing genetics and the human sciences together." *Nature Reviews Genetics* 11 (2):137–148.

Lambert, A. D. 2009. *The Gates of Hell: Sir John Franklin's Tragic Quest for the North West Passage*. New Haven, CT: Yale University Press.

Lambert, P. M. 1997. Patterns of violence in prehistoric hunter-gatherer societies of coastal southern California. In *Troubled Times: Violence and Warfare in the Past*, edited by D. L. Martin and D. W. Frayer, 77–109. Amsterdam: Gordon and Breach.

Khaldun, I. 2005. *The Muqaddimah: An Introduction to History*. Princeton, NJ: Princeton University Press. 〔イブン＝ハルドゥーン『歴史序説』森本公誠訳、岩波書店〕
Kim, G., and K. Kwak. 2011. “Uncertainty matters: Impact of stimulus ambiguity on infant social referencing.” *Infant and Child Development* 20 (5):449–463. doi:10.1002/icd.708.
Kimbrough, E., and A. Vostroknutov. 2013. “Norms make preferences social.” Unpublished manuscript. Simon Fraser University.
Kinzler, K. D., K. H. Corriveau, and P. L. Harris. 2011. “Children’s selective trust in native-accented speakers.” *Developmental Science* 14 (1):106–111.
Kinzler, K. D., and J. B. Dautel. 2012. “Children’s essentialist reasoning about language and race.” *Developmental Science* 15 (1):131–138.
Kinzler, K. D., E. Dupoux, and E. S. Spelke. 2007. “The native language of social cognition.” *Proceedings of the National Academy of Sciences, USA* 104 (30):12577–12580.
Kinzler, K. D., K. Shutts, J. Dejesus, and E. S. Spelke. 2009. “Accent trumps race in guiding children’s social preferences.” *Social Cognition* 27 (4):623–634.
Kinzler, K. D., K. Shutts, and E. S. Spelke. 2012. “Language-based social preferences among children in South Africa.” *Language Learning and Development* 8 (215–232).
Kirby, S. 1999. *Function, Selection, and Innateness: The Emergence of Language Universals*. Oxford: Oxford University Press.
Kirby, S., M. H. Christiansen, and N. Chater. 2013. “Syntax as an adaptation to the learner.” In Biological Foundations and Origin of Syntax, edited by D. Bickerton and E. Szathmary, 325–344. Cambridge, MA: MIT Press.
Kirby, S., H. Cornish, and K. Smith. 2008. “Cumulative cultural evolution in the laboratory: An experimental approach to the origins of structure in human language.” *Proceedings of the National Academy of Sciences, USA* 105 (31):10681–10686.
Kirschner, S., and M. Tomasello. 2009. “Joint drumming: Social context facilitates synchronization in preschool children.” *Journal of Experimental Child Psychology* 102 (3):299–314.
———. 2010. “Joint music making promotes prosocial behavior in 4-year-old children.” *Evolution and Human Behavior* 31 (5):354–364.
Klein, R. G. 2009. *The Human Career: Human Biological and Cultural Origins*. 3rd ed. Chicago: University of Chicago Press.
Kline, M. A., and R. Boyd. 2010. “Population size predicts technological complexity in Oceania.” *Proceedings of the Royal Society B: Biological Sciences* 277 (1693): 2559–2564.
Klucharev, V., K. Hytonen, M. Rijpkema, A. Smidts, and G. Fernandez. 2009. “Reinforcement learning signal predicts social conformity.” *Neuron* 61 (1):140–151.
Knauft, B. M. 1985. *Good Company and Violence: Sorcery and Social Action in a Lowland New Guinea Society*. Berkeley: University of California Press.
Kobayashi, Y., and K. Aoki. 2012. “Innovativeness, population size and cumulative cultural evolution.” *Theoretical Population Biology* 82 (1):38–47.
Koenig, M. A., and P. L. Harris. 2005. “Preschoolers mistrust ignorant and inaccurate speakers.” *Child Development* 76 (6):1261–1277.

Results from animal and human experiments." *American Economic Review* 80:912–21.

Kahneman, D. 2011. *Thinking, Fast and Slow*. New York: Farrar, Straus and Giroux.〔ダニエル・カーネマン『ファスト＆スロー――あなたの意思はどのように決まるか？』村井章子訳、早川書房〕

Kahneman, D., P. Slovic, and A. Tversky. 1982. *Judgment under Uncertainty: Heuristics and Biases*. Cambridge: Cambridge University Press.

Kail, R. V. 2007. "Longitudinal evidence that increases in processing speed and working memory enhance children's reasoning." *Psychological Science* 18 (4):312–313. doi:10.1111/j.1467-9280.2007.01895.x.

Kalmar, I. 1985. "Are there really no primitive languages?" In *Literacy, Language and Learning: The Nature and Consequences of Reading and Writing*, edited by D. R. Olson, N. Torrance, and A. Hildyard, 148–166. Cambridge: Cambridge University Press.

Kanovsky, M. 2007. "Essentialism and folksociology: Ethnicity again." *Journal of Cognition and Culture* 7:241–281.

Kaplan, H., M. Gurven, J. Winking, P. L. Hooper, and J. Stieglitz. 2010. "Learning, menopause, and the human adaptive complex." *Reproductive Aging* 1204:30–42.

Kaplan, H., K. Hill, J. Lancaster, and A. M. Hurtado. 2000. "A theory of human life history evolution: Diet, intelligence, and longevity." *Evolutionary Anthropology* 9 (4):156–185.

Katz, S. H., M. L. Hediger, and L. A. Valleroy. 1974. "Traditional maize processing techniques in the New World: Traditional alkali processing enhances the nutritional quality of maize." *Science* 184 (17 May):765–773.

Kay, P. 2005. "Color categories are not arbitrary." *Cross-Cultural Research* 39 (1):39–55.

Kay, P., and T. Regier. 2006. "Language, thought and color: recent developments." *Trends in Cognitive Sciences* 10 (2):51–54.

Kayser, M., F. Liu, A.C.J.W. Janssens, F. Rivadeneira, O. Lao, K. van Duijn, M. Vermeulen, et al. 2008. "Three genome-wide association studies and a linkage analysis identify *HERC2* as a human iris color gene." *American Journal of Human Genetics* 82 (2):411–423.

Keeley, L. 1997. *War before Civilization*. Oxford: Oxford University Press.

Kelly, R. C. 1985. *The Nuer Conquest*. Ann Arbor: University of Michigan Press.

Kelman, H. C. 1958. "Compliance, identification, and internalization: Three processes of attitude change." *Journal of Conflict Resolution* 2:51–60.

Kendon, A. 1988. *Sign Languages of Aboriginal Australia: Cultural, Semiotic, and Communicative Perspectives*. Cambridge: Cambridge University Press.

Kenward, B. 2012. "Over-imitating preschoolers believe unnecessary actions are normative and enforce their performance by a third party." *Journal of Experimental Child Psychology* 112 (2):195–207.

Kessler, R. C., G. Downey, and H. Stipp. 1988. "Clustering of teenage suicides after television news stories about suicide: A reconsideration." *American Journal of Psychiatry* 145:1379–83.

Kessler, R. C., and H. Stipp. 1984. "The impact of fictional television suicide stories on U.S. fatalities: A replication." *American Journal of Sociology* 90 (1):151–167.

———. 2007b. "Chimpanzees are vengeful but not spiteful." *Proceedings of the National Academy of Sciences, USA* 104 (32):13046–13050.

———. 2013. "Chimpanzee responders still behave like rational maximizers." *Proceedings of the National Academy of Sciences, USA*. doi:10.1073/pnas.1303627110.

Jensen, K., B. Hare, J. Call, and M. Tomasello. 2006. "What's in it for me? Self-regard precludes altruism and spite in chimpanzees." *Proceedings of the Royal Society B: Biological Sciences* 273 (1589):1013–1021.

Jerardino, A., and C. W. Marean. 2010. "Shellfish gathering, marine paleoecology and modern human behavior: Perspectives from cave PP13B, Pinnacle Point, South Africa." *Journal of Human Evolution* 59 (3–4):412–424.

Jobling, J. W., and W. Petersen. 1916. "The epidemiology of pellagra in Nashville Tennessee." *Journal of Infectious Diseases* 18 (5):501–567.

Johnson, A., and T. Earle. 2000. *The Evolution of Human Societies*. 2nd ed. Stanford, CA: Stanford University Press.

Johnson, R. T., J. A. Burk, and L. A. Kirkpatrick. 2007. "Dominance and prestige as differential predictors of aggression and testosterone levels in men." *Evolution and Human Behavior* 28 (5):345–351. doi:10.1016/j.evolhumbehav.2007.04.003.

Jonas, K. 1992. "Modeling and suicide: A test of the Werther effect." *British Journal of Social Psychology* 31:295–306.

Jones, B. C., L. M. DeBruine, A. C. Little, R. P. Burriss, and D. R. Feinberg. 2007. "Social transmission of face preferences among humans." *Proceedings of the Royal Society B: Biological Sciences* 274 (1611):899–903.

Jones, R. 1974. "Tasmanian tribes." In *Aboriginal Tribes of Australia*, edited by N. B. Tindale, 319–354. San Francisco: UCLA Press.

———. 1976. "Tasmania: Aquatic machines and off-shore islands." In *Problems in Economic and Social Archaeology*, edited by G. Sieveking, I. H. Longworth, and K. E. Wilson, 235–263. London: Duckworth.

———. 1977a. "Man as an element of a continental fauna: The case of the sundering of the Bassian bridge." In *Sunda and Sahul: Prehistoric Studies in Southeast Asia, Melanesia and Australia*, edited by J. Allen, J. Golson, and Rhys Jones, 317–386. London: Academic Press.

———. 1977b. "The Tasmanian paradox." In *Stone Tools as Cultural Markers: Change, Evolution and Complexity*, edited by V. S. Wright, 189–204. Atlantic Highlands, NJ: Humanities Press.

———. 1977c. "Why did the Tasmanians stop eating fish?" In *Explorations in Ethno-archaeology*, edited by R. Gould, 11–47. Santa Fe: University of New Mexico Press.

———. 1990. "From Kakadu to Kutikina: The southern continent at 18,000 years ago." In *Low Latitudes*, Vol. 2 of *The World at 18,000 B. P.*, edited by C. Gamble and O. Soffer, 264–295. London: Unwin Hyman.

———. 1995. "Tasmanian archaeology: Establishing the sequence." *Annual Review of Anthropology* 24:423–46.

Kagel, J. C., D. McDonald, and R. C. Battalio. 1990. "Tests of "fanning out" of indifference curves:

E. Kleinman. 2009. "Cation chloride cotransporters: Expression patterns in development and schizophrenia." *Schizophrenia Bulletin* 35:150–151.

Ichikawa, M. 1987. "Food restrictions of the Mbuti Pygmies, Eastern Zaire." *African Study Monographs* Suppl. (6):97–121.

Ingram, C.J.E., C. A. Mulcare, Y. Itan, M. G. Thomas, and D. M. Swallow. 2009. "Lactose digestion and the evolutionary genetics of lactase persistence." *Human Genetics* 124 (6):579–591.

Ingram, C.J.E., T. O. Raga, A. Tarekegn, S. L. Browning, M. F. Elamin, E. Bekele, M. G. Thomas, et al. 2009. "Multiple rare variants as a cause of a common phenotype: Several different lactase persistence associated alleles in a single ethnic group." *Journal of Molecular Evolution* 69 (6):579–588.

Inoue, S., and T. Matsuzawa. 2007. "Working memory of numerals in chimpanzees." *Current Biology* 17 (23):R1004–R1005.

Isler, K., and C. P. Van Schaik. 2009. "Why are there so few smart mammals (but so many smart birds)?" *Biology Letters* 5 (1):125–129.

———. 2012. "Allomaternal care, life history and brain size evolution in mammals." *Journal of Human Evolution* 63 (1):52–63.

Isler, K., J. T. Van Woerden, A. F. Navarrete, and C. P. Van Schaik. 2012. "The "gray ceiling": Why apes are not as large-brained as humans." *American Journal of Physical Anthropology* 147:173–173.

Itan, Y., B. L. Jones, C. J. E. Ingram, D. M. Swallow, and M. G. Thomas. 2010. "A worldwide correlation of lactase persistence phenotype and genotypes." *BMC Evolutionary Biology* 10. doi:10.1186/1471-2148-10-36.

Jablonski, N. G., and G. Chaplin. 2000. "The evolution of human skin coloration." *Journal of Human Evolution* 39 (1):57–106.

———. 2010. "Human skin pigmentation as an adaptation to UV radiation." *Proceedings of the National Academy of Sciences, USA* 107:8962–8968.

Jackson, F.L.C., and R. T. Jackson. 1990. "The role of cassava in African famine prevention." In *African Food Systems in Crisis*, Part 2, *Contending with Change*, edited by R. Huss-Ashmore, 207–225. Amsterdam: Gordon and Breach.

Jaeggi, A. V., L. P. Dunkel, M. A. Van Noordwijk, S. A. Wich, A. A. L. Sura, and C. P. Van Schaik. 2010. "Social learning of diet and foraging skills by wild immature Bornean orangutans: Implications for culture." *American Journal of Primatology* 72 (1):62–71.

James, P. A., G. Mitchell, M. Bogwitz, and G. J. Lindeman. 2013. "The Angelina Jolie effect." *Medical Journal of Australia* 199 (10):646–646.

Jaswal, V. K., and L. S. Malone. 2007. "Turning believers into skeptics: 3-year-olds' sensitivity to cues to speaker credibility." *Journal of Cognition and Development* 8 (3):263–283.

Jaswal, V. K., and L. A. Neely. 2006. "Adults don't always know best: Preschoolers use past reliability over age when learning new words." *Psychological Science* 17 (9):757–758.

Jensen, K., J. Call, and M. Tomasello. 2007a. "Chimpanzees are rational maximizers in an ultimatum game." *Science* 318 (5847):107–109.

Hirschfeld, L. A. 1996. *Race in the Making: Cognition, Culture, and the Child's Construction of Human Kinds*. Cambridge, MA: MIT Press.
Hoenig, S. B. 1953. *The Great Sanhedrin: A Study of the Origin, Development, Composition, and Functions of the Bet Din ha-Gadol during the Second Jewish Commonwealth*. Philadelphia,: Dropsie College for Hebrew and Cognate Learning.
Hoffmann, F., and P. Oreopoulos. 2009. "A professor like me: The influence of instructor gender on college achievement." *Journal of Human Resources* 44 (2): 479–494.
Hogg, M. A., and J. Adelman. 2013. "Uncertainty-identity theory: Extreme groups, radical behavior, and authoritarian leadership." *Journal of Social Issues* 69 (3):436–454.
Holldobler, B., and E. O. Wilson. 1990. *The Ants*. Cambridge, MA: Belknap Press of Harvard University Press.
Holmberg, A. R. 1950. *Nomads of the Long Bow*. Smithsonian Institution Institute of Social Anthropology Publ. No. 10. Washington DC: United States Government Printing Office.
Hoppitt, W., and K. N. Laland. 2013. *Social Learning: An Introduction to Mechanisms, Methods, and Models*. Princeton, NJ: Princeton University Press.
Horner, V., D. Proctor, K. E. Bonnie, A. Whiten, and F.B.M. de Waal. 2010. "Prestige affects cultural learning in chimpanzees." *PLoS ONE* 5 (5):e10625.
Horner, V., and A. Whiten. 2005. "Causal knowledge and imitation/emulation switching in chimpanzees (*Pan trogiodytes*) and children (*Homo sapiens*)." *Animal Cognition* 8 (3):164–181.
Horwitz, R. I., C. M. Viscoli, L. Berkman, R. M. Donaldson, S. M. Horwitz, C. J. Murray, D. F. Ransohoff, and J. Sindelar. 1990. "Treatment adherence and risk of death after a myocardial infarction." *Lancet* 336 (8714):542–545.
House, B., J. Henrich, B. Sarnecka, and J. B. Silk. 2013. "The development of contingent reciprocity in children." *Evolution and Human Behavior* 34 (2):86–93.
House, B. R., J. B. Silk, J. Henrich, H. C. Barrett, B. A. Scelza, A. H. Boyette, B. S. Hewlett, R. McElreath, and S. Laurence. 2013. "Ontogeny of prosocial behavior across diverse societies." *Proceedings of the National Academy of Sciences, USA* 110 (36):14586–14591. doi:10.1073/pnas.1221217110.
Hove, M. J., and J. L. Risen. 2009. "It's all in the timing: Interpersonal synchrony increases affiliation." *Social Cognition* 27 (6):949–960.
Hrdy, S. B. 2009. *Mothers and Others: The Evolutionary Origins of Mutual Understanding*. Cambridge, MA: Belknap Press of Harvard University Press.
Hua, C. 2001. *A Society without Fathers or Husbands*. New York: Zone Books.
Hudson, T. 1981. "Recently discovered accounts concerning the "lone woman" of San Nicolas Island." *Journal of California and Great Basin Anthropology* 3 (2): 187–199.
Humphrey, N. 1976. "The social function of intellect." In *Growing Points in Ethology*, edited by P.P.G. Bateson, and R. A. Hinde, 303–317. Cambridge: Cambridge University Press.
———. 2012. "This chimp will kick your ass at memory games—But how the hell does he do it?" *Trends in Cognitive Sciences* 16 (7):353–355. doi:10.1016/j.tics.2012.05.002.
Hyde, T. M., S. V. Mathew, T. Ali, B. K. Lipska, A. J. Law, O. E. Metitiri, D. R. Weinberger, and J.

S. Bowles, H. Gintis, E. Fehr, and C. Camerer, 125–167. Oxford: Oxford University Press.

Henrich, J., and C. Tennie. 2017. "Cultural evolution in chimpanzees and humans." In *Chimpanzees and Human Evolution*, edited by M. Muller, R. Wrangham, and D. Pilbream. Cambridge, MA: Harvard University Press.

Henrich, N., and J. Henrich. 2007. *Why Humans Cooperate: A Cultural and Evolutionary Explanation* Oxford: Oxford University Press.

Herbranson, W. T., and J. Schroeder. 2010. "Are birds smarter than mathematicians? Pigeons (*Columba livia*) perform optimally on a version of the Monty Hall Dilemma." *Journal of Comparative Psychology* 124 (1):1–13.

Herrmann, E., J. Call, M. V. Hernandez-Lloreda, B. Hare, and M. Tomasello. 2007. "Humans have evolved specialized skills of social cognition: The cultural intelligence hypothesis." *Science* 317 (5843):1360–1366.

Herrmann, E., M. V. Hernandez-Lloreda, J. Call, B. Hare, and M. Tomasello. 2010. "The structure of individual differences in the cognitive abilities of children and chimpanzees." *Psychological Science* 21 (1):102–110.

Herrmann, P. A., C. H. Legare, P. L. Harris, and H. Whitehouse. 2013. "Stick to the script: The effect of witnessing multiple actors on children's imitation." *Cognition* 129 (3):536–543. http://dx.doi.org/10.1016/j.cognition.2013.08.010.

Hewlett, B., and S. Winn. 2012. "Allomaternal gatherers. nursing among hunter-gatherers." *American Journal of Physical Anthropology* 147:165–165.

Heyes, C. 2012a. "Grist and mills: On the cultural origins of cultural learning." *Philosophical Transactions of the Royal Society B: Biological Sciences* 367 (1599):2181–2191.

———. 2012b. "What's social about social learning?" *Journal of Comparative Psychology* 126 (2):193–202.

Hill, K. 2002. "Altruistic cooperation during foraging by the Ache and the evolved human predisposition to cooperate." *Human Nature* 13 (1):105–128.

Hill, K., and A. M. Hurtado. 1996. *Ache Life History*. New York: Aldine de Gruyter.

———. 2009. "Cooperative breeding in South American hunter-gatherers." *Proceedings of the Royal Society B: Biological Sciences* 276 (1674):3863–3870.

Hill, K., and K. Kintigh. 2009. "Can anthropologists distinguish good and poor hunters? Implications for hunting hypotheses, sharing conventions, and cultural transmission." *Current Anthropology* 50 (3):369–377.

Hill, K., R. S. Walker, M. Božičević, J. Eder, T. Headland, B. Hewlett, A. M. Hurtado, F. Marlowe, P. Wiessner, and B. Wood. 2011. "Co-residence patterns in hunter-gatherer societies show unique human social structure." *Science* 331 (6022):1286–1289. doi:10.1126/science.1199071.

Hill, K., B. Wood, J. Baggio, A. M. Hurtado, and R. Boyd. 2014{YES AU: OK?}. "Hunter-gatherer Inter-band Interaction Rates: Implications for Cumulative Culture." *PLoS ONE* 9 (7):e102806.

Hilmert, C. J., J. A. Kulik, and N. J. S. Christenfeld. 2006. "Positive and negative opinion modeling: The influence of another's similarity and dissimilarity." *Journal of Personality and Social Psychology* 90 (3):440–452.

view and Synthesis." In *Foundations of Human Sociality: Economic Experiments and Ethnographic Evidence from Fifteen Small-Scale Societies*, edited by J. Henrich, R. Boyd, Samuel Bowles, C. Camerer, E. Fehr, and H. Gintis, 9–51. Oxford: Oxford University Press.

Henrich, J., R. Boyd, S. Bowles, C. Camerer, E. Fehr, H. Gintis, R. McElreath, M. Alvard, A. Barr, J. Ensminger, N. S. Henrich, K. Hill, F. Gil-White, M. Gurven, F. W. Marlowe, J. Q. Patton, and D. Tracer. 2005. " 'Economic man' in cross-cultural perspective: Behavioral experiments in 15 small-scale societies." *Behavioral and Brain Sciences* 28 (6):795–855.

Henrich, J., R. Boyd, S. Bowles, H. Gintis, C. Camerer, E. Fehr, and R. McElreath. 2001. "In search of Homo economicus: Experiments in 15 small-scale societies." *American Economic Review* 91:73–78.

Henrich, J., R. Boyd, and P. J. Richerson. 2012. "The puzzle of monogamous marriage." *Philosophical Transactions of the Royal Society B: Biological Sciences* 367: 657–669.

Henrich, J., and J. Broesch. 2011. "On the nature of cultural transmission networks: Evidence from Fijian villages for adaptive learning biases." *Philosophical Transactions of the Royal Society B: Biological Sciences* 366:1139–1148.

Henrich, J., J. Ensminger, R. McElreath, A. Barr, C. Barrett, A. Bolyanatz, J. C. Cardenas, et al. 2010. "Market, religion, community size and the evolution of fairness and punishment." *Science* 327:1480–1484.

Henrich, J., and F. Gil-White. 2001. "The evolution of prestige: Freely conferred deference as a mechanism for enhancing the benefits of cultural transmission." *Evolution and Human Behavior* 22 (3):165–196.

Henrich, J., S. J. Heine, and A. Norenzayan. 2010a. "Beyond WEIRD: Towards a broad-based behavioral science." *Behavioral and Brain Sciences* 33 (2/3):51–75.

———. 2010b. "The weirdest people in the world?" *Behavioral and Brain Sciences* 33 (2/3):1–23.

Henrich, J., and N. Henrich. 2010. "The evolution of cultural adaptations: Fijian taboos during pregnancy and lactation protect against marine toxins." *Proceedings of the Royal Society B: Biological Sciences* 366:1139–1148.

———. 2014. "Fairness without Punishment: Behavioral Experiments in the Yasawa Island, Fiji." In *Experimenting with Social Norms: Fairness and Punishment in Cross-Cultural Perspective*, edited by J. Ensminger and J. Henrich, 225–258. New York: Russell Sage Press.

Henrich, J., and R. McElreath. 2003. "The evolution of cultural evolution." *Evolutionary Anthropology* 12 (3):123–135.

Henrich, J., R. McElreath, J. Ensminger, A. Barr, C. Barrett, A. Bolyanatz, J. C. Cardenas, et al. 2006. "Costly punishment across human societies." *Science* 312:1767–1770.

Henrich, J., and J. B. Silk. 2013. "Interpretative problems with chimpanzee ultimatum game." White paper. Social Science Research Network (SSRN). http://www.pnas.org/content/110/33/E3049.full?ijkey=ca7e16c2e252064447c5e7447884aab7c8cb598e&keytype2=tf_ipsecsha.

Henrich, J., and N. Smith. 2004. "Comparative experimental evidence from Machiguenga, Mapuche, and American populations." In *Foundations of Human Sociality: Economic Experiments and Ethnographic Evidence from Fifteen Small-Scale Societies*, edited by J. Henrich, R. Boyd,

———. 2002b. *World Lexicon of Grammaticalization*. New York: Cambridge University Press.
———. 2007. *The Genesis of Grammar: A Reconstruction* Studies in the Evolution of Language. Oxford: Oxford University Press.
Heine, S. J. 2008. *Cultural Psychology*. New York: W. W. Norton.
Heine, S. J., T. Proulx, and K. D. Vohs. 2006. "The meaning maintenance model: On the coherence of social motivations." *Personality and Social Psychology Review* 10 (2):88–110.
Heinrich, B. 2002. *Why We Run: A Natural History*. New York: Ecco.〔ベルンド・ハインリッチ『人はなぜ走るのか』鈴木豊雄訳、清流出版〕
Heinz, H. 1994. *Social Organization of the !Ko Bushmen*. Cologne: Rudiger Koppe.
Henrich, J. 2000. "Does culture matter in economic behavior: Ultimatum game bargaining among the Machiguenga." *American Economic Review* 90 (4):973–980.
———. 2002. "Decision-making, cultural transmission and adaptation in economic anthropology." In *Theory in Economic Anthropology*, edited by J. Ensminger, 251–295. Walnut Creek, CA: AltaMira Press.
———. 2004a. "Cultural group selection, coevolutionary processes and large-scale cooperation." *Journal of Economic Behavior & Organization* 53:3–35.
———. 2004b. "Demography and cultural evolution: Why adaptive cultural processes produced maladaptive losses in Tasmania." *American Antiquity* 69 (2):197–214.
———. 2004c. "Inequity aversion in Capuchins?" *Nature* 428:139.
———. 2006. "Understanding cultural evolutionary models: A reply to Read's critique." *American Antiquity* 71 (4):771–782.
———. 2008. "A cultural species." In *Explaining Culture Scientifically*, edited by M. Brown, 184–210. Seattle: University of Washington Press.
———. 2009a. "The evolution of costly displays, cooperation, and religion: Credibility enhancing displays and their implications for cultural evolution." *Evolution and Human Behavior* 30:244–260.
———. 2009b. "The evolution of innovation-enhancing institutions." In *Innovation in Cultural Systems: Contributions in Evolution Anthropology*, edited by S. J. Shennan and M. J. O'Brien, 99–120. Cambridge, MA: MIT Press.
———. 2014. "Rice, psychology and innovation." *Science* 344:593.
Henrich, J., W. Albers, R. Boyd, K. McCabe, G. Gigerenzer, H. P. Young, and A. Ockenfels. 2001. "Is culture important in bounded rationality?" In *Bounded Rationality: The Adaptive Toolbox*, edited by G. Gigerenzer and R. Selten, 343–359. Cambridge, MA: MIT Press.
Henrich, J., and R. Boyd. 2001. "Why people punish defectors: Weak conformist transmission can stabilize costly enforcement of norms in cooperative dilemmas." *Journal of Theoretical Biology* 208:79–89.
Henrich, J., R. Boyd, S. Bowles, C. Camerer, E. Fehr, and H. Gintis, eds. 2004. *Foundations of Human Sociality: Economic Experiments and Ethnographic Evidence from Fifteen Small-Scale Societies*. Oxford: Oxford University Press.
Henrich, J., R. Boyd, S. Bowles, C. Camerer, E. Fehr, H. Gintis, and R. McElreath. 2004. "Over-

ly reproduce others' goals." *Developmental Science* 11 (4):487–494.
Hamlin, J. K., N. Mahajan, Z. Liberman, and K. Wynn. 2013. "Not like me = Bad: infants prefer those who harm dissimilar others." *Psychological Science* 24 (4):589–594.
Hamlin, J. K., and K. Wynn. 2011. "Young infants prefer prosocial to antisocial others." *Cognitive Development* 26 (1):30–39.
Hamlin, J. K., K. Wynn, and P. Bloom. 2007. "Social evaluation by preverbal infants." *Nature* 450 (7169):557–559.
Hamlin, J. K., K. Wynn, P. Bloom, and N. Mahajan. 2011. "How infants and toddlers react to antisocial others." *Proceedings of the National Academy of Sciences, USA* 108 (50):19931–19936.
Harbaugh, W. T., U. Mayr, and D. R. Burghart. 2007. "Neural responses to taxation and voluntary giving reveal motives for charitable donations." *Science* 316 (5831):1622–1625.
Hardacre, E. 1880. "Eighteen years alone." *Schribner's Monthly* 20 (5):657–664.
Hare, B., J. Call, B. Agnetta, and M. Tomasello. 2000. "Chimpanzees know what conspecifics do and do not see." *Animal Behaviour* 59:771–785.
Hare, B., and M. Tomasello. 2004. "Chimpanzees are more skillful in competitive than in cooperative tasks." *Animal Behaviour* 68:571–581.
Harris, M. B. 1970. "Reciprocity and generosity: Some determinants of sharing in children." *Child Development* 41:313–328.
———. 1971. "Models, norms and sharing." *Psychological Reports* 29:147–153.
Harris, P. L., and K. H. Corriveau. 2011. "Young children's selective trust in informants." *Philosophical Transactions of the Royal Society B: Biological Sciences* 366 (1567):1179–1187.
Harris, P. L., and M. Nunez. 1996. "Understanding of permission rules by preschool children." *Child Development* 67 (4):1572–1591.
Harris, P. L., M. Nunez, and C. Brett. 2001. "Let's swap: Early understanding of social exchange by British and Nepali children." *Memory & Cognition* 29 (5):757–764.
Harris, P. L., E. S. Pasquini, S. Duke, J. J. Asscher, and F. Pons. 2006. "Germs and angels: The role of testimony in young children's ontology." *Developmental Science* 9 (1):76–96.
Hay, J., and L. Bauer. 2007. "Phoneme inventory size and population size." *Language* 83 (2):388–400.
Hayek, F. A. v., and W. W. Bartley. 1988. *The Fatal Conceit: The Errors of Socialism*. London: Routledge.〔ハイエク『ハイエク全集 第2期 第1巻』西山千明監修、春秋社〕
Hayes, M. G., J. B. Coltrain, and D. H. O'Rourke. 2003. "Mitochondrial analyses of Dorset, Thule, Sadlermiut, and Aleut skeletal samples from the prehistoric North American arctic." In *Mummies in a New Millennium: Proceedings of the 4th World Congress on Mummy Studies*, edited by N. Lynnerup, C. Andreasen, and J. Berglund, 125–128. Copenhagen: Danish Polar Center.
Hedden, T., S. Ketay, A. Aron, H. R. Markus, and J. D. E. Gabrieli. 2008. "Cultural influences on neural substrates of attentional control." *Psychological Science* 19:12–17.
Heine, B., and T. Kuteva. 2002a. On the evolution of grammatical forms. In *The Transition to Language*, edited by A. Wray, 376–397. New York: Oxford University Press.

id=1917113.
Grossmann, I., J. Y. Na, M. E. W. Varnum, D. C. Park, S. Kitayama, and R. E. Nisbett. 2010. "Reasoning about social conflicts improves into old age." *Proceedings of the National Academy of Sciences, USA* 107 (16):7246–7250.
Gruber, T., M. N. Muller, V. Reynolds, R. Wrangham, and K. Zuberbuhler. 2011. "Community-specific evaluation of tool affordances in wild chimpanzees." *Scientific Reports* 1.
Gruber, T., M. N. Muller, P. Strimling, R. Wrangham, and K. Zuberbuhler. 2009. "Wild chimpanzees rely on cultural knowledge to solve an experimental honey acquisition task." *Current Biology* 19 (21):1806–1810.
Grusec, J. E. 1971. "Power and the internalization of self-denial." *Child Development* 42 (1):93–105.
Guess, H. A. 2002. *The Science of the Placebo: Toward an Interdisciplinary Research Agenda*. London: BMJ Books.
Guiso, L., P. Sapienza, and L. Zingales. 2006. "Does culture affect economic outcomes?" *Journal of Economic Perspectives* 20 (2):23–48.
———. 2009. "Cultural biases in economic exchange?" *Quarterly Journal of Economics* 124 (3):1095–1131.
Gurven, M. 2004a. "To give and to give not: The behavioral ecology of human food transfers." *Behavioral and Brain Sciences* 27 (4):543–559.
———. 2004b. "Tolerated reciprocity, reciprocal scrounging, and unrelated kin: Making sense of multiple models." *Behavioral and Brain Sciences* 27 (4):572–579.
Gurven, M., and H. Kaplan. 2007. "Longevity among hunter-gatherers: A cross-cultural examination." *Population and Development Review* 33 (2):321–365.
Gurven, M., J. Stieglitz, P. L. Hooper, C. Gomes, and H. Kaplan. 2012. "From the womb to the tomb: The role of transfers in shaping the evolved human life history." *Experimental Gerontology* 47 (10):807–813.
Guth, W., M. V. Levati, M. Sutter, and E. Van der Heijden. 2007. "Leading by example with and without exclusion power in voluntary contribution experiments." *Journal of Public Economics* 91 (5–6):1023–1042.
Haidt, J. 2012. *The Righteous Mind: Why Good People Are Divided by Politics and Religion*. New York: Pantheon Books.〔ジョナサン・ハイト『社会はなぜ左と右にわかれるのか―対立を超えるための道徳心理学』高橋洋訳、紀伊國屋書店〕
Hamalainen, P. 2008. *The Comanche Empire*. Lamar Series in Western History. New Haven, CT: Yale University Press.
Hamlin, J. K. 2013a. "Failed attempts to help and harm: Intention versus outcome in preverbal infants' social evaluations." *Cognition* 128 (3):451–474. http://www.sciencedirect.com/science/article/pii/S0010027713000796.
———. 2013b. "Moral judgment and action in preverbal infants and toddlers: Evidence for an innate moral core." *Current Directions in Psychological Science* 22 (3):186–193.
Hamlin, J. K., E. V. Hallinan, and A. L. Woodward. 2008. "Do as I do: 7-month-old infants selective-

306:496–499.
Goren-Inbar, N. 2011. "Culture and cognition in the Acheulian industry: A case study from Gesher Benot Ya'aqov. *Philosophical Transactions of the Royal Society B: Biological Sciences* 366 (1567):1038–1049.
Goren-Inbar, N., N. Alperson, M. E. Kislev, O. Simchoni, Y. Melamed, A. Ben-Nun, and E. Werker. 2004. "Evidence of hominin control of fire at Gesher Benot Ya'aqov, Israel." *Science* 304 (5671):725–727.
Goren-Inbar, N., G. Sharon, Y. Melamed, and M. Kislev. 2002. "Nuts, nut cracking, and pitted stones at Gesher Benot Ya'aqov, Israel." *Proceedings of the National Academy of Sciences, USA* 99 (4):2455–2460.
Gott, B. 2002. "Fire-making in Tasmania: Absence of evidence is not evidence." *Current Anthropology* 43 (4):650–655.
Gottfried, A. E., and P. A. Katz. 1977. "Influence of belief, race, and sex similarities between child observers and models on attitudes and observational learning." *Child Development* 48 (4):1395–1400. http://www.jstor.org/stable/1128498.
Goubert, L., J. W. S. Vlaeyen, G. Crombez, and K. D. Craig. 2011. "Learning about pain from others: An observational learning account." *Journal of Pain* 12 (2):167–174.
Gowdy, J., R. Iorgulescu, and S. Onyeiwu. 2003. "Fairness and retaliation in a rural Nigerian village." *Journal of Economic Behavior & Organization* 52:469–479.
Grant, F., and M. A. Hogg. 2012. "Self-uncertainty, social identity prominence and group identification." *Journal of Experimental Social Psychology* 48 (2):538–542.
Greene, J. D., L. E. Nystrom, A. D. Engell, J. M. Darley, and J. D. Cohen. 2004. "The neural bases of cognitive conflict and control in moral judgment." *Neuron* 44 (2):389–400.
Greenfield, N., and J. T. Kuznicki. 1975. "Implied competence, task complexity, and imitative behavior." *Journal of Social Psychology* 95:251–261.
Gregor, T. 1977. *Mehinaku: The Drama of Daily Life in a Brazilian Indian Village*. Chicago: University of Chicago Press.
Gregory, S. W., K. Dagan, and S. Webster. 1997. "Evaluating the relation of vocal accommodation in conversation partners' fundamental frequencies to perceptions of communication quality." *Journal of Nonverbal Behavior* 21 (1):23–43.
Gregory, S. W., and S. Webster. 1996. "A nonverbal signal in voices of interview partners effectively predicts communication accommodation and social status perceptions." *Journal of Personality and Social Psychology* 70 (6):1231–1240.
Gregory, S. W., S. Webster, and G. Huang. 1993. "Voice pitch and amplitude convergence as a metric of quality in dyadic interviews." *Language & Communication* 13 (3):195–217.
Greif, M. L., D. G. K. Nelson, F. C. Keil, and F. Gutierrez. 2006. "What do children want to know about animals and artifacts? Domain-specific requests for information." *Psychological Science* 17 (6):455–459.
Grosjean, P. 2011. "A history of violence: The culture of honor as a determinant of homocide in the US South." Unpublished manuscript. http://papers.ssrn.com/sol3/papers.cfm?abstract_

Gerszten, P. C., and E. M. Gerszten. 1995. "Intentional cranial deformation: A disappearing form of self-mutilation." *Neurosurgery* 37 (3):374–382.

Gil-White, F. 2001. "Are ethnic groups biological 'species' to the human brain? Essentialism in our cognition of some social categories." *Current Anthropology* 42 (4):515–554.

———. 2004. "Ultimatum game with an ethnicity manipulation: Results from Khovdiin Bulgan Cum, Mongolia." In *Foundations of Human Sociality: Economic Experiments and Ethnographic Evidence from Fifteen Small-Scale Societies*, edited by J. Henrich, R. Boyd, S. Bowles, C. Camerer, E. Fehr, and H. Gintis, 260–304. New York: Oxford University Press.

Gilberg, R. 1984. "Polar Eskimo." In *Handbook of North American Indians*, edited by D. Damas, 577–594. Washington, DC: Smithsonian Institution Press.

Gillet, J., E. Cartwright, and M. Van Vugt. 2009. "Leadership in a weak-link game." *Economic Inquiry* 51(4): 2028–2043. http://dx.doi.org/10.1111/ecin.12003.

Gilligan, M., J. P. Benjamin, and C. D. Samii. 2011. "Civil war and social capital: Behavioral-game evidence from Nepal." Unpublished manuscript. New York University.

Gilovich, T., D. Griffin , and D. Kahneman, eds. 2002. *Heuristics and Biases: The Psychology of Intuitive judgment.* New York: Cambridge University Press.

Gilovich, T., R. Vallone, and A. Tversky. 1985. "The hot hand in basketball: On the misperception of random sequences." *Cognitive Psychology* 17 (3):295–314.

Giuliano, P., and A. Alesina. 2010. "The power of the family." *Journal of Economic Growth* 15 (2):93–125.

Gizer, I. R., H. J. Edenberg, D. A. Gilder, K. C. Wilhelmsen, and C. L. Ehlers. 2011. "Association of alcohol dehydrogenase genes with alcohol-related phenotypes in a Native American community sample." *Alcoholism: Clinical and Experimental Research* 35 (11):2008–2018.

Gneezy, A., and D. M. T. Fessler. 2011. "Conflict, sticks and carrots: war increases prosocial punishments and rewards." *Proceedings of the Royal Society B: Biological Sciences*. doi:10.1098/rspb.2011.0805.

Gneezy, U., and A. Rustichini. 2000. "A fine is a price." *Journal of Legal Studies* 29 (1):1–17.

Goldin-Meadow, S., W. C. So, A. Ozyurek, and C. Mylander. 2008. "The natural order of events: How speakers of different languages represent events nonverbally." *Proceedings of the National Academy of Sciences, USA* 105 (27):9163–9168.

Goldman, I. 1979. *The Cubeo*. Urbana: University of Illinois Press.

Goldstein, J., J. Davidoff, and D. Roberson. 2009. "Knowing color terms enhances recognition: Further evidence from English and Himba." *Journal of Experimental Child Psychology* 102 (2):219–238.

Goldstein, R., J. Almenberg, A. Dreber, J. W. Emerson, A. Herschkowitsch, and J. Katz. 2008. "Do more expensive wines taste better? Evidence from a large sample of blind tastings." *Journal of Wine Economics* 3 (01):1–9. doi:10.1017/S1931436100000523.

Goodwin, R. 2008. *Crossing the Continent, 1527–1540: The Story of the First African-American Explorer of the American South*. New York: Harper.

Gordon, P. 2005. "Numerical cognition without words: Evidence from Amazonia." *Science*

Flynn, J. R. 2007. *What Is Intelligence? Beyond the Flynn effect*. Cambridge: Cambridge University Press.

———. 2012. *Are We Getting Smarter? Rising IQ in the Twenty-First Century*. Cambridge: Cambridge University Press.〔ジェームズ・R・フリン『なぜ人類のIQは上がり続けているのか？―人種、性別、老化と知能指数』水田賢政訳、太田出版〕

Foley, C., N. Pettorelli, and L. Foley. 2008. "Severe drought and calf survival in elephants." *Biology Letters* 4 (5):541–544.

Foster, E. A., D. W. Franks, S. Mazzi, S. K. Darden, K. C. Balcomb, J. K. B. Ford, and D. P. Croft. 2012. "Adaptive prolonged postreproductive life span in killer whales." *Science* 337 (6100):1313–1313.

Fought, J. G., R. L. Munroe, C. R. Fought, and E. M. Good. 2004. "Sonority and climate in a world sample of languages: Findings and prospects." *Cross-Cultural Research* 38 (1):27–51. doi:10.1177/1069397103259439.

Fowler, J. H., and N. A. Christakis. 2010. "Cooperative behavior cascades in human social networks." *Proceedings of the National Academy of Sciences, USA* 107 (12):5334–5338.

Frank, M. C., and D. Barner. 2012. "Representing exact number visually using mental abacus." *Journal of Experimental Psychology—General* 141 (1):134–149.

Franklin, A., A. Clifford, E. Williamson, and I. Davies. 2005. "Color term knowledge does not affect categorical perception of color in toddlers." *Journal of Experimental Child Psychology* 90 (114–141).

Frazer, J. G. 1996. *The Golden Bough: A Study in Magic and Religion*. Harmondsworth, UK: Penguin Books.〔ジェームズ・ジョージ・フレーザー『金枝篇―呪術と宗教の研究』神成利男訳、国書刊行会他〕

Fry, A. F., and S. Hale. 1996. "Processing speed, working memory, and fluid intelligence: Evidence for a developmental cascade." *Psychological Science* 7 (4):237–241. doi:10.1111/j.1467-9280.1996.tb00366.x.

Garner, R. 2005. "What's in a name? Persuasion perhaps." *Journal of Consumer Psychology* 15 (2):108–116. http://dx.doi.org/10.1207/s15327663jcp1502_3.

Gaulin, S. J. C., D. H. McBurney, and S. L. Brakeman-Wartell. 1997. "Matrilateral biases in the investment of aunts and uncles: A consequence and measure of paternity uncertainty." *Human Nature* 8 (2):139–151.

Gelman, S. A. 2003. *The Essential Child: Origins of Essentialism in Everyday Thought*. Oxford: Oxford University Press.

Gerbault, P., A. Liebert, Y. Itan, A. Powell, M. Currat, J. Burger, D. M. Swallow, and M. G. Thomas. 2011. "Evolution of lactase persistence: an example of human niche construction." *Philosophical Transactions of the Royal Society B: Biological Sciences* 366 (1566):863–877.

Gerbault, P., C. Moret, M. Currat, and A. Sanchez-Mazas. 2009. "Impact of selection and demography on the diffusion of lactase persistence." *Plos One* 4 (7).e6369.

Gerbault, P., M. Roffet-Salque, R. P. Evershed, and M. G. Thomas. 2013. "How long have adult humans been consuming milk?" *IUBMB Life* 65 (12):983–990.

Fehr, E., and C. F. Camerer. 2007. "Social neuroeconomics: The neural circuitry of social preferences." *Trends in Cognitive Sciences* 11 (10):419–427.

Fernandez, R., and A. Fogli. 2006. "Fertility: The role of culture and family experience." *Journal of the European Economic Association* 4 (2–3):552–561.

———. 2009. "Culture: An empirical investigation of beliefs, work, and fertility." *American Economic Journal-Macroeconomics* 1 (1):146–177.

Fessler, D.M.T. 1999. "Toward an understanding of the universality of second order emotions." In *Beyond Nature or Nurture: Biocultural Approaches to the Emotions*, edited by A. Hinton, 75–116. Cambridge: Cambridge University Press.

———. 2002. "Reproductive immunosuppression and diet—An evolutionary perspective on pregnancy sickness and meat consumption." *Current Anthropology* 43 (1):19–61.

———. 2004. "Shame in two cultures." *Journal of Cognition and Culture* 4 (2):207–262.

———. 2006. "A burning desire: Steps toward an evolutionary psychology of fire learning." *Journal of Cognition and Culture* 6 (3–4):429–451.

Fessler, D.M.T., A. P. Arguello, J. M. Mekdara, and R. Macias. 2003. "Disgust sensitivity and meat consumption: A test of an emotivist account of moral vegetarianism." *Appetite* 41 (1):31–41.

Fessler, D.M.T., and C. D. Navarrete. 2003. "Meat is good to taboo: Dietary proscriptions as a product of the interaction of psychological mechanisms and social processes." *Journal of Cognition and Culture* 3 (1):1–40.

———. 2004. "Third-party attitudes toward incest: Evidence for the Westermarck Effect." *Evolution and Human Behavior* 25 (5):277–294.

Finniss, D. G., T. J. Kaptchuk, F. Miller, and F. Benedetti. 2010. "Biological, clinical, and ethical advances of placebo effects." *Lancet* 375 (9715):686–695.

Fischer, P., J. I. Krueger, T. Greitemeyer, C. Vogrincic, A. Kastenmuller, D. Frey, M. Heene, M. Wicher, and M. Kainbacher. 2011. "The bystander-effect: A meta-analytic review on bystander intervention in dangerous and non-dangerous emergencies." *Psychological Bulletin* 137(4): 517–537. http://dx.doi.org/10.1037/a0023304.

Fischer, R., D. Xygalatas, P. Mitkidis, P. Reddish, P. Tok, I. Konvalinka, and J. Bulbulia. 2014. "The fire-walker's high: Affect and physiological responses in an extreme collective ritual." *Plos One* 9 (2):e88355. doi:10.1371/journal.pone.0088355.

Fisher, S. E., and M. Ridley. 2013. "Culture, genes, and the human revolution." *Science* 340 (6135):929–930.

Fiske, A. 1992. "The four elementary forms of sociality: framework for a unified theory of social relations." *Psychological Review* 99 (4):689–723.

Fitch, W. T. 2000. "The evolution of speech: a comparative review." *Trends in Cognitive Sciences* 4 (7):258–267.

Flannery, K. V., and J. Marcus. 2000. "Formative Mexican chiefdoms and the myth of the 'Mother Culture.' " *Journal of Anthropological Archaeology* 19 (1–37).

———. 2012. *The Creation of Inequality: How our Prehistoric Ancestors Set the Stage for Monarchy, Slavery, and Empire*. Cambridge, MA: Harvard University Press.

Endicott, K. 1988. "Property, power and conflict among the Batek of Malaysia." In *Hunters and Gatherers: Property, Power and Ideology*, edited by T. Ingold, D. Riches, and J. Woodburn, 110–128. Berg: Oxford.

Engelmann, J. M., E. Herrmann, and M. Tomasello. 2012. "Five-year olds, but not chimpanzees, attempt to manage their reputations." *Plos One* 7 (10):e48433. doi:10.1371/journal.pone.0048433.

Engelmann, J. M., H. Over, E. Herrmann, and M. Tomasello. 2013. "Young children care more about their reputation with ingroup members and potential reciprocators." *Developmental Science* 16 (6):952–958.

Ensminger, J., and J. Henrich, eds. 2014. *Experimenting with Social Norms: Fairness and Punishment in Cross-Cultural Perspective*. New York: Russell Sage Press.

Esteban, J., L. Mayoral, and D. Ray. 2012a. "Ethnicity and conflict: An empirical study." *American Economic Review* 102 (4):1310–1342.

———. 2012b. "Ethnicity and conflict: Theory and facts." *Science* 336 (6083):858–865.

Euler, H. A., and B. Weitzel. 1996. "Discriminative grandparental solicitude as reproductive strategy." *Human Nature* 7 (1):39–59.

Evans, N. 2005. "Australian languages reconsidered: A review of Dixon (2002)." *Oceanic Linguistics* 44 (1):216–260.

———. 2012. "An enigma under an enigma: Tracing diversification and dispersal in a continent of hunter-gatherers." Paper presented at the KNAW (Royal Netherlands Academy of Arts and Sciences) conference Patterns of Diversification and Contact: A Global Perspective, Amsterdam, December 11–14.

Evans, N., and P. McConvell. 1998. The enigma of Pama-Nyungan expansion in Australia. In *Archaeology and Language II: Correlating Archaeological and Linguistic Hypotheses*, edited by R. Blench and M. Spriggs, 174–191. London: Routledge.

Everett, D. L. 2005. "Cultural constraints on grammar and cognition in Piraha—Another look at the design features of human language." *Current Anthropology* 46 (4):621–646.

Fairlie, R., F. Hoffmann, and P. Oreopoulos. 2011. "A community college instructor like me: Race and ethnicity interaction in the classroom." Working Paper 17381. National Bureau of Economic Research, Cambridge, MA.

Faisal, A., D. Stout, J. Apel, and B. Bradley. 2010. "The manipulative complexity of Lower Paleolithic stone toolmaking." *Plos One* 5 (11):e13718.

Falk, D. 1990. "Brain evolution in Homo—The radiator theory." *Behavioral and Brain Sciences* 13 (2):333–343.

Fearon, J. D. 2008. "Ethnic mobilization and ethnic violence." In *The Oxford Handbook of Political Economy*, edited by D. A. Wittman and B. R. Weingast, 852–868. Oxford: Oxford University Press.

Fedzechkina, M., T. F. Jaeger, and E. L. Newport. 2012. "Language learners restructure their input to facilitate efficient communication." *Proceedings of the National Academy of Sciences, USA* 109 (44):17897–17902.

Eckel, C., E. Fatas, and R. Wilson. 2010. "Cooperation and status in organizations." *Journal of Public Economic Theory* 12 (4):737–762.

Eckel, C., and R. Wilson. 2000. "Social learning in a social hierarchy: An experimental study." Unpublished manuscript. http://www.ruf.rice.edu/~rkw/RKW_FOLDER/AAAS2000_ABS.htm.

Edenberg, H. J. 2000. "Regulation of the mammalian alcohol dehydrogenase genes." *Progress in Nucleic Acid Research and Molecular Biology* 64:295–341.

Edenberg, H. J., X. L. Xuei, H. J. Chen, H. J. Tian, L. F. Wetherill, D. M. Dick, L. Almasy, et al. 2006. "Association of alcohol dehydrogenase genes with alcohol dependence: A comprehensive analysis." *Human Molecular Genetics* 15 (9):1539–1549.

Edgerton, R. B. 1992. *Sick Societies: Challenging the Myth of Primitive Harmony*. New York: Free Press.

Efferson, C., R. Lalive, P. J. Richerson, R. McElreath, and M. Lubell. 2008. "Conformists and mavericks: The empirics of frequency-dependent cultural transmission." *Evolution and Human Behavior* 29 (1):56–64. doi:10.1016/j.evolhumbehav.2007.08.003.

Ehrenreich, B. 2007. *Dancing in the Streets: A History of Collective Joy*. New York: Metropolitan Books.

Eiberg, H., J. Troelsen, M. Nielsen, A. Mikkelsen, J. Mengel-From, K. W. Kjaer, and L. Hansen. 2008. "Blue eye color in humans may be caused by a perfectly associated founder mutation in a regulatory element located within the *HERC2* gene inhibiting *OCA2* expression." *Human Genetics* 123 (2):177–187.

Eibl-Eibesfeldt, I. 2007. *Human Ethology*. New Brunswick, NJ: Aldine Transaction.

Elkin, A. P. 1964. *The Australian Aborigines: How to Understand Them*. Garden City, NY: Anchor Books.

Elliot, R., and R. Vasta. 1970. "The modeling of sharing: Effects associated with vicarious reinforcement, symbolization, age, and generalization." *Journal of Experimental Child Psychology* 10:8–15.

Ember, C. R. 1978. "Myths about hunter-gatherers." *Ethnology* 17 (4):439–448.

———. 2013. "Introduction to 'Coping with environmental risk and uncertainty: Individual and cultural responses.' " *Human Nature* 24 (1):1–4.

Ember, C. R., T. A. Adem, and I. Skoggard. 2013. "Risk, uncertainty, and violence in eastern Africa." *Human Nature* 24 (1):33–58.

Ember, C. R., and M. Ember. 1992. "Resource unpredictability, mistrust, and war—A cross-cultural study." *Journal of Conflict Resolution* 36 (2):242–262.

———. 2007. "Climate, econiche, and sexuality: Influences on sonority in language." *American Anthropologist* 109 (1):180–185. doi:10.1525/Aa.2007.109.1.180.

Enard, W. 2011. "*FOXP2* and the role of cortico-basal ganglia circuits in speech and language evolution." *Current Opinion in Neurobiology* 21 (3):415–424.

Enard, W., S. Gehre, K. Hammerschmidt, S. M. Holter, T. Blass, M. Somel, M. K. Bruckner, et al. 2009. "A humanized version of *Foxp2* affects cortico-basal ganglia circuits in mice." *Cell* 137 (5):961–971.

273:185–186.
———. 1997. *Guns, Germs, and Steel: The Fates of Human Societies*. New York: W.W. Norton.
Diamond, J., and P. Bellwood. 2003. "Farmers and their languages: The first expansions." *Science* 300 (5619):597–603.
Dove, M. 1993. "Uncertainty, humility and adaptation in the tropical forest: The agricultural augury of the Kantu." *Ethnology* 32 (2):145–167.
Downey, G. 2014. "All forms of writing." *Mind & Language* 29 (3):304–319. doi:10.1111/mila.12052.
Draganski, B., and A. May. 2008. "Training-induced structural changes in the adult human brain." *Behavioural Brain Research* 192 (1):137–142.
Draper, P., and C. Haney. 2005. "Patrilateral bias among a traditionally egalitarian people: Ju/'hoansi naming practice." *Ethnology* 44 (3):243–259.
Dufour, D. L. 1984. "The time and energy-expenditure of indigenous women horticulturalists in the northwest Amazon." *American Journal of Physical Anthropology* 65 (1):37–46.
———. 1985. "Manioc as a dietary staple: Implications for the budgeting of time and energy in the Northwest Amazon." In *Food Energy in Tropical Ecosystem*, edited by D. J. Cattle and K. H. Schwerin, 1–20. New York: Gordon and Breach.
———. 1988a. "Cyanide content of cassava (*Manihot esculenta*, Euphorbiaceae) cultivars used by Tukanoan Indians in northwest Amazonia." *Economic Botany* 42 (2):255–266.
———. 1988b. "Dietary cyanide intake and serum thiocyanate levels in Tukanoan Indians in northwest Amazonia." *American Journal of Physical Anthropology* 75 (2):205.
———. 1994. "Cassava in Amazonia: Lessons in utilization and safety from native peoples." *Acta Horitculturae* 375:175–182.
Dugatkin, L. 1999. *Cheating Monkeys and Citizen Bees*. New York: Free Press.〔リー・ドガトキン『吸血コウモリは恩を忘れない―動物の協力行動から人が学べること』春日倫子訳、草思社〕
Dunbar, R.I.M. 1998. "The social brain hypothesis." *Evolutionary Anthropology* 6 (5):178–190.
Duncker, K. 1938. "Experimental modification of children's food preferences through social suggestion." *Journal of Abnormal Psychology* 33:489–507.
Dunham, Y., A. S. Baron, and M. R. Banaji. 2008. "The development of implicit intergroup cognition." *Trends in Cognitive Sciences* 12 (7):248–253.
Durham, W. H. 1982. "The relationship of genetic and cultural evolution: Models and examples." *Human Ecology* 10 (3):289–323.
———. 1991. *Coevolution: Genes, Culture, and Human Diversity*. Stanford, CA: Stanford University Press.
Durkheim, E. (1915) 1965. *Elementary Forms of Religious Life*. Translated by J. W. Swain. New York: George Allen &Unwin.〔エミール・デュルケーム『宗教生活の基本形態―オーストラリアにおけるトーテム体系』山﨑亮訳、筑摩書房〕
Earl, J. W. 1996. "A fatal recipe for Burke and Wills." *Australian Geographic* 43:28–29. Earl, J. W., and B. V. McCleary. 1994. "Mystery of the poisoned expedition." *Nature* 368 (6473):683–684.

DeBruine, L. 2002. "Facial resemblance enhances trust." *Proceedings of the Royal Society of London Series B: Biological Sciences* 269:1307–1312.

Dediu, D., and D. R. Ladd. 2007. "Linguistic tone is related to the population frequency of the adaptive haplogroups of two brain size genes, *ASPM* and *Microcephalin*." *Proceedings of the National Academy of Sciences, USA* 104 (26):10944–10949.

Dee, T. S. 2005. "A teacher like me: Does race, ethnicity, or gender matter?" *American Economic Review* 95 (2):158–165.

Dehaene, S. 1997. *The Number Sense: How the Mind Creates Mathematics*. New York: Oxford University Press.〔スタニスラス・ドゥアンヌ『数覚とは何か？―心が数を創り、操る仕組み』長谷川眞理子・小林哲生訳、早川書房〕

———. 2009. *Reading in the Brain: The Science and Evolution of a Human Invention*. New York: Viking.

———. 2014. "*Reading in the Brain* revised and extended: Response to comments." *Mind & Language* 29 (3):320–335. doi:10.1111/mila.12053.

Dehaene, S., F. Pegado, L. W. Braga, P. Ventura, G. Nunes, A. Jobert, G. Dehaene-Lambertz, et al. 2010. "How learning to read changes the cortical networks for vision and language." *Science* 330 (6009):1359–1364.

Delagnes, A., and H. Roche. 2005. "Late Pliocene hominid knapping skills: The case of Lokalalei 2C, West Turkana, Kenya." *Journal of Human Evolution* 48:435–472.

de Quervain, D. J., U. Fischbacher, V. Treyer, M. Schellhammer, U. Schnyder, A. Buck, and E. Fehr. 2004. "The neural basis of altruistic punishment." *Science* 305: 1254–1258.

Derex, M., M.-P. Beugin, B. Godelle, and M. Raymond. 2013. "Experimental evidence for the influence of group size on cultural complexity." *Nature* 503 (7476):389–391. doi:10.1038/nature12774.

d'Errico, F., and L. R. Backwell. 2003. "Possible evidence of bone tool shaping by Swartkrans early hominids." *Journal of Archaeological Science* 30 (12):1559–1576. http://www.sciencedirect.com/science/article/pii/S0305440303000529.

d'Errico, F., L. R. Backwell, and L. R. Berger. 2001. "Bone tool use in termite foraging by early hominids and its impact on our understanding of early hominid behaviour." *South African Journal of Science* 97 (3–4):71–75.

Deutscher, G. 2005. *The Unfolding of Language: An Evolutionary Tour of Mankind's Greatest Invention*. New York: Metropolitan Books.

———. 2010. *Through the Language Glass: Why the World Looks Different in Other Languages*. New York: Metropolitan Books/Henry Holt.

de Waal, F.B.M., C. Boesch, V. Horner, and A. Whiten. 2008. "Comparing social skills of children and apes." *Science* 319 (5863):569. doi:10.1126/science.319.5863.569c.

de Waal, F.B.M., K. Leimgruber, and A. R. Greenberg. 2008. "Giving is self-rewarding for monkeys." *Proceedings of the National Academy of Sciences, USA* 105 (36):13685–13689. doi:10.1073/pnas.0807060105.

Diamond, J. 1978. "The Tasmanians: The longest isolation, the simplest technology." *Nature*

Crockett, M. J., L. Clark, M. D. Lieberman, G. Tabibnia, and T. W. Robbins. 2010. "Impulsive choice and altruistic punishment are correlated and increase in tandem with serotonin depletion." *Emotion* 10 (6):855–862.

Crockett, M. J., L. Clark, G. Tabibnia, M. D. Lieberman, and T. W. Robbins. 2008. "Serotonin modulates behavioral reactions to unfairness." *Science* 320 (5884): 1739–1739.

Cronin, K. A., K.K.E. Schroeder, E. S. Rothwell, J. B. Silk, and C. T. Snowdon. 2009. "Cooperatively breeding cottontop tamarins (*Saguinus oedipus*) do not donate rewards to their long-term mates." *Journal of Comparative Psychology* 123 (3):231–241.

Csibra, G., and G. Gergely. 2009. "Natural pedagogy." *Trends in Cognitive Sciences* 13 (4):148–153.

Cuatrecasas, P., D. H. Lockwood, and J. R. Caldwell. 1965. "Lactase deficiency in adults—A common occurrence." *Lancet* 1 (7375):14–18

Cummins, D. D. 1996a. "Evidence for the innateness of deontic reasoning." *Mind & Language* 11 (2):160–190.

———. 1996b. "Evidence of deontic reasoning in 3-and 4-year-old children." *Memory & Cognition* 24 (6):823–829.

———. 2013. "Deontic and epistemic reasoning in children revisited: Comment on Dack and Astington." *Journal of Experimental Child Psychology* 116 (3):762–769.

Currie, T. E., and R. Mace. 2009. "Political complexity predicts the spread of ethno-linguistic groups." *Proceedings of the National Academy of Sciences, USA* 106 (18):7339–7344. doi:10.1073/pnas.0804698106.

D'Andrade, R. G. 1995. *The Development of Cognitive Anthropology*. Cambridge: Cambridge University Press.

Danenberg, L. O., and H. J. Edenberg. 2005. "The alcohol dehydrogenase 1B (*ADH1B*) and *ADH1C* genes are transcriptionally regulated by DNA methylation and histone deacetylation in hepatoma cells." *Alcoholism—Clinical and Experimental Research* 29 (5):136a.

Darwin, C. 1981. *The Descent of Man and Selection in Relation to Sex*. Princeton, NJ: Princeton University Press. Original published in 1871 by J. Murray, London.

Dawkins, R. 1976. *The Selfish Gene*. Oxford: Oxford University Press.〔リチャード・ドーキンス『利己的な遺伝子』日髙敏隆・岸由二・羽田節子・垂水雄二訳、紀伊國屋書店〕

———. 2006. *The God Delusion*. Boston: Houghton Mifflin.〔リチャード・ドーキンス『神は妄想である―宗教との決別』垂水雄二訳、早川書房〕

Deacon, T. W. 1997. *The Symbolic Species: The Co-evolution of Language and the Brain*. New York: Norton.〔テレンス・W. ディーコン『ヒトはいかにして人となったか―言語と脳の共進化』金子隆芳訳、新曜社〕

Dean, L. G., R. L. Kendal, S. J. Schapiro, B. Thierry, and K. N. Laland. 2012. "Identification of the social and cognitive processes underlying human cumulative culture." *Science* 335 (6072):1114–1118.

Deaner, R. O., K. Isler, J. Burkart, and C. van Schaik. 2007. "Overall brain size, and not encephalization quotient, best predicts cognitive ability across non-human primates." *Brain Behavior and Evolution* 70 (2):115–124.

Colloca, L., M. Sigaudo, and F. Benedetti. 2008. "The role of learning in nocebo and placebo effects." *Pain* 136 (1–2):211–218.

Coltheart, M.A.X. 2014. "The neuronal recycling hypothesis for reading and the question of reading universals." *Mind & Language* 29 (3):255–269. doi:10.1111/mila.12049.

Conley, T. G., and C. R. Udry. 2010. "Learning about a new technology: Pineapple in Ghana." *American Economic Review* 100 (1):35–69.

Conway, C. M., and M. H. Christiansen. 2001. "Sequential learning in non-human primates." *Trends in Cognitive Sciences* 5 (12):539–546.

Cook, P., and M. Wilson. 2010. "Do young chimpanzees have extraordinary working memory?" *Psychonomic Bulletin & Review* 17 (4):599–600.

Cook, R., G. Bird, G. Lunser, S. Huck, and C. Heyes. 2012. "Automatic imitation in a strategic context: players of rock–paper–scissors imitate opponents' gestures." *Proceedings of the Royal Society B: Biological Sciences* 279 (1729):780–786. doi:10.1098/rspb.2011.1024.

Cookman, S. 2000. *Ice Blink : The Tragic Fate of Sir John Franklin's Lost Polar Expedition*. New York: Wiley.

Corballis, M. C. 2003. "From Hand to Mouth: The Gestural Origins of Language." In *Language Evolution*, edited by M. H. Christiansen and S. Kirby, 201–218. New York: Oxford University Press.

Corriveau, K., and P. L. Harris. 2009a. "Choosing your informant: weighing familiarity and recent accuracy." *Developmental Science* 12 (3):426–437.

———. 2009b. "Preschoolers continue to trust a more accurate informant 1 week after exposure to accuracy information." *Developmental Science* 12 (1):188–193.

Corriveau, K. H., K. Meints, and P. L. Harris. 2009. "Early tracking of informant accuracy and inaccuracy." *British Journal of Developmental Psychology* 27:331–342.

Cosmides, L., H. C. Barrett, and J. Tooby. 2010. "Adaptive specializations, social exchange, and the evolution of human intelligence." *Proceedings of the National Academy of Sciences, USA* 107:9007–9014.

Cosmides, L., and J. Tooby. 1989. "Evolutionary psychology and the generation of culture: ii. Case study: a computational theory of social exchange." *Ethology & Sociobiology* 10 (1–3):51–97.

Craig, K. D. 1986. "Social modeling influences: Pain in context." In *The Psychology of Pain*, edited by R. A. Sternbach, 67–95. New York: Raven Press.

Craig, K. D., and K. M. Prkachin. 1978. "Social modeling influences on sensory decision-theory and psychophysiological indexes of pain." *Journal of Personality and Social Psychology* 36 (8):805–815.

Crittenden, A. N., and F. W. Marlowe. 2008. "Allomaternal care among the Hadza of Tanzania." *Human Nature* 19 (3):249–262.

Crocker, W. H. 2002. "Canela 'other fathers': Partible paternity and its changing practices." In *Cultures of Multiple Fathers: The Theory and Practice of Partible Paternity in Lowland South America*, edited by S. Beckerman and P. Valentine, 86–104. Gainesville: University Press of Florida.

Christiansen, M. H., and S. Kirby. 2003. *Language Evolution*. Studies in the Evolution of Language. Oxford: Oxford University Press.

Chudek, M., S. Heller, S. Birch, and J. Henrich. 2012. "Prestige-biased cultural learning: bystander's differential attention to potential models influences children's learning." *Evolution and Human Behavior* 33 (1):46–56.

Chudek, M., and J. Henrich. 2010. "Culture-gene coevolution, norm-psychology, and the emergence of human prosociality." *Trends in Cognitive Sciences* 15 (5):218–226.

———. n.d. "How exploitation launched human cooperation." Unpublished manuscript.

Chudek, M., J. M. McNamara, S. Birch, P. Bloom, and J. Henrich. n.d. "Developmental and cross-cultural evidence for intuitive dualism." Unpublished manuscript.

Chudek, M., M. Muthukrishna, and J. Henrich. Forthcoming. "Cultural evolution." In *Evolutionary Psychology*, edited by D. Buss. Wiley and Sons.

Chudek, M., W. Zhao, and J. Henrich. 2013. "Culture-gene coevolution, large-scale cooperation and the shaping of human social psychology." In *Signaling, Commitment, and Emotion*, edited by R. Joyce, K. Sterelny, and B. Calcott, 425–458. Cambridge, MA: MIT Press.

Clancy, B., R. B. Darlington, and B. L. Finlay. 2001. "Translating developmental time across mammalian species." *Neuroscience* 105 (1):7–17.

Cochran, G., and H. Harpending. 2009. *The 10,000 Year Explosion: How Civilization Accelerated Human Evolution*. New York: Basic Books.〔グレゴリー・コクラン、ヘンリー・ハーペンディング『一万年の進化爆発―文明が進化を加速した』古川奈々子訳、日経BP社〕

Coley, J. D., D. L. Medin, and S. Atran. 1997. "Does rank have its privilege? Inductive inferences within folkbiological taxonomies." *Cognition* 64 (1):73–112.

Collard, M., B. Buchanan, J. Morin, and A. Costopoulos. 2011. "What drives the evolution of hunter-gatherer subsistence technology? A reanalysis of the risk hypothesis with data from the Pacific Northwest." *Philosophical Transactions of the Royal Society B: Biological Sciences* 366 (1567):1129–1138.

Collard, M., B. Buchanan, M. J. O'Brien, and J. Scholnick. 2013. "Risk, mobility or population size? Drivers of technological richness among contact-period western North American hunter-gatherers." *Philosophical Transactions of the Royal Society B: Biological Sciences* 368 (1630). doi:10.1098/rstb.2012.0412.

Collard, M., M. Kemery, and S. Banks. 2005. "Causes of toolkit variation among hunter-gatherers: A test of four competing hypotheses." *Journal of Canadian Archaeology* 29:1–19.

Collard, M., A. Ruttle, B. Buchanan, and M. J. O'Brien. 2012. "Risk of resource failure and toolkit variation in small-scale farmers and herders." *Plos One* 7 (7):e40975.

———. 2013. "Population size and cultural evolution in nonindustrial food-producing societies." *PLoS ONE* 8 (9):e72628. doi:10.1371/journal.pone.0072628.

Colley, S., and R. Jones. 1988. "Rocky Cape revisited—New light on prehistoric Tasmanian fishing." In *The Walking Larder*, edited by J. Clutton-Brock, 336–346. London: Allen & Unwin.

Colloca, L., and F. Benedetti. 2009. "Placebo analgesia induced by social observational learning." *Pain* 144 (1–2):28–34.

"An anatomical signature for literacy." *Nature* 461 (7266):983–986. doi:10.1038/nature08461.
Carrier, D. R. 1984. "The energetic paradox of human running and hominid evolution." *Current Anthropology* 25 (4):483–495.
Carrigan, M. A., O. Uryasev, C. B. Frye, B. L. Eckman, C. R. Myers, T. D. Hurley, and S. A. Benner. 2014. "Hominids adapted to metabolize ethanol long before human-directed fermentation." *Proceedings of the National Academy of Sciences, USA*. doi:10.1073/pnas.1404167111.
Caspari, R., and S.-H. Lee. 2004. "Older age becomes common late in human evolution." *Proceedings of the National Academy of Sciences, USA* 101(30):10895–10900. http://www.pnas.org/content/101/30/10895.abstract.
Cassar, A., P. Grosjean, and S. Whitt. 2013. "Legacies of violence: Trust and market development." *Journal of Economic Growth* 18 (3):285–318.
Castro-Caldas, A., P. C. Miranda, I. Carmo, A. Reis, F. Leote, C. Ribeiro, and E. Ducla-Soares. 1999. "Influence of learning to read and write on the morphology of the corpus callosum." *European Journal of Neurology* 6 (1):23–28. doi:10.1046/j.1468-1331.1999.610023.x.
Cavalli-Sforza, L. L., and M. Feldman. 1981. *Cultural Transmission and Evolution*. Princeton, NJ: Princeton University Press.
———. 2003. "The application of molecular genetic approaches to the study of human evolution." *Nature Genetics* 33:266–275.
Chalmers, D. K., W. C. Horne, and M. E. Rosenbaum. 1963. "Social agreement and the learning of matching behavior." *Journal of Abnormal & Social Psychology* 66:556–561.
Chandrasekaran, R. 2006. *Imperial Life in the Emerald City: Inside Iraq's Green Zone*. New York: Alfred A. Knopf.
Chapais, B. 2008. *Primeval Kinship: How Pair-Bonding Gave Birth to Human Society*. Cambridge, MA: Harvard University Press.
Chartrand, T. L., and J. A. Bargh. 1999. "The chameleon effect: The perception-behavior link and social interaction." *Journal of Personality and Social Psychology* 76 (6):893–910.
Cheng, J., J. Tracy, T. Foulsham, and A. Kingstone. 2013. "Dual paths to power: Evidence that dominance and prestige are distinct yet viable Avenues to social status." *Journal of Personality and Social Psychology* 104:103–125.
Cheng, J. T., J. L. Tracy, and J. Henrich. 2010. "Pride, personality, and the evolutionary foundations of human social status." *Evolution and Human Behavior* 31 (5):334–347.
Cherry, T. L., P. Frykblom, and J. F. Shogren. 2002. "Hardnose the dictator." *American Economic Review* 92 (4):1218–1221.
Choi, J.-K., and S. Bowles. 2007. "The coevolution of parochial altruism and war." *Science* 318 (5850):636–640.
Chow, V., D. Poulin-Dubois, and J. Lewis. 2008. "To see or not to see: Infants prefer to follow the gaze of a reliable looker." *Developmental Science* 11 (5):761–770. doi:10.1111/j.1467-7687.2008.00726.x.
Christiansen, M. H., and N. Chater. 2008. "Language as shaped by the brain." *Behavioral and Brain Sciences* 31 (5):489–509.

tional Academy of Sciences, USA 104 (50):19762–19766.
Burkart, J. M., S. B. Hrdy, and C. P. Van Schaik. 2009. "Cooperative breeding and human cognitive evolution." *Evolutionary Anthropology* 18 (5):175–186.
Busnel, R. G., and A. Classe. 1976. *Whistled Languages*. Vol. 13 of Communication and Cybernetics. Berlin: Springer-Verlag.
Buss, D. 1999. *Evolutionary Psychology: The New Science of the Mind*. Boston: Allyn & Bacon.
———. 2007. *Evolutionary Psychology: The New Science of the Mind*. 3rd ed. Boston: Allyn & Bacon.
Buss, D. M., M. G. Haselton, T. K. Shackelford, A. L. Bleske, and J. C. Wakefield. 1998. "Adaptations, exaptations, and spandrels." *American Psychologist* 53 (5):533–548.
Bussey, K., and A. Bandura. 1984. "Influence of gender constancy and social power on sex-linked modeling." *Journal of Personality and Social Psychology* 47 (6):1292–1302.
Bussey, K., and D. G. Perry. 1982. "Same-sex imitation—The avoidance of cross-sex models or the acceptance of same-sex models." *Sex Roles* 8 (7):773–784.
Buttelmann, D., M. Carpenter, and M. Tomasello. 2009. "Eighteen-month- old infants show false belief understanding in an active helping paradigm." *Cognition* 112 (2):337–342.
Buttelmann, D., N. Zmyj, M. M. Daum, and M. Carpenter. 2012. "Selective imitation of in-group over out-group members in 14-month- old infants." *Child Development* 84(2): 422–428.
Byrne, R. W., and A. Whiten. 1988. *Machiavellian Intelligence: Social Expertise and the Evolution of Intellect in Monkeys, Apes, and Humans*. Oxford: Oxford University Press. 〔リチャード・バーン、アンドリュー・ホワイトゥン『マキャベリ的知性と心の理論の進化論―ヒトはなぜ賢くなったか』藤田和生・山下博志・友永雅己訳、ナカニシヤ出版〕
———. 1992. "Cognitive evolution in primates—Evidence from tactical deception." *Man* 27 (3):609–627.
Calvin, W. H. 1993. "The unitary hypothesis: A common neural circuitry for novel manipulations, language, plan-ahead, and throwing?" In *Tools, Language, and Cognition in Human Evolution*, edited by E. R. Gibson and T. Ingold, 230–250. Cambridge: Cambridge University Press.
Camerer, C. F. 1989. "Does the basketball market believe in the 'hot hand'?" *American Economic Review* 79:1257–61.
———. 1995. "Individual decision making." In *The Handbook of Experimental Economics*, edited by J. H. Kagel and A. E. Roth, 587–703. Princeton, NJ: Princeton University Press.
Campbell, B. C. 2011. "Adrenarche and middle childhood." *Human Nature* 22 (3):327–349.
Campbell, D. T. 1965. "Variation and selective retention in socio-cultural evolution." In *Social Change in Developing Areas: A Reinterpretation of Evolutionary Theory*, edited by H. R. Barringer, G. I. Glanksten, and R. W. Mack, 19–49. Cambridge, MA: Schenkman.
Cappelletti, D., W. Guth, and M. Ploner. 2011. "Being of two minds: Ultimatum offers under cognitive constraints." *Journal of Economic Psychology* 32 (6):940–950.
Carney, D. R., A. J. C. Cuddy, and A. J. Yap. 2010. "Power posing: Brief nonverbal displays affect neuroendocrine levels and risk tolerance." *Psychological Science* 21 (10):1363–1368.
Carreiras, M., M. L. Seghier, S. Baquero, A. Estevez, A. Lozano, J. T. Devlin, and C. J. Price. 2009.

on Evolution, edited by M. Tallerman, 291–309. Oxford: Oxford University Press.
Brody, G. H., and Z. Stoneman. 1981. "Selective imitation of same-age, older, and younger peer models." *Child Development* 52 (2):717–720.
———. 1985. "Peer imitation: An examination of status and competence hypotheses." *Journal of Genetic Psychology* 146 (2):161–170.
Broesch, J., J. Henrich, and H. C. Barrett. 2014. "Adaptive content biases in learning about animals across the lifecourse." *Human Nature* 25:181–199.
Broesch, T. 2011. *Social Learning across Cultures: Universality and Cultural Variability.* PhD diss., Emory University.
Brosnan, S., and F.B.M. de Waal. 2003. "Monkeys reject unequal pay." *Nature* 425:297–299.
Brosnan, S. F., J. B. Silk, J. Henrich, M. C. Mareno, S. P. Lambeth, and S. J. Schapiro. 2009. "Chimpanzees (*Pan troglodytes*) do not develop contingent reciprocity in an experimental task." *Animal Cognition* 12 (4):587–597.
Brown, G. R., T. E. Dickins, R. Sear, and K. N. Laland. 2011. "Evolutionary accounts of human behavioural diversity. Introduction." *Philosophical Transactions of the Royal Society B: Biological Sciences* 366 (1563):313–324.
Brown, P. 2012. *Through the Eye of a Needle: Wealth, the Fall of Rome, and the Making of Christianity in the West, 350–550 AD*. Princeton, NJ: Princeton University Press.
Brown, R., and G. Armelagos. 2001. "Apportionment of racial diversity: A review." *Evolutionary Anthropology* 10:34–40.
Bryan, J. H. 1971. "Model affect and children's imitative altruism." *Child Development* 42 (6):2061–2065.
Bryan, J. H., J. Redfield, and S. Mader. 1971. "Words and deeds about altruism and the subsequent reinforcement power of the model." *Child Development* 42 (5):1501–1508.
Bryan, J. H., and M. A. Test. 1967. "Models and helping: Naturalistic studies in aiding behavior." *Journal of Personality and Social Psychology* 6:400–407.
Bryan, J. H., and N. H. Walbek. 1970a. "The impact of words and deeds concerning altruism upon children." *Child Development* 41 (3):747–757.
———. 1970b. "Preaching and practicing generosity: Children's actions and reactions." *Child Development* 41 (2):329–353.
Buchan, J. C., S. C. Alberts, J. B. Silk, and J. Altmann. 2003. "True paternal care in a multi-male primate society." *Nature* 425 (6954):179–181.
Burch, E. S. J. 2007. "Traditional native warfare in western Alaska." In *North American Indigenous Warfare and Ritual Violence*, edited by R. J. Chacon and R. G. Mendoza, 11–29. Tucson: University of Arizona Press.
Burkart, J. M., O. Allon, F. Amici, C. Fichtel, C. Finkenwirth, A. Heschl, J. Huber, et al. 2014. "The evolutionary origin of human hyper-cooperation." *Nature Communications* 5. doi:10.1038/ncomms5747.
Burkart, J. M., E. Fehr, C. Efferson, and C. P. van Schaik. 2007. "Other-regarding preferences in a non-human primate: Common marmosets provision food altruistically." *Proceedings of the Na-*

Boyd, R., and S. Mathew. n.d. "The evolution of language may require third-party monitoring and sanctions." Unpublished manuscript. Boyd, R., and P. J. Richerson. 1985. *Culture and the Evolutionary Process*. Chicago: University of Chicago Press.

———. 1987. "The evolution of ethnic markers." *Cultural Anthropology* 2 (1):27–38.

———. 1988. "An evolutionary model of social learning: the effects of spatial and temporal variation." In *Social Learning: Psychological and Biological Perspectives*, edited by T. R. Zentall and B. G. Galef, 29–48. Hillsdale, NJ: Lawrence Erlbaum.

———. 1990. "Group selection among alternative evolutionarily stable strategies." *Journal of Theoretical Biology* 145:331–342.

———. 1992. "Punishment allows the evolution of cooperation (or anything else) in sizable groups." *Ethology & Sociobiology* 13 (3):171–195.

———. 1996. "Why culture is common, but cultural evolution is rare." *Proceedings of the British Academy* 88:77–93.

———. 2002. "Group beneficial norms can spread rapidly in a structured population." *Journal of Theoretical Biology* 215:287–296.

———. 2009. "Voting with your feet: Payoff biased migration and the evolution of group beneficial behavior." *Journal of Theoretical Biology* 257 (2):331–339.

Boyd, R., P. J. Richerson, and J. Henrich. 2011a. "The cultural niche: Why social learning is essential for human adaptation." *Proceedings of the National Academy of Sciences, USA* 108:10918–10925.

———. 2011b. "Rapid cultural adaptation can facilitate the evolution of large-scale cooperation." *Behavioral Ecology and Sociobiology* 65 (3):431–444.

———. 2013. "The cultural evolution of technology." In *Cultural Evolution: Society, Language, and Religion*, edited by P. J. Richerson and M. H. Christiansen, 119–142. Cambridge, MA: MIT Press.

Boyd, R., and J. B. Silk. 2012. *How Humans Evolved*. 6th ed. New York: W.W. Norton.

Bradbard, M. R., and R. C. Endsley. 1983. "The effects of sex-typed labeling on preschool children's information-seeking and retention." *Sex Roles* 9 (2):247–260.

Bradbard, M. R., C. L. Martin, R. C. Endsley, and C. F. Halverson. 1986. "Influence of sex stereotypes on children's exploration and memory—A competence versus performance distinction." *Developmental Psychology* 22 (4):481–486.

Bramble, D. M., and D. E. Lieberman. 2004. "Endurance running and the evolution of Homo." *Nature* 432 (7015):345–352.

Brendl, C. M., A. Chattopadhyay, B. W. Pelham, and M. Carvallo. 2005. "Name letter branding: Valence transfers when product specific needs are active." *Journal of Consumer Research* 32 (3):405–415. doi:10.1086/497552.

Briggs, J. L. 1970. *Never in Anger: Portrait of an Eskimo Family*. Cambridge, MA: Harvard University Press.

Brighton, H., K. N. Kirby, and K. Smith. 2005. Cultural selection for learnability: Three principles underlying the view that language adapts to be learnable. In *Language Origins: Perspectives*

York: Garland STPM Press.

Blattman, C. 2009. "From violence to voting: War and political participation in Uganda." *American Political Science Review* 103 (2):231–247.

Bloom, G., and P. W. Sherman. 2005. "Dairying barriers affect the distribution of lactose malabsorption." *Evolution and Human Behavior* 26 (4):301–312.

Bloom, P. 2000. *How Children Learn the Meaning of Words*. Cambridge: MIT Press.

Blume, M. 2009. "The reproductive benefits of religious affiliation." In *The Biological Evolution of Religious Mind and Behavior*, edited by E. Voland and W. Schiefenhovel, 117–126. Berlin: Springer-Verlag.

Bocquet-Appel, J.-P., and A. Degioanni. 2013. "Neanderthal demographic estimates." *Current Anthropology* 54 (S8):S202–S213. doi:10.1086/673725.

Boehm, C. 1993. "Egalitarian behavior and reverse dominance hierarchy." *Current Anthrropology* 34 (3):227–254.

Bogin, B. 2009. "Childhood, adolescence, and longevity: A multilevel model of the evolution of reserve capacity in human life history." *American Journal of Human Biology* 21 (4):567–577.

Bohns, V. K., and S. S. Wiltermuth. 2012. "It hurts when I do this (or you do that): Posture and pain tolerance." *Journal of Experimental Social Psychology* 48 (1):341–345.

Bollet, A. J. 1992. "Politics and pellagra—The epidemic of pellagra in the United States in the early 20th century." *Yale Journal of Biology and Medicine* 65 (3):211–221.

Borinskaya, S., N. Kal'ina, A. Marusin, G. Faskhutdinova, I. Morozova, I. Kutuev, V. Koshechkin, et al. 2009. "Distribution of the alcohol dehydrogenase *ADH1B*47His* allele in Eurasia." *American Journal of Human Genetics* 84 (1): 89–92.

Bornstein, G., and M. Benyossef. 1994. "Cooperation in intergroup and single-group social dilemmas." *Journal of Experimental Social Psychology* 30 (1):52–67.

Bornstein, G., and I. Erev. 1994. "The enhancing effect of intergroup competition on group performance." *International Journal of Conflict Management* 5 (3):271–283.

Bowern, C., and Q. Atkinson. 2012. "Computational phylogenetics and the internal structure of Pama-Nyungan." *Language* 88 (4):817–845.

Bowers, R. I., S. S. Place, P. M. Todd, L. Penke, and J. B. Asendorpf. 2012. "Generalization in mate-choice copying in humans." *Behavioral Ecology* 23 (1):112–124.

Bowles, S. 2006. "Group competition, reproductive leveling, and the evolution of human altruism." *Science* 314 (5805):1569–1572.

———. 2008. "Policies designed for self-interested citizens may undermine "the moral sentiments": Evidence from economic experiments." *Science* 320 (5883): 1605–1609.

Bowles, S., R. Boyd, S. Mathew, and P. J. Richerson. 2012. "The punishment that sustains cooperation is often coordinated and costly." *Behavioral and Brain Sciences* 35 (1):20–21.

Boyd, D. 2001. "Life without pigs: Recent subsistence changes among the Irakia Awa, Papua New Guinea." *Human Ecology* 29 (3):259–281.

Boyd, R., H. Gintis, S. Bowles, and P. J. Richerson. 2003. "The evolution of altruistic punishment." *Proceedings of the National Academy of Sciences, USA* 100 (6):3531–3535.

Benenson, J. F., R. Tennyson, and R. W. Wrangham. 2011. "Male more than female infants imitate propulsive motion." *Cognition* 121 (2):262–267. http://dx.doi.org/10.1016/j.cognition.2011.07.006.

Berlin, B., and P. Kay. 1991. *Basic Color Terms: Their Universality and Evolution*. Berkeley: University of California Press.〔ブレント・バーリン、ポール・ケイ『基本の色彩語―普遍性と進化について』日髙杏子訳、法政大学出版局〕

Berna, F., P. Goldberg, L. K. Horwitz, J. Brink, S. Holt, M. Bamford, and M. Chazan. 2012. "Microstratigraphic evidence of in situ fire in the Acheulean strata of Wonderwerk Cave, Northern Cape province, South Africa." *Proceedings of the National Academy of Sciences, USA* 109 (20):E1215-E1220.

Bernhard, H., U. Fischbacher, and E. Fehr. 2006. "Parochial altruism in humans." *Nature* 442 (7105):912–915.

Bettinger, E. P., and B. T. Long. 2005. "Do faculty serve as role models? The impact of instructor gender on female students." *American Economic Review* 95 (2):152–157.

Bettinger, R. L. 1994. "How, when and why Numic spread." In *Across the West: Human Population Movement and the Expansion of the Numa*, edited by D. Madsen and D. Rhode, 44–55. Salt Lake: University of Utah.

Bettinger, R. L., and M. A. Baumhoff. 1982. "The Numic spread: Great Basin cultures in competition." *American Antiquity* 47 (3):485–503.

Beyene, Y., S. Katoh, G. WoldeGabriel, W. K. Hart, K. Uto, M. Sudo, M. Kondo, et al. 2013. "The characteristics and chronology of the earliest Acheulean at Konso, Ethiopia." *Proceedings of the National Academy of Sciences, USA* 110 (5):1584–1591.

Bickerton, D. 2009. *Adam's Tongue: How Humans Made Language, How Language Made Humans*. New York: Hill and Wang.

Biesele, M. 1978. "Religion and folklore." In *The Bushmen*, edited by P. V. Tobias, 162–172Cape Town: Human & Rousseau.

Billing, J., and P. W. Sherman. 1998. "Antimicrobial functions of spices: Why some like it hot." *Quarterly Review of Biology* 73 (1):3–49.

Bingham, P. M. 1999. "Human uniqueness: A general theory." *Quarterly Review of Biology* 74 (2):133–169.

Birch, L. L. 1980. "Effects of peer model's food choices on eating behaviors on preschooler's food preferences." *Child Development* 51:489–496.

Birch, S. A. J., N. Akmal, and K. L. Frampton. 2010. "Two-year-olds are vigilant of others' non-verbal cues to credibility." *Developmental Science* 13 (2):363–369.

Birch, S. A. J., and P. Bloom. 2002. "Preschoolers are sensitive to the speaker's knowledge when learning proper names." *Child Development* 73 (2):434–444.

Birch, S. A. J., S. A. Vauthier, and P. Bloom. 2008. "Three-and four-year-olds spontaneously use others' past performance to guide their learning." *Cognition* 107 (3):1018–1034.

Birdsell, J. B. 1979. "Ecological Influences on Australian aboriginal social organization." In *Primate Ecology and Human Origins*, edited by I. S. Bernstein and E. O. Smith, 117–151. New

doi:10.1177/0956797613493444.
Baumard, N., J. B. Andre, and D. Sperber. 2013. "A mutualistic approach to morality: The evolution of fairness by partner choice." *Behavioral and Brain Sciences* 36 (1):59–78.
Baumgartner, T., U. Fischbacher, A. Feierabend, K. Lutz, and E. Fehr. 2009. "The neural circuitry of a broken promise." *Neuron* 64 (5):756–770.
Bearman, P. 2004. "Suicide and friendship among American adolescents." *American Journal of Public Health* 94 (1):89–95.
Beck, W. 1992. "Aboriginal preparation of cycad seeds in Australia." *Economic Botany* 46 (2):133–147.
Beckerman, S., R. Lizarralde, M. Lizarralde, J. Bai, C. Ballew, S. Schroeder, D. Dajani, et al. 2002. "The Bari Partible Paternity Project, Phase One." In *Cultures of Multiple Fathers: The Theory and Practice of Partible Paternity in Lowland South America*, edited by S. Beckerman and P. Valentine, 14–26. Gainesville: University Press of Florida.
Beckerman, S., and P. Valentine, eds. 2002a. *Cultures of Multiple Fathers: The Theory and Practice of Partible Paternity in Lowland South America*. Gainesville: University Press of Florida.
———. 2002b. "Introduction: The concept of partible paternity among native South Americans." In *Cultures of Multiple Fathers: The Theory and Practice of Partible Paternity in Lowland South America*, edited by S. Beckerman and P. Valentine, 1–13. Gainesville: University Press of Florida.
Bell, A. V., P. J. Richerson, and R. McElreath. 2009. "Culture rather than genes provides greater scope for the evolution of large-scale human prosociality." *Proceedings of the National Academy of Sciences, USA* 106 (42):17671–17674. doi:10.1073/pnas.0903232106.
Bellows, J., and E. Miguel. 2009. "War and local collective action in Sierra Leone." *Journal of Public Economics* 93 (11–12):1144–1157.
Belot, M., V. P. Crawford, and C. Heyes. 2013. "Players of Matching Pennies automatically imitate opponents' gestures against strong incentives." *Proceedings of the National Academy of Sciences, USA* 110 (8):2763–2768.
Benedetti, F. 2008. "Mechanisms of placebo and placebo-related effects across diseases." *Annual Review of Pharmacology and Toxicology* 48:33–60.
———. 2009. *Placebo Effects: Understanding the Mechanisms in Health and Disease*. Oxford: Oxford University Press.
Benedetti, F., and M. Amanzio. 2011. "The placebo response: How words and rituals change the patient's brain." *Patient Education and Counseling* 84 (3):413–419.
———. 2013. "Mechanisms of the placebo response." *Pulmonary Pharmacology & Therapeutics* 26 (5):520–523.
Benedetti, F., E. Carlino, and A. Pollo. 2011. "How placebos change the patient's brain." *Neuropsychopharmacology* 36 (1):339–354.
Benedetti, F., W. Thoen, C. Blanchard, S. Vighetti, and C. Arduino. 2013. "Pain as a reward: Changing the meaning of pain from negative to positive co-activates opioid and cannabinoid systems." *Pain* 154 (3):361–367.

experiment in the Maya lowlands, 1991–2001." *Current Anthropology* 43 (3):421–450.
Axelrod, R. 1986. "An evolutionary approach to norms." *American Political Science Review* 80 (4):1095–1111.
Backwell, L. R., and F. d'Errico. 2003. "Additional evidence on the early hominid bone tools from Swartkrans with reference to spatial distribution of lithic and organic artefacts." *South African Journal of Science* 99 (5–6):259–267.
Baird, R. W. 2000. "The killer whale: Foraging specializations and group hunting." In *Cetacean Societies: Field Studies of Dolphins and Whales*, edited by J. Mann, R. C. O'Connor, P. L. Tyack, and H. Whitehead, 127–153. Chicago: University of Chicago Press.
Baldwin, J. M. 1896. "Physical and Social Heredity." *American Naturalist* 30:422–428.
Balikci, A. 1989. *The Netsilik Eskimo*. Long Grove, IL: Waveland Press.
Ball, S., C. Eckel, P. Grossman, and W. Zame. 2001. "Status in markets." *Quarterly Journal of Economics* 155 (1):161–181.
Bandura, A. 1977. *Social Learning Theory*. Englewood Cliffs, NJ: Prentice Hall.
Bandura, A., and C. J. Kupers. 1964. "Transmission of patterns of self-reinforcement through modeling." *Journal of Abnormal & Social Psychology* 69 (1):1–9.
Barnes, R. H. 1996. *Sea Hunters of Indonesia: Fishers and Weavers of Lamalera*. Oxford Studies in Social and Cultural Anthropology. Oxford: Clarendon Press.
Baron, A. S., and M. R. Banaji. 2006. "The development of implicit attitudes—Evidence of race evaluations from ages 6 and 10 and adulthood." *Psychological Science* 17 (1):53–58.
Baron, A. S., Y. Dunham, M. Banaji, and S. Carey. 2014. "Constraints on the acquisition of social category concepts." *Journal of Cognition and Development* 15 (2):238–268.
Baron, R. 1970. "Attraction toward the model and model's competence as determinants of adult imitative behavior." *Journal of Personality and Social Psychology* 14:345–351.
Baronchelli, A., T. Gong, A. Puglisi, and V. Loreto. 2010. "Modeling the emergence of universality in color naming patterns." *Proceedings of the National Academy of Sciences, USA* 107 (6):2403–2407.
Barrett, H. C., and J. Broesch. 2012. "Prepared social learning about dangerous animals in children." *Evolution and Human Behavior* 33 (5):499–508.
Barrett, H. C., T. Broesch, R. M. Scott, Z. J. He, R. Baillargeon, D. Wu, M. Bolz, et al. 2013. "Early false-belief understanding in traditional non-Western societies." *Proceedings of the Royal Society B: Biological Sciences* 280 (1755).
Barrett, H. C., L. Cosmides, and J. Tooby. 2007. "The hominid entry into the cognitive niche." In *Evolution of the Mind: Fundamental Questions and Controversies*, edited by S. Gangestad and J. Simpson, 241–248. New York: Guilford Press.
Basalla, G. 1988. *The Evolution of Technology*. New York: Cambridge University Press.
Basow, S. A., and K. G. Howe. 1980. "Role-model influence—Effects of sex and sex-role attitude in college students." *Psychology of Women Quarterly* 4 (4):558–572.
Bauer, M., A. Cassar, J. Chytilova, and J. Henrich. 2013. "War's enduring effects on the development of egalitarian motivations and in-group biases." *Psychological Science* 25 (1): 47–57

Anderson, D. D. 1984. "Prehistory of North Alaska." In *Arctic*, Vol. 5 of *Handbook of North American Indians*, edited by D. Damas, 80–93. Washington DC: Smithsonian Institution Press.

Aoki, K. 1986. "A stochastic-model of gene culture coevolution suggested by the culture historical hypothesis for the evolution of adult lactose absorption in humans." *Proceedings of the National Academy of Science, USA* 83 (9):2929–2933.

Aoki, K., and M. W. Feldman. 2014. "Evolution of learning strategies in temporally and spatially variable environments: A review of theory." *Theoretical Population Biology* 91:3–19.

Apesteguia, J., S. Huck, and J. Oechssler. 2007. "Imitation—theory and experimental evidence." *Journal of Economic Theory* 136 (1):217–235.

Apicella, C., E. A. Azevedo, J. A. Fowler, and N. A. Christakis. 2014. "Isolated hunter-gatherers do not exhibit the endowment effect bias." *American Economic Review* 104(6) 1793–1805.

Apicella, C. L., F. Marlowe, J. Fowler, and N. Christakis. 2012. "Social networks and cooperation in Hadza hunter-gatherers." *American Journal of Physical Anthropology* 147:85–85.

Archer, W., D. R. Braun, J. W. K. Harris, J. T. McCoy, and B. G. Richmond. 2014. "Early Pleistocene aquatic resource use in the Turkana Basin." *Journal of Human Evolution* 77:74–87. http://dx.doi.org/10.1016/j.jhevol.2014.02.012.

Astuti, R., G. E. A. Solomon, and S. Carey. 2004. "Constraints on conceptual development." *Monographs of the Society for Research in Child Development* 69 (3):vii–135.

Atkinson, Q. D. 2011. "Phonemic diversity supports a serial founder effect model of language expansion from Africa." *Science* 332 (6027):346–349.

Atkisson, C., M. J. O'Brien, and A. Mesoudi. 2012. "Adult learners in a novel environment use prestige-biased social learning." *Evolutionary Psychology* 10 (3):519–537.

Atran, S. 1993. "Ethnobiological classification—Principles of categorization of plants and animals in traditional societies—Berlin, B." *Current Anthropology* 34 (2):195–198.

———. 1998. "Folk biology and the anthropology of science: Cognitive universals and cultural particulars." *Behavioral and Brain Sciences* 21:547–609.

Atran, S., and J. Henrich. 2010. "The evolution of religion: How cognitive by-products, adaptive learning heuristics, ritual displays, and group competition generate deep commitments to prosocial religions." *Biological Theory* 5 (1):1–13.

Atran, S., and D. L. Medin. 2008. *The Native Mind and the Cultural Construction of Nature*. Cambridge, MA: MIT Press.

Atran, S., D. L. Medin, E. Lynch, V. Vapnarsky, E. E. Ucan, and P. Sousa. 2001. "Folkbiology doesn't come from folkpsychology: Evidence from Yukatek Maya in cross-cultural perspective." *Journal of Cognition and Culture* 1 (1):3–42.

Atran, S., D. L. Medin, and N. Ross. 2004. "Evolution and devolution of knowledge: A tale of two biologies." *Journal of the Royal Anthropological Institute* 10 (2):395–420.

———. 2005. "The cultural mind: Environmental decision making and cultural Modeling within and across Populations." *Psychological Review* 112 (4):744–776.

Atran, S., D. L. Medin, N. Ross, E. Lynch, V. Vapnarsky, E. U. Ek, J. D. Coley, C. Timura, and M. Baran. 2002. "Folkecology, cultural epidemiology, and the spirit of the commons—A garden

参考文献

Abramson, J. Z., V. Hernandez-Lloreda, J. Call, and F. Colmenares. 2013. "Experimental evidence for action imitation in killer whales (*Orcinus orca*)." *Animal Cognition* 16 (1):11–22.

Alberts, S. C., J. Altmann, D. K. Brockman, M. Cords, L. M. Fedigan, A. Pusey, T. S. Stoinski, K. B. Strier, W. F. Morris, and A. M. Bronikowski. 2013. "Reproductive aging patterns in primates reveal that humans are distinct." *Proceedings of the National Academy of Sciences, USA* 110 (33):13440–13445.

Alcorta, C. S., and R. Sosis. 2005. "Ritual, emotion, and sacred symbols—The evolution of religion as an adaptive complex." *Human Nature* 16 (4):323–359.

Alcorta, C. S., R. Sosis, and D. Finkel. 2008. "Ritual harmony: Toward an evolutionary theory of music." *Behavioral and Brain Sciences* 31 (5):576–577.

Aldeias, V., P. Goldberg, D. Sandgathe, F. Berna, H. L. Dibble, S. P. McPherron, A. Turq, and Z. Rezek. 2012. "Evidence for Neandertal use of fire at Roc de Marsal (France)." *Journal of Archaeological Science* 39 (7):2414–2423.

Algan, Y., and P. Cahuc. 2010. "Inherited trust and growth." *American Economic Review* 100 (5):2060–2092.

Almond, D., and L. Edlund. 2008. "Son-biased sex ratios in the 2000 United States Census." *Proceedings of the National Academy of Sciences, USA* 105 (15):5681–5682.

Alperson-Afil, N., G. Sharon, M. Kislev, Y. Melamed, I. Zohar, S. Ashkenazi, R. Rabinovich, et al. 2009. "Spatial organization of hominin activities at Gesher Benot Ya'aqov, Israel." *Science* 326 (5960):1677–1680.

Altman, J., and N. Peterson. 1988. "Rights to game and rights to cash among contemporary Australian hunter-gatherers." In *Hunters and Gatherers: Property, Power and Ideology*, edited by T. Ingold, D. Riches and J. Woodburn, 75–94. Berg: Oxford.

Alvard, M. 2003. "Kinship, lineage, and an evolutionary perspective on cooperative hunting groups in Indonesia." *Human Nature* 14 (2):129–163.

Ambrose, S. H. 2001. "Paleolithic technology and human evolution." *Science* 291 (5509):1748–1753.

Amundsen, R. 1908. *The North West Passage, Being the Record of a Voyage of Exploration of the Ship "Gyoa" 1903–1907*. London: Constable.

たがって、自然選択の作用により個体の文化的学習能力が高まるにつれて、互恵性が、協力関係を維持し永続的な社会関係を確立する上でますます有効な戦略になっていく。こうした関係が生まれることでよりいっそう、他者からの社会的学習の機会が増し、母親の友人からアロマザリングを受ける可能性が高まる（Crittenden and Marlowe 2008; Hewlett and Winn 2012）。

23. オランウータンについてはJaeggi et al. 2010を、チンパンジーについてはHenrich and Tennie 2017を参照。

第17章　新しいタイプの動物

1. Maynard Smith and Szathmáry 1999を参照。
2. Buss 1999; Tooby and Cosmides 1992; Pinker 1997, 2002; Smith and Winterhalder 1992を参照。
3. Buss 2007: 419。
4. 人体の進化に関する文献レビューはLieberman 2013を参照。
5. Richerson and Henrich 2012を参照。
6. Flynn 2007, 2012を参照。
7. Basalla 1988; Mokyr 1990; Diamond 1997; Henrich 2009bを参照。
8. このメタファーは、ロバート・ボイドがよく用いる表現をもとにしている。
9. 遺伝的進化の加速についてはCochran and Harpending 2009を参照。文化進化の速度についてはMesoudi 2011b; Perreault 2012 を参照。集団間競争についてはTurchin 2005, 2010を参照。
10. 農耕が始まって以降、よそ者に対応するために向社会的規範が広まっていった経緯についての研究はEnsminger and Henrich 2014, chapters 2 and 4を参照。
11. 旧式の「恐怖の儀式」はたいてい、文化進化の過程で除外されていった。なぜなら、小さな政治的単位の結束を強め過ぎて、それらを包含する新たな、より大きな政治的単位の統合性と安定性を脅かしたからである（Norenzayan et al. 2016）。
12. 道徳を説く大いなる神を頂く宗教の進化についてはNorenzayan 2014; Atran and Henrich 2010; Norenzayan et al. 2016を参照。
13. Diamond 1997を参照。著書『銃・病原菌・鉄』におけるダイアモンドの有名な主張の多くは、筆者がここで述べる進化論的な認識に立って初めて意味を成す。
14. Henrich 2009bを参照。私の次の著書も参照のこと。
15. Henrich, Heine, and Norenzayan 2010a, 2010b; Apicella et al., forthcoming; Muthukrishna et al., n.d.; S. Heine 2008を参照。
16. Henrich, Boyd, and Richerson 2012を参照。
17. Chandrasekaran 2006を参照。
18. World Bank Group 2015を参照。
19. Bowles 2008; Gneezy and Rustichini 2000を参照。

さらに、時々刻々と環境が変化するような場合には、個体学習も社会的学習も役には立たない。自然選択は再び、どんな環境にも平均的に適応できる形質を発現させる遺伝子に有利に作用するようになる。

9. Isler and van Schaik 2009, 2012; Isler et al. 2012 を参照。
10. Langergraber, Mitani, and Vigilant 2007, 2009 を参照。これらのデータの意味を誇張すべきではない。他のチンパンジーの群れからも同様のデータが得られているわけではないので、集団の規模が格段に大きくなるとつがい形成が促されると、自信をもって主張しないほうがいい。
11. 集団の規模や社会的学習の効果に加え、捕食者の脅威、とくに他集団の襲撃という脅威によっても、優位を争う競争が得策ではなくなった可能性がある。競争相手と闘って負傷したオスは、体力を消耗し、捕食者に対処できなくなるからだ。
12. Chapais 2008: 205 を参照。私はこの議論で、チンパンジーのように、メスが群れを出ていき、オスは群れに残るタイプの霊長類の大集団を想定しているが、必ずしもそうである必要はない。すでにつがい形成がなされているゴリラのような集団からスタートし、捕食者の脅威によって大集団を作らざるをえなくなると、何が起こるかを検討することもできる。また、もう一つ留意すべき点として、ここでは熟知性のメカニズムによって説明しているが、霊長類には、父方も含めて血縁個体を見つける能力がわずかながら備わっているらしい（Langergraber 2012）。
13. つがい形成が戦略として広まるにつれて、オス同士の競争が減り、その結果、オス同士の闘いで使われる大きな犬歯が縮小されていった（Lovejoy 2009）。
14. こうした血縁認識の一環として近親相姦忌避が生まれたわけで、娘が母親の父親に対する性的欲望を模倣しても心配するには及ばない。
15. 狩猟採集社会やその他の小規模社会のアロマザリングについては Crittenden and Marlowe 2008; Hewlett and Winn 2012; Kramer 2010; Kaplan et al. 2000 を参照。
16. Morse, Jehle, and Gamble 1990; Lozoff 1983 を参照。多くの社会では、母親が初乳を捨ててしまう。
17. 育児の手伝いをせずに叱られた少女の事例は Crittenden and Marlowe 2008 を参照。この事例については、アリッサの電子メール（2014）でさらに詳しい情報を得た。アロマザリングに関する文献レビューは Kramer 2010 を参照。
18. Hrdy 2009; Burkart, Hrdy, and Van Schaik 2009; Burkart et al. 2014 を参照。もちろん、こうした実験で証明された向社会性は、きわめて小さな近縁者の集団に限られる。第11章で論じたような向社会性は、これでは説明がつかない。
19. この少年たちは、まだ若くて経験が浅かったために根茎に関する知識が不足していた可能性もある。しかし、フランクから電子メール（2014）を通じて、ハッザ族の女性は男性よりも根茎について詳しいのは確かだと伝えられた。
20. Benenson, Tennyson, and Wrangham 2011 を参照。
21. Chapais 2008; Hill et al. 2011 を参照。
22. 第11章で指摘したとおり、文化的学習は互恵的な協力行動の効果を劇的に高める。しアスフォー氏に感謝する。

20. 初期アシュール石器文化の変遷については Beyene et al. 2013 を参照。追加・蓄積されていった多様な技術については Stout and Chaminade 2012; Stout 2011 を参照。
21. Stout et al. 2010 を参照。
22. 中指付け根の骨の形の変化とは、解剖学用語で、第3中手骨底の茎状突起（Ward et al. 2013, 2014）。
23. 複雑性の蓄積に関する証拠や議論は Stout 2011; Perreault et al. 2013 を参照 。前述のとおり、この見解には異論も多いが、かなり保守的な見方をしても、オルドワン石器文化にもアシュール石器文化にも多少とも複雑度の変化が認められる（Klein 2009）。
24. Alperson-Afil et al. 2009; Goren-Inbar et al. 2002, 2004; Rabinovich, Gaudzinski- Windheuser, and Goren-Inbar 2008; Goren-Inbar 2011; Sharon, Alperson-Afil, and Goren-Inbar 2011 を参照。
25. Wilkins et al. 2012; Wilkins and Chazan 2012; Klein 2009; Wadley 2010; Wadley, Hodgskiss, and Grant 2009; McBrearty and Brooks 2000 を参照。ホモ・ハイデルベルゲンシスの耳と聴覚能力については Martinez et al. 2013 を参照。

第16章　なぜ私たち人類なのか？

1. Reader, Hager, and Laland 2011; Reader and Laland 2002; van Schaik, Isler, and Burkart 2012; Pradhan, Tennie, and van Schaik 2012; van Schaik and Burkart 2011; Whiten and van Schaik 2007 を参照。
2. Boyd and Richerson 1996 を参照。
3. 「個体学習」とは、個体が環境との直接体験を通してより適応的な行動を選択し、目的を果たしたり選好を満たしたりできるようになる認知能力全般を指している。個体学習は非社会的学習とも呼ばれる。こうした能力は、完全に「領域一般的」である必要はないし、「領域特殊的」である必要もない。多くの問題に適用可能と思われるが、それですべての問題を解決できるわけではない。
4. 基本的な議論は Meulman et al. 2012 を参照。
5. このような説明だとたしかに、ボノボやゴリラの道具使用頻度がオランウータンよりも高くないのはなぜか、という疑問が残る。
6. アルディピテクス・ラミドゥスについては Suwa et al. 2009; White et al. 2009 を参照。地上性類人猿の出現は、500万年前よりもずっと前だった可能性もあるが、そのような細かな点は筆者の主張とは関係がない。
7. 捕食者については Plummer 2004; Klein 2009: 277 を参照。
8. 社会的学習の進化モデルについては Boyd and Richerson 1985, 1988; Aoki and Feldman 2014 を参照。理論的洞察と経験的洞察を組み合わせた論文は Richerson and Boyd 2000a, 2000b を参照。環境の変化が非常に急激な場合、たとえば世代ごと、あるいは10年ごとに環境が変化するような場合には、個体学習のほうが自然選択において有利になる。

適応していく過程で、多くの種が社会的学習への依存度を高めたのだ。現生する類人猿につながる系統もやはりこうした変動を経験しているので、当然ながら、この時期に社会的学習への依存度を高めていった可能性がある。

2. Klein 2009 を参照。
3. チンパンジーの文化については Henrich and Tennie 2017 を参照。「房つき」掘り棒については Sanz and Morgan 2007, 2011 を参照。脳容積が社会的学習や認知能力に及ぼす影響については Deaner et al. 2007; Reader, Hager, and Laland 2011; Klein 2009; Boyd and Silk 2012 を参照。脳容積の比較は Klein 2009; Boyd and Silk 2012 を参照。
4. McPherron et al. 2010 を参照。
5. Hyde et al. 2009 を参照。
6. Panger et al. 2002 を参照。ただし、長母指屈筋腱はそれ以前のアルディピテクス・ラミドゥスに現れていた可能性がある（White et al. 2009）。
7. Klein 2009; Boyd and Silk 2012 を参照。
8. Stout and Chaminade 2012。カンジについては Schick et al. 1999; Toth and Schick 2009 を参照。
9. Klein 2009; Ambrose 2001; Wrangham and Carmody 2010; Boyd and Silk 2012 を参照。魚や亀については Stewart 1994; Archer et al. 2014 を参照。魚に関しては、初期ヒト属よりも前のホミニンも利用していた可能性がある。
10. Stedman et al. 2003, 2004; McCollum et al. 2006; Perry, Verrelli, and Stone 2005 を参照。
11. Backwell and d'Errico 2003; d'Errico and Backwell 2003; d'Errico, Backwell, and Berger 2001 を参照。
12. Stout and Chaminade 2012; Stout 2011; Faisal et al. 2010; Stout et al. 2008; Klein 2009 を参照。
13. Morgan et al. 2015 を参照。
14. Stout 2011; Faisal et al. 2010; Stout et al. 2010; Klein 2009; Delagnes and Roche 2005 を参照。
15. 食物加工に関連する身体構造の変化については Wrangham and Carmody 2010; Wrangham 2009 を参照。火の使用については Goren-Inbar et al. 2004; Klein 2009; Berna et al. 2012 を参照。
16. Stout 2002, 2011; Beyene et al. 2013; Perreault et al. 2013 を参照。この新たな見方は議論の的になっている。なぜなら、多くの研究者たちが長らく、これは技術的停滞期だったと主張してきたからだ。研究者たちが停滞期だと見なしたのは、文化進化のダイナミクスについての理解が欠如していたため、とりわけ、集団の規模、社会性、人口移動、環境変動の影響を理解していなかったためだと私は考える。
17. Roach et al. 2013 を参照。ホモ・エレクトスの投擲能力はおそらく、二足歩行や走行の副産物としてアウストラロピテクス属に起きていた身体構造上の変化が前適応となって生まれてきたのだろう。
18. 第5章を参照。
19. この写真（図 15.1）の掲載を許可してくれた KGA リサーチプロジェクトとベルハネ・

もしれない。こうした点についての分析はHorwitz et al. 1990を参照。

22. Benedetti et al. 2013を参照。

23. この実験の出典はCraig and Prkachin 1978。あわせてGoubert et al. 2011; Craig 1986も参照のこと。言語による暗示や条件付けに比べて観察学習の効果がいかに強力かを示した最近の優れた実験はColloca and Benedetti 2009を参照。

24. Finniss et al. 2010; Price, Finniss, and Benedetti 2008; Benedetti 2008; Kong et al. 2008; Scott et al. 2008を参照。

25. Phillips, Ruth, and Wagner 1993を参照。

26. このような結果は経済学理論に挑戦状を突きつけるものだ。選択に関する経済学のモデルでは、人々の選択を最終的結果に対応させる必要がある。たとえば、ハーバートが腰痛を治そうとしてアルファという薬を選ぶ場合、経済学者は当然ながら、薬アルファによってハーバートの腰痛が治る確率をp（たとえば65%）だと考える。ハーバートの腰痛が治らない確率を$1-p$（たとえば35%）とは考えない。この確率pをもって現実世界の特徴とするのが一般的な考え方である。しかし、私が本文で説明したのはこれとは違って、生物学的に見て実際には、確率pは薬アルファについてのハーバートの信念に大きく依存しているということだ。薬アルファに関するハーバートの信念と、現実世界で起こるさまざまな結果（治るかどうか）の確率との間には、因果関係が存在するのである。これは、薬の選択という狭い領域だけで起こりうる特殊ケースではない。カリフォルニアの人々の寿命が信念に影響されることはすでに見たとおりで、おそらく、流行のダイエットやエクササイズはもちろん、「昔ながらの」健康法、ニューエイジ、スピリチュアルヒーリング等々、あらゆる面に信念が影響を及ぼしていると思われる。さらに重要なのは、世界中の多くの地域で、妖術《ウイッチクラフト》が人々の間に浸透し、揺るぎないものとして信じられていることだ。こうした信念が根強く引き継がれていく理由の1つが、ノーシーボ効果による強化ではないかと思われる。妖術を信じていると、他者から怒りや妬みを向けられていると感じると、実際に生物学的な変化が起きて病気に罹りやすくなる。ある意味で、妖術が効いたわけだ。

第15章　人類がルビコン川を渡ったのはいつか

1. 概要はKlein 2009; Boyd and Silk 2012を参照。最後の共通祖先をたどる推論はHenrich and Tennie 2017を参照。チンパンジーとの最後の共通祖先からヒトが分岐した時期についてはさまざまな説がある。Suwa et al. 2009; Scally et al. 2012; Klein 2009を参照。私がこの共通祖先の文化的能力の上限として、チンパンジーを利用するのはなぜかというと、分岐後に、人類をより文化的な動物にしていった選択圧の1つである気候変動は、チンパンジーなど他の種にも同じように作用したと考えられるからだ。文化－遺伝子共進化説の基礎となる数学的理論の多くは、300万年前から1万年前までに起きたかなり激しい環境変動によって、社会的学習への依存が促されたことを示唆している（Boyd and Richerson 1985, 1988; Wakano and Aoki 2006; Aoki and Feldman 2014）。環境変動に

関連研究は Sperber et al. 2010 を参照。

第14章　脳の文化的適応と名誉ホルモン

1. この領域は専門用語で視覚性単語形状領域と呼ばれている（Coltheart 2014）。私は Dehaene 2009 に倣って「レターボックス」という言葉を使わせてもらう。
2. レターボックスの正確な位置は表記体系によって若干異なる。たとえば日本語の場合、表音文字である平仮名・片仮名と、表意文字である漢字とでは、レターボックスの位置が異なるようだ。要するに、レターボックスに課せられた仕事と、ヒトの脳の生得的な神経回路によってその位置が決まるのである（Coltheart 2014, Dehaene 2014）。
3. Dehaene 2009; Ventura et al. 2013; Szwed et al. 2012; Dehaene et al. 2010 を参照。
4. Dehaene 2009; Ventura et al. 2013; Szwed et al. 2012; Dehaene et al. 2010; Carreiras et al. 2009; Castro-Caldas et al. 1999 を参照。
5. Ventura et al. 2013; Dehaene et al. 2010 を参照。顔認識に関わる脳機能が「ヒト」において左右非対称なのは、実験参加者の読み書き能力の高さによるものだった。
6. Coltheart 2014; Dehaene 2014 を参照。
7. Downey 2014 を参照。
8. Little et al. 2008; 2011, Jones et al. 2007; Bowers et al. 2012; Place et al. 2010 を参照。つがい形成の進化心理学についての概要は Buss 2007 を参照。
9. Zaki, Schirmer, and Mitchell 2011; Klucharev et al. 2009 を参照。
10. Plassmann et al. 2008 を参照。
11. ブラインド・テイスティング（銘柄を見せないワインのテイスティング）については Goldstein et al. 2008 を参照。
12. Woollett and Maguire 2009, 2011; Woollett, Spiers, and Maguire 2009; Maguire, Woollett, and Spiers 2006; Draganski and May 2008 を参照。
13. Hedden et al. 2008 を参照。
14. Nisbett 2003 を参照。
15. 移民研究については Algan and Cahuc 2010; Fernandez and Fogli 2006, 2009; Guiso, Sapienza, and Zingales 2006, 2009; Giuliano and Alesina 2010; Almond and Edlund 2008 を参照。
16. Nisbett and Cohen 1996 を参照。
17. Grosjean 2011 を参照。
18. Benedetti and Amanzio 2011, 2013; Benedetti, Carlino, and Pollo 2011; Finniss et al. 2010; Price, Finniss, and Benedetti 2008; Benedetti 2008, 2009; Guess 2002 を参照。
19. Moerman 2000, 2002 を参照。
20. 文献レビューは Finniss et al. 2010; Price, Finniss, and Benedetti 2008; Benedetti 2008 を参照。ノーシーボ〔思い込みで悪い効果が現れること〕によって触覚刺激が痛みとなることを示した研究は Colloca, Sigaudo, and Benedetti 2008 を参照。
21. もちろん、自己制御能力の高い人々は、服薬以外の面でも適切な行動が取れていたのか

37. Csibra and Gergely 2009; Kuhl 2000 を参照。我々のチームが、7つの異なる社会の教育的合図を調査したところ、7か所すべてにおいて、少なくとも何らかの合図が自然発生的に使用されていた。しかし、合図の使用頻度は地域によってまちまちであり、どのような合図が使用されるかも同様だった。すべてに共通して見られたのは教育的小休止だけだった。マザリーズ（母親語）については、これが存在しない社会もあると主張する者もいるが、こうした主張は観察データの系統的収集と定量的評価に基づくものではない。発達心理学者の Tanya Broesch（2011）が、筆者のフィールドである南太平洋のフィジー諸島で調査を行なったところ、フィジーの母親は、アメリカの母親ほどはマザリーズを使わなかったが、それでもある程度は確かに使っていた。概して、教育を受けた西洋人は、教育的合図の使用についてもマザリーズの使用についても、分布域中の最も高い端にある。
38. Bickerton 2009; Christiansen and Kirby 2003。
39. Sterelny 2012b を参照。Wadley（2010）は、同じ工程を何度も繰り返すことで接着剤を作る作業は、何十万年も前から行なわれてきたと述べている。
40. Conway and Christiansen 2001 を参照。哲学者たちの関心を惹きつけた言語のもう1つの特徴は、言語を使えば、目の前にない人や事物や出来事だけでなく、過去や未来をも論じられるということだ。ゆえに、言語は「刺激非依存性」である。しかし、言語の階層構造について述べたように、刺激に依存せずに過去や未来について考える能力をもっていても、他者にも同じ能力がないかぎり、コミュニケーションにとってそれほどの価値はないかもしれない。この点でもやはり、道具製作、技能習得、社会規範のための文化－遺伝子共進化が、言語のための道を拓いた可能性がある。たとえば、槍を正確に投げるといった高度な技能を身につけるには、事前に（狩猟や戦闘に行く前に）本番を想定しながら鍛錬を積む必要がある。言語とは違い、これは相手が同じ能力（たとえば槍投げの技能）をもっていなくても役に立つ。そして、道具や技能がより複雑になり、他者も鍛錬を積むようになるにつれて、鍛錬を促す選択圧がますます高まる（Sterelny 2012b）。社会規範もやはり、言語が表す多くの事物と同じく目には見えないが、社会規範が生まれると、個々人はそれを犯したらどんな目に遭うか予想しなければならなくなる。このように、技能や規範が進化すると、過去や未来、さらには社会規範のような物理的に実在しないものに関する思考力に優れた頭脳が選択されるようになる。
41. Conway and Christiansen 2001; Reali and Christiansen 2009 を参照。
42. Reali and Christiansen 2009; Tomblin, Mainela-Arnold, and Zhang 2007; Enard et al. 2009 を参照。FOXP2 遺伝子についての概説は Enard 2011 を参照。
43. Stout and Chaminade 2012; Stout et al. 2008; Stout and Chaminade 2007; Calvin 1993 を参照。
44. Dediu and Ladd 2007 を参照。
45. 欺瞞と言語についてのモデル化研究は Lachmann and Bergstrom 2004 を参照。
46. N. Henrich and Henrich 2007; Boyd and Mathew n.d. を参照。
47. 概要は Henrich 2009a を参照。反直感的な信念の伝達実験は Willard et. al., n.d を参照。

30. Deacon 1997; Kirby 1999 を参照。
31. 単語のような基本的要素の組み合わせで全体の意味ができあがる性質——言語学で構成性原理と呼ばれるもの——もまた文化進化によって説明できる。おそらく最初は、何通りにも組み合わせられる単語などなかったはずで、それぞれの言語音がそれぞれの事物に対応していたのだろう。ブマクラ（「肉をじっくり焼く」）という言葉はあっても、「焼く」「肉」「じっくり」を意味する言葉はなかったかもしれない。このように個々の事物に個々の言語音を対応させていたのでは、語彙が爆発的に増えて収拾がつかなくなってしまう。しかし、メモリ容量に制限のある文化伝達の過程で、言葉は覚えやすい基本的要素に分解されていき、ここに構成性原理が生まれたのである（Brighton, Kirby, and Smith 2005）。これは、ウォーターゲート事件の発端となった「ウォーターゲート・ビル」の「ゲート」の部分だけが切り離されて、モニカゲートやクライメートゲートなど、「スキャンダル」を意味する言葉として使われるようになった経緯にどこか似ている。だれもが覚えやすいように言葉を分解した人は影響力を強め、大勢がその使い方をまねるようになる。構成性に欠ける言語が廃れていくなかで、構成性に優れた言語は存続し続ける。
32. Kirby, Christiansen, and Chater 2013; Smith and Kirby 2008; Kirby, Cornish, and Smith 2008; Christiansen and Chater 2008 を参照。
33. Striedter 2004 を参照。
34. Striedter 2004; Fitch 2000 を参照。
35. こうした初期の文化－遺伝子共進化のプロセスはほとんど推論でしか説明できない。しかし、ヒトのコミュニケーション手段が「身振り語から」始まったとするこの説はいくつかの経験的事実と一致している。まず第一に、類人猿は、ある程度は身振り（ハンドサイン）を覚えるが、言葉や表情は覚えない。類人猿に言葉を教えようとする試みは失敗に終わっている。類人猿も声を出して意思の疎通を図りはするが、こうした音声は決まりきったもので、ジェスチャーとは違って集団間での違いは見られない。ということは、人類の祖先の間でもやはり、音声ではなく、身振り語のほうが文化的に伝達されていった可能性が高い（Tomasello 2010）。第二に、すでに見てきたとおり、ジェスチャーは今もなお重要なコミュニケーション手段の1つであって、多くの狩猟採集民は音声言語と身振り言語を併用している。第三に、乳幼児は身振りを用いた表現が得意で、言葉よりも先に身振りで意思を伝えるようになる。子どもは苦もなく音声言語を身につけてしまうが、それと同じように身振り言語を習得してしまうようだ。乳幼児は、発音の仕方を覚えるときにも、しぐさの模倣をしている。モデルの口元をじっと見て、それをまねるのである。大人でも、発話者の口の動きを見ることができない場合には、「b」と「p」の音（「バット」なのか「パット」なのか）を聴き分けるのに苦労する（Tomasello 2010; Kuhl 2000; Corballis 2003）。マウスジェスチャー（口型）も音声処理の一要素なのだ。第四に、道具使用、身振り、音声言語はすべて、脳の神経回路のかなりの部分を共有している。
36. Fitch 2000 を参照。

14. この点に関しては議論が続いている。Kay and Regier 2006; Xu, Dowman, and Griffiths 2013; Franklin et al. 2005; Baronchelli et al. 2010 を参照。この研究でひとつ懸念されるのは、ヒトの色知覚の区切り線を固定的で普遍的なものと考えている点である。なぜ注意が必要かと言うと、こうしたアプローチでは予測できないような色名区分をしている言語もあるからだ。注目すべき問題は、文化進化が色名体系を構築していくルートには、他にどんなルートがあるのかということだ。もしかすると、ごく一般的なルートは、可能なルートの1つにすぎないのかもしれない。私は、規模が大きく、相互連絡性の高い集団ほど、ヒトの視覚系の特性をうまく利用した色名区分を発達させているのではないかとも考えている。
15. 母音は同じようなプロセスを経て生まれたのかもしれない（Lindblom 1986）。
16. Franklin et al. 2005; D'Andrade 1995; Goldstein, Davidoff, and Roberson 2009; Kwok et al. 2011 を参照。
17. Gordon 2005; Dehaene 1997。ニューギニアの数の数え方は http://www.uog.ac.pg/glec/thesis/thesis.htm を参照。
18. Pitchford and Mullen 2002 を参照。
19. Flynn 2012 を参照。
20. Tomasello 2000a, 2000b を参照。
21. Deutscher 2010; Everett 2005 を参照。
22. 当然ながら、この点に関してはまだまだ議論が続いている。Hay and Bauer 2007; Moran, McCloy, and Wright 2012; Atkinson 2011; Wichmann, Rama, and Holman 2011 を参照。
23. Nettle 2012; Wichmann, Rama, and Holman 2011 を参照。
24. Goldin-Meadow et al. 2008 を参照。文化的学習がヒトにもたらした最終的な原則は無駄のないコミュニケーションである。互いに共通の目的をもって言葉を交わしているので、文脈上明らかなことは言う必要がないし、背景情報を改めて伝える必要もない。話し手は聴き手がどこまで知っているかを考慮した上で何かを伝えようとしているのだ、ということを前提に聴く必要がある（ただし Pawley 1987 も参照）。ヒトはいかにして互いの意図や目的を共有するようになるのだろう？　相手を模倣するのだが、これこそ文化的学習の産物である。誠実なコミュニケーションを目指すあなたを見て、見倣うに値する優れた手本だと思えば、私も同じように誠実なコミュニケーションを目指すようになる。こうしてあなたと私は、少なくともコミュニケーションに関しては**共有志向性**（Tomasello 1999）をもつようになるのだ。
25. Christiansen and Kirby 2003; Heine and Kuteva 2002a, 2002b, 2007; Deutscher 2005 を参照。
26. Fedzechkina, Jaeger, and Newport 2012 を参照。
27. Deutscher 2005 を参照。
28. Wray and Grace 2007; Kalmar 1985; Newmeyer 2002; Pawley 1987; Mithun 1984 を参照。カナディアン・イヌイットの言語は、読み書き能力の広まりとともに、従属関係を表すツールが本格的に発達する途上にあると Kalmar は主張する。
29. Lupyan and Dale 2010 を参照。

1997を参照。古代マヤの遺跡からは車輪つきの玩具が出土している。

27. Frank and Barner 2012を参照。電卓利用者は、電卓を取り上げられるとどうにもならなくなることが多い。この研究に目を向けさせてくれたヤラウ・ダナムに感謝する。

第13章　ルールを伴うコミュニケーションツール

1. 19世紀になると、言語の起源についてあまりにも荒唐無稽な説が次々と提出されるようになったため、1866年には、大きな影響力をもつパリ言語学会がこのテーマに関する発表を禁止した（Deutscher 2005; Bickerton 2009）。
2. この主張をめぐる議論はDeutscher 2005を参照。
3. Tomasello 2010; Kuhl 2000; Fitch 2000を参照。
4. Webb 1959; Kendon 1988; Mallery 2001（1881）; Tomkins 1936; Kroeber 1958を参照。平原インディアンは軍事目的や遠距離伝達用の特殊な手話も発達させていた。これらは、通信隊などが用いる米国陸軍の視覚信号に大いに影響を与えた。
5. Kendon 1988を参照。
6. Busnel and Classe 1976; Meyer 2004を参照。ブズネルとクラッセは、ヒトの外耳道は実は、音声言語よりも口笛の周波数域の音を増幅しやすい長さなのだと主張する。口笛言語で会話する人々の様子は https://www.youtube.com/watch?v=P0aoguO_tvI または https://www.youtube.com/watch?v=C0CIRCjoICA を参照。太鼓や角笛その他についての論考はStern 1957を参照。
7. Munroe, Fought, and Macaulay 2009; Fought et al. 2004を参照。
8. Ember and Ember 2007; Nettle 2007を参照。
9. Nettle 2007を参照。
10. 単語の総数についてはBloom 2000 and Deutscher 2010を参照。留意すべき点として、小規模社会の人々は通常、マルチリンガルなので、理解している単語の総数はかなりの数に上るのかもしれない。しかし、ある特定の言語で見た場合には、使われる単語の数は、大規模社会の言語よりも少ない。
11. Deutscher 2010においてW.H.R.Riversの説を引用。
12. Kay and Regier 2006; Webster and Kay 2005; Kay 2005; Berlin and Kay 1991; D'Andrade 1995を参照。
13. Deutscher 2010を参照。Brent Berlin and Paul Kay（1969）はこのテーマに関する長い研究の歴史をたどりつつ、基本色名が現れるのは、技術の文化進化に伴って色をその物体から切り離して考えるようになったとき——衣類その他の文化の産物に対して色を選べるようになったとき——だと主張している。色を表す言葉は、さまざまな方法で作られる。たとえば、その色をしている物体の名前を色名にしてしまうというやり方もある。「緑」を表す色名はたいてい「未熟な」果実を表す言葉から、「紫」を表す色名は花を表す言葉から来ていることが多い。あるいは、言語接触を通して、他の言語の色名が借用されることもある。

ner 1982, 1998, 2002)。ということは、生態的リスクと技術の複雑度との正の相関関係は、本章で提示する見方を大いに裏付けるものとなる。なぜなら、リスクが大きいほど、個々人が文化的手法（儀式、命名、贈り物など）を用いて広域のネットワークを築くようになり、それがより複雑な道具類という産物（または副産物）を生み出したと考えられるからである。このような考え方を裏付ける証拠がCollard et al. 2013に見出せる。この論文では、生態的リスクが高まると、リスク対応とは無関係なものまで含めたあらゆる種類の技術が増大することが示されているが、それはとりもなおさず、こうした考え方を裏付ける証拠だと言えよう。第二に、狩猟採集民の集団はその性質上、技術に関する情報のやりとりのある集団の規模を、正しく判断するのが難しい。多くの地域では、狩猟採集民のバンド同士は緩やかなネットワークで結びついており、境界線も定かではない。それが、領地を支配しそれを守り抜く農耕民や牧畜民とは違う点だ。したがって、狩猟採集民の場合は、学習者の母集団を見極めにくいため、関連性を示す結果が出なくても当然だと言えよう。コラードがさまざまな分析を行なっているなかで、農耕民と牧畜民に関しては、集団の規模や相互連絡性と道具の複雑度との間に関連性が認められているにもかかわらず、狩猟採集民の場合だけ、それが認められなかった理由もこれで説明できる。

15. チンパンジーもオマキザルも興味深い動物だ。なぜなら、どちらも比較的大きな脳をもっており、野外研究によって、集団間に単純な文化の違いがあることが明らかにされているからだ。この非常に優れた研究はDean et al. 2012を参照。
16. Henrich and Tennie 2017を参照。
17. Stringer 2012, Klein 2009; Pearce, Stringer, and Dunbar 2013を参照。
18. Deaner et al. 2007を参照。
19. 資源豊富な沿岸海洋環境の重要性についてはJerardino and Marean 2010を参照。
20. この点に関する初期の論考はHenrich 2004bを参照。ネアンデルタール人の寿命と後期旧石器時代の人類の寿命の差を示す証拠についてはCaspari and Lee 2004, 2006; Bocquet-Appel and Degioanni 2013を参照。集団サイズの推定値とばらつきについてはKlein 2009; Mellars and French 2011を参照。アフリカ大陸の外に勢力を拡大していった人類の投擲具についてはShea and Sisk 2010を参照。社会的結びつきの差をうかがわせる、旧石器時代後期の人類とネアンデルタール人の交易網の違いについての論考はRidley 2010を参照。
21. Henrich 2004bを参照。
22. McBrearty and Brooks 2000を参照。旧石器時代の弓矢についてはShea and Sisk 2010; Shea 2006; Lombard 2011を参照。弓矢、外洋船、陶器の喪失についてはRivers 1931を参照。
23. Powell, Shennan, and Thomas 2009を参照。
24. van Schaik and Burkart 2011を参照。
25. Gruber et al. 2009, 2011。
26. オーストラリア大陸の技術についてはTestart 1988を参照。車輪についてはDiamond

かの生態的差異が存在するはずだと主張する者がいるからだ。

2. このようなプロセスに関する理論的研究はShennan 2001; Powell, Shennan, and Thomas 2009; Henrich 2004b, 2009b; Kobayashi and Aoki 2012; Lehmann, Aoki, and Feldman 2011; van Schaik and Pradhan 2003を参照。
3. このモデルについての詳しい説明はHenrich 2009を参照。
4. Muthukrishna et al. 2014。
5. Derex et al. 2013を参照。
6. Kline and Boyd（2010）は、多数の生態的変数や環境変数について分析を行なったが、漁労用具の種類数や漁労技術の洗練度と何らかの関連のある変数は見つからず、人口規模との関連性の大きさが突出していた。
7. Collard, Ruttle, et al. 2013を参照。
8. それに対し、自由に行動する時間の長さや別の食物源獲得の必要性では、食物獲得技術の数をなかなか説明できない（van Schaik et al. 2003。Jaeggi et al. 2010も参照）。チンパンジーでも同様の関連性が見られるが、こちらはデータ数が少ない（Lind and Lindenfors 2010）。
9. W.H.R. リヴァーズの論文は、http://en.wikisource.org/wiki/The_Disappearance_of_Useful_Arts#cite_note-1.
10. Henrich 2004b, 2006; Jones 1974, 1976, 1977c, 1977b; Diamond 1978を参照。火に関して、タスマニア人は火起こしの技術を失ったと言っているだけで、火は維持していた。火起こしの技術の喪失には前例もあるが（Holmberg 1950; Radcliffe-Brown 1964）、その主張には異論もある（Gott 2002）。
11. タスマニア人の技術は、南アメリカ大陸南端のフエゴ島民や、ニュージーランド南部やチャタム諸島の住民など、同じ南半球の他の狩猟採集民の技術と比べても単純だ（Henrich 2004b, 2006）。
12. 旧石器時代の証拠についてはMcBrearty and Brooks 2000; Boyd and Silk 2012; Klein 2009を参照。漁労技術についてはO'Connor, Ono, and Clarkson 2011を、骨角器についてはYellen et al. 1995を、石器についてはJones 1977a, 1977b; arrivals; Boyd and Silk 2012を、着柄痕のある尖頭器ついてはWilkins et al. 2012を参照。
13. Jones 1974, 1976, 1977a, 1977b, 1977c, 1990, 1995; Colley and Jones 1988; Diamond 1978を参照。私はHenrich 2004b and 2006においてタスマニアの事例に関する文献レビューを行ない、さまざまな面から異論を展開している。
14. この主張に関連して、私が取り上げていないある重要なデータセットが存在する。狩猟採集民の道具の複雑さについてのデータを分析したコラードらは、集団の規模や相互連絡性と道具の複雑度との間には何の関連性も認められないと主張している（Collard et al. 2011, 2012, Collard, Kemery, and Banks 2005）。生態的なリスクこそが、リスクに対応する複雑な技術への個人の投資を促進するというのだ。それは留意すべき点ではあるが、この主張には問題が2つある。まず第一に、狩猟採集民は災害時に頼れる広域社会のネットワークを構築することで、リスクに備えていることが確認されている（Wiess-

ほど内戦が起こりやすいと言っているのではなく、いざ内戦が起こると、民族や宗教の違いで分断されがちだと言っているにすぎない。

32. アメリカ人に牛耳られている心理学界は、実験に都合の良い恣意的な集団（特定の見方ばかり好む人々）や、米国の黒人と白人の独特の違いにばかり注目し、ヒトの心理の重要な断層線を見落としている。

33. Kinzler et al. 2009; Pietraszewski and Schwartz 2014a, 2014b を参照。肌の色のような特徴を目印とする集団で内輪もめが起きると、そのような特徴が同盟関係の目印に利用されことがある（Pietraszewski, Cosmides, and Tooby 2014）。

34. この見解については Mathew, Boyd, and van Veelen 2013; N. Henrich and Henrich 2007 を参照。ゲブシ族の事例については Knauft 1985 を参照。

35. Gilligan, Benjamin, and Samii 2011 を参照。

36. はっきり言って、このプロセスに群淘汰は必要ない。集団間競争において、規範違反者には制裁を科すという文化的習慣をもつ集団が有利になるからである。集団が脅威にさらされている場合には、規範違反者を見逃した者には（必要に応じ）いっそう厳しい制裁が加えられる。結婚の機会を奪うなど、集団内の制裁メカニズムが働くだけで十分に、望ましい遺伝子にとって有利な状況がつくられる。しかし、もし集団間に十分な遺伝的多様性が存在したならば、それが文化－遺伝子共進化のプロセスを加速させた可能性もある。

37. Bauer et al. 2013 を参照。

38. Voors et al. 2012; Gneezy and Fessler 2011; Bellows and Miguel 2009; Blattman 2009 を参照。Cassar, Grosjean, and Whitt's（2013）の証拠はここでの見解と矛盾するように思われるかもしれないが、実際にはそれを支持している。なぜなら、こうした内戦は隣人同士を戦わせるものであり、結束すべき内集団または地域共同体が存在しなかったからだ。大学生を対象に行なわれた心理学実験室でのさまざまな対照実験から、集団間競争を意識するだけでただちに公共財ゲームでの協力行動が増すことが明らかになっている（Puurtinen and Mappes 2009; Saaksvuori, Mappes, and Puurtinen 2011; Bornstein and Erev 1994; Bornstein and Benyossef 1994）。同様に、実験室内で不確実性や死の脅威にさらされると、規範を遵守しようとする傾向と、規範違反者に懲罰を加えようとする傾向の両方が高まる（Heine, Proulx, and Vohs 2006; Hogg and Adelman 2013; Grant and Hogg 2012; Smith et al. 2007）。

39. Bauer et al. 2013 を参照。

第12章　ヒトの集団脳

1. ポーラーイヌイットの事例については Boyd, Richerson, and Henrich 2011a; Rasmussen, Herring, and Moltke 1908; Gilberg 1984 を参照。私が技術の再習得の重要性に言及するのはなぜかと言うと、研究者のなかに、すべての狩猟採集民は常に最適な行動をとっており、したがって、技術が失われる背景には必ず、そうした技術が役立たずになる何ら誇りや恥のシグナルについてはTracy et al. 2013を参照。

21. Hamlin et al. 2011, 2013; Hamlin, forthcoming, 2013b; Hamlin and Wynn 2011; Hamlin, Wynn, and Bloom 2007; Sloane, Baillargeon, and Premack 2012を参照。乳幼児の公正さの判断についての研究はSloane, Baillargeon, and Premack 2012を参照。これらの論文では月齢が詳しく示されているが、このような発達過程は社会によって多少異なるのではないかと思われる。小規模社会における評価に基づく制裁の実行についてはHenrich and Henrich 2014; Mathew n.d.を参照。このような行動パターンを予測するモデルについてはPanchanathan and Boyd 2004; Henrich and Boyd 2001; Chudek and Henrich n.d.; Boyd and Richerson 1992; Axelrod 1986を参照。
22. 人類学者たちは以前から、「部族」という言葉を用いると、人々が境界線で区切られた、永遠に変化することのない、閉ざされた集団の中で生活しているように思われがちだと主張してきた。本書は文化進化のダイナミクスについて述べている本なので、ここで用いる部族という言葉が、そのような時代遅れのものを指していると誤解しないでほしい。
23. Diamond 1997を参照。
24. McElreath, Boyd, and Richerson 2003; Boyd and Richerson 1987; N. Henrich and Henrich 2007を参照。
25. Shutts, Kinzler, and DeJesus 2013; Kinzler, Dupoux, and Spelke 2007; Kinzler, Shutts, and Spelke 2012; Kinzler et al. 2009を参照。
26. ごまかせない特徴がエスニックマーカーだという点とも一致するが、その言語を単に話せるだけではだめで、(その相手から見て)「正しい」アクセントで話せなければならない。なぜそのような選好をするのか、子ども自身もわかっていないことが実験から明らかになっている。また、第8章で見たとおり、どの年齢層の人々も名声に敏感で、なるべく名声の高い人と交流し学習しようとする。したがって、ある人物の話す言語や方言が名声の指標となる場合には、それもまた交流や学習への意思決定に影響を及ぼす可能性がある(Kinzler, Shutts, and Spelke 2012)。
27. この研究については、私どもの書籍を参照(N. Henrich and Henrich 2007)。ユダヤ人、韓国人、アルメニア人など他の多くの成功した移民集団と、カルデア人との間には、明らかに類似点がある。こうした点について見倣うに値するのはユダヤ人だと明言するカルデア人もいる。
28. Gerszten and Gerszten 1995; Tubbs, Salter, and Oakes 2006を参照。
29. Kanovsky 2007; Gil-White 2001; Hirschfeld 1996; Moya, Boyd, and Henrich 2015; Baron et al. 2014; Dunham, Baron, and Banaji 2008を参照。
30. もちろん、違反度を増せば、子どもでも大人でも外集団成員の規範違反に対して反撃させることはできる。重要なのは反応が非対称で、仲間である内集団成員に矛先が向けられやすい点なのだ(Schmidt, Rakoczy, and Tomasello 2012)。成人を対象にした比較文化研究はBernhard, Fischbacher, and Fehr 2006; Gil-White 2004を参照。
31. この問題についてはさらなる研究が必要だが、Esteban, Mayoral, Ray 2012a, 2012b; Fearon 2008を参照。誤解のないように述べておくと、異なる民族が共存している地域

2004c, Jensen, Call; Tomasello 2013)。

11. 教育を受けたほぼ25歳以上の西洋人は、独裁者ゲームを行なうとたいてい相手に半額を提示する。ところが、学生を対象にした実験の多くでは独裁者ゲームでもっと低い額が提示されるので、研究者たちの間に大きな混乱を招いてきた。独裁者ゲームでの提示額は年齢とともに上がり、だいたい20歳代半ばで半額に到達するのである(N. Henrich and Henrich 2007, Henrich, Heine, and Norenzayan 2010b)。このような実験結果から、面識のない相手にも公平を期そうとする動機が完全に内面化されるのには長い時間がかかることが示唆される。その他にも学生を対象にした実験では、二重盲検法が独裁者ゲームの提示額に及ぼす影響などが議論されている(Cherry, Frykblom, and Shogren 2002; Lesorogol and Ensminger 2013)。ゲームによる実験で社会規範が評価できる理由についてはChudek, Zhao, and Henrich 2013; Chudek and Henrich 2010; Henrich et al., "Overview," 2004; Henrich and Henrich 2014を参照。
12. Henrich 2000; Henrich, Boyd, et al. 2001; Henrich et al., *Foundations*, 2004; Henrich et al. 2005, 2006, 2010; Silk et al. 2005; Vonk et al. 2008; Brosnan et al. 2009; House, Silk, et al. 2013; House, Henrich, et al. 2013; Ensminger and Henrich 2014を参照。
13. Henrich and Smith 2004; Ledyard 1995を参照。
14. ランドらの研究はRand, Greene, and Nowak 2012, 2013; Rand et al. 2014を参照。
15. 最後通牒ゲームの提案者も、時間制限があると、より公平な金額を提示する(Crockett et al. 2008, 2010; Cappelletti, Guth, and Ploner 2011; van't Wout et al. 2006)。
16. Kimbrough and Vostroknutov 2013を参照。
17. de Quervain et al. 2004; Fehr and Camerer 2007; Rilling et al. 2004; Sanfey et al. 2003; Tabibnia, Satpute, and Lieberman 2008; Harbaugh, Mayr, and Burghart 2007を参照。この現象は、単純な規範遵守の選択をした場合にも認められる(Zaki and Mitchell 2013)。「好ましきもの」のいずれか一方を取らざるをえない(公正さか、金銭かなど)複雑な状況下では、直感的な価値判断の領域と、意識的制御や戦略的思考に関連する領域の両方が活性化される。また、慈善事業に寄付した場合には、規範に従うことに喜びを感じる領域(中脳辺縁系)と、他者と親しくしようとする親和欲求の中枢(共感的配慮の領域)の両方が活性化されるようである(Zahn et al. 2009; Moll et al. 2006)。
18. Baumgartner et al. 2009; Greene et al. 2004を参照。
19. この実験例についてはCummins 1996bを参照。同様のテーマを扱った研究としてCummins 1996a; Harris and Nunez 1996; Harris, Nunez, and Brett 2001; Nunez and Harris 1998; Cummins 2013も参照のこと。成人での類似の実験はCosmides, Barrett, and Tooby 2010; Cosmides and Tooby 1989を参照。コスミデスらは、この興味深い研究のパイオニアだが、このような結果は互恵的利他主義の心理によるものと考えている。この考え方の問題点は、どれほどコストがかかる規範でも効果が見られる理由や、ルールが文化的に伝達される理由が説明できないことである(N. Henrich and Henrich 2007)。
20. Fessler 1999, 2004を参照。恥のディスプレイの普遍性を明らかにした研究についてはTracy and Matsumoto 2008を、さまざまな社会において無意識かつ反射的に表明される

第11章　自己家畜化

1. Schmidt, Rakoczy, and Tomasello 2012; Schmidt and Tomasello 2012; Rakoczy et al. 2009; Rakoczy, Wameken, and Tomasello 2008 を参照。
2. このような事例は多くの民族誌的調査で観察されている。一例として、Boehm 1993; Bowles et al. 2012; Mathew and Boyd 2011; Wiessner 2005 を参照。
3. ヒトと家畜の類似性は、すでに以前から認識され、議論されてきた（Leach 2003）。私は、イヌの場合と同様に、ヒトの共同体が意図してそのメンバーを家畜化していったとは考えていない。
4. 規範違反者を食いものにする者が匿名のままでいられるのは、共同体の人々が誰のしわざなのかを詮索しようとしないからだ。それに対し、高い評判を得ている者が被害に遭うと、共同体の人々は精力的に犯人捜しを始め、すぐに噂が広まるので、たいてい犯人が明らかになる（Henrich and Henrich 2014）。こうしたメカニズムの進化モデルは Chudek and Henrich n.d. を参照。
5. 子どもたちの間での評判や規範破りの発見は Engelmann et al. 2013; Engelmann, Herrmann, and Tomasello 2012; Cummins 1996b, 1996a; Nunez and Harris 1998 を参照。
6. 規範心理については Chudek, Zhao, and Henrich 2013; Chudek and Henrich 2010 を参照。ヒトが選好を内面化するようになった理由についての詳細な論考は Ensminger and Henrich 2014 を参照。
7. Bryan 1971; Bryan, Redfield, and Mader 1971; Bryan and Test 1967; Bryan and Walbek 1970a, 1970b; Grusec 1971; M. Harris 1971, 1970; Elliot and Vasta 1970; Rice and Grusec 1975; Presbie and Coiteux 1971; Rushton and Campbell 1977; Rushton 1975; Midlarsky and Bryan 1972 を参照。
8. モデリングの効果の永続性については Mischel and Liebert 1966 を参照。
9. もちろんこれは子どもに限らない。自然環境下でモデルが社会規範に則った行動を実践してみせると、①実験ボランティアへの参加、②遭難したマイカー旅行者の救助、③救世軍社会鍋募金への寄付、④献血といった行動が増すことが証明されている。モデリングの効果によってほぼ確実に援助率が高まる（Bryan and Test 1967; Rosenbaum and Blake 1955; Schachter and Hall 1952; Rushton and Campbell 1977）。
10. 比較文化研究については Ensminger and Henrich 2014; Henrich et al., *Foundations*, 2004; Gowdy, Iorgulescu, and Onyeiwu 2003; Paciotti and Hadley 2003 を参照。霊長類での実験は Silk and House 2011; Silk et al. 2005; Cronin et al. 2009; Jensen, Call, and Tomasello 2007a, 2007b, 2013; Jensen et al. 2006; de Waal, Leimgruber, and Greenberg 2008; Burkart et al. 2007 を参照。もちろん、こうした実験でヒト以外の霊長類もヒトと同様の行動をとると主張する研究者もいる（Burkart et al. 2007; Proctor et al. 2013; Brosnan and de Waal 2003）。一般メディアで広く取り上げられているが、いくつか方法論上の理由から、このような主張は成立しない。特に、組み合わせがランダムでなかったり、組み合わせの手順を踏んでいなかったりする点に問題がある（Henrich and Silk 2013; Henrich

的進化に果たした役割は派生的なものであって、それほど大きくなかったのではないかと私は考える。ここがポイントなのだが、集団間競争が文化的にであれ遺伝的にであれ、進化プロセスに何らかの影響を及ぼすためには、どうしても必要なことがある。それは、ある集団が他集団に対し競争上の優位性を得ているすべての分野において、その集団の独自性がある程度まで維持されることなのだ。社会規範を例にとるとわかりやすい。仮に、私が他集団からあなたの集団に移住したとしよう。すると、私も子どもたちも、あなたの集団の親族システムや結婚規範を受け入れざるをえない。さもないと、私の子どもたちは、いかなる社会関係（援助、食物分配、性交渉、交易、その他）も結べず、あらゆる間違い（規範違反）を犯すことになるからだ。たとえば、座ってはならない場所に座るという、クラのような失態をたびたび演じて近親相姦のタブーを犯し、何らかの制裁を受けるはめになるかもしれない。しかし、遺伝子について言えば、異なる集団に属していた者同士が性交渉をもてば、集団間の遺伝的差異はたちまちなくなるだろう。優位集団が劣位集団の「悪い」遺伝子を取り込むこともあれば、逆に、劣位集団が優位集団の「良い」遺伝子を取り込むこともあるだろう。こうした遺伝子混合によって、しだいに集団間の差異がなくなっていく。それに対し、文化進化のほうは、遺伝的進化とは違って、集団間の差異を維持できる点が重要なのである。この遺伝子混合をさらに激化させているのが、ヒトの集団間競争は往々にして集団間の遺伝子流動を加速させるという事実だ。戦勝集団は必ずと言っていいほど、敗戦した集団の若い女性や少女たちを「妻」として連れ去る。むしろ「妻」の調達こそが、他集団に攻撃をしかける真の狙いだったりする。こうして、敗者側から勝者側に大量の遺伝子が流入していく。あるいは、暴力を伴わない場合でも、有力集団の男性たちが弱小集団から妻にする女性（または当面の相手）を見つけてくるというケースはいまだなくなっていない。この場合にもやはり、有力集団への急速な遺伝子流入が起きて、集団間の遺伝的な差異はなくなっていく。こうした夫婦の子どもたちは、父親の共同体で生活し、その社会規範を完全に身につけていたとしても、受け継いでいる遺伝子の半分は母親の遺伝子なのだ。こうしたケースも含め、さまざまな形での有力集団への人口移動によって、文化的差異を残したまま、集団間の遺伝的差異がなくなっていくのだ。現代社会の遺伝子と文化に関するデータがそれを裏付けている。つまり、遺伝的にはほとんど違いがないにもかかわらず、まったく異なる文化をもった集団が多数存在するのである。遺伝的変異と文化的変異の分析は Bell, Richerson, and McElreath 2009 を参照。総合的な論評は Henrich 2004a; N. Henrich and Henrich 2007; Boyd, Richerson, and Henrich 2011b を参照。

さらに、大規模な協力関係を築くヒトの能力は、文化が生んだ世評や制裁の仕組みや、内面化された社会規範と不可分の関係にある。また、心理学的研究から明らかにされているヒトの社会性や道徳性は、文化的に構築された世界に適応するための生得的なメカニズムだと考えると最も辻褄が合う（第 11 章参照）。最初に述べた 2 つの見方はいずれも、こうした経験的証拠と矛盾することになる。

いうと、当時、白人入植者の子どもがコマンチ族に誘拐される事件が頻発し、部族の子として育てられた彼らが何年もたってから連れ戻されて、そのときの生活の様子を語ったからである（Zesch 2004）。

31. 旧石器時代の環境の変化についてはRicherson, Boyd, and Bettinger 2001を参照。

32. ヒト以外の動物や小規模社会の例から推測すると、このようなケースは暴力を伴う集団間抗争の結果だと考えるのが最も自然だ。これは、共同体の仲間を殺して食べた、あるいは、親族が死者を食べて魂や肉体を受け継ごうとしたとする説とは対立する（Stringer 2012）。「ナイフ形石器」についてはAmbrose 2001を参照。人類がアフリカから地球上に拡散していく鍵となった弓矢技術についてはShea 2006; Shea and Sisk 2010を参照。全体的な背景はKlein 2009; Boyd and Silk 2012を参照。

33. 複雑な社会の出現についてはEnsminger and Henrich 2014: chapter 2; Turchin 2010を参照。ダイアモンドの見解についてはDiamond 1997; Diamond and Bellwood 2003を参照。ダイアモンドに次いでIan Morris（2014）がさらに、複雑な社会の進化に戦争が重要な役割を果たしたことを示す歴史的事例を挙げている。残念ながらイアンは、戦争に注目するあまり、戦争が集団間競争の1タイプに過ぎない点を見落としている。彼は奇しくも「文化に基づく説明」とは対立する説明をしており、（当然ながら）戦争が実際、文化進化に影響を及ぼしていることにも気づいていない。

34. 集団間競争、とりわけ暴力抗争が、太古の狩猟採集社会の生活の大きな要素だったことに異を唱える進化論研究者はほとんどないが、集団間競争がヒトの遺伝的進化にいかなる影響を及ぼしたかという点になると、見解がほぼ二分される。集団間競争は遺伝的進化にも文化進化にも何の役割も果たしていないというのが、心理学者のスティーブン・ピンカーが擁護する主流派の見方だ。それに対し、最近再び注目されているのが、集団間競争は（私が主張するように）文化進化をではなく、遺伝的進化を方向づけたとする見方だ。つまり、戦争による淘汰で遺伝的進化が促され、人類特有の性質が直接形成されていったというのである（Haidt 2012; Wilson 2012; Wilson and Wilson 2007; Bowles 2006）。

まず1つ目の見方は、集団間競争によって、社会規範や技術など文化的特徴の広まりに差が生じることを示す証拠と矛盾している。また、協力体制を維持し勢力を拡大している多様な社会に共通して見られる複雑で巧妙な制度も、集団間競争によって生まれたと考えるほうが説明しやすい。主流派の見解の支持者たちは、集団間競争の普遍性は認めながらも、どのような社会規範や習慣が残り、模倣され、拡散していくかに、集団間競争はまったく影響しなかったと主張して譲らない。しかし、集団間競争が文化進化に及ぼす影響の重要性については、これまで紹介した以外にも膨大な数の証拠が得られている（Richerson et al. 2016）。群淘汰に関するピンカーの見解はhttp://edge.org/conversation/the-false-allure-of-group-selectionを参照。ただし、同サイトのピンカーの論文に対する私の論評も必読のこと。

もう一方の、集団間競争がヒトの遺伝的進化を直接方向づけたとする見方は、ここでの私の論点と対立するわけではない。しかし、いくつかの理由から、集団間競争が遺伝術は、アベラム族にもどこにも伝達されなかった（Tuzin 1976: 79)。

18. Sosis, Kress, and Boster 2007 を参照。
19. 集団間競争が文化進化に影響を及ぼしたことを示す民族誌的な事例は多数存在する（Currie and Mace 2009)。たとえば Atran et. al.（2002）は、環境保全志向の信念が、その地域で名声を得ているマヤ系イッツァ族からグアテマラのラディーノ（白人と先住民の混血）に広まったのはなぜか、さらに、強固な協力体制のもとで商業志向の生産活動を営む高地のケクチ＝マヤ族が、イッツァ族とラディーノの両者をのして勢力を広げているのはなぜかについて明らかにしている。ニューギニアでは、Soltis Boyd, and Richerson（1995）が、民族誌的調査から得られた量的データを用いて、文化による集団選択（群淘汰）が 500 〜 1000 年かけてきわめてゆっくり起こる場合もあることを示している。アフリカでは、Kelly（1985）が民族誌学的データを用いて、花嫁代価（嫁償）に関する文化的信念こそが、ディンカ族を抑えて勢力を拡大するヌエル族の原動力となったこと、また、分節リネージに関する文化的信念に支えられた社会慣行が、競争を決定的に有利にしたことを立証した（Richerson and Boyd 2005)。Sahlins（1961）も同じく、ヌエル族の拡大もティヴ族の拡大も分節リネージに関する文化的信念によって促されたと主張している。考古学的データを利用して、人類学者者たちは次第に、先史時代の集団間競争が文化進化や政治的複雑性に与えた影響の重要性を主張するようになっている（Flannery and Marcus 2000; Spencer and Redmond 2001)。
20. Evans and McConvell 1998; Bowern and Atkinson 2012; McConvell 1985, 1996; Evans 2005, 2012 を参照。
21. Evans and McConvell 1998 を参照。電子メールでたいへん有益な情報を提供してもらったニック・エヴァンズ氏に感謝する。
22. Elkin 1964: 32–35; McConvell 1985, 1996 を参照。
23. McConvell 1996 を参照。
24. Maxwell 1984; Hayes, Coltrain, and O'Rourke 2003; McGhee 1984 を参照。
25. Spencer 1984; McGhee 1984; Johnson and Earle 2000; Anderson 1984; Briggs 1970 を参照。
26. Burch 2007 を参照。
27. Maxwell 1984; McGhee 1984; Anderson 1984; Sturtevant 1978 を参照。
28. 文化伝達は双方向でなされ、イヌイットは銛のデザインをドーセットから習得した。おそらく、ソープストーン製のランプやイグルーの作り方もドーセットから学んだのではないかと思われる（Maxwell 1984: 368)。
29. Bettinger and Baumhoff 1982; Young and Bettinger 1992; Bettinger 1994 を参照。口頭伝承から得られた証拠は Sutton 1986, 1993 を参照。注目すべきなのは、ヌーミック語を話す人々は、メキシコから北に広がっていったユト・アステカ語族の一派であることを示す証拠があることだ。この勢力拡大は農耕民から始まっているので、ヌーミック諸部族は、遺伝的にはそうでなくても文化的には農耕民の末裔だと思われる（ジェーン・ヒルの論文 lingweb.eva.mpg.de/Hunter-GathererWorkshop2006/Hill.pdf を参照)。
30. Hamalainen 2008 を参照。コマンチ族の生活についてかなり知られているのはなぜかと

第10章　文化進化を方向づけた集団間競争

1. Mitani, Watts, and Amsler 2010を参照。
2. こうした見解に関する初期の研究はDarwin 1981; Boyd and Richerson 1985, 1990; Hayek and Bartley 1988を参照。
3. こうした考え方についての概要はHenrich 2004aを参照。
4. Choi and Bowles 2007; Bowles 2006; Boyd, Richerson, and Henrich 2011b; Boyd et al. 2003; Wrangham and Glowacki 2012を参照。
5. Smaldino, Schank, and McElreath 2013を参照。集団間暴力の発生率が低いことを示し、集団間競争は人類の進化にあまり重要ではなかったと主張するのは、暴力を伴う抗争が集団間競争の一形態に過ぎないことを認識していないからである。
6. 理論モデルについてはBoyd and Richerson 2009を参照。小規模社会における有力集団への人口移動の影響についてはKnauft 1985; Tuzin 2001, 1976を参照。
7. Richerson and Boyd 2005を参照。宗教と多産に関する研究の文献レビューはBlume 2009; Norenzayan 2013; Slingerland, Henrich, and Norenzayan, 2013を参照。
8. Boyd and Richerson 2002; Henrich 2004aを参照。
9. Wrangham and Glowacki 2012; Wilson et al. 2012; Wilson and Wrangham 2003を参照。チンパンジーとヒトの共通祖先のモデルとして、チンパンジーを用いることに関する論評はMuller, Wrangham, and Pilbeam（未発表）を参照のこと。注目すべきことに、現在知られているかぎり、ヒトに最も近縁なもう一種の霊長類であるボノボには集団間暴力が見られない。となると、チンパンジーやボノボとヒトとの共通祖先には集団間抗争があったとは一概には言えなくなる。しかし、ボノボはいくつかの点で特異な霊長類であることは間違いないので、ヒトとの最後の共通祖先について知るためには、ボノボよりもチンパンジーを用いたほうが適切だと考える根拠は十分にある（Muller, Wrangham, and Pilbeam 2017）。
10. チンパンジーとヒトの文化の理論主導型比較はHenrich and Tennie 2017を参照。
11. Pinker 2011; Morris 2014を参照
12. 主に典拠としたのはBowles 2006の補遺、およびKeeley 1997; P. Lambert 1997; Ember 1978, 2013; Ember and Ember 1992。ここでは、永続的な平和が保たれていたかどうかには関心を向けていない。暴力抗争は集団間競争の一形態でしかないからだ。
13. 「戦争」や「戦い」という言葉を私は、襲撃や奇襲なども含めた集団間のあらゆる暴力的な相互作用を意味する言葉として用いている。
14. Ember, Adem, and Skoggard 2013; Ember and Ember 1992; Lambert 1997を参照。
15. Boyd 2001を参照。
16. Wiessner and Tumu 1998: 195–196。
17. Tuzin 1976, 2001を参照。トゥジンは、イラヒタは複雑なヤムイモ栽培技術もアベラム族から習得したと述べている。彼は、それが成功集団から弱小集団への一方向性の伝達だった点も指摘している。イラヒタをはじめとするアラペシュ族の豊かな神話や狩猟呪

(Woodburn 1998)。また、タブーを犯しても悪いことが起こるわけではないと気づいた者に対しては、人前では決してタブー部位を食べないようにさせて、それを見た者がまねをしてタブー破りが広がっていくのを防いでいる。

36. Marshall 1976; Wiessner 2002; Altman and Peterson 1988; Endicott 1988; Heinz 1994; Myers 1988; Woodburn 1982 を参照。
37. 移動型狩猟採集民の協力と分配についてのあるエピソードは、ある集団が従来の分配規範では対応できない新たな状況に遭遇したときに、何が起こるかを教えてくれる。進化論研究者のニコラス・ブラートン・ジョーンズは、ハッザ族のある集団に対し、調査に協力してもらったお礼をしたいと申し出たときのことを語っている。ブラートン・ジョーンズは最初、その集団に対し、まとめてタバコのカートンを渡そうとした。日頃、肉や蜂蜜を分配しているように、タバコなら分配がしやすいと考えたからだ。ところが、彼らはカートンのままではどうしても受け取ろうとせず、ブラートン・ジョーンズに、1人分ずつ分けてほしいと頼んできた。彼ら自身で分配しなくてはならない場合、争い事が生じて人間関係が悪化するのを恐れたのである(Blurton Jones, 私信)。
38. Wade 2009: chapter 5; Marshall 1976: 63–90; Biesele 1978 を参照。
39. Biesele 1978: 169。
40. 儀式に関する最近の複数の研究を典拠としている(Whitehouse 2004; Fischer et al. 2014; Xygalatas et al. 2013; Konvalinka et al. 2011; Atran and Henrich 2010; Soler 2010; Alcorta, Sosis, and Finkel 2008; Sosis, Kress, and Boster 2007; Alcorta and Sosis 2005; McNeill 1995; Ehrenreich 2007; Whitehouse and Lanman 2014)。イブン・ハルドゥーンの研究については Khaldun 2005 を参照。もちろん、儀式と社会性を関連づけたことで最も有名なのは、デュルケーム([1915] 1965)やフレーザーのような(1996)社会理論家たちである。
41. Wiltermuth and Heath 2009 を参照。同期行動についての関連研究は Hove and Risen 2009; Valdesolo and DeSteno 2011; Valdesolo, Ouyang, and DeSteno 2010; Paladino et al. 2010 を参照。
42. 子どもについての研究は Kirschner and Tomasello 2009, 2010 を参照。
43. Spencer and Gillen 1968 を参照。
44. Birdsell 1979; Elkin 1964 を参照。
45. Spencer and Gillen 1968: 271。
46. Whitehouse et al. 2014; Whitehouse 1996; Whitehouse and Lanman 2014 を参照。これらの論文著者は「恐怖の儀式」という言葉を用いている。
47. Chapais 2008; Apicella et al. 2012; Wiessner 1982, 2002 を参照。
48. Hill et al., 2014 を参照。
49. 「エペメ」儀式については Woodburn 1998 を参照。
50. Wiessner 1982, 2002 を参照。

うものだ。現在もわずかに残っている狩猟採集社会は、旧石器時代の遺物などではなく、独自のイノベーションの歴史を経て、他集団との相互作用のなかで形成されてきたものだ。第10章では、まさにこの事実を利用して、ある重要なポイントを明らかにしていく。しかしそれはそれとして、狩猟採集民集団のような小規模社会の研究は、現代の国家、税、政治、病院、産業技術などのない、親族システムだけを頼りに営まれている社会生活がどういうものなのかを――多様性に富むとはいえ――ある程度理解するための貴重な手がかりを与えてくれる。多様な狩猟採集社会の研究から得られる幅広い知見を、古人類学上の発見（石器、人骨など）や、霊長類学や遺伝学の研究成果と組み合わせることによって、遠い昔の人類の生活についての理解がこの上なく豊かになる（Flannery and Marcus 2012）とともに、それが人類に及ぼした影響についての理解も深まる。

25. Hill et al. 2011を参照。
26. Lee（1986）を参照。リーはジュホアンシ族には「友人」や「同輩」意味する言葉がある点に注目している。この呼称は、親族ではない2人の年齢差がわからない場合にのみ使用されるもので、年上あるいは年下の呼称を使わずにすむようになっている。
27. 古人類学に関する概要はBoyd and Silk 2012を参照。プレスティージを得る上での狩猟の重要性はHenrich and Gil-White 2001を参照。
28. 肉は保存が利かないから、狩猟民は肉の分配を余儀なくされるのだという主張もある。しかし、ハッザ族についてはそれは当てはまらない。なぜなら、肉の所有者たるハンター自身が、肉の乾燥・保存方法に精通しているからだ。肉を保存せずに分かち合うのは、保存方法を知らないからではない。食物分配に関する社会規範や部族の仲間の権利意識がそうさせるのである（Woodburn 1982; Marlowe 2010）。
29. 狩猟採集民の食物分配については多数の文献がある（Gurven 2004a, 2004b; Marlowe 2004など）。進化論の観点から分配を説明しようとした初期の研究は、血縁度や互恵性に着目した。これらも確かに、多種類の食物分配に一定の役割を果たしてはいるが、大型の獲物をバンド全体に分配する習慣はそれだけでは説明できない。肉の分配行為を説明するには、社会規範を含めた進化論的アプローチが必要になる（Hill and Hurtado 2009; Hill 2002）。
30. Lee 1979; Wiessner 2002を参照。
31. Wiessner 1982, 2002を参照。
32. Schapera 1930を参照。こっそり隠れてタブーを犯すのは難しい。なぜなら、大きな獲物は丸ごと野営地に運んできて、それぞれの取り分を割り当てる前に酋長が味見することになっているからだ。その後、分け前をみんなの前で調理して食べるのだが、個別の炉で調理することが許されている人々もいる。
33. さまざまな部族の肉食のタブーについては、アチェ族（Kim Hill, 私信, 2012, 2013）、ムブーティ族（Ichikawa 1987）、ハッザ族（Woodburn 1982, 1998; Marlowe 2010）、インドネシアのレンバタ島民（Barnes 1996; Alvard 2003）を参照のこと。
34. Fessler et al. 2003; Fessler and Navarrete 2003を参照。
35. ハッザ族は、食用を禁じられているエペメ（神の肉）を食べると病になると信じているてはBuchan et al. 2003; Neff 2003を参照。

10. 実は、霊長類には父方の血縁個体を見分ける何らかのメカニズムがあるようだが、こうした血縁認識メカニズムはあまり機能していない（Langergraber 2012）。
11. 東南アジアに生息する樹上性の類人猿、フクロテナガザルの雄はもう少し協力的で、配偶相手の子を抱いて運ぶ。予想されるとおり、一夫一婦制の雄のほうが、1匹の雌を共有している雄よりも、はるかに頻繁に子を運ぶ（Lappan 2008）。
12. Lee 1986; Draper and Haney 2005; Marshall 1976を参照。
13. こうした母方への偏りが現代社会でたびたび観察されている（Gaulin, McBurney, and Brakeman-Wartell 1997; Pashos 2000; Euler and Weitzel 1996）。しかし、父性の不確実性を抑え、夫や父方を有利にするような社会規範や信念をもつ社会ではこうした傾向は見られない（Pashos 2000）。
14. Garner 2005を参照。名前の効果に関する文献は他にも多数あり、人は自分の名前に似た銘柄の商品を選ぶ傾向があることを示した研究（Brendl et al. 2005）もある。外見的特徴の類似度で血縁の近さを測ることについてはDeBruine 2002を参照。
15. Hill and Hurtado 1996; Lee and Daly 1999を参照。
16. Hua 2001。
17. Beckerman and Valentine 2002a, 2002b; Beckerman et al. 2002; Crocker 2002; Hill and Hurtado 1996; Walker, Flinn, and Hill 2010を参照。
18. 父親が3人以上いる場合には、2人の場合よりも子どもの生存率が低くなる理由はよくわかっていない。責任の分散が生じるからではないかと私は考えている。つまり、第一の父親が死亡または負傷したとき、父親があと1人しかいなければ、養育責任は明らかに彼にかかってくる。しかし、父親がまだ2人以上いると、誰が責任を引き受けるべきかがはっきりしない。西洋人に見られるこうした責任分散現象を心理学者たちは「傍観者効果」と呼んでいる（Fischer et al. 2011）。
19. Lieberman, Fessler, and Smith 2011; Chapais 2008; Sepher 1983; Wolf 1995; Hill et al. 2011を参照。
20. Fessler and Navarrete 2004; Lieberman, Tooby, and Cosmides 2003を参照。
21. Henrich 2014; Henrich, Boyd, and Richerson 2012; Talhelm et al. 2014を参照。
22. Fiske 1992; N. Henrich and Henrich 2007を参照。
23. Richerson and Boyd 1998; Simon 1990; Richerson and Henrich 2012.
24. 予め重要な点をいくつか断っておく必要がある。まず第一に、狩猟採集社会は実は、驚くほど多様性に富んでいる。民族誌的研究によって知られている歴史上の狩猟採集民の多くは定住性で、複雑な分業制や、富の蓄積、世襲リーダー、奴隷を含めた社会階級が存在していた。一般的見解とは裏腹に、こうした複雑な仕組みの一部は、農耕が現れる以前の旧石器時代にも存在していたのではないかと思われる（Price and Brown 1988）。人類の進化史を広く見渡すことも重要だが、ここでは移動型狩猟採集民でさえ協力行動には文化の力が欠かせないことを示せれば十分だ。第二に、私はこうした狩猟採集民を、旧石器時代のヒトの典型、つまり「原始人」として扱うつもりはない。それは愚挙とい殖活動終了後の生存期間についてはMcAuliffe and Whitehead 2005も参照。シャチを対象にした実験的研究はAbramson et al. 2013を、個体群統計学的研究についてはFoster et al. 2012を、概説はBaird 2000を参照のこと。

36. Foley, Pettorelli, and Foley 2008参照。
37. 雄ライオン、仲間のゾウ、および危険な人間を認識する能力と年齢との関係を調べた野外実験についてはMcComb et al. 2001, 2011, 2014; Mutinda, Poole, and Moss 2011を参照のこと。このような研究結果から、ゾウ社会にはプレスティージ・ステータスに類するものがあると見ていいのではないかというのが私の考えだ。これに関連して、ゾウには本当に更年期があるのか、生殖能力を失うと長く生きないのではないかという議論もなされている。興味深い議論だが、私の論点にはあまり関係がない。なぜなら、加齢に伴う生殖能力の低下によって始まるのが更年期だからだ。もしかすると、ゾウの雌は、ヒトの女性よりも男性に似ていて、老年期になっても生殖能力が維持されるのかもしれない。
38. 大サンヘドリンにおいてさえ、純潔性の問題について審議する場合には発言の順番が逆になった。Schnall and Greenberg 2012; Hoenig 1953を参照。Tractate Sanhedrinの第4章（http://www.come-and-hear.com/sanhedrin/sanhedrin_32.html#chapter_iv）も参照のこと。

第9章　姻戚、近親相姦のタブー、儀式

1. ヤサワ島では、フィジー諸島の他の島々とは違い、最も近縁の交差イトコとは性交渉も結婚も禁じられている。「クラ」は仮名。
2. Pinker 1997; Dawkins 1976, 2006を参照。そのほかに配偶者選択理論や「生物市場」理論（Baumard, Andre, and Sperber 2013）などもあるが、純粋な遺伝的進化のメカニズムだけではやはりヒトの協力行動を説明することはできない（Chudek, Zhao, and Henrich 2013; Chudek and Henrich 2010）。なぜなら、それでは5つのタイプの競争（第10章参照）に対処できないからである。
3. 協力行動の諸々の側面についての詳細な説明は、『*Why Humans Cooperate*（ヒトはなぜ協力するのか）』（N. Henrich and Henrich 2007）を参照。
4. このような考え方については、『*Why Humans Cooperate*』（N. Henrich and Henrich 2007）の第4章および第5章を参照のこと。
5. これとは逆に、狩猟採集民のバンドは主に近縁者で構成されていると聞いているかもしれない。ずっとそう言われているが、それを裏付ける証拠はほとんどない。狩猟採集バンドの血縁度について、最も信頼できる証拠を本章で後ほど提示する。
6. こうした研究成果についてはChudek and Henrich（2010）の文献レビューを参照。
7. Edgerton 1992; Durham 1991を参照。
8. Henrich, Boyd, and Richerson 2012の特に補足部分を参照。
9. つがい形成についてはChapais 2008を参照。父親による子育てや父性の確実性につい

ている可能性もある（Silk 2002)。それとは対照的に、プレスティージによる順位制の低位者は、積極的に近づいて高位者との関わりを求める。それゆえ、信望《プレスティージ》を集めている人物には「付き従う」人々が大勢いるのだ。

25. Brown 2012 を参照。
26. アスターに関する記述の出典は「ニューヨークタイムズ」紙（Mar. 30, 2002, by Alex Kuczynski)。Potters, Sefton, and Vesterlund 2005 も参照。同様に、ジョンズ・ホプキンズ大学が寄付者に対して、寄付金額の公表を承諾するよう求める理由について尋ねられた、同大学の理事長は次のように答えた。「本質的に私たちはみなフォロワーなんです。どなたかにリーダーになってもらえれば、みなそれに続くでしょう。そうすれば寄付を何倍にも増やすことができるのです」(Kumru and Vesterlund 2010)。
27. 言うまでもなく、ステータスの高い人々の気前の良さには多数の要因が絡んでいるので簡単には説明できない。たとえば、多くの小規模社会では、成功者は惜しみなく人に与える。そうしなければ、妬みを買うことになるからだ。人から妬まれると、病気、けが、死など、不吉な結果を招くと信じられていることが多い。妬みを買いやすいのは、能力や努力や身の程を超えた成功を手にしたと周囲が感じた場合ではないかと思われる。しかし、成功はすべて分不相応とされる社会もある。
28. Kumru and Vesterlund 2010 を参照。関連する研究については Potters, Sefton, and Vesterlund 2005, 2007; Guth et al. 2007; Gillet, Cartwright, and Van Vugt 2009; Ball et al. 2001; Eckel and Wilson 2000; Eckel, Fatas, and Wilson 2010 を参照。
29. Birdsell 1979 より。
30. Henrich and Gil-White 2001; Simmons 1945; Silverman and Maxwell 1978 を参照。特定の政治的主導権を年輩者だけに与えることで、社会的葛藤を解決する優れた能力を活用しているのだろう（Grossmann et al. 2010)。
31. 引用箇所は Simmons 1945: 79 を参照。
32. この「情報祖父母仮説」は Henrich and Henrich 2010 の電子補助資料において文化－遺伝子共進化理論の文脈で展開されたものだが、ヒル、カプラン、グルヴェンらによる理論的・実証的研究（Kaplan et al. 2000, 2010; Gurven et al. 2012; Gurven and Kaplan 2007）と密接に関連している。生殖活動終了後のヒトの長い生存期間に関するデータと論考は Kaplan et. al. 2010 を、ヒト以外の霊長類との比較は Alberts et. al. 2013 を参照のこと。
33. Sear and Mace 2008 を参照。
34. こうした実証的研究の難しさの1つは、子や孫への文化伝達によって生まれる利益が、直接的なものばかりとは限らないことだ。たとえば、私が調査を行なっているフィジー諸島の村々では、年輩者は（少なくとも）村人ならだれにでもためらわずに知恵や知識を授けるので、その親族だけが情報面で特に有利になるわけではない。しかし、そうやって村全体に利益をもたらした結果として、その祖父母たちは村人から信頼され、尊敬されるようになる。もしかするとそれが、祖父母自身の子や孫にとっての利益となって戻ってくるのかもしれない。
35. クジラやイルカの文化に関する文献レビューは Rendell and Whitehead 2001 を参照。生究結果の出典はCheng et al. 2013。

14. これらの研究結果はすべて女性にも当てはまる（Cheng et al. 2013; Cheng, Tracy, and Henrich 2010）。
15. カメレオン効果についての論考は、Gregory, Webster, and Huang 1993; Gregory, Dagan, and Webster 1997; Chartrand and Bargh 1999を参照。
16. Gregory and Webster 1996を参照。
17. ニール・ガブラーはこうした現象を「ザ・ザ・ファクター」と呼んだが、命名の由来となったザ・ザ・ガボールという女優を知らない読者もいると思うので、こう呼ぶことにする。同じような意味合いの言葉に「フェイムスク（famesque）」や「セレブタント（celebutante）」などがある。Wikipediaのこの項目を参照のこと。
18. Watts 2011を参照。
19. 乳児に関する研究はThomsen et al. 2011を参照。Mascaro and Csibra（2012）による同様の研究から、乳児は、どんな場面でも優位劣位の関係は一定で、変わることはないと思っていることが示されている。
20. 人類の祖先においてプレスティージが出現したのはドミナンスのずっとあとなので、そこにドミナンスの感情やディスプレイがある程度混じっていても驚くには当たらない（Henrich and Gil-White 2001）。さまざまな顔の表情や身体表現と同様に、こうしたディスプレイには複雑なフィードバック機構が絡んでおり、内発的な動機や周囲の状況がディスプレイ行動を起こさせるが、同時に、ディスプレイ行動それ自体が心理面にも生理面にも変化をもたらす。たとえば、学生にそっくりかえった姿勢や縮こまった姿勢をとらせる実験を行なうと、それぞれ、ステータスの高い者と低い者の行動を示すようになり、低位者はリスクに備えて疼痛耐性が増してくる。また、優位の姿勢や服従の姿勢をとることによって、テストステロンやコルチゾールといったホルモンの分泌が変化する可能性もある（Bohns and Wiltermuth 2012; Carney, Cuddy, and Yap 2010）が、これらの研究結果にはさらなる検証が必要だ。
21. 誇りや恥のディスプレイは多様な社会で見られ（Tracy and Matsumoto 2008; Tracy and Robins 2008; Fessler 1999）、幼児の間でも認められる（Tracy, Robins, and Lagattuta 2005）。こうしたディスプレイは、少なくとも本人が自分のステータスをどう認識しているかを、無意識かつ反射的に他者に伝えている（Tracy et al. 2013）。
22. このような誇り感情とプレスティージおよびドミナンスとの関連はCheng, Tracy, and Henrich（2010）によって立証された。ホルモン変化の証拠についてはJohnson, Burk, and Kirkpatrick 2007を参照。
23. Fessler 1999; Eibl-Eibesfeldt 2007を参照。
24. 低位者たちの距離の取り方も、ドミナンスとプレスティージとではまったく対照的だ。ドミナンスによる順位制の低位者は、支配力を揮っている者からなるべく距離を置こうする。なぜなら、すぐにカッとなって怒りを爆発させてくるからである。それには、従属者や周囲の者にだれがボスなのを思い知らせる狙いがあるのかもしれないし、従属者に慢性的なストレスを与えることで、健康や認知能力を損ない、適応度を下げようとし社会の成員がこうした状況や非情報型財産の重要性を理解しているというのは、確かに多種多様なヒト社会に見られる特徴であって、個人のプレスティージ・ステータスが、成功につながる技能や知識以外の財産の影響を受けている可能性を強く示唆するものだ。しかし、(情報ではなく)配偶者や同盟相手や社会的絆を獲得しようとする進化圧によってプレスティージが出現したと考えると、実社会におけるプレスティージの諸側面が説明できなくなる。まず第一に、支配力《ドミナンス》を揮っている人とは対照的に、信望《プレスティージ》を得ている人には、他者を説得する力があり、追随者たちの考えを自分のほうに引き寄せることができる。配偶者や同盟相手を得るために、表面的な合意ではない、真の考え方の転換が必要になる理由は見当たらない。また、人々はさまざまな指標を手がかりにしてプレスティージの高い人物を見つけ、模倣しようとする。実際に会える機会がなくても、食物選好から慈善寄付まであらゆる事柄をまねようとする。配偶者や同盟相手を得るために、そのようなバイアスのかかった模倣行為を必要とする理由もやはり見当たらない。たとえば、女性は自分よりも魅力的な女性の配偶者選択を模倣することが実験によって示されているが、どんな男性を好むかも、どうやって男性を惹きつけるか(服装、会話)もまねようとする(第14章参照)。第二に、プレスティージによる順位制の下位者に見られる畏怖や尊敬といった感情や行動様式は、手本にすべき人を見つけて付き従う必要がある場合に好都合だ。これは非情報型のやりとりではなかなか説明がつかない。最後に、プレスティージによる順位制を十分に発達させているのは、知られているかぎりでは人類だけだ。となると、やはり配偶者を見つけ、同盟関係を築き、特定の社会的パートナーを必要とするヒト以外の霊長類において、プレスティージが出現しない理由を説明するには別の理論が必要になってくる。それに対し、「情報型財産」の見方に立ってプレスティージにアプローチすれば、これがうまく説明できる。なぜなら、累積的文化進化の境界線を踏み越えて文化−遺伝子共進化の段階に入ったのは人類だけだからである。

もちろん、まだ特定されておらず、特徴づけもなされていない第三のステータスが存在する可能性もある。あるとすればそれはプレスティージの一種だが、情報収集とはまったく無関係のものだろう。たとえば、富、収入、学歴もステータスの一種だとする学者たちもいる。よく知られているとおり、社会学者のマックス・ヴェーバーは社会的地位を3つに分類したが、その2つはドミナンスとプレスティージに相当すると言える(Henrich and Gil-White 2001の論考を参照)。3つ目は富に基づくものだった。しかし、富は収入や学歴と同様に、①技能、知識、成功実績(プレスティージ)、または②費用便益支配(ドミナンス)の指標でしかない。さらに、進化の観点に立つならば、個人による富の蓄積は、財産権を保障する一連の社会規範や制度があってはじめて可能になるものだ。社会規範をもたない霊長類の世界で、バナナを100本を持っているあなたが、1本も持たない大勢に囲まれている場合、あなたがバナナを何本を持ち続けられるかは、ひとえに腕力による防御力で決まる。

13. ピア評価に基づくプレスティージおよびドミナンスの測定法は、Cheng Tracy, and Henrich (2010) により考案され有効性が実証された。「ロスト・オン・ザ・ムーン」の研

焼けるような感覚を味わい、トウガラシを好んで食べるようになる理由は説明できない。ラットを用いた実験ではカプサイシンを好むように訓練することはできていない（Rozin, Gruss, and Berk 1979）が、不快な辛味刺激の後で美味しい餌（辛くない餌）を与えていると、カプサイシン入りの餌を選択的に食べるように訓練することができる。また、トウガラシ入りの残飯でしか生きられないメキシコのイヌやブタは、カプサイシンをものともしなくなっている（大嫌いなものを平気で食べるのだから大きな進歩だ）。ヒト以外の動物で、カプサイシンを嗜好することが証明されたのは、人間に育てられた幼齢期のチンパンジー2匹と、ペットとして飼われているイヌ3匹のみである。Rozin and Kennel（1983）によると、このようなヒトの嗜好は、成長過程での摂食経験が土台になって形成されていくという。このことは、第16章で人類がたどってきた進化の道筋を考えるときに重要になる。

31. Williams 1987; Basalla 1988を参照。
32. Meltzoff, Waismeyer, and Gopnik 2012を参照。
33. Buss et al. 1998：Pinker and Bloom 1990を参照。
34. Boyd, Richerson, and Henrich 2013を参照。
35. Boyd, Richerson, and Henrich 2011aを参照。

第8章　プレスティージとドミナンス、生殖年齢を過ぎたあと

1. Krakauer 1997: 78。
2. Radcliffe-Brown 1964: 45。カナダ北極圏の狩猟採集社会の研究を行なってきた民族誌学者のロバート・ペインは次のように記している。「だれもが認める熟練の技は、一時的ではあったとしても、追随者とでも呼ぶべき人々を惹きつける。こうした追随者たちは、ハンターの威信《プレスティージ》を何よりも高めてくれる存在として――熟練の技から得られる最も重要な宝として――喜んで迎えられる。熟練の技そのものは、信奉者たちに伝授したからといって、減るわけでもなくなるわけでもない」（1971: 165）。
3. アフリカのカラハリ砂漠の平等主義的な狩猟採集民社会について、民族誌学者のRichard Lee（1979: 343）は次のように述べている。特に優れた弁舌家や、論客、儀式執行者、熟練ハンターは「他の人々よりも堂々と発言し、周りからも一目置かれている。それゆえ、彼らの意見は他の論者の意見よりも、やや大きな影響力をもっているように思われる」。アマゾン川流域の社会に関する研究でも、威信《プレスティージ》について明確に記されている（Goldman 1979; Krackle 1978）。
4. この考え方はHenrich and Gil-White（2001）で展開された。
5. 学習者は、世間の評判や名声と、自分で直接観察したその人の実力や技能とを照らし合わせることができる。最初は、評判や名声を頼りに、つまり周囲の動向を見ながらモデルを選ぶ傾向が強いかもしれない。しかし、学習者自身の技術や知識、そして相手の実力を見極める力がついてくると、周囲の人々が敬意を払っている人物に付き従うのではなく、自分自身で師匠を選ぶようになる。

中毒のもとになった魚の種類も具体的には出てこなかった。

10. Katz, Hediger, and Valleroy 1974; Mcdonough et al. 1987 を参照。
11. Bollet 1992; Roe 1973 を参照。
12. 出典は Bollet 1992。「抵抗力のある体質」「馬鹿げている」といった言葉は p. 217 から引用。Jobling and Petersen 1916 を参照のこと。
13. Whiting 1963; Beck 1992; Mann 2012 を参照。
14. ギャンブラーの誤謬およびランダム化の問題については Kahneman 2011; Gilovich, Griffin, and Kahneman 2002 を参照。
15. ビーバー狩りの際にはビーバーの腰の骨が、漁の際には魚の顎の骨が用いられた。
16. Moore 1957 を参照。
17. 統計データから、降水パターンや洪水の発生はランダムで、周期性や連続性は見られないことが明らかになっている。
18. Dove 1993; Henrich 2002 を参照。類似の事例は Lawless 1975 を参照。
19. 矢の作り方は Lothrop 1928 を参照。詳しい論考とさらなる実例は Henrich 2008 を参照。
20. McGuigan 2012; McGuigan, Makinson, and Whiten 2011; McGuigan et al. 2007; Horner and Whiten 2005 を参照。
21. Lyons, Young, and Keil 2007 を参照。
22. これは当然、モデルの能力、年齢、技能を参加者に合わせて調整している場合。成人が3歳児を過剰模倣するケースは……多くはない。
23. Nielsen and Tomaselli 2010; McGuigan, Gladstone, and Cook 2012; McGuigan 2012, 2013; McGuigan, Makinson, and Whiten 2011 を参照。
24. Horner and Whiten 2005 を参照。
25. チンパンジーの文化についての詳細な論考は Henrich and Tennie 2017 を参照。
26. こうした見方に基づく重要な研究成果は Herrmann et al. 2013; Over and Carpenter 2012, 2013; Kenward 2012 を参照。
27. Billing and Sherman 1998; Sherman and Billing 1999; Sherman and Flaxman 2001; Sherman and Hash 2001 を参照。
28. 現時点では、これを示す証拠は示唆的なものにとどまる（Billing and Sherman 1998; Sherman and Billing 1999; Sherman and Flaxman 2001; Sherman and Hash 2001）。
29. 文化的学習によって、生得的な忌避反応が克服されてきた例は他にもある。たとえば、糞便を食することに対する嫌悪感はおそらく先天的なものだが、狩猟採集民のイヌイットはシカの糞を果実のように食べるし（スープに入れると美味しいという。Wrangham 2009）、タンザニアの狩猟採集民ハッザ族は、ヒヒの糞便中から消化されかけたナッツをつまみ出して食べる（Marlowe 2010）。
30. Rozin, Gruss, and Berk 1979; Rozin and Schiller 1980; Rozin, Mark, and Schiller 1981; Rozin, Ebert, and Schull 1982; Rozin and Kennel 1983 を参照。高濃度のカプサイシンを摂取していると、カプサイシンによる痛みの誘発に若干の脱感作現象が生じることが証明されている（Rozin and Schiller 1980; Rozin, Mark, and Schiller 1981）。しかしこれでは、

わけだ。

最後に、ウェイドは、行動や心理から遺伝子について推断しているが、これは遺伝子と生物学的特性を一緒くたにするものであり、今日の文化進化論をまったく理解していないことを図らずも露呈している。彼は、ヒトの学習、発達、動機、文化神経科学などに関する現在の知見を真剣に検討することなしに、文化というものを、大陸間に見られる行動、心理、生理の違いを説明するものの1つとしてあっさり片付けてしまっている。一例を挙げると、2003年のアメリカの侵攻後、イラクがすみやかにアメリカの政治制度を採り入れなかった事実を取り上げて、それを文化の違いで説明することはできないと言い放つ。もし文化の違いであったなら、イラクはすみやかにアメリカの政治制度を採用したはずで、したがってそれは部族の遺伝子なのだと主張する。この後の章で、進化生物学、神経科学、心理学、人類学に裏打ちされた真っ当な文化進化論を展開するのを読めば、こうした主張がどれほど的外れかおわかりになると思う。文化や社会規範や制度はすべて、私たちの知覚や動機や判断に影響を及ぼすだけではなく、脳や生物学的特性やホルモン動態をも変化させるのである。突然、新たな言語を話すことなどできないのと同様に、文化に根ざした知覚や動機をいきなりすげ替えることは不可能なのだ。

19. Kinzler and Dautel 2012; Esteban, Mayoral, and Ray 2012a; Gil-White 2001; Moya, Boyd, and Henrich 2015, Astuti, Solomon, and Carey 2004; Dunham, Baron, and Banaji 2008; Baron and Banaji 2006 を参照。

第7章　信じて従う心の起源

1. 健康影響についての文献レビューは Nhassico et al. 2008 を参照。
2. Dufour 1994; Wilson and Dufour 2002; Jackson and Jackson 1990; Dufour 1988a, 1988b を参照。高毒性のキャッサバの生産量を増やして干魃に対応しており、トゥカノ族の摂取カロリーの70%が高毒性品種群でまかなわれている。
3. Dufour 1984, 1985 を参照。
4. これはコンゴ民主共和国で実際に起きた出来事らしい（Tylleskar et al. 1991, 1992）。
5. 健康への悪影響が出るかどうかは一概には言えず、食事に含まれる硫黄成分など、他の要因によっても変わってくる（Jackson and Jackson 1990; Tylleskar et al. 1992, 1993; Peterson, Legue, et al. 1995; Peterson, Rosling, et al. 1995）。Jackson and Jackson はシアン残存率をかえって高めてしまう下処理法について論じている。下処理法についての文献レビューは Padmaja 1995 を参照。
6. 私の民族誌学的調査での個人名はすべて仮名にしてある。
7. Henrich and Henrich 2010 を参照。Henrich and Broesch 2011 も参照のこと。
8. Henrich 2002 を参照。
9. この調査では、女性たちに、魚類食中毒の実例を何か聞いて知っているかどうかも尋ねた。ほぼ全員がほとんど同じ例を挙げた。ということは、個々の女性が聞いた「事例に基づく知識」からこうしたタブーが形成されたとは考えられない。女性たちの話には、

ley 2013 を参照。

14. Perry et al. 2007 を参照。
15. Oota et al. 2001 を参照。
16. Cavalli-Sforza and Feldman 2003; Brown and Armelagos 2001 を参照。
17. この点に関する教科書的解説は Boyd and Silk 2012 を参照。
18. 最近、ジャーナリストのニコラス・ウェイド（2014）が、人種の概念は、行動学的に重要なヒトの遺伝的な違いを捉えるものであるとの主張を展開している。その根拠として用いているのが次の3つの証拠だ。①人類全体の遺伝的多様性のデータ、②特定地域での適応形質に自然選択が作用した例（本章で紹介したような例）、③行動、心理、あるいは生物学的特性の表現型の違い（知能指数、攻撃性など）。まず初めに彼は、最近得られた地球規模の分析データを利用して、伝統的な人種分類には遺伝的根拠があると主張する。確かに、アフリカ、アジア、ヨーロッパといった大陸間には遺伝的な違いが存在する。しかし、後述するように、自然選択の作用でこうした大陸間の違いが生まれたわけではない。ウェイドは続いて、多少とも自然選択が関与して特定の遺伝子が変化したと考えられる例を取り上げる。こうすることで読者を巧みに誘導し、自然選択の作用でこうした遺伝子型の地域差が生まれたのなら、大陸間の遺伝的な違いもやはり自然選択によるものかもしれないと思わせる。その上で彼は、大陸間の遺伝的違いを自然選択で説明できるならば、大陸間に見られる心理、行動、生理的特性の違いもやはり自然選択で説明できるはずだとたたみかける。

それぞれの証拠から推論を誘導していくこのウェイドのやり方はいずれも問題をはらんでいる。最初の推論の問題点を理解するには、まず、各大陸に居住する集団の遺伝的な違いは、アフリカで誕生した人類が広く地球上に拡散していく過程で、比較的最近生じたものであることを認識する必要がある。こうした移動に伴い、比較的少数の個体がもとの大きな集団から分離して、新たな大陸で別の集団を形成するときに、遺伝的浮動や創始者《ファウンダー》効果が生じたのである。こうした機会的要因によって対立遺伝子の頻度が変化したが、それは自然選択の作用によるものではない。先史人類の移動の研究にきわめて有用な、こうした遺伝子頻度の変化は、自然選択に対して有利でも不利でもない中立的なものだ。生物体の形質を変化させないDNAの突然変異は頻繁に起きる。なぜなら、塩基配列の中には何の機能も担っていない部分もあるし、塩基配列が変わってもコードされるタンパク質は変わらないこともあるからだ。つまり、先史時代の人類の大移動を考えれば、大陸間に遺伝的な違いが見られて当然だが、そこに何か重要な機能的な違いが存在するわけではないのだ。さらに、大陸ごとに特有の選択圧は認められていないので、こうした違いの多くが自然選択によるものだという証拠はまったく存在しない。次に、特定の遺伝子に自然選択が作用したと思われる局所的または地域的な例を取り上げるとき、ウェイドはそれがむしろ彼の人種の概念に反するものであることをわかっていない。本文で述べたとおり、このような局所プロセスは往々にして、人種の遺伝的類似性を低くすると同時に、異なる大陸の集団の遺伝的類似性を高める。ということは、自然選択がむしろ、遠く離れた集団間の遺伝的差異を縮めるように作用する可能性もある

もしくは遺伝的に、またはその両方によって進化した可能性がある。

4. Carrigan et al. 2014 を参照。
5. Tolstrup et al. 2008; Edenberg et al. 2006; Danenberg and Edenberg 2005; Edenberg 2000; Gizer et al. 2011; Meyers et al. 2013; Luczak, Glatt, and Wall 2006 を参照。稲作の開始時期は Peng et al. 2010 を参照。より最近のデータは Li et al. 2011 を参照。
6. Borinskaya et al. 2009; Peng et al. 2010 を参照。
7. Peng et al. 2010 を参照。
8. McGovern et al. 2004 を参照。
9. ラクトースをほとんど、またはまったく含まない海洋哺乳類の乳もある（Lomer, Parkes, and Sanderson 2008）。世界全体のラクトース耐性の割合は 30 〜 40% と推定されている（Gerbault et al. 2013; Lomer, Parkes, and Sanderson 2008; Bloom and Sherman 2005）。本文の 68% という推定値の根拠は Gerbault et al. 2013。概要と全体像は O'Brien and Laland 2012 を参照。ラクトース不耐性の症状が出るかどうかは特定の腸内細菌の有無で決まるようだ。たとえばソマリ族の遊牧民は、ラクターゼ活性持続ではないが（したがってカロリーは摂取できないが）、腸内細菌叢のおかげでミルクからカルシウムと水分を吸収することができる。
10. Ingram, Mulcare, et al. 2009; O'Brien and Laland 2012; Bloom and Sherman 2005; Gerbault et al. 2009, 2011, 2013; Leonardi et al. 2012 を参照。こうした最近の研究は、初期の重要な研究成果（Simoons 1970; Aoki 1986; Durham 1991）に基づいている。
11. Gerbault et al. 2011, 2013; Leonardi et al. 2012; Itan et al. 2010; Ingram, Raga, et al.2009; Ingram, Mulcare, et al. 2009 を参照。中石器時代のヨーロッパの狩猟採集民、および新石器時代初期の農耕民の DNA を採取して分析すると、これらの集団では乳糖耐性遺伝子の頻度が非常に低く（Gerbault et al. 2013）、文化進化によって乳糖耐性遺伝子の拡散が促されたことが明らかになった。こうした証拠が得られたことで、乳糖耐性遺伝子の頻度がもともと高かった集団に牧畜と搾乳という文化的習慣が広まったのだ、という主張は成り立たなくなった。
12. この点について初めて医学的知見が示されたのは、1965 年に医学誌「ランセット」に掲載された論文（Cuatreca, Lockwood, and Caldwell 1965）で、アフリカ系アメリカ人とヨーロッパ系アメリカ人とではミルクの消化能力に差があることに言及している。興味深いことに、アジア系、アフリカ系、ヨーロッパ系の人々のミルクを飲む習慣の違いについては、遅くとも 1931 年にはもう研究者たちが注目している。こうした行動の違いは、教育格差や収入格差に起因するとされていたのだった（Paige, Bayless, and Graham 1972）。このように、行動の違いをもたらす原因を正しく理解しそこねていたために、アメリカ合衆国政府は何十年にもわたって、子どもから大人まで全員にミルクを飲ませようとしたのだった。「GOT MILK?」キャンペーンについては Wiley 2004 を参照。ここで得られた教訓は、収入や教育は重要ではないということではなく（どちらも非常に重要）、政策立案者には行動科学の視点が求められるということだ。
13. Laland, Odling-Smee, and Myles 2010; Richerson, Boyd, and Henrich 2010; Fisher and Rid-

watch?v=826HMLoiE_o を参照。

28. ダニエル・リーバーマンとの会話や私信（2013–14）より。
29. Atran and Medin 2008; Atran, Medin, and Ross 2005; Lopez et al. 1997; Atran 1993, 1998; Medin and Atran 1999 を参照。
30. Atran, Medin, and Ross 2004; Atran et al. 2001 を参照。
31. Gelman 2003; Lopez et al. 1997; Coley, Medin, and Atran 1997; Atran et al. 2001, 2002; Wolff, Medin, and Pankratz 1999; Medin and Atran 2004; Atran, Medin, and Ross 2005 を参照。
32. Wertz and Wynn 2014a, 2014b を参照。
33. 動物について学ぶための認知システムにも、適応的意義のある内容バイアスが存在する。学習者の注意をある種の情報だけに向けて、特定の間違いを避けるのである。クラーク・バレットとジェームズ・ブローシュと私は、フィジー諸島、エクアドルのアマゾン川流域、およびロサンゼルスの子どもと成人を対象に、教示－再生課題を用いてこれについて調査した。まず、絵を視覚補助教材として使い、子どもと成人に、それまで遭遇したことのない動物に関する情報を与えた。そして、その直後と1週間後に、その内容を思い出せるかぎり想起してもらった。その結果、子どもたちは、その動物の生息地や餌などの情報よりも、危険かどうかに関する情報のほうをよく覚えているということがわかった。さらに、参加者たちは、ある動物の危険性について記憶の誤りを犯す場合でも、（本当は危険なのに）誤って安全だとするよりも、（本当は安全なのに）誤って危険だとするほうが多かった。つまり、人間の想起の仕方は、生存に有利なほうに偏っており、安全な動物を危険だと勘違いすることはあっても、危険な動物を安全だと勘違いするような重大な誤りは犯さないようにできているのだ（Barrett and Broesch 2012; Broesch, Henrich, and Barrett 2014）。同様に、食物についても、人間は動物性の食物（牛肉など）を忌避するようになりやすい。これは、人類の進化の過程で、肉についた病原体の脅威にさらされてきたからだとダニエル・フェスラーは主張している。肉食のタブーがどの文化にも広く共通して見られる理由も、また、菜食主義者はかなり多いのに菜食をタブーとする人はほとんどいない理由も、これで説明できるかもしれない（Fessler 2002, 2003; Fessler et al. 2003）。

第6章　青い瞳の人がいるのはなぜか

1. この点を指摘してくれたマット・リドリーに感謝する。Kayser et al. 2008 を参照。
2. Jablonski and Chaplin 2000, 2010 を参照。
3. Eiberg et al. 2008; Sturm et al. 2008; Kayser et al. 2008 。http://essays.backintyme.biz/item/4 も参照。ブルーやグリーンの瞳の遺伝子バリアントに対して、自然選択が直接的に、または性選択が間接的に作用した可能性がある。すでに述べたような理由から、瞳の色がブルーやグリーンの相手との結婚を選好した者は、日光を浴びてビタミンDを合成する能力の高い子どもを授かる確率が高まったはずだ。こうした選好が、文化的つも、落ちこぼれになったような気分だった。

11. ホッキョクグマの肝臓についてはRodahl and Moore 1943を参照。他の海洋哺乳類も同じではないかと思われる。
12. ヒト以外の動物も加熱調理した食物を好む（Felix Warneken, 私信, 2012）。おそらくそれが前適応となって、加熱調理への道が開かれたのだろう（Wrangham 2009）。他の動物たちと同様に、私たちも概して消化しやすい食物を好む。
13. Fessler 2006を参照。
14. 石器が食物加工に及ぼす効果についてはZink, Lieberman, and Lucas 2014を参照。
15. Noell and Himber 1979を参照。
16. Leonard et al. 2003; Leonard, Snodgrass, and Robertson 2007を参照。
17. チンパンジー属の動物（チンパンジーやボノボなど）との跳躍力コンテストも避けたほうがよい（Scholz et al. 2006）。
18. 脳の機能や手指の巧緻性についてはStriedter 2004を参照。投擲についてはRoach and Lieberman 2012, 2013; Bingham 1999を参照。
19. Gelman 2003; Greif et al. 2006; Meltzoff, Waismeyer, and Gopnik 2012を参照。
20. 人間が馬に勝つのは難しいが、勝てないことはない。それは英国ウェールズで毎年行なわれる人間対馬の35キロのマラソン大会で証明されている。http://news.bbc.co.uk/2/hi/uk_news/wales/mid_/6737619.stmを参照。
21. 長距離走についての出典はBramble and Lieberman 2004; Lieberman et al. 2009, 2010; Carrier 1984, Heinrich 2002; Liebenberg 1990, 2006。涼しい時間帯の狩りについてはMcDougall 2009を参照。
22. これは、歩行時には何の効果もないが、走行時の代謝コストを半分に削減できる。
23. 出典はLiebenberg 2006; Heinrich 2002; Falk 1990。
24. Carrier 1984; Newman 1970を参照。
25. Liebenberg 1990; Gregor 1977を参照。狩猟採集民はどうやら、足跡からヒトの識別もできるらしい。多数の民族誌的調査を見ても、また南太平洋の島々での筆者自身の体験からしても、彼らにそうした能力があることは間違いない。追跡狩猟法と民族誌的調査の専門家であるルイス・リーベンバーグが、カラハリ砂漠の狩猟採集民、サン人に、足跡などから個々の動物を識別できるかどうか尋ねたところ、あまりの馬鹿げた質問に笑われてしまったという。彼らからすれば、識別できないことのほうが不思議なのだ。筆者は南太平洋のヤサワ島で何年間も過ごしたが、その時にもやはり、島民たちの超人的能力に驚かされた経験がある。海岸を歩いていると、たいていの村人が、次の入り江を回ったらだれに会うかを足跡だけから予測してしまうのだ。そこで、ある村人にこっそり頼んで足跡をつけてもらい（そのことはだれにも言わないように頼んだ）、それが誰の足跡かわかるかどうか村人たちにテストしてみた。無作為に選んだ村人10人に試したところ、10人とも正解した。
26. Heinrich 2002; Carrier 1984を参照。
27. Liebenberg 1990, 2006を参照。持久狩猟のビデオクリップはhttp://www.youtube.com/

いての学習に道をつけるために、自然選択は「しっくりくる」こととそうでないことを分けた。その結果、大多数の夫婦は最終的に何をどうすればいいかを発見し、少なくとも自然選択の目的に適うことができるようになるのだ。歩行にせよ性交にせよ、学習が重要であることは確かだが、どんな奥地を調べても、びっこを引いたり這いずったりすることしかできない社会や、子どもを作れない社会は存在しない。ヒト集団間での文化的学習の差異を示す証拠についてはMesoudi et al. 2014を参照のこと。

第5章　大きな脳は何のために？——文化が奪った消化管

1. Tomasello 1999を参照。文化進化が遺伝的進化に及ぼす影響を理解するための最近の重要な研究としてSterelny 2012a：Pagel 2012がある。
2. Roth and Dicke 2005; Lee and Wolpoff 2002; Striedter 2004を参照。
3. 図5.2のデータの出典はMiller et. al. 2012。その表S2に示されている脳領域ごとの割合の平均値をこの図5.2に示した。これらのデータについて、筆者は2つほど懸念を抱いている。まず1つは、サンプル数が少ないこと。もう1つは、ヒトとチンパンジーがそれぞれ置かれている環境が明らかにされていないことだ。
4. Sterelny 2012aを参照。
5. Campbell 2011; Thompson and Nelson 2011; Kaplan et al. 2000; Bogin 2009; Nielsen 2012を参照。
6. Clancy, Darlington, and Finlay（2001）は、9種の動物について95の神経学的イベントのタイミングを比較し、ヒトの赤ん坊が出生時からすでに高度な発達段階にあることを示した。Hamlin（2013a）は、生後8か月の赤ん坊が、相手の意図を察して判断を下していることを明らかにした。
7. 食物の加工処理や加熱調理に関する記述の出典は主としてWrangham 2009; Wrangham, Machanda, and McCarthy 2005; Wrangham and Conklin-Brittain 2003。
8. タスマニア人、シリオノ族、およびアンダマン諸島人の火起こしの方法については、Radcliffe-Brown 1964; Holmberg 1950; Gott 2002を参照。アチェ族の火起こしについてはキム・ヒルから教示を受けた。
9. Aldeias et al. 2012; Sandgathe et al. 2011aを参照。もちろん、ネアンデルタール人に関するこの主張には異論も多い（Sandgathe et al. 2011b; Shimelmitz et al. 2014）。しかし、考古学の研究の多くは、ある道具や技術が考古学的記録に現れたらその後ずっと失われることはない、という思い込みに囚われているのではないだろうか。それは間違いだと筆者は考える。第12章で後述するとおり、こうした思い込みが生ずるそもそもの原因は、道具や技術を個人の認知能力の産物と捉え、文化進化の産物とは考えていないところにある。
10. この火の制御にまつわる体験はかなりショックだった。というのは、子ども時代に私はイーグル・スカウト（勲功バッジを多数取得しているボーイスカウト団員）だったので、火の扱いに関しては自負するところがあったからだ。人類学のフィールドワークではいスピードが、年齢と威信の関連度に影響を及ぼす理由について考える。それは、現代社会において年輩者の威信が失われている理由を説明することにもつながる。

24. Morgan et. al.（2012）; Muthukrishna et al.（2016）はヒトの同調伝達を示す最新の証拠を提供している。Efferson et al. 2008; McElreath et al. 2005, 2008; Rendell et al. 2011; Morgan and Laland 2012も参照。魚の同調現象についてはPike and Laland 2010を参照。理論モデルについてはNakahashi, Wakano, and Henrich 2012; Perreault, Moya, and Boyd 2012を参照。こうしたモデル化研究から、同調伝達は社会的学習に依存する多数の種に見られる現象であることが示唆される。
25. 国際比較データについてはStack 1990（アメリカ合衆国）; Jonas 1992（ドイツ）; Stack 1996（日本）を参照。著名度や自己類似性の影響力、および自殺方法の模倣については、Stack 1987, 1990, 1992, 1996; Wasserman, Stack, and Reeves 1994; Kessler and Stipp 1984; Kessler, Downey, and Stipp 1988を参照。
26. 概要はRubinstein 1983を参照。アメリカ合衆国の青年の間での自殺の流行についてはBearman 2004を参照。
27. Chudek et al.,n.d.; Birch and Bloom 2002; Barrett et al. 2013; Scott et al. 2010; Hamlin, forthcoming, Tomasello, Strosberg, and Akhtar 1996; Harris and Corriveau 2011; Corriveau and Harris 2009a; Koenig and Harris 2005; Buttelmann, Carpenter, and Tomasello 2009; Hamlin, Hallinan, and Woodward 2008を参照。
28. Byrne and Whiten 1988; Humphrey 1976を参照。
29. Humphrey（1976）は、マキャヴェリ的知性仮説（Byrne and Whiten 1992）と文化的知性仮説（Herrmann et al. 2007; Whiten and van Schaik 2007）の両方を紹介している。
30. Schmelz, Call, and Tomasello 2011, 2013; Hare et al. 2000; Hare and Tomasello 2004を参照。
31. Heyes 2012aを参照。もちろん、経験の影響を受けることが証明されても、その発達が自然選択によって醸成または形成されたかどうかを断定することはできない。
32. Heyes 2012bを参照。
33. Whiten and van Schaik 2007; van Schaik and Burkart 2011を参照。
34. ここで持ち上がるのが、私たちの能力や行動は「生得的」か「後天的」かという議論である。後ほど取り上げるが、多くの行動は100％生得的であると同時に、100％後天的でもある。たとえば、ヒトはたしかに二足歩行するように進化した動物であり、それがヒトの行動の特徴の1つにもなっている。しかし、歩き方は習得するものであることもたしかだ。自然選択の側からすれば、それが「欲する」表現型が、必要なときに発現してくれればいい。そうなるように、学習、注意バイアス、動機、身体構造の変化、推論バイアス、疼痛反応などを駆使して、必要な発達プロセスが予定どおり進むように計らうのだ。したがって、何かが学習されることを示すことは、その発達プロセスについて語っているだけで、それが遺伝子に作用する自然選択によって広まったのかどうかについては語らないのである。たとえば、大昔から多くの人々は、誰に教わることもなく、その場で性交の仕方を工夫してきた。独力で学び取らねばならなかったわけだ。しかし、学習が重要だからと言って、そこに自然選択が関わっていないとは言えない。性交につ

りの名前を聞かされた子どもたちに、そのモノの名前を尋ねる。子どもたちは、どちらの大人の言うことを信じるだろうか？　実験の結果、子どもたちは、モノの名前に関してどちらの大人が信用できるかを正しく判断することができるのみならず、どちらが有能かを少なくとも1週間覚えていることが明らかになった。1週間後に再び、同じ子どもたちに対して実験を行なったところ、なじみのあるモノの名前を言わなくても、子どもたちはやはり、前回有能と判断した大人の言い方を模倣したのだ。単語学習についてはKoenig and Harris 2005; Corriveau, Meints, and Harris 2009; Scofield and Behrend 2008; Harris and Corriveau 2011も参照。人工物の機能の学習についてはBirch, Vauthier, and Bloom 2008も参照。子どもたちは自信のあるモデルを好む傾向もある（Birch, Akmal, and Frampton 2010; Jaswal and Malone 2007; Sabbagh and Baldwin 2001）。

17. Henrich and Gil-White 2001のレビューを参照。
18. この実験の出典はChudek et. al. 2012。成人についてはAtkisson, O'Brien, and Mesoudi 2012を参照。
19. 同性モデルを模倣する傾向を示す証拠はBussey and Bandura 1984; Bussey and Perry 1982; Perry and Bussey 1979; Basow and Howe 1980; Rosekrans 1967; Shutts, Banaji, and Spelke 2010; Wolf 1973, 1975; Bandura 1977; Bradbard et al. 1986; Bradbard and Endsley 1983; Martin and Little 1990; Martin, Eisenbud, and Rose 1995から得られている。生後6〜9か月の乳児についての最近の研究はBenenson, Tennyson, and Wrangham 2011を参照。
20. モデル選択の指標としての言語や方言の研究はKinzler et al. 2009; Kinzler, Dupoux, and Spelke 2007; Shutts et al. 2009; Kinzler, Corriveau, and Harris 2011を参照。子どもも（Gottfried and Katz, 1977）大人も（Hilmert, Kulik, and Christenfeld 2006など）、信念を共有する相手から学ぼうとする傾向がとりわけ強いようだ。幼児がエスニックマーカー（言語）を手がかりに選択的模倣をすることを示す証拠はButtelmann et al. 2012を参照。
21. 出典はHoffmann and Oreopoulos 2009; Fairlie, Hoffmann, and Oreopoulos 2011だが、Nixon and Robinson 1999; Bettinger and Long 2005; Dee 2005も参照のこと。
22. 年齢の効果や年齢と能力の兼ね合いを裏づける、子どもを対象にした実験的研究はJaswal and Neely 2006; Brody and Stoneman 1981, 1985を参照。子どもたちは年齢を実に巧みに利用し、能力の目安にすることもあれば、自己類似性の手がかりにすることもある（VanderBorght and Jaswal 2009; Hilmert, Kulik, and Christenfeld 2006）。食物選好の獲得についてはBirch 1980; Duncker 1938を参照。生後14〜18か月の幼児は、年齢が自分に近いモデルの行動のほうをよく見て模倣する（Ryalls, Gul, and Ryalls 2000）。
23. 年齢が文化伝達に及ぼす影響を調べる小規模社会での研究は緒についたばかりだが、ボリビアのアマゾン川流域での研究（Reyes-Garcia and colleagues（2008, 2009））や、筆者がジェームズ・ブローシュとともにフィジー諸島で行なった研究（Henrich and Broesch 2011）を参照のこと。しかし、人類学者が多様な社会で行なった民族誌学的調査から、年齢と威信（プレスティージ）の間には明らかな関連があり、威信は文化的学習に大きな影響力をもっていることが明らかになっている。第8章では、社会の変化の断についてはRosenthal and Zimmerman 1978を、懲罰基準についてはSalali, Juda, and Henrich, 2015を、世界の始まりと神についてはHarris et al. 2006を参照。

3. Bandura and Kupers 1964を参照。
4. Henrich and Broesch 2011を参照。
5. こうした例についてはHenrich and Gil-White 2001を参照のこと。
6. 私は10年近くにわたって、ブリティッシュコロンビア大学の経済学部、およびバンクーバー・スクール・オブ・エコノミクスの教職員を勤めた。また、ニューヨーク大学スターン経営大学院でもMBA（経営学修士）課程の学生たちを教え、ミシガン大学経営大学院の客員教授を勤めている。それゆえ、MBAにも経済学者にも知り合いが多い。
7. Kroll and Levy 1992を参照。
8. Henrich and Gil-White 2001; Rogers 1995b; Henrich and Broesch 2011; N. Henrich and Henrich 2007: chapter 2を参照。
9. 個体学習が難しい場合や高くつく場合、あるいは不確実な環境下に置かれている場合には、文化的学習が優勢になることが進化モデルから予想される。（Hoppitt and Laland 2013; Laland, Atton, and Webster 2011; Laland 2004; Boyd and Richerson 1988; Nakahashi, Wakano, and Henrich 2012; Wakano and Aoki 2006; Wakano, Aoki, and Feldman 2004）。
10. 教えてもらったマイケル・ムトゥクリシュナに感謝する。www.forbes.com/sites/moneybuilder/2013/11/14/investing-with-billionaires-the-ibillionaire-index/を参照のこと。
11. Pingle 1995; Pingle and Day 1996; Selten and Apesteguia 2005; N. Henrich and Henrich 2007; Fowler and Christakis 2010; Apesteguia, Huck, and Oechssler 2007; Offerman, Potters, and Sonnemans 2002; Offerman and Sonnemans 1998; Rogers 1995a; Conley and Udry 2010; Morgan et al. 2012を参照。
12. 心理学には、文化的学習に関する研究の長い歴史がある（Rosenbaum and Tucker 1962; Baron 1970, Kelman 1958; Mausner 1954; Mausner and Bloch 1957; Greenfield and Kuznicki 1975; Chalmers, Horne, and Rosenbaum 1963; Miller and Dollard 1941, Bandura 1977）。論考および論評はHenrich and Gil-White 2001を参照のこと。
13. Mesoudi and O Brien 2008; Atkisson, O'Brien, and Mesoudi 2012; Mesoudi 2011a.
14. この実験の出典はKim and Kwak（2011）。この実験では、見知らぬ女性のほうが母親よりも活発だったために、幼児はその女性のほうを参照しがちだったのではないかと思われるかもしれない。しかし、スウェーデンやアメリカの幼児を対象にした関連研究（それぞれStenberg 2009、Walden and Kim 2005）を見ると、やはりそうではなさそうだ。
15. 出典はZmyj et. al. 2010。Poulin-Dubois, Brooker, and Polonia 2011; Chow, Poulin-Dubois, and Lewis 2008も参照のこと。
16. Kathleen Corriveau and Paul Harris（2009b）が行なった次のような実験は有名だ。3～4歳児を2人の大人に会わせる。そして、この2人の大人に、子どもたちがすでによく知っている、アヒルやスプーンのような4つのモノの名前（言語ラベル）を言ってもらう。このとき、1人はすべて正しい名前を、もう1人は間違った名前を言う。次に、この2人の大人に、子どもたちにはなじみのない新しいモノの名前を言ってもらう。2通ようだ（Woodman 1991）。

6. 防寒服、そり、イグルーについての記述はそれぞれ、Amundsen 1908: 149, 156, 142 からの引用。
7. これはロバート・ボイドの命名。
8. この部分は、Phoenix 2003; Henrich and McElreath 2003; Wills, Wills, and Farmer 1863; burkeandwills.slv.vic.gov.au; www.burkeandwills.net.au など、バーク＆ウィルズ探検隊に関するさまざまな資料をもとにしている。
9. 出典は、ウィルズの死後出版された日誌の原本。前半は1861年6月20日の記述からの引用。後半は最後の記述で、日付は1861年6月26日だが、6月28日だった可能性がある。www.burkeandwills.net.au/Journals/Wills_Journals/Wills_Journal_of_a_trip.htm を参照のこと。興味深いことに、この前半部分は、1863年に彼の父親によって出版されたウィルズの日誌の完全版には載っていない。後半部分は p. 302 に略さずに記載されている（Wills, Wills, and Farmer 1863）。
10. 複数の論文（Earl and Mccleary 1994; Mccleary and Chick 1977; Earl 1996）および Phenix の見解（http://burkeandwills.slv.vic.gov.au/ask-an-expert/did-burke-and-wills-die-because-they-ate-nardoo.）をもとにしている。
11. この記述はほとんど、Goodwin の著書（2008）をもとにしているが、カランカワ族については、www.tshaonline.org/handbook/online/articles/bmk05 など他の情報源も参考にしている。
12. この女性はサンタバーバラの伝道所に到着したが、残念ながら、同じ言葉を話せる者がいなかったため、やはり孤立したままだった。同郷のニコラス島民はすでに全員、病死または失踪していた。手厚い世話を受けたにもかかわらず、彼女自身もわずか数週間でこの世を去った。私の記述は、複数の情報源（Hardacre 1880; Hudson 1981; Morgan 1979; Kroeber 1925）をもとにしている。スコット・オデールの有名な小説『青いイルカの島（*The Island of the Blue Dolphin*）』は、この実話をもとに書かれたものだ。引用部分の出典は、米国の月刊文芸雑誌「スクリブナーズ・マンスリー」に掲載された、Hardacre の1880年の論説。

第4章　文化的な動物はいかにしてつくられたのか

1. Boyd and Richerson（1985）は、遺伝的進化と文化進化をそれぞれ独立したプロセスとして捉える Luca Luigi Cavalli-Sforza and Marc Feldman（1981）の先駆的な取り組みをさらに発展させた。そのほか、このテーマに関する初期の研究に重要な貢献をした者として、Durham（1982）; Sperber（1996）; Campbell（1965）; Lumsden and Wilson（1981）; Pulliam and Dunford（1980）などが挙げられる。知的系譜を辿ると James Mark Baldwin（1896）に行き着く。洞察力に富む優れた概説は、Hoppitt and Laland 2013; Brown et al. 2011; Rendell et al. 2011 を参照。
2. ここに挙げたものはほとんど、本書のどこかで取り上げる。本書では扱わない直感的判

6. Henrich and Broesch 2011; Henrich and Gil-White 2001; Chudek et al. 2012 を参照。
7. James et al. 2013 を参照。
8. Boyd and Silk 2012; Fessler 1999; Henrich and Gil-White 2001; Eibl-Eibesfeldt 2007 を参照。
9. ドミナンスやプレスティージがヒトにおいて遺伝的に進化した社会的地位《ステータス》であると主張するためには、この両者が小規模社会での高い繁殖成功度に結びついていることが重要だ。しかし、現代社会では、多産多死型から少産少死型への人口転換が進んだがために、ステータスと繁殖適応度の関連性はわかりにくくなっている。ヨーロッパでは19世紀半ばに、女性の出生率（1人の女性が一生のうちに出産する子どもの平均数）が大幅に低下し始めた。こうした傾向はその後、多くの国々に広がっている。高学歴・高収入の女性ほど、出産する子どもの数が劇的に減っている。そんなわけで、現代社会においては、ステータスが高くなるほど、子どもの数はむしろ少なくなる場合があり、多くなることはまずない。おそらくそれは、能力主義の社会では、子どもが少なくても高いプレスティージが得られるからだろう（Richerson and Boyd 2005）。
10. von Rueden, Gurven, and Kaplan 2008, 2011 を参照。この研究では、プレスティージをどのように扱ったのかという点に筆者は懸念を抱いている。ドミナンスが「共同体における影響力」に寄与する可能性があるからだ。しかし、クリスは、共同体での影響力と適応度の各種指標との関連性を調べる際に、戦闘力の結果で補正することでその影響を排除しようとしている。
11. 表中の言葉は、本書の論理に則った特殊な使い方をしている。したがって、ふだん使われている英語の直感的な意味合いとは多少異なるかもしれない。
12. 多くの進化論研究者は現在、プレスティージとドミナンスを、ヒト社会における異なるタイプのステータスとして区別している（Cheng et al. 2013; Chudek et al. 2012; Atkisson, O'Brien, and Mesoudi 2012; von Rueden, Gurven, and Kaplan 2011; Horner et al. 2010; Hill and Kintigh 2009; Reyes-Garcia et al. 2008, 2009; Snyder, Kirkpatrick, and Barrett 2008; Johnson, Burk, and Kirkpatrick 2007）。プレスティージによる順位制は、高順位者との交流を望む人々が、自由意思から敬意を払うときに生まれるのに対し、ドミナンスによる順位制は、腕力や脅しで敬意を払うよう強制された人々が、少なくとも一時的にそれを受け入れることによって成立する。ステータスの高い人たちは、狩猟知識のような貴重な文化的情報の他に、敬意と引き替えにもたらされる「有形財産」をもっているのだという考える向きもあるかもしれない。たとえば、美しい女性には求婚者が群がるので、大勢の男性が袖にされる。魅力に乏しい女性たちは、そうした男性をねらって美女の取り巻きになりたがるのかもしれない（Pinker 1997）。また、元大統領や元首相の子息や令嬢に敬意が払われるのは、彼らが威圧的だからでも、秀でた知識や技能をもっているからでもなく、貴重な社会的コネクションを親から受け継いでいるからなのかもしれない。その近くにいるだけで、大勢の要人と接触し懇意になれる可能性があるのだから。こうした見方に立つと、これまで論じてきた情報型財産も、配偶者や同盟相手や社会的絆などと同じような、敬意と引き替えに獲得可能な「財産」の一種にすぎなくなる。

16. Inoue and Matsuzawa 2007 を参照。
17. Silberberg and Kearns 2009; Cook and Wilson 2010 を参照。
18. 人間側は、チンパンジーは正解のたびに報酬のスナックをもらうのに、学生たちにはそれがない（ので血糖値が上がらない）と不満を漏らすに違いない。また、アユムは他の仲間にはまねのできない技をもつ天才ではないかと主張するかもしれない。Humphrey（2012）は、この研究の問題点について興味深い論考を行なっている。
19. Byrne and Whiten 1992; Dunbar 1998; Humphrey 1976 を参照。
20. Martin et al. 2014 を参照。ナッシュ均衡からの平均偏差は、チンパンジーは 0.02 だったが、ヒトは 0.14 だった。
21. See Cook et al. 2012; Belot, Crawford, and Heyes 2013; Naber, Pashkam, and Nakayama 2013 を参照。
22. 心理学および経済学におけるヒューリスティクス（経験的な判断）やバイアス（判断の偏り）については、Gilovich, Griffin, and Kahneman 2002; Kahneman 2011; Kahneman, Slovic, and Tversky 1982; Camerer 1989; Gilovich, Vallone, and Tversky 1985; Camerer 1995 を参照。合理性に欠ける面がありながらうまく適応できている理由については、Henrich 2002; Henrich et al. 2001a を参照。ヒト以外の動物については、Real 1991; Kagel, McDonald, and Battalio 1990; Stanovich 2013; Herbranson and Schroeder 2010 を参照。

第３章　遭難したヨーロッパ人探検家たち

1. フランクリン遠征隊についての説明は、さまざまな文献（Lambert 2009; Cookman 2000; Mowat 1960; Woodman 1991; Boyd, Richerson, and Henrich 2011a）をもとにしている。Lambert は「アポロ計画」という言葉を使っている。
2. フランクリン遠征隊には以前から強い学問的関心が集まっており、当時の新技術だった缶詰食料による鉛中毒が、隊員の心身に異常をもたらした可能性が指摘されている。埋葬遺体を検査した結果がこの鉛中毒説の根拠だが、鉛中毒の発症を遠征隊全滅の原因とするには十分な証拠に欠けている。もし、フランクリン隊の隊員たちがイヌイットの生活様式を採り入れていたならば、こうした缶詰食料の問題に苦しむことも、壊血病を発症することもなかっただろう。ロス隊やアムンゼン隊の乗組員たちは、イヌイットの食物を採り入れることで困難をうまく乗り越えた。
3. 出典は Boyd, Richerson and Henrich 2011a 。
4. 同上。
5. 実は、キングウィリアム島の西側は、同島の他地域や近隣のどこよりも、収穫の望めないやせた土地であることをネツリク・イヌイットは知っていた（Balikci 1989）。しかし、3 つの遠征隊――フランクリン隊、ロス隊、アムンゼン隊――はいずれも、ほぼ同じ地域にたどり着く結果となった。フランクリン隊の隊員たちは、ロス隊の残した道程標を見つけている。さらに、イヌイットの証言や考古学的遺物が示すところによると、フランクリン隊の隊員たちは結局、散り散りに分かれて、島の両側をさまようことになった

10. こうした見方は一般に広まっているが、特に最近ではE. O. Wilson（2012）やD. S. Wilson（2005）の研究に見られる。
11. 私は「知能」という言葉を、とくに断らないかぎり、常識的な意味で用いる。知能とは、困難な問題に対して新たな優れた解決方法を見つけ出すことができる能力である。知能が高いとは、問題や課題の解決法を自力で編み出す能力が高いということだ。一般に、他者を模倣する能力は「知能」には含めない。たとえば、知能テストにせよ何にせよ、子どもたちが学校でテストを受ける場合、文化的学習という戦略（第4章を参照）を取ること——つまり、教室内で一番頭の良い子の答案をまねること——は禁じられている。個人の知能と同様に、集団としての問題解決能力を示す**集団的知能**というものを考えることができる。集団の個々の成員の知能がこれに直接反映されるとは限らない（Woolley et al. 2010）。集団的知能にもやはり、他集団の問題解決法を模倣する能力は含めない。というわけで、文化的学習戦略を知能の一つに含めてしまうと、知能という言葉の常識的な用法に反することになる。
12. これらの実験結果の出典はHerrmann et. al. 2007, 2010。データを引用するにあたっては、筆者の論点に関連する重要な結果だけに的を絞り、コミュニケーション能力やメンタライジング能力に関する結果は取り上げていない。これらについては本書全体を通して論証していく。
13. 実をいうと、空間認知能力は年齢とともに成績がわずかに上昇する。年長の類人猿のほうがやや成績が良かった（Ester Herrmann, 私信 , 2013）。
14. この研究には検討すべき点が3つある（De Waal et al. 2008）。1つ目は、社会的学習ではチンパンジーが不利だったのではないかということだ。なぜなら、参加者の種にかかわらず､手本を示して見せるのはいつも人間だったからだ。しかし、Dean et. al.（2012）の研究から、同種の個体が手本を示した場合でも、社会的学習でのヒトとチンパンジーの差は縮まらないことが明らかにされている。2つ目は、実験に参加したチンパンジーは完全な野生ではなく、野生チンパンジーの孤児を自然保護区に移し、年齢の違う個体が混在する社会集団の中で育てたチンパンジーだったことだ。それゆえ、①人間に頻繁に接触しており、②食料不足や捕食される脅威にさらされていない。これは確かに考慮すべき点だが、人間に触れる機会が多く、安全が確保されているほうがむしろ認知能力が高まり、とりわけ社会的学習能力が向上することが以前の研究で示されている（van Schaik and Burkart 2011, Henrich and Tennie 2017）。しかも、この自然保護区の社会集団は、熱帯原生林との行き来が自由で、多くの時間を原生林で過ごしている。3つ目は、このチンパンジーは母親から引き離されているために用心深く臆病になっており、それが成績不振につながったのかもしれないということだ。そこで、Herrmann et. al. は「行動抑制傾向」や「気質特性」を測定した。その結果、餌獲得欲求が強いチンパンジーはヒトほど行動が抑制されないだけでなく、抑制傾向や気質特性の測定値と社会的学習の成績とは関連がないことが明らかになった。なぜこうした違いが社会的学習課題だけに見られるのかはよくわかっていない。
15. Fry and Hale 1996; Kail 2007 を参照。

註

第１章　不可解な霊長類

1. この導入部の出典は Chudek, Muthukrishna, and Henrich, forthcoming。

第２章　それはヒトの知能にあらず

1. Vitousek et al. 1997; Smil 2002, 2011。さらに http://www.newstatesman.com/node/147330 も参照のこと。この情報を示してくれたキム・ヒルに感謝する。
2. この「成功」とは、エネルギー獲得という視点から人類が多種多様な地球環境下で生態学的な成功を収めていることを意味している。
3. 大型動物相の絶滅を招いた要因については、ヒト由来の感染症が原因だったとする説などさまざまものがあり、まだ議論が続けられている。しかし全体として見ると、直接要因としての狩猟、および、間接要因としての火（オーストラリアでの大規模な山火事）やその他の生態系攪乱（食物連鎖の頂点に立つ他の肉食獣との競争）を通して、人類がこうした絶滅の多くにかなりの影響を及ぼしたことは間違いないようだ。Surovell 2008; Lorenzen et al. 2011 を参照。
4. もちろん、産業社会が地球に及ぼす影響の甚大さとスピードは人類史上例を見ないものであり、また、人類以外にこうした例はない（Smil 2011）。
5. アリに関する記述の出典は Holldobler and Wilson 1990。
6. Boyd and Silk 2012 の論考を参照。人類が地球上に拡散していったのは、進化論的視点から見ると比較的最近なので、まだ遺伝的分化が起こるほどの時間がたっていない。
7. Dugatkin 1999; Dunbar 1998 を参照。
8. 人類の成功の鍵は「知能」だとする見方が一般的である（Bingham 1999）。しかし、最近、Barrett, Tooby, and Cosmides（2007）や Pinker（2010）など、進化心理学者たちの研究でこうした考え方が浮上している。「on the fly（その場で即座に）」は Pinker からの、「improvisational intelligence（即興的知能）」は Barrett et. al. からの引用。詳細な論考は Boyd et. al. 2011a を参照。
9. Pinker 1997: 184。

わ

ま

や

ら

は

な

た

さ

か

索引

あ

ジョセフ・ヘンリック（Joseph Henrich）
ハーバード大学人類進化生物学教授。ブリティッシュコロンビア大学心理学部教授および経済学部教授。

今西康子（いまにし・やすこ）
神奈川県生まれ。訳書に『蜂と蟻に刺されてみた』、『蘇生科学があなたの死に方を変える』（白揚社）、『ミミズの話』、『ウイルス・プラネット』（飛鳥新社）、『マインドセット』（草思社）、共訳書に『眼の誕生』（草思社）などがある。

THE SECRET OF OUR SUCCESS
by Joseph Henrich

ISBN 978-4-8269-0211-3

文化《ぶんか》がヒトを進化《しんか》させた

二〇一九年七月二十六日　第一版第一刷発行
二〇二一年五月二十五日　第一版第五刷発行

著　者　ジョセフ・ヘンリック
訳　者　今西康子《いまにしやすこ》
発行者　中村幸慈
発行所　株式会社　白揚社　©2019 in Japan by Hakuyosha
〒101-0062　東京都千代田区神田駿河台1-7
電話　03-5281-9772　振替　00130-1-25400
装　幀　大倉真一郎
印刷・製本　中央精版印刷株式会社

クリストファー・ボーム著　斉藤隆央訳

モラルの起源

道徳、良心、利他行動はどのように進化したのか

なぜ人間にだけモラルが生まれたのか？　気鋭の進化人類学者が進化論、動物行動学、考古学、霊長類のフィールドワーク、狩猟採集民の民族誌など、さまざまな知見を駆使し、エレガントで斬新な新理論を提唱する。　四六判　４８８ページ　本体価格３６００円

ゲオルク・ノルトフ著　高橋洋訳

脳はいかに意識をつくるのか

脳の異常から心の謎に迫る

うつ・統合失調症・植物状態の患者の脳が明かす、心と意識の秘密とは――神経哲学のトップランナーが意識の戻らない患者や自己の感覚が変質した患者の症例研究とともに提示する、心と脳の謎への新たなアプローチ。　四六版　２７８ページ　本体価格３０００円

トーマス・ズデンドルフ著　寺町朋子訳

現実を生きるサル　空想を語るヒト

人間と動物をへだてる、たった2つの違い

なぜチンパンジーはヒトになれなかったのか？　すべてを変えたのは私たちの心が持つ「2つの性質」だった。動物行動学、心理学、人類学などの広範な研究成果を援用して、人間を人間たらしめる心の特性に科学で迫る。　四六版　４４６ページ　本体価格２７００円

ウィリアム・B・アーヴァイン著　竹内和世訳

欲望について

日々の生活に大きな役割を果たす欲望。その欲望がどのように形作られ、なぜ存在するのかといった疑問に、進化心理学・脳神経科学などを援用して取り組み、思想家や哲学者が残した欲望の考え方、対し方も紹介する。　A５判　３００ページ　本体価格３５００円

ポール・ブルーム著　高橋洋訳

反共感論

社会はいかに判断を誤るか

無条件に肯定されている共感に基づく考え方が、実は公正を欠く政策から人種差別まで、社会のさまざまな問題を生み出している。心理学・脳科学・哲学の視点からその危険な本性に迫る全米で物議を醸した衝撃の論考。　四六判　３１８ページ　本体価格２６００円

経済情勢により、価格に多少の変更があることもありますのでご了承ください。
表示の価格に別途消費税がかかります。